大气复合污染成因与应对机制 3

朱 彤
贺 泓
曹军骥
张朝林
主 编

大气复合污染的关键化学过程

（上）

Key Chemical Processes of Atmospheric Compound Pollution（I）

图书在版编目(CIP)数据

大气复合污染的关键化学过程. 上/朱彤等主编. —北京：北京大学出版社，2021. 5
（大气复合污染成因与应对机制）

ISBN 978-7-301-32110-2

Ⅰ. ①大… Ⅱ. ①朱… Ⅲ. ①空气污染 – 环境污染化学 Ⅳ. ①X51②X131

中国版本图书馆 CIP 数据核字（2021）第 060007 号

书　　名	大气复合污染的关键化学过程（上） DAQI FUHE WURAN DE GUANJIAN HUAXUE GUOCHENG（SHANG）
著作责任者	朱　彤　等主编
责任编辑	郑月娥　曹京京
标准书号	ISBN 978-7-301-32110-2
出版发行	北京大学出版社
地　　址	北京市海淀区成府路 205 号　100871
网　　址	http://www.pup.cn　　新浪微博：@北京大学出版社
电子信箱	zye@pup.pku.edu.cn
电　　话	邮购部 010-62752015　发行部 010-62750672　编辑部 010-62767347
印 刷 者	北京中科印刷有限公司
经 销 者	新华书店
	787 毫米 × 1092 毫米　16 开本　19 印张　插页 10　468 千字
	2021 年 5 月第 1 版　2021 年 5 月第 1 次印刷
定　　价	120.00 元（精装）

未经许可，不得以任何方式复制或抄袭本书之部分或全部内容。

版权所有，侵权必究

举报电话：010-62752024　电子信箱：fd@pup.pku.edu.cn

图书如有印装质量问题，请与出版部联系，电话：010-62756370

“大气复合污染成因与应对机制”

编 委 会

朱　彤　（北京大学）

王会军　（南京信息工程大学）

贺克斌　（清华大学）

贺　泓　（中国科学院生态环境研究中心）

张小曳　（中国气象科学研究院）

黄建平　（兰州大学）

曹军骥　（中国科学院大气物理研究所）

张朝林　（国家自然科学基金委员会地球科学部）

朱彤，北京大学环境科学与工程学院教授、院长，国务院参事，美国地球物理联合会理事，世界气象组织“环境污染与大气化学”科学指导委员会委员。2019 年当选美国地球物理联合会会士。长期致力于大气化学及环境健康交叉学科研究，发表学术论文 300 余篇，入选科睿唯安交叉学科“全球高被引科学家”、爱思唯尔环境领域“中国高被引学者”。

王会军，南京信息工程大学教授、学术委员会主任，中国气象学会理事长，世界气候研究计划联合科学委员会委员。2013 年当选中国科学院院士。长期从事气候动力学与气候预测等研究，发表学术论文 300 余篇。

贺克斌，清华大学环境学院教授，中国工程院院士，国家生态环境保护专家委员会副主任，教育部科学技术委员会环境与土木工程学部主任。长期致力于大气复合污染来源与多污染物协同控制方面研究。入选 2014—2020 年爱思唯尔“中国高被引学者”、2018—2020 年科睿唯安“全球高被引科学家”。

贺泓，中国科学院生态环境研究中心副主任、区域大气环境研究卓越创新中心首席科学家。2017 年当选中国工程院院士。主要研究方向为环境催化与非均相大气化学过程，取得柴油车排放污染控制、室内空气净化和大气灰霾成因及控制方面系列成果。

张小曳，中国气象科学研究院研究员、博士生导师，中国工程院院士。2004 年前在中国科学院地球环境研究所工作，之后在中国气象科学研究院工作，历任中国科学院地球环境研究所所长助理、副所长，中国气象科学研究院副院长，中国气象局大气成分中心主任、碳中和中心主任。

黄建平，国家杰出青年基金获得者，教育部“长江学者”特聘教授，兰州大学西部生态安全省部共建协同创新中心主任。长期扎根西北，专注于半干旱气候变化的机理和预测研究，带领团队将野外观测与理论研究相结合，取得了一系列基础性强、影响力高的原创性成果，先后荣获国家自然科学二等奖(排名第一)、首届全国创新争先奖和 8 项省部级奖励。

曹军骥，中国科学院大气物理研究所所长、中国科学院特聘研究员。长期从事大气气溶胶与大气环境研究，揭示我国气溶胶基本特征、地球化学行为与气候环境效应，深入查明我国 PM2.5 污染来源、分布与成因特征，开拓同位素化学在大气环境中的应用等。

张朝林，博士，研究员，主要从事气象学和科学基金管理研究。先后入选北京市科技新星计划和国家级百千万人才工程。曾获省部级科技奖 5 次(3 项排名第一)，以及涂长望青年气象科技奖等多项学术奖励。被授予全国优秀青年气象科技工作者、北京市优秀青年知识分子、首都劳动奖章和有突出贡献中青年专家等多项荣誉。

序

2010 年以来，我国京津冀、长三角、珠三角等多个区域频繁发生大范围、持续多日的严重大气污染。如何预防大气污染带来的健康危害、改善空气质量，成为整个社会关注的有关国计民生的主题。

中国社会经济快速发展中面临的大气污染问题，是发达国家近百年来经历的大气污染问题在时间、地区和规模上的集中体现，形成了一种复合型的大气污染，其规模和复杂程度在国际上罕见。已有研究表明，大气复合污染来自工业、交通、取暖等多种污染源排放的气态和颗粒态一次污染物，以及经过一系列复杂的物理、化学和生物过程形成的二次细颗粒物和臭氧等二次污染物。这些污染物在不利天气和气象过程的影响下，会在短时间内形成高浓度的污染，并在大范围的区域间相互输送，对人体健康和生态环境产生严重危害。

在大气复合污染的成因、健康影响与应对机制方面，尚缺少系统的基础科学研究，基础理论支撑不够。同时，大气污染的根本治理，也涉及能源政策、产业结构、城市规划等。因此，亟须布局和加强系统的、多学科交叉的科学研究，揭示其复杂的成因，厘清其复杂的灰霾物质来源，发展先进的技术，制定和实施合理有效的应对措施和预防政策。

为此，国家自然科学基金委员会以“中国大气灰霾的形成机理、危害与控制和治理对策”为主题于 2014 年 1 月 18—19 日在北京召开了第 107 期双清论坛。本次论坛由北京大学协办，并邀请唐孝炎、丁仲礼、郝吉明、徐祥德四位院士担任论坛主席。来自国内 30 多所高校、科研院所和管理部门的 70 余名专家学者，以及国家自然科学基金委员会地球科学部、数学物理科学部、化学科学部、生命科学部、工程与材料科学部、信息科学部、管理科学部、医学科学部和政策局的负责人出席了本次讨论会。

在本次双清论坛基础上，国家自然科学基金委员会于 2014 年年底批准了“中国大气复合污染的成因、健康影响与应对机制”联合重大研究计划的立项，其中“中国大气复合污染的成因与应对机制的基础研究”重大研究计划的主管科学部为地球科学部。

自 2015 年发布第一次资助指南以来，“中国大气复合污染的成因与应对机制的基础研究”重大研究计划取得了丰硕的成果，为我国大气污染防治攻坚战提供了重要的科学支撑，在 2019 年的中期考核中取得了“优”的成绩。截至 2020 年，该重大研究计划有 20 个培育项目、22 个重点支持项目完成了结题验收。本套丛书汇总了这些项目的主要研究成果，是我国在大气复合污染成因与应对机制的基础研究方面的最新进展总结，也为继续开展这方面研究的人员提供了很好的参考。

刘丛强

中国科学院院士

国家自然科学基金委员会原副主任

天津大学地球系统科学学院院长、教授

前　言

自2014年1月国家自然科学基金委员会召开第107期双清论坛“中国大气灰霾的形成机理、危害与控制和治理对策”以来，已经过去7年多了。在这7年中，我国政府大力实施了《大气污染防治行动计划》(2013—2017)、《打赢蓝天保卫战三年行动计划》(2018—2020)，主要城市空气质量取得了根本性好转。

在此期间，国家自然科学基金委员会在第107期双清论坛基础上启动实施了“中国大气复合污染的成因与应对机制的基础研究”重大研究计划(以下简称“重大研究计划”)。本重大研究计划不仅在大气复合污染成因与控制技术原理的重大前沿科学问题上取得了系列创新成果，大大地提升了我国大气复合污染基础研究的原始创新能力和国际学术影响，更为大气污染治理这一国家重大战略需求提供了坚实的科学支撑。

本重大研究计划旨在围绕大气复合污染形成的物理、化学过程及控制技术原理的重大科学问题，揭示形成大气复合污染的关键化学过程和关键大气物理过程，阐明大气复合污染的成因，建立大气复合污染成因的理论体系，发展大气复合污染探测、来源解析、决策系统分析的新原理与新方法，提出控制我国大气复合污染的创新性思路。

为保障本重大研究计划的顺利实施，组建了指导专家组与管理工作组。指导专家组负责重大研究计划的科学规划、顶层设计和学术指导；管理工作组负责重大研究计划的组织及项目管理工作，在实施过程中对管理工作进行指导。本重大研究计划指导专家组成员包括：朱彤(组长)、王会军、贺克斌、贺泓、张小曳、黄建平、曹军骥。

针对我国大气污染治理的紧迫性以及相关领域已有的研究基础，重大研究计划主要资助重点支持项目，同时支持少量培育项目和集成项目。在2016—2019年资助了72个项目，包括46项重点支持项目、21项培育项目、3项集成项目、2项战略研究项目。为提高公众对大气污染科学研究的认知水平，特以培育项目形式资助科普项目1项。

重大研究计划实施以来，凝聚了来自我国30多个高校与科研院所的大气复合污染最具优势的研究力量，在大气污染来源、大气化学过程、大气物理过程方向形成了目标相对统一的项目集群，促进了大气、环境、物理、化学、生命、工程材料、管理、健康等学科的深度交叉与融合，培养出一大批优秀的中青年创新人才和团队，成为我国打赢蓝天保卫战的重要力量。通过重大研究计划的资助，我国大气复合污染基础研究的原始创新能力得到了极大的提升，在准确定量多种大气污染的排放、大气二次污染形成的关键化学机制、大气物理过程与大气复合污染预测方面取得了一系列重要的原创性成果，在*Science*、*PNAS*、*Nature Geoscience*、*Nature Climate Change*、*ACP*、*JGR*等一流期刊上发表SCI论文800余篇，在国际学术界产生显著影响。更重要的是，本计划获得的研究成果及时、迅速地为我国打赢蓝天保卫战提供了坚实的科学支撑，计划执行过程中已有多项政策建议得到中央和有关部委采纳。如2019年在*PNAS*发表我国分区域精确制定氨减排的论文，据此提出政策建议，获得国家领导人的批示，由相关部门贯彻执行。

2019 年 11 月 21 日重大研究计划通过了国家自然科学基金委员会的中期评估，获得了“优”的成绩，并于 2020 年启动资助 3 项计划层面的集成项目。

“大气复合污染成因与应对机制”丛书以重大项目完成结题验收的 22 个重点支持项目、20 个培育项目为基础，汇总了重大研究计划的最新研究成果。全套丛书共 4 册、44 章，均由刚结题或即将结题的项目负责人撰写，他们是活跃在国际前沿的优秀学者，每个章节报道了他们承担的项目在该领域取得的最新研究进展，具有很高的学术水平和参考价值。

本套丛书包括以下 4 册：

第 1 册,《大气污染来源识别与测量技术原理》：共 13 章，报道大气污染来源识别与测量技术原理的最新研究成果，主要包括目前研究较少但很重要的各种污染源排放清单，如挥发性有机物、船舶多污染物、生物质燃烧等排放清单，以及大气颗粒物的物理化学参数的新测量技术原理。

第 2 册,《多尺度大气物理过程与大气污染》：共 9 章，报道多尺度大气物理过程与大气污染相互作用的最新研究成果，主要包括气溶胶等空气污染与边界层相互作用、静稳型重污染过程的大气边界层机理、气候变化对大气复合污染的影响机制、气溶胶与天气气候相互作用对冬季强霾污染影响等。

第 3、4 册,《大气复合污染的关键化学过程》(上、下)：共 22 章，报道大气复合污染的关键化学过程的最新研究成果，主要包括大气氧化性的定量表征与化学机理开发、新粒子生成和增长机制及其环境影响、大气复合污染形成过程中的多相反应机制、液相氧化二次有机气溶胶生成机制等。

本丛书编委会由重大研究计划指导专家组成员和部分管理工作组成员构成，包括朱彤、王会军、贺克斌、贺泓、张小曳、黄建平、曹军骥、张朝林。在编制过程中，汪君霞博士协助编委会和北京大学出版社与每个章节的作者做了大量的协调工作，在此表示感谢。

朱彤

北京大学环境科学与工程学院教授

目　　录

第 1 章　珠三角大气颗粒相有机胺的形成和演化机制 …… (1)
1.1　研究背景 …… (1)
1.2　研究目标与研究内容 …… (4)
1.3　研究方案 …… (5)
1.4　主要进展与成果 …… (6)
第 2 章　霾发生期间硫酸盐和硝酸盐形成的大气化学机制：^{17}O 同位素示踪 …… (23)
2.1　研究背景 …… (23)
2.2　研究目标与研究内容 …… (24)
2.3　研究方案 …… (25)
2.4　主要进展与成果 …… (28)
第 3 章　大气 HONO 垂直分布特征及其形成机制研究 …… (48)
3.1　研究背景 …… (48)
3.2　研究目标与研究内容 …… (51)
3.3　研究方案 …… (52)
3.4　主要进展与成果 …… (53)
第 4 章　同步辐射光电离质谱技术研究 Criegee 中间体宏观反应动力学 …… (75)
4.1　研究背景 …… (75)
4.2　研究目标与研究内容 …… (78)
4.3　研究方案 …… (79)
4.4　主要进展与成果 …… (80)
第 5 章　机动车排放二次转化的实验研究和模拟方法 …… (99)
5.1　研究背景 …… (99)
5.2　研究目标与研究内容 …… (101)
5.3　研究方案 …… (102)
5.4　主要进展与成果 …… (105)
第 6 章　华北农田 HONO 排放及其环境影响 …… (114)
6.1　研究背景 …… (114)
6.2　研究目标与研究内容 …… (117)
6.3　研究方案 …… (117)

6.4 主要进展与成果 …… (118)
第7章 华北地区大气氮氧化物非均相化学及其对大气氧化性和区域空气污染的影响 …… (144)
7.1 研究背景 …… (144)
7.2 研究目标与研究内容 …… (147)
7.3 研究方案 …… (148)
7.4 主要进展与成果 …… (150)
第8章 大气复合污染条件下新粒子生成和增长机制及其环境影响 …… (175)
8.1 研究背景 …… (175)
8.2 研究目标与研究内容 …… (177)
8.3 研究方案 …… (180)
8.4 主要进展与成果 …… (182)
第9章 光化学反应活跃区森林挥发性有机物的组成特征、二次污染成因及贡献 …… (206)
9.1 研究背景 …… (206)
9.2 研究目标与研究内容 …… (210)
9.3 研究方案 …… (212)
9.4 主要进展与成果 …… (215)
第10章 液相氧化二次气溶胶的生成机制及影响因素 …… (230)
10.1 研究背景 …… (230)
10.2 硫酸盐液相氧化生成机制 …… (231)
10.3 生物质燃烧排放物液相氧化SOA生成机制 …… (236)
10.4 中挥发性有机物液相氧化SOA生成机制 …… (243)
10.5 $^3C^*$参与液相氧化生成SOA的机制 …… (245)
10.6 环境大气中液相氧化对二次气溶胶的影响 …… (248)
10.7 水汽对空气质量模型SOA模拟的影响 …… (255)
第11章 基于数值模式的二次有机气溶胶形成机制研究及其在京津冀地区的应用 …… (267)
11.1 研究背景 …… (267)
11.2 研究目标与研究内容 …… (269)
11.3 研究方案 …… (270)
11.4 主要进展与成果 …… (272)

第 1 章　珠三角大气颗粒相有机胺的形成和演化机制

毕新慧，张国华，刘凤娴，廉秀峰，林钦浩，王新明

中国科学院广州地球化学研究所

有机胺在大气中普遍存在，是二次有机气溶胶(SOA)的重要前体物；在浓度极低的情况下，对新粒子形成的影响也可能超过氨。有机胺对大气复合污染生成的影响亟待开展深入研究。但由于有机胺种类多，分析难度大，目前对有机胺形成及演化机制等方面的认识还很欠缺。本项目以有机胺为重点研究对象，建立了基于气相色谱质谱联用仪(GC-MS)的有机胺测量方法，能够有效检测大气颗粒中的 13 种有机胺。同时，结合在线单颗粒气溶胶质谱仪(SPAMS)，通过实验室模拟和现场观测，研究了珠三角城市及背景大气气相和颗粒相有机胺的分布特征及影响有机胺气-固分配的主要因素。结果发现，有机胺主要富集在粒径较小的颗粒物上，峰值出现在 0.49～1.5 μm 粒径段；高湿条件可促进有机胺从气相向颗粒相分配；O_3 也有可能通过促进硫酸胺盐和硝酸胺盐的形成而间接促进有机胺的气-固分配。单颗粒气溶胶质谱仪分析结果表明，三甲基胺在夜间湿度大的时候更容易被氧化成三甲基胺氧化物。此外，本项目利用地用逆流虚拟撞击器(GCVI)与 SPAMS 联用技术在线分析了云滴残余物和间隙颗粒中的有机胺，结果表明，云过程尤其是持续时间较长的云过程或云稳定阶段促进了颗粒相有机胺的形成。研究结果深化了对于大气中有机胺形成和演化的认识。

1.1　研究背景

含氮有机物是城市大气有机气溶胶的重要组成部分，而有机胺是大气中最重要的含氮有机物。一些有机胺属强碱物质，可以通过改变颗粒的酸性而对大气 SOA 的形成产生重要影响。有研究表明，颗粒物表面有机物的凝结与化学转化会受到颗粒酸性的显著影响[1]。同时，有机胺还是 SOA 的重要前体物，尤其在海洋 SOA 中，有机胺的贡献达到 20%，远高于其他的挥发性有机物(VOCs)[2]。另有研究表明，气态有机胺在浓度比氨气低 2～3 个数量级的情况下，在硫酸-水体系新粒子的形成过程中仍可能扮演重要角色[3]，从而对云凝结核乃至全球气候变化产生重要影响。此外，有机胺还可以通过呼吸、摄食以及皮肤吸收等途径进入人体，引起眼、鼻、喉和皮肤的不适，在肺、肾脏中累积，造成健康危害[4-5]。因此，无论从环境、气候，还是健康的角度，有机胺都应该引起大家的关注。

有机胺的来源广泛,既有人为源也有天然源。人为源包括畜牧养殖、食品加工、堆肥、废水处理等过程,有机胺可以由厌氧细菌作用于氨基酸,经脱羧反应形成。此外,汽车尾气、燃煤排放和烟草烟气等也会含少量有机胺类物质。天然源包括海洋、森林大火、植被、火山爆发、土壤再悬浮等[4]。从全球通量看,认为畜牧养殖业、海洋和生物质燃烧是大气中甲基胺的重要来源,而污水处理、工业或汽车排放等排放量并不大[6]。但从区域尺度上看,人为源的贡献可能比较大。

目前的大气模型中很少考虑到有机胺,主要原因是对它的组成特征、来源、形成机制,及环境、健康、气候效应等方面的认识还不够深入。国际上在有机胺的形成机制和大气演变过程等方面的研究虽然取得了一些进展,但是还有很多科学问题需要深入探讨。大量的单颗粒质谱研究在大气颗粒物中均检测到一些离子碎片 $C_nH_{2n+2}N^+$(通常 $n=1\sim6$),这些碎片被认为是脂肪族胺的碎片[7],证实颗粒相有机胺的普遍存在。有机胺在我国大气复合污染生成特别是灰霾形成过程中是不是扮演重要角色,这其中一些关键的物理化学机制是什么,目前研究还是空白,亟待开展大量深入而细致的工作。

1.1.1 大气中有机胺的组成特征

有机胺是由有孤对电子的氮原子与其他官能团组成的有机物。通常是由氨中一个或多个 H 原子被其他基团取代得到。根据取代基团的不同,可将有机胺分为:脂肪族胺类、醇胺类、酰胺类、脂环胺类、芳香胺类、萘系胺类、其他胺类等。有机胺属于极性有机物,种类繁多,浓度又比较低,因此分析难度大[5]。大多数野外观测研究仅仅分析了脂肪族胺,主要物质包括甲基胺、乙基胺等低分子量的有机胺。已有的观测表明,脂肪族胺的浓度存在巨大的区域性差异,主要是由于其源排放类型、强度和大气环境条件间的差异非常大[4]。在畜牧养殖业区域,有机胺的浓度最高[8]。大气中脂肪族胺的浓度一般在 1～14 nmol m^{-3},三甲胺是大气中含量最高的有机胺,浓度比氨气低 2～3 个数量级[9]。VandenBoer 等[10]利用离子色谱的方法,分析了 6 种脂肪族胺的粒径分布特征。研究发现这些有机胺主要集中在 320～560 nm 的粒径段上。最近,Akyüz 分析了气相和 $PM_{2.5}$ 中 34 种有机胺的量,发现峰值最高的物质是哌嗪(piperazine),浓度最高达到 23.7 ng m^{-3},其次是二丁基胺、4-氨基苯酚、4-乙基苯胺等[11]。我国在大气颗粒物有机胺方面的观测研究非常少。张天然[12]利用离子色谱分析表明,二甲基胺和三甲基胺是我国黄东海大气气溶胶中有机胺的主要组成,浓度均在 1～10 nmol m^{-3},海洋释放是其大气颗粒相有机胺的主要来源。研究人员在珠三角大气中检测到一定比例的含三甲基胺颗粒,特别在雾天,该比例可以高达 35%[13]。复旦大学杨新教授研究小组[14]在上海大气颗粒物中观测到的主要有机胺类物质碎片是二乙基甲基胺[$NCH_2(C_2H_5)_2^+$]。由此可见,在我国不同的区域和不同的大气环境条件下,有机胺的分布特征可能均不同,需要开展广泛研究,明确不同区域有机胺的分布特征。

1.1.2 大气颗粒相有机胺的形成机制

有机胺属于半挥发性有机物,除一些芳香胺和萘系胺因具有比较低的蒸气压可以以颗粒相存在,其他有机胺主要存在于气态中,特别是一些低分子量的脂肪族胺,如二甲基胺、三甲基胺，它们的蒸气压很高，分别达到 203 kPa 和 215 kPa(25℃)。但有机胺是有机碱，在大气中既可以与无机酸如 HCl、HNO_3 和 H_2SO_4 反应形成盐类物质，也可以与有机酸如二元酸、顺式-9-十八烯酸等反应形成酰胺类物质[15]。这些物质具有较高的水溶解性，因此在一定的大气条件下，可以分配到颗粒相中形成 SOA[4]。Sorooshian 等[16]研究发现硝酸盐与二乙基胺具有非常好的相关性；VandenBoer 等[10]同样发现颗粒相有机胺的水平与硝酸根离子的浓度呈正相关，说明硝酸盐可能是以有机胺硝酸酯的形式存在。本研究早期发现，雾天，硫酸盐和硝酸盐更多地与三甲基胺反应形成胺盐，而在晴天，则更多地是以无机铵盐的形式存在，有机胺和氨在一定的条件下可以形成竞争态势[13,17]。VandenBoer 等[10]研究发现在不同的粒径段上，有机胺与无机铵离子的摩尔浓度比值为 0.005～0.2。该比值与粒径有关，粒径越小，该比值越大，表明有机胺与无机铵离子形成二次气溶胶的过程不同。Erupe 等[18]指出颗粒相有机胺主要是通过化学相互作用，而不是酸碱相互作用形成。复旦大学的研究表明，由酸性控制的 Mannich 反应是高分子有机氮形成的重要机制[19]。实际大气中究竟哪一途径占主体仍存在疑问。

1.1.3　有机胺的氧化反应机制

有机胺可以与大气中的 OH 自由基、NO_3 自由基和 O_3 等反应生成 SOA。理论计算与实验室模拟研究表明，白天，有机胺与 OH 自由基反应的速率较快，只有几小时；有机胺与 O_3 反应的相对速率要慢很多，可以忽略不计[4]。夜晚，有机胺与 NO_3 自由基的反应最为重要，反应产物稳定，在大气中的寿命达 3 天以上。Silva 等[20]研究发现大气中有机胺的峰值是由叔胺与 NO_3 自由基反应形成的。伯胺与 NO_3 自由基的反应甚至可以与酸碱反应分庭抗礼[21]。有机胺与 NO_x 在大气中经氧化反应有可能形成致癌物亚硝胺，对健康产生危害。以二甲基胺[$(CH_3)_2NH$]为例，$(CH_3)_2NH$ 与 NO_x 反应有可能形成 *N*-亚硝基二甲胺(NDMA)[22]，反应机制如下：

$$NO + NO_2 + H_2O \rightleftharpoons 2HONO \tag{1.1}$$

$$(CH_3)_2NH + HONO \rightleftharpoons (CH_3)_2NNO + H_2O \tag{1.2}$$

亚硝胺类物质通常在大气中的浓度非常低，不足以对人体健康产生危害。但是，Herckes 等[23]在雾水中检测到含量较高的 NDMA，最高浓度达到 240 ng dm^{-3}。有些有机胺的氧化产物本身并不稳定，可以进一步氧化形成新的颗粒物或聚合物。光照条件下 NDMA 可能生成较为稳定的二烷基硝胺、醛和一些取代的酰胺等。

Price 等[24]利用烟雾箱模拟研究了仲胺和叔胺与 OH 自由基和 NO_3 自由基在干燥条件下[相对湿度(RH)<0.1%]的反应。提出了两种反应途径：一是与自由基发生氧化反应生成一些烷基过氧自由基 $RO_2\cdot$，然后再继续通过 $RO_2\cdot + RO_2\cdot$ 反应生成一些高分子聚合物。在三甲基胺的反应中观测到有聚合物的生成，但三乙基胺和二乙基胺与 NO_3 自由基的反应中均没有观测到。二是与酸发生酸碱反应生成盐。两种途径究竟哪种占主体取决于胺和氧化剂的类型。聚合物主要在叔胺的反应中检测到，而胺盐则在仲胺和叔胺的反应中均普遍检测到。同时，与 O_3 的氧化反应也可能是仲胺与叔胺在大气中重要的汇[25]。但在实际大气中，湿度有可能是影响有机胺氧化的一个重要因子。特别是在湿度比较大的环境中，究竟

哪种氧化机制占主体？这些反应及其产物对大气复合污染的影响有多大？这些都需要深入研究。

1.1.4 大气有机胺对新粒子形成的影响及云活性特征

新粒子是大气气溶胶的重要来源。理论计算和实验室模拟均证实有机胺在成核过程中扮演着重要角色，其在大气成核过程中的作用有可能超过氨气[26]。Smith 等[27]监测发现，有机胺可能贡献了 8～10 nm 超细颗粒中 10%～47%的正离子，表明有机胺是新粒子形成的重要组成部分。Bzdek 等[28]证实有机胺可以快速替换小于 3 nm 颗粒的铵盐，也就是说，如果小于 3 nm 的颗粒组分主要是盐簇，那么很可能是有机胺盐而不是铵盐。也有假说提出有机胺可以作为云的凝结核(CCN)，影响云的微物理特性，进而影响全球气候变化。

吸湿性参数(κ)常用来指示气溶胶的 CCN 活性。吸湿性较强的无机盐如硫酸盐和硝酸盐，其 κ 值分别为 0.6 和 0.67。中等吸湿性具有 CCN 活性的有机物，κ 值一般为 0.01～0.5[29]。Tang 等[30]通过烟雾箱模拟试验，研究发现脂肪族胺夜间与 NO_3 自由基反应产生的 SOA 吸湿性和挥发性较强，而白天与 OH 自由基反应产生的 SOA 云活性较低。伯胺的反应受温度和湿度的影响更大，产生的 SOA 挥发性和吸湿性差异也比较大。Hutchings 等[31]通过模拟、外场观测和模型计算得到 NDMA 在夜间和湿度大的环境下，比较容易积累。气体到液滴的分配过程可能是颗粒相 NDMA 形成的最重要一步。但是，对于有机胺是否对云或者雾的形成产生重要影响，目前还存在争议。Russell 等[32]发现云凝结核比率与有机胺呈负相关，同时，在研究的气团中仅占有机物的 4%。有机胺能否对云雾形成产生影响是大气科学中最为前沿的科学问题之一，值得深入研究。

珠三角地处低纬度亚热带地区，高温高湿的天气比较多，年 $PM_{2.5}$ 浓度尚未达标，臭氧浓度更是呈明显的上升趋势，属于光化学反应比较活跃的区域，大气二次污染形势严峻。目前，我们还未能很好地认识实际大气中有机胺形成 SOA 的反应机制和演化过程。针对以上我们对于有机胺认识的薄弱环节，结合珠三角大气的环境特点，本项目拟利用在线的 SPAMS、热熔蚀器(TD)、GCVI 和其他离线分析仪器，深入研究珠三角及背景地区大气有机胺的组成特征和大气演化机制。

1.2 研究目标与研究内容

1.2.1 研究目标

本项目以珠三角城市及背景大气为重点研究对象，利用离线和在线气溶胶分析技术，研究珠三角大气有机胺的组成特征、粒径分布、混合状态和挥发性特征，探讨气象条件、大气氧化性和混合状态等对颗粒相有机胺形成的影响；通过仪器联用方式，在线分析真正参与云滴形成和间隙颗粒中的有机胺颗粒的组成特征；在此基础上，揭示高温、高湿和高氧化条件下有机胺的形成和演化机制。

1.2.2 研究内容

1. 珠三角不同季节颗粒相有机胺的分布特征和混合状态

完善 $PM_{2.5}$ 中脂肪族胺和芳香族胺的分析方法;分析不同季节颗粒物上有机胺的组成特征及粒径分布;同时,利用 SPAMS 在线分析有机胺的混合状态;探讨气象条件、大气氧化性和混合状态等对颗粒相有机胺组成的影响。

2. 三甲基胺 SOA 形成及演化机制的模拟研究

利用 SPAMS 长期观测数据,分析大气中三甲基胺(TMA)和 TMA 演化产物氧化三甲胺(TMAO)的混合状态及变化特征,研究 TMA 的氧化反应机制及影响因素。

3. 珠三角典型污染过程颗粒相有机胺的挥发性特征

通过热熔蚀器-单颗粒气溶胶质谱仪(TD-SPAMS)联用的方式,交替分析未加热和加热不同温度后颗粒的粒径和化学组成,研究广州市大气中含有机胺的颗粒在不同温度下的挥发性。

4. 颗粒相有机胺的云活性特征

采用地用逆流虚拟撞击器-单颗粒气溶胶质谱仪(GCVI-SPAMS)联用方法,分析云滴残余物和间隙颗粒中含有机胺颗粒的化学组成和粒径分布特征;探讨在极高大气相对湿度条件下,有机胺参与云雾形成的可能性及机制。

1.3 研究方案

1.3.1 采样方案

采样地点为中国科学院广州地球化学研究所标本楼楼顶,采样时间为 2014 年 9 月 25 日～10 月 3 日(代表秋季,共 9 天),2015 年 3 月 26 日～4 月 1 日(代表春季,共 7 天),2015 年 6 月 23～28 日(代表夏季,共 6 天)和 2015 年 12 月 21 日～2016 年 1 月 6 日(代表冬季,共 17 天)。颗粒物样品为 PM_{10} 六段分级样品(7.2～10 μm、3.0～7.2 μm、1.5～3.0 μm、0.95～1.5 μm、0.49～0.95 μm 和 0～0.49 μm)。同时,利用广州禾信分析仪器有限公司研发的 SPAMS,每个季节在线分析颗粒 10 天左右。共采集 579493 个具有正负谱图的颗粒,其中 8759 个颗粒含三甲基胺,2793 个颗粒含三甲基胺氧化产物。

利用地用虚拟撞击器与单颗粒气溶胶质谱仪的联用技术在广东南岭背景站(海拔高度 1690 m)对云滴进行观测。共组织采样 2 次,一共采集到 37042 个环境颗粒,162733 个云滴颗粒和 78772 个云间隙颗粒,其中含有机胺的环境颗粒、云残余颗粒和云间隙颗粒的数量分别为 18235、93621 和 41302 个。

1.3.2 实验手段及关键技术

本项目主要通过流动管模拟和外场观测相结合的方式,研究有机胺的形成和演化机制,具体手段包括:① 流动管模拟研究:结合流动管反应器,模拟不同 OH 自由基条件下广州市大气中含有机胺颗粒物的混合状态特征;② 外场观测:利用离线和在线分析仪器观测珠三角大气有机胺的组成。

检测项目包括:

(1) 大气氧化性气体:大气痕量气体实时监测仪器在线分析大气中 NO_x、NO_y、SO_2 及 O_3 的浓度。

(2) 颗粒物理化学组成的离线分析:滤膜采集颗粒物样品,GC-MS 和有机碳/元素碳(OC/EC)分析,得到有机胺;离子色谱分析得到珠三角大气颗粒水溶性离子的量,在此基础上,分析有机胺与水溶性离子的相关性。

(3) 颗粒物理化学组成的在线分析:利用 SPAMS 在线分析不同季节大气中含有机胺颗粒的主要类型及占总颗粒数的比例。利用特征离子碎片[$m/z=59$,$N(CH_3)_3^+$;$m/z=86$,$NCH_2(C_2H_5)_2^+$]等,筛选含有机胺的颗粒。结合气象条件、混合状态和痕量气体水平,探讨温度、湿度、大气氧化性、颗粒酸性等对有机胺形成的影响。

(4) 挥发性分析:利用 SPAMS-TD 联用技术,在线研究含有机胺颗粒在不同温度下的挥发性,探讨大气氧化性、混合状态等对有机胺挥发性的影响。TD 通过球形阀自动控制,每 10 min 变换一次加热/未加热通道,加热程序:75℃、150℃、250℃、150℃。走完一个完整的流程需要 80 min。

(5) 云活性分析:利用 SPAMS-GCVI 联用技术,研究雾滴残余物的化学组成。GCVI 的功能主要是筛选粒径在 8～14 μm 的雾滴,然后通过加热气流将颗粒水分去除,剩余的颗粒残余物进入下端的分析仪器进行分析。

1.4 主要进展与成果

1.4.1 有机胺离线分析方法的建立

本研究建立了一种操作简单且用时短的用于测定大气气溶胶中有机胺的方法。借鉴水样品处理的方法,在此基础上优化了升温程序,并在已报道的 7 种脂肪族胺和 2 种杂环胺基础上,确定了 4 种芳香胺的定性和定量离子(表 1-1)。

样品预处理方法:取 1/4 膜剪碎置于棕色瓶中加 20 mL 超纯水超声 15 min,重复三次合并水溶液。利用 0.1 mol L^{-1} HCl 溶液吸收气相有机胺样品。在溶液中加入 4 mL 10 mol L^{-1} 的 NaOH 溶液,1 mL 的苯磺酰氯,密封,常温下用磁力搅拌器搅拌 30 min。然后再加 5 mL 10 mol L^{-1}的 NaOH 溶液,密封,在 80℃条件下搅拌 30 min。待冷却后,用质量分数为 36.5%的 HCl 调节 pH 至 5.5。用二氯甲烷提取有机相,浓缩有机相溶液至 1 mL 左右,进 GC-MS 分析。

表 1-1　有机胺回收率、标准曲线相关系数、定性和定量离子

编　号	有机胺		回收率/%	LOD /(μg L^{-1})	RSD /%	定性及定量离子(m/z)
	英文	中文				
1	dimethylamine	二甲胺	91.95	0.24	4.94	77、120、141、185
2	methylamine	甲胺	95.56	11.36	4.06	77、171、141、106
3	ethylamine	乙胺	93.09	16.95	10.96	77、141、170、185
4	diethylamine	二乙胺	92.51	0.08	6.68	77、141、198、213
5	1-propanamine	丙胺	96.77	1.01	3.78	77、141、170、199
6	1-butylamine	丁胺	92.62	2.13	2.67	77、141、170、213
7	pyrrolidine	四氢吡咯	103.87	0.46	1.96	70、141、210、211
8	morpholine	吗啉	107.88	0.48	4.43	86、141、184、227
9	dibutylanmine	二丁胺	62.25	0.08	6.17	77、141、184、226
10	*N*-methylailine	*N*-甲基苯胺	87.23	0.19	15.14	106、77、182、247
11	2-ethylaniline	2-乙基苯胺	70.27	1.19	6.07	77、91、120、261
12	benzylamine	苯甲胺	100.78	0.11	4.94	77、106、125、143
13	4-ethylaniline	4-乙基苯胺	91.10	6.73	3.55	77、93、120、261

仪器分析：

色谱柱：DB-5MS 石英毛细管柱（30 m×0.25 mm，安捷伦）；色谱柱升温程序：80℃(1 min)，5℃ min^{-1}⟶180℃，10℃ min^{-1}⟶240℃，25℃ min^{-1}⟶290℃(10 min)；进样口温度：280℃，气-质传输线温度：280℃；载气：高纯氦气；流量：1.6 mL min^{-1}；进样方式：不分流进样；质谱离子源：电子轰击源(EI，70 eV)；质谱扫描质量范围：m/z=50～550。

总离子流图见图 1.1，其中图中 1 和 2 分别为内标六甲基苯和回收率指示剂二甲胺

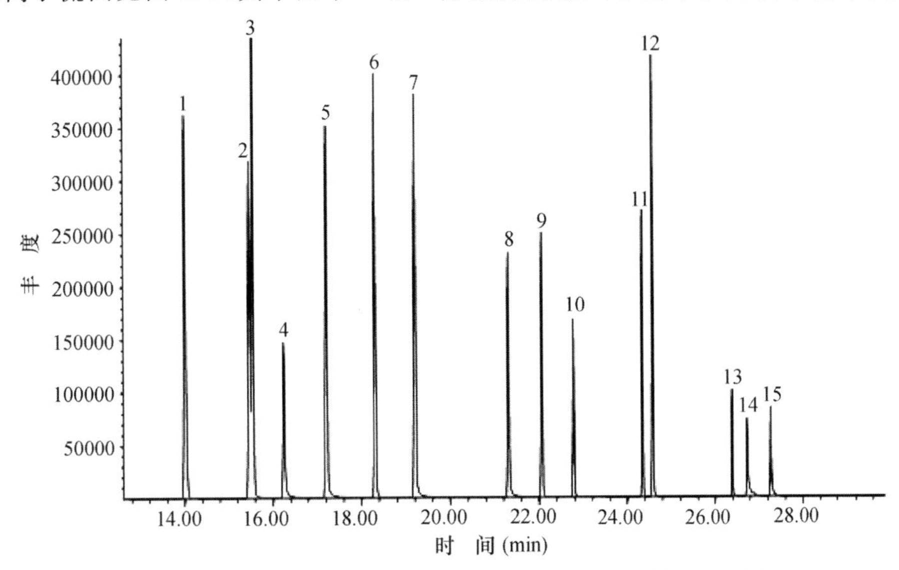

1. 六甲基苯; 2. 二甲胺-d_6; 3. 二甲胺; 4. 甲胺; 5. 乙胺; 6. 二乙胺; 7. 1-丙胺; 8. 1-丁胺; 9. 四氢吡咯; 10. 吗啉; 11. 二丁胺; 12. *N*-甲基苯胺; 13. 2-乙基苯胺; 14. 苯甲胺; 15. 4-乙基苯胺。

图 1.1　总离子流图(SIM 离子模式)

(DMA)-d_6。13种有机胺标样的回收率范围为62.3%～107.9%，均位于区间60%～120%，相对标准偏差均小于20%。用不同浓度梯度绘制标准曲线，R^2 为0.9903～0.9996，相关性良好。

1.4.2 大气有机胺的气-固分布

气态有机胺进入颗粒相主要通过两种途径。途径一是通过直接溶解进入颗粒相，然后与颗粒物中的酸性物质结合。在高湿天或雾天情况下颗粒相有机胺浓度的增高与直接溶解这个途径有关。亨利系数(K_H)是直接溶解的一个关键因子，K_H 值的大小取决于有机胺种类，同时受环境温度影响较大。途径二是酸碱反应，包括气态有机胺与气态酸(HCl、HNO_3、H_2SO_4 和有机酸等)的酸碱反应，以及与大气中酸性气体(NO、NO_2 和 SO_2)和颗粒物中酸在颗粒物表面的非均相反应。酸解离常数(K_a)用来表示有机胺在水中的解离平衡常数。K_a 值的大小是有机胺在酸碱反应中的一个重要参数。两种途径，到底是哪种途径更占据优势，目前还不是很清晰。关于有机胺气-固分配机制的研究主要集中在理论计算和实验室或烟雾箱模拟方面，还没有通过外场观测研究有机胺气-固分配的相关报道。

本研究通过同时同步采集颗粒相和气态样品，研究有机胺的气-固分配机制。样品具体包括广州市2015年冬季以及南岭高山背景站点2016年秋季和2017年夏季的颗粒物以及气态样品，探究市区和背景站点两个区域影响有机胺的气-固分配的主要因素及关键因子。所有样品均检测到4种有机胺，分别为甲胺(MA)、DMA、二乙胺(DEA)和二丁胺(DBA)，其中在2016年秋季南岭高山站点样品中还检测到吗啉(MOR)。研究发现，在南岭高山站点约有7.4%的有机胺由气相分配到颗粒相，广州市区为8.5%，二者差别不大。在南岭高山背景站点，O_3 浓度对有机胺的气-固分配有影响，且在高湿的环境下，直接溶解是气-固分配过程关键的一步；而在广州市区，气-固分配机制复杂，影响因素较多。研究深入分析了广州市区和南岭高山背景站点大气中有机胺气-固分配的主要影响因素，为进一步研究有机胺演化机制提供了基础信息。

1. 背景站点有机胺的气-固分配特征

南岭大气背景站点采样期间颗粒相MA、DMA和总胺的占比[$\Phi=C_p/(C_p+C_g)$]如图1.2所示。颗粒相有机胺的占比变化范围为0.00031～0.42，其中MA的占比平均值为0.14±0.10，DMA为0.036±0.030，总胺为0.074±0.048，即有14%的MA、3.6%的DMA以及7.4%的总胺是由气相分配到颗粒相。

Φ 与气象参数、气态污染物浓度以及颗粒物中 SO_4^{2-} 和 NO_3^- 浓度的相关性分析结果见表1-2。MA与 SO_2($r=0.606$，$p<0.01$)和 SO_4^{2-}($r=0.671$，$p<0.01$)均具有很好的相关性，表明MA硫酸胺盐的形成促进了MA向颗粒相的分配。此外，Φ 与 O_3 有很好的相关性。大气中 O_3 氧化 SO_2 是形成 SO_4^{2-} 的一种途径，且 NO_2 会被 O_3 氧化形成 NO_3 自由基，随后与 NO_2 形成 N_2O_5，而 N_2O_5 的水解是形成 NO_3^- 的一种途径。同时，O_3 与 NO_x($r=0.714$，$p<0.01$)、NO_3^-($r=0.75$，$p<0.01$)、SO_2($r=0.519$，$p<0.01$)和 SO_4^{2-}($r=0.604$，$p<0.01$)均有好的相关性。因此，O_3 有可能是通过促进硫酸胺盐和硝酸胺盐的形成间接促进了有机胺的气-固分配。

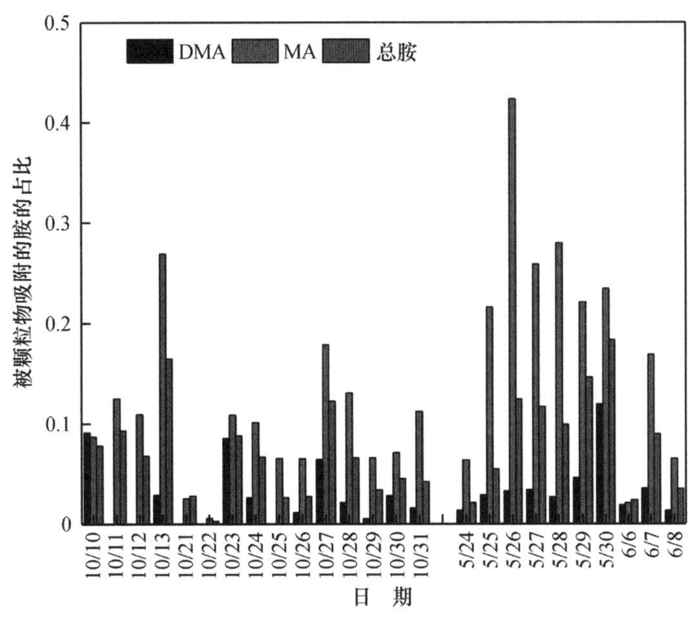

图 1.2　南岭高山站点大气颗粒物中有机胺的占比(见书末彩图)

表 1-2　大气背景点颗粒相有机胺的占比与气象参数、气态污染物以及 SO_4^{2-}、NO_3^- 的相关性

参数		Φ		
		MA	DMA	总胺
气象	温度(T)	−0.206	0.067	−0.083
	RH	−0.423	−0.096	−0.288
	NO_x	0.168	0.426	0.471
	SO_2	0.606**	0.180	0.491
	O_3	0.549**	0.721**	0.781**
$PM_{2.5}$	SO_4^{2-}	0.671**	0.206	0.565**
	NO_3^-	0.404	0.516*	0.718**

注：** 在 0.01 水平(双侧)上显著相关；* 在 0.05 水平(双侧)上显著相关。

由以上分析结果可知，有机胺的气-固分配与有机胺的酸碱反应有关。DMA 的 K_a 值(1.8621×10^{-11} mol kg^{-1})低于 MA(2.1878×10^{-11} mol kg^{-1})，且气相中 DMA 浓度高于 MA。因此根据酸碱反应机制，颗粒相 DMA 的占比应该大于 MA，但这与实际观测结果不符，表明不能单纯用酸碱反应机制去解释 MA 与 DMA 在气-固分配中的差异。有机胺易溶于水，因此气态有机胺可以通过直接溶解的方式进入颗粒相。直接溶解过程可用亨利定律来描述。常温下，DMA 的 K_H 为 31.410 mol kg^{-1} atm^{-1}，MA 为 36.477 mol kg^{-1} atm^{-1}，说明在相同的条件下，MA 比 DMA 更易于进入液相，这与本研究观测结果一致。综上所述，直接溶解和酸碱反应是气-固分配的两个重要过程。在高湿的环境下，直接溶解可能是最关键的一步。

2. 城区有机胺气-固分配分析

将气态有机胺昼夜浓度平均得到日均浓度，计算 Φ 值，如图 1.3 所示。颗粒相(PM_{10})有机胺的占比变化范围为 0.014～0.68，其中 MA 的占比平均值为 0.36±0.07，DMA 为 0.035±0.020，DEA 为 0.12±0.08，DBA 为 0.27±0.20，总胺为 0.085±0.039，即有 36%

的 MA、3.5%的 DMA、12%的 DEA、27%的 DBA 以及 8.5%的总胺由气相分配到颗粒相。和南岭高山背景站点结果比较，市区颗粒物上 MA 的吸收率高(南岭高山背景站点为 14%)，而 DMA(南岭高山背景站点为 3.6%)相当。

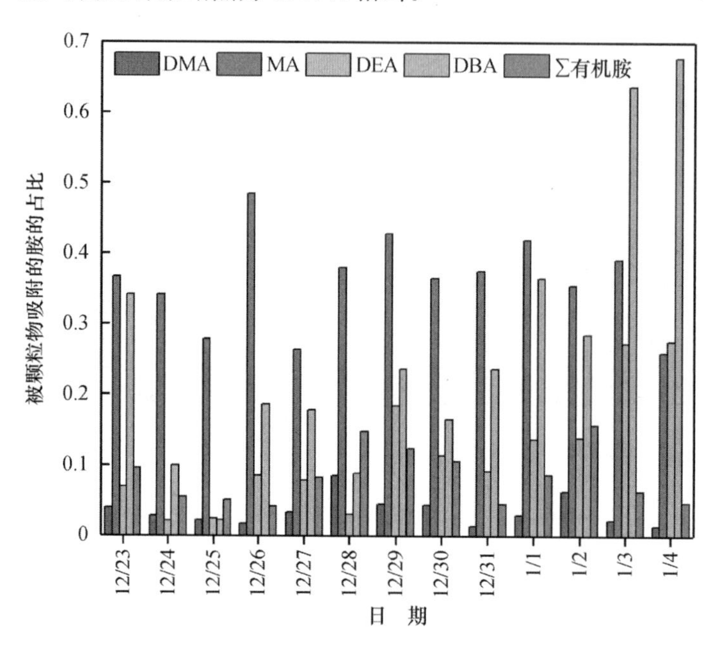

图 1.3　广州市区大气颗粒物中有机胺的占比(见书末彩图)

各胺和总胺 Φ 值与气象参数、气态污染物浓度以及颗粒物中其他化学组分的相关性分析结果表明，DBA 的 Φ 值与 T($r=0.632$，$p<0.05$)、RH($r=0.556$，$p<0.05$)、NO_x($r=0.705$，$p<0.01$)、O_3($r=0.646$，$p<0.05$)和 NO_3^-($r=0.584$，$p<0.05$)有较好的相关性。Φ 值与 T、RH 呈现好的正相关性表明温度和湿度对 DBA 气-固分配的正向影响。另外，DBA 的 Φ 值与 NO_x、O_3 和 NO_3^- 好的相关性，和南岭高山背景站点的研究结果一致，即 O_3 通过促进有机胺形成硝酸胺盐间接促进了有机胺的气-固分配。但是，其他胺的 Φ 值与其他组分没有得到好的相关性，这可能是由于市区有机胺的排放源和大气化学过程更为复杂。

1.4.3　有机胺的粒径分布特征

粒径是气溶胶的重要物理性质之一，是影响气溶胶在大气环境中停留时间的关键因子。本研究采集了广州市 2014 年秋季，2015 年春季、夏季和冬季 PM_{10} 六段颗粒物分级样品，分析了其中的有机胺含量，讨论了广州市有机胺的季节变化特征以及粒径分布在不同季节的差异。结果表明，广州市区四个季节、不同天气条件(灰霾天和清洁天)以及海上气溶胶中，有机胺的粒径分布基本一致，即有机胺主要富集在粒径较小的颗粒物上，各胺粒径分布的峰值出现在 0.49～1.5 μm 粒径段。研究首次报道了广州市有机胺的季节变化和粒径分布特征，这使研究人员对于城市大气气溶胶中有机胺的存在形式和影响因素有了更加深入的认识。

在所有样品中均检出 9 种有机胺，分别为 MA、DMA、乙胺(EA)、DEA、丙胺(PA)、丁胺(BA)、DBA、MOR 和四氢吡咯(PYR)。春、夏、秋和冬四个季节，PM_3 中有机胺质量浓度的平均值分别为(130.0±23.0)ng m^{-3}、(111.8±15.7)ng m^{-3}、(102.4±20.6)ng m^{-3} 和(118.7±104.5)ng m^{-3}。MA、DMA、DEA 和 DBA 四种胺占总胺的比例大于 85%(图 1.4)。

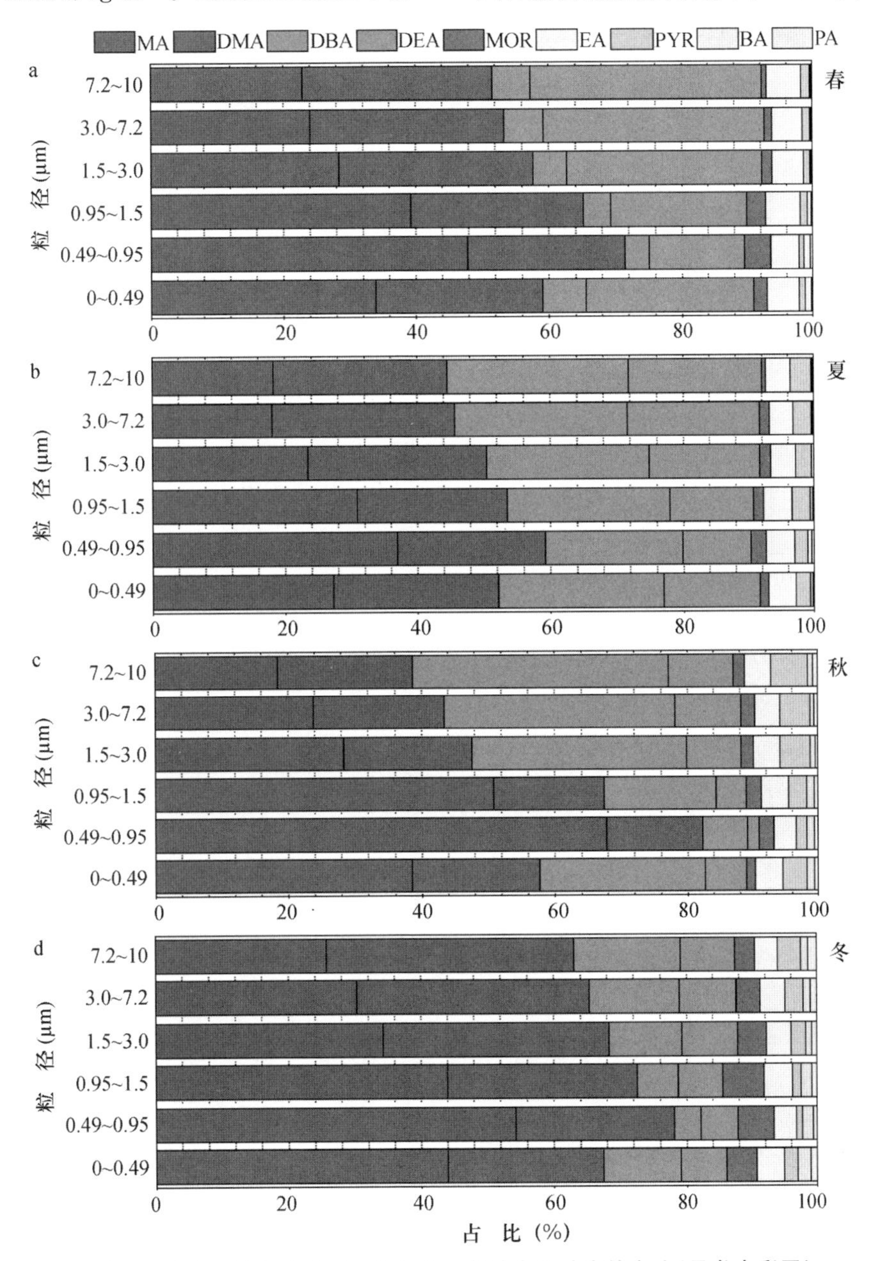

图 1.4　广州市四个季节每个粒径段上各胺在总胺中的占比(见书末彩图)

从总胺来看，春、夏、秋三个季节，总胺在最小粒径段(0～0.49 μm)上的占比最高，而后随着粒径段增大逐渐减小；冬季，总胺在前两个粒径段(0～0.49 和 0.49～0.95 μm)占比相当，其余粒径段总胺的占比随着粒径段增大而减小。每种胺在 $PM_{1.5}$ 上的占比大于 80%，在 PM_3 上的占比大于 90%。

四个季节总胺及各胺浓度的粒径分布如图 1.5 所示。总胺在四个季节均为双峰分布，峰值分别位于 0.49～0.95 μm 和 7.2～10 μm 处。9 种胺的浓度粒径分布主峰出现在 0.49～1.5 μm 处。大部分有机胺在粗颗粒物模态上也出现一个很小的峰值，这部分胺很有可能来自海盐以及地壳气溶胶，说明粗颗粒物上的多相反应是广州地区有机胺一个不可忽视的来源。

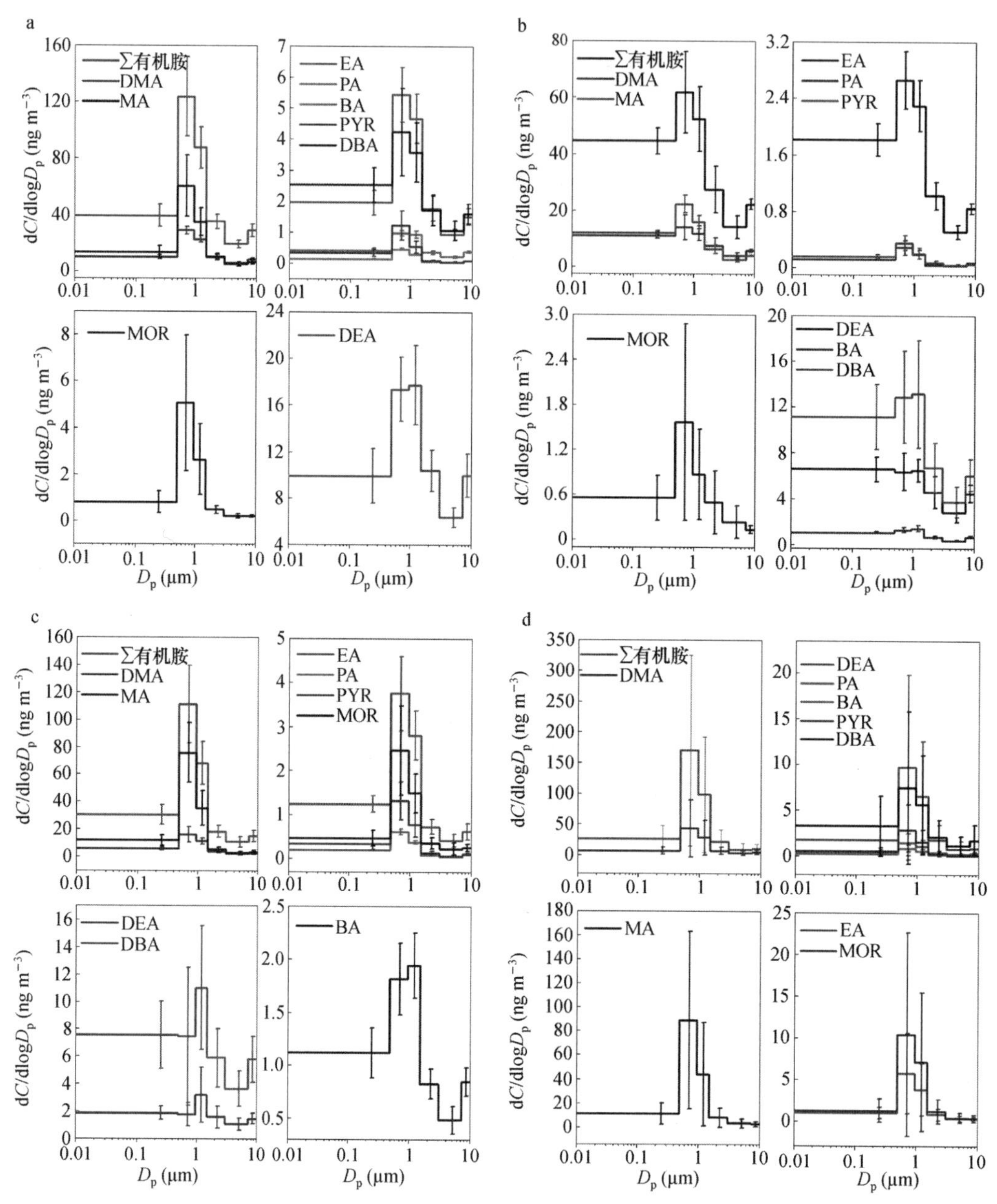

图 1.5 广州市春(a)、夏(b)、秋(c)和冬(d)季有机胺浓度的粒径(D_p)分布(见书末彩图)

DMA、PA 和 PYR 这三种胺在四个季节的粒径分布规律一样，均为双峰(0.49～0.95 μm 和 7.2～10 μm)分布。其他胺在四个季节有明显差别，总结如下：

MA 和 EA：在春、夏、秋三个季节为双峰分布(0.49～0.95 μm 和 7.2～10 μm)，但在冬季为单峰分布，峰值出现在 0.49～0.95 μm 处。MOR：在春、夏和冬三个季节为单峰分布，峰值出现在 0.49～0.95 μm 处，而在秋季为双峰分布(0.49～0.95 μm 和 7.2～10 μm)。BA 和 DBA：在四个季节均为双峰分布，但在夏和秋两个季节主峰后移至 0.95～1.5 μm 处。DEA：在四个季节均为双峰分布，但在冬季主峰前移至 0.49～0.95 μm 处。

1.4.4 不同天气条件下有机胺的分布特征

通过在线单颗粒质谱分析已发现雾过程会促进大气中 TMA 的气-固分配过程，并显著增加颗粒相 TMA 的浓度。但其他胺是否也是类似的现象，哪种胺对高湿环境更加敏感，目前这些科学问题还不清楚。

2015 年冬季(2015 年 12 月～2016 年 1 月)，广州市经历了两次重污染过程，期间细颗粒物浓度最高达到 206.5 μg m^{-3}。每年的春季(2～3 月)是广州市“回南天”高发时期，在这个阶段，时常伴有大雾的产生。本研究分别于 2015 年冬季(灰霾天、清洁天)和 2016 年春季(高湿天)采集大气颗粒物样品，并分析测试其中有机胺的浓度，比较三种天气条件下有机胺浓度变化特征以及在灰霾天和清洁天有机胺粒径分布差异。在所有样品中均共检出 9 种有机胺，分别为 MA、DMA、EA、DEA、PA、BA、DBA、MOR 和 PYR。为了讨论三种天气条件下有机胺的浓度特征，六段颗粒物样品由于没有 2.5 μm 分级，故用 PM_3 来与高湿天 $PM_{2.5}$ 进行对比分析，以下统称为细颗粒物。

不同天气条件下颗粒物和总胺浓度比较如图 1.6 所示。有机胺浓度变化与颗粒物浓度

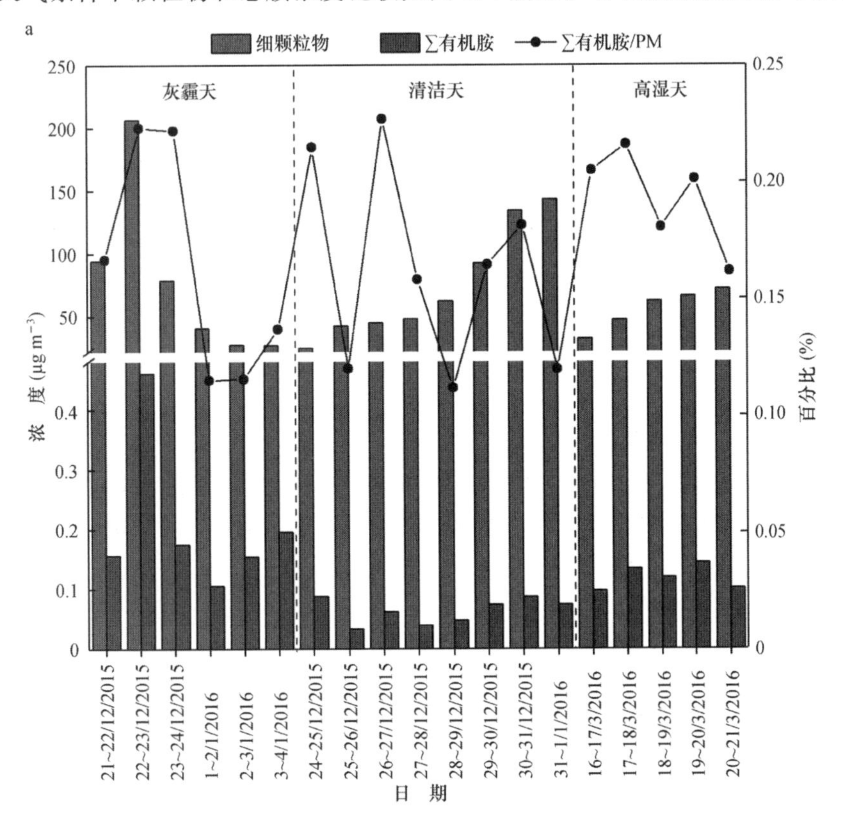

图 1.6 三种天气条件下细颗粒物浓度和细颗粒物中总胺的浓度(a)、细颗粒物中各胺浓度(b)及各胺在总胺中的占比(c)(见书末彩图)

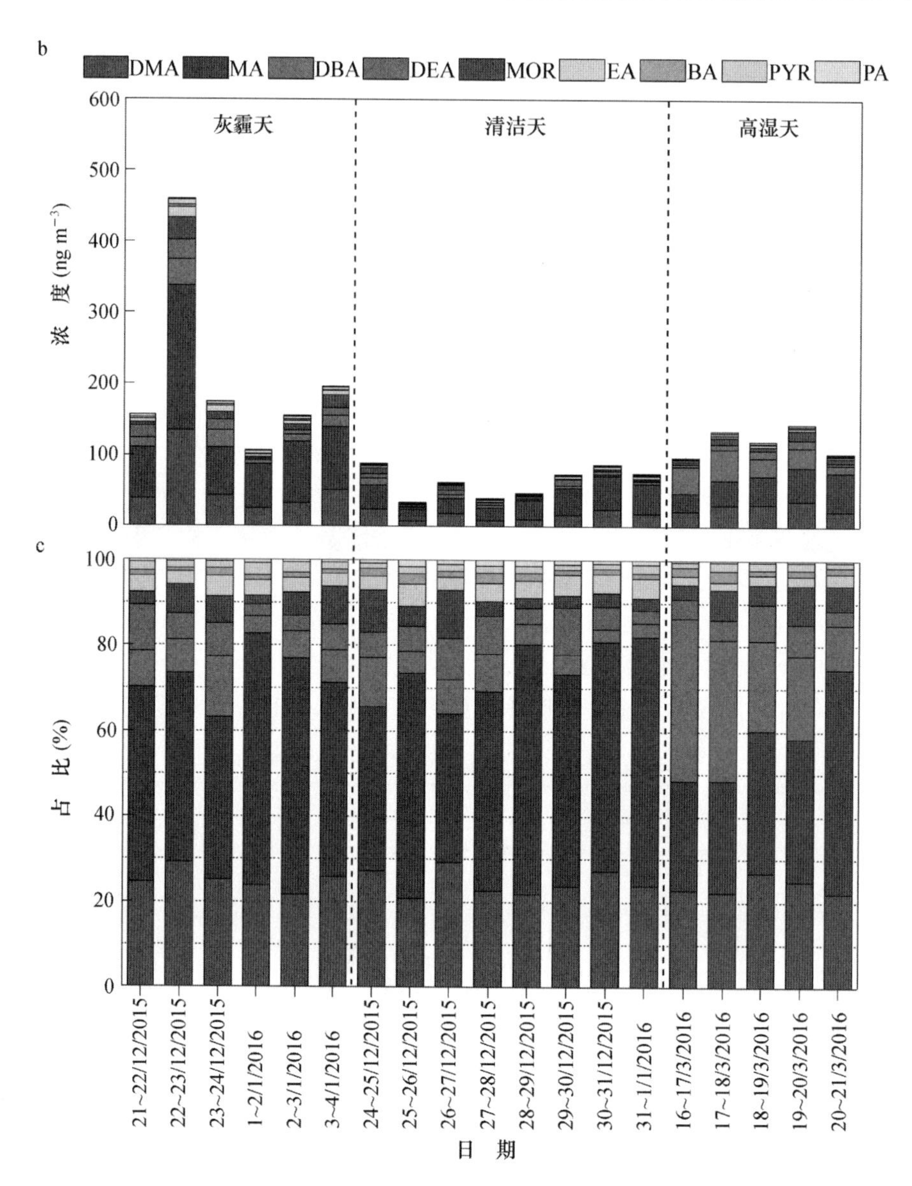

图 1.6(续) 三种天气条件下细颗粒物浓度和细颗粒物中总胺的浓度(a)、细颗粒物中各胺浓度(b)及各胺在总胺中的占比(c)(见书末彩图)

变化一致,即有机胺随着颗粒物浓度增大而增大。细颗粒物中有机胺浓度平均值呈现灰霾天[(208.2±127.1)ng m^{-3}]>高湿天[(119.9±20.1)ng m^{-3}]>清洁天[(63.7±21.3)ng m^{-3}]的变化特征。灰霾天细颗粒物中有机胺浓度是高湿天的 1.7 倍,是清洁天的 3.3 倍。有机胺在细颗粒物中的占比:高湿天(0.193%)>灰霾天(0.163%)≈清洁天(0.162%)。尽管有机胺浓度在灰霾天最高,但其在细颗粒物中的占比与清洁天基本一致,说明采样点区域有机胺的排放比较稳定;相对湿度是影响有机胺在颗粒物上富集的一个重要因素,高湿条件下,有更多的气相有机胺分配到颗粒相中。

MA 和 DMA 在三种天气条件下浓度均较高,二者之和在总胺的占比达 50%。MA、

DMA、DEA 和 DBA 在总胺中的占比灰霾天和清洁天基本一致(图 1.6)：MA 占比 48%，DMA 占比 25%，DEA 占比 6.41%，DBA 占比 7%。而在高湿天各胺占比有明显差别：DBA 在总胺占比增大(由 7%增到 25%)，同时 MA 占比减小(由 48%降为 32%)，说明相比之下 DBA 对高湿条件更加敏感。

1.4.5　大气有机胺的演化机制和云活性特征

1. 有机胺的氧化机制

有机胺可以与大气中的酸性气体反应生成有机胺盐，也可以和空气中的氧化剂如 O_3、OH 自由基和 NO_3 自由基反应生成非盐 SOA。TMAO 是第一个在环境中被识别的有机胺氧化产物。在实验室模拟 TMA 氧化(包括 O_3 氧化和在 NO_x 存在条件下 OH 自由基氧化)，产物中均检测到 TMAO。

本研究分别对 2013 年秋季和 2018 年冬季广州市大气气溶胶的 SPAMS 单颗粒数据进行了分析。以 TMAO 为例，分析了广州市大气 TMA 的氧化反应机制及影响因素，试图探究在实际大气中 TMA 的主要氧化机制。

如图 1.7 所示，TMAO 在含 TMA 颗粒上的占比远远高于在其他颗粒上的占比。进一步研究发现 TMA 和 TMAO 的平均每小时颗粒数呈现良好的相关性，$R^2=0.84$。表明在实际大气环境中，TMA 有部分被氧化形成 TMAO。

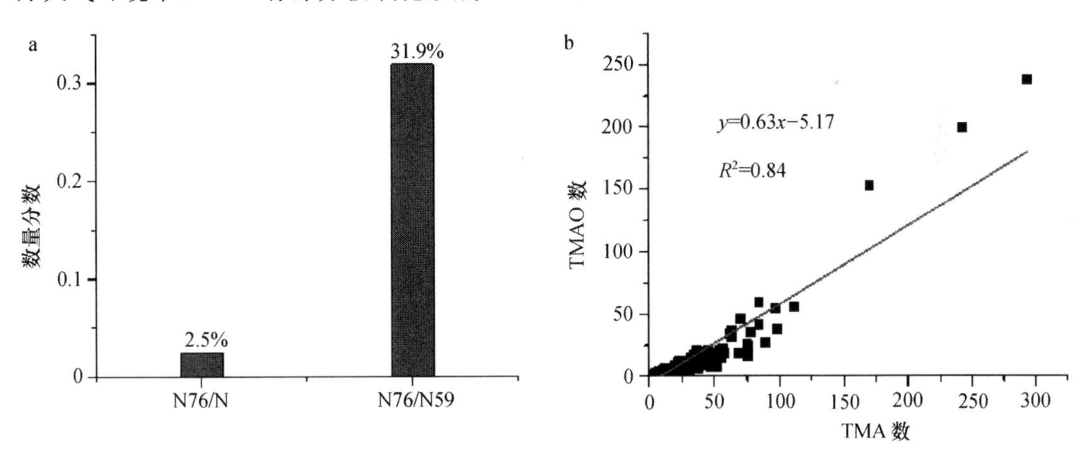

图 1.7　含 $m/z=76$ 颗粒(N76)的占比(a)及含 $m/z=76$ 与含 $m/z=59$ 颗粒(N59)的相关性分析(b)

对含 TMA 颗粒进行分类，得到 7 种含三甲基胺的颗粒类型，分别为有机物-钾内混(OC-K)，富钾(K-rich)，有机物黑碳内混(ECOC)，Fe，富含重金属(Metal-rich)，钾-钠-重金属内混(K-Na-metal)和高分子量有机物(HMWOC)。OC-K 和 HMWOC 类颗粒在含 TMAO 颗粒中的相对数量占比分别为 62.8%和 28.1%，明显高于它们在含 TMA 颗粒中的比例(图1.8)。这两种类型颗粒的一个显著特征是它们比其他类型颗粒含有更多的含氧有机物，如甲酸盐($m/z=45$，CHO_2^-)、乙酸盐($m/z=59$，$C_2H_3O_2^-$)、甲基乙二醛或丙烯酸甲酯($m/z=71$，$C_3H_3O_2^-$)和乙醛酸盐($m/z=73$，$C_3H_5O_2^-$)。这些含氧有机物通常来自环境中挥发性有机化合物的光化学氧化。本研究中含 TMAO 颗粒和含氧有机物颗粒的颗粒数具有正相关性($r=0.28\sim0.40$,$p<0.01$),表明它们可能来自相似的氧化过程。HMWOC 类颗粒与 TMAO 混合程度更高的一个可能的原因是一些 HMWOC 可能是由有机胺和这些氧化有机物反应生成的。已有研究表明这些氧化有机物可以与脂肪族胺发生反应,生成高分子量的含氮化合物。

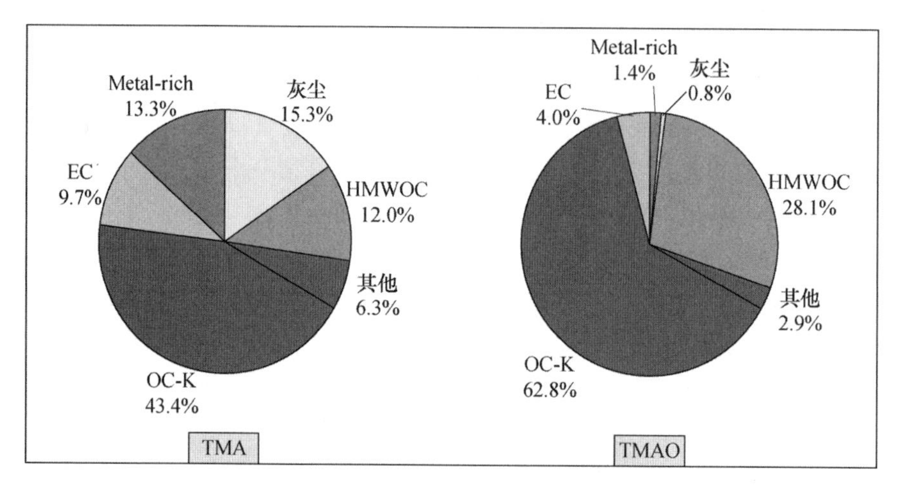

图 1.8　2013 年秋季含 TMA 和含 TMAO 颗粒中主要颗粒类型的相对数量占比

图 1.9 是 2013 年 OC-K 类颗粒中 TMAO 数量占比(N_{TMAO_OC}/N_{OC})、峰面积(APA_{76_OC})及其与 TMA 峰面积比值($Area_{76\_OC}/Area_{59\_OC}$)与 RH、$T$ 和污染物浓度(O_3、SO_2、NO_x 和 $PM_{2.5}$)之间的关系图。从图中可以看出,OC-K 类颗粒中 TMAO 与 TMA 峰面积比随着 RH 的增加而增加,随着 O_3 浓度的增加而下降,与 T、SO_2、NO_x 和 $PM_{2.5}$浓度没有明显关系。这些结果表明,TMAO 很可能是通过夜间氧化过程形成的,而不是 O_3 和 OH 自由基的光化学氧化。本研究中 TMAO 的平均峰面积的昼夜变化趋势与 RH 的变化趋势一致。之前的实验室研究结果也表明,有机胺与 NO_3 自由基反应产物的产率随着 RH 的增加而增加,但有机胺与 OH 自由基氧化生成的气溶胶产率受 RH 的影响很小。因此,我们推测夜间 NO_3 自由基氧化可能促进了 TMAO 的形成,但也不排除有其他液相氧化过程的贡献。

2. 有机胺及其氧化产物的稳定性

有机胺具有较强的碱性,易与大气中酸性物质包括硫酸、硝酸、盐酸和有机酸(如甲酸、乙酸)等发生中和反应形成有机胺盐。本研究测试了含 TMA 颗粒在环境温度、75℃、150℃和 300℃时的挥发性。结果表明,在加热温度 150℃后,TMA 颗粒有比较显著的降低,表明有机胺盐具有一定的挥发性。图 1.10 是不同温度条件下单个颗粒中 $m/z=76$ 与 $m/z=59$ 峰面积比值的箱式图。从图中可以看到,随着温度的增加,$m/z=76$ 峰面积与 $m/z=59$ 峰面积比值趋向于分布在较小的值,在加热温度为 150℃时,$m/z=76$ 与 $m/z=59$ 峰面积比值有比较显著的下降。这一现象表明三甲基胺及其氧化产物在 75~150℃温度段均有不同程度的挥发。

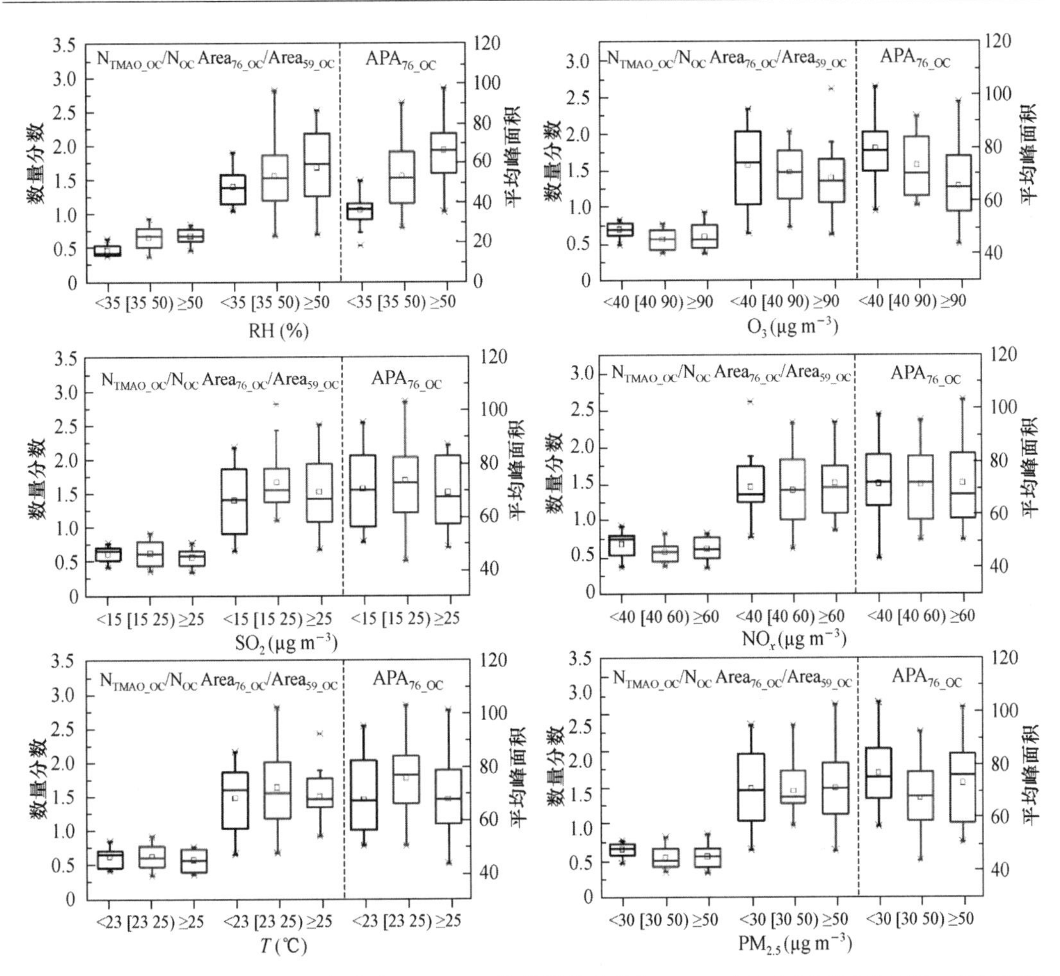

图 1.9　2013 年秋季 OC-K 颗粒中含 TMAO 颗粒的数量占比(N_{TMAO_OC}/N_{OC})、TMAO 和 TMA 的峰面积比($Area_{76\_OC}/Area_{59\_OC}$)和 TMAO 的峰面积($APA_{76\_OC}$)与 RH、$T$ 和污染物浓度(O_3、SO_2、NO_x 和 $PM_{2.5}$)的关系(见书末彩图)

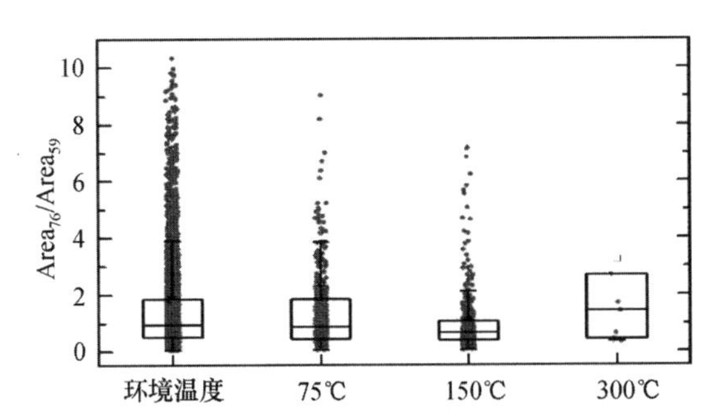

图 1.10　不同温度单个颗粒中 $m/z=76$ 与 $m/z=59$ 峰面积的比值

3. 有机胺的云中过程

有机胺易溶于水，可直接溶解到湿气溶胶和云雾滴中，并进一步进行酸碱反应、氧化反应等形成有机胺盐或其他含氮有机物。目前对有机胺在高湿环境中及云雾过程中的演化过程,尤其是有机胺氧化反应还不清楚。

本研究利用 GCVI 和 SPAMS 对广东韶关南岭背景站的云滴和环境颗粒进行了连续地观测,对比分析了云事件期间和晴朗天颗粒相有机胺的数量占比和化学成分,研究了云过程及云不同发展阶段对有机胺的促进作用。首次对比分析了湿气溶胶和云滴中 TMA 液相氧化产物的分布特征及其影响因素。结果表明,云过程尤其是持续时间较长的云过程或云稳定阶段促进了气相有机胺(DEA、TMA 等)向颗粒相分配,为云过程促进有机胺的形成提供了直接证据。图 1.11 是含 $m/z=59$(TMA)和 $m/z=86$[DEA/三乙胺(TEA)/二丙胺(DPA)]颗粒在云形成、发展和稳定及消散时期的颗粒数占比及平均峰面积。由图可见,云发展稳定及消散时期比云形成时期有更多的三甲基胺云残余(Cloud RES)和云间隙(Cloud INT)颗粒,且三甲基胺的峰面积随着成云过程在不断增加。表明云中过程促进了三甲基胺的形成。

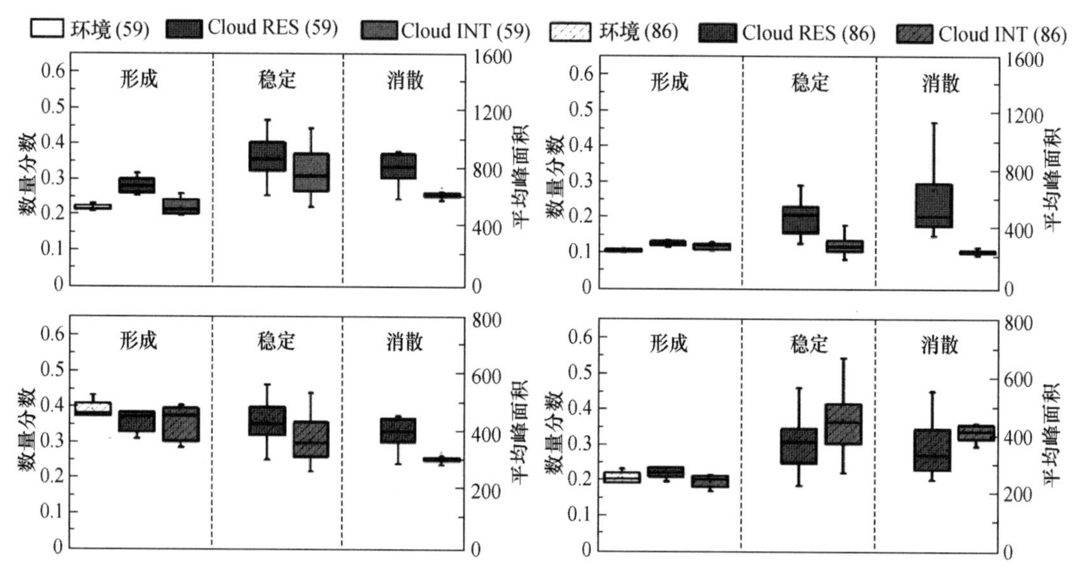

图 1.11 含 $m/z=59$ 和 $m/z=86$ 颗粒在云形成、稳定及消散时期颗粒数占比及平均峰面积(见书末彩图)

此外,生物质燃烧排放可能是影响云滴当中有机胺比例的一个重要来源。研究结果表明,云滴中有机胺颗粒类型的比例受气团影响较大。在西南气团影响下,有机胺颗粒明显增多(图 1.12)。同时云滴中 K-rich 与三甲基胺的比例也呈现正相关关系。

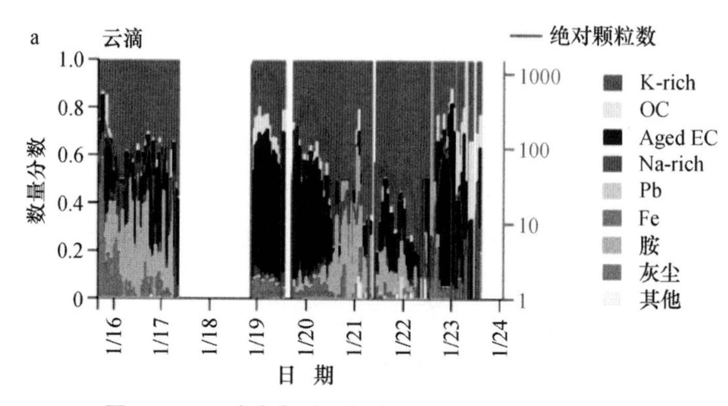

图 1.12 云滴中各种颗粒类型比例随时间变化趋势

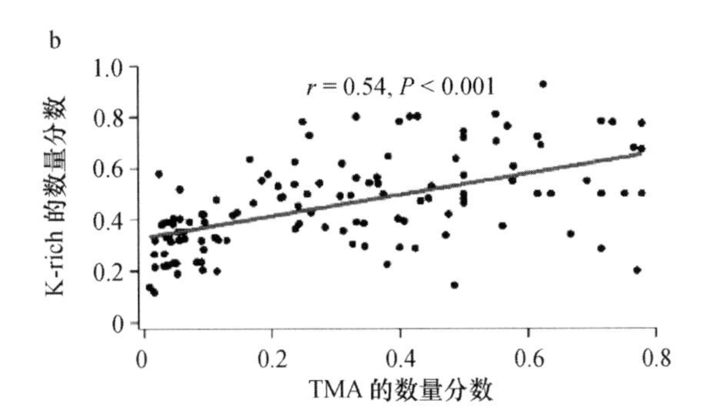

图 1.12(续)　云滴中各种颗粒类型比例随时间变化趋势

1.4.6　本项目资助发表论文

[1] Bi X, Lin Q, Peng L, Zhang G, Wang X, Brechtel F J, Chen D, Li M, Peng P, Sheng G, Zhou, Z. In situ detection of the chemistry of individual fog droplet residues in the Pearl River Delta region, China. Journal of Geophysical Research-Atmospheres, 2016, 121: 9105-9116.

[2] Liu F, Bi X, Ren Z., Zhang G., Wang X, Peng P, Sheng G. Determination of amines associated with particles by gas chromatography-mass spectrometry. Chinese Journal of Analytical Chemistry, 2017, 45: 477-482.

[3] Liu F, Bi X, Zhang G, Peng L, Lian X, Lu H, Fu Y, Wang X, Peng P, Sheng G. Concentration, size distribution and dry deposition of amines in atmospheric particles of urban Guangzhou, China. Atmospheric Environment, 2017, 171: 279-288.

[4] Lin Q, Zhang G, Peng L, Bi X, Wang X, Brechtel F J, Li M, Chen D, Peng P, Sheng G, Zhou, Z. In situ chemical composition measurement of individual cloud residue particles at a mountain site, Southern China. Atmospheric Chemistry and Physics, 2017, 17: 8473-8488.

[5] Zhang G, Lin Q, Peng L, Yang Y, Fu Y, Bi X, Li M, Chen D, Chen J, Cai Z, Wang X, Peng P, Sheng G, Zhou, Z. Insight into the in-cloud formation of oxalate based on in situ measurement by single particle mass spectrometry. Atmospheric Chemistry and Physics, 2017, 17: 13891-13901.

[6] Zhang G, Lin Q, Peng L, Bi X, Chen D, Li M, Li L, Brechtel F J, Chen J, Yan W, Wang X, Peng P, Sheng G, Zhou Z. The single-particle mixing state and cloud scavenging of black carbon: A case study at a high-altitude mountain site in Southern China. Atmospheric Chemistry and Physics, 2017, 17: 14975-14985.

[7] Liu F, Bi X, Zhang G, Lian X, Fu Y, Yang Y, Lin Q, Jiang F, Wang X, Peng P, Sheng G. Gas-to-particle partitioning of atmospheric amines observed at a mountain site in Southern China. Atmospheric Environment, 2018, 195: 1-11.

[8] Zhang G, Lin Q, Peng L, Yang Y, Jiang F, Liu F, Song W, Chen D, Cai Z, Bi X, Miller M, Tang M, Huang W, Wang X, Peng P, Sheng G. Oxalate formation enhanced by Fe-containing particles and environmental implications. Environmental Science & Technology, 2019, 53: 1269-1277.

[9] 鲁慧莹，彭龙，张国华，毕新慧，王新明，彭平安，盛国英. 广州大气颗粒物水溶性有机氮的粒径分布特征和来源分析. 地球化学，2019，48：57-66.

[10] Lian X, Zhang G., Lin Q, Liu F, Peng L, Yang Y, Fu Y, Jiang F, Bi X, Chen D, Wang X. Peng, P, Sheng G. Seasonal variation of amine-containing particles in urban Guangzhou, China. Atmospheric Environ-

ment,2020,222: 117102.

参考文献

[1] Jang M S,Czoschke N M,Lee S,Kamens R M. Heterogeneous atmospheric aerosol production by acid-catalyzed particle-phase reactions. Science,2002,298: 814-817.

[2] Myriokefalitakis S,Vignati E,Tsigaridis K,Papadimas C,Sciare J,Mihalopoulos N,Facchini M C,Rinaldi M,Dentener F J,Ceburnis D,Hatzianastasiou N,O'Dowd C D,van Weele M,Kanakidou M. Global modeling of the oceanic source of organic aerosols. Advances in Meteorology,2010,2010: 939171.

[3] Kurtén T,Loukonen V,Vehkamaki H,Kulmala M. Amines are likely to enhance neutral and ion-induced sulfuric acid-water nucleation in the atmosphere more effectively than ammonia. Atmospheric Chemistry and Physics,2008,8: 4095-4103.

[4] Ge X,Wexler A S,Clegg S L. Atmospheric amines - Part I. A review. Atmospheric Environment,2011,45: 524-546.

[5] Plotka-Wasylka J M,Morrison C,Biziuk M,Namiesnik J. Chemical derivatization processes applied to amine determination in samples of different matrix composition. Chemical Reviews,2015,115: 4693-4718.

[6] Schade G W,Crutzen P J. Emission of aliphatic amines from animal husbandry and their reactions: Potential source of N_2O and HCN. Journal of Atmospheric Chemistry,1995,22: 319-346.

[7] Pratt K A,Hatch L E,Prather K A. Seasonal volatility dependence of ambient particle phase amines. Environmental Science & Technology,2009,43: 5276-5281.

[8] Kuhn U,Sintermann J,Spirig C,Jocher M,Ammann C. ,Neftel A. Basic biogenic aerosol precursors: Agricultural source attribution of volatile amines revised. Geophysical Research Letters,2011,38: L16811.

[9] Cornell S E,Jickells T D,Cape J N,Rowland A P,Duce R A. Organic nitrogen deposition on land and coastal environments: A review of methods and data. Atmospheric Environment,2003,37: 2173-2191.

[10] VandenBoer T C,Petroff A,Markovic M Z,Murphy J G. Size distribution of alkyl amines in continental particulate matter and their online detection in the gas and particle phase. Atmospheric Chemistry and Physics,2011,11: 4319-4332.

[11] Akyüz M. Simultaneous determination of aliphatic and aromatic amines in ambient air and airborne particulate matters by gas chromatography-mass spectrometry. Atmospheric Environment, 2008, 42: 3809-3819.

[12] 张天然. 黄东海大气气溶胶中有机胺的组成、来源及粒径分布特征. 中国海洋大学硕士生毕业论文,2013.

[13] Zhang G,Bi X,Chan L Y,Li L,Wang X,Feng J,Sheng G,Fu J,Li M,Zhou Z. Enhanced trimethylamine-containing particles during fog events detected by single particle aerosol mass spectrometry in urban Guangzhou,China. Atmospheric Environment,2012,55: 121-126.

[14] Huang Y,Chen H,Wang L,Yang X,Chen J. Single particle analysis of amines in ambient aerosol in Shanghai. Environmental Chemistry,2012,9: 202-210.

[15] Williams B J,Goldstein A H,Kreisberg N M,Hering S V,Worsnop D R,Ulbrich I M,Docherty K S,Jimenez J L. Major components of atmospheric organic aerosol in Southern California as determined by hourly measurements of source marker compounds. Atmospheric Chemistry and Physics, 2010, 10:

11577-11603.

[16] Sorooshian A, Ng N L, Chan A W H, Feingold G, Flagan R C, Seinfeld J H. Particulate organic acids and overall water-soluble aerosol composition measurements from the 2006 Gulf of Mexico Atmospheric Composition and Climate Study (GoMACCS). Journal of Geophysical Research-Atmospheres, 2007, 112: D13201.

[17] Chan L P, Chan C K. Role of the aerosol phase state in ammonia/amines exchange reactions. Environmental Science & Technology, 2013, 47: 5755-5762.

[18] Erupe M E, Liberman-Martin A, Silva P J, Malloy Q G J, Yonis N, Cocker D R, Purvis-Roberts K L. Determination of methylamines and trimethylamine-*N*-oxide in particulate matter by non-suppressed ion chromatography. Journal of Chromatography A, 2010, 1217: 2070-2073.

[19] Wang L, Lal V, Khalizov A F, Zhang R. Heterogeneous chemistry of alkylamines with sulfuric acid: Implications for atmospheric formation of alkylaminium sulfates. Environmental Science & Technology, 2010, 44: 2461-2465.

[20] Silva P J, Erupe M E, Price D, Elias J, Malloy Q G J, Li Q, Warren B, Cocker D R. Trimethylamine as precursor to secondary organic aerosol formation via nitrate radical reaction in the atmosphere. Environmental Science & Technology, 2008, 42: 4689-4696.

[21] Malloy Q G J, Qi L, Warren B, Cocker D R, Erupe M E, Silva P J. Secondary organic aerosol formation from primary aliphatic amines with NO_3 radical. Atmospheric Chemistry and Physics, 2009, 9: 2051-2060.

[22] Grosjean D. Atmospheric chemistry of toxic contaminants. 6. Nitrosamines: Dialkyl nitrosamines and nitrosomorpholine. Journal of the Air & Waste Management Association, 1991, 41: 306-311.

[23] Herckes P, Leenheer J A, Collett J L. Comprehensive characterization of atmospheric organic matter in Fresno, California fog water. Environmental Science & Technology, 2007, 41: 393-399.

[24] Price D J, Clark C H, Tang X, Cocker D R, Purvis-Roberts K L, Silva P J. Proposed chemical mechanisms leading to secondary organic aerosol in the reactions of aliphatic amines with hydroxyl and nitrate radicals. Atmospheric Environment, 2014, 96: 135-144.

[25] Finlayson-Pitts B J and Pitts J N. Chemistry of the upper and lower atmosphere: Theory, experiments, and applications. USA: Academic Press, 1999.

[26] Wang L, Khalizov A F, Zheng J, Xu W, Ma Y, Lal V, Zhang R. Atmospheric nanoparticles formed from heterogeneous reactions of organics. Nature Geoscience, 2010, 3: 238-242.

[27] Smith J N, Barsanti K C, Friedli H R, Ehn M, Kulmala M, Collins D R, Scheckman J H, Williams B J, McMurry P H. Observations of aminium salts in atmospheric nanoparticles and possible climatic implications. Proceedings of the National Academy of Sciences of the United States of America, 2010, 107: 6634-6639.

[28] Bzdek B R, Ridge D P, Johnston M V. Amine exchange into ammonium bisulfate and ammonium nitrate nuclei. Atmospheric Chemistry and Physics, 2010, 10: 3495-3503.

[29] Petters M D, Kreidenweis S M. A single parameter representation of hygroscopic growth and cloud condensation nucleus activity. Atmospheric Chemistry and Physics, 2007, 7: 1961-1971.

[30] Tang X, Price D, Praske E, Vu D N, Purvis-Roberts K, Silva P J, Cocker D R, Asa-Awuku A. Cloud condensation nuclei (CCN) activity of aliphatic amine secondary aerosol. Atmospheric Chemistry and Physics, 2014, 14: 5959-5967.

[31] Hutchings J W, Ervens B, Straub D, Herckes P. *N*-Nitrosodimethylamine occurrence, formation and cycling in clouds and fogs. Environmental Science & Technology, 2010, 44: 8128-8133.

[32] Russell L M, Takahama S, Liu S, Hawkins L N, Covert D S, Quinn P K, Bates T S. Oxygenated fraction and mass of organic aerosol from direct emission and atmospheric processing measured on the R/V Ronald Brown during TEXAQS/GoMACCS 2006. Journal of Geophysical Research-Atmospheres, 2009, 114: D00F05.

第2章　霾发生期间硫酸盐和硝酸盐形成的大气化学机制：^{17}O同位素示踪

谢周清，贺鹏真，乐凡阁，康辉

中国科学技术大学

本项目采用三氧同位素示踪方法探索雾霾发生期间硫酸盐和硝酸盐形成的大气化学机制。采用高温裂解元素分析仪-固相微萃取-稳定同位素比率质谱仪（TC/EA-GB-IRMS）方法，重点分析了雾霾期间北京等污染地区$PM_{2.5}$样品硫酸根和硝酸根中的$\Delta^{17}O$，并与上海地区进行了对比研究。在2014年10月至2015年1月期间，北京地区$PM_{2.5}$中的$\Delta^{17}O(NO_3^-)$变化范围为27.5‰～33.9‰，平均值为(30.6±1.8)‰。基于$\Delta^{17}O(NO_3^-)$的计算表明，夜间反应（$N_2O_5+H_2O/Cl^-$和NO_3+HC）主导了$PM_{2.5}\geqslant75\ \mu g\ m^{-3}$期间硝酸盐的形成，贡献高达56%～97%。在2016年1月至6月期间，上海地区$PM_{2.5}$中$\Delta^{17}O(NO_3^-)$变化范围为20.5‰～31.9‰，均值为(26.2±2.5)‰，呈现明显的白天高晚上低的日夜变化特征。基于$\Delta^{17}O(NO_3^-)$连续性方程的评估表明，昼夜采样期间上海硝酸盐的大气停留时间为15小时左右，观测期间硝酸盐的形成途径——NO_2+OH和NO_2+H_2O贡献了硝酸盐的55%～77%，在夏季高达84%～92%。$\Delta^{17}O(SO_4^{2-})$变化范围为0.1‰到1.6‰，平均值为(0.9±0.3)‰。结果表明，当云水含量较低的时候非均相反应主导硫酸盐的生成，而当云水含量高时云中反应主导硫酸盐的生成。化学反应动力学和$\Delta^{17}O(SO_4^{2-})$约束计算，H_2O_2氧化占非均相反应的5%～13%，O_3氧化占21%～22%，产生零-$\Delta^{17}O(SO_4^{2-})$的非均相反应（如NO_2氧化、O_2氧化）占66%～73%。发现气溶胶热力学状态稳态或亚稳态的假设会显著影响气溶胶pH的计算数值，从而影响NO_2或O_2等氧化途径的相对贡献。在高的pH条件下NO_2氧化主导非均相反应，而在较低的pH条件下（$pH\leqslant3$）O_2氧化主导非均相反应，揭示了气溶胶pH的重要性。本项目的结果表明应用三氧同位素技术可以揭示雾霾硝酸盐和硫酸盐的氧化路径相对贡献。

2.1　研究背景

灰霾产生的本质原因与大气细颗粒物$PM_{2.5}$浓度增加密切相关[1-2]。研究认为，二次源是我国大气细颗粒物的主要源，即气态污染物在大气中经过气-固转化（凝聚、吸附、反应等）生成细颗粒物，并随后吸湿增长导致消光[3]。二次来源的气溶胶中，硫酸盐和硝酸盐占有重要比重[4]。比如亚太经济合作组织(APEC)会议期间,对京津冀区域的大型联合观测表明,有机质、硝酸盐、硫酸盐和铵盐对大气的消光贡献分别为35%、17%、16%和15%。硝酸盐、硫酸盐和铵盐三种无机成分的贡献达40%以上,与有机物贡献相当[5]。硫酸盐和硝酸盐气溶胶的形成过程主要是四价硫和 NO_x 的氧化,有气相和液相/非均相等氧化路径(图2.1)[6]。

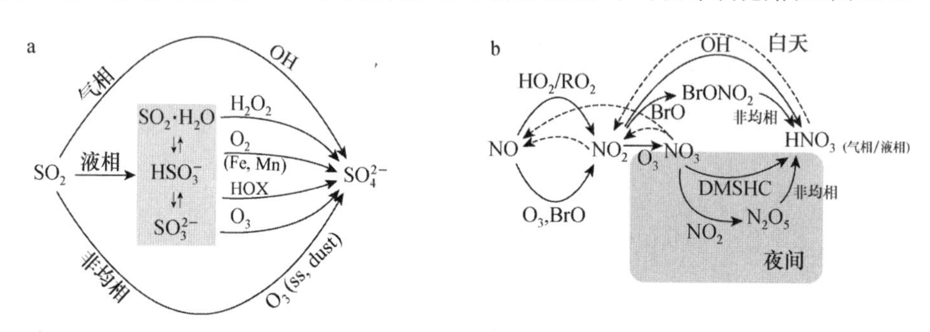

图2.1 硫酸盐(a)和硝酸盐(b)形成的大气化学过程[6]

气相氧化过程生成的硫酸盐、硝酸盐形成新的颗粒,增加了大气气溶胶的浓度;液相/非均相氧化过程生成的硫酸盐、硝酸盐附着在已存在的颗粒上,不增加大气气溶胶的浓度[7]。因此,定量氧化路径的相对比例及示踪气溶胶形成的大气过程非常重要。稳定同位素已经被用来示踪大气化学过程和约束生物地球化学循环中源与汇的通量问题。如大气硫酸盐、硝酸盐的 $\delta^{34}S$、$\delta^{15}N$ 和 $\delta^{18}O$ 能表征各种硫来源的相对比例并提供氧化过程的信息[8-9]。但各种来源 $\delta^{34}S$、$\delta^{15}N$ 和 $\delta^{18}O$ 信号的叠加以及后期沉积过程的改造,使硫、氧同位素在复杂的大气化学研究中受到限制,尤其不能定量标定硫酸盐气溶胶的氧化路径的相对比例[10-11]。气溶胶 $\Delta^{17}O$ 分析为定量标定氧化路径的相对比例提供了全新的途径[7]。从气溶胶形成的氧化路径可知,气相氧化过程不产生或产生较小的 $\Delta^{17}O$,而液相/非均相氧化过程产生或产生较大的 $\Delta^{17}O$。这样硫酸盐、硝酸盐气溶胶中的 $\Delta^{17}O$ 反映了液相/非均相与气相氧化路径的相对比例,$\Delta^{17}O$ 越偏正,液相/非均相路径贡献越大,因此 $\Delta^{17}O$ 能定量标定气溶胶形成的两种氧化路径的相对比例。更为重要的是,在气溶胶形成的其他过程中发生的同位素分馏均为质量同位素分馏,虽然能改变 $\delta^{18}O$,但不能改变 $\Delta^{17}O$,因此 $\Delta^{17}O$ 是一个比 $\delta^{34}S$、$\delta^{15}N$ 和 $\delta^{18}O$ 更敏感、更可靠的示踪剂[10-11]。

2014年作者在中国科学院大学(简称"国科大")雁栖湖校区的观测点,在APEC前后采集了气溶胶样品,分析了其中硫酸盐气溶胶中的 $\Delta^{17}O$,初步结果显示非均相大气硫酸盐的 $\Delta^{17}O$ 较小,并且随硫酸盐浓度增大 $\Delta^{17}O$ 变小,表明零-$\Delta^{17}O$ 过程可能是硫酸盐增长的关键因素。以上工作为研究提供了理论和实验基础,并积累了原始数据供对比研究。

2.2 研究目标与研究内容

2.2.1 研究目标

针对"中国大气复合污染的成因与应对机制的基础研究"的核心科学问题"大气复合污

染生成的关键过程”，采用三氧同位素示踪方法探索华北、长三角等地雾霾发生期间硫酸盐和硝酸盐形成的大气化学机制，探索液相/非均相和气相等氧化路径的相对比例，了解各种氧化剂所起的相对作用以及发生氧化过程的物理化学条件，为有效控制硫酸盐和硝酸盐的生成提供科学依据。

2.2.2　研究内容

本项目重点在华北地区和长三角地区开展工作。对雾霾期间在北京、上海等重点污染地区采集的 $PM_{2.5}$ 样品，采用高温裂解元素分析仪-固相微萃取-稳定同位素比率质谱仪方法测试硫酸根中的 $\Delta^{17}O$，采用细菌反硝化法测试硝酸根中的 $\Delta^{17}O$。以 $\Delta^{17}O$ 作为约束条件，结合 SO_2、NO_x 和 O_3 等痕量气体以及气象参数，计算液相/非均相和气相等氧化路径的相对比例，了解各种氧化剂所起的相对作用以及发生氧化过程的物理化学条件。

2.3　研究方案

技术路线如图 2.2 所示。

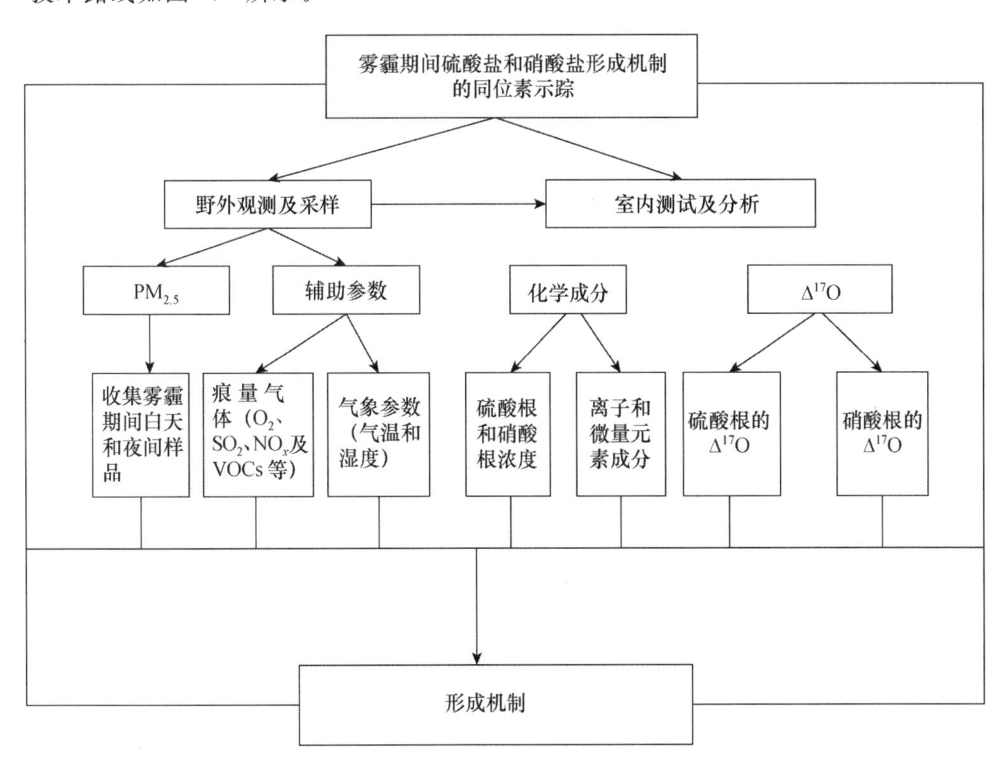

图 2.2　技术路线

2.3.1 野外观测及采样

华北地区样品：选择 2014 年 10 月～2015 年 1 月期间在北京国科大雁栖湖校区采集的 $PM_{2.5}$ 样品，分析硫酸根和硝酸根中的 $\Delta^{17}O$；

长三角地区样品：2016 年 1～6 月在上海中国极地研究中心观测点采用大流量空气悬浮颗粒物采样器采集 $PM_{2.5}$ 样品[流量 1.05 $m^3\ min^{-1}$，石英玻璃滤膜$(20\times25)cm^2$，采样间隔 12 h]，同时记录气象参数，在线获取 O_3、SO_2、NO_x 浓度等。

2.3.2 化学成分分析

采用离子色谱和电感耦合等离子体质谱(ICP-MS)测试离子和微量元素成分。

2.3.3 $\Delta^{17}O$ 测试

硫酸盐氧同位素(^{16}O，^{17}O，^{18}O)的测定采用高温裂解元素分析仪-固相微萃取-稳定同位素比率质谱仪测试，主要步骤如下：

(1) 取适量气溶胶滤膜样品，超声使其溶解在超纯水(≥18 MΩ)中，然后滤除不溶物；

(2) 使用固相萃取小柱(型号：Alltech Maxi-Clean IC-RP SPE)初步去除有机物；

(3) 使用阳离子交换树脂将滤液中的阳离子转换成 Na^+ 并添加过量的 30% H_2O_2 试剂再次去除有机物；

(4) 蒸发去除过量的 H_2O_2，复溶，然后通过离子色谱将 SO_4^{2-} 与其他阴离子(如 NO_3^-)分离开来；

(5) 使用离子交换树脂将硫酸盐转换成 Ag_2SO_4 并在石英杯中干燥形成 Ag_2SO_4 固体粉末；

(6) 将含有 Ag_2SO_4 的石英杯按顺序放置在自动进样器中，该自动进样器位于同位素质谱仪连续进样的入口处；

(7) 每个 Ag_2SO_4 样品被依次送入通有 He 气流的 1000℃裂解反应器(TC/EA)中，裂解生成 $Ag(s)+SO_2(g)+O_2(g)$。副产物 Ag(s)会在石英杯表层凝结，而副产物 $SO_2(g)$会在低温阱(液氮，约 77 K)中从 He 气流中分离开；

(8) 使用多用途气体制备仪(GasBench Ⅱ)冷阱预富集 O_2；

(9) 通过 He 气流将 O_2 带入 MAT253 同位素质谱仪测定 O_2 的氧同位素组成($^{17}O/^{16}O$ 和 $^{18}O/^{16}O$)，然后计算得到 $\Delta^{17}O$。

每个样品测试 3 次，取平均值为最终结果。通过对标准物质的测定分析得出该方法下 $\Delta^{17}O$ 的精度(1SD)为 0.3‰。

硝酸盐氮氧同位素(^{15}N，^{16}O，^{17}O，^{18}O)的测定采用的分析方法是细菌反硝化法[12]，所使用的细菌为致金色假单胞菌(*Pseudomonas aureofaciens*)。主要实验步骤如下：

(1) 第一天，培养细菌。即添加菌种、缓冲液到营养液瓶中，然后密封瓶口，在室温下震荡一天；

(2) 第二天，收获细菌。即离心分离出细菌，然后添加无 NO_3^- 培养液复溶，并加入数滴防沫剂混合均匀，之后将培养液均匀分到样品小瓶中，密封，再通过针孔用氮气吹扫 2 h，之后添加样品溶液[样品溶液的制备与 2.3.3 节测试硫酸根中 $\Delta^{17}O$ 的上述步骤(1)相同]到样品小瓶中，在室温下震荡过夜；

(3) 第三天，上机测试。在上机测试前，先向每个样品小瓶加入数滴 NaOH 溶液杀死细菌，然后沿壁加入数滴防沫剂。使用 He 气流将反硝化细菌还原 NO_3^- 所产生的 N_2O 吹扫进入 800℃的金管中进行热分解，产生 N_2 和 O_2。通过气相色谱将 O_2 和 N_2 分离开来，然后使用 Finnigan Delta Plus 同位素质谱仪测定来自 N_2 的质荷比 28 和 29 以及来自 O_2 的质荷比 32、33 和 34，然后计算 $\delta^{15}N$ 和 $\Delta^{17}O$。

每个样品测试 3 次，取平均值为最终结果。通过对标准物质的分析得出该方法下的 $\delta^{15}N$和 $\Delta^{17}O$ 的精度(1SD)分别为 0.4‰和 0.2‰。

2.3.4 模型构建

所采用的硫酸盐和硝酸盐大气化学机制如下(表 2-1 和表 2-2)：

表 2-1　四价硫的氧化机制

硫酸盐形成途径	$\Delta^{17}O(SO_4^{2-})$/‰
SO_2+OH	0
$S(IV)+TMI(O_2)$	0
$S(IV)+H_2O_2$	0.7
$S(IV)+O_3$	6.5
$S(IV)+NO_2$	0

表 2-2　硝酸根的大气化学机制

编　号	反应式	产物的 $\Delta^{17}O$/‰
R1	$NO+O_3 \longrightarrow NO_2+O_2$	$\Delta^{17}O(NO_2)=1.18\times\Delta^{17}O(O_3)+6.6$
R2	$NO+HO_2/RO_2 \longrightarrow NO_2+OH/RO$	$\Delta^{17}O(NO_2)=0$
R4	$NO_2+O_3 \longrightarrow NO_3+O_2$	$\Delta^{17}O(NO_3)=\frac{2}{3}\Delta^{17}O(NO_2)+\frac{1}{3}[1.23\times\Delta^{17}O(O_3)+9.0]$
R5	$NO_2+NO_3 \longrightarrow N_2O_5$	$\Delta^{17}O(N_2O_5)=\frac{2}{5}\Delta^{17}O(NO_2)+\frac{3}{5}\Delta^{17}O(NO_3)$
R6	$NO_2+OH \longrightarrow HNO_3$	$\Delta^{17}O(NO_3^-)=\frac{2}{3}\Delta^{17}O(NO_2)$
R7	$2NO_2+H_2O \longrightarrow HNO_3+HNO_2$	$\Delta^{17}O(NO_3^-)=\frac{2}{3}\Delta^{17}O(NO_2)$
R8	$NO_3+HC \longrightarrow HNO_3+$产物	$\Delta^{17}O(NO_3^-)=\Delta^{17}O(NO_3)$
R9	$N_2O_5+H_2O \longrightarrow 2HNO_3$	$\Delta^{17}O(NO_3^-)=\frac{5}{6}\Delta^{17}O(N_2O_5)$
R10	$N_2O_5+Cl^- \longrightarrow NO_3^-+ClNO_2$	$\Delta^{17}O(NO_3^-)=\Delta^{17}O(NO_3)$

模型分别计算每个氧化过程 12 小时的硫酸盐和硝酸盐的平均产率(转化速率),并进一步由观测的 $\Delta^{17}O$ 进行约束。

2.4 主要进展与成果

2.4.1 夜间反应主导北京灰霾期间硝酸盐的形成过程

1. 总体观测结果

图 2.3 展示了观测期间各大气成分及气象参数的变化特征。$PM_{2.5}$浓度的 12 小时平均值变化范围为 16～325 $\mu g\ m^{-3}$,均值为[141±88 (1σ)]$\mu g\ m^{-3}$。观测期间 NO_3^- 浓度与 $PM_{2.5}$浓度的变化趋势相同(图 2.3a),变化范围为 0.3～106.7 $\mu g\ m^{-3}$,在 $PM_{2.5}$<75 $\mu g\ m^{-3}$时均值为(6.1±5.3)$\mu g\ m^{-3}$,在 $PM_{2.5}$≥75 $\mu g\ m^{-3}$时均值为(48.4±24.7)$\mu g\ m^{-3}$。相应地,氮元素氧化率(NOR,即 NO_3^- 的摩尔浓度除以 NO_2 与 NO_3^- 摩尔浓度之和),一个二次硝酸盐的指示因子[13],从 $PM_{2.5}$<75 $\mu g\ m^{-3}$时的 0.09±0.05 增加到 $PM_{2.5}$≥75 $\mu g\ m^{-3}$时的 0.31±0.10(图 2.3b)。在供暖季(2014 年 11 月至 2015 年 1 月期间的灰霾事件Ⅲ至Ⅴ,图 2.3b),Cl^- 浓度的变化趋势与 NO_3^- 相似,均值从 $PM_{2.5}$<75 $\mu g\ m^{-3}$时的(0.6±1.0)$\mu g\ m^{-3}$增长到 $PM_{2.5}$≥75 $\mu g\ m^{-3}$时的(7.9±4.8)$\mu g\ m^{-3}$。然而,在 2014 年 10 月灰霾事件Ⅰ和Ⅱ中,Cl^- 浓度在 $PM_{2.5}$<75 $\mu g\ m^{-3}$时和 $PM_{2.5}$≥75 $\mu g\ m^{-3}$时的均值分别为(3.5±1.6)$\mu g\ m^{-3}$和(3.5±1.9)$\mu g\ m^{-3}$,两者在 0.01 水平上无显著性差异(t 检验)。在观测期间,能见度从 $PM_{2.5}$<75 $\mu g\ m^{-3}$时的(11.4±6.7)km 下降到 $PM_{2.5}$≥75 $\mu g\ m^{-3}$时的(3.1±1.8)km(图 2.3c),而相对湿度(RH)从 $PM_{2.5}$<75 $\mu g\ m^{-3}$时的(37±12)%增加到 $PM_{2.5}$≥75 $\mu g\ m^{-3}$时的(62±12)%(图 2.3d)。

$\Delta^{17}O(NO_3^-)$的变化范围是 27.5‰至 33.9‰,在 $PM_{2.5}$<75 $\mu g\ m^{-3}$时的均值为(29.1±1.3)‰,在 $PM_{2.5}$≥75 $\mu g\ m^{-3}$时的均值为(31.0±1.7)‰(图 2.3c)。观测过程中,无论是白天采集的样品(08:00～20:00)还是夜间采集的样品(20:00～08:00)都高于 24.85‰,即在假设 $\Delta^{17}O(O_3)$=26‰情况下[14-15],NO_2+OH 和 NO_2+H_2O 能产生的 $\Delta^{17}O(NO_3^-)$最大值。因此,我们观测的 $\Delta^{17}O(NO_3^-)$直接表明夜间反应途径如 N_2O_5+H_2O/Cl^- 和 NO_3+HC 对所有样品中的硝酸盐都有贡献。大气硝酸盐的保留时间通常大于单个样品的采集时间即 12 小时[16],因此每个样品都可能会受到白天和夜间硝酸盐形成途径的影响。统计表明,白天采集样品和夜间采集样品的 $\Delta^{17}O(NO_3^-)$均值分别为(30.3±1.5)‰和(30.9±2.1)‰,在 0.01 水平上没有显著性差异(t 检验)。

观测的 $\delta^{15}N(NO_3^-)$变化范围是−2.5‰至 19.2‰,均值为(7.4±6.8)‰,在前人报道的北京雨水 $\delta^{15}N(NO_3^-)$的观测值范围内[17],也与在德国观测的气溶胶 $\delta^{15}N(NO_3^-)$相似[18]。图 2.3d 表明 $\delta^{15}N(NO_3^-)$在 2014 年 10 月的变化幅度较大。$\delta^{15}N(NO_3^-)$平均值从 10 月 18 日 08:00 至 10 月 21 日 08:00 之间的(0.4±1.5)‰增加到 10 月 21 日 08:00 至

10 月 23 日 08:00 之间的(10.7±1.4)‰，然后降低到 10 月 23 日 08:00 至 10 月 26 日 08:00 之间的(−0.9±2.1)‰，对应时间段的 $PM_{2.5}$ 浓度均值分别为(155±63) μg m^{-3}、(57±19) μg m^{-3}和(188±51) μg m^{-3}。然而在其他时间段，即供暖季，无论是在 $PM_{2.5}$ < 75 μg m^{-3}时还是在 $PM_{2.5}$ ≥75 μg m^{-3}时，$\delta^{15}N(NO_3^-)$均较高，在 7.6‰至 19.2‰之间。

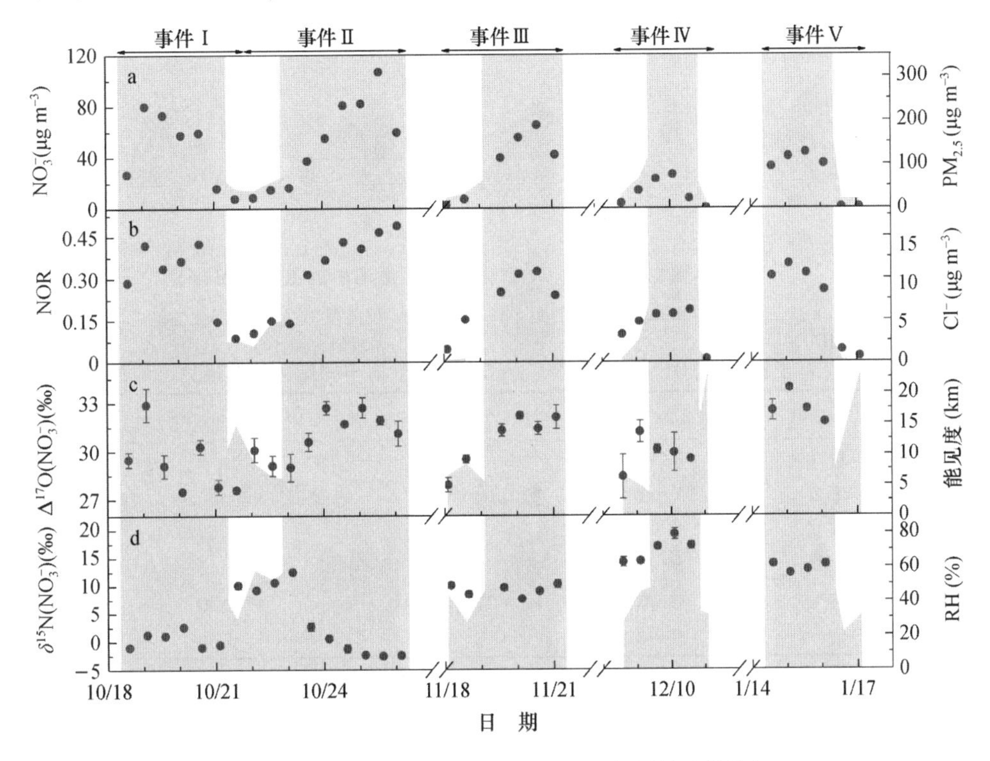

图 2.3　2014 年 10 月至 2015 年 1 月观测期间北京灰霾的总体特征

[图 c 和 d 中的误差棒是对每个样品进行多次测量所得到的标准差($n=3$)；图中柱状阴影区域是指 $PM_{2.5}$ 污染时间段($PM_{2.5}$≥75 μg m^{-3})。]

2. 不同反应相对重要性的评估

在评估不同反应的相对重要性之前，首先评估了 O_3 氧化在 NO_x 循环中的占比情况(α)。α 的范围可基于观测的 $\Delta^{17}O(NO_3^-)$评估。我们知道 24.85α‰ < $\Delta^{17}O(NO_3^-)$ < (24.85α+13.66)‰，因此 α 可能的下限值是[$\Delta^{17}O(NO_3^-)$−13.66‰]/24.85‰。观测的 $\Delta^{17}O(NO_3^-)$≥27.5‰，因此从 $\Delta^{17}O(NO_3^-)$角度来看，每个样品对应的 α 上限值始终是 1。图 2.4 显示的是基于观测的 $\Delta^{17}O(NO_3^-)$评估得到的 α。基于 $\Delta^{17}O(NO_3^-)$计算得到的不同样品的 α 下限值变化范围为 0.56～0.81，均值为 0.68±0.07，这直接表明 O_3 氧化而不是 HO_2/RO_2 氧化主导了北京灰霾期间 NO_x 的循环。为了得到具体的 α 值，使用表 2-2 进行了化学动力学计算。化学动力学计算得到的 α 变化范围为 0.86～0.97，均值为 0.94±0.03，这在基于 $\Delta^{17}O(NO_3^-)$计算得到的 α 范围内，同时也在前人对中纬度地区报道的范围即 0.85～1[19-20]。

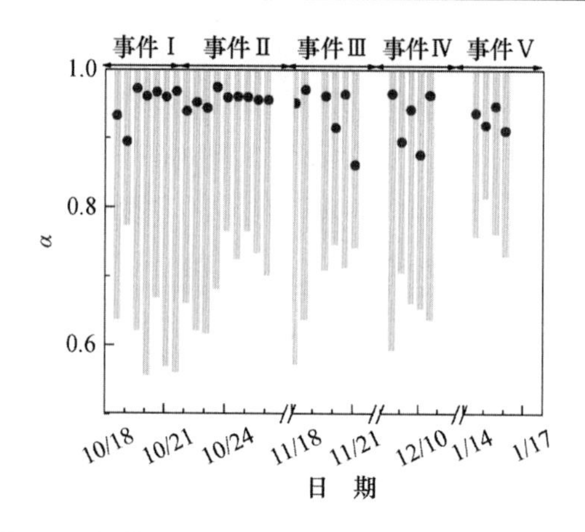

图 2.4 评估 O_3 氧化在 NO_x 循环中的占比情况(α)

[柱子代表基于 $\Delta^{17}O(NO_3^-)$计算得到的每个样品对应的 α 可能范围;圆点为用化学动力学计算得到的 α。]

表 2-3 基于观测 $\Delta^{17}O(NO_3^-)$对 $PM_{2.5}\geqslant75\ \mu g\ m^{-3}$时不同硝酸盐形成途径的相对重要性评估

$PM_{2.5}\geqslant75\ \mu g\ m^{-3}$	f_{R9}假设/%	$f_{R8}+f_{R9}+f_{R10}$/%	$f_{R8}+f_{R10}$/%	$f_{R6}+f_{R7}$/%
灰霾事件Ⅰ	0～97	49～97	0～49	3～51
灰霾事件Ⅱ	0～83	58～100	17～58	0～42
灰霾事件Ⅲ	0～80	60～100	20～60	0～40
灰霾事件Ⅳ	0～90	45～90	0～45	10～55
灰霾事件Ⅴ	0～59	70～100	41～70	0～30
平均值	0～82	56～97	16～56	3～44

注:R6,R7,R8,R9 和 R10 分别是指 NO_2+OH,NO_2+H_2O,NO_3+HC,$N_2O_5+H_2O$ 和 $N_2O_5+Cl^-$ 反应。

表 2-3 和图 2.5a 显示的是当 $PM_{2.5}\geqslant75\ \mu g\ m^{-3}$时基于 $\Delta^{17}O(NO_3^-)$计算得到的夜间反应途径($N_2O_5+H_2O/Cl^-$ 和 NO_3+HC)的相对重要性。当 $PM_{2.5}\geqslant75\ \mu g\ m^{-3}$时灰霾事件Ⅰ～Ⅴ中夜间反应途径可能的贡献百分比分别为 49%～97%,58%～100%,60%～100%,45%～90%和 70%～100%,均值为 56%～97%。这直接表明夜间大气化学过程主导了北京灰霾期间硝酸盐的产生。该发现和前人所建议的夜间 N_2O_5 非均相摄取的重要性相一致[21-22]。其他硝酸盐形成途径(NO_2+OH 和 NO_2+H_2O)的贡献百分比为剩下的 3%～44%。计算表明当 $PM_{2.5}\geqslant75\ \mu g\ m^{-3}$时 $N_2O_5+Cl^-$ 与 NO_3+HC 在灰霾事件Ⅰ～Ⅴ中可能的贡献百分比之和分别为 0%～49%,17%～58%,20%～60%,0%～45%和 41%～70%,均值为 16%～56%(表 2-3),这表明 $N_2O_5+Cl^-$ 和 NO_3+HC 反应在北京灰霾中起着不可忽略的作用。然而 NO_3+HC 反应对于硝酸盐的贡献可能是少量的。例如,Alexander 等[23]利用大气化学-传输模型模拟的结果表明 NO_3+HC 反应对全球对流层硝酸盐的年平均贡献只有 4%;Michalski 等[19]在美国加利福尼亚州的研究也表明 NO_3+HC 反应对硝酸盐的贡献只有 1%～10%,并且低值出现在冬季。因此在北京冬季灰霾期间,除了 NO_3+HC 反应外,$N_2O_5+Cl^-$ 反应也很有可能是一条重要的硝酸盐形成途径。支持该推断的结果包括:在我们的观测中当 $PM_{2.5}\geqslant75\ \mu g\ m^{-3}$时 Cl^- 浓度高达(5.5±4.1)$\mu g\ m^{-3}$,而 $ClNO_2$ 作为 $N_2O_5+Cl^-$ 反应的指示因子,其浓度在夏季北京郊区的一次观测中高达 2.9 nmol mol^{-1}[24],

在夏季北京农村的模拟中达 5.0 nmol mol^{-1}[25]。

图 2.5b 显示了使用 MCM 箱式模型模拟的观测期间表层 N_2O_5 和 NO_3 自由基浓度。模拟的 N_2O_5 浓度 12 小时平均值变化范围为 3～649 pmol mol^{-1}，模拟的 NO_3 自由基浓度 12 小时平均值变化范围为 0～27 pmol mol^{-1}。作为对比，前人在北京的观测表明 N_2O_5 浓度的 5 秒平均值可以高达 1.3 nmol mol^{-1}，NO_3 自由基浓度的 30 分钟平均值可以高达 38 pmol mol^{-1}，并且在相邻日之间具有很大差异性[26]。在 2014 年 10 月的灰霾事件Ⅰ和Ⅱ中，模拟的 N_2O_5 和 NO_3 自由基浓度与观测到的 NO_3^- 浓度变化趋势相同，在 $PM_{2.5} \geq 75\ \mu g\ m^{-3}$ 时浓度较高，分别为(346±128)pmol mol^{-1} 和(9±7)pmol mol^{-1}(图 2.5b)，这支持 $\Delta^{17}O(NO_3^-)$所揭示的夜间反应的重要性。然而在供暖季灰霾事件Ⅲ至Ⅴ中，$PM_{2.5} \geq 75\ \mu g\ m^{-3}$ 时模拟的 N_2O_5 和 NO_3 自由基的浓度较低，分别为(63±80)pmol mol^{-1} 和 $<$1 pmol mol^{-1}(图 2.5b)，这似乎与观测的 $\Delta^{17}O(NO_3^-)$不一致。最近的一项研究表明，在北京冬季灰霾中 N_2O_5 非均相摄取过程主要发生在高空中(例如大于 150 m 的高空)，而在表层该过程是可以忽略不计的[28]。因此，在灰霾事件Ⅲ到Ⅴ中，通过 N_2O_5 非均相摄取反应产生硝酸盐的过程可能发生在高空中而不是在表层，从而导致夜间反应的主导作用。

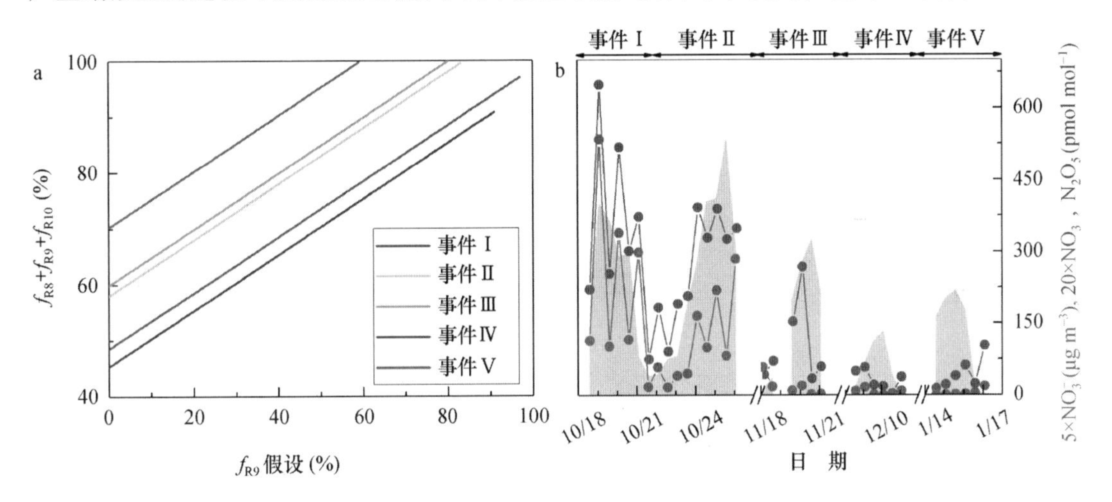

图 2.5　评估夜间反应途径(见书末彩图)

[$PM_{2.5} \geq 75\ \mu g\ m^{-3}$ 时夜间反应($f_{R8}+f_{R9}+f_{R10}$)的相对重要性是基于观测的 $\Delta^{17}O(NO_3^-)$进行评估，表层 N_2O_5 和 NO_3 自由基浓度由 MCM 模型模拟得到图 b；图 a 中的 R8，R9 和 R10 分别代表 NO_3+HC，$N_2O_5+H_2O$ 和 $N_2O_5+Cl^-$ 反应。]

3. 小结

本研究首次报道了北京灰霾期间大气硝酸盐的同位素组成($\Delta^{17}O$ 和 $\delta^{15}N$)。观测的 $\Delta^{17}O(NO_3^-)$变化范围为 27.5‰～33.9‰，均值为(30.6±1.8)‰，而 $\delta^{15}N(NO_3^-)$的变化范围为－2.5‰～19.2‰，均值为(7.4±6.8)‰。基于 $\Delta^{17}O(NO_3^-)$的计算表明，夜间反应($N_2O_5+H_2O/Cl^-$ 和 NO_3+HC)主导了 $PM_{2.5} \geq 75\ \mu g\ m^{-3}$ 期间硝酸盐的形成，可能的贡献百分比高达 56%～97%。$\Delta^{17}O(NO_3^-)$以及化学动力学计算均表明 O_3 氧化主导了北京灰霾期间 NO_x 的循环。

2.4.2 上海硝酸盐氮氧同位素特征及其指示意义

1. 总体观测结果

图2.6展示了观测期间各大气参数的变化特征。$PM_{2.5}$浓度的变化范围为15～112 μg m^{-3}，均值为[50±25 (1σ)]μg m^{-3}。NO_3^-浓度与$PM_{2.5}$浓度的变化趋势相同(图2.6a)，变化范围为1.4～24.1 μg m^{-3}，在$PM_{2.5}$<35 μg m^{-3}时的浓度均值为(3.7±2.1)μg m^{-3}，在35 μg m^{-3}≤$PM_{2.5}$<75 μg m^{-3}时的浓度均值为(8.7±4.2)μg m^{-3}，在$PM_{2.5}$≥75 μg m^{-3}时的浓度均值为(13.8±5.1)μg m^{-3}。相应地，用于表征NO_2转化成NO_3^-的指示因子NOR(氮元素氧化率，即NO_3^-摩尔浓度除以NO_2与NO_3^-摩尔浓度之和)[13]，从$PM_{2.5}$<35 μg m^{-3}时的0.07±0.04增加到35 μg m^{-3}≤ $PM_{2.5}$<75 μg m^{-3}时的0.12±0.06，再增加到$PM_{2.5}$≥75 μg m^{-3}时的0.17±0.06(图2.6b)。在观测期间，RH的变化范围为36%～99%，均值随$PM_{2.5}$浓度变化不大(表2-4)。

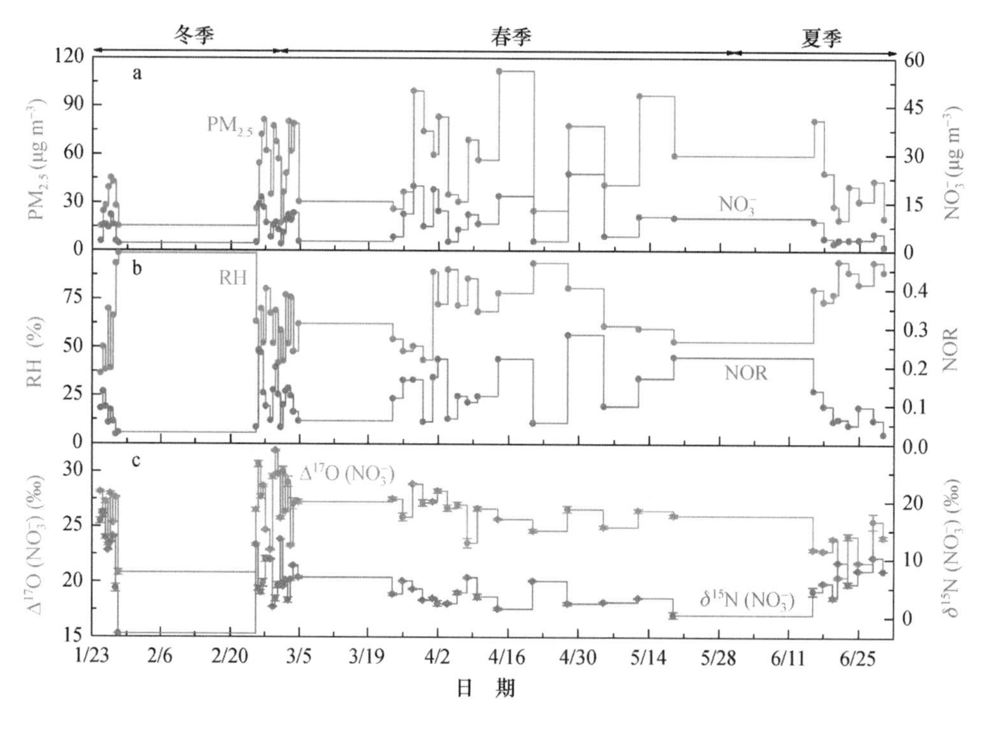

图2.6 2016年1月至6月在上海的总体观测结果

[图c中的误差棒是对每个样品进行多次测量所得到的标准差(n=3)；图中的冬季、春季和夏季分别对应于采样期间的1～2月、3～5月以及6月。]

$\Delta^{17}O(NO_3^-)$变化范围为20.5‰～31.9‰，均值为(26.2±2.5)‰，其中最高值31.9‰出现在冬季，最低值20.5‰出现在夏季。$\Delta^{17}O(NO_3^-)$随$PM_{2.5}$浓度升高呈现上升趋势(表2-4)。具体而言，$\Delta^{17}O(NO_3^-)$在$PM_{2.5}$<35 μg m^{-3}时的均值为(25.3±2.5)‰，在35 μg m^{-3}≤$PM_{2.5}$<75 μg m^{-3}时的均值为(26.3±2.6)‰，在$PM_{2.5}$≥75 μg m^{-3}时的均值为(27.3±2.0)‰。本章报道的$\Delta^{17}O(NO_3^-)$观测值在前人所报道的范围内，但总体上低于

在冬季北京的观测结果(30.6±1.8)‰。观测的 $\delta^{15}N(NO_3^-)$变化范围为−2.9‰～18.1‰，均值为(6.4±4.4)‰，其中最高值 18.1‰以及最低值−2.9‰均出现在冬季。$\delta^{15}N(NO_3^-)$随 $PM_{2.5}$浓度的上升呈现下降趋势(表 2-4)。具体而言，$\delta^{15}N(NO_3^-)$在 $PM_{2.5}$<35 $\mu g\ m^{-3}$时的均值为(8.4±5.6)‰，在 35 $\mu g\ m^{-3}$≤$PM_{2.5}$<75 $\mu g\ m^{-3}$时的均值为(6.3±3.6)‰，在 $PM_{2.5}$≥75 $\mu g\ m^{-3}$时的均值为(3.8±2.3)‰。上海观测的 $\delta^{15}N(NO_3^-)$均值与我们在北京的观测均值相接近，也与前人在德国的观测值相近[19]。

表 2-4　不同 $PM_{2.5}$浓度下各大气参数总结

$PM_{2.5}$/($\mu g\ m^{-3}$)	NO_3^-/($\mu g\ m^{-3}$)	NOR	RH/%	$\Delta^{17}O(NO_3^-)$/‰	$\delta^{15}N(NO_3^-)$/‰
<35	3.7±2.1	0.07±0.04	71±21	25.3±2.5	8.4±5.6
35～75	8.7±4.2	0.12±0.06	67±17	26.3±2.6	6.3±3.6
≥75	13.8±5.1	0.17±0.06	63±14	27.3±2.0	3.8±2.3

表 2-5 显示的是对不同季节大气观测的统计结果。观测期间 NO_3^- 平均浓度在夏季最低，为(4.1±2.4)$\mu g\ m^{-3}$。该时间段降雨频繁，有利于颗粒态 NO_3^- 的湿沉降。观测期间 $\Delta^{17}O(NO_3^-)$均值在夏季最低，为(23.2±1.6)‰，冬季和春季的数值相当，分别为(26.9±2.8)‰和(26.6±1.7)‰。类似地，Guha 等[28]在我国台湾的观测也表明 $\Delta^{17}O(NO_3^-)$在夏季最低。观测期间 $\delta^{15}N(NO_3^-)$平均值在冬季、春季和夏季分别为(8.9±5.7)‰、(4.2±2.1)‰和(7.0±2.4)‰。相似地，Freyer[18]在德国的观测表明 $\delta^{15}N(NO_3^-)$在冬季最高。

表 2-5　不同季节下的大气观测

季节	NO_3^-/($\mu g\ m^{-3}$)	NOR	RH/%	$\Delta^{17}O(NO_3^-)$/‰	$\delta^{15}N(NO_3^-)$/‰
冬季	7.6±4.4	0.10±0.07	61±18	26.9±2.8	8.9±5.7
春季	10.2±5.8	0.14±0.06	66±16	26.6±1.7	4.2±2.1
夏季	4.1±2.4	0.07±0.03	85±8	23.2±1.6	7.0±2.4

在 2016 年 1 月 24 日至 3 月 4 日期间，单个样品采集时间为 12 小时，分别在白天和晚上进行采样，因此该时间段的样品能够用于探索大气参数的日夜变化规律。图 2.7 显示的是 12 小时昼夜采样期间 NO_3^- 浓度，$\Delta^{17}O(NO_3^-)$以及 $\delta^{15}N(NO_3^-)$的变化特征。NO_3^- 浓度未表现出明显的日夜差异，在白天和夜间的均值分别为(8.3±4.2)$\mu g\ m^{-3}$和(7.3±4.1)$\mu g\ m^{-3}$。观测期间，夜间样品的 $\Delta^{17}O(NO_3^-)$总是低于临近白天样品的 $\Delta^{17}O(NO_3^-)$(除 2 月 28 日至 2 月 29 日之间的一个夜间样品外，图 2.7b)。$\Delta^{17}O(NO_3^-)$在白天和夜间的均值分别为(28.6±1.2)‰和(25.4±2.8)‰。本研究观测到的 $\Delta^{17}O(NO_3^-)$日夜变化与 Vicars 等[17]在美国西部沿海观测到的现象相似。但不同于 Vicars 等[17]同时观测到 $\delta^{15}N(NO_3^-)$的白天低夜间高的日夜变化特征，在上海采样期间，我们未观测到 $\delta^{15}N(NO_3^-)$出现明显的日夜差异，其在白天和夜间的均值分别为(7.5±4.6)‰和(8.9±5.7)‰。

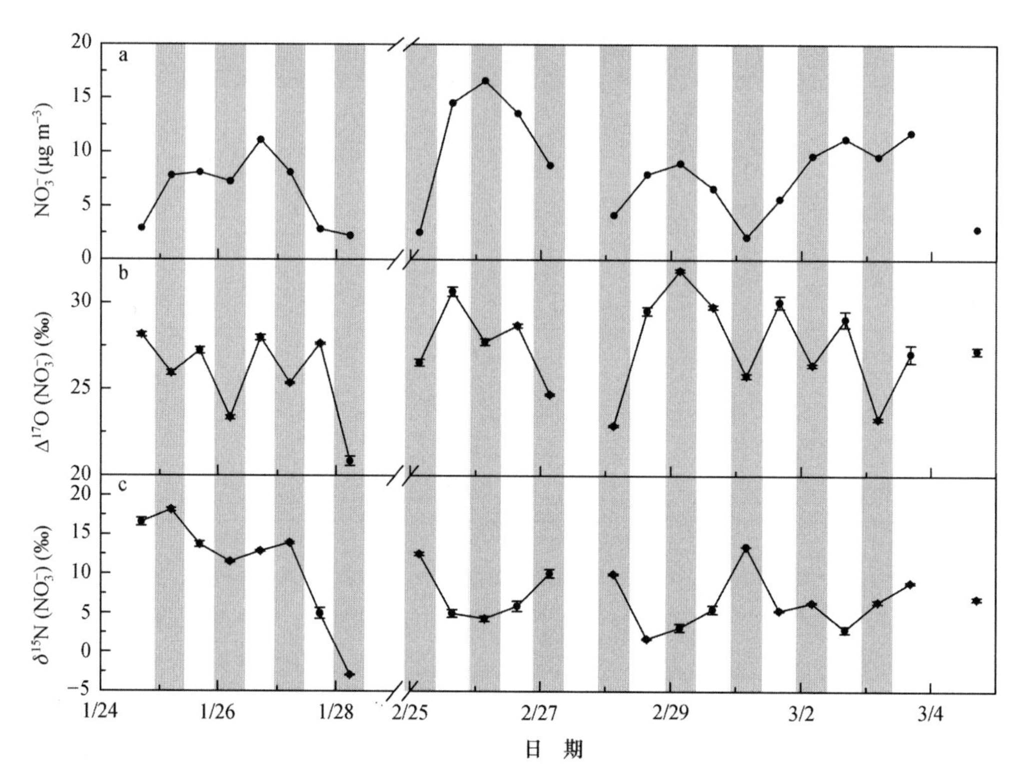

图 2.7 日夜采样期间 NO_3^- 浓度、$\Delta^{17}O(NO_3^-)$以及 $\delta^{15}N(NO_3^-)$的变化特征

[灰色阴影区域对应于夜间采样;图 b 和 c 中的误差棒是对每个样品进行多次测量得到的标准差。]

2. 不同反应相对重要性的评估

前人对硝酸盐浓度连续性方程的推导结果表明[17]:

$$\frac{d[\Delta^{17}O(NO_3^-)]}{dt} = \frac{1}{\tau} \times \sum_i f_i \times [\Delta^{17}O(NO_3^-)_i - \Delta^{17}O(NO_3^-)] \tag{2.1}$$

其中 $d[\Delta^{17}O(NO_3^-)]/dt$ 表示 $\Delta^{17}O(NO_3^-)$时间变化率,τ 是硝酸盐的大气停留时间,f_i 是单个反应途径对总的硝酸盐的贡献百分比,$\Delta^{17}O(NO_3^-)_i$ 是单个途径产生的$\Delta^{17}O(NO_3^-)$、该式推导过程中应用了两个关键假设,一是消耗反应(大气硝酸盐的汇)不会引起非质量分馏,二是每个硝酸盐形成途径所产生的 $\Delta^{17}O(NO_3^-)$是固定的。

式 2.1 是评估 $\Delta^{17}O(NO_3^-)$随时间变化的一般数学表达式。然而到目前为止,对 $\Delta^{17}O(NO_3^-)$的定量解释依旧依赖于同位素稳态假设。该假设相当于把式 2.1 等号左侧部分设置为零,这就得到稳态下的表达式。在昼夜采样期间,使用式 2.1 解释 $\Delta^{17}O(NO_3^-)$变化需要考虑硝酸盐物理沉降的影响。

根据公式计算得到的 α 变化范围为 0.86～0.96,在前人对中纬度地区报道的范围之内[19-20]。图 2.8 显示的是基于 48 小时加权平均的 $\Delta^{17}O(NO_3^-)$所评估的夜间反应途径($N_2O_5+H_2O/Cl^-$ 和 NO_3+HC)的相对重要性。在冬季的 4 个 48 小时加权平均样品中,2 个是由 NO_2+OH/H_2O 反应主导,NO_2+OH/H_2O 反应可能的占比范围是 66%至 83%,其余 2 个样品可能由夜间反应途径($N_2O_5+H_2O/Cl^-$ 和 NO_3+HC)主导,其可能的占比范围为 39%～79%。在春季的 7 个 48 小时加权平均样品中，2 个由 NO_2＋OH/H_2O 主导，NO_2＋OH/H_2O 可能的占比范围为 51%～76%，其余 5 个样品可能由夜间反应途径（N_2O_5＋H_2O/Cl^- 和 NO_3＋HC）主导，其可能的占比范围为 43%～86%。夏季的 4 个 48 小时加权平均样品由 NO_2＋OH/H_2O 主导，NO_2＋OH/H_2O 可能的占比范围为 80%～90%。总结一下，在所有的 48 小时加权平均样品中，一半以上是由 NO_2＋OH/H_2O 反应主导，由此可见 NO_2＋OH/H_2O 反应对上海大气硝酸盐的重要性。

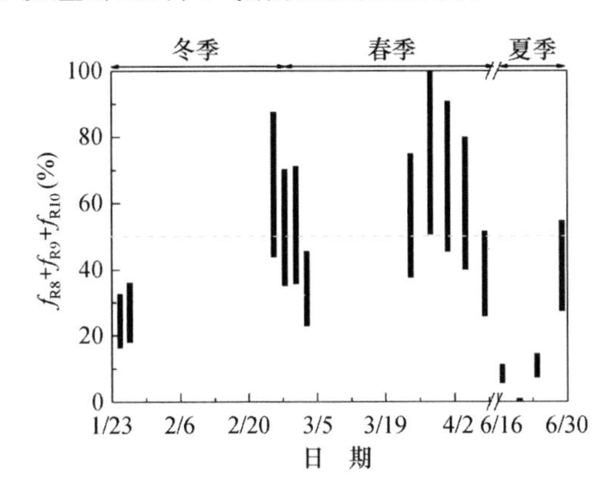

图 2.8　评估各反应途径相对重要性

［图中的 R8，R9 和 R10 分别代表 NO_3＋HC，N_2O_5＋H_2O 和 N_2O_5＋Cl^- 反应，悬浮柱代表单个 48 小时加权平均样品中夜间反应途径（N_2O_5＋H_2O/Cl^- 和 NO_3＋HC）的可能占比范围；由于 4 月 13 日至 5 月 19 日期间单个样品采集时长为 1 天，而样品间隔时长为 1 周，因此在计算 48 小时加权平均值时未考虑该部分样品。］

3. 日夜变化的指示意义

观测期间 $\Delta^{17}O(NO_3^-)$ 的一个重要特征就是显著的日夜变化（图 2.7），我们将在下面的讨论中使用式 2.1 来解释这一变化。城市大气硝酸盐主要由以下五个反应生成，即 NO_2＋OH(R6)，NO_2＋H_2O(R7)，NO_3＋HC(R8)，N_2O_5＋H_2O(R9) 和 N_2O_5＋Cl^-(R10)。R6 和 R7 会产生相同的 $\Delta^{17}O(NO_3^-)$，R8 和 R10 会产生相同的 $\Delta^{17}O(NO_3^-)$，因此无法使用 $\Delta^{17}O(NO_3^-)$ 将 R6 和 R7，R8 和 R10 区分开。在计算过程中，可以将 R6 和 R7 归为一组，R8 和 R10 归为一组。这样以上五个反应按它们产生的 $\Delta^{17}O(NO_3^-)$ 不同可分为三组，即：R6＋R7，R8＋R10 和 R9。由于 NO_3 自由基在白天很不稳定，我们假定 R8，R9 和 R10 反应只会在夜间发生，即在白天采样时 $f_{R6}+f_{R7}=100\%$[16]。在用于白天样品时，式 2.1 可转化为：$d[\Delta^{17}O(NO_3^-)]/dt=(1/\tau)\times[\Delta^{17}O(NO_3^-)_{R6}-\Delta^{17}O(NO_3^-)]$，即只跟停留时间 τ 有关。在夜间，由于 OH 自由基浓度一般远低于白天，R6 反应可以忽略不计，但 R7 反应在夜间可能不可忽略。因此，我们假设夜间的 $f_{R6}+f_{R7}=0\%$，10%和 20%这三种情形来讨论问题。在假定夜间的 $f_{R6}+f_{R7}$ 之后，式 2.1 依然具有三个未知数，即 τ，$f_{R8}+f_{R10}$ 和 f_{R9}。前人的观测以及模型结果表明对流层内 f_{R8} 的范围是 0%～10%[20,24]，但大气中的 f_{R10} 范围并不明确[29]。因此为得到 $d[\Delta^{17}O(NO_3^-)]/dt$ 与 τ 在夜间的一一对应关系，我们进一步设定 $f_{R8}+f_{R10}$ 的四个情形即夜间的 $f_{R8}+f_{R10}=0\%,10\%,20\%,30\%$。由于 $f_{R6}+f_{R7}$ 以及 $f_{R8}+f_{R10}$ 均已经设定，夜间的 f_{R9} 可由 $100\%-(f_{R6}+f_{R7}+f_{R8}+f_{R10})$ 来确定，这样就建立了

d[$\Delta^{17}O(NO_3^-)$]/dt 与 τ 在夜间的一一对应关系。图 2.9 显示的是观测的 $\Delta^{17}O(NO_3^-)$时间变化率与在 τ=12 h,15 h,18 h 以及以上假设条件下计算的 $\Delta^{17}O(NO_3^-)$时间变化率之间的对比。如图 2.9 所示,在 τ=12～18 h,$\Delta^{17}O(NO_3^-)$变化率的计算值和观测值均有很好的相关性(r=0.85～0.86,p<0.01),尤其是在 τ=15 h 时,计算值不仅与观测值具有很好的相关性,而且两者数值比更接近于 1∶1。因此从 $\Delta^{17}O(NO_3^-)$角度看昼夜采样期间(2016 年 1 月 24 日至 3 月 4 日),上海硝酸盐的大气停留时间总体上在 15 h 左右。相似地,Liang 等[30]使用光化学模型对美国东部工业化区域模拟的结果表明,硝酸盐在冬季和春季的平均大气停留时间为12～16 h,非常接近于我们基于 $\Delta^{17}O(NO_3^-)$的评估结果。

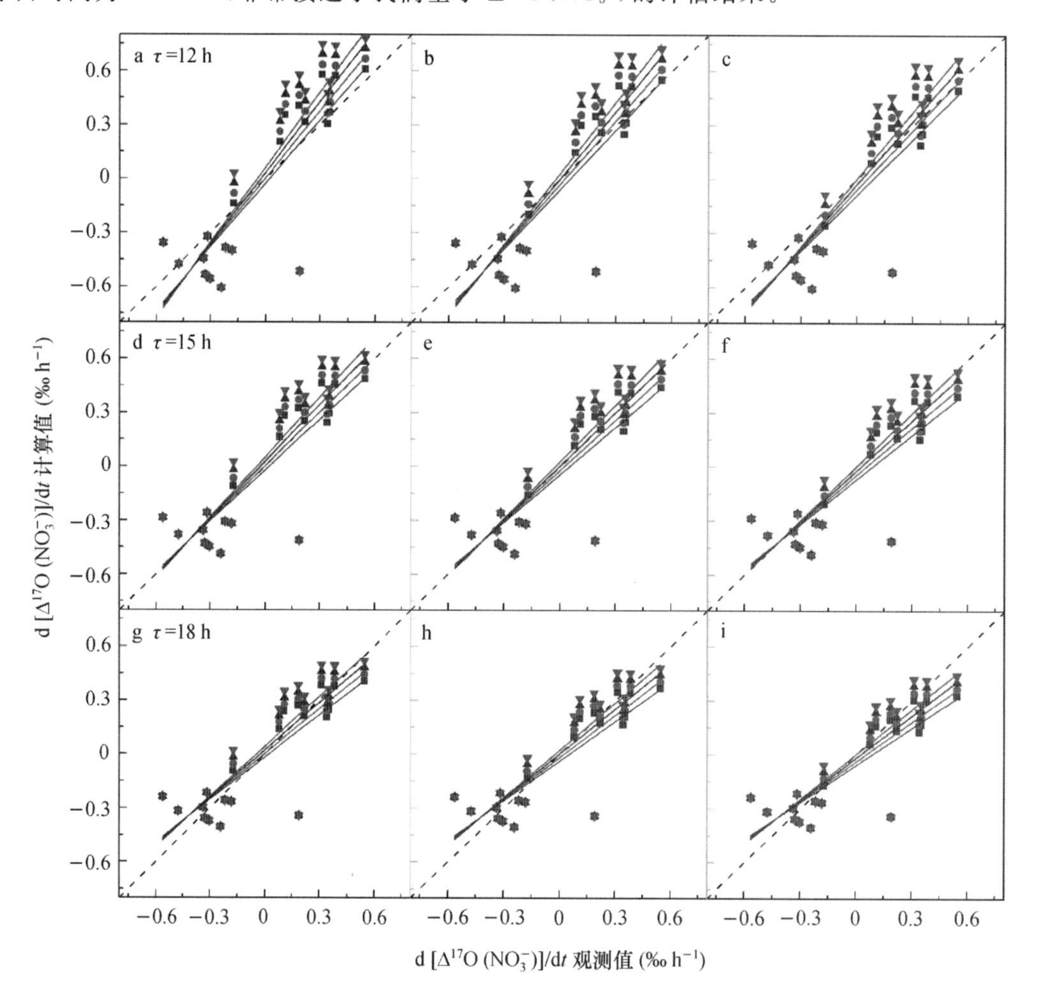

图 2.9 $\Delta^{17}O(NO_3^-)$时间变化率的计算值与观测值之间的关系

[图中显示的计算值由式 2.1 在一定的假设条件下计算,其中 a,b 和 c 分别对应于假设夜间的 $f_{R6}+f_{R7}$=0%,10%和20%并且假设 τ 为 12 h;d,e 和 f 分别对应于假设夜间的 $f_{R6}+f_{R7}$=0%,10%和 20%并且假设 τ 为 15 h;g,h 和 i 分别对应于假设夜间的 $f_{R6}+f_{R7}$=0%,10%和 20%并且假设 τ 为 18 h。图中方框、圆点、上三角形和下三角形分别对应于假设夜间的 $f_{R8}+f_{R10}$=0%,10%,20%和 30%,实线为以上假设对应的线性拟合线。图中应用到的其他假设还包括白天的 $f_{R8}+f_{R9}+f_{R10}$=0%,即假设白天的 $N_2O_5+H_2O/Cl^-$ 以及 NO_3+HC 可忽略不计。图中的黑色虚线为 1∶1 线。]

4. 小结

本研究首次报道了不同季节上海大气硝酸盐的同位素组成（$\Delta^{17}O$ 和 $\delta^{15}N$）。观测的 $\Delta^{17}O(NO_3^-)$变化范围为 20.5‰～31.9‰，均值为(26.2±2.5)‰，而 $\delta^{15}N(NO_3^-)$的变化范围为－2.9‰～18.1‰，均值为(6.4±4.4)‰。观测期间，$\Delta^{17}O(NO_3^-)$随 $PM_{2.5}$浓度的增加而呈现上升趋势，而 $\delta^{15}N(NO_3^-)$则随 $PM_{2.5}$浓度的增加而呈现下降趋势。分不同季节来看 $\Delta^{17}O(NO_3^-)$在夏季最低，均值为(23.2±1.6)‰，而 $\delta^{15}N(NO_3^-)$在春季最低，均值为(4.2±2.1)‰。在昼夜采样期间，即 2016 年 1 月 24 日至 3 月 4 日，$\Delta^{17}O(NO_3^-)$呈现明显的白天高晚上低的日夜变化特征，白天和夜间的均值分别为(28.6±1.2)‰和(25.4±2.8)‰，而 $\delta^{15}N(NO_3^-)$未出现明显的日夜变化。基于 $\Delta^{17}O(NO_3^-)$的计算表明在所有的 15 个 48 小时加权平均样品中，一半以上由 NO_2＋OH/H_2O 反应主导，这反映了 NO_2＋OH/H_2O 反应对上海大气硝酸盐的重要性。基于 $\Delta^{17}O(NO_3^-)$连续性方程的评估表明昼夜采样期间上海硝酸盐的大气停留时间为 15 小时左右。

2.4.3　$\Delta^{17}O(SO_4^{2-})$约束北京灰霾期间硫酸盐的形成途径

1. 总体特征

图 2.10 展示了采样期间大气参数的主要变化特征。SO_4^{2-} 浓度的变化范围为 1.5～56.4 μg m^{-3}，均值为(21.2±15.4)μg m^{-3}。如图 2.10a 所示，SO_4^{2-} 浓度的变化趋势和 $PM_{2.5}$相似，均值从 $PM_{2.5}$<75 μg m^{-3}时的(3.9±1.8)μg m^{-3}增加到 $PM_{2.5}$≥75 μg m^{-3}时的(28.4±12.5)μg m^{-3}。SO_4^{2-} 浓度占 $PM_{2.5}$浓度的质量百分比范围为 8%～25%，均值从 $PM_{2.5}$<75 μg m^{-3}时的(11±2)%增加到 $PM_{2.5}$≥75 μg m^{-3}时的(15±5)%。二次硫酸盐的指示因子，硫氧化率（SOR，等于 SO_4^{2-} 摩尔浓度除以 SO_4^{2-} 与 SO_2 摩尔浓度之和）[14]，也随着 $PM_{2.5}$浓度的增加而增加，均值从 $PM_{2.5}$<75 μg m^{-3}时的 0.12±0.04 增加到 $PM_{2.5}$≥75 μg m^{-3}时的 0.41±0.17(图 2.10b)。

观测的 $\Delta^{17}O(SO_4^{2-})$变化范围为 0.1‰～1.6‰，均值为(0.9±0.3)‰。最高值 1.6‰出现在 2014 年 10 月的 $PM_{2.5}$污染期间，而最低值 0.1‰出现在 2014 年 12 月的 $PM_{2.5}$污染期间。观测期间，$PM_{2.5}$<75 μg m^{-3}时样品的 $\Delta^{17}O(SO_4^{2-})$和 $PM_{2.5}$≥75 μg m^{-3}时样品的 $\Delta^{17}O(SO_4^{2-})$均值相当，分别为(0.9±0.1)‰和(0.9±0.4)‰。然而，在不同灰霾事件中 $\Delta^{17}O(SO_4^{2-})$在 $PM_{2.5}$<75 μg m^{-3}时和 $PM_{2.5}$≥75 μg m^{-3}时的差异性是不同的。对于 2014 年 10 月的灰霾事件Ⅰ和Ⅱ，$\Delta^{17}O(SO_4^{2-})$随 $PM_{2.5}$浓度的增加而增加，而对于 2014 年 11 月到 2015 年 1 月的灰霾事件Ⅲ～Ⅴ，$\Delta^{17}O(SO_4^{2-})$与 $PM_{2.5}$浓度的变化趋势相反(图 2.10b)。观测的 $\Delta^{17}O(SO_4^{2-})$变化趋势总体上与观测的 O_3 浓度和计算的 H_2O_2 浓度变化趋势相同(图2.10)，这与 O_3 和 H_2O_2 氧化是非零 $\Delta^{17}O(SO_4^{2-})$的唯一源相符合。

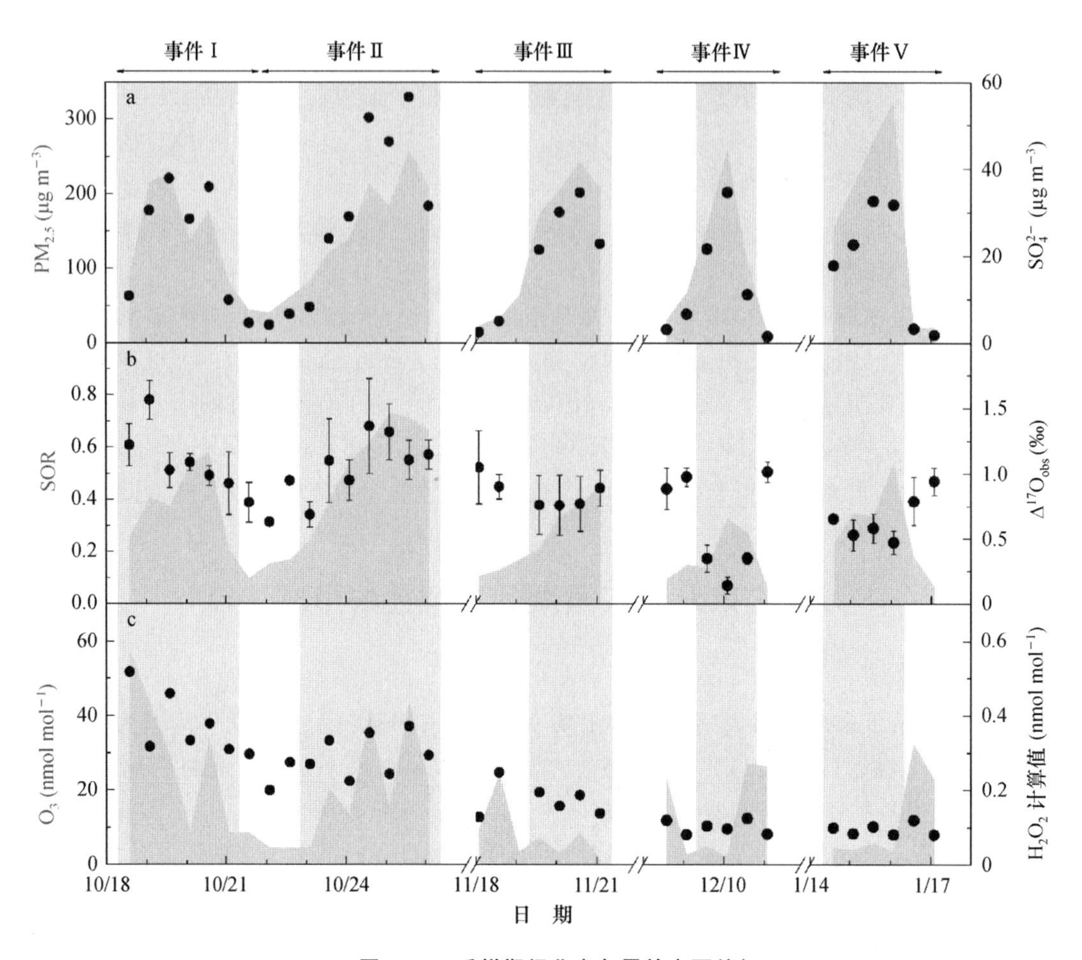

图 2.10　采样期间北京灰霾的主要特征

[图 b 中 $\Delta^{17}O_{obs}$的误差棒是每个样品重复测定所得到的 $1\sigma(n=2\sim4)$。图中柱状阴影区域是指 $PM_{2.5}$污染时间段($PM_{2.5}\geqslant75\ \mu g\ m^{-3}$)。]

2. 基于 $\Delta^{17}O(SO_4^{2-})$约束的化学动力学计算

RH 和 SOR 之间良好的相关性($r=0.76$,$p<0.01$)表明非均相反应对于硫酸盐的产生具有重要作用(图 2.11)。基于当地大气条件的计算表明,除灰霾事件Ⅱ之外,总的非均相硫酸盐产生速率(P_{het})与 SO_4^{2-} 浓度的变化趋势相同,从 $PM_{2.5}<75\ \mu g\ m^{-3}$ 时的$(0.6\pm0.3)\mu g\ m^{-3}\ h^{-1}$增加到 $PM_{2.5}\geqslant75\ \mu g\ m^{-3}$时的$(2.0\pm1.1)\mu g\ m^{-3}\ h^{-1}$。作为比较,Cheng 等[31]的研究表明,模型需要额外的 $0.07\sim4\ \mu g\ m^{-3}\ h^{-1}$的硫酸盐产生速率才能解释 2013 年北京灰霾期间观测到的高浓度 SO_4^{2-}。此外,我们还计算了一次硫酸盐的浓度,气相 SO_2+OH 反应和云中反应的硫酸盐产生速率以评价不同反应途径对硫酸盐的贡献百分比,结果如图 2.12 和表 2-6 所示。

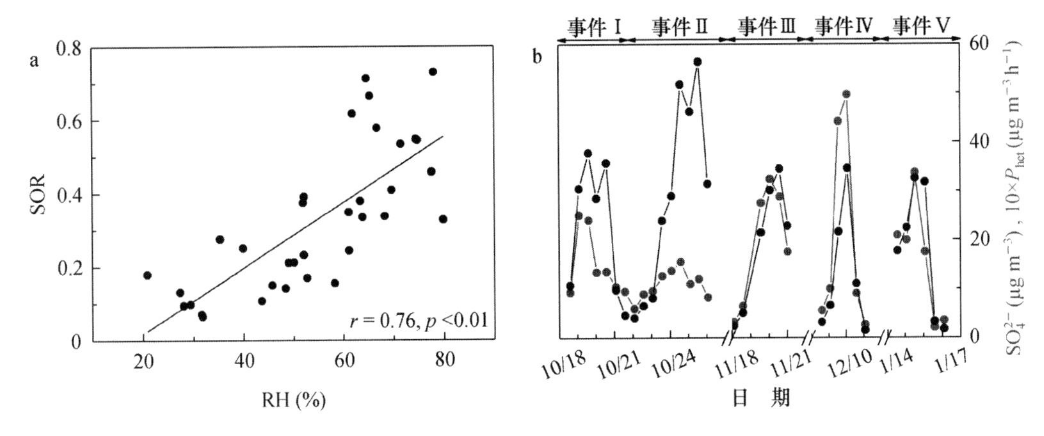

图2.11　RH和SOR之间的关系(a)以及总的非均相硫酸盐产生速率和SO_4^{2-}浓度时间序列(b)

［图a中黑线为最小二乘法拟合直线。］

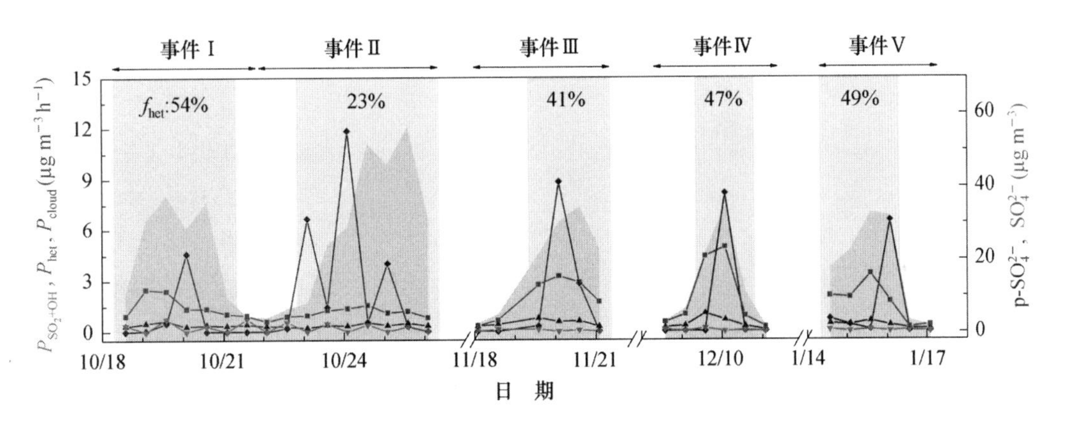

图2.12　对不同硫酸盐形成途径的评估(见书末彩图)

［图中所示为SO_2＋OH反应的硫酸盐产生速率(P_{SO_2+OH})、总的非均相反应的硫酸盐产生速率(P_{het})、云中液相反应的硫酸盐产生速率(P_{cloud})、一次硫酸盐(p-SO_4^{2-})以及观测的硫酸盐浓度时间序列。f_{het}表示每个灰霾事件中$PM_{2.5}\geqslant75\ \mu g\ m^{-3}$时总的非均相反应对总的硫酸盐的贡献百分比。图中柱状阴影区域是指$PM_{2.5}$污染时间段($PM_{2.5}\geqslant75\ \mu g\ m^{-3}$)。］

表2-6　不同过程对北京灰霾期间硫酸盐的贡献百分比

$PM_{2.5}\geqslant75\ \mu g\ m^{-3}$	f_p/%	f_{het}/%	f_{cloud}/%	f_{SO_2+OH}/%
灰霾事件Ⅰ	9	54	29	8
灰霾事件Ⅱ	6	23	68	3
灰霾事件Ⅲ	11	41	47	1
灰霾事件Ⅳ	15	47	37	1
灰霾事件Ⅴ	9	49	41	1

注：f_p、f_{het}、f_{cloud}和f_{SO_2+OH}分别指一次硫酸盐、非均相反应、云中液相反应以及气相反应对硫酸盐的贡献。

表2-6表明，不同灰霾事件中$PM_{2.5}\geqslant75\ \mu g\ m^{-3}$时一次硫酸盐对总的硫酸盐的贡献百分比为6%～15%，SO_2＋OH反应产生的硫酸盐对总的硫酸盐的贡献百分比为1%～8%。在灰霾事件Ⅰ、Ⅲ～Ⅴ中，非均相反应对总的硫酸盐的贡献百分比为41%～54%，均值为

(48±5)%。这与 Zheng 等[32]对 2013 年北京冬季灰霾期间硫酸盐的模拟结果相一致,即大概有一半的硫酸盐来自非均相反应。然而,我们发现在 2014 年 10 月灰霾事件Ⅱ中,当 $PM_{2.5} \geqslant 75\ \mu g\ m^{-3}$ 时,非均相反应对总的硫酸盐的贡献只有 23%,而云中反应的贡献则高达 68%。图 2.13a 表明在该时间段,云水含量较高,这支持了该时间段云中反应的重要性。基于当地大气条件的计算表明云中反应被 S(Ⅳ)+H_2O_2 主导(图 2.13b),这和前人的发现相一致,即 S(Ⅵ)+H_2O_2 反应是全球以及华北地区最重要的云中硫酸盐产生途径[33-34]。此外,计算表明,采样期间云中反应产生的 $\Delta^{17}O(SO_4^{2-})$($\Delta^{17}O_{cloud}$)的范围为 0.5‰~0.8‰,均值为(0.6±0.1)‰,并且与观测的 $\Delta^{17}O(SO_4^{2-})$ 变化趋势一致(图 2.13c)。计算得到的 $\Delta^{17}O_{cloud}$ 与前人在中国中部降水中观测到的数值(0.53±0.19)‰[35]以及在美国巴吞鲁日降水中观测到的数值(0.62±0.32)‰[37]相接近。在灰霾事件Ⅰ至Ⅴ中,当 $PM_{2.5} \geqslant 75\ \mu g\ m^{-3}$ 时,非均相反应产生的 $\Delta^{17}O(SO_4^{2-})$($\Delta^{17}O_{het}$)分别为 1.8‰,3.1‰,1.4‰,0.1‰和 0.8‰。S(Ⅳ)+H_2O_2 产生的 $\Delta^{17}O(SO_4^{2-})$ 是 0.7‰,小于灰霾事件Ⅰ,Ⅱ,Ⅲ和Ⅴ中的 $\Delta^{17}O_{het}$,因此,一定发生了 S(Ⅳ)+O_3 非均相反应。

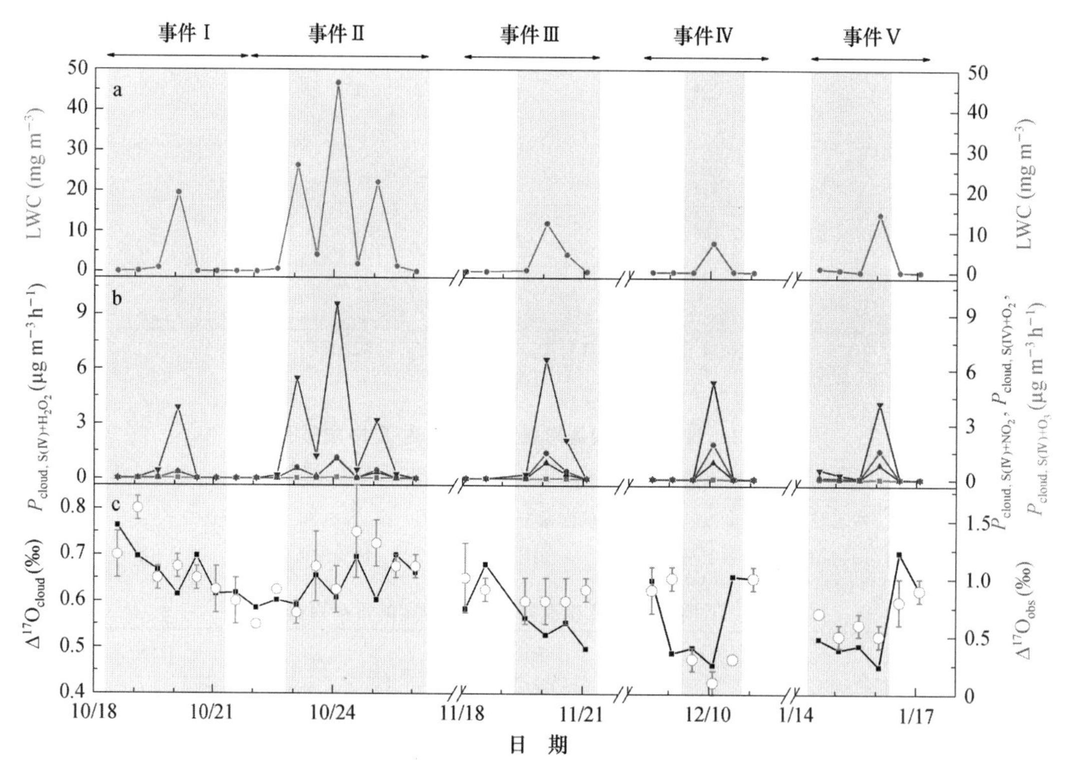

图 2.13 云中液态水含量(LWC,图 a),通过云中反应 S(Ⅳ)+H_2O_2,S(Ⅳ)+O_3,S(Ⅳ)+NO_2,S(Ⅳ)+O_2(铁锰催化)的硫酸盐产生速率[分别表示为 $P_{cloud,S(Ⅳ)+H_2O_2}$,$P_{cloud,S(Ⅳ)+O_3}$,$P_{cloud,S(Ⅳ)+NO_2}$ 和 $P_{cloud,S(Ⅳ)+O_2}$,图 b]以及云中反应产生的 $\Delta^{17}O(SO_4^{2-})$($\Delta^{17}O_{cloud}$,图 c)(见书末彩图)

[图中柱状阴影区域是指 $PM_{2.5}$ 污染时间段($PM_{2.5} \geqslant 75\ \mu g\ m^{-3}$)。]

为探究在气溶胶液态水中的 SO_2 非均相氧化机理,我们使用 ISORROPIA Ⅱ热力学模型计算了气溶胶液态水含量、气溶胶 pH 以及离子强度。结果表明使用不同的热力学状态假设（假设盐溶液达到饱和后会结晶析出，即稳态假设；或假设盐溶液可以过饱和，即亚稳态假设）显著影响计算得到的气溶胶 pH，但对计算得到的气溶胶液态水含量和离子强度的影响较小（图2.14）。当进行稳态假设时，计算得到的气溶胶液态水含量从 $PM_{2.5}<75\ \mu g\ m^{-3}$ 时的 $(5.3\pm7.4)\mu g\ m^{-3}$ 增加到 $PM_{2.5}\geqslant75\ \mu g\ m^{-3}$ 时的 $(63.5\pm54.6)\mu g\ m^{-3}$；当进行亚稳态假设时，计算得到的气溶胶液态水含量从 $PM_{2.5}<75\ \mu g\ m^{-3}$ 时的 $(9.6\pm6.0)\mu g\ m^{-3}$ 增加到 $PM_{2.5}\geqslant75\ \mu g\ m^{-3}$ 时的 $(84.2\pm49.2)\mu g\ m^{-3}$（图2.14a）。稳态假设和亚稳态假设计算得到的离子强度相似，范围为 11.3～51.6 mol L^{-1}（图2.14b）。高浓度的离子强度表明气溶胶液态水是非理想溶液，因此离子强度对反应速率常数和有效亨利系数的影响不可忽略。在稳态假设下，计算得到的气溶胶 pH 范围为 7.5～7.8，均值为 7.6 ± 0.1，这与 Wang 等[37]在2015年北京一次灰霾事件中计算得到的 pH（7.63 ± 0.03）相吻合。在亚稳态假设下，计算得到的气溶胶 pH 范围为 3.4～7.6，均值为 4.7 ± 1.1，这和 Liu 等[38]在亚稳态假设下对2015～2016年北京一次重霾事件计算得到的平均值4.2相接近。亚稳态假设下计算得到的气溶胶 pH 随着 $PM_{2.5}$ 浓度的升高而降低，从 $PM_{2.5}<75\ \mu g\ m^{-3}$ 时的 6.5 ± 1.3 降低到 $PM_{2.5}\geqslant75\ \mu g\ m^{-3}$ 时的 4.4 ± 0.6，而稳态假设下得到的气溶胶 pH 与 $PM_{2.5}$ 浓度无关（图2.14c）。实验室测定的 $PM_{2.5}$ 滤膜滤液的 pH 范围为 4.6～8.2，均值为 5.7 ± 1.0，这和前人报道的北京 $PM_{2.5}$ 滤膜滤液的 pH 相似[39]。实验室测定的 $PM_{2.5}$ 滤膜滤液的 pH 与亚稳态假设下计算得到的气溶胶 pH 变化趋势一致（图2.14c），在 $PM_{2.5}<75\ \mu g\ m^{-3}$ 时的均值为 6.9 ± 0.7，在 $PM_{2.5}\geqslant75\ \mu g\ m^{-3}$ 时的均值为 5.1 ± 0.6，这表明在 $PM_{2.5}\geqslant75\ \mu g\ m^{-3}$ 时气溶胶处于亚稳态并具有中度的酸性。

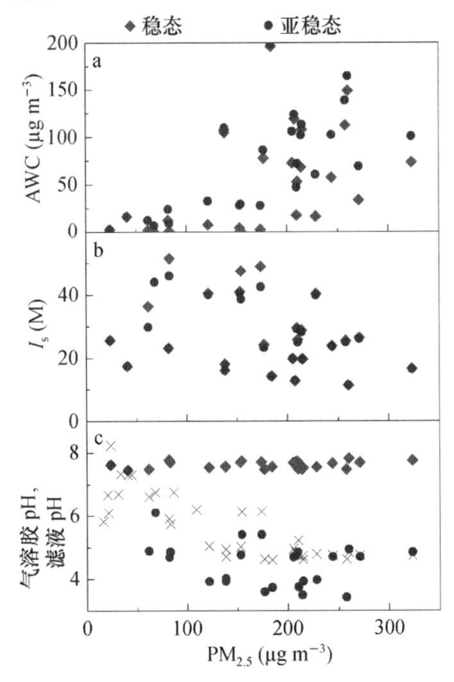

图2.14　北京灰霾期间的气溶胶参数

［在稳态假设和亚稳态假设下用 ISORROPIA Ⅱ模型计算得到的气溶胶液态水含量（AWC，图a），离子强度（I_s，图b）以及气溶胶 pH（图c）。图中 $PM_{2.5}$ 滤膜滤液的 pH（图中×）由离子活度计测得。］

在计算过程中,考虑到的主要非均相反应包括气溶胶液态水中的 S(Ⅳ)+ H_2O_2,S(Ⅳ)+ O_3,S(Ⅳ)+ NO_2 以及 Hung 和 Hoffmann[40] 提出的 SO_2 在酸性微滴表层和 O_2 反应这一机制。其他的硫酸盐产生途径,比如气溶胶液态水中的 S(Ⅳ)被 NO_3 自由基、MHP(甲基过氧化氢)、PAA(过氧乙酸)和次卤酸氧化在华北平原的灰霾事件中是可以忽略的[31],因此在这里我们不再考虑。不同非均相反应途径相对重要性的评估流程如下:首先,计算 S(Ⅳ)+ H_2O_2 非均相硫酸盐产生速率,计算过程中考虑了离子强度的影响,这是因为目前实验室已经测得高离子强度对该反应的影响。其次,计算得到 S(Ⅳ)+ H_2O_2 非均相硫酸盐产生速率对总的非均相硫酸盐产生速率的贡献百分比[$f_{het,S(IV)+H_2O_2}$]。高浓度离子强度对 S(Ⅳ)+ O_3 的化学反应常数的影响具有不确定性,这使得单纯基于化学动力学计算评估 S(Ⅳ)+ O_3 非均相反应的相对重要性具有很大的不确定性。基于 $\Delta^{17}O>0‰$只可能来源于 H_2O_2 和/或 O_3 氧化这一事实,我们使用评估得到的 $f_{het,S(IV)+H_2O_2}$ 和计算得到的 $\Delta^{17}O_{het}$ 评估 S(Ⅳ)+ O_3 非均相硫酸盐产生速率对总的非均相硫酸盐产生速率的贡献百分比[$f_{het,S(IV)+O_3}$]。再次,得到剩下的部分,即零-$\Delta^{17}O$ 反应的贡献百分比($f_{het,zero\text{-}\Delta^{17}O}$),如S(Ⅳ)+ NO_2 和 S(Ⅳ)+ O_2 在气溶胶中的反应。最后,分情况讨论 S(Ⅳ)+ NO_2 和 S(Ⅳ)+ O_2 非均相反应的潜在重要性。

对 $PM_{2.5}\geq75\ \mu g\ m^{-3}$时的数据进行计算表明,在稳态气溶胶状态假设下,$f_{het,S(IV)+H_2O_2}$ 的范围为 4%~6%,均值为(5±1)%;在亚稳态气溶胶状态假设下,$f_{het,S(IV)+H_2O_2}$ 的范围为 8%~19%,均值为(13±4)%。在稳态气溶胶状态假设下,$f_{het,S(IV)+O_3}$ 的范围为 2%~47%,均值为(22±17)%;在亚稳态气溶胶状态假设下,$f_{het,S(IV)+O_3}$ 的范围为 0~47%,均值为(21±18)%。相应地,在稳态假设下,$f_{het,zero\text{-}\Delta^{17}O}$ 为余下的 73%(47%~94%);在亚稳态假设下,$f_{het,zero\text{-}\Delta^{17}O}$ 为余下的 66%(42%~81%)(图 2.15)。不考虑由云中反应主导的灰霾事件Ⅱ,基于当地大气条件的计算表明零-$\Delta^{17}O$ 反应,如 S(Ⅳ)+ NO_2 和/或 S(Ⅳ)+ O_2 在气溶胶中的反应对北京灰霾期间的硫酸盐形成非常重要。

Cheng 等[32] 的研究结果表明气溶胶液态水中的 S(Ⅳ)+ NO_2 反应可以解释 2013 年北京灰霾中观测到的高浓度硫酸盐。在该研究中,计算得到的气溶胶 pH 平均为 5.8,由于缺乏相应的实验数据,离子强度对该反应的影响没有考虑。计算得到的 S(Ⅳ)+ NO_2 非均相硫酸盐产生速率对气溶胶 pH 非常敏感。在我们的计算中,当气溶胶 pH 从稳态假设下的 7.6±0.1 下降到亚稳态假设下的 4.7±1.1 时,$PM_{2.5}\geq75\ \mu g\ m^{-3}$ 时的 $P_{het,S(IV)+NO_2}$ 从(6.5±7.7)$\mu g\ m^{-3}\ h^{-1}$下降到了(0.01±0.02)$\mu g\ m^{-3}\ h^{-1}$(图 2.15)。前者要高于评估的总的非均相硫酸盐产生速率,即(2.0±1.1)$\mu g\ m^{-3}\ h^{-1}$,而后者又远低于该值。计算过程中,我们未考虑离子强度的影响,该影响被认为会增加 S(Ⅳ)+ NO_2 的反应速率[32]。

由于亚稳态假设下计算得到的 S(Ⅳ)+ NO_2 非均相硫酸盐产生速率比计算得到的总的非均相硫酸盐产生速率低两个数量级,我们进一步检验亚稳态假设下酸性微滴表层S(Ⅳ)+ O_2 反应的重要性。实验室研究表明该反应的速率常数很大,在 pH≤3 时达到了 1.5×10^6[S(Ⅳ)]($mol\ L^{-1}\ s^{-1}$),pH≤3 比模型计算得到的 pH 低很多。该速率常数随着 pH 的增加而降低,然而目前没有研究报道 pH>3 时该反应的速率常数[40]。图 2.15b 显示的是计算得到的 S(Ⅳ)+ O_2 非均相硫酸盐产生速率,计算时使用的为在亚稳态假设下得到的气溶胶液态水含量，以及 $pH \leqslant 3$ 时的速率常数。计算的 $S(IV)+O_2$ 非均相硫酸盐产生速率在 $PM_{2.5} \geqslant 75\ \mu g\ m^{-3}$ 时的范围为 $1.5\times10^3 \sim 1.3\times10^5\ \mu g\ m^{-3}\ h^{-1}$，均值为 $2.5\times10^4\ \mu g\ m^{-3}\ h^{-1}$，该值比评估的总的非均相硫酸盐产生速率高出 4 个数量级。该值理论上高估了实际情况，因为模型计算的气溶胶 pH 在 $PM_{2.5} \geqslant 75\ \mu g\ m^{-3}$ 时为 4.4 ± 0.6，远高于 3，而且 He 等人[41] 和 Wang 等人[37] 的实验结果表明 $S(IV)+O_2$ 反应在高 pH 条件下（如 CaO 表层及 NH_4^+ 溶液中）是可以忽略的。然而，由于开尔文效应的存在，有些气溶胶 pH 可能会低于 3[40]，这使得酸性微滴表层的 $S(IV)+O_2$ 反应也有可能是一个重要的非均相硫酸盐产生途径。

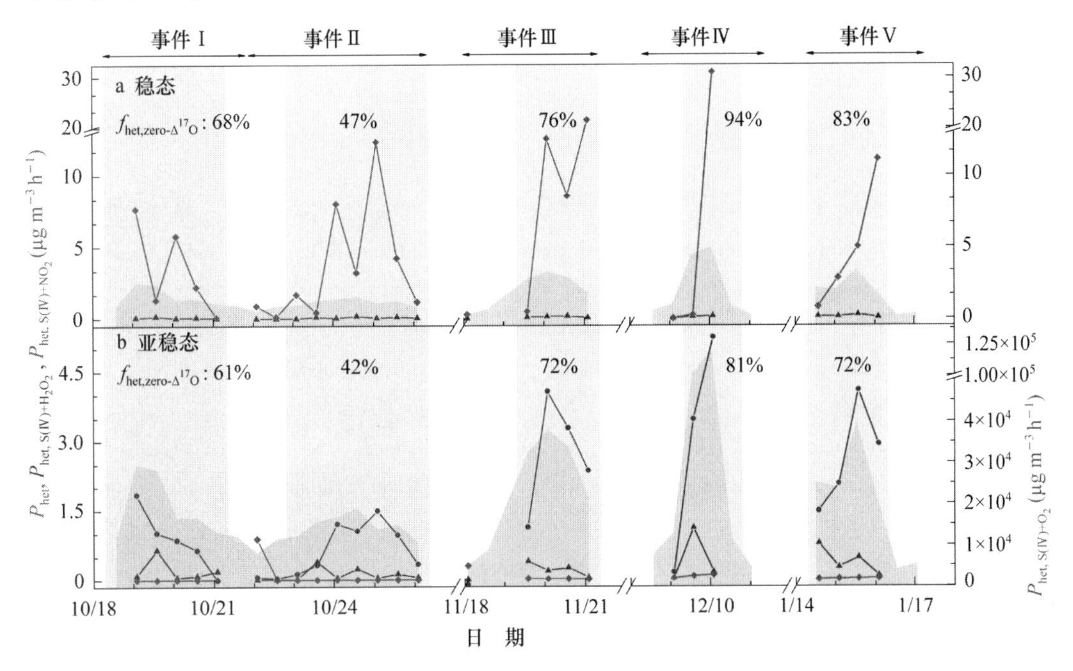

图 2.15　对不同非均相硫酸盐产生途径的评估（见书末彩图）

[图 a 和 b 分别是稳态和亚稳态假设下 $S(IV)+H_2O_2$ 和 $S(IV)+NO_2$ 非均相硫酸盐产生速率，分别表示为 $P_{het,S(IV)+H_2O_2}$ 和 $P_{het,S(IV)+NO_2}$。图 b 中的 $P_{het,S(IV)+O_2}$ 表示微滴表层的 $S(IV)+O_2$ 非均相硫酸盐的产生速率。$f_{het,zero-\Delta^{17}O}$ 表示产生零-$\Delta^{17}O$ 的反应如 $S(IV)+NO_2$ 和 $S(IV)+O_2$ 对总的非均相硫酸盐产生速率的贡献。在计算 $P_{het,S(IV)+H_2O_2}$ 时，考虑了离子强度的影响；在计算 $P_{het,S(IV)+NO_2}$ 和 $P_{het,S(IV)+O_2}$ 时，由于缺乏相关的实验数据，没有考虑离子强度的影响；计算 $P_{het,S(IV)+O_2}$ 时，由于缺乏 $pH>3$ 时的反应速率常数，使用的是 $pH \leqslant 3$ 时的速率常数。图中柱状阴影区域是指 $PM_{2.5}$ 污染时间段（$PM_{2.5} \geqslant 75\ \mu g\ m^{-3}$）。]

3. 小结

本研究表明，云中液相反应和颗粒物表层的非均相反应都能主导北京灰霾期间硫酸盐的产生。在 2014 年 10 月的灰霾事件Ⅱ中，云中液相反应对总的硫酸盐的贡献高达 68%，而在 2014 年 10 月至 2015 年 1 月的其他灰霾事件中，非均相反应对总的硫酸盐的贡献均值为 $(48\pm5)\%$。基于 $\Delta^{17}O$ 约束的计算表明，观测期间非均相硫酸盐的产生主要来自零-$\Delta^{17}O$ 反应，如 $S(IV)+NO_2$ 和 $S(IV)+O_2$ 反应，其对非均相硫酸盐的平均贡献在 66% 至 73% 之间。其他的非均相反应，如 $S(IV)+O_3$ 和 $S(IV)+H_2O_2$ 对非均相硫酸盐的贡献为 27%～

34%。然而,稳态和亚稳态状态假设下得到的气溶胶 pH 差异很大(均值分别为 7.6±0.1 和 4.7±1.1),而 SO_2 的氧化又依赖于气溶胶 pH。在稳态假设下,即当 pH=7.6 时,S(Ⅳ)+NO_2 反应可能会是主导的非均相反应,而当高酸性气溶胶(pH≤3)存在时,S(Ⅳ)+O_2 反应可能会是主导反应。

2.4.4 本项目资助发表论文

[1] He P,Xie Z,Yu X,Wang L,Kang H,Yue F. The observation of isotopic compositions of atmospheric nitrate in Shanghai China and its implication for reactive nitrogen chemistry. Science of the Total Environment,2020,714: 136727.

[2] Yue F,He P,Chi X,Wang L,Yu X,Zhang P,Xie Z. Characteristics and major influencing factors of sulfate production via heterogeneous transition-metal-catalyzed oxidation during haze evolution in China. Atmospheric Pollution Research,2020,11: 1351-1358.

[3] Yue F,Xie Z,Zhang P,Song S,He P,Liu C,Wang L,Yu X,Kang H. The role of sulfate and its corresponding S(Ⅳ)+NO_2 formation pathway during the evolution of haze in Beijing. Science of the Total Environment,2019,687: 741-751.

[4] He P,Xie Z,Chi X,Yu X,Fan S,Kang H,Liu C,Zhan H. Atmospheric $\Delta^{17}O(NO_3^-)$ reveals nocturnal chemistry dominates nitrate production in Beijing haze. Atmospheric Chemistry and Physics,2018a,18: 14465-14476.

[5] He P,Alexander B,Geng L,Chi X,Fan S,Zhan H,Kang H,Zheng G,Cheng Y,Su H,Liu C,Xie Z. Isotopic constraints on heterogeneous sulfate production in Beijing haze. Atmospheric Chemistry and Physics, 2018b,18: 5515-5528.

[6] Chi X,Liu C,Xie Z,Fan G,Wang Y,He P,Fan S,Hong Q,Wang Z,Yu X,Yue F,Duan J,Zhang P,Liu J. Observations of ozone vertical profiles and corresponding precursors in the low troposphere in Beijing, China. Atmospheric Research,2018,213: 224-235.

[7] Chi X,He P,Jiang Z,Yu X,Yue F,Wang L,Li B,Kang H,Liu C,Xie Z. Acidity of aerosols during winter heavy haze events in Beijing and Gucheng,China. Journal of Meteorological Research,2018,32: 14-25.

[8] Chen Q,Geng L,Schmidt A,Xie Z,Kang H,Dachs J Cole-Dai J H,Schauer A J,Camp M G,Alexander B. Isotopic constraints on the role of hypohalous acids in sulfate aerosol formation in the remote marine boundary layer. Atmospheric Chemistry and Physics,2016,16: 11433-11450.

参考文献

[1] Yang F,Tan J,Zhao Q,et al. Characteristics of $PM_{2.5}$ speciation in representative megacities and across China. Atmospheric Chemistry and Physics,2011,11: 5207-5219.

[2] Huang R,Zhang Y,Bozzetti C,et al. High secondary aerosol contribution to particulate pollution during haze events in China. Nature,2014,514: 218-222.

[3] Che H,Zhang X,Li Y,et al. Haze trends over the capital cities of 31 provinces in China,1981-2005. Theoretical and Applied Climatology,2009,97: 235-242.

[4] 毛华云,田刚,黄玉虎,李钢,宋光武. 北京市大气环境中硫酸盐、硝酸盐粒径分布及存在形式. 环境科学,2011,32: 1237-1241.

[5] 刘建国，谢品华，王跃思，王自发，贺泓，刘文清. APEC 前后京津冀区域灰霾观测及控制措施评估. 中国科学院院刊，2015，30：368-377.

[6] Sofen E D, Alexander B, Steig E J, et al. WAIS Divide ice core suggests sustained changes in the atmospheric formation pathways of sulfate and nitrate since the 19th century in the extratropical Southern Hemisphere. Atmospheric Chemistry and Physics, 2014, 14: 5749-5769.

[7] Alexander B, Park R J, Jacob D J, et al. Sulfate formation in sea salt aerosols: Constraints from oxygen isotopes. Journal of Geophysical Research, 2005, 110: 10307-10318.

[8] 郭照冰，吴梦龙，刘凤玲，魏英. 北京大气气溶胶中硫氧稳定同位素组成研究. 中国科学：地球科学，2014，44：1556-1560.

[9] Gobel A R, Altieri K E, Peters A J, et al. Insights into anthropogenic nitrogen deposition to the North Atlantic investigated using the isotope composition of aerosol and rainwater nitrate. Geophysical Research Letters, 2013, 40, 5977-5982.

[10] Thiemens M H, Heidenreich J E. The mass independent fractionation of oxygen: A novel isotope effect and its possible cosmochemical implications. Science, 1983, 219: 1073-1075.

[11] 熊志方，胡超涌，黄俊华，谢树成，甘义群. 氧的非质量同位素分馏及其地学应用. 地质科技情报，2007，26：51-58.

[12] Geng L, Schauer A J, Kunasek S A, Sofen E D, Erbland J, Savarino J, Allman D J, Sletten R S, Alexander B. Analysis of oxygen-17 excess of nitrate and sulfate at sub-micromole levels using the pyrolysis method. Rapid Communications in Mass Spectrometry, 2013, 27: 2411-2419.

[13] Kaiser J, Hastings M G, Houlton B Z, Röckmann T, Sigman D M. Triple oxygen isotope analysis of nitrate using the denitrifier method and thermal decomposition of N_2O. Analytical Chemistry, 2007, 79: 599-607.

[14] Sun Y, Zhuang G, Tang A, Wang Y, An Z. Chemical characteristics of $PM_{2.5}$ and PM_{10} in haze-fog episodes in Beijing. Environmental Science & Technology, 2006, 40: 3148-3155.

[15] Ishino S, Hattori S, Savarino J, Jourdain B, Preunkert S, Legrand M, Caillon N, Barbero A, Kuribayashi K, Yoshida N. Seasonal variations of triple oxygen isotopic compositions of atmospheric sulfate, nitrate, and ozone at Dumont d'Urville, coastal Antarctica. Atmospheric Chemistry and Physics, 2017, 17: 3713-3727.

[16] Vicars W C, and Savarino J. Quantitative constraints on the ^{17}O-excess ($\Delta^{17}O$) signature of surface ozone: Ambient measurements from 50°N to 50°S using the nitrite-coated filter technique. Geochimica et Cosmochimica Acta, 2014, 135: 270-287.

[17] Vicars W C, Morin S, Savarino J, Wagner N L, Erbland J, Vince E, Martins J F, Lerner B M, Quinn P K, Coffman D J. Spatial and diurnal variability in reactive nitrogen oxide chemistry as reflected in the isotopic composition of atmospheric nitrate: Results from the CalNex 2010 field study. Journal of Geophysical Research, 2013, 118: 567-10, 588.

[18] Zhang Y, Liu X, Fangmeier A, Goulding K T W, Zhang F. Nitrogen inputs and isotopes in precipitation in the North China Plain. Atmospheric Environment, 2008, 42: 1436-1448.

[19] Freyer H D. Seasonal variation of $^{15}N/^{14}N$ ratios in atmospheric nitrate species. Tellus B, 1991, 43: 30-44.

[20] Michalski G, Scott Z, Kabiling M, Thiemens M H. First measurements and modeling of $\Delta^{17}O$ in atmospheric nitrate. Geophysical Research Letters, 2003, 30: 1870.

[21] Patris N, Cliff S S, Quinn P K, Kasem M, Thiemens M H. Isotopic analysis of aerosol sulfate and nitrate during ITCT-2k2: Determination of different formation pathways as a function of particle size. Journal of Geophysical Research, 2007, 112: D23301.

[22] Su X, Tie X, Li G, Cao J, Huang R, Feng T, Long X, Xu R. Effect of hydrolysis of N_2O_5 on nitrate and ammonium formation in Beijing China: WRF-Chem model simulation. Science of the Total Environment, 2017, 579: 221-229.

[23] Wang H, Lu K, Chen X, Zhu Q, Chen Q, Guo S, Jiang M, Li X, Shang D, Tan Z. High N_2O_5 concentrations observed in urban Beijing: Implications of a large nitrate formation pathway. Environmental Science & Technology Letter, 2017, 4: 416-420.

[24] Alexander B, Hastings M G, Allman D J, Dachs J, Thornton J A, Kunasek S A. Quantifying atmospheric nitrate formation pathways based on a global model of the oxygen isotopic composition ($\Delta^{17}O$) of atmospheric nitrate. Atmospheric Chemistry and Physics, 2009, 9: 5043-5056.

[25] Wang H, Lu K, Guo S, Wu Z, Shang D, Tan Z, Wang Y, Le Breton M, Zhu W, Lou S, Tang M, Wu Y, Zheng J, Zeng L, Hallquist M, Hu M, Zhang Y. Efficient N_2O_5 uptake and NO_3 oxidation in the outflow of urban Beijing. Atmospheric Chemistry and Physics Discussion, 2018, 1-27.

[26] Wang H, Lu K, Tan Z, Sun K, Li X, Hu M, Shao M, Zeng L, Zhu T, Zhang Y. Model simulation of NO_3, N_2O_5 and $ClNO_2$ at a rural site in Beijing during CAREBeijing-2006. Atmospheric Research, 2017, 196: 97-107.

[27] Wang D, Hu R, Xie P, Liu J, Liu W, Qin M, Ling L, Zeng Y, Chen H, Xing X, Zhu G, Wu J, Duan J, Lu X, Shen L. Diode laser cavity ring-down spectroscopy for in situ measurement of NO_3 radical in ambient air. Journal of Quantitative Spectroscopy and Radiative Transfer, 2015, 166: 23-29.

[28] Wang H, Lu K, Chen X, Zhu Q, Wu Z, Wu Y, Sun K. Large particulate nitrate formation from N_2O_5 uptake in a chemically reactive layer aloft during wintertime in Beijing. Atmospheric Chemistry and Physics Discussion, 2018, 1-27.

[29] Guha T, Lin C T, Bhattacharya S K, Mahajan A S, Ou-Yang C-F, Lan Y-P, Hsu S C, Liang M-C. Isotopic ratios of nitrate in aerosol samples from Mt. Lulin, a high-altitude station in central Taiwan. Atmospheric Environment, 2017, 154: 53-69.

[30] Bertram T H, Thornton J A. Toward a general parameterization of N_2O_5 reactivity on aqueous particles: The competing effects of particle liquid water, nitrate and chloride. Atmospheric Chemistry and Physics, 2009, 9: 8351-8363.

[31] Liang J, Horowitz L W, Jacob D J, Wang Y, Fiore A M, Logan J A, Gardner G M, Munger J W. Seasonal budgets of reactive nitrogen species and ozone over the United States, and export fluxes to the global atmosphere. Journal of Geophysical Research, 1998, 103: 13435-13450.

[32] Cheng Y, Zheng G, Wei C, Mu Q, Zheng B, Wang Z, Gao M, Zhang Q, He K, Carmichael G. Reactive nitrogen chemistry in aerosol water as a source of sulfate during haze events in China. Science Advance, 2016, 2: e1601530.

[33] Zheng B, Zhang Q, Zhang Y, He K, Wang K, Zheng G, Duan F, Ma Y, Kimoto T. Heterogeneous chemistry: A mechanism missing in current models to explain secondary inorganic aerosol formation during the January 2013 haze episode in North China. Atmospheric Chemistry and Physics, 2015, 15: 2031-2049.

[34] Alexander B, Allman D, Amos H, Fairlie T, Dachs J, Hegg D A, Sletten R S. Isotopic constraints on the formation pathways of sulfate aerosol in the marine boundary layer of the subtropical Northeast Atlantic

Ocean. Journal of Geophysical Research,2012,117: D06304.

[35] Shen X,Lee T,Guo J,Wang X,Li P,Xu P,Wang Y,Ren Y. Wang W,Wang T. Aqueous phase sulfate production in clouds in Eastern China. Atmospheric Environment,2012,62: 502-511.

[36] Li X,Bao H,Gan Y,Zhou A,Liu Y. Multiple oxygen and sulfur isotope compositions of secondary atmospheric sulfate in a mega-city in central China. Atmospheric Environment,2013,81: 591-599.

[37] Jenkins K A,Bao H. Multiple oxygen and sulfur isotope compositions of atmospheric sulfate in Baton Rouge,LA,USA. Atmospheric Environment,2006,40: 4528-4537.

[38] Wang G H,Zhang R Y,Gomez M E,Yang L X,Zamora M L,Hu M,Lin Y,Peng J F,Guo S,Meng J. Persistent sulfate formation from London Fog to Chinese haze. Proceedings of the National Academy of Sciences of the United States of America,2016,113: 13630-13635.

[39] Liu M,Song Y,Zhou T,Xu Z,Yan C,Zheng M,Wu Z,Hu M,Wu Y,Zhu T. Fine particle pH during severe haze episodes in Northern China. Geophysical Research Letters,2017,44: 5213-5221.

[40] Wang Y,Zhuang G,Tang A,Yuan H,Sun Y,Chen S,Zheng A. The ion chemistry and the source of $PM_{2.5}$ aerosol in Beijing. Atmospheric Environment,2005,39: 3771-3784.

[41] Hung H-M,Hoffmann M R. Oxidation of gas-Phase SO_2 on the surfaces of acidic microdroplets: Implications for sulfate and sulfate radical anion formation in the atmospheric liquid phase. Environmental Science & Technology,2015,49: 13768-13776.

[42] He H,Wang Y,Ma Q,Ma J,Chu B,Ji D,Tang G,Liu C,Zhang H,Hao J. Mineral dust and NO_x promote the conversion of SO_2 to sulfate in heavy pollution days. Scientific Reports,2014,4: 4172.

第3章　大气HONO垂直分布特征及其形成机制研究

秦敏[1]，唐科[1]，孟凡昊[1]，段俊[1]，方武[1]，梁帅西[1]，孙业乐[2]，叶春翔[3]，傅平青[2,4]，谢品华[1]，牟玉静[5]

[1]中国科学院合肥物质科学研究院 安徽光学精密机械研究所，[2]中国科学院大气物理研究所，

[3]北京大学，[4]天津大学，[5]中国科学院生态环境研究中心

针对我国大气复合污染特征，结合国际上普遍关注的气态亚硝酸(HONO)来源等前沿问题，建立了准确测量 HONO 的宽带腔增强吸收光谱(BBCEAS)定量方法并开展 HONO 垂直分布观测，分析了我国不同大气环境下 HONO 的垂直浓度分布信息和变化规律，探究了 HONO 的主要形成途径。

通过开展 BBCEAS 系统参数对 HONO 测量灵敏度的研究，并开展测量方法之间的一致性和准确性对比，建立了准确测量 HONO 的 BBCEAS 定量方法，系统在 30 s 积分时间下对 HONO 和 NO_2 的探测灵敏度分别为 60 ppt 和 100 ppt(1σ)。结合 325 m 气象高塔首次获得城市夜间边界层高分辨率的 HONO 和 NO_2 廓线信息。夜间边界层内 HONO 和 NO_2 呈负梯度变化，HONO 垂直分布与夜间边界层分层一致，交通排放对夜间 HONO 贡献占比约为(29.3±12.4)%。分析夜间气溶胶表面和地表面非均相反应 HONO 生成：(1) 清洁天，地表面 NO_2 非均相转化主导了夜间 HONO 生成，高空 HONO 主要来源于地面垂直传输；(2) 雾霾天，收支分析显示夜间气溶胶表面 HONO 生成贡献了约 20%的地面 HONO 浓度，表明雾霾天气溶胶表面 NO_2 非均相转化对 HONO 的贡献不可忽略。在国际上首次建立了基于 BBCEAS 技术的双动态箱系统，并将其成功应用于华北平原和淮河流域农田的 HONO 通量观测。外场观测证实农业施肥初期会导致土壤高浓度的 HONO 排放(小时最大值达 20.25 ng N m^{-2} s^{-1})，施肥后的土壤具有很强的 HONO 排放潜势。

3.1　研究背景

HONO 因在大气中所扮演的重要角色如 OH 自由基的前体物以及对 O_3 和光化学烟雾形成的促进作用而引起科学界的广泛关注。自 20 世纪 70 年代末在我国兰州西固石化区首次发现光化学污染以来，光化学污染问题在我国的一些大中型城市及周边区域(如京津冀、长三角及珠三角地区)日益突出。北京夏季和珠三角地区秋季的大气 O_3 污染十分严重，2005 年夏季北京曾观测到的 O_3 浓度高达 286 ppb[1]，污染状况已超过欧美特大城市。模型

计算表明，考虑 HONO 非均相来源时，城市烟羽中 O_3 净生成量增加了 16%[2]；污染边界层模拟中元素碳气溶胶表面 HONO 非均相反应能使 O_3 浓度增加 8～20 ppb[3]；考虑 HONO 的气相来源以及其余四种非均相来源时，模型结果显示 O_3 浓度在清晨两小时内累积，随后 O_3 浓度显著增加 6 ppb[4]。国内的研究结果同样显示，当模型中考虑 HONO 的非均相来源，将造成北京城区白天 O_3 浓度的升高并且增加 30% 自由基的产生[5]；在城郊（广州新垦），升高的 HONO 浓度在 9:00～15:00 光解生成 OH 自由基的速率是 O_3 的 3 倍[6]。近年来的研究结果均显示，HONO 对 OH 自由基初始来源的贡献在 50%（夏季）～80%（冬季）[7]；甚至 HONO 对于 OH 自由基的贡献不单单表现在清晨，某些地区 HONO 对 OH 自由基的贡献率在日间甚至高达 50%[8]，即使是在光照最强的正午期间，HONO 对 OH 自由基贡献率也可达到 33%[9]。我国较高的一次污染物排放以及气溶胶浓度致使我国的光化学污染特征表现出与发达国家较大的差异，大气 O_3 的形成机制表现出与发达国家不同的特征，其原因之一就是大气中 HONO 浓度极高，并通过 HONO 光解生成大量 OH 自由基而对 O_3 的形成产生重大影响。

目前，HONO 对 HO_x（$OH+HO_2+RO_2$）基团的贡献以及光化学污染在整个挥发性有机化合物（VOCs）/NO_y/O_3 化学中所扮演的角色还存在诸多不确定性。关于 HONO 来源，特别是其白天的来源问题，在生成途径以及反应机理上还存在较大争议。对流层中 HONO 的收支如图 3.1 所示。通常认为 HONO 的来源主要包括直接排放、气相均相反应及非均相反应。通过燃烧过程例如生物质燃烧、机动车排放、家庭取暖及工业燃烧等途径产生 HONO。隧道实验表明，直接排放的 HONO 占总机动车排放 NO_x（$NO+NO_2$）的 0.3%～0.8%[10]。然而，外场观测数据显示，夜间环境大气中的 HONO/NO_x 可达 30%～120%，燃烧过程的一次排放并不能解释夜间观测到的较高 HONO 浓度。NO 与 OH 自由基的反应是最先确定的 HONO 的气相反应来源，而白天只考虑气相反应光稳态平衡计算得到的 HONO，其比观测的结果约小一个量级。Bejan 等人[11]研究了不同种的气态硝基苯酚对 HONO 产生的影响，假定存在 1 ppb 邻硝基酚发生光解，HONO 生成速率为 100 ppt h^{-1}，但该反应仍停留于实验室的研究。Li 等人[12]的研究表明，NO_2 可吸收波长大于 420 nm 的辐射形成电子激发态的 NO_2^*，进而与水汽反应生成 HONO 和 OH 自由基，但模型研究[13-14]表明，NO_2^* 对 HONO 的收支平衡影响较少。通过飞艇观测平台，Li 等人[15]发表在 *Science* 上的研究表明，HONO 生成 OH 自由基的化学反应可能是 OH 自由基循环再生体系的一部分，而其中关于 $HO_2/HO_2\cdot H_2O$ 与 NO_2 反应生成 HONO 的机理也仍在讨论中。虽然目前大量的实验室研究和外场数据证实夜间 HONO 主要来源于 NO_2 与水蒸气的非均相反应[16-19]，但闭合研究的结果显示，实验室从部分表面反应常数测定结果外推得到的环境大气中 HONO 的非均相生成速率比实际所观测到的要低 2～5 个数量级，从而促使了对 HONO 新机理的探讨和研究[9]。近些年的研究表明，光照辐射的参与会促成 HONO 的生成：实验室研究中发现光照条件下 NO_2 在有机物（腐殖酸、芳香烃和多酚化合物等）表面能够生成 HONO[20-21]；Zhou 等人[22]的观测中表明，在热带雨林区域 HNO_3 的光解是 HONO 白天的一个重要来源；Li 等人[23]在珠三角的外场观测表明吸附于地表的 HNO_3 的光解与 HONO

形成有关。对于反应发生在气溶胶表面的情况,研究 NO_2 在元素碳气溶胶表面非均相反应时发现,NO_2 在悬浮煤烟气溶胶表面转化为 HONO 的速率比在其他表面测得的结果大 5～7 个数量级[24],尽管早期的结果显示元素碳气溶胶的反应表面存在失活的现象,但在光照情况下煤烟颗粒物的大气反应活性可以发生改变[25]。苏杭等人[26]发表于 *Science* 的研究表明,具有较低 pH 的培肥土壤在微生物的作用下土壤中的硝酸盐有可能成为大气 HONO 的重要来源。

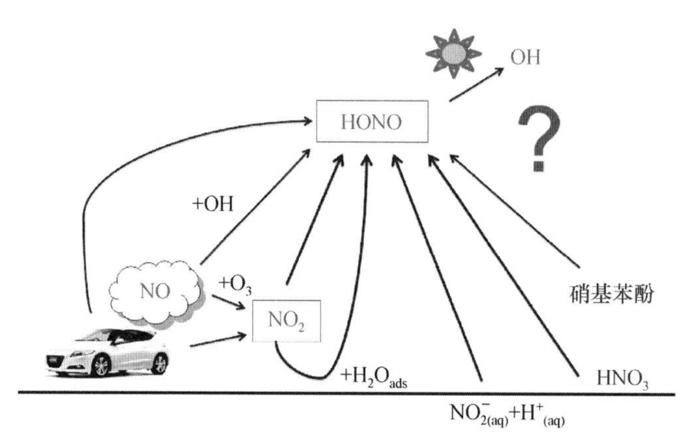

图 3.1　HONO 对流层化学概观

关于上述非均相过程 HONO 的产生主要发生在气溶胶颗粒物表面还是地表面这一问题目前仍是国际上讨论的热点。梯度观测可获取二维或三维大气边界层相关物种的浓度分布,为研究城市群区域大气污染形成过程和机制提供不可替代的直接观测资料,对掌握 HONO 的时空分布规律及评估 HONO 在大气中的形成及转化机制具有重要意义。1993 年首次开展的 HONO 梯度测量(0.25、1.0、2.0 m 高度)观测到 NO_2 非均相转化发生在草地表面的证据:当大气中 NO_2 浓度小于 10 ppb 时,HONO 发生干性沉降;NO_2 浓度大于 10 ppb 时,HONO 流动向上,并解释观察到的现象是上述两个过程的净效应[27];而随后的多个外场观测中并未观测到上述情况[28-29]。此外,通过对雪地(北极、格陵兰岛以及南极)上空HONO 输送通量的研究,观测到雪地 HONO 释放的现象[30-32],并解释其现象来自 NO_3^- 离子的光解。上述对 HONO 的梯度观测主要集中在近地面 5 m 以下的高度,随后在德国及美国等地的半郊及城市大气边界层都开展了 HONO 的梯度观测,观测高度从几十米拓展到几百米。部分梯度测量结果显示 HONO 的生成主要发生在地表面[33-34];近年来部分垂直观测结果表明 HONO 不仅明显产生于地表表面,同时在不同边界层高度也会生成[35-36]。VandenBoer等人[37]通过高塔搭载的垂直移动平台开展对 HONO 垂直分布特征进行测量,研究发现夜间可能有较多的 HONO 干沉降至地表,其估算的储存在地表的 HONO 总量可达到或者超过白天 HONO 的地表总产生量。一些结合了气溶胶观测的外场实验表明气溶胶参与了 HONO 的形成[38-40]。由于近地层数百米大气与人类活动关系密切,特别是城市边界层大气,地面源大气污染物的输送、扩散以及气象因素对污染物的时空分布影响使实际情况要复杂得多。对于上述 HONO 的生成途径以及反应机理,实验室模拟和实际的外场观测差异较大,仍需要大量的外场和实验数据加以证实。

3.2 研究目标与研究内容

本课题将开展BBCEAS技术对大气HONO的垂直梯度观测，针对我国一次污染物高排放且气溶胶浓度高、成分复杂的大气污染特征，开展多种HONO测量技术对比，建立准确测量HONO的宽带腔增强吸收光谱定量方法，确定我国城郊及城市不同大气环境下HONO的浓度分布及变化特征，结合国际上普遍关注的HONO反应途径来源的前沿问题对大气中HONO的收支开展研究。

3.2.1 研究目标

针对我国一次污染物高排放且气溶胶浓度高、成分复杂的大气污染特征，结合国际上普遍关注的HONO反应途径来源的前沿问题，开展HONO测量技术对比，建立准确测量HONO的BBCEAS定量方法并开展城市及城郊大气不同下垫面的HONO垂直梯度观测。通过联合外场实验，揭示我国不同大气环境下HONO的垂直浓度分布信息和变化规律，探究我国大气复合污染条件下HONO的主要形成途径，评估其对大气复合污染及区域空气质量的影响。

3.2.2 研究内容

1. HONO的光谱定量方法建立及观测比对

通过研究非相干宽带腔增强吸收光谱(IBBCEAS)系统参数(光源稳定性、光源耦合效率、增强腔壁效应及采样损耗、光谱波段选择及气体交叉干扰等)对HONO测量灵敏度的影响，确定了光谱测量的最佳性能参数。通过开展光谱学和湿化学采样方法以及两套BBCEAS系统关于HONO测量的一致性和准确性对比，建立了准确测量HONO的宽带腔增强吸收光谱定量方法。

2. 不同大气环境下HONO的垂直浓度分布特征及变化规律

开展BBCEAS技术对城市及城郊大气不同下垫面的HONO垂直梯度观测，研究HONO的污染状况、污染特征、变化规律等。

3. 基于外场观测的大气HONO收支研究

尽管之前的研究工作已经获取了部分我国城市及城郊的一些HONO浓度方面的信息，但不同大气环境下污染物排放源情况复杂，如工业源、生活源、交通源等占比存在差异，HONO的来源途径以及变化特征可能存在差异，各种不同大气环境下HONO的浓度信息仍然缺乏。由于模式自身受到不准确排放源数据以及化学机制和算法上过度简化等问题的影响，与之相关的模式模拟工作同样需要外场的观测数据加以验证。

(1) 昼夜边界层大气均相反应及非均相反应对HONO生成的影响

针对边界层不同下垫面性质(草地、土壤及城市建筑)情况开展垂直梯度外场观测，获取昼夜边界层不同大气环境中 HONO 的高灵敏度、高时间分辨的垂直浓度信息,计算 HONO 梯度。结合同步获得的其他痕量气体(NO_2、HCHO、O_3、HNO_3 等)浓度、气溶胶理化参数和气象参数等信息,评估地表和气溶胶表面对 HONO 非均相反应的影响以及微气象学和气象参数(如边界层结构变化、风向、风速和温湿度)对 HONO 浓度分布的影响,研究气溶胶表面非均相过程对 HONO 的贡献及 HONO 与气溶胶物理化学性质的关系。

(2) 农田 HONO 排放通量研究

采用箱法开展对土壤 HONO 排放通量的观测,即根据双动态箱出口处 HONO 浓度差值获得土壤单位时间面积 HONO 的净排放通量来研究土壤对 HONO 排放的贡献。

3.3 研究方案

本项目将采用 BBCEAS 技术,通过研究系统参数对测量信噪比的影响,实现对 NO_2 和 HONO ppb 及 ppt 量级高灵敏、高时间分辨探测,与实验室已建立的长光程差分吸收光谱(DOAS)等技术开展对比观测,以保证外场观测数据的准确可靠。针对清洁大气区域(如区域背景站)不同下垫面(草地、土壤等)以及大气复合污染严重的区域(如北京城区)开展 HONO 垂直梯度在线观测,获取不同大气环境下 HONO 的垂直浓度分布特征及变化规律,分析其在大气中的梯度及通量信息,并针对我国城市区域高 NO_x 排放开展隧道实验。结合空气质量模型探究 HONO 收支机制,为揭示我国高污染、强氧化性大气环境下灰霾细粒子的生成机制和增长特性提供科学数据。研究方案如图 3.2 所示。

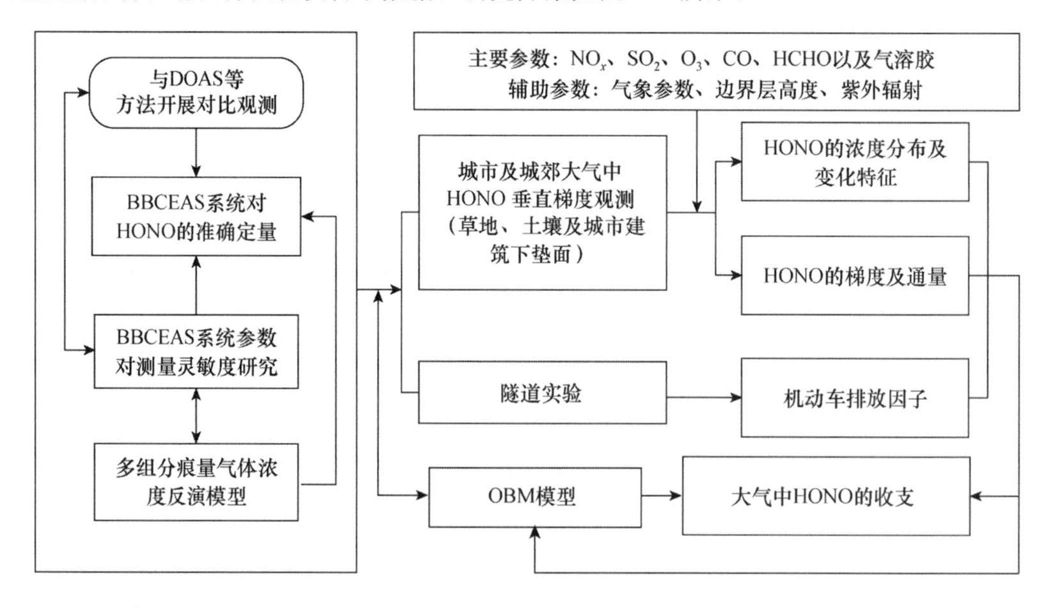

图 3.2 课题研究方案

3.4　主要进展与成果

3.4.1　BBCEAS 系统的优化及系统参数的测试

分别采用透镜和离轴抛物面镜对 LED 光源的耦合效率进行了研究。与透镜耦合相比，离轴抛物面镜对光线的耦合效率提高了 33.7%，表明采用离轴抛物面镜对接收端光线进行耦合，有效地提高了光线的耦合效率和信噪比，从而在保证信噪比相同的情况下，有效地提高测量数据的时间分辨率。系统示意图如图 3.3 所示[41-43]。

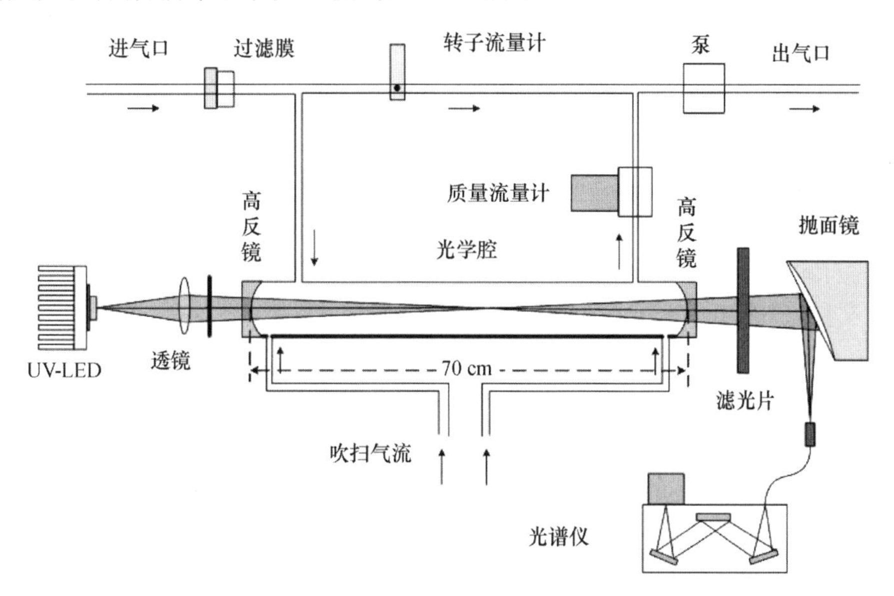

图 3.3　非相干宽带腔增强吸收光谱系统

1. 系统稳定性优化

系统腔体的连接件及接头重新设计加工，采用纯可熔性聚四氟乙烯(PFA)材质以及金属材质结合的方式，即保证采样气路接触的材质全部为 PFA，最大程度减少采样损耗，PFA 外部的金属固定件提高了系统的结构强度，使光路具有很好的抗振动能力以及稳定性。采用加热恒高温的方式，用红外陶瓷灯对仪器进行加热，提高系统稳定性。保证系统的主要元部件处于一个较稳定的环境温度，减少光学件、机械件(光源固定平台、光学腔体以及光源接收端等)等轻微形变导致的系统光路以及吸收光程的改变，以及减少光谱仪狭缝或光栅的变化导致光谱仪分辨率等重要参数的改变，从而保证系统能在外场实验中具有更好的精度、稳定性和环境适应性。

2. 采样损耗、壁效应和光源光解的研究

采用 HONO 发生器产生稳定浓度的 HONO，用于系统壁效应和采样损耗等过程的标

定。通过在 BBCEAS 系统采样口前增加完全相同的采样管、光学腔、过滤膜,获得前后测量的 HONO 浓度差值,计算采样损耗约为 2%。在腔内存在高浓度 HONO 的情况下,通入大流量氮气,发现 HONO 浓度快速下降,表明 HONO 在 PFA 管壁、光学腔内壁吸附很小。采用大约 80 ppb 的 NO_2 标准气体通过 3 m 长的 PFA 采样管,然后通入非相干 BBCEAS 系统内,一段时间后,观察非相干 BBCEAS 系统测量到的光学谐振腔内 HONO 的浓度,但是并没有测量到 HONO 的吸收光谱,表明测量的 HONO 的浓度低于系统最低探测限,因此在实际大气测量中,采样中的 NO_2 在采样口和光学谐振腔内通过非均相反应而生成的 HONO 几乎可以忽略,壁效应影响较少。

通过采用不同 LED 驱动电流来改变非相干宽带光源的辐射光强,然后在不同光源光强下对 HONO 发生器连续产生的稳定浓度 HONO 源进行测量。实验发现,不同 LED 驱动电流的情况下,测量得到的 HONO 浓度基本一致,验证了 BBCEAS 的紫外 LED 光源对 HONO 测量的影响很小,可以忽略不计。

3. 光谱拟合波段的确定及误差分析

综合考虑 LED 光源辐射谱特征、痕量气体的吸收峰的位置、高反射率镜片随波长变化的镜片反射率,确定 HONO 的最优反演波段为 359～387 nm。标准参考截面的误差为 5%,镜片反射率标定的误差为 5%,拟合误差为 5%,有效腔长修正的误差为 3%,气压测量的误差为 1%,$\Delta I/I_0$ 误差为 1%,采样损耗标定的误差为 0.5%,则根据误差分析,非相干宽带腔增强吸收光谱系统测量 HONO 的总的系统误差约为 9%[43-44]。

4. BBCEAS 系统准确性和一致性验证

分别开展了不同光谱学测量方法及光谱学和湿化学采样方法对 HONO 的观测对比。图 3.4 为剑桥大学及安徽光学精密机械研究所(简称"安光所")自行研制的两套 BBCEAS 系统在中国科学院大气物理研究所(简称"中科院大气所")的 HONO 对比观测实验结果。两套系统放置于相邻的集装箱内,采样高度保持相近。两套数据线性拟合结果: $Y_{\text{BBCEAS-剑桥}}=$

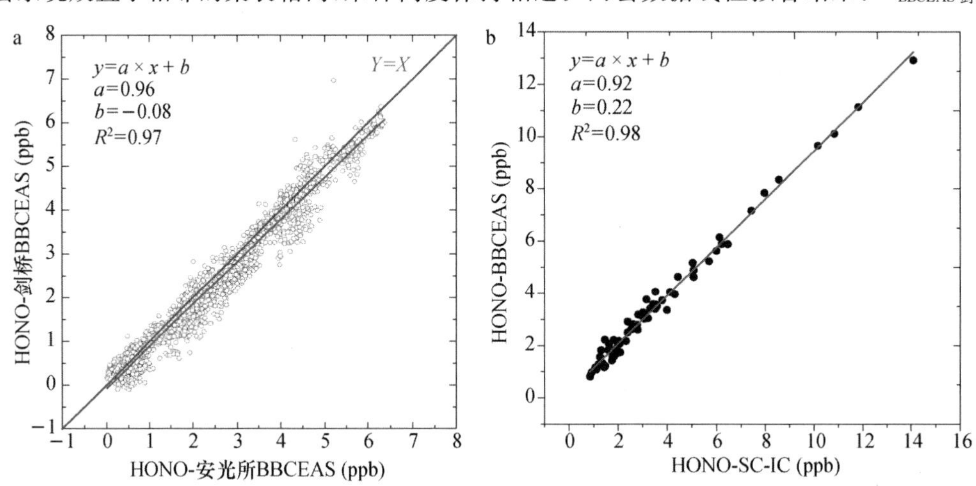

图 3.4 安光所 BBCEAS 系统与剑桥大学 BBCEAS 系统(a)和生态环境研究中心 SC-IC 系统(b)测量对比

$-0.07526+0.9648\times X_{\text{BBCEAS-安光所}}$，数据绝对值差异 4%，$R^2$ 达到 0.97，一致性较好。同时对比了 BBCEAS 系统与生态中心的螺旋管与离子色谱联用系统（SC-IC）测量农田 HONO 通量时的两空白箱结果。两套数据的线性拟合结果：$Y_{\text{BBCEASAiofm}}=0.22+0.92\times X_{\text{SC-IC-Rcees}}$，两套数据绝对值差异在 8%左右，$R^2$ 达到 0.98，一致性较好。BBCEAS 系统测量的值比 SC-IC 低 8%，可能是较长的采样管路所引起的采样损耗所致。图 3.5 为两套 BBCEAS 系统同时对实际大气进行测量获取的 HONO 和 NO_2 的浓度时间序列。两套系统测量结果一致性较好，HONO 和 NO_2 的 R^2 分别达到 0.97 和 0.998，测量结果相差约为 3%，在仪器的测量误差范围内[45]。

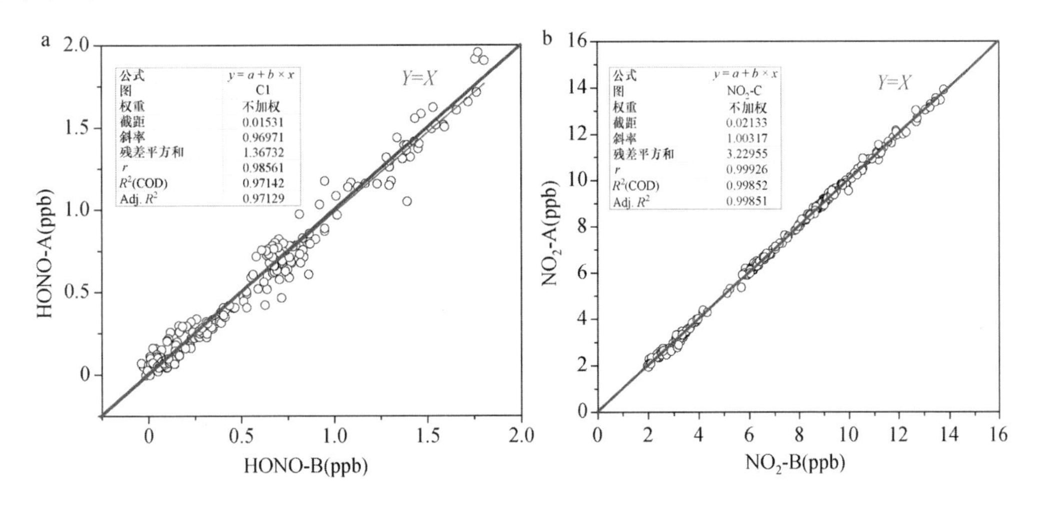

图 3.5 两台 BBCEAS 系统的 HONO 相关性(a)和 NO_2 相关性(b)对比

3.4.2 夜间 HONO 垂直分布特征及其形成机制研究

1. HONO 垂直梯度观测

基于中科院大气所的 325 m 气象观测塔平台，开展塔基 HONO 和 NO_2 垂直廓线测量。气象观测塔位于北京北四环与北三环之间的中科院大气所铁塔分部，属于典型的城市居民区。HONO 和 NO_2 垂直分布观测借助中科院大气所铁塔分部的吊舱移动平台，采用两套 BBCEAS 系统同步测量的方式开展。梯度观测 BBCEAS 系统放置于长 1.5 m、宽1 m、高 0.9 m 的吊舱内，采样管伸出吊舱顶部约 20 cm，地面 BBCEAS 系统放置于气象塔西边约 60 m 处的集装箱内，采样管位于集装箱顶部，采样口距离地面约 3 m。两套 BBCEAS 系统时间分辨率分别为 15 s（吊舱）和 30 s（地面），其对 HONO 检测限（1σ）分别为 60 ppt（吊舱）和 90 ppt（地面）。吊舱平台装配于塔侧面的钢缆上，能最小化塔体部分对 HONO 垂直观测的影响，其上升和下降速度约为 9 m $\min^{-1}$，单次垂直测量时间小于 30 min（图 3.6）。观测期间，出于安全考虑，夜间吊舱平台的最大上升高度为 240 m。HONO 垂直廓线测量于 2016 年冬季开展，观测周期为 2016 年 12 月 6～13 日，期间分别进行了清洁天和污染天上午、下午、傍晚及午夜等时段共计 12 次吊舱升降实验。

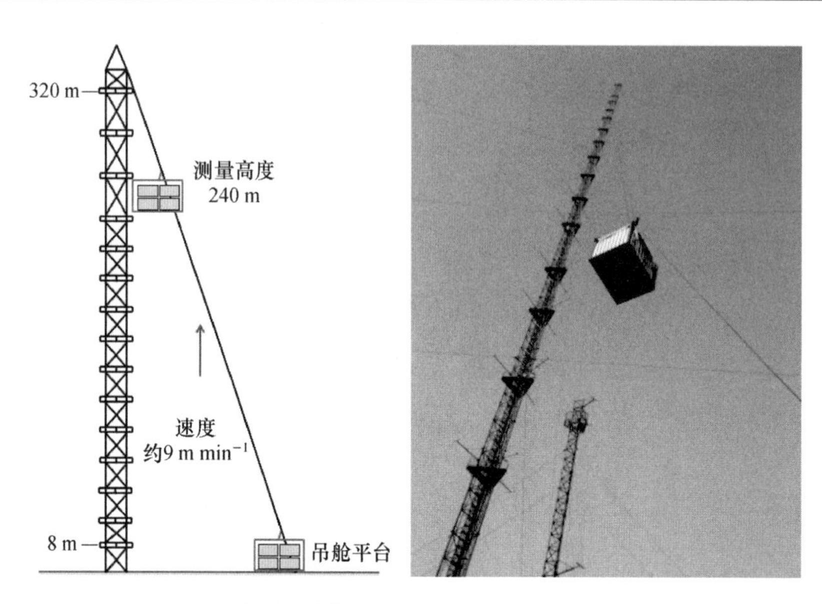

图 3.6　中科院大气所 325 m 气象观测塔及吊舱平台

观测期间,基于 $PM_{1.0}$ 浓度水平,将其分为 3 个不同的阶段(雾霾-清洁-雾霾)(表 3-1)。12 月 7～8 日 10:00 为第一个雾霾阶段(E1),该期间由于低风速[(0.78±0.42)m s^{-1}]和高湿度[(51±13)%]影响,地面和高空 $PM_{1.0}$ 浓度快速增加,从 30 $\mu g\ m^{-3}$ 增加到150 $\mu g\ m^{-3}$。12 月 8～10 日为清洁阶段(C2),该期间受强西北风影响(>5 m s^{-1}),$PM_{1.0}$ 浓度快速下降,平均浓度为(24±19)$\mu g\ m^{-3}$。第三阶段 12 月 11～12 日雾霾阶段(E3),伴随着静稳天气、低风速和高湿度气象条件的出现,地面和高空 $PM_{1.0}$ 浓度持续增加,$PM_{1.0}$ 浓度由69 $\mu g\ m^{-3}$ 增加到 218 $\mu g\ m^{-3}$,平均浓度为(154±35)$\mu g\ m^{-3}$。

表 3-1　12 月 7～12 日污染阶段分类

时　间	污染阶段	$PM_{1.0}$ /($\mu g\ m^{-3}$)	HONO /ppb	NO_2 /ppb	WS /(m s^{-1})	WD	T/℃	RH/%
12/7～12/8 (10:00)	雾霾(E1)	30～184	1.49～7.59	24.91～65.48	0.03～1.95	NW-ESE	1.6～9.3	36～82
12/8(10:00)～12/10	清洁(C2)	3～97	0.27～3.75	3.33～47.84	0.01～1.53	NE-NW	−0.6～9.1	16～53
12/11～12/12	雾霾(E3)	69～217	1.54～5.51	38.58～66.57	0.02～1.81	NE-NW	−1.6～6.9	40～69

HONO 和 NO_2 垂直廓线测量于 12 月 7 日、9 日、10 日和 11 日傍晚和夜间开展,如图 3.7 和图 3.8 所示。图中垂直廓线显示,日落后 HONO 和 NO_2 无明显梯度变化,ΔHONO 值为±0.2 ppb,表明边界层内 HONO 和 NO_2 浓度混合较为均匀。夜间 HONO 和 NO_2 梯度明显增加,HONO 和 NO_2 均表现为负梯度变化。垂直廓线分析采用夜间风速小于 6 m s^{-1}形成稳定夜间边界层的廓线数据,除 12 月 7 日外,12 月 9～10 日、10～11 日和 11～12 日夜间垂直廓线测量均在低风速条件下。

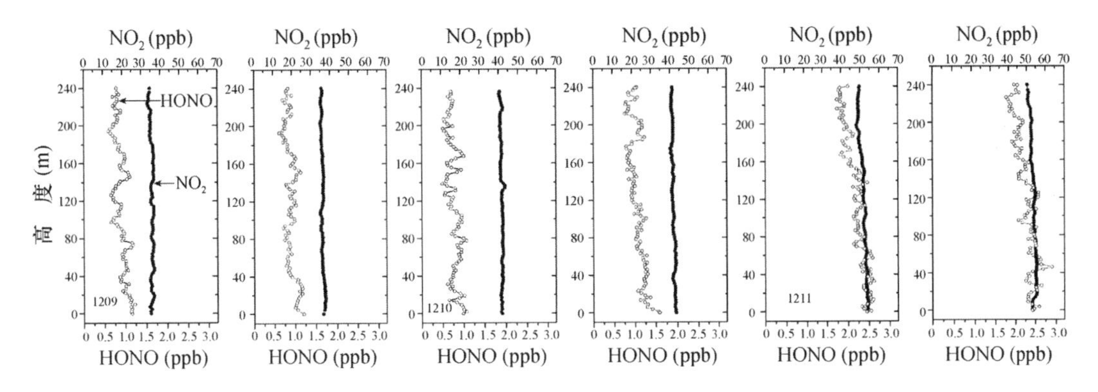

图3.7 12月9日、10日和11日傍晚HONO和NO_2垂直廓线

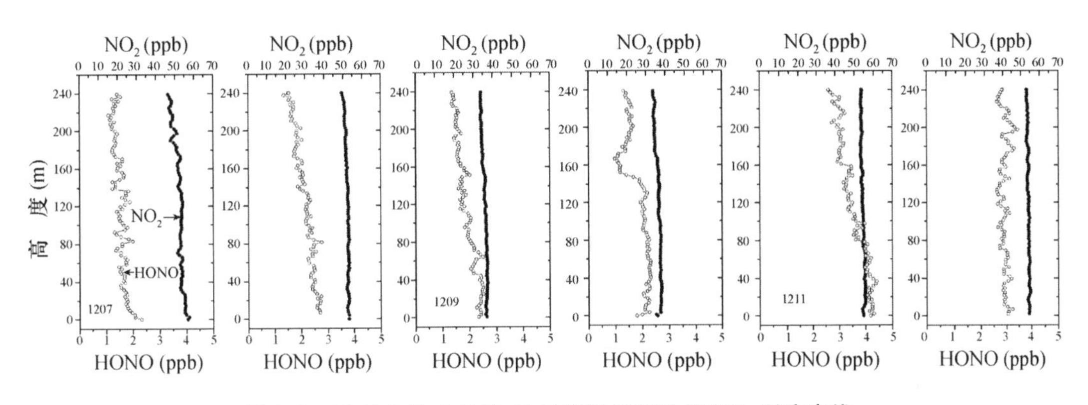

图3.8 12月7日、9日和11日夜间HONO和NO_2垂直廓线

2. 夜间垂直廓线分析

根据Brown等[46]的方法，以位温廓线作为夜间大气小规模分层的指示。根据垂直位温廓线的变化，将夜间大气分为“近地层”(0～20 m)、“夜间边界层(NBL)”(20～150 m)和“剩余层(RL)”(>150 m)。

如图3.9所示，图中展示了清洁天(C2)和雾霾天(E3)HONO、NO_2和位温廓线的变化，采用HONO、NO_2和高度的线性最小二乘回归斜率和相关性系数评估了夜间HONO和NO_2的梯度变化(表3-2)。12月9日清洁天(C2)，夜间HONO和NO_2廓线呈现明显的负梯度，0～240 m测量高度内观测到了明显的HONO[(-4.56 ± 0.34) ppt m^{-1}]和NO_2[(-16.41 ± 1.22)ppt m^{-1}]负梯度变化，位温廓线显示了明显的边界层分层。吊舱下降期间(23:15～23:40)，位温廓线显示温度逆温出现在了130～200 m，RH的垂直廓线变化也指出了不同的夜间分层。在浅逆温层内，污染气体的垂直传输和对流受到抑制，观测到了该层内明显的负梯度变化。然而，在夜间边界层内，HONO和NO_2的负梯度消失，其可能是由逆温层下的连续垂直混合导致的。该期间明显的HONO负梯度变化，表明夜间HONO可能来源于地表非均相反应。

12月10日清洁天(C2)，位温廓线显示在近地层和夜间边界层之间形成了浅逆温层。该层内HONO浓度随高度增加而快速减少，观测到了明显的负梯度变化。吊舱下降期间

(23:01～23:25)，随着浅逆温层的衰减，其对垂直传输和混合的抑制作用逐渐减弱。HONO、NO_2 负梯度和 HONO、NO_2 与高度的相关性系数增加也表明了该逆温层的逐渐衰减，这也指出了潜在的夜间地表 HONO 源。与此相反，夜间 NO_2 垂直廓线显示近地表 NO_2 呈现正梯度变化，其可能是由多个因素共同作用导致的。近地表 O_3 与地表 NO 反应生成 NO_2，导致了 NO_2 负梯度的出现。然而，其还受到 NO_2 干沉降的抵消作用，导致 NO_2 呈现正梯度变化[47]。此外，周边机动车排放和近地表浅逆温层的出现都会影响 NO_2 的垂直分布，这些作用的共同影响可能导致了夜间近地表 NO_2 正梯度的出现。

表 3-2　测量期间 HONO 和 NO_2 夜间梯度变化

日　期	时　间	HONO 梯度 /(ppt m^{-1})	R^2	NO_2 梯度 /(ppt m^{-1})	R^2
2016/12/9	22:42～23:06	-4.56 ± 0.34	0.89	-16.41 ± 1.22	0.89
2016/12/9	23:15～23:40	-4.70 ± 0.73	0.65	-18.69 ± 1.50	0.87
2016/12/10	22:36～23:01	-0.45 ± 0.34	0.04	-2.22 ± 1.23	0.10
2016/12/10	23:01～23:25	-3.36 ± 0.52	0.65	-7.59 ± 1.24	0.62
2016/12/11	22:35～23:00	-6.92 ± 0.36	0.94	-10.52 ± 0.91	0.86
2016/12/11	23:04～23:29	-0.16 ± 0.46	0.006	-5.45 ± 0.87	0.63
2016/12/12	00:00～00:26	0.24 ± 0.39	0.02	-6.01 ± 0.69	0.77
2016/12/12	00:45～01:09	-1.98 ± 0.28	0.71	-5.70 ± 0.87	0.65

12 月 11 日雾霾天(E3)，夜间位温廓线显示，该期间近地层消失，夜间边界层向下延伸至最低测量高度(地面 8 m)。吊舱上升期间(22:35～23:00)，夜间 HONO 垂直廓线显示了明显的负梯度变化。随着夜间边界层的发展，HONO 负梯度逐渐减小，由(-6.92 ± 0.36) ppt m^{-1} (22:35～23:00)减小至(-1.98 ± 0.28) ppt m^{-1} (00:45～01:09)。此外，23:00～01:00 期间夜间边界层内 HONO/NO_2 垂直廓线显示了一致的变化[$(5.6\pm0.3)\%$]。午夜期间，一个近稳态的 HONO 浓度和 HONO/NO_2 在夜间边界层内建立，其与 VandenBoer 等人[37]垂直测量的结果一致。一个可能的物理和化学过程，即 HONO 的地表面干沉降损失可能导致了该近稳态平衡的建立，其表明夜间可能有大量的 HONO 沉淀在了地表面。

HONO 和高度的线性最小二乘回归斜率表明夜间 HONO 可能来源于气溶胶表面的 NO_2 非均相反应，雾霾天(E3) 00:00～00:26 观测到了正的 HONO 梯度变化[(0.24 ± 0.39) ppt m^{-1}]。此外，气溶胶表面积测量显示，12 月 11 日雾霾天(22:00～01:00)剩余边界层内气溶胶表面积为 2314 $\mu m^2\ cm^{-3}$，最高达到 2569 $\mu m^2\ cm^{-3}$。相对于以前的垂直测量研究，本研究观测到的气溶胶表面积是以前研究的 14～38 倍，如此高的气溶胶表面积可能为气溶胶表面的非均相反应提供了充足的表面。此外，在雾霾天(23:35～01:09) 160 m 高度以上观测到了相对恒定的 HONO 浓度和 HONO/NO_2，其也表明雾霾天高空可能存在潜在的与气溶胶表面非均相反应相关的 HONO 源。

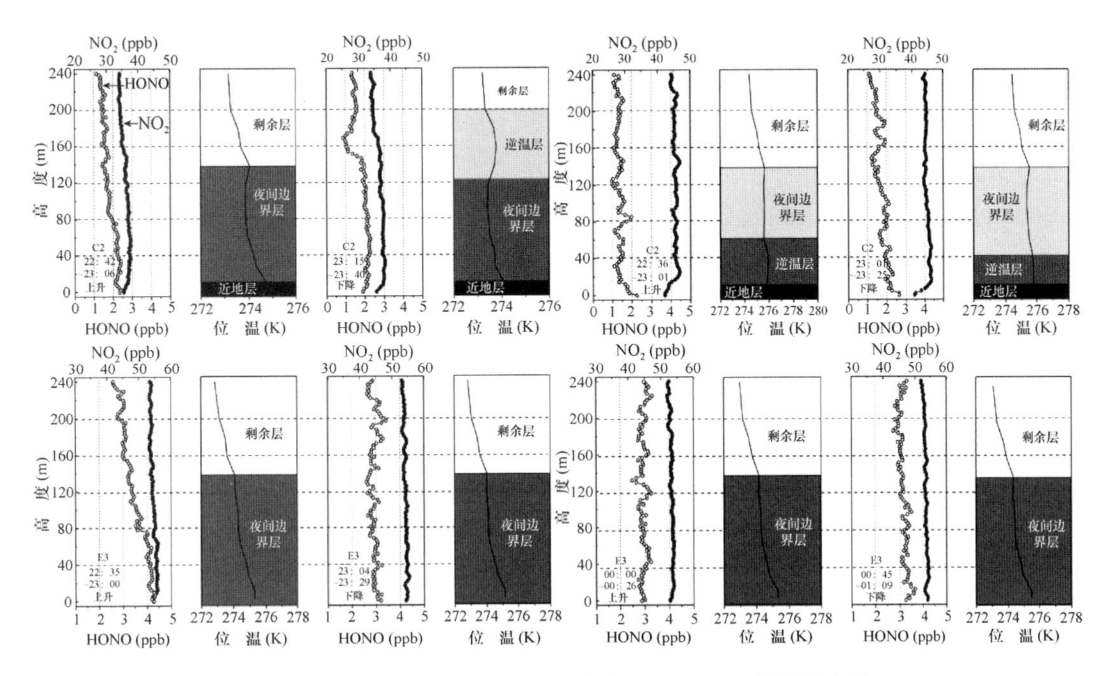

图 3.9　12 月 9 日、10 日和 11 日夜间 HONO、NO_2 及位温廓线

3. HONO 直接排放

本研究中观测地点被多条主干道包围，其可能受到周边机动车排放影响。CO、黑碳(BC)和 NO 作为机动车排放的主要污染物，夜间 HONO 和 CO($R^2=0.85$)、NO($R^2=0.76$)及 BC($R^2=0.84$)显示了很强的相关性，表明周边机动车排放会影响观测地点夜间 HONO 的测量。然而，考虑到不同的机动车类型、燃料成分和其他因素影响，报道的 HONO/NO_x 排放因子可能无法代表北京地区的排放因子。因此，采用测量数据推断直接排放因子从而评估直接排放 HONO 的影响。

考虑到空气团传输过程中潜在的二次 HONO 形成，我们采用了 5 个标准尽可能地捕获新鲜排放的空气团，其分别为：(1) 只采用夜间 18:00～次日 06:00 的数据进行分析避免 HONO 光解的影响；(2) 采用夜间 HONO 和 NO_x 的峰值且 HONO 和 NO_x 浓度在背景水平上增加的浓度数据；(3) $\Delta NO/\Delta NO_x>0.80$；(4) HONO 和 NO_x 良好的相关性；(5) 空气团持续时间较短(<30 min)。标准(2)和(3)是判定机动车新鲜排放空气团的指标，标准(4)和(5)进一步确定了 HONO 浓度的增加是由机动车排放引起的，而不是由二次转化形成的。基于上述标准，11 个新鲜排放的空气团被选择用于评估 HONO/NO_x 排放因子(表3-3)。计算的排放因子为 0.78%～1.73%，其在已报道的排放因子范围内(0.19%～2.1%)。为了最小化高估直接排放的影响，我们最终选择最小的 HONO/NO_x 值(0.78%)作为当地排放因子的限值，减少二次 HONO 形成的影响。计算 HONO 直接排放($[HONO]_{emis}=0.0078\times[NO_x]$)，直接排放 HONO 贡献了周围 HONO 浓度的(29.3±12.4)%，其中清洁天的贡献为(35.9±11.8)%，雾霾天的贡献为(26±11.3)%。$HONO_{emis}$/HONO 的频率分布如图 3.10 所示，雾霾天更低的 HONO 机动车排放贡献可能是由单双号限行等政策导致的。

表 3-3 $HONO/NO_x$ 排放因子

日　期	时　间	R^2	$\Delta NO/\Delta NO_x$	$\Delta HONO/\Delta NO_x$(%)
2016/11/15	18:05～18:15	0.97	0.99	1.07
2016/11/16	20:50～21:10	0.83	0.96	0.92
2016/11/24	20:50～21:10	0.92	1.13	1.12
2016/11/26	02:10～02:40	0.94	0.94	1.31
2016/11/26	22:15～22:30	0.95	1.00	1.73
2016/11/28	04:40～04:55	0.87	0.85	0.78
2016/11/29	03:30～03:50	0.95	0.98	1.60
2016/12/2	23:40～23:55	0.95	1.01	1.67
2016/12/7	02:25～02:35	0.87	0.90	1.67
2016/12/10	01:00～01:25	0.84	0.95	1.43
2016/12/10	02:40～02:55	0.86	0.93	0.79

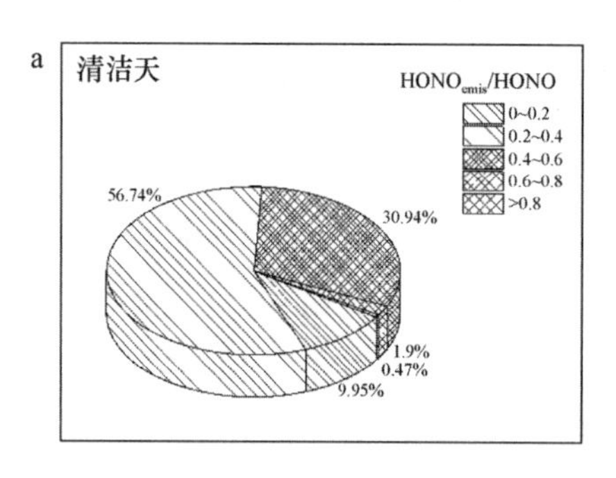

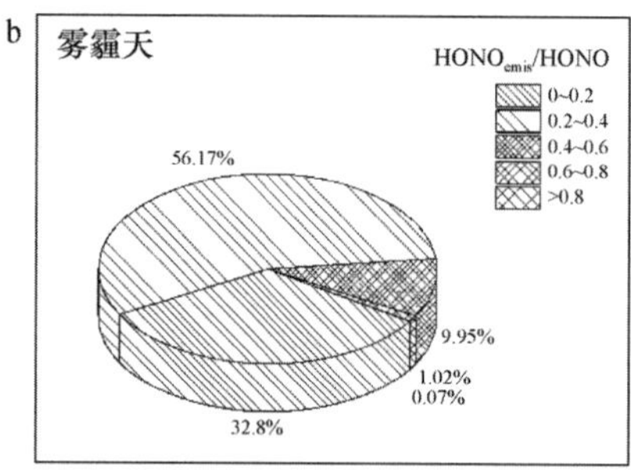

图 3.10　清洁天和雾霾天直接排放 $HONO_{emis}$ 占总 HONO 浓度的比值

4. 夜间 HONO 非均相化学

(1) 相关性研究

NO_2 非均相转化作为夜间 HONO 的重要形成途径，许多外场测量都观测到了 HONO 和 NO_2 浓度较好的相关性。然而，采用相关性分析解释 NO_2 非均相转化应当十分谨慎，因为物理传输和源排放过程也会影响相关性系数。本研究中，对 HONO 和 NO_2 的垂直廓线进行相关性分析(图 3.11)。相关性分析显示，HONO 和 NO_2 呈现中等且有意义的相关性(C2：$R^2=0.72$，E3：$R^2=0.69$)，表明 NO_2 参与了夜间 HONO 的形成。雾霾天，HONO 和 NO_2 廓线显示了显著的正相关；然而，地面 HONO 和 NO_2 相关性分析结果显示，HONO 和 NO_2 浓度呈负相关。该正相关的出现可能是由于 HONO 和 NO_2 的垂直混合及潜在的气溶胶表面非均相反应。

研究发现，表面吸附水也会影响非均相 HONO 生成。因此，本研究分析了 $HONO/NO_2$ 与 RH 的关系，如图 3.12 所示。当 RH<70%时，在每个高度间隔都观测到了 $HONO/NO_2$ 值随 RH 增加而增加。随着 RH 的继续增大，观测到了随 RH 减少的 $HONO/NO_2$ 值，其可能是由于 RH 影响了表面 HONO 的摄取和 NO_2-HONO 转化。清洁天和雾霾天，在相同 RH 水平下，$HONO/NO_2$ 值随高度的增加而降低。清洁天，不同高度的 HONO/

NO_2值存在显著差异，然而，雾霾天该差异减小，在不同高度观测到了相似的HONO/NO_2值，表明高空可能存在气溶胶表面非均相反应。然而，有限的垂直廓线数据限制了对其进行详尽分析。因此，今后需要更近一步开展更加全面的垂直观测，分析不同高度HONO/NO_2与RH的关系。

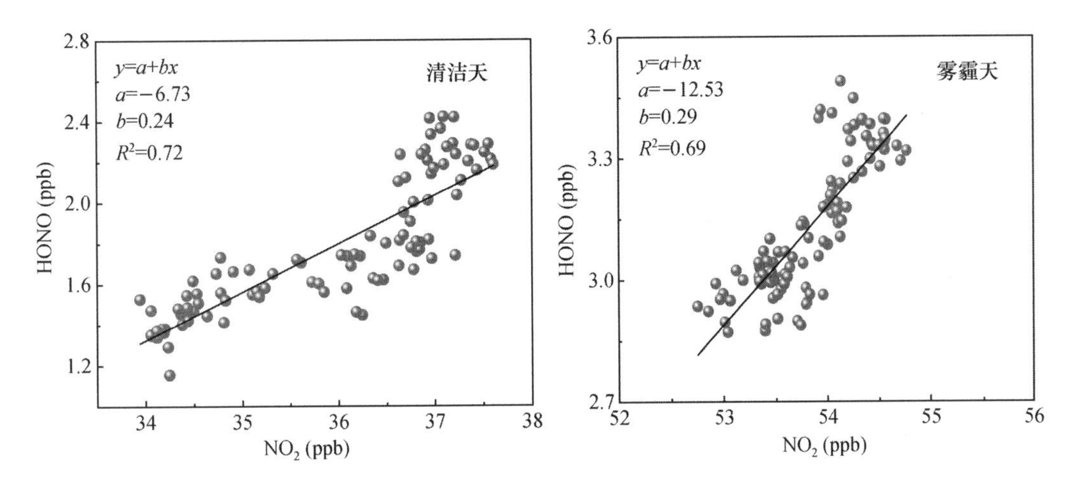

图3.11 清洁天(C2)和雾霾天(E3)HONO和NO_2垂直廓线的相关性

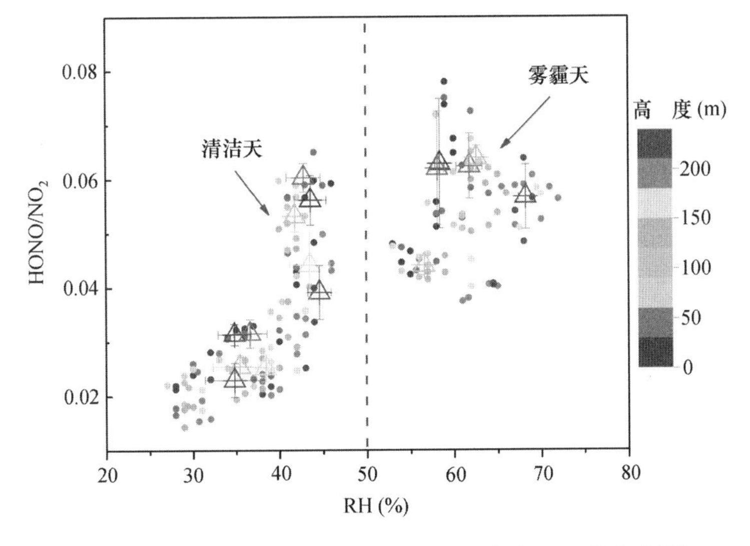

图3.12 测量期间HONO/NO_2值和RH的关系(见书末彩图)

(2) 夜间非均相反应表面

正的HONO梯度和雾霾天更高的气溶胶表面积表明可能存在气溶胶表面非均相HONO生成，比报道的垂直测量高一个数量级的气溶胶表面积，可能为气溶胶表面NO_2非均相反应提供了足够的反应表面。气溶胶表面积计算采用粒径小于0.5 μm的颗粒物，其是对气溶胶表面积的下限评估。

雾霾天，分析地面CO和BC与高空(260 m)CO和BC的相关性表明，高空CO和BC浓度不受地表排放影响。因此,我们可以认为剩余边界层中的空气团不受地面作用影响且空中没有 NO_2 源。HONO 生成量[P(HONO)]可以用方程 3.1 表示:

$$\frac{P(\text{HONO})}{[\text{NO}_2]} = \frac{1}{8} \times S_{\text{aw}} \times \sqrt{\frac{8RT}{\pi M}} \times \gamma_{\text{NO}_2} \tag{3.1}$$

其中,γ_{NO_2} 是 NO_2 摄取系数,R 是气体常数,T 是绝对温度(K),M 是 NO_2 的相对分子质量,S_{aw}是湿度修正的气溶胶比表面积。假定气溶胶摄取 NO_2 形成 HONO 在一定时间段内不会导致明显 NO_2 浓度变化,NO_2 归一化的 HONO 产率$=\frac{\Delta[\text{HONO}]}{\Delta[\text{NO}_2]}/\Delta t$,计算方程如 3.2 式所示:

$$\frac{\Delta[\text{HONO}]}{\Delta[\text{NO}_2]}/\Delta t = \frac{1}{8} \times S_{aw} \times \sqrt{\frac{8RT}{\pi M}} \times \gamma_{\text{NO}_2} \tag{3.2}$$

假设黑暗条件下,NO_2 摄取系数为 10^{-5}~10^{-6}。雾霾天夜间剩余边界层内气溶胶表面积为 2314 $\mu m^2\ cm^{-3}$,计算的 HONO 产率为 0.02~0.20 ppb h^{-1},气溶胶表面HONO 生成量(30~300 ppt)可以解释垂直廓线观测期间 HONO 增量(15~368 ppt)。HONO 廓线平均浓度($HONO_{column}$)应当与地面 HONO 浓度($HONO_{ground}$)无关,如 3.13a 所示。$HONO_{column}$与 $HONO_{ground}$不相关(R^2=0.27),表明雾霾天气溶胶表面非均相反应主导了高空 HONO 的生成,地表 HONO 生成和直接排放对空中 HONO 浓度贡献较小。相对于报道的 HONO 垂直廓线测量观测的气溶胶表面积(<160 $\mu m^2\ cm^{-3}$),雾霾天高一个数量级的气溶胶表面积为 NO_2 非均相反应提供了足够的反应表面。

评估清洁天(C2)夜间气溶胶表面非均相 HONO 生成,$HONO_{column}$和 $HONO_{ground}$有很强的相关性(R^2=0.93),表明地表 HONO 源影响了边界层内的 HONO 浓度(图 3.13b)。计算的气溶胶表面 HONO 生成量为 25~248 ppt,其远低于垂直廓线测量期间观测的 HONO 浓度增量(305~608 ppt),表明清洁天夜间 HONO 主要来源于地面源,空中 HONO 主要来源于地表垂直传输,气溶胶表面 HONO 生成贡献了剩余边界层 HONO 浓度的 40%左右。

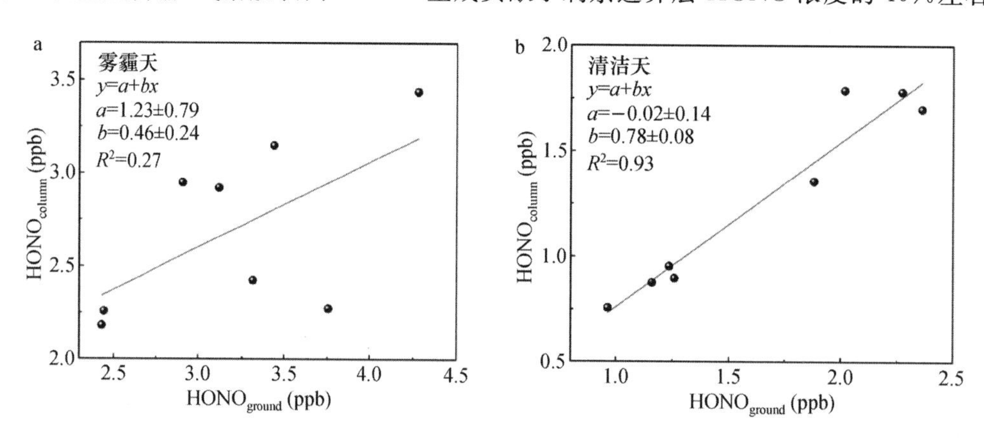

图 3.13 雾霾天(a)和清洁天(b)$HONO_{column}$(10~240 m HONO 廓线平均浓度)和 $HONO_{ground}$(0~10 m HONO 廓线平均浓度)相关性

综上所述,清洁天地表 HONO 源主导了夜间 HONO 生成,空中 HONO 来源于地面传输;雾霾天气溶胶表面非均相 HONO 生成可以解释观测到的 HONO 浓度,是剩余边界层 HONO 浓度的主要来源。

(3) 夜间地表 HONO 生成和损失

采用夜间 HONO 收支方程评估了夜间化学过程对 HONO 生成和损耗的影响,夜间 HONO 源汇过程如方程 3.3 所示:

$$\frac{\mathrm{d}[\mathrm{HONO}]}{\mathrm{d}t} = P_{\mathrm{emis}} + P_{\mathrm{aerosol}} + P_{\mathrm{ground}} + P_{\mathrm{A}} - L_{\mathrm{dep}} \pm T_{\mathrm{h}} \pm T_{\mathrm{v}} \tag{3.3}$$

其中,HONO 生成项包括直接排放(P_{emis})、气溶胶表面非均相 HONO 生成率($P_{aerosol}$)、地表 HONO 生成(P_{ground})和其他的夜间 HONO 源汇项(P_A)。HONO 损失项包括夜间 HONO 干沉降损失(L_{dep})。T_h 和 T_v 为水平和垂直传输项。简化方程 3.3,d[HONO]/dt 近似为 ΔHONO/Δt。采用观测数据评估的直接排放因子(HONO/NO_x)计算 P_{emis}。方程 3.1 为夜间气溶胶表面 NO_2 非均相反应 HONO 生成速率,地表 HONO 生成速率 $P_{\mathrm{HONO,ground}}$ 采用方程 3.4 计算:

$$P_{\mathrm{HONO,ground}} = \frac{1}{2}\frac{V_{\mathrm{dep,NO_2}}}{h}[\mathrm{NO_2}] \tag{3.4}$$

其中,$V_{\mathrm{dep,NO_2}}$ 为 HONO 沉降速率,其值为 0.07 cm s^{-1},边界层高度 h 为 140 m。

将上述方程带入方程 3.3,即夜间 HONO 收支方程如方程 3.5 所示:

$$\frac{\Delta\mathrm{HONO}}{\Delta t} = \frac{1}{2}\frac{V_{\mathrm{dep,NO_2}}}{h}[\mathrm{NO_2}] + \frac{1}{8}S_{\mathrm{aw}}C_{\mathrm{NO_2}}\gamma_{\mathrm{NO_2}}[\mathrm{NO_2}] + \frac{\Delta\mathrm{HONO_{emis}}}{\Delta t} + P_{\mathrm{A}} - \frac{V_{\mathrm{dep,HONO}}}{h}[\mathrm{HONO}] \tag{3.5}$$

12 月 9 日清洁天,相对于地表 HONO 生成速率[(0.28±0.03)ppb h^{-1}],夜间气溶胶表面非均相反应 HONO 生成[(0.02± 0.01)ppb h^{-1}]可以忽略不计(图 3.14)。然而,雾霾天(12 月 11 日),夜间气溶胶表面 HONO 生成速率 $P_{aerosol}$[(0.10±0.01)ppb h^{-1}]与地表 HONO 生成速率[(0.47±0.03)ppb h^{-1}]接近,其贡献了约 20%地面 HONO 浓度,表明雾霾天气溶胶表面 HONO 生成是夜间重要的 HONO 源,其主导了剩余边界层 HONO 的生成。清洁天和雾霾天夜间 HONO 干沉降速率 L_{dep} 分别为(0.74±0.31)ppb h^{-1} 和(1.55±0.32)ppb h^{-1},表明夜间有大量的 HONO 沉降到了地表面。

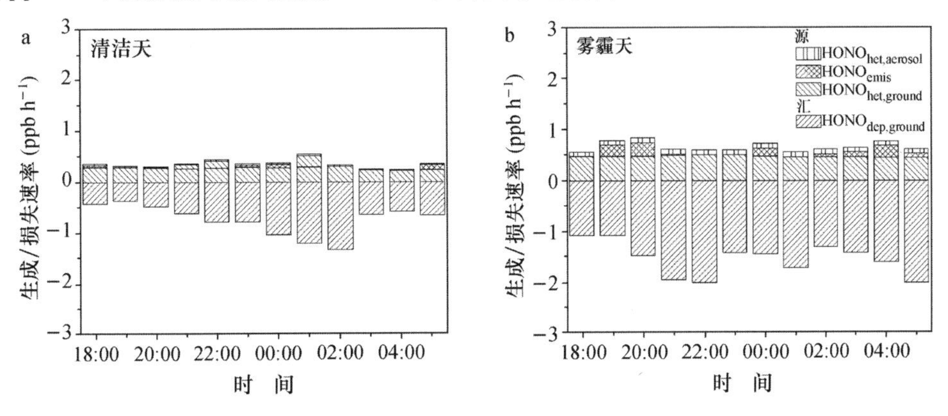

图 3.14　2016 年 12 月 9～10 日清洁天(a)和 2016 年 12 月 11～12 日雾霾天(b)夜间 HONO 生成和损失项的贡献

3.4.3 基于BBCEAS技术的动态箱系统的建立和农田HONO排放通量研究

2014年河北望都农村的外场中观测到$HONO/NO_2$比值范围为1%～60%，如此大的比值范围表明HONO可能存在独特的生成机制，当周边农田施肥时，中午观测到HONO浓度高达2 ppbv。为此急需开展农业生产活动和土壤微生物活动对HONO生成贡献的研究，探究农田土壤HONO排放量。为了定量评估农田土壤排放HONO源项，测量土壤和大气之间HONO的交换通量意义重大，可以直观地了解土壤表面HONO的生成和损失过程。HONO排放通量的测量，实验室通常采用箱法；而外场观测中由于缺乏快速响应和灵敏的涡度相关测量系统，采用间接方法，如空气动力学法、松弛涡旋累积法等。相对于其他技术而言，动态箱法成本低、适合长期观测，可以在非均匀植被地区监测，考虑到HONO作为活泼性痕量气体，且溶于水，常用的动态箱法并不能满足外场HONO通量的测量要求，本项目首次研制了一种双动态箱系统，结合BBCEAS应用于华北平原农田中的HONO排放通量测量。

1. 动态箱的建立及通量计算

(1) 动态箱的建立

为了确定动态箱内HONO的背景浓度以及消除未知的HONO损耗和二次生成，设计的动态箱系统采用了两个尺寸和结构相同的动态箱。动态箱系统的结构如图3.15所示，其中一个动态箱作为样品箱，嵌入土壤里，用来测量土壤中的HONO排放；另一个动态箱作为空白箱，其与样品箱的唯一区别是空白箱的底部用氟化乙烯丙烯共聚物(FEP)薄膜密封。为了避免在高湿度环境中动态箱内外温差引起的冷凝现象，采用开顶式设计减小了箱内外温差。动态箱的整体结构是一个没有底部和顶部的圆柱体。为了避免周围空气进入室内，我们适当地减小了动态箱顶部的开口大小。动态箱的直径为0.3 m，高为0.8 m。因此，动态箱覆盖的土壤面积为0.07065 m^2。整个箱子的框架材料为不锈钢，表面涂有惰性的PFA涂层，框架外侧覆盖一层透明的FEP薄膜(0.1 mm)。为了调整顶部开口的面积，将动态箱顶部的FEP膜进行适当的收缩。为了保证样品箱和空白箱内的吹扫气流相同，箱内的吹扫气流由同一台真空泵提供，距地面高约1 m的环境大气通过真空泵抽取进入到PFA三通阀门，其中一路气流进入空白箱，另一路气流进入样品箱。两路的气体流速分别用质量流量计进行控制，两路的气体流速均为3.25×10^{-4} m^3 s^{-1}，系统气体管路的管子和连接件均为PFA材质，来降低气体的损耗。

(2) 动态箱内HONO通量的计算

对于任何动态箱系统，所测气体通量会遵循箱内气体的质量平衡原则。当动态箱系统达到稳态，箱内的气体浓度不随时间变化时，根据式3.6可以计算出HONO的通量，F_N为HONO通量的含氮量：

$$F_N=\frac{Q}{A}\times\frac{M_N}{V_m}\times[\mu_{cham}-\mu_{amb}] \tag{3.6}$$

其中，因为动态箱系统中采用空白箱作为参考，此时的μ_{cham}，μ_{amb}分别为样品箱和空白箱内

HONO 的体积混合比(ppbv)，M_N 为氮的摩尔质量(g mol^{-1})，V_m 为气体的摩尔体积(m^3 mol^{-1})，Q 为气体的吹扫流速(m^3 s^{-1})，A 为动态箱覆盖土壤的面积(m^2)。

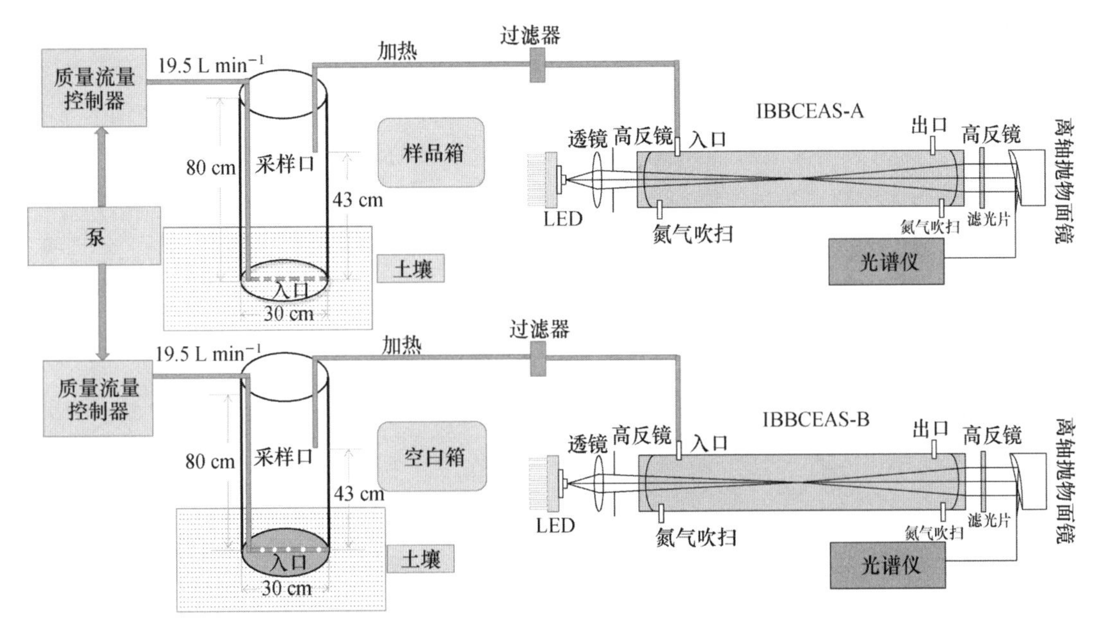

图 3.15　动态箱系统的结构

(3) 动态箱内气体采样高度

由于本文采用开顶式动态箱系统来进行对土壤 HONO 排放通量的测量，而通量计算的前提是基于箱内气体已经混合均匀，采样口高度离地面太低会导致气体混合不均匀，离地面太高会导致箱外的气体倒灌进入到箱内。因此，需要确定合适的采样口高度。通过向样品箱所覆盖的土壤处添加氮肥和水的混合液，来获得 HONO 的排放，将两台腔增强仪器的采样口均放置于样品箱内，通过计算采样口不同高度处(h_1、h_2)HONO 浓度的相对差异 α($\alpha=\frac{HONO_{h_1}-HONO_{h_2}}{HONO_{h_2}}$，$h_1>h_2$)随时间的变化来确定合适的采样高度。图 3.16 展示了30 cm、43 cm 处 HONO 浓度的相对差异随时间的变化，HONO 浓度的相对差异基本可以忽略，表明 30 cm、43 cm 处的 HONO 浓度基本混合均匀。因此，外场实验中动态箱内采样高度最终确定为 43 cm，实验结果也说明动态箱内气体是能够达到混合均匀的，表明了开顶式设计的可行性。

(4) 动态箱系统的准确性和一致性

动态箱 HONO 通量计算结合了两套 BBCEAS 系统的 HONO 测量结果，因此两套 BBCEAS 系统的一致性对于数据分析尤为重要。为了验证两套 BBCEAS 系统间的一致性，在实验之前，我们开展了对比实验，将两套 BBCEAS 系统放置于恒温的房间内，采样口相邻放置，保证两套 BBCEAS 系统的工作环境一致，HONO 和 NO_2 的 R^2 分别达到 0.97 和 0.998，一致性较好，两套系统 HONO 的测量结果相差 3%左右，在仪器的测量误差范围内。为了验证基于 BBCEAS 技术的动态箱系统的准确性，开展了基于 SC-IC 测量技术的动态箱系统与基于 BBCEAS 测量技术的动态箱系统对于空白箱内 HONO 的对比。SC-IC 技术是基于湿化学采样技术,主要采用螺旋管采样器和离子色谱联用的方法来进行对 HONO 浓度的测量。首先大气以恒定的流速通过螺旋管采样器,大气中亚硝酸溶于螺旋管内的吸收液生成亚硝酸根离子,然后液体样品进入离子色谱,检测亚硝酸根离子的浓度,根据亚硝酸根离子的浓度、气体流速、吸收液流速和其他参数就可以计算出 HONO 的浓度。将两套动态箱系统进行了为期三天的比对,两套动态箱系统中空白箱的吹扫气流的来源都是处于同一位置,离地面高度大约 1 m。考虑到 SC-IC 系统时间分辨率为 1 h,而 BBCEAS 系统的时间分辨率为 1 min,将 BBCEAS 数据进行了 1 h 平均,两套系统数据绝对值差异在 8%左右,R^2 达到 0.98,一致性较好,验证了系统的准确性。

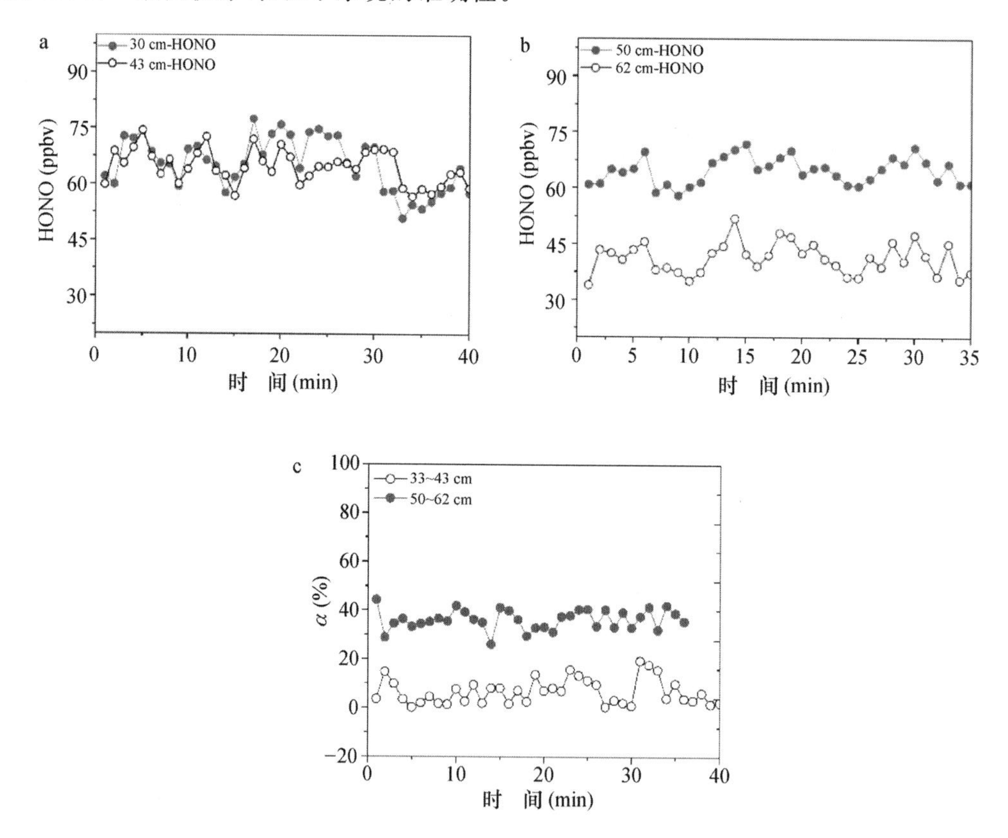

图 3.16 不同采样高度处 HONO 浓度及浓度的相对差异随时间的变化

[图 a 为 30 cm 和 43 cm 采样高度处 HONO 浓度;图 b 为 50 cm 和 62 cm 采样高度处 HONO 浓度;图 c 为不同采样高度处 HONO 浓度的相对差异。]

(5) 动态箱系统的损耗和二次生成

在动态箱系统中,采用 12 m 的 PFA 管将 BBCEAS 仪器与动态箱连接起来。因此,某些壁反应会导致采样管内壁 HONO 的生成和损耗。在实验室研究中,NO 与 O_3 反应生成的 NO_2 通过进样管(RH 约 60%),检测到的 HONO 浓度低于 BBCEAS 仪器的检测限,表明在这种典型操作条件下,采样管中的 HONO 的二次生成是可以忽略不计的,见图 3.17。为了研究 HONO 在采样管中的损耗,用 HONO 发生器产生了一个稳定的 HONO 浓度,该浓度以 3 L min^{-1}的速度传递到一个 12 m 的采样管中。实验结果表明,HONO 的损失约为 2.4%。但外场测量的环境条件不可控,采样的损耗和二次生成难以表征,为了减少采样的影响,我们采用惰性 PFA 采样管以及减少采样管中的气体停留时间。即使存在少量的 HONO 生成或损失,也可以在计算 HONO 流量时通过样品箱和空白箱中的 HONO 浓度差来有效地消除这种影响。

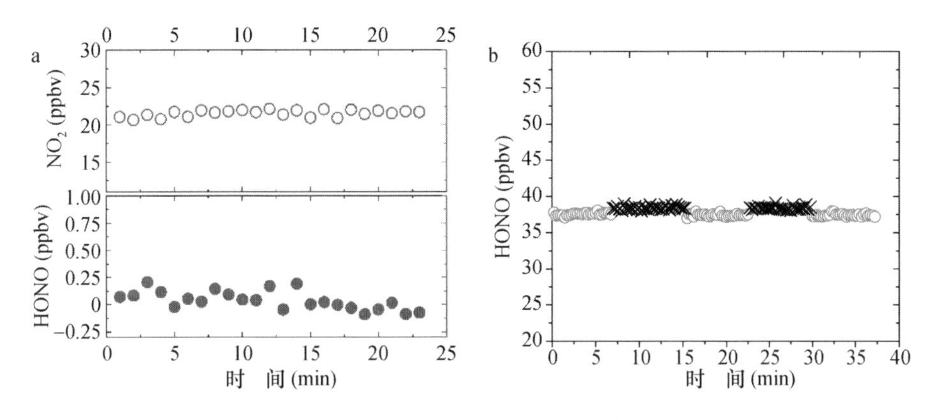

图 3.17 采样管的 HONO 二次生成(a)及采样管的 HONO 损失(b)

[图 b 中交叉线是 HONO 发生器产生的 HONO 浓度(平均 38.39 ppbv),空心圆是 HONO 发生器经过 12 m 采样管后 HONO 的检测浓度(平均 37.47 ppbv)。]

2. 动态箱系统应用于华北平原农田 HONO 排放通量外场观测

观测时间从 2017 年 6 月 14 日到 2017 年 6 月 28 日,观测地点位于河北省望都县东白坨村农村环境研究站(38°42′29.36″N,115°08′57.57″E),站点附近主要种植玉米,腔增强仪器放置于站点的空调房内,动态箱系统搭建在即将施肥播种的玉米田中。HONO 通量测量时间处于当地小麦收割完,玉米播种的时期,6 月 14 日傍晚通过漫灌的方式,以 180 kg N ha^{-1}的含氮量施肥,肥料为以氨肥为主的复合肥。

观测期间的气象数据及样品箱、空白箱内 HONO 和 NO_2 的浓度时间序列如图 3.18 所示,日间最高大气温度的变化范围是 20.41～36.65℃,日间最高土壤温度的变化范围是 22.14～35.19℃,日间最高大气湿度的变化范围从 18%～88%。21 日傍晚出现降水情况,一直持续到 23 日,在 24 日晚、25 日晚、26 日晚也出现过降水情况。6 月 14 日白天样品箱和空白箱的 HONO 浓度基本相同,但 14 日傍晚施肥后,6 月 15 日两个箱子内的 HONO 和 NO_2 浓度开始出现明显差值。样品箱HONO 浓度大约在中午达到最高值,清晨达到最低值,样品箱内 HONO 浓度的最高值为 20.64 ppbv。16 日到 21 日空白箱 HONO 浓度最大值都是出现在中午左右,空白箱 HONO 浓度的最高值约为 18.88 ppbv,19 日、20 日中午左右空白箱内 HONO 出现快速变化过程,值得注意的是,空白箱内 HONO 浓度可以近似为距地面高 1 m 处大气 HONO 浓度。样品箱和空白箱 NO_2 浓度都是中午左右达到最低值,分别为 5.94 ppbv、3.09 ppbv,夜晚达到最高值,分别为 50.21 ppbv、60.02 ppbv。在 6 月 15 日到 6 月 21 日夜间(18:00～06:00),空白箱内 HONO、NO_2 的平均浓度分别为3.33 ppbv、19.03 ppbv,夜间样品箱内 HONO、NO_2 的平均浓度分别为 4.36 ppbv、17.94 ppbv。日间

(06:00～18:00)空白箱内 HONO、NO_2 的平均浓度分别为 4.37 ppbv、9.10 ppbv，日间样品箱内 HONO、NO_2 的平均浓度分别为 9.49 ppbv、13.23 ppbv。

根据动态箱测量通量的原理，计算得到 6 月 14 日到 6 月 28 日 HONO 通量，结果如图3.18所示。6 月 14 日 HONO 的通量无明显变化，14 日傍晚施肥后，6 月 15 日 HONO 通量开始增长，由于 6 月 21 日到 6 月 28 日间歇性降水影响，通量测量数据可能受到影响，所以在接下来的分析里着重分析 6 月 15 日到 6 月 21 日的数据。施肥后一周内，HONO 的通量呈现明显的日变化过程，早晨日出后逐渐上升，除 14 日外都在 13:00 左右达到最大值，随后逐渐下降直至清晨达到最低，夜晚出现负通量现象。HONO 通量在中午达到最大值 39.78 ng N m^{-2} s^{-1}，假设混合层高度为 300 m，其排放通量就相当于 0.87 ppbv h^{-1} 的 HONO 源强，与 Kleffmann 等人[47]总结的偏远乡村的 HONO 日间未知源 200～500 pptv h^{-1} 也是较为接近的。

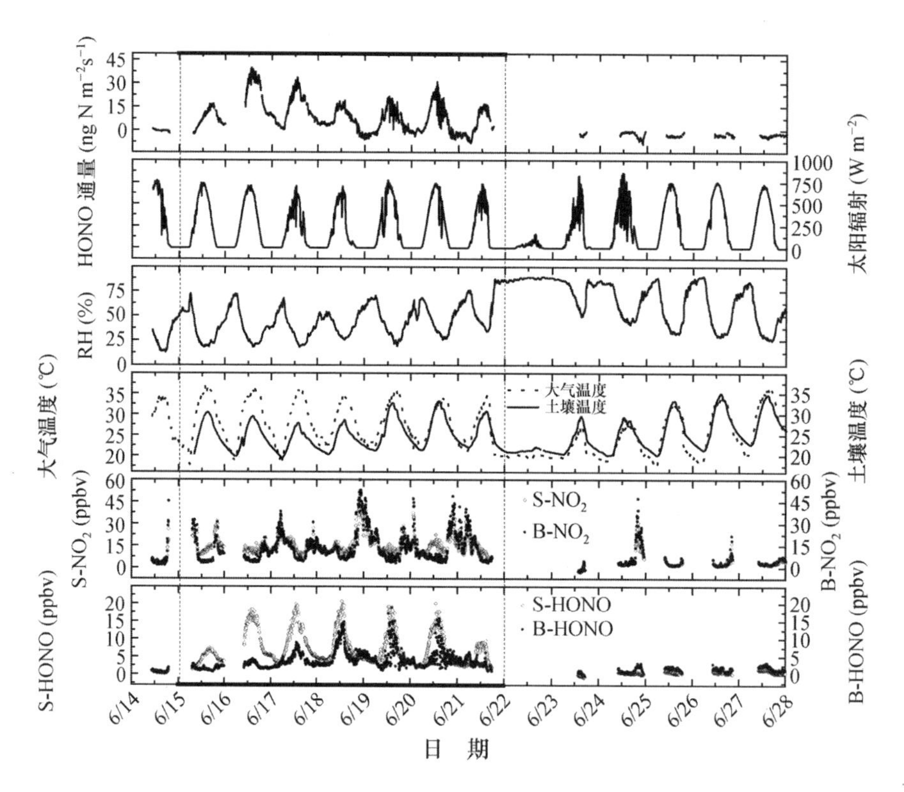

图 3.18 观测期间样品箱和空白箱内 HONO、NO_2、气象数据及 HONO 通量时间序列

6 月 15 日到 6 月 21 日观测期间相关数据的平均日变化如图 3.19 所示，HONO 平均通量在中午左右达到最大值 20.25 ng N m^{-2} s^{-1}，清晨左右达到最低值−0.86 ng N m^{-2} s^{-1}，该结果比文献中外场观测到的最大通量结果(1.4～2.7 ng N m^{-2} s^{-1})高一个数量级，这可能与其他研究中较少的施肥量(33.4 kg N ha^{-1})和通量观测时间较晚有关。样品箱 HONO 和 NO_2 的平均日变化趋势相反，HONO 浓度平均日变化趋势是白天高夜晚低，而 NO_2 浓度平均日变化趋势是白天低夜晚高，HONO 浓度在中午达到最高值 14.12 ppbv，而此时的 NO_2 浓度为 12.62 ppbv，NO_2 浓度不足以生成高浓度 HONO，表明 NO_2 参与的反应并不是

HONO的主要来源。空白箱内HONO浓度近似代表着外界环境近地面HONO浓度，空白箱HONO日变化也是白天高夜晚低，中午左右达到最高值。HONO通量和土壤温度、太阳辐射呈相似的平均日变化过程和大气相对湿度呈相反的平均日变化过程。苏杭等人[48]提出土壤能够直接排放HONO，亚硝态氮浓度与土壤pH是其主导因素；Oswald等人提出土壤氨氧化细菌能够排放HONO[49]。这两种来源过程都依赖于土壤温度、土壤表层的含水量，因为这些因素影响着微生物的活性、HONO的溶解度以及土壤中HONO的吸附，某种程度上大气相对湿度的大小也会影响土壤表层含水量，所以观测到HONO通量与土壤温度、大气相对湿度之间的相关性也符合土壤排放这一途径的影响因素。由于缺少相关辅助数据，对于具体的土壤排放HONO机制尚不清楚，HONO排放机制可以作为接下来的研究重点。

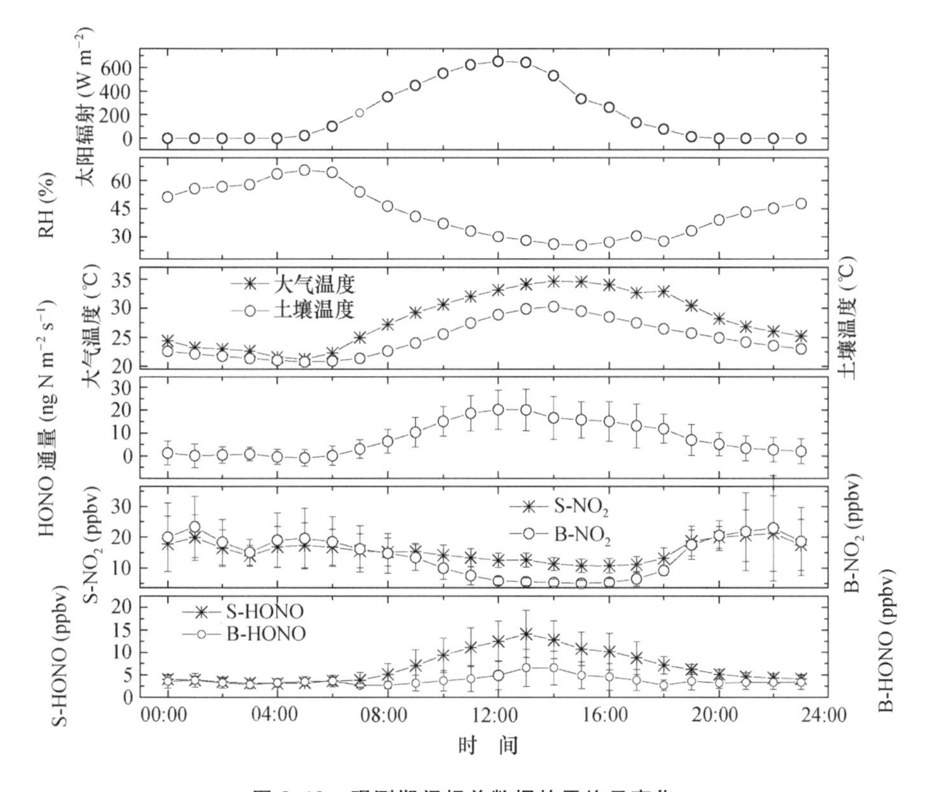

图3.19　观测期间相关数据的平均日变化

为验证施肥对土壤HONO排放的影响，在农田没有明显HONO排放的情况下，进行了补充试验。在动态箱覆盖的土壤处，再次按照360 kg N ha^{-1}的含氮量施肥。在施肥后第3天，测量了在光照和黑暗(用锡箔纸包裹动态箱)下的HONO通量。图3.20a显示了在光照和黑暗条件下所测得的HONO通量。HONO的通量远高于之前观测到的。即使在黑暗条件下，土壤HONO排放也很强，说明施肥量的增加可能导致农田HONO排放的增加。样品箱中HONO的浓度远高于NO_2，即使所有NO_2都参与了HONO的形成，也不可能产生如此高的HONO浓度，说明NO_2参与的反应并不是土壤HONO排放的主要来源。然而，在本实验条件下，箱内温度发生了变化，光照对HONO排放的影响还需在实验室中进一步模拟。

华北平原地区农田 HONO 通量测量的外场观测结果表明，高 HONO 通量主要来自土壤的直接排放，而非 NO_2 参与的非均相反应，表明氮肥土壤具有很强的 HONO 排放潜势[50]。

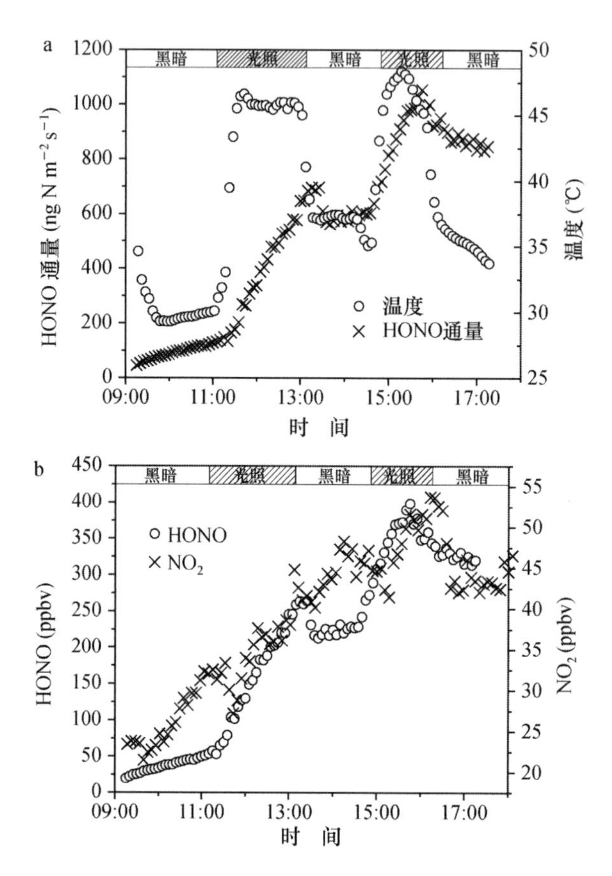

图 3.20 施肥后黑暗和光照条件下样品箱的 HONO 通量和温度(a)及样品室内 HONO 和 NO_2 的浓度(b)随时间的变化

3.4.4 本项目资助发表论文

[1] Meng F, Qin m, Tang K, Duan J, Fang W, Liang S, Ye K, Xie P, Sun Y, Xie C, Ye C, Fu P, Liu J, Liu W. High resolution vertical distribution and sources of HONO and NO_2 in the nocturnal boundary layer in urban Beijing, China. Atmospheric Chemistry and Physics, 2020, 20: 5071-5092.

[2] Tang K, Qin M, Fang W, Duan J, Meng Fan, Ye K, Zhang H, Xie P, He Y, Xu W, Liu J, Liu W. Simultaneous detection of atmospheric HONO and NO_2 utilizing an IBBCEAS system based on an iterative algorithm. Atmospheric Measurement Techniques, 2020, 13: 6487-6499.

[3] 唐科，秦敏，赵星，段俊，方武，梁帅西，孟凡昊，叶凯迪，张鹤露，谢品华. 基于 Stacking 集成学习模型的气态亚硝酸预测研究. 中国环境科学，2020，40: 582-590.

[4] Tang K, Qin M, Duan J, Fang W, Meng F, Liang S, Xie P, Liu J, Liu W, Xue C, Mu Y. A dynamic chamber system based on IBBCEAS for measuring the flux of nitrous acid in agricultural field in the North China Plain. Atmospheric Environment, 2019, 196: 10-19.

[5] Liang S, Qin M, Xie P, Duan J, Fang W, He Y, Xu J, Tang K, Meng F, Ye K, Liu J, Liu W. Development of an incoherent broadband cavity-enhanced absorption spectrometer for measurements of ambient glyoxal and NO_2 in a polluted urban environment. Atmospheric Measurement Techniques, 2019, 12: 1-14.
[6] Duan J, Qin M, Ouyang B, Fang W, Li X, Lu K, Tang K, Liang S, Meng F, Hu Z, Xie P, Liu W, Häsler R. Development of an incoherent broadband cavity enhanced absorption spectrometer for in situ measurements of HONO and NO_2 in China. Atmospheric Measurement Techniques, 2018, 11: 4531-4543.
[7] 梁帅西，秦敏，段俊，方武，李昂，徐晋，卢雪，唐科，谢品华，刘建国，刘文清. 机载腔增强吸收光谱系统应用于大气 NO_2 空间高时间分辨率测量研究. 物理学报，2017，66：74-81.
[8] Lu X, Qin M, Xie P, Shen L, Duan J, Liang S, Fang W, Liu J, Liu W. Ambient BTX observation nearby main roads in Hefei during summer time. Aerosol and Air Quality Research, 2017, 17: 933-943.

参考文献

[1] Wang T, Ding A, Gao J, Wu W. Strong ozone production in urban plumes from Beijing, China. Journal of Geophysical Research Letters, 2006, 33: L21806.
[2] Jenkin M E, Cox R A, Williams D J. Laboratory studies of the kinetics of formation of nitrous acid from the thermal reaction of nitrogen dioxide and water vapour. Atmospheric Environment, 1988, 22: 487-498.
[3] Kotamarthi V R, Gaffiney J S, Marley N A, Doskey P V. Heterogeneous NO_x chemistry in the polluted PBL. Atmospheric Environment, 2001, 35: 4489-4498.
[4] Li G, Lei W, Zavala M, Volkamer R, Dusanter S, Stevens P, Molina L T. Impacts of HONO sources on the photochemistry in Mexico City during the MCMA-2006/MILAGO Campaign. Atmospheric Chemistry and Physics, 2010, 10: 6551-6567.
[5] Xu J, Zhang Y, Wang W. Numerical study on the impacts of heterogeneous reactions on ozone formation in the Beijing urban area. Advances in Atmospheric Sciences, 2006, 23: 605-614.
[6] Su H, Cheng Y, Shao M, Gao D, Yu Z, Zeng L, Slanina J, Zhang Y, Wiedensohler A. Nitrous acid (HONO) and its daytime sources at a rural site during the 2004 PRIDE-PRD experiment in China. Journal of Geophysical Research-Atmospheres, 2008, 113: D14312.
[7] Elshorbany Y F, Kleffmann J, Kurtenbach R, Rubio M, Lissi E, Villena G, Gramsch E, Rickard A R, Pilling M J, Wiesen P. Summertime photochemical ozone formation in Santiago, Chile. Atmospheric Environment, 2009, 43: 6398-6407.
[8] Ren X, Harder H, Martinez M, Lesher R L, Oliger A, Simpas J B, Brune W H, Schwab J J, Demerjian K L, He Y, Zhou X, Gao H. OH and HO_2 chemistry in the urban atmosphere of New York City. Atmospheric Environment, 2003, 37: 3639-3651.
[9] Kleffmann J, Gavriloaiei T, Hofzumahaus A, Holland F, Koppmann R, Rupp L, Schlosser E, Siese M, Wahner A. Daytime formation of nitrous acid: A major source of OH radicals in a forest. Journal of Geophysical Research Letters, 2005, 32: 4.
[10] Kurtenbach R, Becker K H, Gomes J A G, Kleffmann J, Lörzer J, Spittler M, Wiesen P, Ackermann R, Geyer A, Platt U. Investigations of emission and heterogeneous formation of HONO in a road traffic tunnel. Atmospheric Environment, 2001, 35: 3385-3394.
[11] Bejan I, Abd-El-Aal Y, Barnes I, Benter T, Bohn B, Wiesen P, Kleffmann J. The photolysis of ortho-nitro-

phenols: A new gas phase source of HONO. Physical Chemistry Chemical Physics,2006,8: 2028-2035.

[12] Li S,Matthews J,Sinha A. Atmospheric hydroxyl radical production from electronically excited NO_2 and H_2O. Science,2008,319: 1657-1660.

[13] Goncalves M,Dabdub D,Chang W,Jorba O,Baldasano J M. Impact of HONO sources on the performance of mesoscale air quality models. Atmospheric Environment,2012,54: 168-176.

[14] Rui Z,Sarwar G,Fung J C H,Lau A K H,Zhang Y. Examining the impact of nitrous acid chemistry on ozone and PM over the Pearl River Delta Region. Advances in Meteorology,2014,2012: 81-84.

[15] Li X,Rohrer F,Hofzumahaus A,Brauers T,Häseler R,Bohn B,Broch S,Fuchs H,Gomm H,Holland F,Jäger J,Kaiser J,Keutsch F N,Lohse I,Lu K,Tillmann R,Wegener R,Wolfe G M,Mentel T F,Kiendler-Scharr A,Wahner A. Missing gas-phase source of HONO inferred from Zeppelin measurement in the troposphere. Science,2014,334: 292-296.

[16] Finlayson-Pitts B J,Wingen L M,Sumner A L,Syomin D,Ramazan K A. The heterogeneous hydrolysis of NO_2 in laboratory systems and in outdoor and indoor atmospheres: An integrated mechanism. Physical Chemistry Chemical Physics,2003,5: 223-242.

[17] Medeiros D D J,Pimentel A S. New insights in the atmospheric HONO formation: New pathways for N_2O_4 isomerization and NO_2 dimerization in the presence of water. Journal of Physical Chemistry A, 2011,115: 6357-65.

[18] Stutz J,Alicke B,Ackermann R,Geyer A,Wang S,White A B,Williams E J,Spicer C W,Fast J D. Relative humidity dependence of HONO chemistry in urban areas. Journal of Geophysical Research-Atmospheres,2004,109: D03307.

[19] Qin M,Xie P,Su H,Gu J,Peng F,Li S,Zeng L,Liu J,Liu W,Zhang Y. An observational study of the HONO-NO_2 coupling at an urban site in Guangzhou City,South China. Atmospheric Environment,2009, 43: 5731-5742.

[20] Stemmler K,Ammann M,Donders C,Kleffmann J,Christian G. Photosensitized reduction of nitrogen dioxide on humic acid as a source of nitrous acid. Nature,2006,440: 195-198.

[21] Sosedova Y ,Aurélie Rouvière,Bartels-Rausch T,Markus A. UVA/Vis-induced nitrous acid formation on polyphenolic films exposed to gaseous NO_2. Photochemical Photobiological Sciences, 2011, 10: 1680-1690.

[22] Zhou X,Zhang N,Teravest M,Tang D,Hou J,Sertman S,Alaghmand M,Shepson P B,Carroll M A, Griffith S. Nitric acid photolysis on forest canopy surface as a source for tropospheric nitrous acid. Nature Geoscience,2011,4: 440-443.

[23] Li X,Brauers T,Häseler R,Bohn B,Fuchs H,Hofzumahaus A,Holland F,Lou S,Lu K,Rohrer F,Hu M,Zeng L,Zhang Y,Garla nd R M,Su H,Nowak A,Wiedensohler A,Takegawa N,Shao M,Wahner A. Exploring the atmospheric chemistry of nitrous acid (HONO) at a rural site in Southern China. Atmospheric Chemistry and Physics,2012,12,1497-1513.

[24] Ammann M,Kalberer M,Jost D T,Tobler L,Roessler E,Piguet D,Gaeggeler H W,Baltensperger U. Heterogeneous production of nitrous acid on soot in polluted air masses. Nature,1998,395: 157-160.

[25] Monge M E,D'Anna B,Mazari L,Giroir-Fendler A,Ammann M,Donaldson D J,George C. Light changes the atmospheric reactivity of soot. Proceedings of the National Academy of Sciences,2010,107: 6605-6609.

[26] Su H,Cheng Y,Oswald R,Behrendt T,Trebs I,Meixner F X,Andreae M O,Cheng P,Zhang Y,Pöschl

U. Soil nitrite as a source of atmospheric HONO and OH radicals. Science,2011,333: 1616-1618.

[27] Harrison R M,Kitto A M N. Evidence for a surface source of atmospheric nitrous acid. Atmospheric Environment,1994,28: 1089-1094.

[28] Neftel A,Blatter A,Hesterberg R,Staffelbach T. Measurements of concentration gradients of HNO_2 and HNO_3 over a semi-natural ecosystem. Atmospheric Environment,1996,30: 3017-3025.

[29] Stutz J,Alicke B,Neftel A. Nitrous acid formation in the urban atmosphere: Gradient measurements of NO_2 and HONO over grass in Milan,Italy. Journal of Geophysical Research-Atmospheres,2002,107: LOP 5-1-LOP 5-15.

[30] Zhou X,Beine H J,Honrath R E,Fuentes J D,Simpson W,Shepson P B,Bottenheim J W. Snowpack photochemical production of HONO: A major source of OH in the Arctic boundary layer in springtime. Journal of Geophysical Research Letters,2001,28: 4087-4090.

[31] Honrath R E,Lu Y,Peterson M C,Dibb J E,Arsenault M A,Cullen N J,Steffen K. Vertical fluxes of NO_x,HONO,and HNO_3 above the snowpack at Summit,Greenland. Atmospheric Environment,2002,36: 2629-2640.

[32] Beine H J,Amoroso A,Dominé F,King M D,Nardino M,Lanniello A,France J L. Surprisingly small HONO emissions from snow surfaces at Browning Pass, Antarctica. Atmospheric Chemistry and Physics,2006,6: 2569-2580.

[33] Kleffmann J,Kurtenbach R,Lörzer J,Wiesen P,Kalthoff N,Vogel B,Vogel H. Measured and simulated vertical profiles of nitrous acid—Part I: Field measurements. Atmospheric Environment,2003,37: 2949-2955.

[34] Veitel H,Kromer B,Mossner M,Platt U. New techniques for measurements of atmospheric vertical trace gas profiles using DOAS. Environmental Science and Pollution Research,2002: 17-26.

[35] Wong K W,Tsai C,Lefer B,Haman C,Grossberg N,Brune W H,Ren X,Luke W,Stutz J. Daytime HONO vertical gradients during SHARP 2009 in Houston,TX. Atmospheric Chemistry and Physics,2012,12: 635-652.

[36] Villena G,Kleffmann J,Kurtenbach R,Wiesen P,Lissi E,Rubio M A,Croxatto G,Rappenglück B. Vertical gradients of HONO, NO_x and O_3 in Santiago de Chile. Atmospheric Environment, 2011, 45: 3867-3873.

[37] VandenBoer T C,Brown S S,Murphy J G,Keene W C,Young C J,Pszenny A A P,Kim S,Warneke C,Gouw J A,Maben J R,Wagner N L,Riedel T P,Thornton J A,Wolfe D E,Dubé W P,Öztürk F,Brock C A,Grossberg N,Lefer B,Lerner B,Middlebrook A M,Roberts J M. Understanding the role of the ground surface in HONO vertical structure: High resolution vertical profiles during NACHTT-11. Journal of Geophysical Research-Atmospheres,2013,118: 10155-110171.

[38] Ziemba L D,Dibb J E,Griffin R J,Anderson C H,Whitlow S I Lefer B L,Rappenglück B,Flynn J. Heterogeneous conversion of nitric acid to nitrous acid on the surface of primary organic aerosol in an urban atmosphere. Atmospheric Environment,2010,44: 4081-4089.

[39] Yu Y,Galle B,Panday A,Hodson E,Prinn R,Wang S. Observations of high rates of NO_2-HONO conversion in the nocturnal atmospheric boundary layer in Kathmandu,Nepal. Atmospheric Chemistry and Physics,2009,9: 6401-6415.

[40] Reisinger A R. Observation of HNO_2 in polluted winter atmosphere: Possible heterogeneous production on aerosol. Atmospheric Environment,2000,34: 3865-3874.

[41] 梁帅西,秦敏,段俊,方武,李昂,徐晋,卢雪,唐科,谢品华,刘建国. 机载腔增强吸收光谱系统应用于大气 NO_2 空间高时间分辨率测量. 物理学报,2017,66: 090704.

[42] Liang S, Qin M, Xie P, Duan J, Fang W, He Y, Xu J, Liu J, Li X, Tang K, Meng F, Ye K, Liu J, Liu W. Development of an incoherent broadband cavity-enhanced absorption spectrometer for measurements of ambient glyoxal and NO_2 in a polluted urban environment. 2018, 12: 2499-2512.

[43] Duan J, Qin M, Ouyang B, Fang W, Li X, Lu K, Tang K, Liang S, Meng F, Hu Z, Xie P, Liu W, Häsler R. Development of an incoherent broadband cavity-enhanced absorption spectrometer for in situ measurements of HONO and NO_2. Atmospheric Measurement Techniques, 2018, 11: 4531-4543.

[44] Meng F, Qin M, Tang K, Duan J, Fang W, Liang S, Ye K, Xie P, Sun Y, Xie C, Ye C, Fu P, Liu J, Liu W. High resolution vertical distribution and sources of HONO and NO_2 in the nocturnal boundary layer in urban Beijing, China. Atmospheric Chemistry and Physics, 2020, 20: 5071-5092.

[45] Tang K, Qin M, Duan J, Fang W, Meng F, Liang S, Xie P, Liu J, Liu W, Xue C, Mu Y. A dual dynamic chamber system based on IBBCEAS for measuring fluxes of nitrous acid in agricultural fields in the North China Plain. Atmospheric Environment, 2019, 196: 10-19.

[46] Brown SS, Dubé W P, Osthoff H D, Wolfe D E, Angevine W M, Ravishankara A R. High resolution vertical distributions of NO_3 and N_2O_5 through the nocturnal boundary layer. Atmospheric Chemistry and Physics, 2007, 7: 139-149.

[47] Stutz J, Alicke B, Ackermann R, Geyer A, White A, Williams E. Vertical profiles of NO_3, N_2O_5, O_3, and NO_x in the nocturnal boundary layer: 1. Observations during the Texas Air Quality Study 2000. Journal of Geophysical Research: Atmospheres, 2004, 109: D12306.

[48] Kleffmann J. Daytime Sources of nitrous acid (HONO) in the atmospheric boundary layer. Chemphyschem, 2007, 8: 1134-1144.

[49] Su H, Cheng Y, Oswald R, Behrendt T, Trebs I, Meixner F X, Andreae M O, Cheng P, Zhang Y, Pöschl U. Soil nitrite as a source of atmospheric HONO and OH radicals. Science, 2011, 333: 1616-1618.

[50] Oswald R, Behrendt T, Ermel M, Wu D, Su H, Cheng Y, Breuniger C, Moravek A, Mougin E, Delon C, Loubet B, Pommerening-Roser A, Sörgel M, Poschl U, Hoffmann T, Andreae M O, Meixner F X, Trebs I. HONO Emissions from soil bacteria as a major source of atmospheric reactive Nitrogen. Science, 2013, 341: 1233-1235.

[51] Tang K, Qin M, Duan J, Fang W, Meng F, Liang S, Xie P, Liu J, Liu W, Xue C, Mu Y. A dual dynamic chamber system based on IBBCEAS for measuring fluxes of nitrous acid in agricultural fields in the North China Plain. Atmospheric Environment, 2019, 196: 10-19.

第4章　同步辐射光电离质谱技术研究Criegee中间体宏观反应动力学

刘付轶

中国科学技术大学

地球大气中的烯烃分子与臭氧反应生成的羰基氧化物，即Criegee中间体(CI)，是冬天和夜间OH自由基的来源(非光反应产生)。CI能与空气中许多分子反应，形成二次有机气溶胶。目前对较小CI的反应动力学研究比较充分，但直接测量的速率常数与以前数据相差很大，对大气模拟研究有较大影响；而对较大CI的研究刚起步。

本项目建立自由基反应的时间分辨的同步辐射光电离质谱测量系统，进行CI自由基的形成研究，实验测量CH_2OO、$(CH_3)_2COO$的光电离质谱。开展氯自由基与大气挥发性有机化合物(VOCs)分子[甲基丙烯酸甲酯(MMA)、丙烯酸乙酯(EA)、甲代烯丙基醇等]的反应动力学研究，测量反应产物；结合量化计算，了解反应历程的势能面等，充分认识大气自由基反应动力学机理。Criegee自由基和氯自由基是大气中重要的氧化自由基，其反应产物和反应速率常数对反应机理研究十分关键。了解源于Criegee自由基和氯自由基的大气反应机理，为监测和防治大气污染提供科学依据。建立的实验技术对用户开放，充分发挥大科学装置作用。

另外，还开展Criegee中间体CH_2OO与气相丙烯酸、丙烯醛分子反应的理论计算研究，分析反应通道以及随温度和压强变化的反应速率常数。CH_2OO与丙烯酸反应速率常数的计算值较大(5.83×10^{-11} cm^3 $molecule^{-1}$ s^{-1})，意味着有机酸可能是Criegee中间体重要的消解通道。

4.1　研究背景

近年来，人类赖以生存的大气生态环境遭到了严重破坏，其表现有温室效应、光化学烟雾、大气臭氧层的破坏、酸雨和大气气溶胶等。这些大气问题引发了很多疾病，严重破坏了生态平衡，对我国的可持续稳定发展构成巨大威胁。造成大气污染的因素有物理、化学和生物等多个方面，但其中由化学物质引起的环境污染占80%～90%。评估一种化学物质对大气环境的长期影响，需要弄清楚在上述这些过程中可能存在的关键瞬变物种和自由基中间体，了解它们在大气中的化学演变过程，以切断这些关键物种的产生，提出有效监控大气污染的方法。到目前为止，我们已经知道的对大气环境产生破坏的物种和反应很多，而这些反应多数属于自由基、中间体反应。因此,气相自由基反应已成为大气化学研究的重要内容,对降低大气环境污染具有十分重要的现实意义。

每年地球排放大约 10^{11} kg 的烯烃化合物到大气中,其主要的消除途径是与大气中的臭氧反应。通过臭氧环形加成到双键上形成主要臭氧化物,由于是很大的放热反应,其快速分解成醛类化合物和羰基氧化物,后者就是所谓的 CI[1]。因其含有较大内能,可以通过单分子反应形成 OH 自由基和其他产物,也可以在大气中形成碰撞稳定的 CI(SCI)。这些 SCI 经历一系列反应过程,并且在形成地球低层大气混合物中起关键性作用。一个重要衡量标准就是对地球大气的氧化能力(OC),即氧化大气并消除它们[2]。OC 决定主要温室气体和污染物的寿命,影响气溶胶的形成,因此对空气质量和天气气候有重要影响。与 OH 自由基反应对 OC 贡献非常大,它是大多数 VOCs 的起始氧化反应。地球大气中的烃类与臭氧反应生成的 CI,是冬天和夜间 OH 自由基的来源(非光反应产生),也是大气中 HO_x 的重要来源。另外,CI 对大气有机酸的形成也很重要,在乙烯的臭氧化反应中 HCOOH 的产率与水有很强的依赖关系[3],随着水的加成其产率快速上升,可能超过一半的 HCOOH 产物来自 CH_2OO 与水的反应。在烯烃的臭氧化反应过程中 SO_2 的气相氧化得到增强,导致 H_2SO_4 产物的增多,而它是大气气溶胶形成的一个关键贡献者。

同步辐射光电离质谱被认为是一种分析 CI 的灵敏探测方法[4],基于它们的光电离谱,可调谐的同步辐射能够分辨出异构体。美国 ALS 光源的 Taatjes 研究组首次利用质谱技术结合激光光解和流动管反应器,用于 CI 反应的动力学研究[5]。利用 248 nm 的激光光解 CH_2I_2、CH_3CHI_2,生成碘甲基、碘乙基等自由基,再与 O_2 反应生成 CI(CH_2OO、CH_3CHOO),其产生的数量足够用于 CI 反应动力学的直接测量。他们还利用准一级近似方法直接测量对流层中几种重要物种清除 CH_2OO 反应[298 K,4 Torr(1 Torr 约为 133 Pa)]的速率常数。首次直接测量 CI 的反应动力学,获得许多令人惊讶的结果:CH_2OO 与 NO 反应速率常数小于 6×10^{-14} cm^3 s^{-1},比文献值至少小 100 倍,理论计算也验证了 NO 加成到 CH_2OO 有许多能量位垒;相反,CH_2OO 与 NO_2 反应速率常数为 7×10^{-12} cm^3 s^{-1},比文献建议值大很多;令人惊奇的是 CH_2OO 与 SO_2 反应确实非常快,其反应速率常数为 3.9×10^{-11} cm^3 s^{-1},比以前的实验值和理论预测值大四个量级。可见,这种Criegee 双自由基与大气中 NO_2、SO_2 发生化学反应的速率比预期要快很多。研究发现该物质就像功能强大的空气清洁工具一样,能将 NO_2、SO_2 中和,而且在这一过程中还会生成能促进降雨云形成的悬浮颗粒,对气候变化有显著的影响。

从此,CI 的宏观反应动力学研究变成国际上关注的热点,美国、欧洲、日本等许多研究组对 CI 开展了深入研究,获得了巨大进展,取得了许多重要成果[6-8],每年在*Science*、*Nature* 等著名的顶级期刊上发表了若干篇研究论文及综述性文章[9]。研究内容包括:CH_2OO、CH_3CHCOO 中间体的形成过程、单分子解离研究、红外吸收光谱和紫外吸收光谱研究及双分子反应研究(自反应;无机分子如 H_2O、NO、NO_2、SO_2 等;有机分子如甲酸、乙酸、甲醛、乙醛等)。实验方法上从质谱扩展到激光诱导荧光、红外吸收、紫外吸收、傅立叶变换微波谱、腔内吸收谱等。国内也有一些研究组开展了 CI 探索[10]。目前对较小的 CH_2OO、CH_3CHOO 中间体的反应动力学研究比较充分,但直接测量的速率常数与以前数据相差很大，较大影响大气反应的模拟研究。对较大的 C_3 Criegee 中间体[$(CH_3)_2COO$、C_2H_5CHOO]的研究刚起步[11]，主要是利用激光光解$(CH_3)_2CI_2$、$C_2H_5CHI_2$，再与 O_2 反应形成 C_3 Criegee 中间体，最后进行光谱学方面研究。大气外场研究显示大气对流层中烯烃(包含最小的乙烯到较大的萜烯)对 OH 自由基都有重要贡献。带有支链结构的 2-甲基-2-戊烯、萜品油烯等含有$(CH_3)_2C=C$ 结构单元，与臭氧反应可以形成$(CH_3)_2COO$ 中间体，带有单链结构的烯烃(如 1-丁烯)可以形成 C_2H_5CHOO 中间体。研究较大的 C_3 Criegee 中间体[$(CH_3)_2COO$、C_2H_5CHOO]对大气化学具有重要意义。

在国家自然科学基金委的联合基金资助下，我们开展了同步辐射光电离技术研究大气化学中气相自由基反应的质谱研究探索。经过几年的努力，我们搭建了一台简易的真空紫外光电离质谱仪(国际上第二台装置)，利用激光光解产生自由基，流动反应管侧孔取样。其成功地开展了利用激光闪光光解 $C_2Cl_2O_2$ 和 C_2Cl_4，产生氯自由基，与流动管中的 1-丁烯、异丁烯的反应动力学研究，同时还研究了氯自由基的前驱物 $C_2Cl_2O_2$ 和 C_2Cl_4 的真空紫外光电离等[12]。我们按照研究计划完成了这个研究项目，证明了它的可行性。随着合肥光源重大维修改造项目的完成，原子分子物理光束线和实验站重新开放，其性能有较大提高。我们逐渐完善已建立的激光光解和流动管反应器实验装置：增加流动管进样的精密质量流量控制器，通过抽气流量控制阀，精密控制流动管内的压力(分子数密度)；改造束源室与质谱计的真空差分设计，提高质谱灵敏度；新增加准分子激光 248 nm 输出的光腔系统，提高自由基的产生效率。在此基础上开展 C_3 Criegee 中间体的自反应、单分子解离反应研究，直接测量反应速率常数；研究 C_3 Criegee 中间体与大气中重要的无机分子如 H_2O、NO_2、SO_2 等和有机分子如甲酸、乙酸、甲醛、乙醛等的宏观反应动力学过程。实验直接测量其反应速率常数、时间分辨反应产物并区分其异构体；结合量化计算获得反应中间体、过渡态和势能面等，掌握其反应动力学机理，为准确模拟大气化学反应过程提供可靠的动力学数据，为检测和减少大气污染提供科学依据。

目前已有许多实验方法研究气相 CI 反应动力学过程，例如使用激光诱导荧光、傅立叶变换红外/微波吸收、紫外腔内吸收等方法[6-9,11]。虽然以上的实验技术有足够的灵敏度用于短寿命中间体的测量，但这些研究都局限在小自由基和小分子反应，还有许多物种它们不能测量，特别是对较大的多原子自由基反应存在很大困难。原理上，质谱技术是探测这些物种的独特方法，可以探测较大的反应产物及其分支比，具有相当高的探测灵敏度，还可以进行时间分辨测量。结合同步辐射光源(具有高强度、可调范围宽、光谱线宽窄等特性)进行光电离研究，能够减少或消除碎片离子的产生；根据不同的电离能，区别不同的同分异构体。通常地，每个异构体有其特有的电离能(电离阈值)、形状[由中性和离子的弗兰克-康登(Franck-Condon)因子重叠部分决定]和强度(电离截面)。

合肥同步辐射光源的优势是真空紫外波段，原子分子物理光束线具有宽的可调范围(7.5～124 eV)、高通量(5×10^{12} phs s^{-1}，0.1 A)等特点。我们拟利用流动管反应器和激光闪光光解产生自由基，结合高强度的同步辐射光源和飞行时间质谱，研究较大 C_3 Criegee 中间体的反应过程。这方面的实验研究在国内还未见报道，国际上也是第二台此类实验装置。目前我们正开展 C_2H_3、CN、Cl、小 CI 等的反应实验研究，取得很好进展。国内的中国科学院化学研究所、中国科学院生态环境研究中心、安徽光学精密机械研究所、中国科学技术大学等一些用户,迫切希望改善和提高激光光解-流动管反应器的同步辐射光电离质谱实验装置的性能,开展大气化学领域中气相自由基反应动力学方面的研究。这将扩大我国的同步辐射应用领域,充分发挥大科学装置的作用。

4.2 研究目标与研究内容

4.2.1 研究目标

本项目旨在完善激光光解和流动管反应器实验装置,建立时间分辨同步辐射光电离质谱测量模式,以便有效地开展时间分辨的自由基宏观反应动力学研究。在实验室里产生较大 Criegee 中间体$(CH_3)_2COO$,开展其反应动力学研究。开展氯自由基与大气 VOCs 分子(MMA、EA、甲代烯丙基醇等)的反应动力学研究,测量反应产物;结合量化计算,了解反应历程的势能面等,充分认识大气自由基反应动力学机理。Criegee 自由基和氯自由基是大气中重要的氧化自由基,其反应产物和反应速率常数对反应机理的研究十分关键。了解源于 Criegee 自由基和氯自由基的大气反应机理,为监测和防治大气污染提供科学依据。建立的实验技术对用户开放,充分发挥大科学装置作用。

4.2.2 研究内容

完善已建立的激光光解和流动管反应器实验装置:增加进样系统的精密质量流量控制器和流动管抽气流量控制阀,精密控制流动管内的压力(分子数密度);改造束源室与质谱计的真空差分设计,提高质谱灵敏度;新增加准分子激光 248 nm 输出的光腔系统,提高自由基的产生效率。

开展较大 CI 自由基$(CH_3)_2COO$的实验室形成研究。选择先驱物$(CH_3)_2CI_2 + O_2$气体进行激光闪光光解,找到适合的实验条件(如流动管中气体的混合比例、流动速度、压力、光解激光的能量等),产生高效和浓度稳定的 C_3 Criegee 中间体,经流动管侧孔取样,进行同步辐射单光子电离和反射飞行时间质谱检测。通过改变脉冲光解激光和飞行时间质谱推斥场脉冲的延迟,实现时间分辨检测,测量反应速率常数,区别不同的同分异构体产物(利用光电离效率曲线),获得它们的解离能和电离势等热化学数据。

开展氯自由基与大气 VOCs 分子(MMA、EA、甲代烯丙基醇等)的反应动力学研究。利用激光光解流动管内的草酰氯$(Cl_2C_2O_2)$或者 C_2Cl_4,产生 Cl 自由基,通入 MMA(或 EA)反应,测量反应产物的时间分辨同步辐射光电离质谱。利用产物的电离阈值(电离能)鉴别反应产物物种,利用其强度的时间分辨测量获得其反应通道的速率常数;结合量化计算,优化出自由基、分子和离子产物(包括同分异构体)的几何构型,计算反应的中间物和过渡态的能量以及反应历程的势能面,分析不同构型对反应速率常数的影响,研究这些 C_3 Criegee 中间体的反应动力学机理及其对光化学烟雾、大气环境污染的影响等。

4.3　研究方案

实验装置示意图如图 4.1 所示。利用激光闪光光解产生自由基作为起始反应，从反应流动管侧孔取样，利用连续可调的同步辐射光电离，然后用飞行时间质谱仪进行质量分析。具体方案如下：慢速流动的石英管反应器（长 800 mm，内径 10 mm）水平放置于束源室中，利用高纯氦气作为载气，以提高探测灵敏度。利用 193 nm 的激光，闪光光解流动管反应器中的碘化物$(CH_3)_2CI_2$、$C_2H_5CHI_2$，产生$(CH_3)_2CI$、C_2H_5CHI 中间产物，再与 O_2 反应形成高效的$(CH_3)_2COO$、C_2H_5CHOO 中间体作为反应的起始。其与流动管反应器中的分子反应后从侧孔（方向朝上，孔径 0.4 mm）取样，分子束通过电离室前的撇渣器（直径 1.5 mm）引入到光电离室中。工作时束源室和光电离室的真空分别为 10^{-2} Pa 和 10^{-4} Pa。在电离室中，反应分子束与同步辐射真空紫外光相交叉，进行单光子电离。流动管侧孔与光电离中心的距离为 25 mm 左右，能获得很好的探测灵敏度。在分子束方向上（即侧孔的正上方）安装一个反射飞行时间质谱计，探测产物离子。闪光光解后可以利用 25 kHz 重复取样进行质谱信号累加，也可改变质谱推斥场脉冲的延迟进行时间分辨测量，能够在毫秒的量级上同时探测多种稳定或瞬态物种。

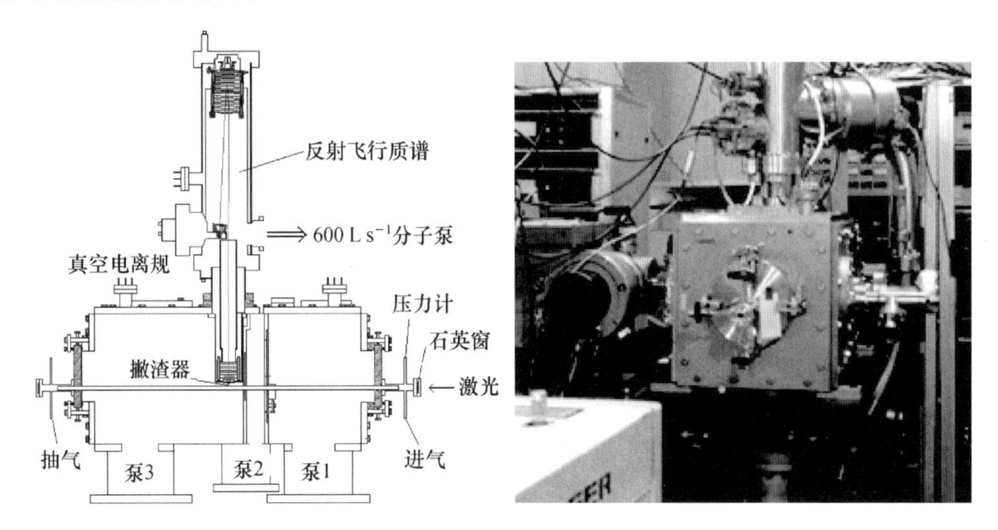

图 4.1　自由基反应的同步辐射光电离质谱实验装置

通过扫描光子能量，可以得到所有产物的光电离效率谱，测量出每种产物的出现势，区别不同的同分异构体产物。通过改变脉冲光解激光和飞行时间质谱推斥场脉冲的延迟，实现时间分辨检测，从而测量自由基反应的速率常数。最后，根据实验结果，利用 Gaussian 量化软件计算反应的中间物和过渡态的能量和构型，了解反应历程的势能面，建立自由基反应的动力学模型。

针对上面提到的一些关键问题，我们进行了详细地考虑：

(1) 通过特殊的设计,优化各种实验条件(如流动管中气体的混合比例、流动速度、压力,光解激光的能量、脉冲时序和延迟等),优化实验方案,从而获得高浓度的待研究自由基,用于反应动力学研究。

(2) 对于实验腔体的改造,由于石英流动管反应器是水平放置的,将原子分子物理实验站的束源室、光电离室作为现在的束源室,需加工 U 型管来隔离束源室和上面的电离区、反射飞行时间质谱。U 型管的顶端是撇渣器,质谱的推斥电极、加速电极被置于 U 型管内。反应流动管侧孔与光电离中心的距离一般为 25 mm 左右较好,同时需仔细准直流动管的侧孔与撇渣器。

(3) 对于真空系统的安排,将原子分子物理实验站的束源室、光电离室改为现在的束源室(总抽速达 3200 L s^{-1}),反射飞行时间质谱的外筒需另加一接口,连接一分子泵(600 L s^{-1}),基本可以满足实验的要求。

(4) 按照文献介绍的方法合成 C_3 Criegee 中间体的先驱物$(CH_3)_2CI_2$、$C_2H_5CHI_2$,即将丙酮加入肼溶液中形成丙酮腙,随后与含碘的二乙基醚饱和溶液、三乙氨在常温混合反应,经提纯后获得。样品合成后需经过红外、色谱、核磁共振等检测。

(5) 另外,我们利用德国 FAST ComTec 公司的超快数据采集卡,可以达到 1 G counts s^{-1} 的采样速率,时间分辨为 1 ns;扫描光子能量时,若干质谱峰可同时采集,数据采集快速而有效。

4.4 主要进展与成果

本项目改进了激光光解和流动管反应的同步辐射光电离飞行时间质谱实验装置,主要包括建立流动管多路气体稳定进样系统、使用 U 形和 V 形电极提高光离子的收集效率、改进质谱计的电场结构和工作电压模式等,有效地开展自由基宏观反应动力学研究。利用建立的实验装置,开展 Criegee 中间体(CH_2OO、C_3H_6OO)的形成研究,以及氯自由基与大气 VOCs 反应的动力学研究,直接测量反应产物,充分认识大气自由基反应动力学机理和其构型对反应速率常数的影响,为检测和减少大气污染提供科学依据。建立的实验平台,为用户开放服务,满足用户的迫切需求。

4.4.1 实验系统的完善与改进

由于激光光解的频率较低(4～10 Hz),光解产生的自由基及其反应产物的寿命较短(1～10 ms),时间分辨光电离质谱的探测效率很低,这是实验研究的最大挑战。为此我们采取以下实验方法和技术,提高实验装置的探测灵敏度,以便开展激光光解和流动管反应的同步辐射光电离飞行时间质谱实验研究,从而有效地开展时间分辨的自由基宏观反应动力学研究。

1. 建立流动管多路气体稳定进样系统

增加多路气体进样的精密质量流量控制器和流动管下游的抽气流量控制阀,精密控制流动管内的压力(分子数密度),见图 4.2。利用 He 气作为载气,通过质量流量控制器 S1 进入自由基前驱物的样品罐,由精密漏气阀控制流量。经过一段时间达到平衡后,样品罐的总压力为 P1(压力由高精度的 MKS 电容压力计测量);若前驱物的饱和蒸气压为 P2(已知/实验测量/估算),则前驱物的流量为 S1×P2/P1;一般地,S1 为 2～20 SCCM,P1 为 50～760 Torr。利用质量流量控制器 S2 控制 He 气的流量,一般地,S2 为 100～200 SCCM。利用 S3 控制 O_2 的流量,一般地,S3 为 10～50 SCCM。利用 S4 控制反应气体的流量,一般地,S4 为 2～20 SCCM;若反应气体为液相,则采用前驱物进样的控制方式。利用质量流量控制器 S5 控制吹扫气体 He 气的流量,一般地,S5 为 5～10 SCCM;吹扫气体保护反应流动管前端窗口,避免光解激光污染窗口。反应流动管的前端安装高精度的电容压力计 P0(普发公司,量程为 0～10 Torr),反应流动管的后端安装抽气控制阀(VAT 公司);接收 P0 信号,与设定的流动管压力比较,控制抽气控制阀的开关程度,从而达到设定的压力值。反应流动管的压力一般为 2～5 Torr;由流动管中端的小孔(直径为 0.65 mm)取样,进行同步辐射光电离及飞行时间质谱检测。工作时电离室的真空为 3×10^{-3} Pa,质谱计的真空为 1×10^{-4} Pa。

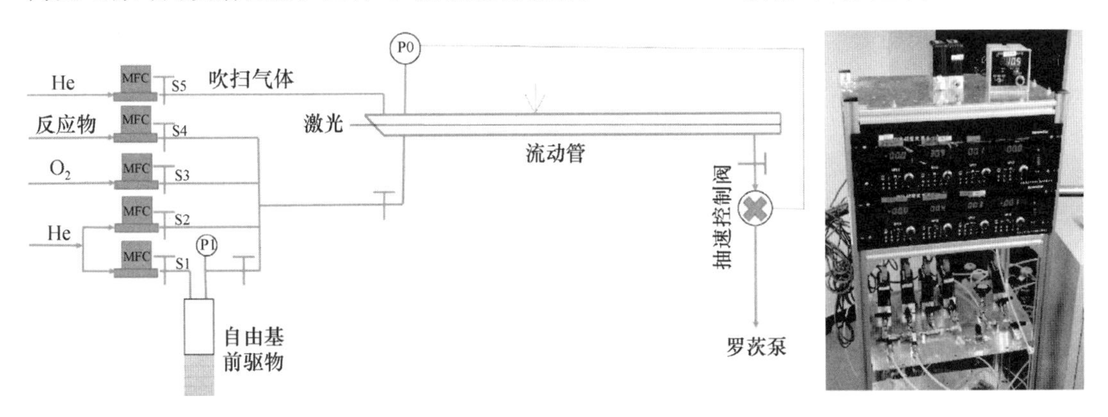

图 4.2　流动管反应器系统的多路气体稳定进样和下游抽气流量控制

2. 改进光电离区的离子收集效率

自由基反应产物使用流动管侧孔取样,侧孔直径为 0.6 mm,经过直径为 2 mm 的撇渣器(距侧孔 2 mm 处)后,进入同步辐射光电离飞行时间质谱计。由于侧孔距光电离点为 26 mm,产物数密度减少 4 个量级左右,大大减小探测灵敏度。我们使用 U 型、V 型收集电极(图 4.3a、图 4.3b)。U 型电极为 D 10 mm 的圆筒,中心开 D 1 mm 的圆孔,距流动管侧孔 1 mm,光电离中心距流动管侧孔 5 mm 左右;此处的数密度较大,产生的产物离子也较多。光电离产生的离子经 V 型电极进入上面的飞行时间质谱。V 型电极开D 2 mm 的圆孔,距光电离中心为 5 mm 左右。优化 U 型、V 型电极上的电压:U 型电极加+4 V 电压,V 型电极加+1 V 电压,使得光电离中心产生的离子经聚焦后进入 V 型电极,提高了离子的收集效率。从而大大提高了产物的探测效率(增大 3～5 倍)。

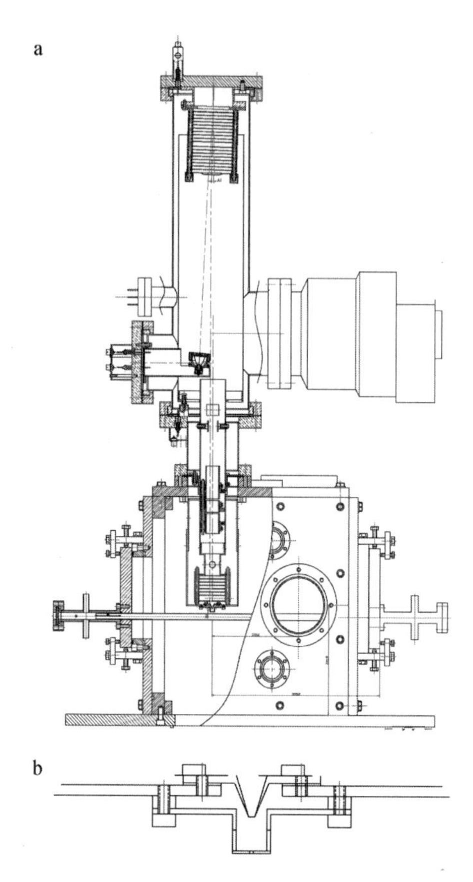

图 4.3　改进后自由基反应实验装置(a)及改进后 U 型、V 型离子聚焦装置(b)

3. 质谱计工作电压模式改进

为提高光电离质谱的探测效率，我们对飞行时间质谱计的电压工作模式和真空差分进行仔细研究。首先，脉冲推斥电压从＋160 V 改变为＋460 V，提高了电离区域离子的收集效率。其次，质谱计的加速电压(即自由飞行区域电压)从－1 kV 改变为－3 kV，提高了离子的飞行动能(速度)，大大提高了微通道板(MCP)的探测效率。再次，由于离子的飞行速度增大，飞行时间则减小了，可以提高脉冲推斥频率，从而占空因数提高 2 倍。最后，为消除 MCP 的高电位(＋210 V)对自由飞行区域(－3 kV)的离子影响，我们在离子的飞行路径上加一金属管(D 25 mm，长 260 mm)，电位为－3 kV(图 4.4)，大大减小了电场不均匀造成的影响。采取以上技术和方法，质谱计的探测效率提高了 100 倍左右，大大提高了质谱计的探测灵敏度。

4. 提高同步辐射电离光的通量

提高电离光的光通量也能提高光电离效率。为提高光束线的光通量，我们尝试利用波荡器进行分光(能量分辨为 0.1 eV 左右)，光栅作为反射镜(光栅的零级光)，光栅单色仪的入射、出射狭缝都为 500 μm。结合 LiF 滤波光片和气体滤波器消除高次谐波，光束线的光通量在 8～15.5 eV 的能量范围内提高了 3～5 倍。为验证此方法的可靠性，我们分别测量

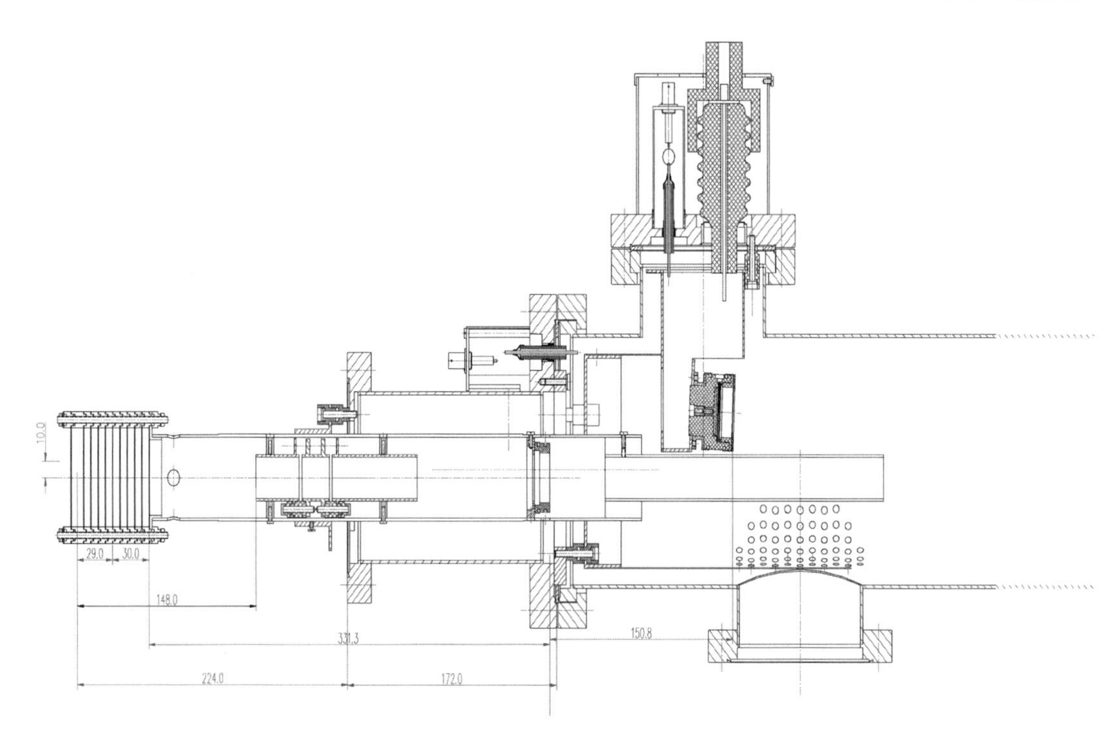

图 4.4　飞行时间质谱计改进(自由飞行区域加等电位圆筒)

甲苯、环己烷、乙醇等分子的电离能,与文献值一致,说明此实验方法可以开展光电离实验研究。综合以上实验方法和技术手段,整个实验装置的探测灵敏度提高了两个多量级,为进一步开展自由基反应实验研究提供实验基础。

5. 样品合成

C3 CI 自由基的前驱物为 2,2-二碘丙烷和 1,1-二碘丙烷,分别生成 $(CH_3)_2COO$ 和 CH_3CH_2CHOO 自由基。由于这两种物质很难买到,因此需要自行合成。通过对相关文献的调研,我们按照以下路径进行合成:

(1) 将丙酮(≥99.5%)或丙醛(99%)一滴一滴地缓慢加入水合肼中并缓慢搅拌,并将混合溶液水浴加热 1 小时,将混液冷却后使用氯仿萃取并将分层出来的水去除,之后再用无水碳酸钠干燥来获得目标腙。这样可以保证原油腙的纯度(一般而言可以达到 90% 以上)。

(2) 在室温中将碘的饱和溶液(用乙醚作为溶剂)加入 10 g 原油腙中,溶入 30 mL 乙醚和 70 mL 三乙胺,直到实验结束。

(3) 蒸发掉乙醚,得到含有目标产物的混合物(可以用 Kugelrohr 蒸馏分离得到目标产物)。

(4) 等分这些样品,然后用核磁共振谱(NMR)、质谱来初步分析表征。结果表明样品的纯度在 95%左右,可满足实验要求,当然进一步提纯更好。

6. 实验条件优化

找到合适的实验条件(如流动管中气体的混合比例、流动速度、压力,光解激光的能量等),产生高效和浓度稳定的 C3 Criegee 中间体。首先,为提高同步辐射光电离质谱的探测灵敏度,我们使用存储环波荡器的能量输出(分辨率为 0.12 eV 左右),光束线光栅零级光输出,使用惰性气体滤波器或者 MgF_2 晶片滤掉高次谐波(Ar 气的截止能量为 15.7 eV,MgF_2 的截止能量为 10.8 eV)。这样,光电离的同步辐射光通量增加 4~10 倍,较大地提高质谱的探测灵敏度。

我们在反应流动管的内壁涂上含氟多聚物惰性蜡卤代烃,防止自由基与流动管内壁碰撞而淬灭。流动管内产生的自由基浓度也不能太高(一般在 10^{12}~10^{13} mol cm^{-3}),防止其自反应淬灭。实验时,光解激光的频率为 10 Hz,能量为 20~60 mJ/脉冲;流动管内压力一般为 4 Torr,流动管内气体总流量一般在 200~300 SCCM,流速可达到 5 m s^{-1},从而保证每个激光脉冲能光解新鲜的气体分子。自由基前驱物二碘烷烃浓度一般在 10^{13}~10^{14} mol cm^{-3},过量 O_2 的浓度一般在 10^{14}~10^{15} mol cm^{-3},产生的 CI 浓度一般在 10^{12}~10^{13} mol cm^{-3},反应物的浓度一般在 10^{13}~10^{15} mol cm^{-3},满足准一级反应条件。优化显示,适当的实验条件非常重要,是决定实验成功的关键。

4.4.2 CH_3 自由基与 O_2 反应动力学研究

利用 193 nm 激光光解丙酮分子,产生 CH_3 自由基,与过量的 O_2 反应生成过氧甲基 CH_3OO 自由基,测量其时间分辨质谱,见图 4.5 和表 4-1。从反应产物的光电离效率(PIE)谱确定的产物电离能及文献参考值和理论计算值列于表 4-1 中。我们可以确定 m/z 为 15、30、47、48 分别对应着 CH_3、C_2H_6、CH_3OO 和 CH_3OOH,依次产生于丙酮的光解,CH_3 自由基的自反应,CH_3 自由基与 O_2 的反应和 CH_3OO 自由基的夺氢反应。

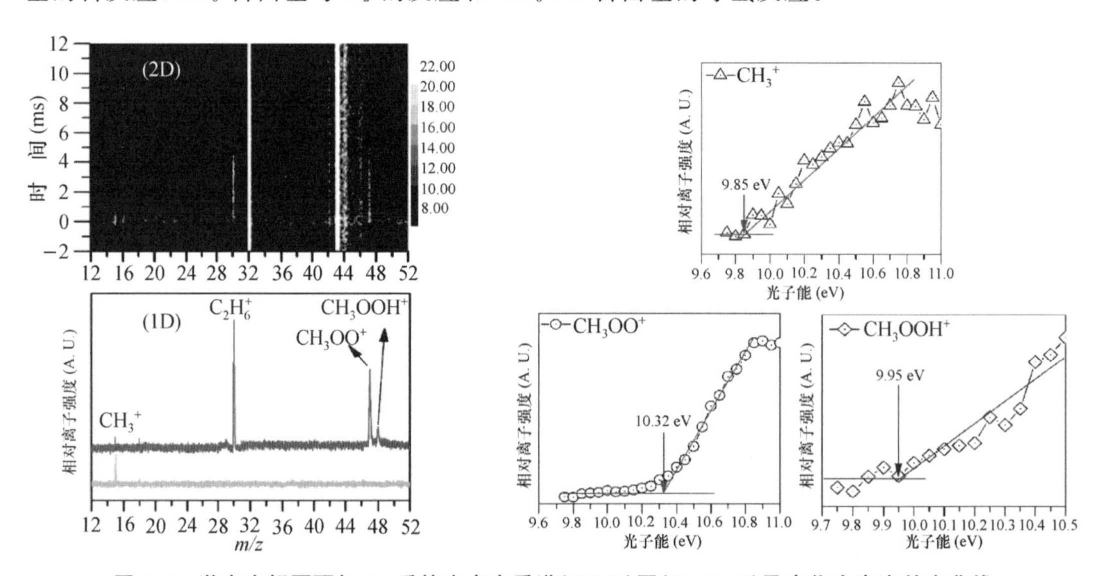

图 4.5 激光光解丙酮加 O_2 后的光电离质谱(PIMS)图(11.0 eV)及产物光电离效率曲线

表 4-1　光解丙酮加 O_2 后产物的实验、理论计算值和文献参考电离能

物　种	实验值/eV	理论计算值/eV	文献值/eV
CH_3	9.85±0.10	9.75	9.84
C_2H_6	11.68±0.10	11.64	10.52±0.04
CH_3OO	10.32±0.15	10.22	10.33±0.05
CH_3OOH	9.95±0.10	9.90	

图 4.6 是获得的三维结构时间分辨数据图。光解产物 CH_3 自由基的强度随丙酮强度的降低而迅速上升，到达最高点后开始快速衰减，验证 CH_3 自由基信号来自丙酮的光解。而 CH_3OO 自由基是伴随着 CH_3 自由基产生的，在 CH_3 自由基衰减后 CH_3OO 自由基上升到最大强度，这表明 CH_3OO 自由基产生于 CH_3 自由基与 O_2 的反应过程。

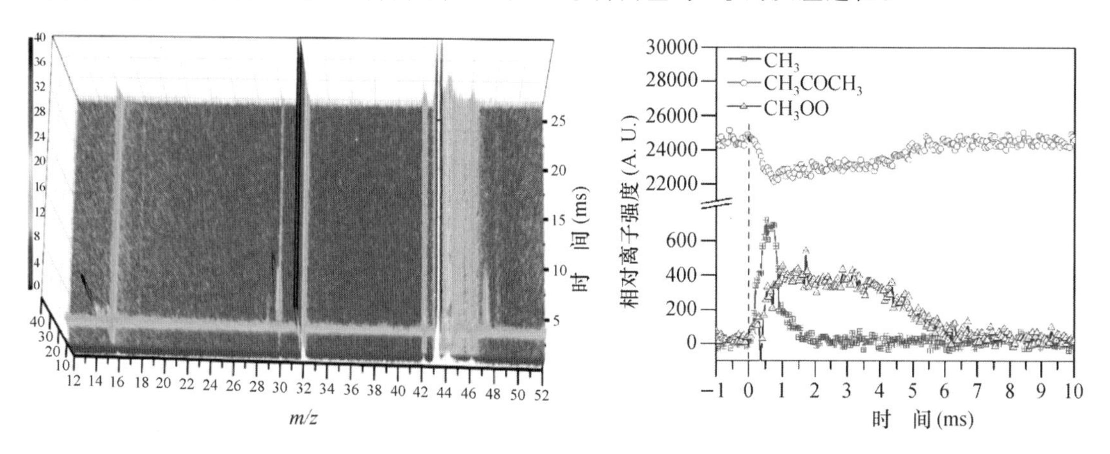

图 4.6　在 O_2 氛围中光解丙酮产物的三维结构数据

我们直接测量了不同 O_2 浓度下 CH_3 自由基、CH_3OO 自由基的衰减速率曲线，从指数衰减拟合出准一级速率常数(k')。进一步对不同 O_2 浓度下的 k'值进行线性拟合，如图 4.7 和图 4.8 所示，获得了 CH_3 自由基由碰撞和与背景气作用导致的总猝灭常数，数值为5848 molecules s^{-1}，

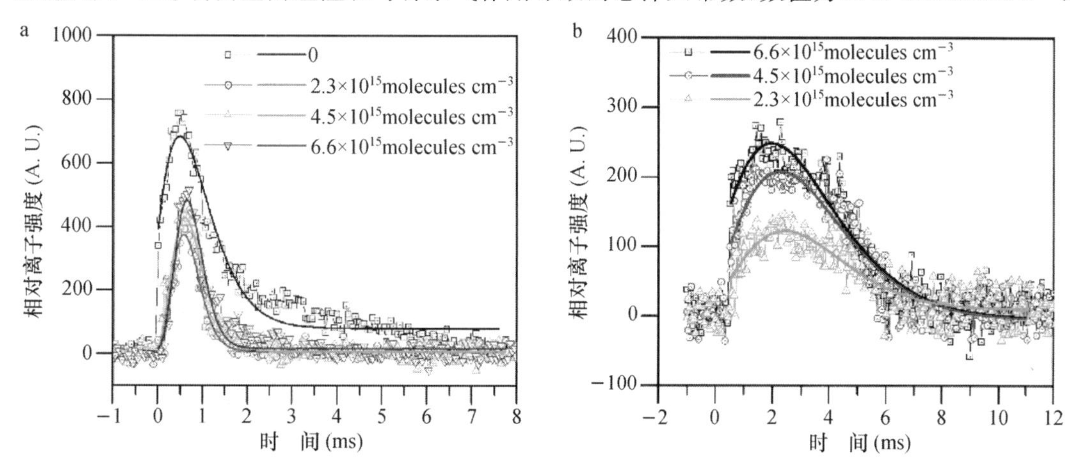

图 4.7　不同 O_2 浓度下，CH_3 自由基和 CH_3OO 自由基的时间分辨质谱

而 CH_3 自由基与 O_2 反应的速率常数为$(1.6\pm0.4)\times10^{-12}$ cm^3 $molecule^{-1}$ s^{-1}，该结果与光谱法测量值：$(2.2\pm0.3)\times10^{-12}$ cm^3 $molecule^{-1}$ s^{-1}和 1.8×10^{-12} cm^3 $molecule^{-1}$ s^{-1}吻合良好，证明本实验系统的可靠性良好。

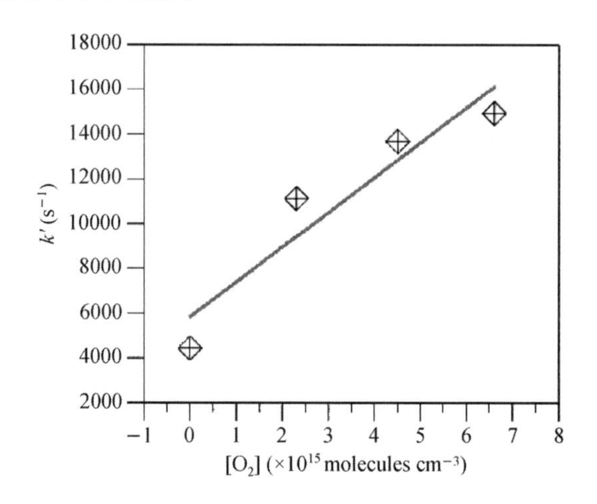

图 4.8 CH_3 自由基的准一级衰减常数与 O_2 浓度的对应关系

4.4.3 Criegee 自由基的形成研究

近年来，Criegee 中间体(羰基氧化物 CR_1R_2OO)获得了极大的关注，因为其是对流层中 OH 自由基等多种自由基的重要来源以及 SO_2 和 NO_2 等多种物质的强氧化剂，对对流层化学及大气环境有重要影响。长久以来，由于 Criegee 中间体独特的双自由基/两性离子结构特征，其反应活性较强，存在的寿命(ms 级)过于短暂而难以直接检测。首先，我们开展 CH_2OO 自由基的形成实验研究。用 248 nm 准分子激光光解 CH_2I_2，发现施加激光后，CH_2I^+ 的信号明显变强，显然来自光解产物的贡献。有了信噪比足够好的 CH_2I^+ 的信号后，我们进一步扫描了其 PIE 曲线，结果如图 4.9 所示。实验确定值(8.41 eV)与 Andrews 等用光电子能谱方法测量的值[(8.40 ± 0.03)eV]基本一致。

我们在控制前驱体 CH_2I_2 数密度为 6.4×10^{12} cm^{-3}，O_2 数密度为 2.6×10^{14} cm^{-3}，能量为 10.2 eV 条件下进行试验，CH_2OO 自由基的时间分辨如图 4.10 所示，可以很明显地看出在 7800 道左右 CH_2OO 自由基的衰减，对其进行处理可以得到衰减曲线。通过这一指数关系，我们可以得到 CH_2I 自由基和 CH_2OO 自由基的准一级衰减常数，通过对不同氧气浓度下 CH_2I 自由基的准一级衰减常数数据进行分析，即可得到 CH_2I 自由基与 O_2 的二级反应速率常数。

对于$(CH_3)_2COO$ 自由基的形成研究，我们在控制前驱体$(CH_3)_2CI_2$ 数密度为 7.1×10^{13} cm^{-3}，O_2 数密度为 6.5×10^{15} cm^{-3}，能量为 9.5 eV 条件下进行试验，图 4.11 为加了激光之后的质谱扣除不加激光的背景所得到的质谱图。其中，$m/z=74$ 即为我们想要得到的$(CH_3)_2COO$ 自由基，$m/z=169$ 为前驱体被激光打掉一个 I 之后的$(CH_3)_2CI$ 自由基。处理后可以得到$(CH_3)_2COO$ 自由基的衰减曲线。由于 C3 Criegee 自由基的产生效率低、在低能阈值处的光电离截面都比较低，时间分辨质谱测量的探测效率变低，实验时间更长，这些给实验测量带来很大的困难。我们将继续开展这方面的研究。

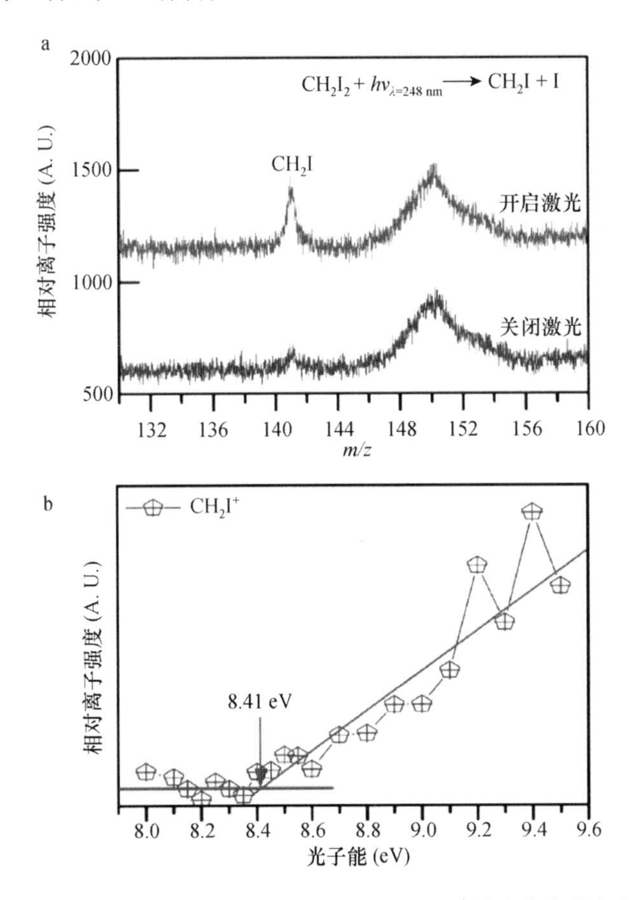

图4.9　激光光解 CH_2I_2 前后的质谱图及 CH_2I^+ 的光电离效率曲线

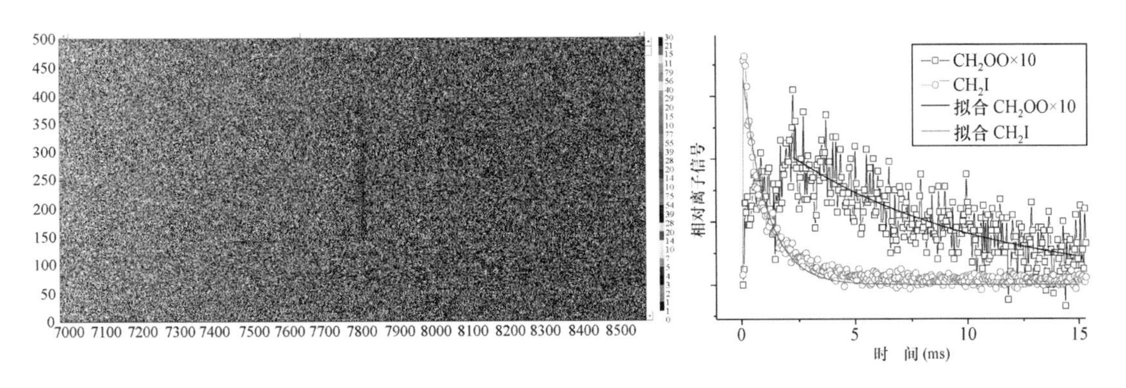

图4.10　反应物种 CH_2I 自由基、CH_2OO 自由基随时间的衰减曲线

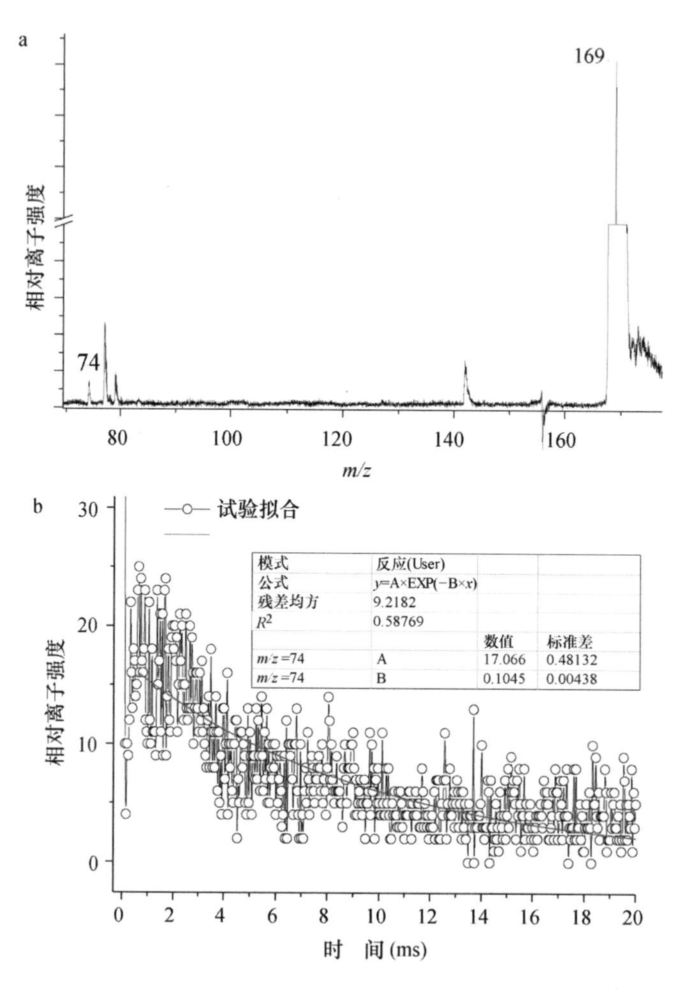

图 4.11 反应产物 $(CH_3)_2COO$ 自由基随时间的衰减曲线

4.4.4 Cl 自由基与大气 VOCs 反应研究

1. Cl 自由基与甲基丙烯酸甲酯、丙烯酸乙酯反应

大气中的氧化剂 Cl 自由基在大气有机物的氧化过程中起重要的作用,特别是在海岸线附近和工业高污染地区,它的作用甚至可以与 OH 自由基的作用相当。科学家对 Cl 自由基与不饱和烯烃分子的反应动力学和反应机理进行了大量研究,如利用时间分辨的红外吸收方法研究了 Cl 自由基与乙烯、乙炔、丙烯、1,3-丁二烯、1-丁烯、异丁烯等的反应动力学,获得反应速率常数,如 Cl 自由基与 1-丁烯、异丁烯的速率常数分别 3.38×10^{-10}、3.40×10^{-10} cm^3 $molecule^{-1}$ s^{-1}。然而,很少研究涉及探测反应产物。此外,Cl 自由基与 MMA、EA 反应的研究很少。

我们利用流动管反应器-激光闪光光解-同步辐射光电离质谱仪,直接探测自由基的反应产物。流动管内用氦气载入 $Cl_2C_2O_2$ 或 C_2Cl_4,作为 Cl 自由基的前驱物;通入 MMA(或 EA)反应,再通入大量的氦气来稀释整个流动管内的反应物浓度,流动管的气压在 1～4 Torr,其中 $Cl_2C_2O_2$ 或 C_2Cl_4 约占 1%,MMA 或 EA 约占 1%。激光的波长为248 nm,频率为 10 Hz，激光能量为 30 mJ，光解 $Cl_2C_2O_2$ 产生 Cl 自由基并诱发反应。同步辐射光电离流动管内的反应气体并利用质谱探测反应产物。同步辐射光子能量为 11 eV，气体滤波器中通入 4 Torr 氩气，高次谐波基本被过滤掉。光解自由基反应后的质谱减去反应前的质谱，得到自由基反应产物的质谱(图 4.12)。

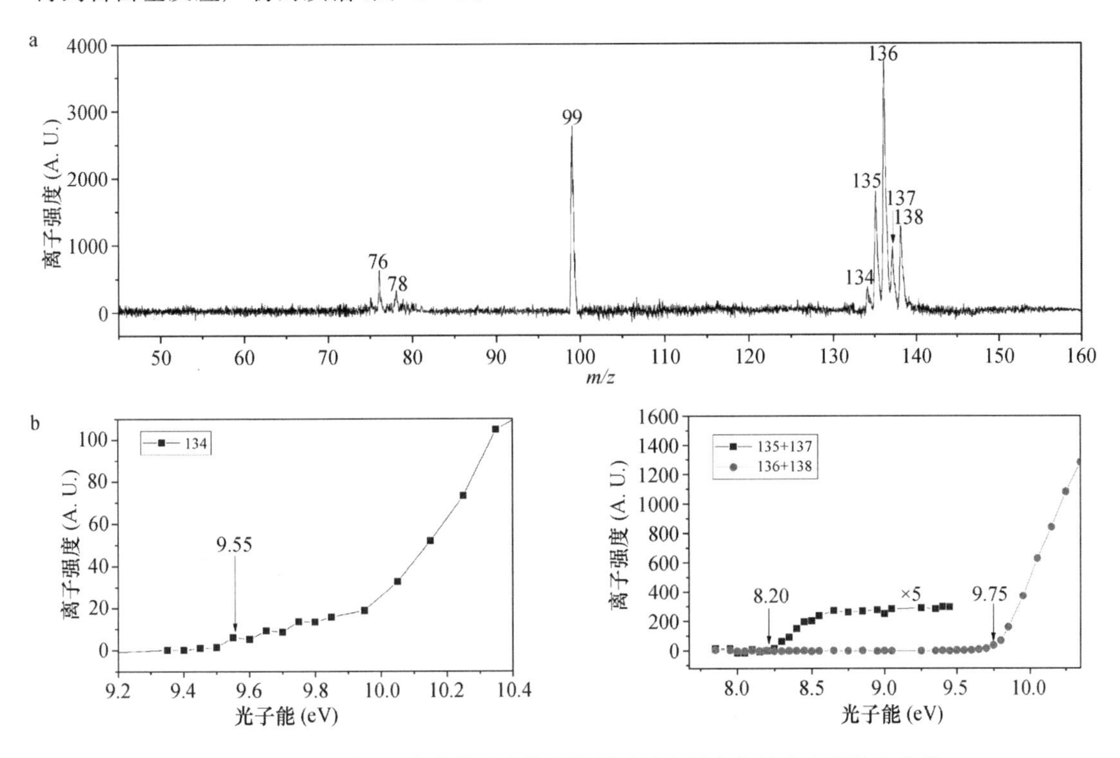

图 4.12　MMA 与 Cl 自由基反应的质谱图以及主要产物的光电离效率曲线

表 4-2　Cl 自由基＋MMA 反应体系相关物种的电离能

物质	m/z	实验电离能/eV	同分异构体	绝热电离能/eV	垂直电离能/OVGF	磁极强度
$C_5H_7O_2Cl$	134	9.55	$H_2C{=}C(CH_2Cl)C(O)OCH_3$	9.72	10.16	0.907
$C_5H_8O_2Cl$	135/137	8.20	$H_2\dot{C}—CCl(CH_3)C(O)OCH_3$	7.62	8.98	0.914
			$H_2CCl—\dot{C}(CH_3)C(O)OCH_3$	8.07	8.67	0.908
$C_5H_9O_2Cl$	136/138	9.75	$H_3C—CCl(CH_3)C(O)OCH_3$	9.98	10.45	0.909
			$H_2CCl—CH(CH_3)C(O)OCH_3$	10.16	10.71	0.912

根据实验结果，MMA 与氯自由基主要发生加成和夺氢反应。夺氢反应的两个产物都会继续发生二次反应，使得整个反应体系的质谱显得相对复杂。整个反应机理由下列化学方程式描述：

$$C_5H_8O_2 + Cl\cdot \longrightarrow C_5H_8O_2Cl\cdot \tag{4.1}$$

$$C_5H_8O_2 + Cl\cdot \longrightarrow C_5H_7O_2\cdot + HCl \tag{4.2}$$

$$C_5H_7O_2\cdot + Cl\cdot \longrightarrow C_5H_7O_2Cl \tag{4.3}$$

$$C_5H_8O_2 + HCl \longrightarrow C_5H_9O_2Cl \tag{4.4}$$

反应 4.1 所得的产物对应质谱中质荷比为 135、137 的峰,反应 4.3 所得的产物对应 m/z 为 134、136 的峰(m/z 为 136 的峰在质谱中无法看出),反应 4.4 所得的产物则对应 m/z 为 136、138 的峰。量化计算反应各物种的能量,获得 Cl 自由基与 MMA 反应中产物的电离能(表 4-2),与各自反应产物的量化计算比较,构建了反应势能面(图 4.13)。

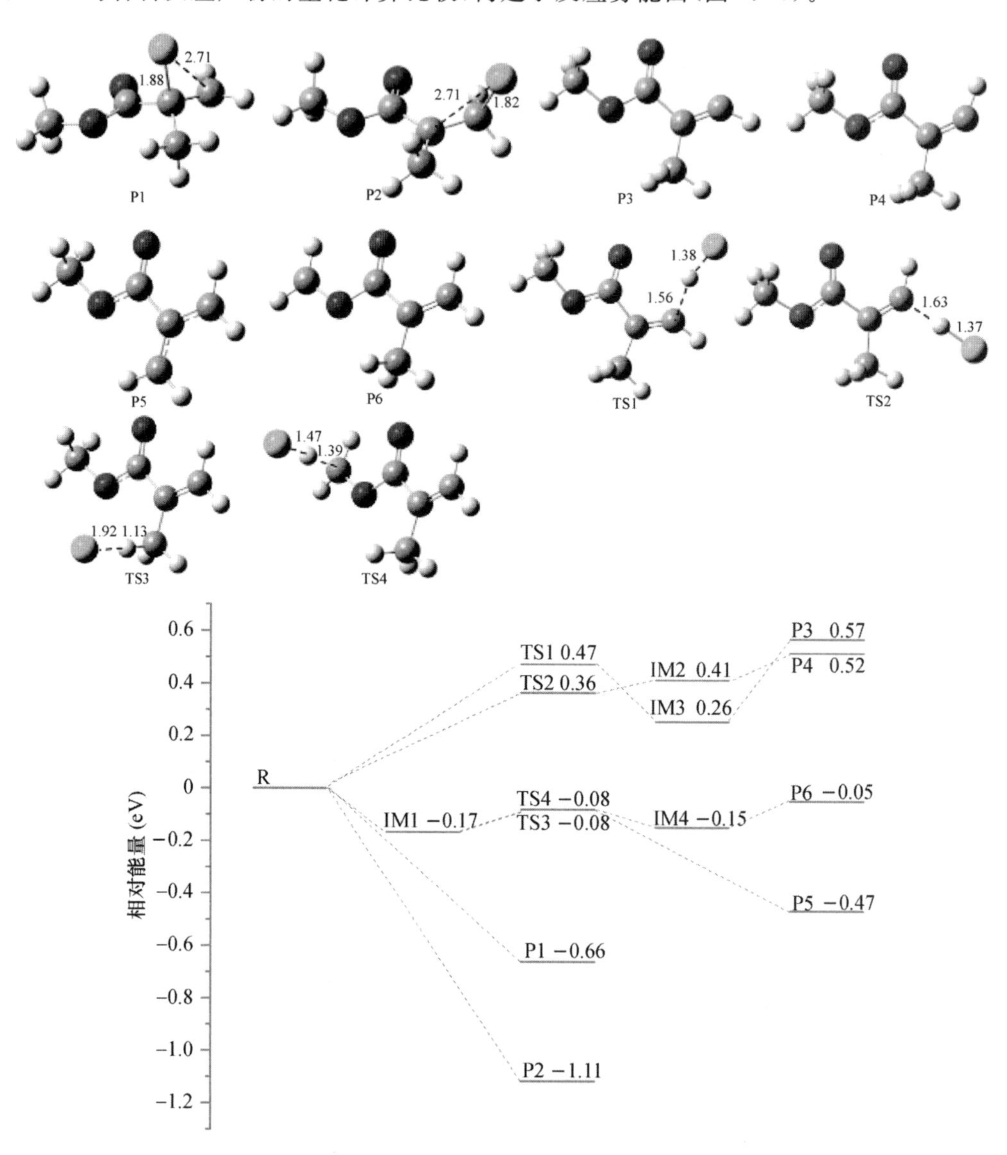

图 4.13 MMA 与 Cl 自由基反应的相关物种的几何构型及可能通道

因为 EA 与 MMA 为同分异构体,EA 没有提供烯丙位氢的甲基,这使得氯原子夺氢反应的可能性减少了一个有利的来源。与 MMA 相似,EA 与 Cl 自由基反应的主要产物(图 4.14)有 m/z 为 135、136、137、138 等分子(分别是 EA 的氯原子加成产物氯代丙烯酸乙酯自由基和氯化氢加成产物氯代丙酸乙酯)。但不同的是 EA 与 Cl 自由基反应的产物中不存在 m/z 为 134 的分子。在 EA 反应体系中看不到 134 的峰说明已经几乎没有发生氯取代的二次反应,但不能证明夺取氢的反应也不存在。因为 136、138 的峰仍然存在,并且只比加成产物的峰稍微弱一点。而氯取代的产物在 MMA 的反应体系中本身的占比就非常小,134 的峰已经是几乎看不见了。因而可以预见,在没有烯丙位氢提供的情况下,EA 与 Cl 自由基的反应中夺氢反应的比例已经大大缩小了。这一点从 136、138 与 135、137 的相对强度也可以看出来。有意思的是,在 EA 反应体系的质谱中,可以看到 m/z 为 62 和 64 的峰,这可能是 $C_2H_3Cl^+$ 的碎片离子峰。这个证据和 MMA 的情况对应,可以作为氯原子加成在碳碳双键上的证据。同样地,进行量化计算 Cl+EA 的能量,得到他们的相对能量,获得 Cl 自由基与 EA 反应中产物的电离能(表 4-3),与各自反应产物的量化计算比较,构建了反应势能面(图 4.15)。

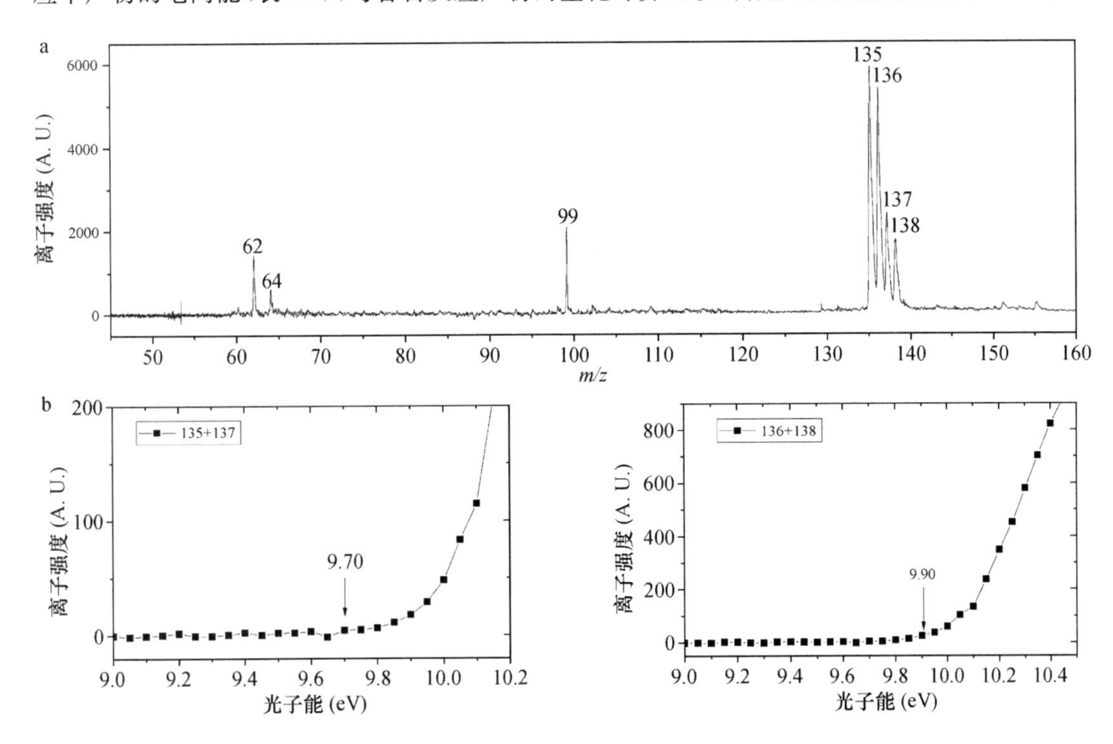

图 4.14　EA 与 Cl 自由基反应的质谱图(a)及主要产物的光电离效率曲线(b)

表 4-3　EA-Cl 反应体系相关产物的电离能

物　种	m/z	实验电离能/eV	同分异构体	绝热电离能/eV	垂直电离能/OVGF	磁极强度
$C_5H_8O_2Cl$	135/137	9.70	$H_2\dot{C}$—CHClC(O)OCH_2CH_3	7.95	9.16	0.916
			H_2CCl—$\dot{C}$HC(O)OCH_2CH_3	8.29	9.36	0.908
$C_5H_9O_2Cl$	136/138	9.90	H_3C—CHClC(O)OCH_2CH_3	10.01	10.52	0.910
			H_2CCl—CH_2C(O)OCH_2CH_3	10.05	10.83	0.916

总之,对 Cl+MMA/EA 加成通道计算,发现 Cl 自由基一般加成到 MMA 双键上的 C1、C2 原子上形成稳态产物 P1、P2,是无势垒反应形成的自由基,能量比反应物分别低 0.6、1.1 eV 左右。我们计算结果显示 Cl 自由基能夺取特定位置上的 H 原子形成 HCl 分子,而不能夺取其他位置(大部分)的 H 原子形成 HCl 分子。值得指出的是,文献报道其他量化计

算结果,Cl 与 MMA、丙烯酸甲酯(MA)、EA 反应都能形成加成到烯烃的加成通道,都没有发现 Cl 夺取不同位置上的 H 形成 HCl 的消除通道,这是因为这些通道都有反应位垒。接着加成通道形成的自由基再进一步与 MMA、EA 反应,夺取一个 H 原子,形成 $m/z=136$、138 的产物。因此,此反应产物可能不是一次产物,而可能经过多次反应的产物。这些反应机理不同于 Cl 自由基与小的烯烃反应,Taatjes 等利用红外吸收光谱研究 Cl+乙烯反应,室温下的反应主要是 Cl 自由基加成到双键形成氯乙烯,而 HCl 主要来自二次反应。同样对于丙烯也存在室温下加成通道为主要反应通道。基于此,我们可以判定 Cl 自由基与 MMA、EA 反应产物 $C_5H_9O_2Cl$ 主要来自二次反应。

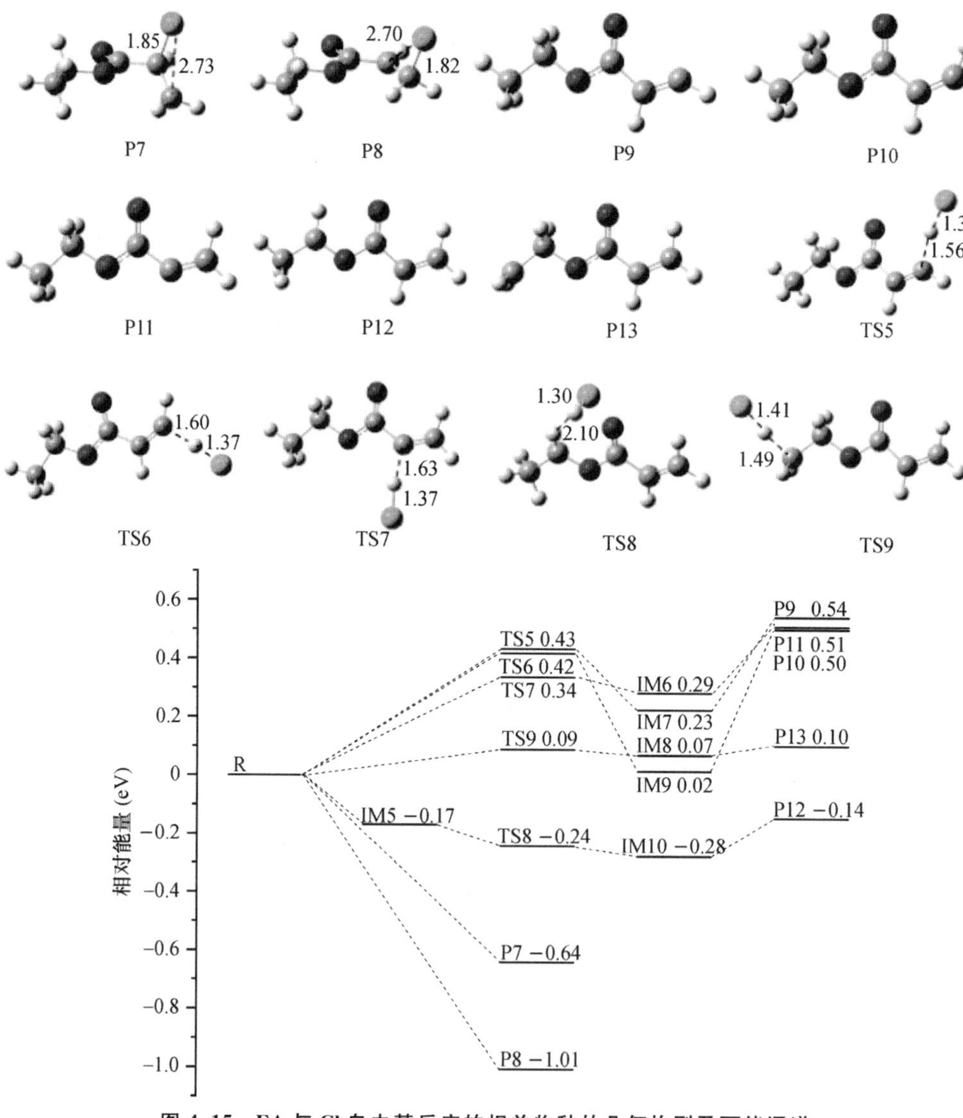

图 4.15 EA 与 Cl 自由基反应的相关物种的几何构型及可能通道

2. 氯原子与烯醇分子反应

激光光解草酰氯产生的 Cl 自由基与甲代烯丙基醇反应产物研究。图 4.16 为在光能为

10.0 eV 下的产物质谱图。图 4.17 为反应产物 C_4ClH_7O（m/z＝106 和 m/z＝108）、C_4ClH_8O（m/z＝107 和 m/z＝109）和 C_4ClH_9O（m/z＝108 和 m/z＝110）的 PIE 曲线。从图中可以看出 m/z＝106 和 m/z＝108 的阈值电离能为（8.70±0.05）eV 和（8.70±0.2）eV；m/z＝107 和 m/z＝109 的阈值电离能则为（8.80±0.10）eV 和（9.00±0.15）eV；m/z＝110 产物的阈值电离能为（9.25±0.15）eV。采用理论计算方法在 B3LYP/6-31＋G(d,p)理论水平下优化可能出现的几种产物中性状态和电离后的结构，然后在使用 CCSD(T)/cc-pvtz 基组计算出各种产物中性结构和电离结构的单点能，从而得到各产物的电离能。表 4-4 详细列出了各种可能产物的实验电离能、理论计算的绝热电离能以及垂直电离能。从表中我们可以看出理论计算得到的绝热电离能小于垂直电离能且更加接近实验值，下列论述主要说的是绝热电离能与实验值之间的对比。

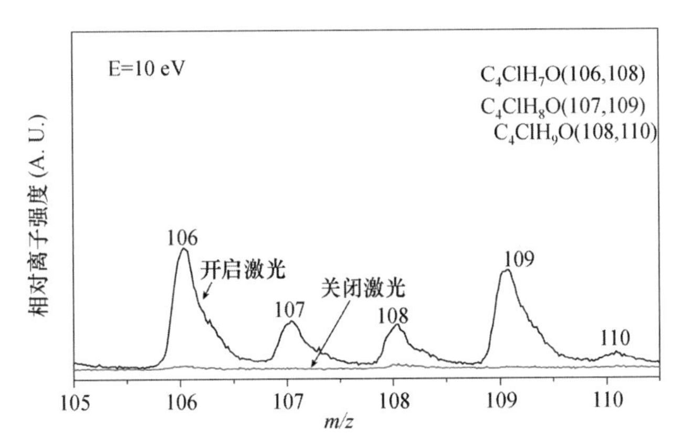

图 4.16　氯自由基与甲代烯丙基醇反应产物(10.0 eV)的质谱

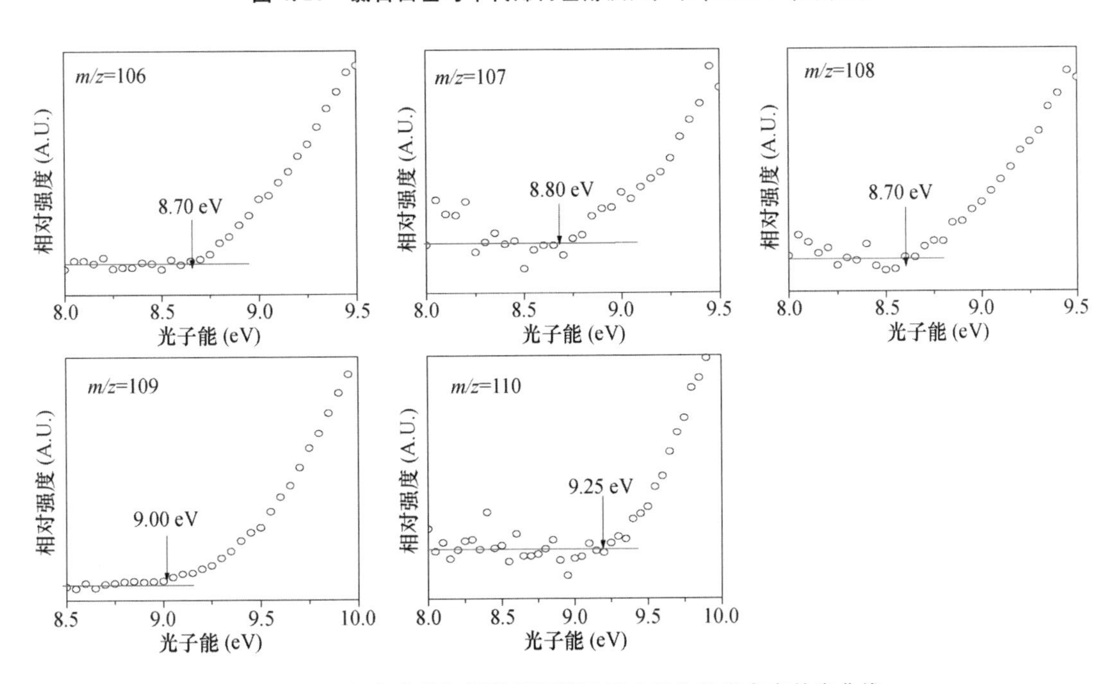

图 4.17　氯自由基与甲代烯丙基醇反应产物的光电离效率曲线

表 4-4　Cl 自由基与甲代烯丙基醇反应产物的实验电离能和计算电离能

反应类型	m/z	实验值/eV	氯原子位置	计算值绝热电离能/eV	计算值垂直电离能/eV
氯原子消去加成反应	106	8.70±0.05	$CH_2C(CH_2Cl)CH_2OH$	9.55	9.93
			$CHClC(CH_3)CH_2OH$	8.80	9.33
	108	8.70±0.20	$CH_2C(CH_3)CClHOH$	9.15	9.83
			$CH_2C(CH_3)CH_2OCl$	9.29	9.86
氯原子加成反应	107	8.80±0.10	$CH_2Cl\dot{C}(CH_3)CH_2OH$，$\dot{C}H_2CCl(CH_3)CH_2OH$	7.30,7.38	8.71,8.10
	109	9.00±0.15			
氯化氢加成反应	108	8.70±0.20	$CH_2ClCCl(CH_3)CH_2OH$，$CH_2ClCH(CH_3)CH_2OH$	9.94,10.23	10.74,10.8
	110	9.25±0.15			

从质谱图中我们可以初步判断 Cl 自由基与甲代烯丙基醇的反应，主要分为加成与消氢加氯两种反应。Cl 自由基与甲代烯丙基醇的消氢加氯反应(二次反应)，主要指 Cl 自由基取代甲代烯丙基醇上一个氢原子形成 C_4H_7ClO(m/z=106 和m/z=108)的反应(图 4.18 和图 4.19)，其具体过程如下：

$$Cl\cdot + C_4H_8O \longrightarrow C_4H_7O\cdot + HCl \tag{4.5}$$

$$Cl\cdot + C_4H_7O\cdot \longrightarrow C_4ClH_7O \tag{4.6}$$

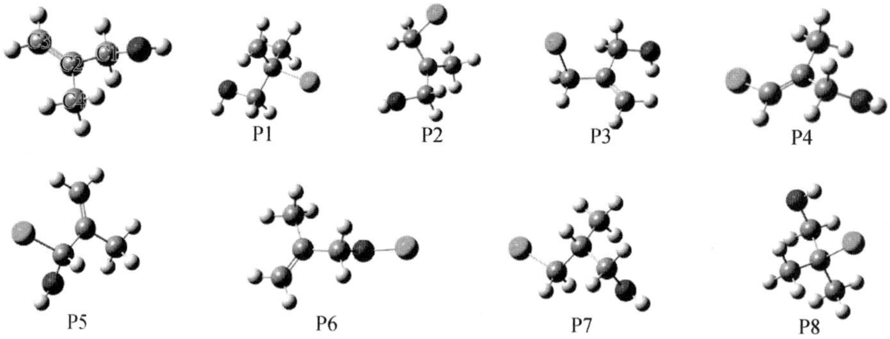

P1　P2　P3　P4

P5　P6　P7　P8

图 4.18　甲代烯丙基醇的结构及其与 Cl 自由基反应的可能产物的结构

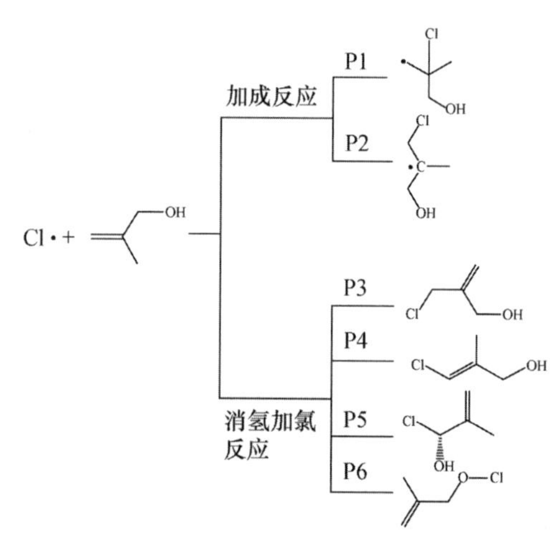

图 4.19　氯自由基与甲代烯丙基醇的反应路径

3. Criegee 自由基与大气丙烯酸分子理论计算研究

CH_2OO 自由基与丙烯酸在气相的反应速率常数已经计算得出，为 5.83×10^{-11} cm^3 $molecule^{-1}$ s^{-1}左右。这样大的反应速率常数意味着 CH_2OO 自由基以及更大的 Criegee 中间体与有机酸的反应速率远高于其他物种，说明有机酸可能是 Criegee 中间体重要的消解通道。考虑到有机酸在自然与人工中的广泛来源及其对臭氧反应过程重要性，我们开展 CH_2OO 自由基与丙烯酸反应的量化计算研究，存在两种类型的通道：环加成反应和插入反应，如图 4.20 所示。环加成反应即是 CH_2OO 自由基的两个自由基位与丙烯酸的两个双键

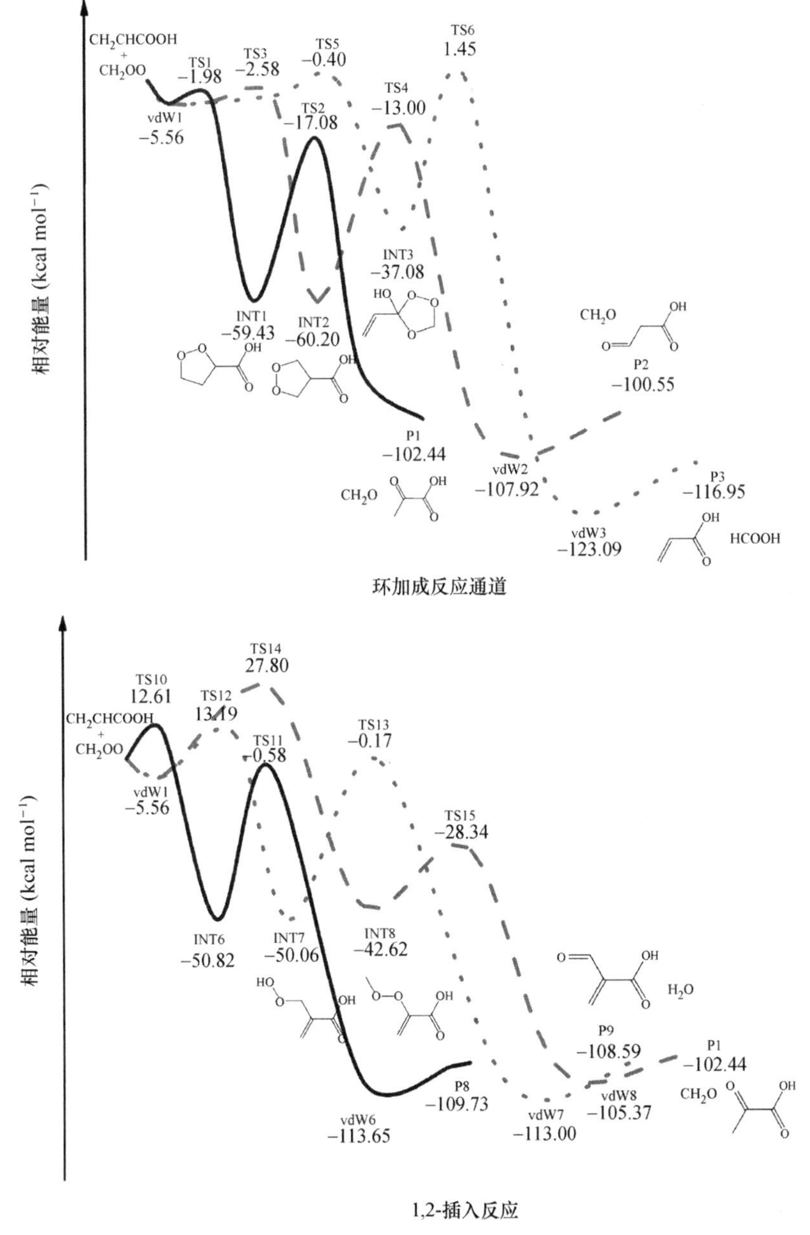

图 4.20　CH_2OO 自由基与丙烯酸反应的量化计算

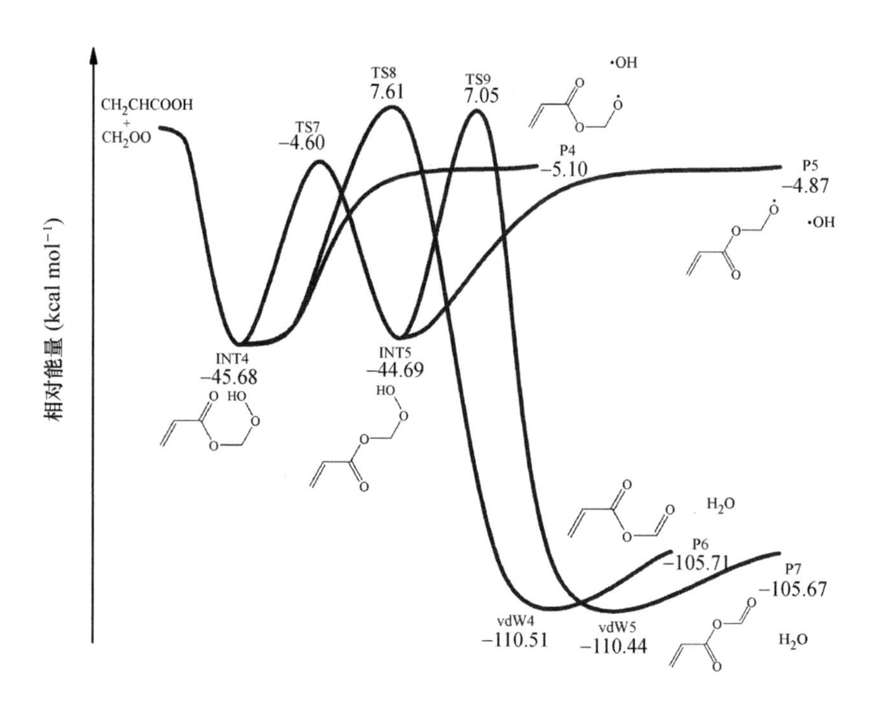

1,4-插入反应的势能面

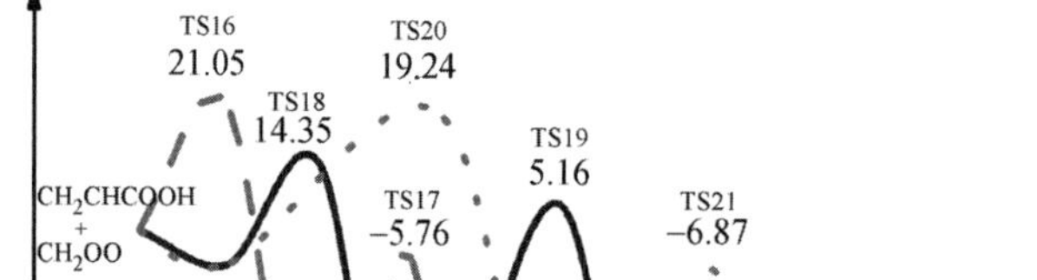

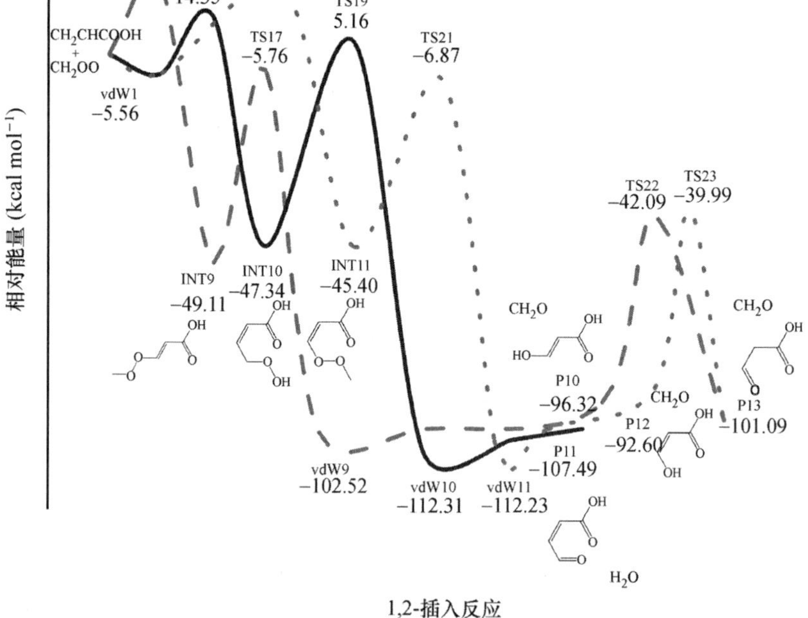

1,2-插入反应

图 4.20(续) CH_2OO 自由基与丙烯酸反应的量化计算

加成，形成一个五元环。因为CH_2OO自由基的不对称性，环加成反应存在四种可能性。而插入反应是打开丙烯酸的其中一个单键，CH_2OO自由基插入其中，连接断开的两部分。插入反应包括了1,2-插入反应和1,4-插入反应，其中1,4-插入反应是最重要的通道。

1,4-插入反应是CH_2OO自由基的碳原子与丙烯酸上羰基氧成键，而羟基上的氢脱离氧原子与CH_2OO自由基的端位氧原子相连，形成丙烯酸羟基过氧甲酯(HPMA)。这个过程是一个无势垒的过程，CH_2OO自由基和丙烯酸在最初步骤形成一个范德华复合物之后就会发生。随后可能发生的是羟基的脱离(P4)、羟基过氧甲基的转移(TS7)以及羟基与邻位的氢结合脱水(TS8)。其中羟基过氧甲基转移之后的产物和最初生成的HPMA类似，一样会发生羟基脱离(P5)和脱水(TS9)的过程。1,2-插入反应有两种通道，因为丙烯酸有不同化学环境的氢原子，对于不同的碳氢键或是羟基的插入反应总共构成了7条不同的路径。该理论研究可以帮助理解实验中CH_2OO自由基与丙烯酸反应的产物的形成机理，并为体系在大气化学中的转变过程提供了理论支撑。

4.4.5 本项目资助发表论文

[1] Lin X, Li Z, Yu Y, Chen J, et al. Investigation into reactions of methyl methacrylate and ethyl acrylate with chlorine atom. Chemosphere, 2019, 221: 263-269.

[2] Lin X, Meng Q, Feng B, et al. Theoretical study on Criegee intermediate's role in ozonolysis of acrylic acid. J. Phys. Chem. A, 2019, 123: 1929-1936.

[3] Yu Y, Li Z, Lin X, et al. Photoionization and dissociation study of 2-methyl-2-propen-1-ol: Experi-mental and theoretical insights. Chinese Journal of Chemical Physics, 2019, 32: 306-312.

[4] Chen J, Li Z H, Yu Y P, et al. A reinvestigation of low molecular weight components in SOA produced by cyclohexene ozonolysis. Nucler. Sci. Tech., 2018, 29: 1-9.

[5] Fei W, Wang M, Chen J, et al. VUV photoionization and dissociative photoionization of hydroxyacetone. Journal of Molecular Spectroscopy, 2015, 315: 196-205.

[6] Li Z, Yu Y, Lin X, et al. Experimental and theoretical study on dissociative photoionization of cyclopentanone. Chinese Journal of Chemical Physics, 2018, 31: 619-622.

[7] Wang M, Chen J, Li Z, et al. Dissociative photoionization of 1,4-dioxane with tunable VUV synchrotron radiation. Chinese Journal of Chemical Physics, 2017, 30: 379-388.

[8] Tang X, Lin X, Zhu Y, et al. Pyrolysis of *n*-butane investigated using synchrotron threshold photoelectron photoion coincidence spectroscopy. RSC Advances, 2017, 7: 28746-28753.

参考文献

[1] Criegee R. Mechanism of ozonolysis. Angew. Chem. Int. Ed. Engl., 1975, 14: 745-752.

[2] Thompson A M. The oxidizing capacity of the Earth's atmosphere: Probable past and future changes. Science, 1992, 256: 1157-1165.

[3] Leather K E, McGillen M R, Cooke M C, et al. Acid-yield measurements of the gas-phase ozonolysis of ethene as a function of humidity using Chemical Ionisation Mass Spectrometry (CIMS). Atmospheric Chemistry and Physics, 2012, 12: 469-479.

[4] Osborn D L,Zou P,Johnsen H,et al. The multiplexed chemical kinetic photoionization mass spectrometer: A new approach to isomer-resolved chemical kinetics. Review of Scientific Instruments,2008,79: 104103.

[5] Welz O,Savee J D,Osborn D L,et al. Direct kinetic measurements of Criegee intermediate (CH_2OO) formed by reaction of CH_2I with O_2. Science,2012,335: 204-207.

[6] Beames J M,Liu F,Lu L,et al. Ultraviolet spectrum and photochemistry of the simplest Criegee intermediate CH_2OO. Journal of the American Chemical Society,2012,134: 20045-20048.

[7] Su Y T,Huang Y H,Witek H A,et al. Infrared absorption spectrum of the simplest Criegee intermediate CH_2OO. Science,2013,340: 174-176.

[8] Vereecken L,Francisco J S. Theoretical studies of atmospheric reaction mechanisms in the troposphere. Chemical Society Reviews,2012,41: 6259-6293.

[9] Taatjes C A,Shallcross D E,Percival C J. Research frontiers in the chemistry of Criegee intermediates and tropospheric ozonolysis. Physical Chemistry Chemical Physics,2014,16: 1704-1718.

[10] 齐斌,晁余涛. Criegee 自由基 CH_2O_2 与 H_2O 反应机理及动力学的理论研究. 化学学报,2007,65: 2117-2123.

[11] Liu F,Beames J M,Green A M,et al. UV spectroscopic characterization of dimethyl-and ethyl-substituted carbonyl oxides. The Journal of Physical Chemistry A,2014,118: 2298-2306.

[12] Chu G,Chen J,Shui M,et al. Investigation on addition and abstraction channels in Cl reactions with 1-butene and isobutene. International Journal of Mass Spectrometry,2015,375: 1-8.

第5章　机动车排放二次转化的实验研究和模拟方法

陈琦[1]，刘莹[1]，黎永杰[2]，黄汝锦[3]，Andrew T. Lambe[4]，廖可人[1]，
缪如倩[1]，郑琰[1]，程曦[1]，Reza B. Khuzestani[1]，贾天蛟[1]，李垚纬[1]
[1]北京大学，[2]澳门大学，[3]中国科学院地球环境研究所，[4]美国 Aerodyne Research 公司

细颗粒物($PM_{2.5}$)浓度高是大气复合污染的重要特征，目前机动车排放对$PM_{2.5}$污染的贡献仍不清楚，对二次有机气溶胶(SOA)形成机制的认识也很不足。本项目在北京、西安两地开展了道路走航，获得了不同城市$PM_{2.5}$及其化学组分、气态污染物、典型挥发性有机物(VOCs)、中等挥发性有机物(IVOCs)及含氧挥发性有机物(OVOCs)的道路路浓度区域分布特征。研究发现，我国不同城市以轻型汽油车为主的道路排放 VOCs 特征谱类似，萘和甲基萘等 IVOCs 与苯的比值较发达国家低，而异戊二烯与苯的比值则显著高于发达国家。本项目还开展了对机动车实际排放进行实时二次转化的车载走航实验，获得了以轻型汽油车为主实际道路排放的 SOA 最大生成潜势 44 $\mu g\ m^{-3}\ ppmv^{-1}$，对应等效光化学龄为 1～1.5 天。结果表明我国目前轻型汽油车排放 SOA 生成潜势小于发达国家，二次转化更快，这可能与排放的 IVOCs 相对较少有关。本项目最后基于 GEOS-Chem 区域嵌套模型和 Simple SOA 参数化方案，定量评估了不同部门排放对有机气溶胶(OA)质量浓度的贡献，结果显示交通源的贡献以 SOA 为主，是一次有机气溶胶(POA)的 2～3 倍，在京津冀、长三角、珠三角等重点区域占总 OA 质量的 8%～20%。本研究旨在揭示机动车排放二次转化中的关键化学过程，为大气复合污染来源解析和减排策略制定提供科学依据。

5.1　研究背景

由于我国快速的经济发展和城市化，人口超过千万的超大城市和城市群迅速崛起，资源短缺、污染加剧等一系列环境问题引起了公众的高度关注。尤其是近年来灰霾频繁发生，多数主要城市的日平均$PM_{2.5}$浓度超标[1]。严重的大气污染不仅影响太阳辐射，引起能见度下降和气候变化，且具有显著的人体健康效应。空气质量改善已成为我国社会、经济发展中迫切需要解决的问题[1-2]。而大气污染成因复杂，涉及各种大气物理化学过程，科学认识污染物的来源和转化机制是环境领域科学研究的前沿和热点。

$PM_{2.5}$浓度高是大气复合污染的一个重要特征。$PM_{2.5}$组分复杂、来源广泛，既有直接向大气中排放形成的一次源如海盐、矿尘、黑碳等，也有通过气态前体物在大气中反应、气粒转

化产生的二次气溶胶。燃煤、交通、生物质燃烧、扬尘、餐饮等均是 $PM_{2.5}$ 的排放源。机动车排放作为较易控制的排放源已成为灰霾控制举措的重要方面。然而在机动车排放对 $PM_{2.5}$ 污染的贡献的认识上,目前仍存在很大的不确定性。

受体模型源解析的结果表明,我国典型城区大气中交通产生的一次源的贡献仅占 4%～9%[3-4]。但机动车排放还包括气体污染物——VOCs、氮氧化物(NO_x)和氨(NH_3),这些污染物在大气中反应可生成二次气溶胶。如芳香烃、长链烯烃等被氧化可产生 SOA,NO_x 与 OH 自由基反应生成硝酸,进而与氨反应产生硝酸铵。此外,Robinson 等[5]的研究表明机动车排放的一次有机气溶胶具有半挥发性,在大气稀释过程中可回到气相,参与大气氧化反应生成 SOA。不同来源的二次气溶胶混合在一起,很难通过源解析的方法区分单一源的贡献,目前估算的结果认为我国典型城区机动车对 $PM_{2.5}$ 的贡献可能是 10%～50%,区间较大[3,6-7]。

而二次转化过程包含多代反应,官能团化或碳碳键断裂这两个反应机制的分支比如何还不确定[8]。二次气溶胶的生成过程中污染物之间可能发生协同或抑制作用。例如 He 等[9]提出 NO_2 和 SO_2 在矿尘表面可能因协同作用加快了 SO_2 向硫酸盐的转化。Emanuelsson 等[10]的研究发现人为源排放的芳香烃和植物排放的烯烃的混合作用可降低生成的 SOA 的挥发性。不饱和烯烃与 O_3 反应产生的稳态 Criegee 中间体也可能与 NO_2 和 SO_2 反应,进而产生硫酸盐和硝酸盐[11]。机动车还排放大量的 NH_3,其可促进 H_2SO_4 和 HNO_3 向硫酸盐和硝酸盐转化[12-13]。颗粒物表面的非均相化学反应和酸催化等也能产生 SOA、硫酸盐、硝酸盐等[14]。哪种反应机理在机动车排放的二次转化过程中起重要作用还有待进一步的研究来验证和评估。而 SOA 生成的特征时间(决定了影响的空间尺度)从几个小时到几天,究竟是对局地还是对下风向的贡献更大也是当前研究中尚未解答的问题。

近年来国际上开展了许多实验室模拟机动车排放二次转化的研究,主要的研究手段包括烟雾箱和流式反应器,通过混合氧化剂(如 OH 自由基)和机动车尾气,测量反应前后污染物浓度、组分和性质的变化。许多研究发现,二次有机气溶胶在等效大气氧化时间少于一天的情况下即可达总颗粒物质量浓度的 80%,且二次有机气溶胶的产量随机动车尾气稀释程度增加而升高,主要来自半挥发性有机物的多代氧化[15-17]。但这类实验受烟雾箱大小的限制,不能模拟长时间的大气氧化过程,而机动车排放的污染物可在大气中停留较长时间,实验不能全面反映二次气溶胶的生成和演变过程。

流式反应器使用高浓度的 OH 自由基可在短时间内完成进样气体的多代氧化,等效于在大气中停留几小时到一两周的时间,但缺点是壁效应较烟雾箱更大。Potential Aerosol Mass (PAM) 和 Toronto Photo-Oxidation Tube (TPOT)等都属于这类反应器[18]。Lambe 等[19]发现柴油尾气二次转化生成 SOA 的过程中会发生官能团化到碳碳键断裂的转变,产量在 4 天左右(等效大气氧化时间)出现峰值。然而实验室研究只能就少数机动车在特定的实验条件下(车速、稀释、尾气控制装置等)来进行,和实际大气环境差异较大,研究结果也表现出不同。Tkacik 等[12]在隧道研究中将 PAM 反应器应用于车队实际排放,发现二次转化的过程中产生 SOA 的峰值出现在 2～3 天(等效大气氧化时间),并伴随有大量硝酸铵的生成。他们还发现全美机动车排放对 SOA 的贡献可能是源清单给出的 $PM_{2.5}$ 排放量的 6 倍。

中国机动车的尾气排放标准、路况和道路车型配比等均与美国不同,复合污染条件下大气物理化学过程也更为复杂[20]。因此,要回答机动车排放二次转化对 $PM_{2.5}$ 究竟贡献有多大、二次转化过程中的关键化学过程是什么等科学问题,需要对大气中实际道路机动车排放进行研究,开展针对机动车实际排放的二次转化车载实验。

5.2　研究目标与研究内容

本项目设有以下研究目标:

(1) 通过车载氧化实验,剖析机动车排放二次转化中的关键化学过程,获得 SOA 生成潜势、特征时间等关键参数;

(2) 以机动车排放为案例,建立模拟一次源二次转化过程的参数化方法,并通过数值模拟定量评估机动车排放二次转化对区域 $PM_{2.5}$ 污染的贡献。

本项目主要研究内容是开展针对实际道路机动车排放的车载氧化实验,剖析其二次转化过程中颗粒物演变机制和产量,建立模拟其二次转化的参数化方法,进而通过区域模型评估机动车排放对 $PM_{2.5}$ 污染的贡献,揭示影响其不确定性的关键因素。具体研究内容如下:

1. 道路机动车排放特征研究

这部分研究以道路走航观测为主,在北京大学流动观测车上装载快响应气体监测仪、气溶胶质谱仪和质子传递飞行时间质谱仪,通过飞行时间质谱气溶胶组分分析仪(ToF-ACSM)和黑碳仪(MA-200)获得全面的 $PM_{2.5}$ 无机和有机化学组分信息,了解有机碳的氧化态、特征峰等,通过质子转移反应飞行时间质谱仪测定关键 VOCs、IVOCs 及部分 OVOCs,通过气体监测仪测定 NO_x、NH_3、SO_2 等。

道路走航选择在北京城区三环、四环、五环及部分高速路段,西安城区二环、三环及部分高速路段开展观测车实验,重点关注道路排放的二次前体物如 VOCs、IVOCs、OVOCs 及 $PM_{2.5}$ 化学组分(有机气溶胶、硫酸盐、硝酸盐、铵盐、氯盐、黑碳等)的时空分布,剖析道路机动车排放特征,获得二次前体物特征谱,并结合不同天气过程(清洁天和霾天)来进行统计分析。

2. 实际机动车排放的氧化实验研究

这部分以观测车为实验平台,通过车载的 PAM 流动反应器对实际道路上的车队排放进行实时氧化实验,并测定和 OH 自由基反应前后气态污染物和 $PM_{2.5}$ 化学组分的变化,对不同氧化水平下二次气溶胶的生成进行定量研究,分析其关键化学过程和颗粒物演变机制。这部分有两个研究重点。首先,SOA 的生成速率、反应产物,以及不同反应途径的贡献(如气相多代氧化反应中的官能团化或碳碳键断裂、非均相反应或颗粒相内的反应)。PAM 反应器中同时存在零到几十 ppmv 的 O_3,但与 OH 自由基的反应活性相比,臭氧氧化对 SOA 的贡献较小,主要是促进 NO 向 NO_2 的转变,进而生成硝酸盐。其次,硫酸盐、硝酸盐、铵盐等的生成过程中 NO_x、NH_3、SO_2 之间的相互作用和 SOA 的参与。

本项目选择在实际道路上进行车载氧化实验,不考虑在实验室进行的主要原因是实验室往往只能研究少数机动车在特定行驶状况下的尾气排放,其结果难以应用到基于大气化学传输模型的模拟研究中。实际道路上的车队排放虽然受天气、路况、车辆类型等多种因素的影响,但观测车机动灵活,可在有代表性的路段和路况下进行反复采样,每个路段累积1000个以上的有效瞬时排放烟羽,通过扣除背景、集成烟羽得到机动车排放及其二次转化的平均特征和分布特征。

3. 模拟机动车排放二次转化过程

这部分研究基于GEOS-Chem模型,对车载走航的实验结果进行参数化、模块化,用于模拟机动车排放的二次转化。GEOS-Chem是较为成熟的三维大气化学传输模型,已广泛地应用于大气化学、空气污染等相关领域的研究,包含了NO_x、NMVOC(非甲烷挥发性有机物)、O_3、气溶胶的复杂对流层化学模拟,既有全球模式也有区域模式。对于气溶胶的模拟较全面,既包括矿尘、海盐、黑碳等一次源,也包括硫酸盐、硝酸盐、铵盐的生成和热力学平衡,还有各种人为源、植物海洋等产生的一次源、SOA。在前期工作中,项目团队已构建了一套SOA模拟新模块,模块中对一次源(化石燃料、生物燃料、生物质燃烧)进行了细化,并添加了这些一次源在大气稀释过程中释放的和VOCs氧化产生的气态IVOCs、半挥发性有机物(SVOCs),分别与OH自由基发生多代反应生成SOA的化学反应过程。

在此基础上,本项目把机动车排放从化石燃料大类中分出来,以观测车的实验结果为基础,总结出由机动车排放产生气态有机物被OH自由基氧化生成SOA的反应参数,构建参数化模块并加入大气化学模型中,以模拟机动车排放二次转化过程中SOA的生成。项目研究中对中国地区的$PM_{2.5}$及其化学组分进行模拟诊断,并对模型改进前后的模拟结果进行比较,定量评估机动车排放的二次转化过程对区域$PM_{2.5}$污染的贡献。这部分研究还将包括模型的敏感性分析,对不确定的反应参数进行测试,诊断机动车排放二次转化过程对模拟结果不确定性贡献大的关键反应参数,分析参数的不确定性对模型研究结果的影响。

5.3 研究方案

本项目总体的技术路线如图5.1所示,首先获得实际道路上机动车排放的二次前体物特征,再基于PAM反应器开展实际道路上车载走航实时氧化实验,并将实验结果应用到大气化学传输模型当中,定量评估二次转化过程对区域$PM_{2.5}$污染的贡献,从而实现认识城市地区二次气溶胶形成机制及其对大气复合污染的影响的总体目标。

下面将从三个方面来阐述研究方案。

1. 道路车载走航观测

北京大学流动观测车已完成北京奥运会(2008年)、南京青奥会(2014年)、APEC会议(2014年)前后的多次车载观测,是较为成熟的大气污染流动观测平台。观测车在二期全面改造后,装载有多种快速检测气态污染物、VOCs和$PM_{2.5}$化学组分的在线仪器(表5-1)。北京大学流动观测车上仪器运行动力来源是锂电池,一次充电可续航8～10 h。气体和颗粒物采样口均位于车顶前端高于地面3.4 m处。预实验表明在车速大于30 km h^{-1}的正常行驶

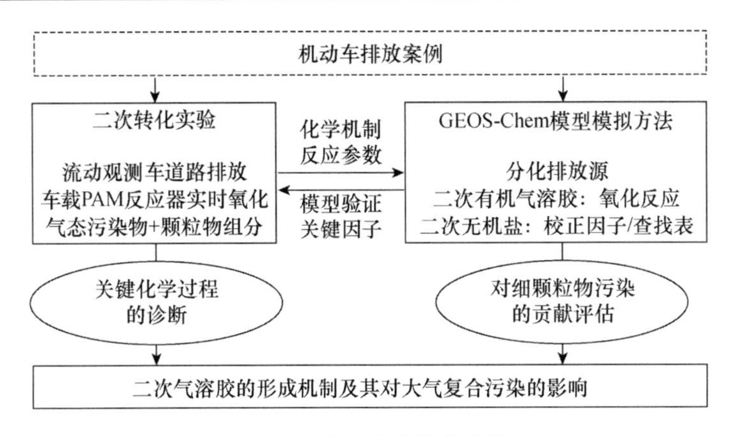

图 5.1　项目总体技术路线

条件下，观测车本身尾气排放对采样影响可以忽略，而数据分析时结合气象资料、行车记录等，可对数据进行进一步筛选，剔除受影响的数据。为减小 $PM_{2.5}$ 在采样系统中的损失，走航中采用特制的 $PM_{2.5}$ 等速采样头，根据车速调整采样流速，实现等速采样，并通过旋风切割头保证采样粒径范围。质子转移反应飞行时间质谱仪单独设置特氟龙采样管，标定时配湿气，与采样相对湿度一致，以提高定量准确性。

对于道路污染物数据的分析，研究团队已建立通过小波分析分离环境背景浓度、累积和瞬时排放浓度，以及一些关键的浓度比值包括 Signal/CO_2、ΔSignal/ΔCO（Δ 代表背景浓度扣除）、NO_x/NO_y 等来确立烟羽来源和光化学寿命的方法。此外，污染物的环境背景浓度还将与地面定位站的数据进行比较。在实际结果分析中，通过扣除背景、集成烟羽得到机动车排放及二次转化的平均特征和分布特征。

表 5-1　观测车仪器列表

类　别	仪　器	监测内容
$PM_{2.5}$	飞行时间质谱气溶胶组分分析仪 Time-of-Flight Aerosol Chemical Speciation Monitor (ToF-ACSM)	① 硝酸盐、硫酸盐、铵盐、有机碳质量浓度 ② 化学组分质谱图 ③ 配有 $PM_{2.5}$ 进样系统，时间分辨率<1 min（检测限<200 ng m^{-3}）
黑碳	多角度吸光光度计 Multi-Angle absorption photometer(MA-200)	① 黑碳光吸收，反演黑碳质量浓度 ② 时间分辨率 1 min（检测限 100 ng m^{-3}）
VOCs	质子转移反应飞行时间质谱 Proton-Transfer-Reaction Time-of-Flight Mass Spectrometer(PTR-ToF-MS)	① 痕量挥发性有机物 ② 时间分辨率 1 s（检测限<5 pptv）
NH_3	量子级联激光器氨分析仪 Quantum-Cascade-Laser(QCL) NH_3 sensor	① 氨浓度 ② 时间分辨率 10 Hz（检测限 0.15 ppbv）
常规气态污染物	ECOTECH 气体分析仪（$O_3/NO_x/SO_2/CO_2/CO/NO_2$）	① 时间分辨率 1 s ② 检测限：<0.4 ppbv（$O_3/NO_x/SO_2$），20 ppmv（CO_2），50 ppbv(CO)
其他	多种	① 温度、湿度、压力、风速等 ② 定位系统(GPS)、行车记录仪等

2. 车载实时氧化走航实验

项目研究中根据车载道路实验的需要开发了适用于观测车流动实验的采样装置和自动控制软件,再对PAM反应器实验条件进行了摸索,实现了项目所需的等效大气氧化条件,并确定了通入N_2O的氧化方案,以保证反应器中NO∶HO_2比值大于1。同时,对PAM反应器进行了改造,将PAM反应器装载于车顶缓冲架上,以保证反应器内温度和湿度与外界大气一致。采样气流通过三通阀在PAM反应器和旁路中切换并被测量。

PAM反应器中的主要氧化剂为高浓度的OH自由基,尽管反应器中气溶胶的停留时间较短(几秒到1~2分钟),但氧化条件可等效于在大气中停留数小时到数天。车载氧化实验的关键技术是PAM反应器,采样气流通过三通阀在反应器和旁路中切换并被测量。PAM反应器中紫光灯将O_2转化为O_3(λ=185 nm),O_3光解产生$O(^1D)$(λ=254 nm)并与水汽反应(相对湿度控制在50%)生成$(0.1\sim2.5)\times10^{12}$ molecules cm^{-3}的OH自由基。通过反应器的气流被氧化生成二次气溶胶。本项目实验中将通过改变紫外灯光强来调节反应器内OH自由基的浓度。由于产生的OH自由基浓度高,同时存在几个ppmv的臭氧,大气中已有气态污染物(如HONO、SO_2等)对反应器内OH自由基的浓度不会有太大影响。道路上高浓度NO(300~1500 ppbv)可能会影响反应器中的OH自由基浓度。车载实验中根据苯和甲苯在PAM中的消耗来估算实际OH自由基暴露量,还通过产生的标准气溶胶得到了不同停留时间下颗粒物壁损失的校正曲线。

走航时,选择了白天不同时段在同一走航路段反复实验的方案,车速控制为60 km h^{-1},道路上的空气实时进入PAM反应器氧化后被在线测量,再选择不同地点切换到背景旁路对道路背景浓度进行测量。车载走航氧化实验以清洁天为主,污染天主要进行区域污染物浓度分布的测量。

3. 数值模型模拟

本研究将用GEOS-Chem区域模型对$PM_{2.5}$进行模拟。GEOS-Chem模型是由哈佛大学开发和发展起来的大气化学传输模型,模型由GEOS分析气象场驱动大气成分的传输,其空间分辨率在全球尺度上为2°×2.5°,区域嵌套模型的空间分辨率则为0.25°×0.3125°,这样的网格精度可以用于特征时间通常大于1天的二次转化过程研究。项目中首先将GEOS-Chem默认的亚洲人为源排放清单更换为基准年更接近观测年份,且排放情况更为本地化的MIX和中国多尺度排放清单(MEIC)等人为源排放清单。根据卫星观测结果约束了SO_2、NH_3等清单的季节校正系数,根据萘的全国清单估算了IVOCs排放清单加入模型中,以提高模型模拟的准确性。根据模拟时段和网格精度的不同,使用了GEOS-FP和MERRA2两种同化气象场,并进行了比较。最后通过模型与全国站点及北京定位站常年观测资料的比较,基于模拟偏差的季节变化优化了模型输入,对模型模拟$PM_{2.5}$一次、二次组分的能力和敏感度进行剖析,加入或调整了硫酸盐、硝酸盐非均相化学反应途径。在此基础上针对SOA,在模型中加入了新的示踪物种,细化并优化了交通、居民、电力、工业、农业五个部门一次有机气溶胶的排放,并发展了分部门有机物二次转化的参数化方法,采用自下而上的Semivolatile POA和自上而下Simple SOA两种参数化方法,完善了机动车排放二次转化的数值模拟,完成了对我国机动车排放 $PM_{2.5}$ 污染贡献的评估。模型模拟均在已有的高性能集群计算系统上完成。

5.4　主要进展与成果

本项目通过车载走航氧化实验和大气化学传输模型定量评估了我国机动车排放对 OA 的可能贡献。项目观测实验选取了北京城区三环、四环、五环、京新高速隧道，西安城区二环、三环等路段进行走航。

5.4.1　在路机动车实际排放特征

获得了北京城区 $PM_{2.5}$ 及其化学组分、常规气态污染物、挥发性有机物(包括部分IVOCs 和 OVOCs)的在路浓度区域分布。结果显示所测 VOCs 以 OVOCs 和单环芳烃化合物为主。主要前体物浓度水平为：苯 1～3.5 ppbv、甲苯 1.5～5 ppbv、二甲苯 1～4.5 ppbv、三甲苯0.3～1.5 ppbv、NO 50～200 ppbv、NO_2 60～200 ppbv、SO_2 0～10 ppbv、有机气溶胶 10～40 $\mu g\ m^{-3}$。

霾天下不同类别 VOCs 浓度都有所增加，其中单环芳香化合物和烯烃相对增加的最多(约 4 倍)。甲苯与苯质量比在霾天为 1.6±0.5，与车辆排放特征一致；在清洁天，受区域运输贡献增强的影响，质量比率下降至 1.3±0.5。不同道路走航观测结果显示，实际道路上 VOCs 特征谱(含 IVOCs 和 OVOCs)不因汽油车和柴油车配比不同而有明显差异。而我国机动车在路排放中萘和甲基萘等 IVOCs 与苯的比值较发达国家低，而异戊二烯与苯比值则显著高于发达国家(图 5.2)。冬季污染天含 3～4 个氧的 OVOCs 在路区域分布相关性高，说明二次反应在较大城市尺度有一定化学均一性。

北京城区 $PM_{2.5}$ 及其化学组分区域分布的结果显示，重污染天，NO_x 浓度为 150～400 ppbv，东四环浓度水平最高；O_3 浓度为 10～25 ppbv，西四环浓度水平最高；SO_2 浓度均低于 5 ppbv；NR-$PM_{2.5}$ 质量浓度高达 200～300 $\mu g\ m^{-3}$，东边和北边浓度高于西边和南边，但颗粒物组分占比上没有明显区域差异，有机气溶胶质量占比均为 30%、硝酸盐占比为 35%、硫酸盐占比为 18%、铵盐占比为 16%、氯盐占比为 1%左右。而清洁天，NO_x 浓度为 60～150 ppbv，东四环北段浓度最高，北四环浓度最低；O_3 浓度为 4～15 ppbv，北四环的浓度水平相比于其他路段稍高；SO_2 浓度均低于 10 ppbv，但较霾天高；NR-$PM_{2.5}$ 质量浓度低于 10 $\mu g\ m^{-3}$，颗粒物组分质量占比有显著区域差异，$PM_{2.5}$ 中有机物占主导地位，质量占比达 60%～70%，硝酸盐次之，但质量占比相比于污染天明显降低，约占 15%，硫酸盐约占 10%，铵盐质量占比区域差异性最大，以西边最高，南边和东边次之，北边基本低于检测限。研究结果表明清洁天 $PM_{2.5}$ 组分质量占比区域差异明显，污染天反之，说明区域重污染事件时，$PM_{2.5}$ 混合较均匀，而清洁天时 $PM_{2.5}$ 二次组分以有机物为主(图 5.3)，铵盐的差异可能受到机动车排放氨的影响而有明显的区域分布。

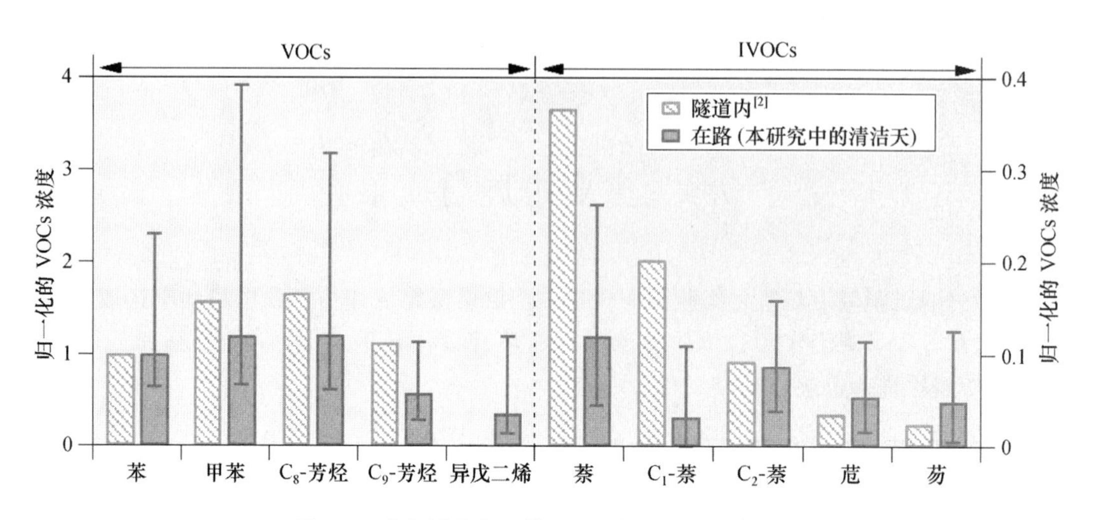

图 5.2　北京城区主干道 VOCs 和 IVOCs 排放特征

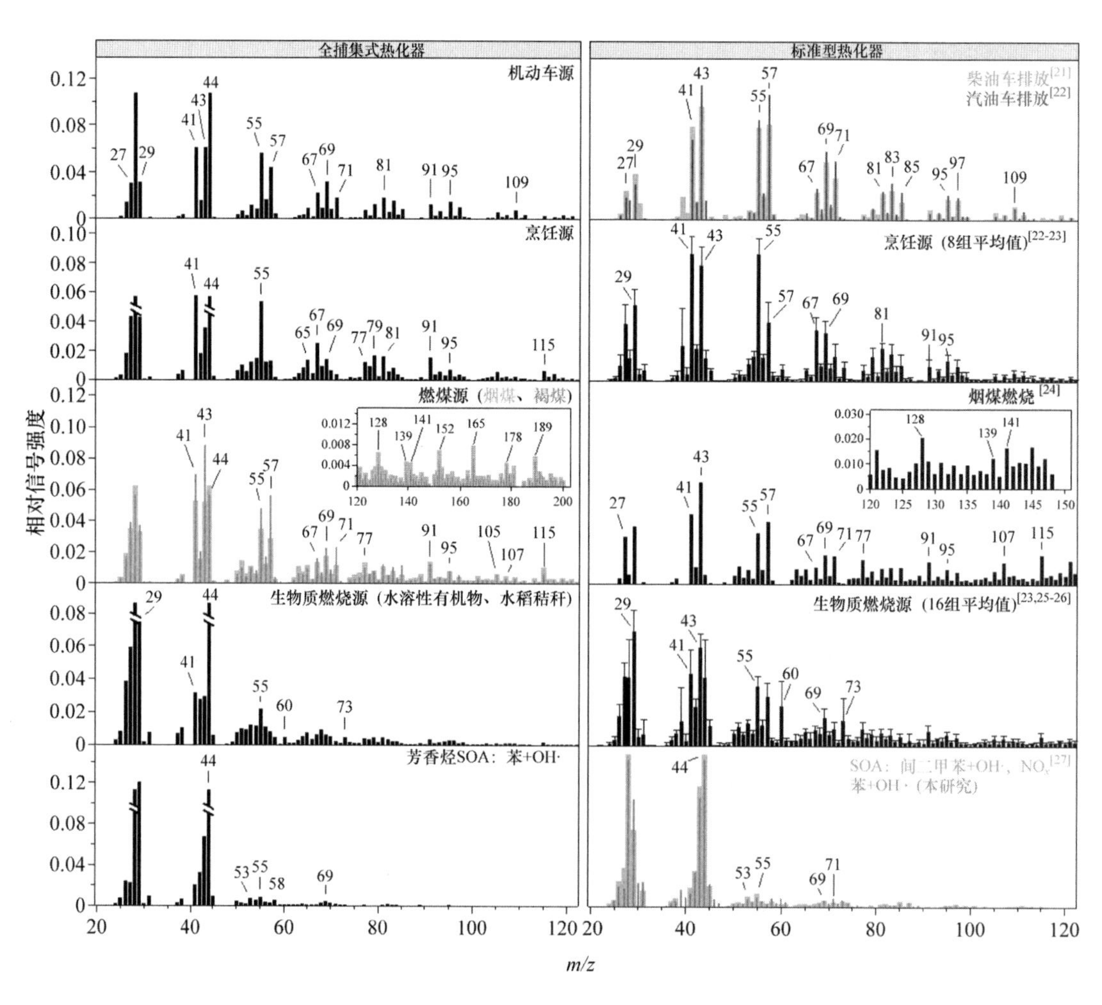

图 5.3　机动车排放有机气溶胶质谱特征谱图(见书末彩图)

5.4.2　在路机动车排放 SOA 生成潜势

在路走航氧化实验的结果显示，SOA 生成量(OA_{AE})在霾天可达 100 $\mu g\ m^{-3}$ 以上，森林中则最低(＜5 $\mu g\ m^{-3}$)。高 OA_{AE} 值表明实际道路车辆排放是重要 SOA 来源，排放强度和大气稀释可能因采样位置而异，从而导致不同近代交通研究的 OA_{AE} 差异较大。与清洁天相比，霾天 OA_{AE} 值增加了 1.8 倍，可能受传输的影响，人为源 SOA 前体增多。项目进一步改进了 SOA 生成潜势的定量方法，通过斜率法获得了北京轻型汽油车在路排放 SOA 最大生成潜势($\Delta OA_{AE}/\Delta CO$)，冬季为 44 $\mu g\ m^{-3}\ ppmv^{-1}$，夏季为 9 $\mu g\ m^{-3}\ ppmv^{-1}$(如表 5-2 所示)，对应等效光化学龄($OH=1.5\times10^{6}$ molecules cm^{-3})为 1～1.5 天和 2～3 天，冬季峰值时间出现早于夏季。

表 5-2　我国机动车实际排放二次生成潜势

采样地点		最大 SOA 生成潜势 /($\mu g\ m^{-3}$ OA $ppmv^{-1}$ CO)	等效氧化时间/天	机动车类型	参考文献
隧道内		91(64～151)	2～3	90%～96%轻型机动车(主要是汽油车)	[12]
在路		44(39～50) 9(5～14)	1～1.5 2.5～3	＞90%轻型汽油车	本研究
路边	距离交通主干道 1 m 的路边	38±65	2～3	40.8%汽油车、30.3%柴油车、28.9%液化石油气汽车	[28]
	距离交通主干道 10 m 的路边	20 60±18	3～4 2～3	约 95%轻型机动车	[29]

结果表明，我国轻型汽油车排放 SOA 生成潜势显著小于发达国家类似车型，这与 IVOCs 相对苯比值小一致。我国城市地区受大气强氧化性影响，机动车排放有机物二次转化快，污染集中在城区，控制机动车排放不仅可以减缓本地污染，更有利于减缓下方向地区的污染。根据前体物浓度和产物模型对 SOA 生成潜势进行来源解析，发现已知分物种前体物(包括芳香烃、异戊二烯、萜烯、萘和多环芳烃等 IVOCs 前体物)仅能解释 SOA 生成潜势的 4%～12%，未知分物种的 IVOCs 为主要贡献者。

对 SOA 生成机制进行分析，发现随着 OH 自由基暴露量的增加，有机气溶胶质量浓度增加的倍数呈现先增加后减小的趋势，说明在 OH 自由基暴露量较低时，二次转化以官能团化为主，而当 OH 自由基暴露量逐渐增加时，可能受碳碳键断裂或光解的影响生成更多挥发性较高的产物，从而减少了 SOA 的质量，有机气溶胶增加倍数显著降低。结合单一前体物在高、低 NO：HO_2 条件下 PAM 氧化模拟实验，发现低 NO_x 条件下，苯、甲苯、萘被 OH 自由基氧化均有少量硝酸铵生成，有机硝酸酯生成不显著；甲苯产生的 SOA 随着老化程度的增加，H：C 比值减小，O：C 比值增加，说明老化过程中官能团化导致 SOA 的碳氧化态增高；苯产生的 SOA 的 H：C 比值随 OH 自由基暴露量增加变化幅度不大，O：C 比值显著增加;萘产生的 SOA 随老化程度的增加 H∶C 比值升高,说明可能存在开环和碳碳键断裂,尤其是高 NO_x 条件下,H∶C 比值显著升高,O∶C 比值随 OH 自由基暴露量增加而减小,说明可能存在显著的碳碳键断裂,使得 SOA 的碳氧化态降低,伴随终极氧化产物 CO_2 的释放,这一结果可以解释观测到的城区实际大气 $PM_{2.5}$ 中有机气溶胶较高的 H∶C 比值。

5.4.3 机动车排放二次转化模拟及其对区域污染贡献的评估

本项目基于 GEOS-Chem V12.0.0 区域嵌套模型对中国地区 $PM_{2.5}$ 质量浓度的分布情况进行了模拟,模拟结果与北京站点 2011 年 7 月至 2013 年 5 月的气溶胶质谱仪在线观测结果进行了比对(图 5.4),使用的评价指标为标准化平均偏差(NMB)、均方根误差(RMSE)和皮尔森相关系数(r)。研究结果表明小时均值比对较好,说明优化后的模型可以基本表征

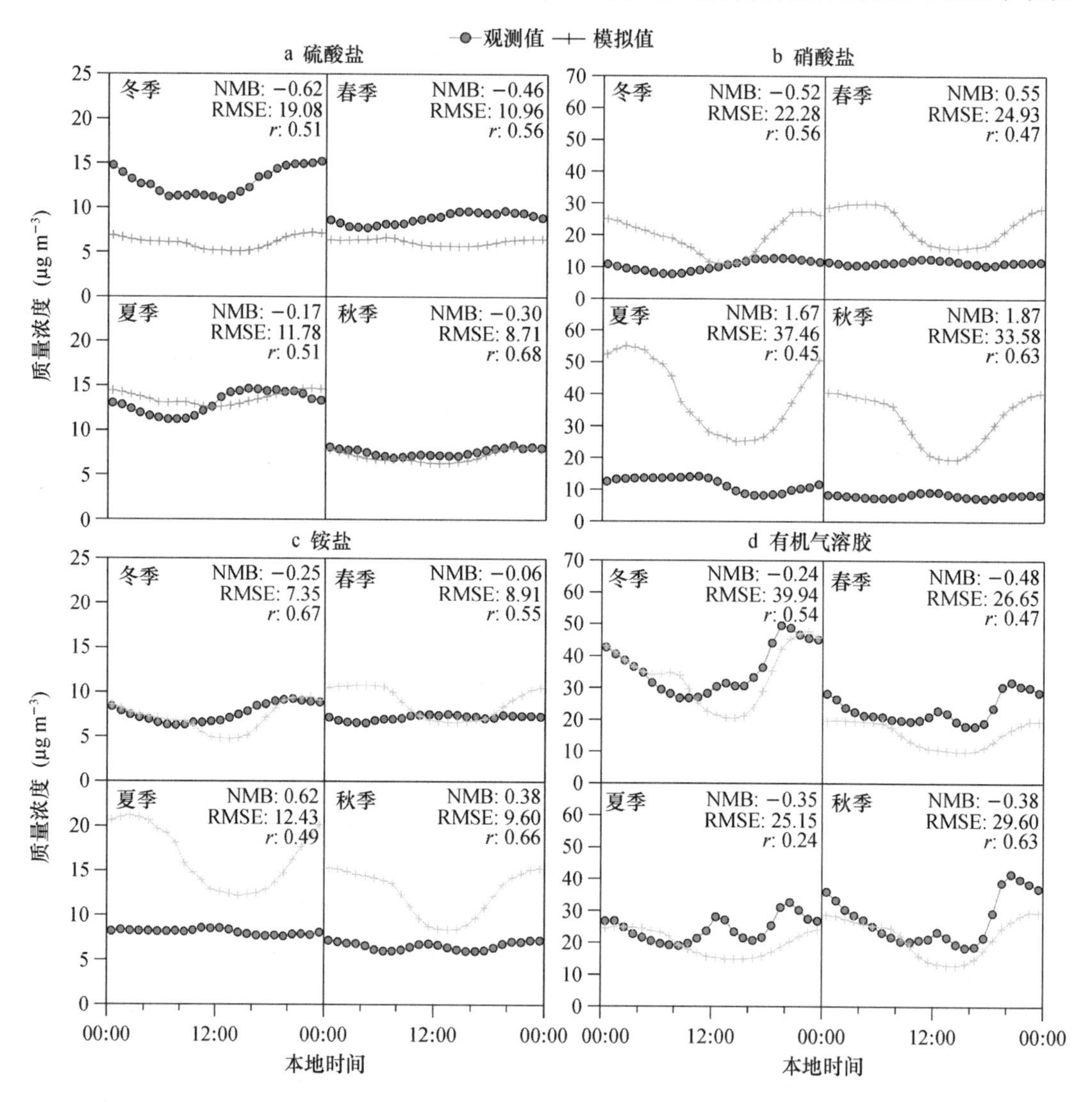

图 5.4 北京城区站点 $PM_{2.5}$ 组分模拟值与观测值的比对

$PM_{2.5}$浓度及其季节变化,但对各个组分的模拟效果不尽相同,比如二次无机气溶胶浓度模拟值偏高、有机气溶胶模拟值(Simple SOA)略微偏低。模型在模拟$PM_{2.5}$总质量浓度上表现尚可,$PM_{2.5}$总质量浓度的模拟值仅在夏、秋季由于二次无机气溶胶的显著偏高而偏高。细分化学组分,则发现模拟的硫酸盐浓度总体上呈现偏低,冬季偏低最为显著;硝酸盐浓度模拟值显著高于观测值,夏、秋两季偏高得更多;铵盐主要受热动力学平衡的影响,因硫酸盐浓度偏低和硝酸盐浓度偏高相抵消,模拟浓度上偏差不大。进一步将$PM_{2.5}$主要化学组分的模拟结果与全国各地基于气溶胶质谱仪的在线观测结果进行了比对。比对结果与北京站点2011~2013年数据比对的结果类似,模型低估了硫酸盐浓度、高估了硝酸盐浓度,而对铵盐和有机气溶胶的模拟结果相对较好。并且,虽然各地区的模拟和观测结果比对存在浓度差绝对值的差别,但对各组分模拟情况基本一致,北京站点模拟偏差的原因可能在全国范围内均适用。比较城市与非城市站点$PM_{2.5}$主要化学组分的观测值和模拟值还发现,无论从模拟偏差还是相关系数上,非城市站点的结果要显著好于城市站点,说明就区域而言,对城市地区的模拟是空气质量大气化学模型的主要难点。

通过收集气象场、氧化剂和二次前体物浓度等资料,本研究对可能造成北京站点模拟的季节偏差的原因进行分析,发现边界层高度在秋、冬两季存在低估,OH自由基作为主要的大气氧化剂模拟值也显著偏低,而前体物排放清单的不确定性和化学过程的不确定性也可能造成$PM_{2.5}$组分模拟浓度的偏差。基于文献参考值,本研究对上述因素进行组合的敏感性分析,以定量估计各个因素对模拟偏差的贡献大小(图5.5)。研究结果显示,化学过程(主要是NO_2和SO_2非均相反应)的不确定性和前体物排放的不确定性是模拟浓度偏差的主要贡献者,硝酸盐光解的不确定性可能是硝酸盐浓度模拟值被高估的主要原因。

对于OA,以前的模拟大多没有考虑人为燃烧源二次转化的贡献。本研究采用了Simple SOA和Semivolatile POA两种SOA参数化方案,前者在模型中采用了自上而下的约束SOA生成量的方式,对化石燃料、生物质燃烧、居民生物燃料燃烧用$\Delta SOA/\Delta CO$的经验值来估算其二次转化过程可能生成的SOA总质量,假设1天的大气等效氧化时间;而自下而上的Semivolatile POA的参数化方案则根据一次排放源清单估算化石燃料、生物质燃烧、居民生物燃料燃烧中可能排放的IVOCs、SVOC,再根据产物模型估算IVOCs、SVOC可能产生的SOA。研究结果表明Simple SOA的参数化方案显著提高了模型模拟有机气溶胶质量浓度的效果,不论是对北京长期时序的模拟还是对全国各地区各季节观测平均值的模拟,明显优于使用传统气-固分配方式模拟的Semivolatile POA方案。虽然其与观测值相比仍有少些浓度被低估,但低估(小时均值中值)小于30%,Simple SOA参数化方案是目前SOA模拟,尤其是城市地区模拟中效果最好的参数化方案。

本研究进一步对模型进行了细化,将不同部门的贡献通过新增示踪物的方式区分出来。基于Simple SOA参数化方案模拟了不同部门来源贡献的OA质量浓度,并与2014年1月同时在北京和石家庄的气溶胶质谱仪观测结果和正交矩阵因子分析法(PMF)的源解析结果进行比对。研究结果显示,北京站点交通源贡献的有机气溶胶占总有机气溶胶质量浓度的6%,而在石家庄,交通源的贡献占29%。然而,模型模拟得到的交通源一次有机气溶胶的月均值只占PMF源解析类烃类有机气溶胶(HOA)结果的24%(北京)和9%(石家庄),说明

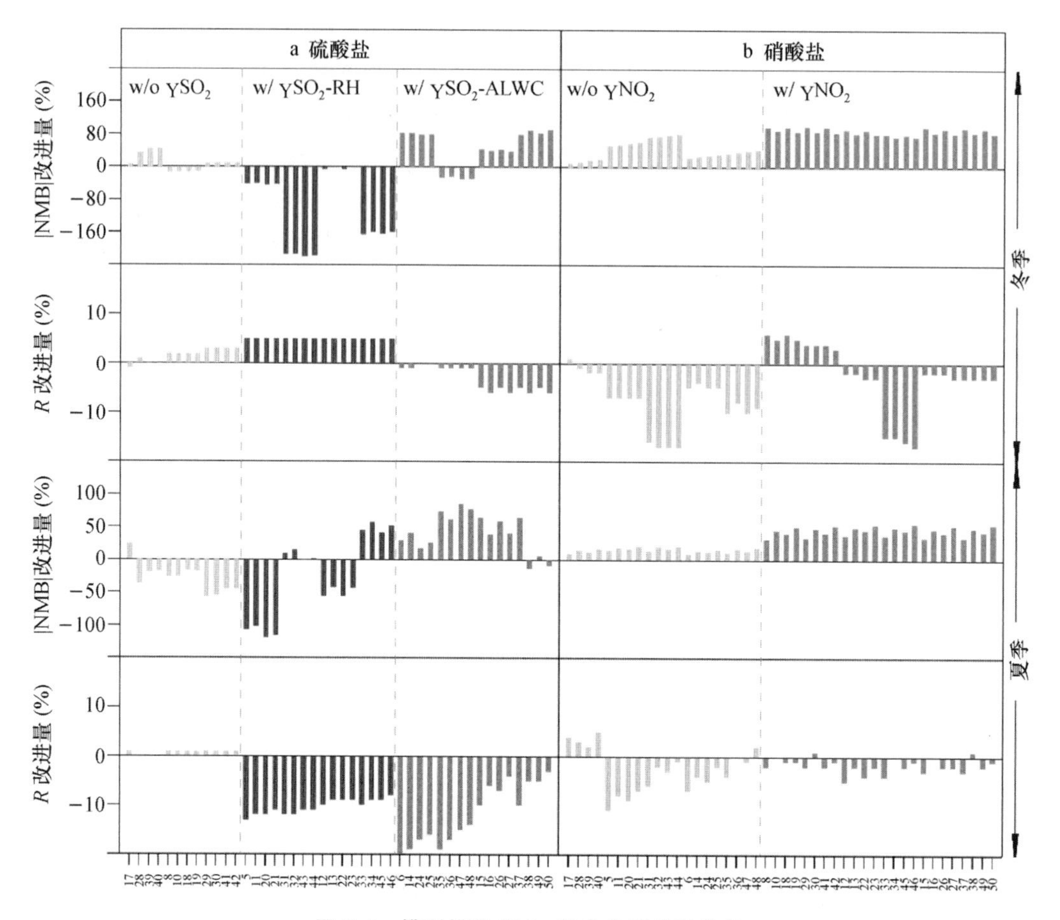

图 5.5　模型模拟 $PM_{2.5}$ 组分的敏感性分析

在京津冀地区交通源一次有机气溶胶排放清单可能存在严重低估,也说明了机动车排放的不确定性可能是城市地区有机气溶胶模拟偏差较大的重要原因之一。基于这个结果,本研究对交通源一次有机气溶胶的排放清单进行了敏感性分析,通过系列参数对其在京津冀的排放总量进行调整,通过 HOA 源解析的结果约束了交通源一次有机气溶胶可能被低估的程度。除交通源外,研究还发现居民源生物燃料一次有机气溶胶排放被大大高估、燃煤排放 POA(主要是居民燃煤)被低估,通过敏感性分析,进一步量化了这二者清单的大致校正因子。

仅提高交通源的一次排放,修正居民生物燃料、燃煤的排放,不足以弥补模拟值与观测值的差异。模拟结果显示交通源贡献的有机气溶胶中二次来源的贡献占主导,北京站点占 74%,石家庄站点则占 76%。二次转化是更大的贡献者。本研究的核心问题是通过走航车载氧化实验得到定量结果并参数化,用于模型模拟,更准确地评估机动车排放对区域 $PM_{2.5}$ 污染的贡献。比较 Simple SOA 参数化方案模拟交通源二次转化的参数和走航实验得到的参数,Simple SOA 方案采用的是国外的研究结果,其中 ΔSOA/ΔCO 值为 0.069 gSOA/gCO,二次转化平均时间为 1 天;而走航车载氧化实验结果显示,北京地区轻型汽油车排放 $\Delta OA_{AE}/\Delta CO$ 值为 44 $\mu g\ m^{-3}\ ppmv^{-1}$,大气二次转化峰值对应时间为 1 天($EAPA_{1.5}$)。将这些参数输入模型代表所有交通源排放的二次转化，首次量化了我国各地区交通源对POA、SOA 的可能贡献，为制定机动车减排控制策略提供了科学依据。

结果显示交通源对 OA 的贡献以 SOA 为主，估算 2018 年全国机动车排放贡献的 SOA 为 0.78 Tg。但机动车排放并非 SOA 的主要来源，从质量占比上看，机动车排放贡献的 OA (POA+SOA) 占总 OA 的比例：8%～15%(京津冀)、12%～19%(珠三角)、10%～14%(长三角)，对城区 OA 贡献相对更大。此外，MEIC 清单中 POA 与受体模型源解析结果仍存在较大差异。

5.4.4 本项目资助发表论文

[1] Zheng Y, et al. Characterization of anthropogenic organic aerosols by ToF-ACSM with the new capture vaporizer. Atmos. Meas. Tech., 2020, 13: 2457-2472.

[2] Chen Q, T M Fu, J L Hu, Q Ying, L Zhang. Modelling secondary organic aerosols in China. National Science Review, 2017, 4: 806-809.

[3] Miao R, et al. Model bias in simulating major chemical components of $PM_{2.5}$ in China. Atmos. Chem. Phys., 2020, 20: 12265-12284.

[4] Huang R J, et al. Effects of NH_3 and alkaline metals on the formation of particulate sulfate and nitrate in wintertime Beijing. Sci. Total Environ., 2020, 717: 137190.

[5] Huang G, et al. Potentially important contribution of gas-phase oxidation of naphthalene and methylnaphthalene to secondary organic aerosol during haze events in Beijing. Environ. Sci. Technol., 2019, 53: 1235-1244.

参考文献

[1] Parrish D D and Zhu T. Clean Air for Megacities. Science, 2009, 326: 674-675.

[2] Zhang Q, He K B, and Huo H. Cleaning China's air. Nature, 2012. 484: 161-162.

[3] Huang R J, Zhang Y L, Bozzetti C, Ho K F, Cao J J, Han Y M, Daellenbach K R, Slowik J G, Platt S M, Canonaco F, Zotter P, Wolf R, Pieber S M, Bruns E A, Crippa M, Ciarelli G, Piazzalunga A, Schwikowski M, Abbaszade G, Schnelle-Kreis J, Zimmermann R, An Z S, Szidat S, Baltensperger U, El Haddad I, Prevot A S H. High secondary aerosol contribution to particulate pollution during haze events in China. Nature, 2014, 514: 218-222.

[4] Zhang R, Jing J, Tao J, Hsu S C, Wang G, Cao J, Lee C S L, Zhu L, Chen Z, Zhao Y, Shen Z. Chemical characterization and source apportionment of $PM_{2.5}$ in Beijing: Seasonal perspective. Atmospheric Chemistry and Physics, 2013, 13: 7053-7074.

[5] Robinson A L, Donahue N M, Shrivastava M K, Weitkamp E A, Sage A M. Grieshop, A. P.; Lane, T. E.; Pierce, J. R.; Pandis, S. N. Rethinking organic aerosols: Semivolatile emissions and photochemical aging. Science, 2007, 315: 1259-1262.

[6] Zhuang X L, Wang Y S, He H, Liu J G, Wang X M, Zhu T Y, Ge M F, Zhou J, Tang G Q, Ma J Z. Haze insights and mitigation in China: An overview. Journal of Environmental Sciences-China, 2014, 26: 2-12.

[7] Zhang Q, Streets D G, Carmichael G R, He K B, Huo H, Kannari A, Klimont Z, Park I S, Reddy S, Fu J S,

Chen D, Duan L, Lei Y, Wang L T, Yao Z L. Asian emissions in 2006 for the NASA INTEX-B mission. Atmospheric Chemistry and Physics, 2009, 9: 5131-5153.

[8] Chacon-Madrid H J and Donahue N M. Fragmentation vs. functionalization: Chemical aging and organic aerosol formation. Atmospheric Chemistry and Physics, 2011, 11: 10553-10563.

[9] He H, Wang Y S, Ma Q X, Ma J Z, Chu B W, Ji D S, Tang G Q, Liu C, Zhang H X, Hao J M. Mineral dust and NO_x promote the conversion of SO_2 to sulfate in heavy pollution days. Scientific Reports, 2014, 4: 5.

[10] Emanuelsson E U, Hallquist M, Kristensen K, Glasius M, Bohn B, Fuchs H, Kammer B, Kiendler-Scharr A, Nehr S, Rubach F, Tillmann R, Wahner A, Wu H, C, Mentel T F. Formation of anthropogenic secondary organic aerosol (SOA) and its influence on biogenic SOA properties. Atmospheric Chemistry and Physics, 2013, 13: 2837-2855.

[11] Li J Y, Ying Q, Yi B Q, Yang P. Role of stabilized Criegee Intermediates in the formation of atmospheric sulfate in eastern United States. Atmospheric Environment, 2013, 79: 442-447.

[12] Tkacik D S, Lambe A T, Jathar S, Li X, Presto A A, Zhao Y L, Blake D, Meinardi S, Jayne J T, Croteau P L, Robinson A L. Secondary organic aerosol formation from in-use motor vehicle emissions using a potential aerosol mass reactor. Environmental Science and Technology, 2014, 48: 11235-11242.

[13] Sun K, Tao L, Miller D J, Khan M A, Zondlo M A. On-road ammonia emissions characterized by mobile, open-path measurements. Environmental Science and Technology, 2014, 48: 3943-3950.

[14] George I J, Abbatt J P D. Heterogeneous oxidation of atmospheric aerosol particles by gas-phase radicals. Nature Chemistry, 2010, 2: 713-722.

[15] Chirico R, DeCarlo P F, Heringa M F, Tritscher T, Richter R, Prevot A S H, Dommen J, Weingartner E, Wehrle G, Gysel M, Laborde M, Baltensperger U. Impact of aftertreatment devices on primary emissions and secondary organic aerosol formation potential from in-use diesel vehicles: Results from smog chamber experiments. Atmospheric Chemistry and Physics, 2010, 10: 11545-11563.

[16] Nordin E Z, Eriksson A C, Roldin P, Nilsson P T, Carlsson J E, Kajos M K, Hellen H, Wittbom C, Rissler J, Londahl J, Swietlicki E, Svenningsson B, Bohgard M, Kulmala M, Hallquist M, Pagels J H. Secondary organic aerosol formation from idling gasoline passenger vehicle emissions investigated in a smog chamber. Atmospheric Chemistry and Physics, 2013, 13: 6101-6116.

[17] Platt S M, El Haddad I, Zardini A A, Clairotte M, Astorga C, Wolf R, Slowik J G, Temime-Roussel B, Marchand N, Jezek I, Drinovec L, Mocnik G, Mohler O, Richter R, Barmet P, Bianchi F, Baltensperger U, Prevot A S H. Secondary organic aerosol formation from gasoline vehicle emissions in a new mobile environmental reaction chamber. Atmospheric Chemistry and Physics, 2013, 13: 9141-9158.

[18] Lambe A T, Ahern A T, Williams L R, Slowik J G, Wong J P S, Abbatt J P D, Brune W H, Ng N L, Wright J P, Croasdale D R, Worsnop D R, Davidovits P, Onasch T B. Characterization of aerosol photooxidation flow reactors: Heterogeneous oxidation, secondary organic aerosol formation and cloud condensation nuclei activity measurements. Atmospheric Measurement Techniques, 2011, 4: 445-461.

[19] Lambe A T, Onasch T B, Croasdale D R, Wright J P, Martin A T, Franklin J P, Massoli P, Kroll J H, Canagaratna M R, Brune W H, Worsnop D R, Davidovits P. Transitions from functionalization to fragmentation reactions of laboratory secondary organic aerosol (SOA) generated from the OH oxidation of alkane precursors. Environmental Science and Technology, 2012, 46: 5430-5437.

[20] Wu Y, Zhang S J, Hao J M, Liu H, Wu X M, Hu J N, Walsh M P, Wallington T J, Zhang K M, Stevanovic S. On-road vehicle emission control in Beijing: Past, present, and future. Environmental Science and

Technology,2011,45: 147-153.

[21] Canagaratna M R,Jayne J T,Ghertner D A,Herndon S,Shi Q,Jimenez J L,Silva P J,Williams P,Lanni T,Drewnick F,Demerjian K L,Kolb C E,Worsnop D R. Chase studies of particulate emissions from in-use New York City vehicles. Aerosol Science and Technology,2004,38: 555-573.

[22] Mohr C,Huffman J A,Cubison M J,Aiken A C,Docherty K S,Kimmel J R,Ulbrich I M,Hannigan M,Jimenez J L. Characterization of primary organic aerosol emissions from meat cooking,trash burning,and motor vehicles with highresolution aerosol mass spectrometry and comparison with ambient and chamber observations. Environmental Science and Technology,2009,43: 2443-2449.

[23] He L Y,Lin Y,Huang X F,Guo S,Xue L,Su Q,Hu M,Luan S J,Zhang Y H. Characterization of high-resolution aerosol mass spectra of primary organic aerosol emissions from Chinese cooking and biomass burning. Atmospheric Chemistry and Physics,2010,10: 11535-11543.

[24] Lin C S,Ceburnis D,Hellebust S,Buckley P,Wenger J,Canonaco F,Prevot A S H,Huang R J,O'Dowd C,Ovadnevaite J. Characterization of primary organic aerosol from domestic wood,peat,and coal burning in Ireland. Environmental Science and Technology,2017,51: 10624-10632.

[25] Schneider J,Weimer S,Drewnick F,Borrmann S,Helas G,Gwaze P,Schmid O,Andreae M O,Kirchner U. Mass spectrometric analysis and aerodynamic properties of various types of combustion-related aerosol particles. International Journal of Mass Spectrometry,2006,258: 37-49.

[26] Weimer S,Alfarra M R,Schreiber D,Mohr M,Prevot A S H,Baltensperger U. Organic aerosol mass spectral signatures from wood-burning emissions: Influence of burning conditions and wood type. Journal of Geophysical Research-Atmospheres,2008,113: 10.

[27] Bahreini R,Keywood M D,Ng N L,Varutbangkul V,Gao S,Flagan R C,Seinfeld J H,Worsnop D R,Jimenez J L. Measurements of secondary organic aerosol from oxidation of cycloalkenes,terpenes,and m-xylene using an Aerodyne aerosol mass spectrometer. Environmental Science and Technology,2005,39: 5674-5688.

[28] Liu T Y,Zhou L Y,Liu Q Y,Lee B P,Yao D W,Lu H X,Lyu X P,Guo H,Chan C K. Secondary organic aerosol formation from urban roadside air in Hong Kong. Environmental Science and Technology,2019,53: 3001-3009.

[29] Saha P K,Reece S M,Grieshop A P. Seasonally varying secondary organic aerosol formation from in-situ oxidation of near-highway air. Environmental Science and Technology,2018,52: 7192-7202.

第6章　华北农田 HONO 排放及其环境影响

牟玉静，薛朝阳，刘鹏飞，张成龙，张圆圆，刘俊峰，刘成堂

中国科学院生态环境研究中心

本研究针对华北平原地区日间大气中气态亚硝酸(HONO)存在强未知来源这一重要科学问题，系统开展了华北典型农田 HONO 排放通量的观测研究以及苯系物在氮氧化物存在的情况下光氧化 HONO 生成的研究，取得了以下重要研究成果：自主搭建了螺旋管(SC)气-液高效捕集大气 HONO 的自动采样装置，并结合离子色谱(IC)技术，实现了多通道大气 HONO 样品的同步采集及其定量检测；成功开发了一套双动态通量箱 HONO 测定系统，巧妙解决了箱体器壁效应对活性 HONO 通量测定的干扰问题，在国际上率先实现了农田 HONO 排放通量的直接测定；发现华北施肥农田存在强 HONO 排放，中午排放峰值可高达数百 ng m^{-2} s^{-1}，为认识该区域白天 HONO 强未知来源提供了新的科学依据；揭示了施肥农田 HONO 形成的关键微生物过程(土壤硝化)以及 HONO 排放的关键影响因素(土壤温度和大气湿度)，并获得了施肥农田 HONO 排放通量的参数化方案。此外，研究还发现硝化抑制剂与肥料混施可实现华北农田 HONO 减排 90%以上。

6.1　研究背景

近几十年来，随着我国经济的高速发展和城市化进程的加快，以煤和石油为主的化石燃料消耗日益增加，由此导致的严重大气污染问题对广大民众的身体和身心健康、人们生产和生活活动以及我国环境外交形象等造成了严重的负面影响。我国广大区域正面临着灰霾和大气氧化剂污染两个重大大气环境问题[1-2]。灰霾主要归咎于大气细颗粒物的污染，大气细颗粒物既来源于污染源的一次直接排放，又来源于气态污染物经复杂理化过程二次形成[3-4]，其中二次形成占总来源的一半以上。大气氧化剂是通过人为和自然排放的挥发性有机化合物(VOCs)和 NO_x(NO 和 NO_2)在太阳辐射下光化学反应形成的多种二次污染物，主要包括 O_3 和过氧乙酰硝酸酯(PAN)等[5]。可见，无论是灰霾问题，还是光氧化剂污染问题，都与大气污染物的二次形成密切相关[4]。然而，由于目前人们对引发大气污染物二次形成的关键高反应活性物种——OH 自由基的认识仍不清楚[6]，从而限制人们对大气二次细颗粒和光氧化剂生成的关键大气化学过程和机制的深入认识。

OH 自由基是大气中最重要的反应活性物种[7]，几乎可以与对流层中的所有痕量气体反应[8]，决定它们在大气中的去除速率，在大气化学过程中处于核心地位[9]。OH 自由基与

二氧化硫和二氧化氮的反应是大气中硫酸盐和硝酸盐细颗粒物形成的重要途径[10]；OH自由基与有机物的反应会引发一系列的光氧化过程，可导致大量二次污染物(包括O_3、PAN、过氧化物、醛酮类化合物、二次气溶胶等)的形成，而这些二次污染物的形成可进一步促进无机气体(特别是二氧化硫)的非均相及多相氧化，加速硫酸盐等细颗粒物的形成[4-5,11]。因此，为了揭示大气中二次污染物的形成机制，首先应理清大气中OH自由基的来源。目前人们已认识到大气中OH自由基的初始来源主要包括：O_3的光解[10]、HONO的光解[10,12]、HCHO的光解[13]、H_2O_2的光解以及O_3与烯烃的反应等[14]，其中HONO的光解是OH自由基的一种重要来源[15]，但目前人们对大气HONO来源的认识仍然很不清楚。

HONO在清晨小于420 nm弱太阳辐射下就可被光解产生OH自由基，因此，被认为是一天中引发对流层大气化学的最初驱动力[16]。随着对HONO研究的深入，人们进一步发现HONO不仅是对流层大气化学在一天中的最初驱动力，而且全天对大气中OH自由基的产生都具有显著贡献[17-18]。例如，在污染地区全天中HONO光解对OH自由基的贡献可高达40%～60%[17-20]，与O_3光解贡献相当，甚至更高。因此，有关HONO的研究已经成为当前大气化学研究领域的热点之一。

经过几十年的研究，人们认识到大气中HONO的主要来源包括：HONO的气相反应生成[10]、燃烧过程的直接排放[21-22]、介质表面的非均相反应[23-24]、土壤的直接排放[25-26]、NO_2在腐殖酸等表面上的光催化反应[17,27]、HNO_3/NO_3^-以及硝基芳香烃的光解[28,29]、NO_2的光激发反应[30]。

NO与OH自由基的反应最初被认为是大气中HONO的唯一气相反应来源，但夜间由于OH自由基浓度较低[31]，因此该机理无法解释夜间高浓度HONO的来源。进一步研究发现燃烧过程可直接排放HONO，如机动车尾气和化石燃料的燃烧等[24,32]。然而，燃烧过程直接排放到大气中的HONO的量非常少。例如，汽车尾气排放的HONO仅占NO_x排放量的0.01%～1.8%[32]，不能够解释夜间HONO较高的浓度(HONO/NO_x为3%～12%)[32]，表明夜间存在HONO的未知源。此外，大量外场观测发现白天甚至正午存在高HONO浓度(0.015～2.0 ppb)[18,33-34]，远高于多数空气质量模型对HONO浓度的模拟值[18,35]，无法通过已知的气相化学反应生成以及污染源直接排放来解释，表明白天存在较强的HONO未知源，估算结果表明白天HONO未知源强度是夜间源强度的数倍甚至数十倍之多[36]。

随着研究的深入，人们进一步发现大气中一些非均相反应过程可产生HONO，且认识到HONO的主要非均相反应有以下几种：

$$2NO_2+H_2O \longrightarrow HONO+HNO_3 \tag{6.1}$$

$$NO+NO_2+H_2O \longrightarrow 2HONO \tag{6.2}$$

$$NO_2+R(red) \longrightarrow HONO+R(ox) \tag{6.3}$$

$$NO+HNO_3 \longrightarrow NO_2+HONO \tag{6.4}$$

大气气溶胶表面(云滴、雾滴、颗粒物等)以及地表(裸露的土壤、建筑物表面、雪冰等)可为这些非均相反应的发生提供表面[15,23-24]。实验室研究表明6.2的反应速率很慢，对大气中HONO的贡献微弱。大量外场观测结果表明大气中HONO与NO_2浓度之间的关系比HONO与NO浓度之间的关系更密切[37]，因此，反应6.1被推测为夜间HONO的主要来源。Li 等[38]研究结果表明反应 6.1 对夜间 HONO 的贡献可高达 59%,但该研究结果仍存在很大争议。Ammann 等[39]在 *Nature* 杂志上首次报道了 NO_2 在黑碳气溶胶表面可快速反应生成 HONO(反应 6.3),但随后研究显示黑碳气溶胶的反应活性在大气中迅速衰减,几十秒后即失去高反应活性[40]。另有研究发现光照条件下可以保持大气中黑碳气溶胶的反应活性[41],因此该反应对白天 HONO 的形成可能具有重要作用。NO_2 也可在半挥发性有机物表面经非均相过程生成 HONO,其 HONO 的生成量至少是柴油车尾气直接排放量的 3 倍[42]。此外,实验研究还发现较高浓度的 NO 气体可以与一些物体表面所吸附的 HNO_3 反应产生HONO(反应 6.4),并估算该反应对 HONO 的贡献可能与 NO_2 水解的贡献相当[31]。然而实际大气环境比实验室模拟反应体系复杂,且白天大气中的 NO 浓度通常比较低,所以该反应机制对 HONO 的贡献仍需要在实际环境大气中进行验证。

Su 等[25]研究发现土壤中的 NH_4^+ 和 NO_3^- 在微生物硝化和反硝化作用下产生亚硝酸盐(NO_2^-),其在酸性条件下可部分以气态 HONO 形式释放到大气中。经 Oswald 等[26]进一步验证表明,在非酸性土壤中,HONO 的排放量与 NO 相当,其排放主要受到氨氧化细菌(AOB)和土壤含水量的影响。最新实验室研究认为夜晚产生的 HONO 可被土壤中的碳酸盐矿物捕获形成亚硝酸盐,白天在强酸的沉降作用下又会促使土壤中累积的亚硝酸盐转化为 HONO 并释放到大气中[43]。以上结果仅基于实验室土壤的模拟研究,仍缺乏实际土壤的 HONO 排放测定,因此,无法确定实际土壤对 HONO 的具体贡献。

研究发现在光照条件下,NO_2 在 TiO_2、腐殖酸、固态有机化合物、酚类物质表面都会产生 HONO[17,27,44-45]。HONO 的生成速率随着光照强度的增加而明显上升[17],与实际环境大气中 HONO 白天来源与光照强度密切相关的现象符合。土壤中广泛存在腐殖酸及有机物等,这些结果在实际大气中可能具有重要意义,但该机理仍不明确。

实验室模拟研究发现 HNO_3/NO_3^- 以及硝基芳香烃在光照条件下发生反应生成 HONO,这为 HONO 未知源的形成机制提供了新推测。但这些机制仍存在争议,首先 Kleffman 等[36]研究发现 HNO_3 实际光解得到 HONO 的产率太低,不足以解释环境大气中观测到的高浓度 HONO;此外硝基芳香烃光解实验是基于极端高浓度条件下进行的,在实际环境大气中,不可能存在如此高浓度的硝基芳香烃。Li 等[30]研究发现可见光照射下产生的激发态 NO_2 可与空气中水汽反应产生 HONO。随后研究发现该过程的反应速率较低[46],虽然可以生成一定量的 HONO,但该机理仍无法解释在实际大气中的高浓度 HONO。

尽管人们已经认识了大气中 HONO 的多种可能来源,采用已有认识来源(包括气相反应、源排放、非均相反应以及有机物表面光催化等)对大气 HONO 浓度的数值模拟结果仍无法解释白天观测到的高 HONO 浓度[23,46],表明仍存在未认知的 HONO 重要来源。目前土壤HONO 的排放仅停留在实验室土壤培养模拟定性阶段,其研究结果无法评估农田实际排放情况。

针对目前人们对大气中 HONO 来源认识的不足,本研究拟建立 HONO 采样分析方法以及动态通量箱 HONO 测定系统,实际测定农田 HONO 的排放通量,揭示了施肥农田 HONO 的形成与排放机制。该研究结果一方面将为揭示大气中 HONO 的未知来源提供新的科学依据,另一方面将为量化评估农田土壤对大气 HONO 的贡献提供排放通量参数。HONO 在我国京津冀地区、长江三角洲以及珠江三角洲地区已被证明是 OH 自由基的一种重要来源,因此,该研究结果也将为深入探究这些地区二次污染物的形成机制提供新的科学依据。

6.2 研究目标与研究内容

6.2.1 研究目标

(1)获得华北农田HONO的排放通量及其变化特征。

(2)探究华北农田HONO的形成排放机制和减排措施。

6.2.2 研究内容

为实现上述两个研究目标,研究内容分为田间HONO通量测定和实验室模拟研究两部分,具体包括:

(1) 农田HONO排放通量的测量方法

利用螺旋管气-液交换技术和IC检测技术建立大气HONO的SC-IC分析方法,进而结合双动态箱方法,建立农田HONO排放通量测量方法,并对所建方法开展系统评价。

(2) 华北典型玉米-冬小麦轮耕农田的HONO排放通量

采用双动态箱体系,在华北典型玉米-冬小麦轮耕农田开展全年HONO排放通量的测定,重点研究施肥农田土壤的HONO排放规律及其影响因素。

(3) 华北农田土壤的HONO形成排放机制和减排措施

在实验室利用华北农田土壤开展了流动管模拟研究,探究农田土壤的HONO形成和排放机制,以及硝化抑制剂是否对HONO具有减排潜势。

6.3 研究方案

6.3.1 外场观测

在河北省望都县东白陀典型玉米-冬小麦轮耕农田开展全年HONO排放通量的测定,重点放在农田施肥阶段,包括白天光照条件下的排放以及夜晚无光条件下的排放观测。为了避免通量箱器壁非均相反应对HONO的贡献,通量箱拟采用惰性聚四氟乙烯薄膜加工,并采用双动态箱体系开展研究,即一个动态箱的底部采用聚四氟乙烯薄膜密封,另一个则罩在农田土壤上。双动态箱通入相同流量的周围大气,同时测定双动态箱出口处HONO的浓度,并根据浓度差值可获得农田土壤单位时间单位面积HONO的净排放通量。此外,进一步探究不同氮肥以及硝化抑制剂是否对HONO具有减排潜势,这些研究结果为量化评估农田土壤对大气HONO的贡献提供排放通量参数。

为了完成双动态箱HONO同步检测,本研究基于HONO具有较大亨利系数的特点,利用螺旋管湿法吸收方式搭建了HONO采集方法,然后采用离子色谱对采集的液体样品进行亚硝酸根离子测定。随后,利用烟雾箱模拟以及实际外场测试对所建立的SC-IC-HONO分析方法进行评估,最终确定最佳的SC液体吸收参数以及最优的IC离子分离检测条件。

6.3.2 实验室模拟

为了探究农田土壤HONO形成机制,本研究利用石英玻璃管、恒温恒湿箱以及LOPAP-HONO在线分析仪等设备,搭建了土壤HONO排放模拟研究装置。通过控制土壤温度、湿度、施肥条件以及流动空气温湿度等条件,检测出气口中气态HONO的浓度,获得不同实验条件下,农田土壤HONO的排放速率,进而探究农田土壤HONO的形成机制。在此基础上,同时开展施肥后土壤施加硝化抑制剂与不施加硝化抑制剂的对比试验,评估硝化抑制剂对农田土壤HONO的减排潜势。

6.4 主要进展与成果

本研究主要开展了华北典型农田HONO的排放观测与机制探讨以及苯系物在氮氧化物存在的情况下光氧化HONO生成的烟雾箱模拟研究,在此基础上还探究了硝化抑制剂对农田土壤HONO的减排潜势。

6.4.1 建立了大气HONO SC-IC测定的方法

基于HONO水溶性强的特性,利用螺旋管气-液交换技术以及光码盘24-通阀自动切换技术,搭建了多套大气HONO自动采集装置(图6.1),并利用IC检测技术实现了大气中痕量HONO的可靠测定,为HONO地气交换通量测定以及大气HONO的垂直分布观测提供了技术保障。

1. 气体流量和吸收液流量的优化

已有研究表明大气HONO的采集效率(β)与气体通过螺旋管的流量(F_g)、吸收液的流量(F_L)以及HONO的有效亨利系数(H^*)存在以下关系:

$$\beta=\frac{H^* RT}{\frac{F_g}{F_L}+H^* RT} \tag{6.5}$$

式中,R和T分别为气体常数(L mol^{-1} K^{-1} atm)和温度(K)。可见,$\frac{F_g}{F_L}$比值越大,HONO的采集效率越低,但$\frac{F_g}{F_L}$比值较小时,气体在流动管中的停留时间势必增长,从而有可能加剧大气中NO_2等气体在气液界面的非均相反应对HONO测定的影响。另外,HONO是一种酸性气体,H^*随pH的增加而增大,即碱性溶液有利于HONO的高效捕获,但同时也会加剧非均相反应干扰的问题等。因此,选择合适的$\frac{F_g}{F_L}$比值和吸收液pH对大气HONO的可靠测定至关重要。

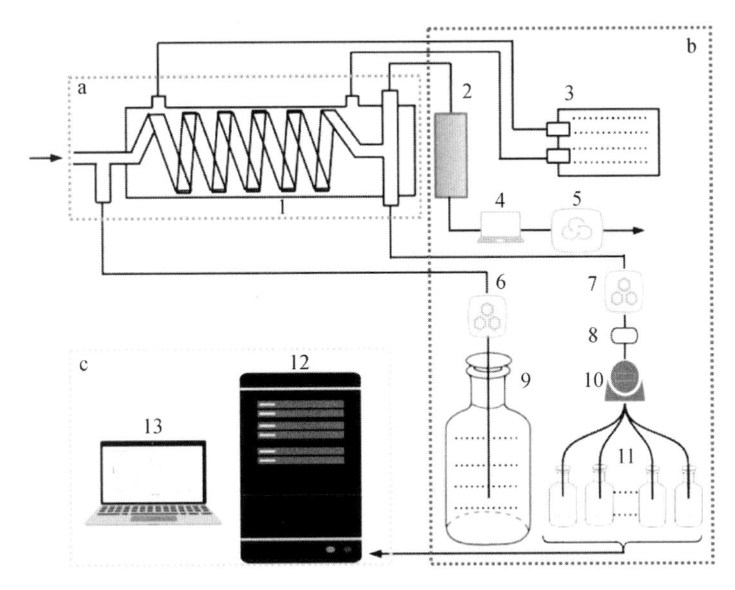

1. 螺旋管；2. 干燥管；3. 恒温水浴；4. 质量流速控制计；5. 薄膜泵；6,7. 蠕动泵；8. 过滤膜；9. 吸收液；10. 24-通阀；11. 样品收集瓶；12. 离子色谱；13. 计算机。

图 6.1　SC-IC 大气 HONO 的采集和测定

为此，我们选择了一个污染较重的灰霾天考察$\frac{F_g}{F_L}$比值对所建 SC 的 HONO 采集效率的影响，具体实验条件如下：采用两个螺旋管串联的方式，利用超纯水作为吸收液，在固定 F_L=0.2 mL min^{-1}情况下，改变 F_g 从 0.5 到 3 L min^{-1}。如图 6.2a 所示，第一个螺旋管所采集 HONO 的浓度在所选择的气体流量条件下显著高于第二个串联螺旋管所采集 HONO 的浓度。根据两个螺旋管所测 HONO 浓度之间的差值与第一个螺旋管所测 HONO 浓度的比值，所获得的 HONO 的采集效率(β_m,图 6.2b)均大于 80%以上，且 β_m 随$\frac{F_g}{F_L}$比值增加呈现先增加后下降趋势，最大值出现在$\frac{F_g}{F_L}$为 8000 左右，这与理论计算所获 HONO 的采集效率随$\frac{F_g}{F_L}$增加而线性降低的趋势完全不同，表明上述已有气液采样效率并不能客观反映实际大气 HONO 的采集效率。本研究结果对螺旋管采集大气水溶性组分的气液流量合理选择具有一定指导意义。

2. 大气中 NO_2 和 SO_2 对 SC-IC 采集和测定 HONO 的影响

为了系统揭示 NO_2 和 SO_2 对 SC-IC 采集和测定 HONO 的影响，我们采用 5 m^3 四氟乙烯气袋在暗光条件下开展了以下实验：首先向气袋中充入约 5 m^3 合成空气，然后定量引入 NO_2 标准气体，使 NO_2 在气袋中的浓度约为 100 ppb，进一步向气袋中依次定量引入不同体积的 SO_2 标准气体，使 SO_2 在气袋中的浓度分别达到 11 ppb、23 ppb、51 ppb 和 113 ppb。利用两套所搭建大气 HONO 自动采集装置，分别采用 25 μmol L^{-1} Na_2CO_3 溶液和超纯水作为螺旋管吸收液，同步采集上述气袋不同混合气体中的 HONO，采样频率为每 5 分钟采

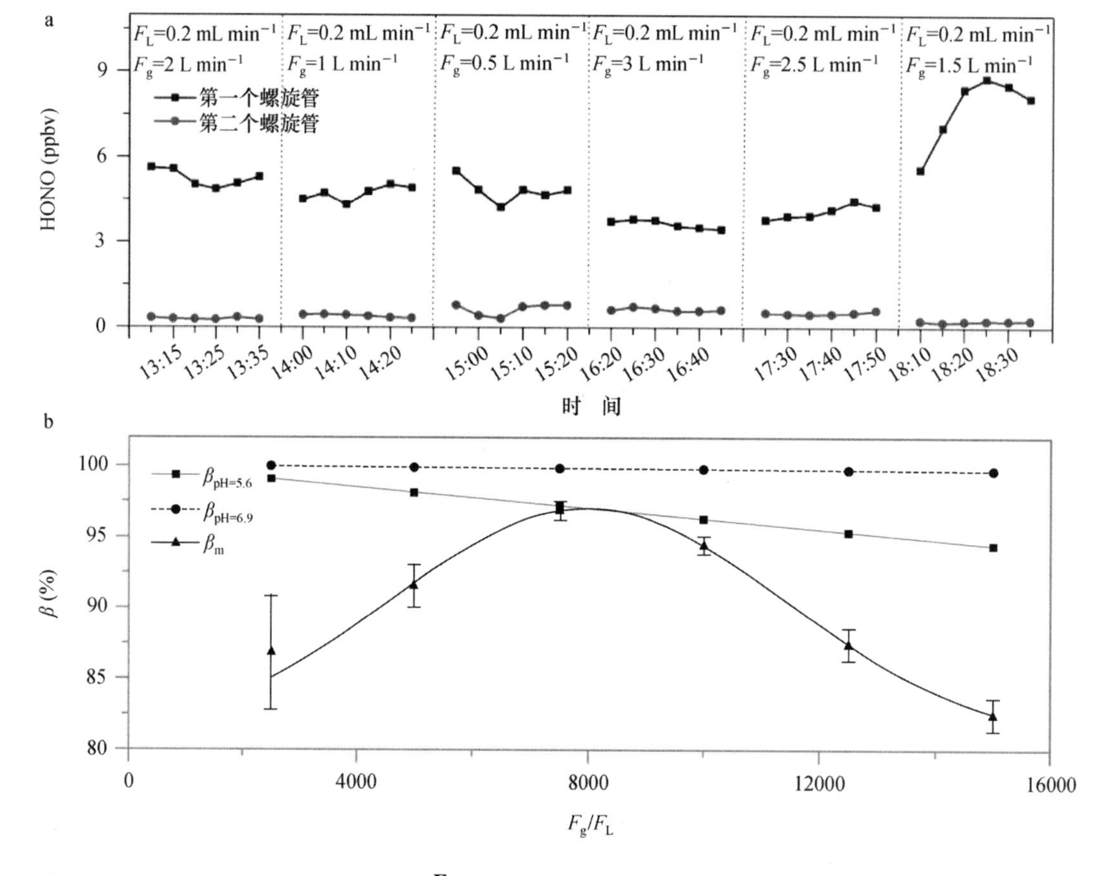

图 6.2 $\frac{F_g}{F_L}$比值对 HONO 采集效率的影响

[图 a 为第一个螺旋管(方块)和第二个串联螺旋管(圆点)所测 HONO 的浓度;图 b 为所测 HONO 采集效率(β_m,三角形)和理论预测采样效率(方块代表吸收液 pH=5.6 的采样效率 $\beta_{pH=5.6}$,以及圆点代表吸收液 pH=6.9 的采样效率 $\beta_{pH=6.9}$)。]

集一个样品,最后利用离子色谱仪(WAYEE IC6200,中国)对样品中的亚硝酸根进行自动进样分析,每个样品分析周期为 15 min。气袋中 HONO 的浓度通过以下算式获得:

$$[\mathrm{HONO}] = \frac{C_L \times F_L \times V_m}{M \times F_g} \times 10^3 \tag{6.6}$$

式中,C_L 为吸收液中亚硝酸根的浓度(mg L^{-1}),F_L 为吸收液在螺旋管中的流量(mL min^{-1}),V_m 为气体摩尔体积(L mol^{-1}),M 为氮原子的相对原子质量(g mol^{-1}),F_g 为通入螺旋管的气体流量(L min^{-1})。

由图 6.3a 可见,采用两种吸收液所测合成空气中 HONO 的浓度都很低,全部小于 5 ppt。然而,引入 100 ppb NO_2 后,所测 HONO 浓度可高达(2.235±0.027)ppbv(n=20),且采用两种吸收液所测 HONO 浓度几乎完全一致,HONO 的穿透率小于 1%(图 6.3b),表明超纯水与弱碱性的 Na_2CO_3 溶液一样,可以高效捕获气态 HONO,且 NO_2 在吸收液表面上的非均相反应对 HONO 的贡献几乎可以被忽略。当进一步引入 SO_2 后,HONO 的穿透率明显增加,但相对 Na_2CO_3 溶液,超纯水的穿透率变化更为显著,表明引入 SO_2 可导致吸收液酸化，从而降低了 HONO 的溶解度，导致 HONO 穿透率增加。值得注意的是，引入 SO_2 后，采用 Na_2CO_3 溶液作为吸收液所测的 HONO 浓度显著高于采用超纯水作为吸收液所测的 HONO 浓度，并且当 SO_2 浓度在 11～51 ppb 范围内，Na_2CO_3 吸收液所测的 HONO 浓度显著高于单独 NO_2 存在情况下 HONO 的浓度，表明 NO_2 和 SO_2 可在螺旋管弱碱性吸收液中发生多相反应，产生 HONO，从而显著影响 HONO 浓度的可靠测定。当 SO_2 浓度达到 113 ppb 时，Na_2CO_3 作为吸收液所测的 HONO 浓度与无 SO_2 存在时基本一致，此时 NO_2 和 SO_2 通过液相反应产生的 HONO 可能恰巧被 SO_2 酸化吸收液导致 HONO 穿透增加所抵消。考虑到目前华北地区大气 SO_2 浓度通常低于 20 ppb，此时，超纯水对大气 HONO 的捕集效率显著大于 90%(图 6.3b)，因此，采用超纯水作为螺旋管吸收液可有效捕获大气中 HONO，且 NO_2 和 SO_2 的液相反应对 HONO 贡献可以被忽略。以上研究结果表明当前普遍采用 Na_2CO_3 溶液作为螺旋管或溶蚀管吸收液测定大气 HONO 的技术存在严重 NO_2 和 SO_2 多相反应干扰问题，所获数据存在极大不确定性。

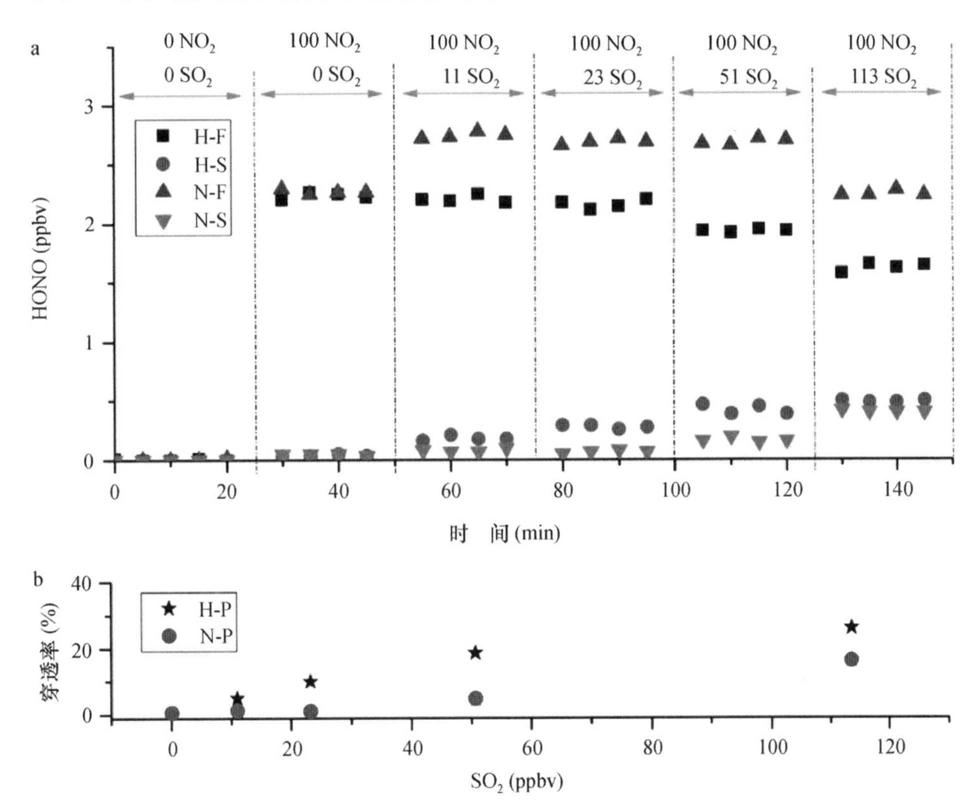

图 6.3　二氧化硫和二氧化氮对 HONO 测定的影响

[图 a 为采用 SC-IC 测定气袋中 HONO 的浓度，其中，H-F 和 H-S 分别代表在以超纯水为吸收液情况下第一个螺旋管和与之串联的第二个螺旋管所采集的样品；N-F 和 N-S 分别表示在以 Na_2CO_3 溶液为吸收液情况下第一个螺旋管和与之串联的第二个螺旋管所采集的样品。图 b 为 HONO 的穿透率，其中，H-P 代表以超纯水为吸收液时 HONO 的穿透率；N-P 代表以 Na_2CO_3 溶液为吸收液时 HONO 的穿透率。]

3. SC所采集大气HONO样品的储存时间影响

SC在满足IC测定HONO最小样品量(0.5 mL)需求的情况下,可实现大气HONO采集频率为2.5 min,而IC对HONO的分析周期仅能达到15 min一个样品,从而导致大气HONO样品在高采样频率条件下的积累。因此,考察大气HONO样品存储时间对HONO浓度的影响十分必要。基于上述优化SC采样方法,采集不同HONO浓度的实际大气样品在室温和冰箱4℃放置不同时间后测定HONO浓度。由图6.4a可见,采集大气HONO样品立即测定的HONO浓度与冰箱4℃放置11天后所测的HONO浓度吻合很好,R^2可达0.9975,斜率接近1,表明所采集HONO在冰箱4℃条件下保存11天以上后可保持浓度不变。此外,SC自动采集HONO样品通常在室外温度条件下放置约10 h,为此,我们进一步考察了HONO样品在室外温度条件下放置0~24 h的稳定性,见图6.4b。所测每一个样品的HONO浓度在不同放置时间内并未出现明显变化,统计分析表明当HONO浓度低于0.2 ppb时,HONO浓度变化的相对标准偏差小于14.3%,而当HONO浓度大于0.2 ppb时,相对标准偏差则小于1.7%。HONO浓度在不同放置时间的相对偏差与离子色谱测定亚硝酸根浓度的相对标准基本一致,表明所采集HONO样品的放置时间对HONO浓度并无显著影响,这为SC高频率自动采集大气样品中的HONO浓度的可靠测定提供了重要科学依据,极大拓展了SC-IC的应用空间。

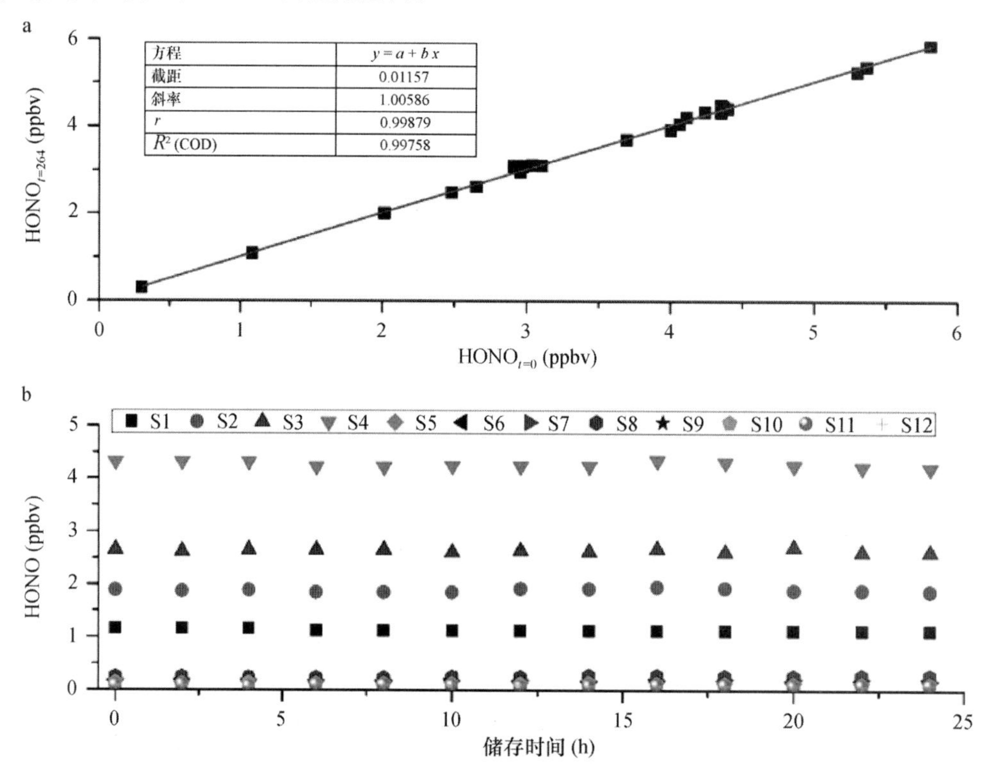

图6.4 SC所采集大气HONO液体样品中HONO浓度随储存时间的变化情况

[图a为采样后立即测定HONO的浓度与冰箱4℃放置11天所测定浓度的相关关系;图b为大气HONO样品在室外温度放置0~24 h的浓度变化情况。]

4. 外场比对测试

为了评估所开发的 SC-IC 方法对大气 HONO 测定的可靠性，我们进一步于 2017 年 11 月 10 日到 2017 年 11 月 22 日，在保定市望都县东白陀村，开展了 SC-IC 与国际公认大气 HONO 测定技术[长光程吸收光谱仪(LOPAP)和光增强衰荡光谱(CEAS)]的外场比对研究，比对结果见图 6.5。可见，SC-IC 所测的大气 HONO 的变化趋势和浓度水平与 LOPAP 和 CEAS 具有高度吻合性，R^2 全部大于 0.9，斜率接近 1，表明我们所建立的 SC-IC 完全可以满足实际大气 HONO 的监测研究。

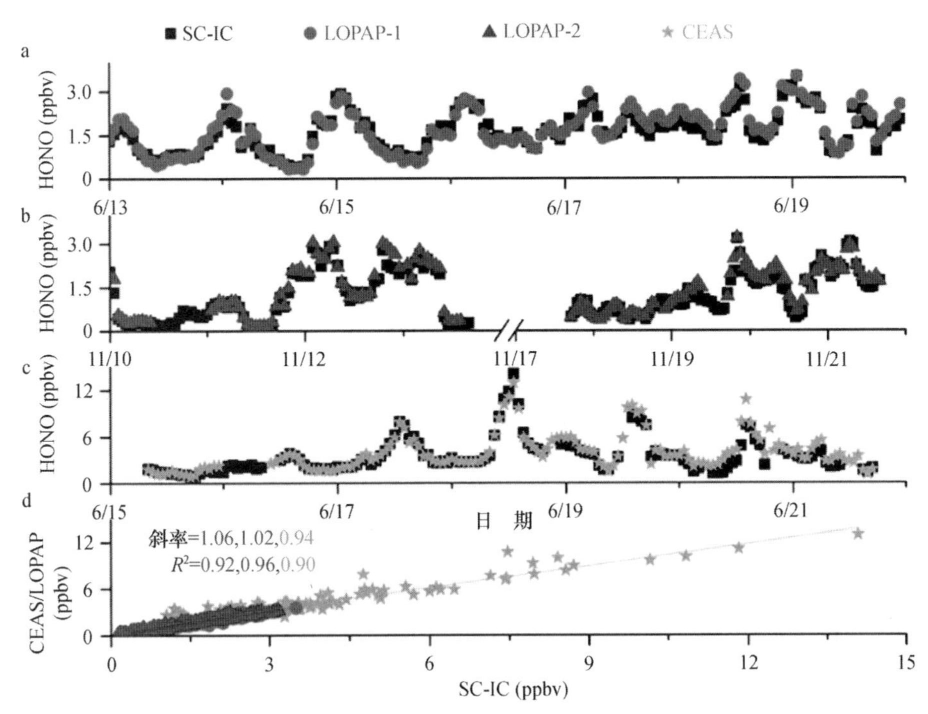

图 6.5　SC-IC 方法与 LOPAP 和 CEAS 方法测量实际大气 HONO 的比对(见书末彩图)

综上所述，本项目搭建了多套 SC-IC 测定大气 HONO 的装置，优化并确定了 SC 吸收液和气体流量的比例，并系统考察了大气 SO_2 和 NO_2 以及样品储存时间对 HONO 浓度的影响。最终开展了 SC-IC 与国际公认 HONO 监测技术的外场比对研究，结果表明所搭建的 SC-IC 装置能够实现大气 HONO 高频率的可靠测定，且容易实现多台 SC-IC 同步运转，为项目研究地-气交换以及垂直观测提供可靠技术保障，也将为其他研究者开展相关研究提供技术指导。

6.4.2　建立农田土壤 HONO 排放通量的测量方法

通量箱方法已被广泛应用于痕量气体地-气交换通量的直接测定，但对 HONO 这一特殊化合物，其应用则具有很大局限性。一方面，大气 NO_2 可在不同器壁表面发生非均相反应产生 HONO，通量箱方法有可能高估 HONO 的地-气交换通量；另一方面，HONO 水溶性很强，容易在湿润器壁上吸附，从而通量箱方法又有可能低估 HONO 的交换通量。为了克服箱体器壁对测定 HONO 地-气交换的影响，我们采用透光性能好且惰性的聚四氟乙烯薄膜和不锈钢支架，设计加工了一套尺寸完全相同的双动态箱装置（图 6.6），其中一个动态箱底部被聚四氟乙烯薄膜密封，称作参照箱；另一个动态箱底部敞开用于覆盖所测土壤，称作试验箱。需要指出的是，双动态箱的顶部必须为敞开状态，否则会引起较强的温室效应，导致水蒸气在箱体器壁凝结，从而严重干扰 HONO 浓度的可靠测定。

每个动态箱采用周围大气以 20 L min^{-1}的连续流量吹扫箱体，并在箱体某一高度中间位置固定一个 SC，用于连续采集箱体内 HONO。HONO 的交换通量[$F(HONO)_N$，ng N m^{-2} s^{-1}]可通过以下关系式获得：

$$F(\mathrm{HONO})_{\mathrm{N}} = \frac{(C_{\mathrm{Exp}} - C_{\mathrm{Ref}}) \times F_{\mathrm{flush}} \times M_{\mathrm{N}} \times P}{R \times T \times S} \times \frac{1}{60} \tag{6.7}$$

式中，C_{Exp}和 C_{Ref}分别为试验箱和参照箱中 SC-IC 所测 HONO 的浓度(ppb)，F_{flush}为周围大气吹扫动态箱的流量(20 L min^{-1})，M_N 为 N 的摩尔原子质量(14 g mol^{-1})，P 为大气压(kPa)，R 为理想气体常数(L kPa mol^{-1} k^{-1})，T 为大气温度(K)。

由于周围大气在双动态箱中以相同流量通过，并暴露于近似相同面积的聚四氟乙烯薄膜，因此，上述交换通量公式中两个箱体的 HONO 浓度的差值基本可以抵消箱体器壁对 HONO 浓度的影响，即 NO_2 在箱体器壁表面上的非均相反应对 HONO 的贡献以及器壁对大气HONO 吸附的损耗。此外，所搭建的双动态箱系统需要两套 SC 系统同步对两个箱体HONO 样品进行采集，从而充分发挥了 SC-IC 测定大气 HONO 的技术优势，极大降低了监测成本。

为了验证所搭建的双动态箱测量痕量气体交换通量的可靠性，我们利用双动态箱系统开展了实验室和外场测试研究。

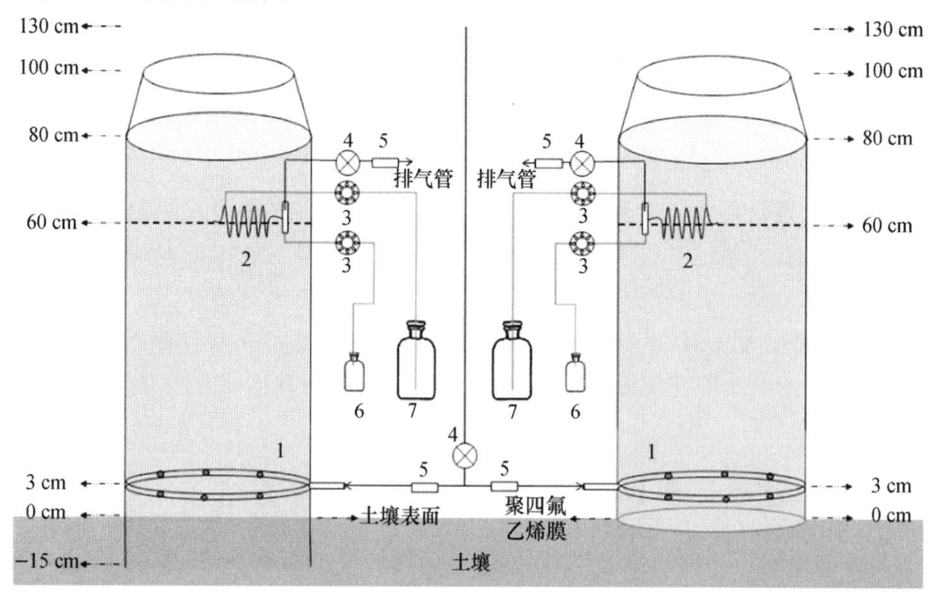

1. 不锈钢圆环；2. 螺旋管；3. 蠕动泵；4. 采样泵；5. 流量控制器；6. 采样瓶；7. 吸收液储存瓶。

图 6.6　双动态箱系统的结构

1. 实验室测试

在 20 L min^{-1} N_2 连续吹扫条件下依次于参照箱中引入不同流量的 NO 标准气体，采用 NO_x 分析仪在箱体内 60 cm 高度监测 NO 浓度的变化情况，结果见图 6.7。可见，箱体内 NO 浓度在引入一定流量 NO 标气后迅速增加，且随着 NO 标气流量的增加而增加（图 6.7 中 1～4），随 NO 标气流量降低而降低（图 6.7 中 5～8），并且箱体内 NO 浓度在每次改变 NO 标气流量后大约 4～7 min 内达到一个恒值，这一恒值与动态稀释理论计算值具有较好吻合性，表明污染物在动态箱内的积累对其地-气交换通量的测定影响很小。例如，基于给定 NO 标气流量换算的 NO 排放通量（ng m^{-2} s^{-1}）与基于箱体测定的 NO 浓度和上述交换通量公式（参照箱 NO 浓度为 0）计算的 NO 排放通量之间存在显著线性相关（图 6.8），R^2 为 0.998，斜率为 0.918。测定的 NO 排放通量比实际给定通量大约低 8%，这可能主要归咎于动态箱上部敞开导致周围大气对箱体内 NO 浓度的稀释，但这一偏差相对地-气交换通量测定的时空变异性来说几乎可以被忽略。因此，所搭建的双动态箱系统能够客观反映痕量气体特别是容易受箱体器壁影响的 HONO 气体的地-气交换通量。

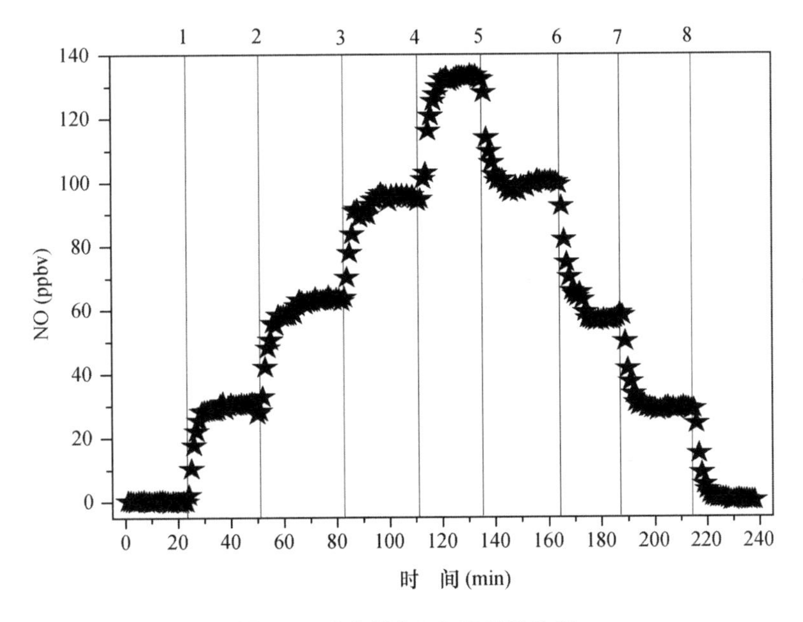

图 6.7　动态箱中 NO 浓度的响应

［每条竖线代表开始引入一定 NO 浓度标气的时刻；1. NO 标气在 23 min 引入，通量为 90.7 ng m^{-2} s^{-1}；2. 在 51 min 引入，通量为 181.4 ng m^{-2} s^{-1}；3. 在 83 min 引入，通量为 272.1 ng m^{-2} s^{-1}；4. 在 112 min 引入，通量为 362.8 ng m^{-2} s^{-1}；5. 在 136 min 引入，通量为 272.1 ng m^{-2} s^{-1}；6. 在 164 min 引入，通量为 181.4 ng m^{-2} s^{-1}；7. 在 187 min 引入，通量为 90.7 ng m^{-2} s^{-1}；8. 在 214 min 引入，通量为 0 ng m^{-2} s^{-1}。］

2. 田间测试

（1）土壤释放 NO 在动态箱箱体混合均匀程度

我们于 2015 年 8 月在河北保定东白陀村农田采用双动态箱中的试验箱开展了农田土壤释放 NO 在箱体的混合均匀程度测试。测试期间，采用周围大气以 20 L min^{-1} 的流量连续吹扫动态箱,因此,引入箱体中 NO 的浓度应该与周围大气中 NO 的浓度一致。然而,在箱体 45 cm 处和 60 cm 处连续测定的 NO 浓度显著高于周围大气中 NO 的浓度,表明农田土壤存在明显 NO 排放。此外,在箱体 45 cm 处和 60 cm 处连续测定的 NO 浓度水平相当,变化趋势完全一致,表明土壤释放 NO 能够在动态箱箱体内均匀分布(图 6.9)。

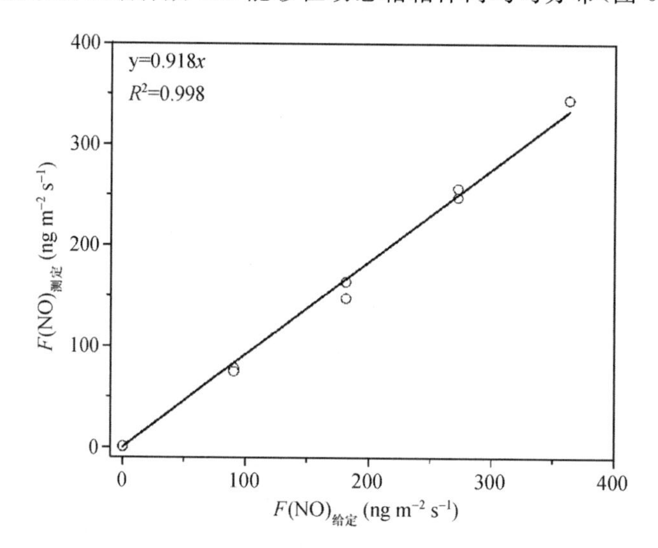

图 6.8 NO 的给定通量与测定通量之间的关联性

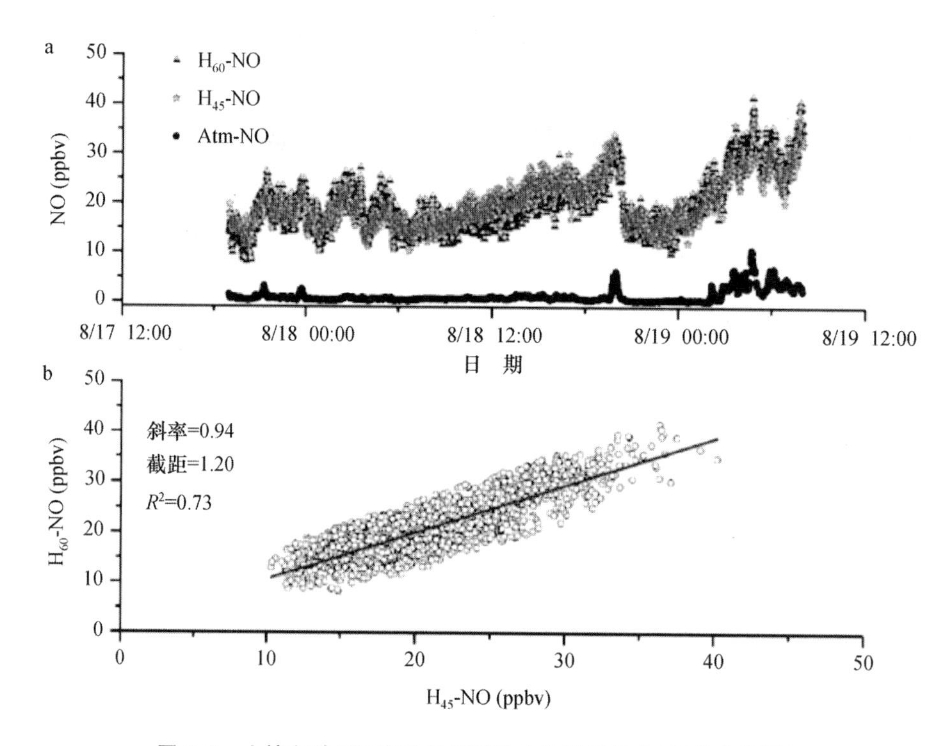

图 6.9 土壤释放 NO 在动态箱箱体内的垂直分布(见书末彩图)

[图 a 为箱体内 45 cm(H_{45}-NO)和 60 cm 高度(H_{60}-NO)处所测 NO 的浓度以及周围大气中 NO 的浓度(Atm-NO);图 b 为箱体内 45 cm 和 60 cm 高度处所测 NO 浓度之间的相关性。]

(2) 双动态箱在田间交换通量测定过程中箱体内温度和相对湿度的测试

由于温度和相对湿度对土壤微生物、痕量气体的分配等具有显著影响，因此，利用箱法测定痕量气体的地-气交换通量最好尽可能小地改变土壤周围环境的温度和相对湿度等因素，从而才能确保所测通量的可靠性。为此，我们于 2015 年夏季采用周围大气以 20 L min^{-1}的流量连续吹扫罩于农田土壤的试验箱，并对箱体内外的气温和相对湿度进行了同步测量。夜间箱体内外的气温以及相对湿度具有很好吻合度，但在白天箱体内温度比周围温度略高，中午箱体内外最大温差小于 5℃；箱体内的相对湿度略低于箱体外，中午箱体内外最大相对湿度相差小于 10%。显然，所搭建的双动态箱系统对土壤环境因素干扰较小，为地-气交换通量的可靠测定提供了保障。

(3) 农田 HONO 排放通量测试

我们于 2015 年 8 月利用所搭建的双动态箱系统在华北典型农田开展了 HONO 地-气交换通量的测量。图 6.10 为 8 月 11～12 日连续两个白天所测参照箱和试验箱中 HONO 的浓度、HONO 交换通量和太阳辐射的日变化情况。

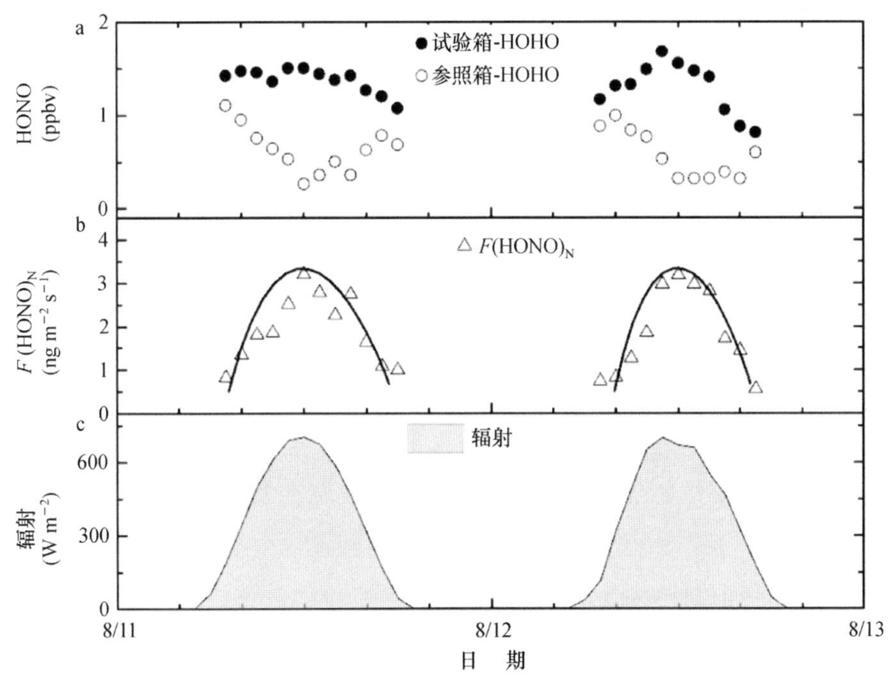

图 6.10　8 月 11～12 日连续两个白天所测参照箱和试验箱中 HONO 的浓度(a)、HONO 交换通量(b)和太阳辐射的日变化情况(c)

可见，参照箱内 HONO 的浓度显著低于试验箱内的浓度，二者浓度之间的差值在中午最大，从而导致 HONO 排放通量具有与太阳辐射相似的日变化特征，中午最大排放通量为 3.2 ng m^{-2} s^{-1}，日均值仅为 1.89 ng m^{-2} s^{-1}，这与文献报道结果基本一致。由于 HONO 的排放通量与太阳辐射强度密切相关，该排放通量主要归咎于 NO_2 在土壤表面的光敏非均相反、土壤表面硝酸盐的光解以及白天光氧化产生的强酸(如盐酸、硝酸、硫酸)对 HONO 的置换。为了考察农田施肥是否对土壤 HONO 排放有影响，我们按照当地农民玉米季追肥量

(45 kg N ha^{-1})于8月13日对农田土壤进行了施肥。由图6.11可见,施肥后试验箱中HONO的浓度显著抬升,中午最高浓度可高达17个ppb,而参照箱内HONO仍维持在与周围大气环境相当的浓度水平。由两个箱体内HONO浓度的差值所获的农田HONO排放通量也同样呈现出午间峰值、早晚低的日变化特征,HONO排放通量的午间峰值高达40 ng m^{-2} s^{-1},比施肥前高一个数量级以上,接近实验室土壤模拟研究所报道的HONO排放通量水平。由于施肥前后,太阳辐射和大气污染水平并无显著差异,农田施肥后HONO排放通量的显著提升可能主要归咎于土壤微生物过程的直接排放。

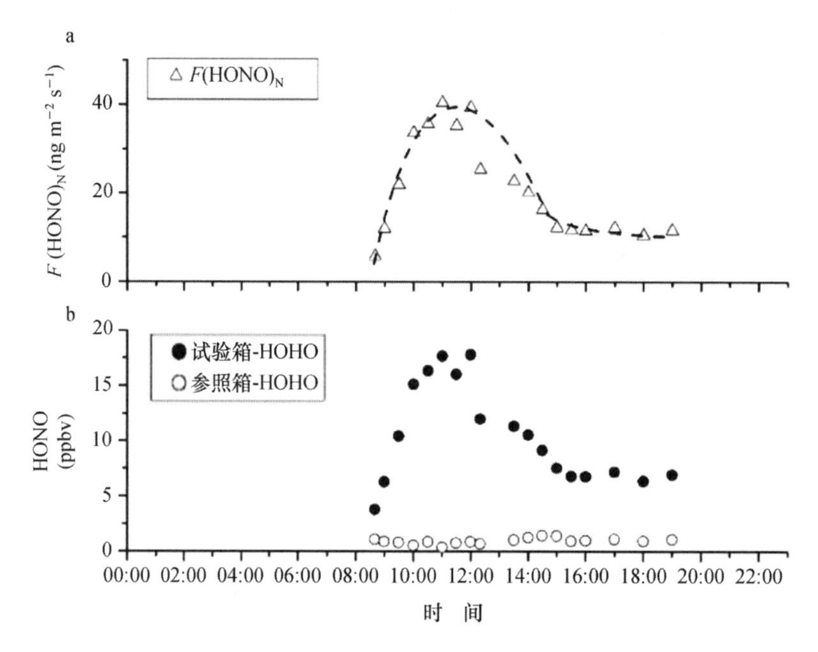

图6.11 2015年8月14日华北农田玉米季追肥后HONO的释放情况

上述实验室和田间测试结果表明,本项目所搭建的双动态箱系统能够满足具有高反应活性的痕量气体地-气交换通量测量,为进一步系统开展农田HONO地-气交换研究提供了前提保障。

6.4.3 农田土壤HONO排放测量

基于上述测试研究,我们于2016年6月华北农田玉米季集中底肥施用期间开展了农田HONO排放通量的测量,结果见图6.12。华北农田玉米底肥施用量一般在96～482 kg N ha^{-1}范围内,本研究根据当地农民建议选择施肥量为330 kg N ha^{-1}。由图6.12可见,农田HONO排放通量在施肥后迅猛增加,中午最大排放通量可高达1515 ng m^{-2} s^{-1},比目前仅有两个研究组所测定的农田土壤HONO排放通量高近3个数量级,但与实验室土壤模拟研究结果相当。假设午间混合高度为1000 m,农田HONO排放通量峰值对大气HONO的贡献速率相当于9.5 ppb h^{-1}。我们以及其他研究组的外场观测也表明,在玉米季集中底肥施用期间中午HONO的浓度可高达近2个ppb,为了维持如此高午间HONO浓度,HONO排放源强度需要达到7.2 ppb h^{-1},这与施肥农田的HONO峰值排放强度十分接近。

需要指出的是，与往年相比，2016 年玉米季底肥施用期间，天气十分异常，频繁出现雷雨情况，导致了断续的 HONO 排放通量结果。因此，无法客观反映大多年份 HONO 的排放特征。为此，我们于 2016 年 8 月份进一步开展了施肥农田 HONO 排放通量的测量，并对与 HONO 排放相关的关键参数进行了同步测定。考虑到 6 月份底肥施用量有些偏高，本次实验经过与多位农民沟通，施肥量选择了 247 kg N ha^{-1}。

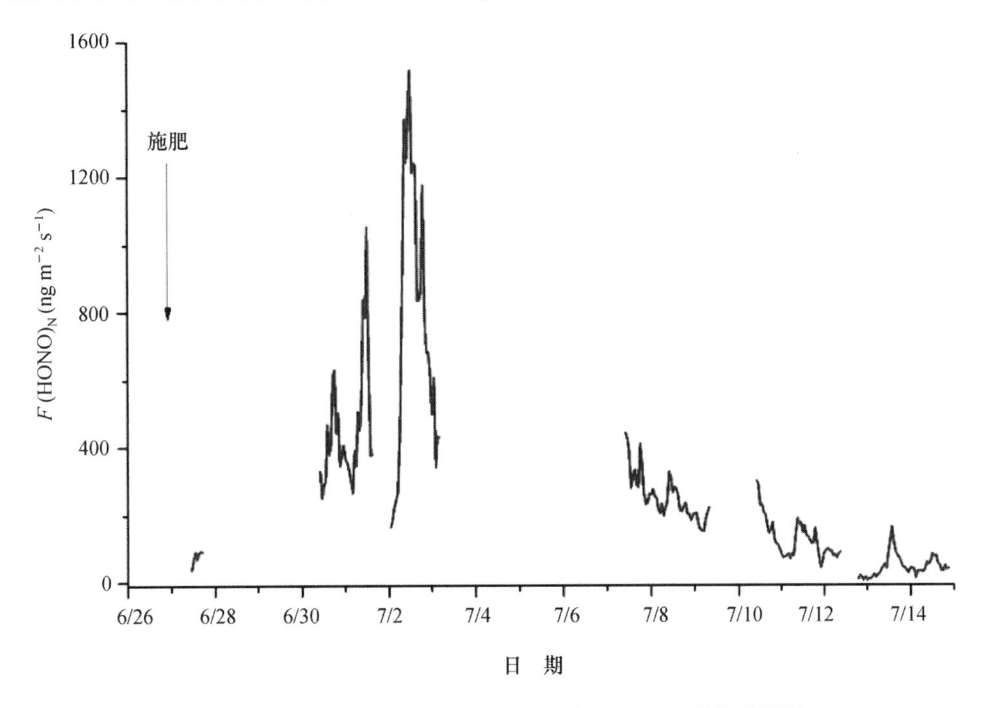

图 6.12　2016 年玉米季底肥施用期间农田 HONO 的排放通量

由图 6.13 可见，农田施肥后 20 天内 HONO 的排放通量每天中午都出现明显峰值，但峰值在施肥后第 2～3 日内达到最大值，最大峰值达 360 ng m^{-2} s^{-1}，然后呈现逐渐下降趋势。试验箱中 HONO 的浓度在施肥 12 天内中午峰值均大于 30 个 ppb，最高峰值浓度可高达 130 个 ppb (图 6.13a)，显著高于外场观测的 NO_y 午间浓度（小于 15 个 ppb，图 6.13b）。因此，NO_2 在土壤表面的光敏非均相反应、土壤表面硝酸盐的光解以及白天光氧化产生的强酸（如盐酸、硝酸、硫酸）对 HONO 的置换都无法解释这一现象。农田土壤呈弱碱性 (pH≈8，图 6.13c)，因此，基于酸碱平衡的亨利系数也无法解释农田 HONO 这一酸性气体的强排放。实验室土壤模拟研究表明，土壤硝化菌在土壤含水量为 10%～30%时可显著释放HONO，但是本研究的农田土壤在施肥后进行了漫灌，土壤含水量在施肥后前 5 天内大于 80%，前 10 天内全部大于 50%，因此，土壤湿度并非施肥农田 HONO 强排放的关键限制因素。

从图 6.13 中各个参数的日变化特征可以看出，施肥农田 HONO 排放通量的日变化特征与太阳辐射和土壤温度十分相似，而与大气相对湿度正好相反。为了进一步探究这些因素对施肥土壤 HONO 排放的影响，我们利用农田土壤开展了一系列实验室流动管模拟研究。研究发现土壤 HONO 排放通量与土壤温度呈正相关，与大气湿度呈负相关，但与有无紫外光辐射无关。外场观测 HONO 排放通量日变化特征与太阳辐射之间的相似性可能只是一种表面现象,其本质应该归咎于太阳辐射导致土壤温度和大气湿度的变化从而引起 HONO 排放通量的变化。土壤温度和大气湿度是土壤水分挥发的关键因素,而土壤水分的挥发有可能把土壤中形成的 HONO 夹带到大气中,从而在土壤温度较高和大气相对湿度较低的中午出现 HONO 的排放峰值。此外,我们也在实验室模拟研究了土壤 HONO 形成的机制,发现农田施用硝态氮以及土壤经过高温灭菌后再施用铵态肥都未出现 HONO 和 NO 的明显排放,而土壤直接施用铵态氮则出现很强排放,HONO 和 NO 的排放最大值均出现在施肥后 3～4 天内,与田间测量具有很好的吻合性。以上实验室模拟研究结果表明农田 HONO 以及 NO 的排放主要归咎于土壤中铵态氮的硝化过程,硝化过程可同时产生 NO_2^- 和 H^+,从而促进 HONO 在弱碱性土壤微环境中的形成,而土壤温度和大气相对湿度决定了土壤中形成的 HONO 向大气的挥发速度。

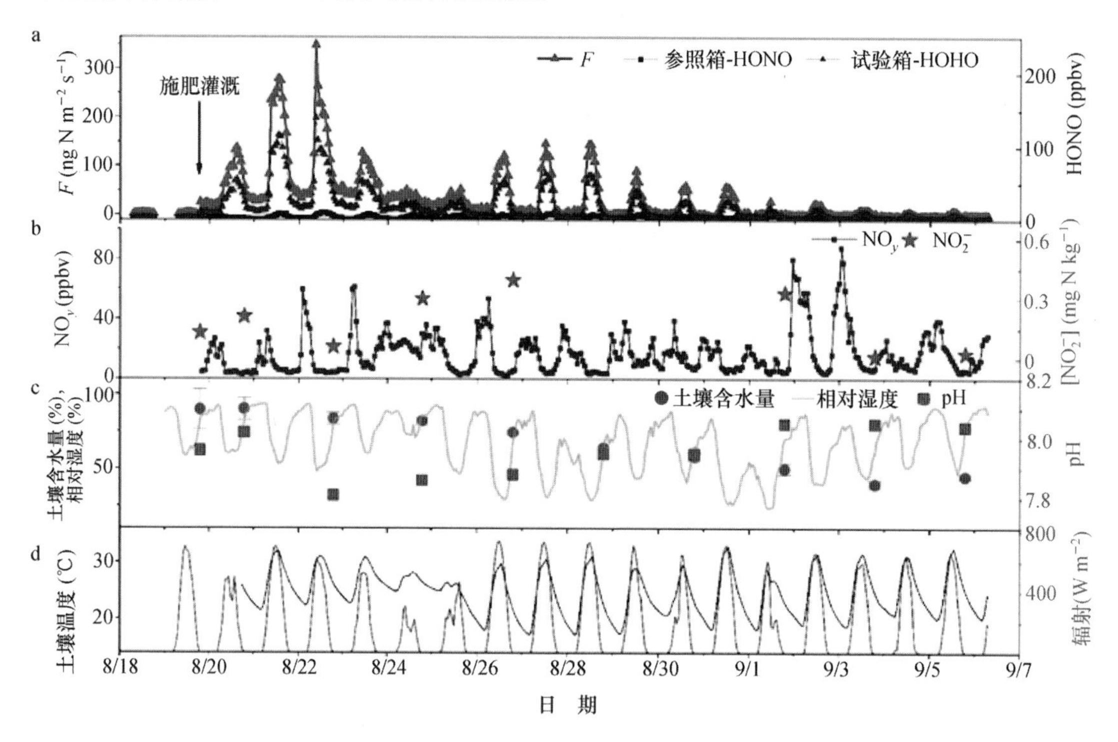

图 6.13　2016 年施肥农田土壤 HONO 排放通量、箱体内 HONO 浓度水平及相关参数(见书末彩图)

基于以上土壤 HONO 形成机制及其排放通量与土壤温度和大气湿度之间的关系,我们利用阿仑尼乌斯方程拟合田间观测所得平均 HONO 排放通量、土壤温度和大气湿度之间关系式:

$$F = Ae^{-E_a/RT} \tag{6.8}$$

其中,A 为指前因子,为了反映土壤水分挥发对 HONO 释放的影响,我们定义 $A=XT/\mathrm{RH}$,指数项主要反映土壤硝化过程 HONO 的产生潜势,E_a 代表硝化的活化能,拟合结果为:

$$X = 1.73E + 27$$

$$E_a = 147.4\ \mathrm{kJ\ mol^{-1}}$$

利用拟合公式计算所得的排放通量与实测通量如图 6.14 所示,由图可知,实测农田

HONO 排放通量可以被很好地拟合出来，表明所获拟合参数化方案能够再现实际施肥农田 HONO 的排放情况，为空气质量模型模拟研究华北集中施肥农田对区域空气质量的影响提供了新的参数化方案。我们把这一参数化方案输入空气质量模型进行了初步研究，结果发现华北地区玉米 6 月集中施肥期间可导致区域 O_3 抬升 10～15 个 ppb，从而圆满解释了施肥期间观测到 O_3 和 H_2O_2 浓度明显抬升的现象。

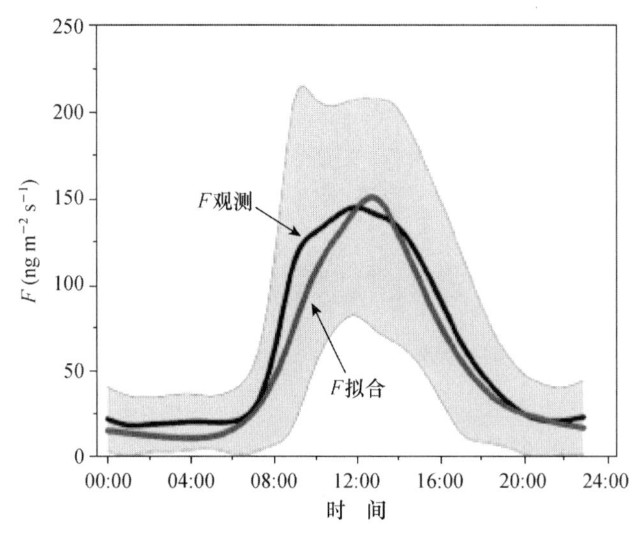

图 6.14　观测所得土壤 HONO 平均排放通量以及拟合的通量

为了证实华北农田在玉米季底肥施用期间存在 HONO 强排放，我们进一步分析了 2017 年玉米季底肥施用期间外场观测 HONO 在集中施肥后 15 天内的平均日变化，并与同期 HONO 排放通量的平均值进行了对比，见图 6.15。可见，大气 HONO 浓度的午间峰值与农田 HONO 强排放密切相关。我们在玉米季底肥施用期间分别对 0.15 m 和 1 m 处的大气 HONO 进行了垂直观测，结果表明 0.15 m 和 1 m 处存在显著 HONO 午间峰值，且 0.15 m 处 HONO 的峰值浓度最高可达 150 个 ppb，远高于 1 m 处的峰值浓度。

总之，华北农田在玉米季集中施肥期间存在 HONO 的强排放，对区域大气氧化性抬升具有显著贡献；施肥农田 HONO 的产生主要归咎于土壤铵态氮的微生物硝化过程，其释放取决于土壤温度和大气湿度所导致的土壤水分挥发速率。这些研究成果为评估华北施肥农田 HONO 排放对区域大气氧化性的影响提供了新的科学依据，增进了对施肥农田 HONO 的产生和释放机制的认识。

6.4.4　农田土壤 HONO 减排措施

上文已经论述土壤 HONO 排放是大气 HONO 的重要未知源，那么土壤 HONO 排放可以得到控制的话，区域空气质量将可能会得到改善。土壤 HONO 排放主要来自土壤的硝化作用，在诸多硝化抑制剂中，双氰胺(DCD)是比较常用的一种，常用来抑制肥料中 NH_4^+ 向 NO_3^- 转化，并且已有诸多研究证明 DCD 可以有效地抑制硝化作用，使得 N_2O 明显减排。因此，DCD 很可能也具有减排活性氮(HONO 和 NO)的作用。于是，在实验室土壤 HONO 排放模拟实验中，我们增加了施肥后土壤施加 DCD 与不施加 DCD 的对比试验，试验步骤如下：称取两份等质量土壤并浇水施肥，施肥量为 100 mg N(NH_4Cl)kg^{-1}，其中一份再施加 10 mg DCD kg^{-1}；土温设置 25℃，载气为干合成空气(N_2 ∶ O_2＝4 ∶ 1)，每天分别测量两份土壤的 HONO 和 NO 排放通量，连续测量 30 min，持续测量七天，结果如图 6.16 所示。土

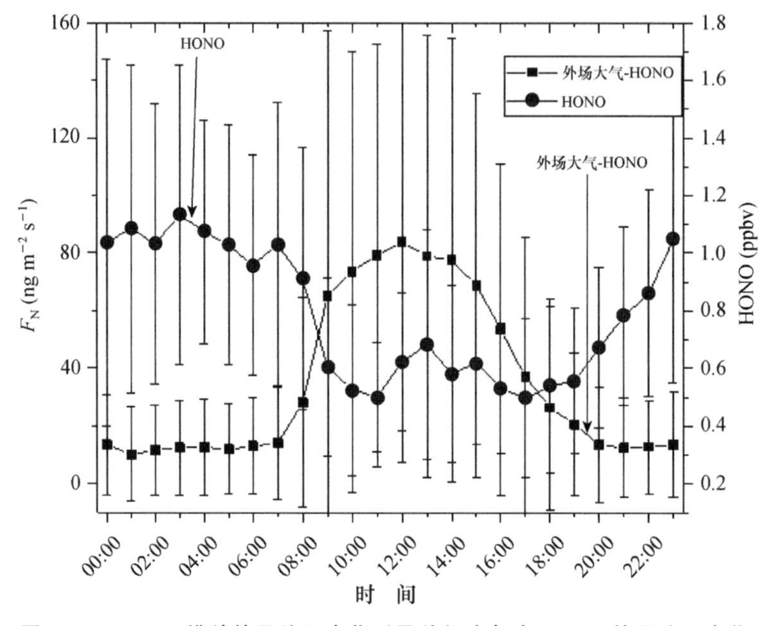

图 6.15　HONO 排放的平均日变化以及外场大气中 HONO 的平均日变化

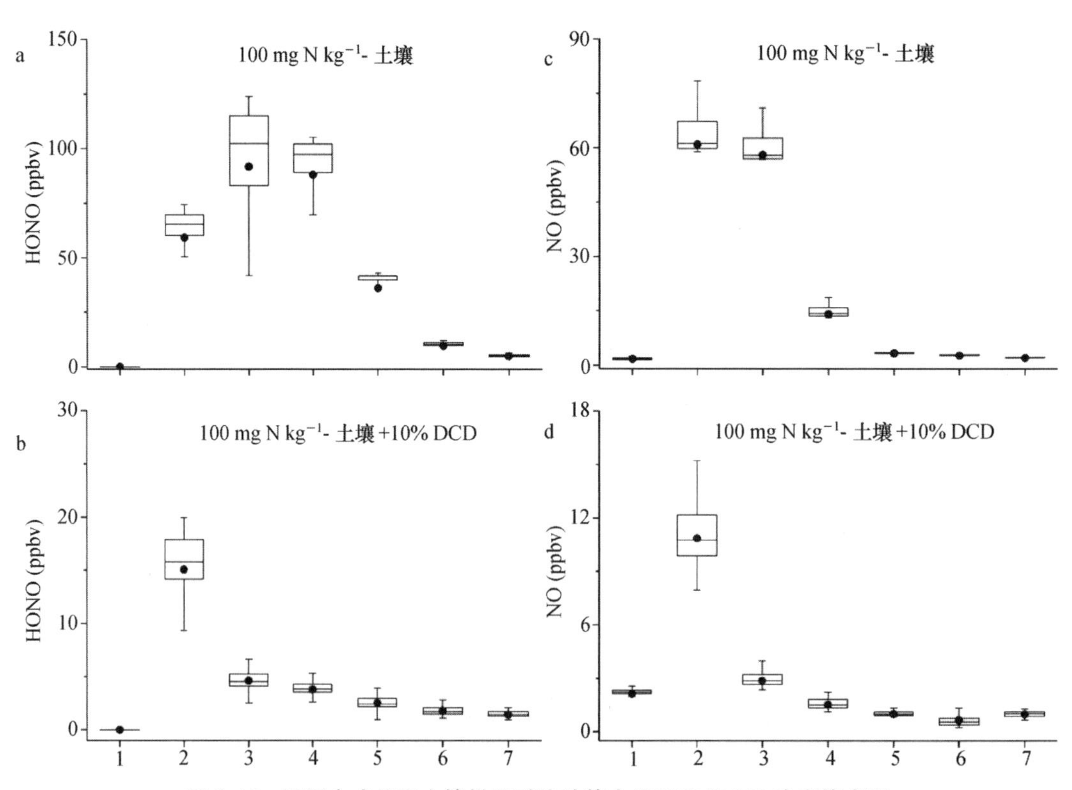

图 6.16　不同方式处理土壤样品时流动管中 HONO 和 NO 浓度箱式图

壤在刚刚浇水施肥后的第一天并没有观测到明显HONO和NO排放，这主要是由于土壤中微生物需要一定时间才能利用新加入的水源和氮源；在施肥后的第2天，两种不同处理的土壤HONO和NO的排放均呈现迅猛增加，未施加DCD的土壤在第3～4天达到峰值排放，而施加DCD的土壤在第2天就达到峰值，然后呈现逐渐下降趋势。显然，DCD可显著抑制施肥土壤HONO和NO的排放，HONO减排高达95%，NO减排高达86%。

硝化抑制剂对华北施肥土壤HONO排放的显著抑制作用进一步表明土壤微生物硝化作用是HONO的主导来源，因此，采用硝化抑制剂与现有化肥混施是降低华北施肥土壤HONO强排放的一种有效途径，这对改善华北玉米季大气严重臭氧污染将发挥重要作用。

6.4.5　华北农村冬季HONO的收支及其对硝酸盐形成的作用

为了认识华北农村区域冬季HONO的来源和消耗及其对大气硝酸盐形成的贡献等，我们于2017年冬季在河北省保定市东白陀村农田开展了包括HONO在内的大型综合外场观测研究，主要观测结果见图6.17。可见，观测期间大气污染十分严重，例如，$PM_{2.5}$和NO_x小时平均浓度时常分别超过100 $\mu g\ m^{-3}$和100 ppbv。观测期间，HONO，$PM_{2.5}$，颗粒态硝酸盐（pNO_3），NO和NO_2的平均浓度分别为（1.8±1.4）ppbv，（98±112）$\mu g\ m^{-3}$，（8.0±7.0）$\mu g\ m^{-3}$，（45±62）ppbv和（27±14）ppbv。特别需要指出的是白天（7:00～17:00）HONO的平均浓

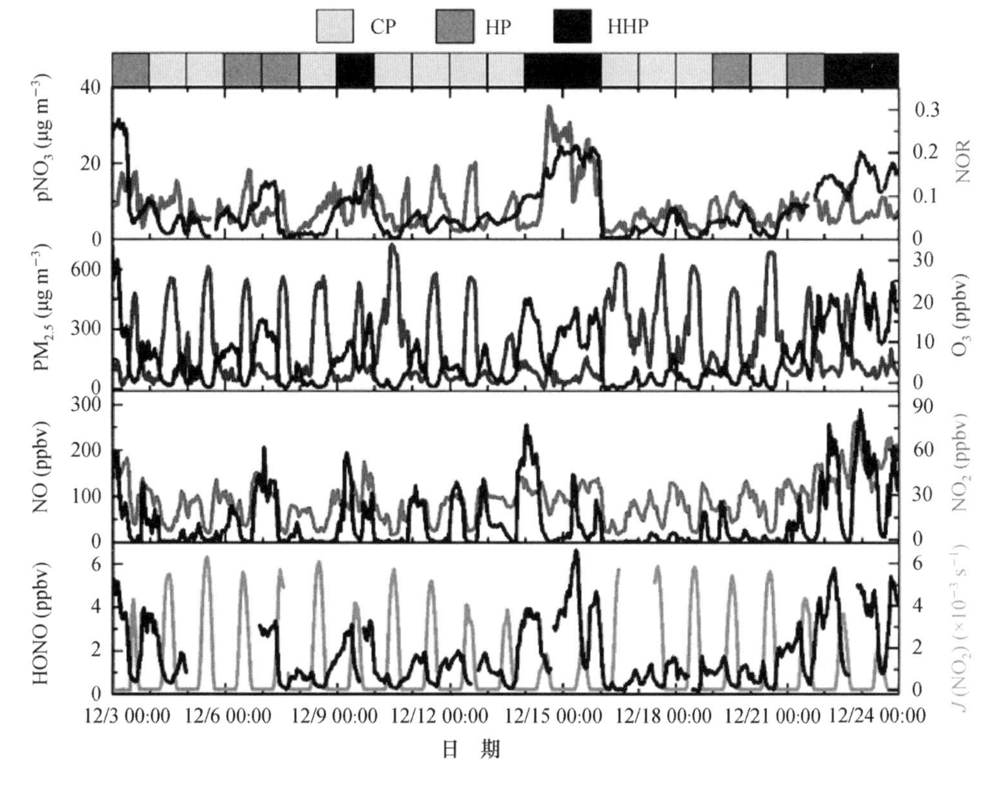

图6.17　大气HONO及其相关参数在观测期间的时间序列(见书末彩图)

度可高达(1.3±1.3)ppbv,显著高于欧美地区观测值,但是与华北其他地区报道值相当。此外,白天 $HONO/NO_x$ 的平均比值(3.3±1.7)%显著高于机动车直接排放比值(0.3%~1.6%),表明农村区域白天大气 HONO 存在直接排放以外的强来源。农村区域冬季相对高的 HONO 水平有可能是大气 OH 自由基的主要来源,对二次污染物的形成发挥重要作用,例如,图 6.17 中氮的氧化比例(NOR)以及颗粒态硝酸盐浓度在白天时常呈现增加。为了认识农村区域白天 HONO 的来源以及 HONO 与硝酸盐的交互作用,我们把观测期进一步划分为清洁天(CP,11 天,$PM_{2.5}$<50 $\mu g\ m^{-3}$)、霾天(HP,5 天,50 $\mu g\ m^{-3}$<$PM_{2.5}$<150 $\mu g\ m^{-3}$)和重霾天(HHP,5 天,$PM_{2.5}$>150 $\mu g\ m^{-3}$)。HONO 的浓度在重霾天比清洁天增加了 3 倍,而太阳辐射强度仅下降了 2 倍,因此,HONO 在重霾天光解产生 OH 自由基的速率比清洁天提高了 1.5 倍。同时考虑 NO_2 在重霾天的浓度比清洁天也增加了 3 倍,这样重霾天 NO_2 与 OH 自由基的反应速率会得到极大提高,从而导致硝酸盐的快速形成。另外,重霾天 HONO 前体物,如 NO_x 和硝酸盐的增加又进一步促进了 HONO 的形成。

为了深入揭示农村冬季 HONO 的来源以及大气 HONO 与其前体物之间的相互作用,我们采用基于观测约束的零维盒子模型对 HONO 的收支开展进一步模拟研究。研究表明,仅考虑 NO 与 OH 自由基均相反应、交通直接排放以及暗光条件下 NO_2 在土壤和颗粒物表面上的非均相反应三种 HONO 来源,模型模拟白天 HONO 的浓度远远低于观测浓度(图 6.18),显然,农村冬季白天大气中的 HONO 存在其他主导来源。

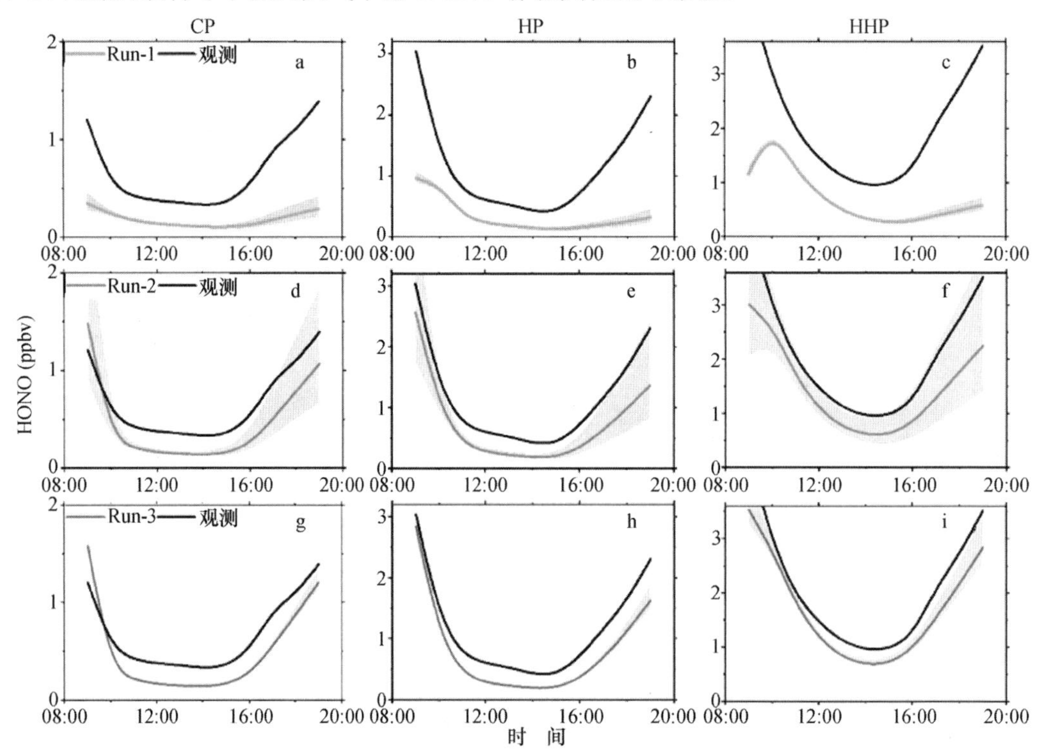

图 6.18 模型在分别考虑 NO 与 OH 自由基反应(Run-1)、交通 HONO 直接排放(Run-2)以及暗光条件下 NO_2 在土壤和大气颗粒物表面上的非均相反应(Run-3)情景下 HONO 的模拟结果与观测结果对比(见书末彩图)

然而，当我们把 NO_2 在地表光敏化非均相反应的摄取系数引入模型后，白天（10:00～15:00）观测 HONO 的浓度则能被模型较好地模拟再现，如图 6.19 所示。需要指出的是，虽然 NO_2 在气溶胶表面上的光敏化非均相反应以及颗粒态硝酸盐的光解被认为是大气 HONO 的重要来源，但是即使采用 NO_2 在气溶胶表面上的最大光敏摄取系数以及最大硝酸盐光解常数，模型模拟结果显示这两种反应途径对白天 HONO 形成的影响几乎可以被忽略。NO_2 在地表和气溶胶表面上的光敏化非均相反应的极大敏感性差异主要归咎于地表的比表面积远远大于气溶胶的比表面积。

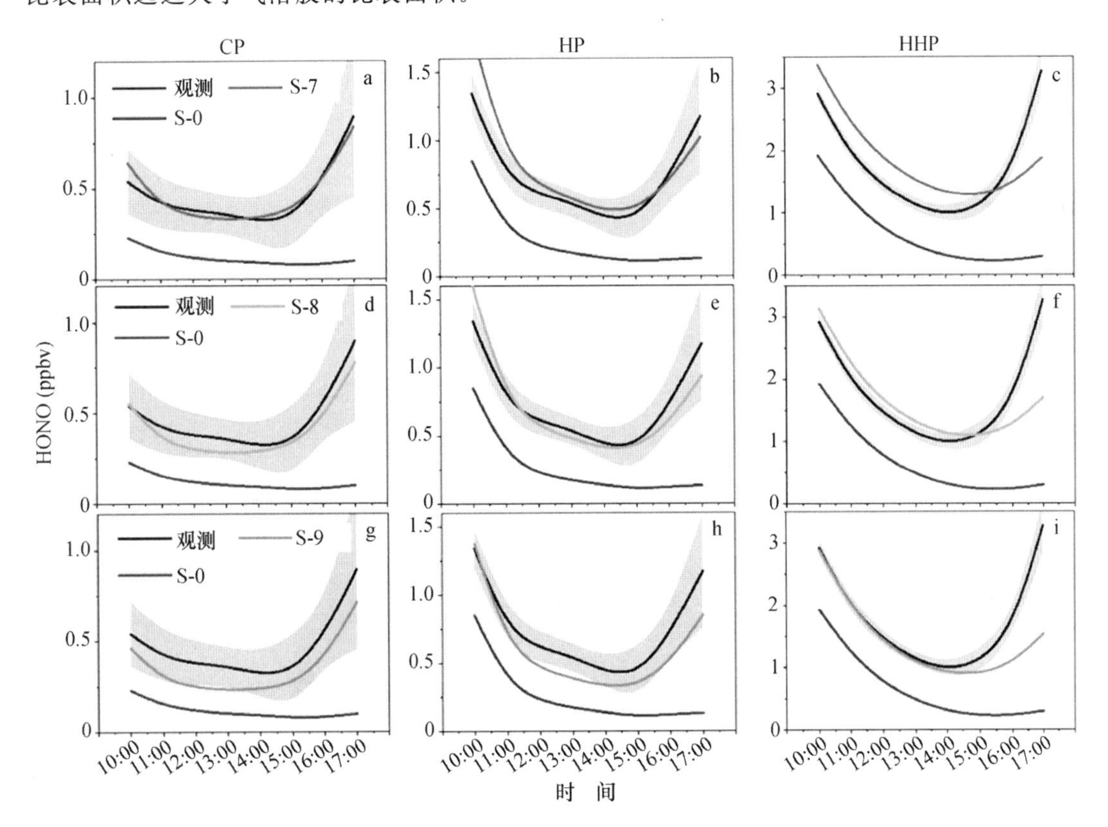

图 6.19　模型模拟与观测 HONO 在不同污染状况下的平均日变化（见书末彩图）

［S-0 为仅考虑 NO 与 OH 自由基均相反应生成 HONO 的来源；S-7 包含所有 HONO 已知源；S-8 包含所有 HONO 已知源，但把 NO_2 在地表和大气颗粒物表面上的光敏非均相反应摄取系数乘以 0.7；S-9 包含所有 HONO 已知源，但把 NO_2 在地表和大气颗粒物表面上的光敏非均相反应摄取系数乘以 0.4。］

虽然模型引入 NO_2 在地表光敏化非均相反应的摄取系数后能够较好再现观测结果，但是对霾天（HP）和重霾天（HHP）的模拟结果显著高于观测值（图 6.19b 和 c）。当把 NO_2 在地表光敏化摄取系数降低 30%后，霾天模拟结果更接近观测值（图 6.19e），但重霾天模拟结果仍然高于观测值（图 6.19f）。只有当 NO_2 在地表光敏化摄取系数降低 60%，重霾天在 10:00～15:00 期间的模拟结果才能与观测值吻合，但是显著低于 15:00 以后的观测值，低估约 32.5%。造成这种结果的可能原因为模型可能高估了边界层高度以及低估了暗光条件下 NO_2 在地表的摄取系数等，其中模型在增加暗光条件下 NO_2 在地表的摄取系数后，模拟结果就可很好再现重霾天 HONO 观测结果。该研究结果表明 NO_2 在地表的摄取系数并非恒值,与 NO_2 浓度水平密切相关,这与实验室研究结果相符。虽然一些模型研究基于相对湿度和光强对 NO_2 的摄取系数进行了等级划分,并在 HONO 收支以及二次有机气溶胶模拟方面获得了显著改进,但模拟值与观测值仍然存在差异,其原因可能归咎于缺失不同污染水平条件下 NO_2 的摄取动力学参数。以上推测需要进一步外场观测和模型模拟研究去证实。

观测期间三种不同污染状况下,日间 HONO 的收支以及每种源对大气 HONO 的相对贡献如图 6.20 所示。显然,白天 HONO 总汇强度相比总源强度稍大一些,这与白天观测 HONO 下降趋势相符。在 HONO 6 个来源中,NO 与 OH 自由基的均相反应在清洁天、霾天和重霾天一直表现为大气 HONO 的重要来源,分别占白天 HONO 总生成速率的33.6%、41.2%和 48.4%。均相反应从清洁天到重霾天对大气 HONO 贡献显著增加主要归咎于 NO 浓度的显著增加,例如,NO 的浓度从清洁天到重霾天增加了约 7 倍,而 OH 自由基浓度仅下降了不到 3 倍(图 6.21)。此外,清洁天时 NO 与 OH 自由基的均相反应对大气 HONO 最显著的贡献出现在中午,而在霾天和重霾天则出现在早上,这主要是因为清洁天中午相对高的 OH 自由基浓度以及霾天和重霾天早上较高的 NO 浓度。然而,均相反应形成的 HONO 并不能代表 OH 自由基净来源,因为均相反应 HONO 的形成所消耗的 OH 自由基等量于 HONO 光解产生的 OH 自由基。与均相反应正好相反,NO_2 在地表光敏化非均相反应对 HONO 的贡献从清洁天到重霾天呈现下降趋势,其贡献率分别为 44.3%、39.5%和 23%。暗光条件下,NO_2 在地表非均相反应对大气 HONO 的贡献从清洁天到重霾天随 NO_2 浓度的增加而增加,分别贡献 5.4%、6.4%和 12.3%。交通直接 HONO 排放对白天 HONO 的贡献从清洁天到

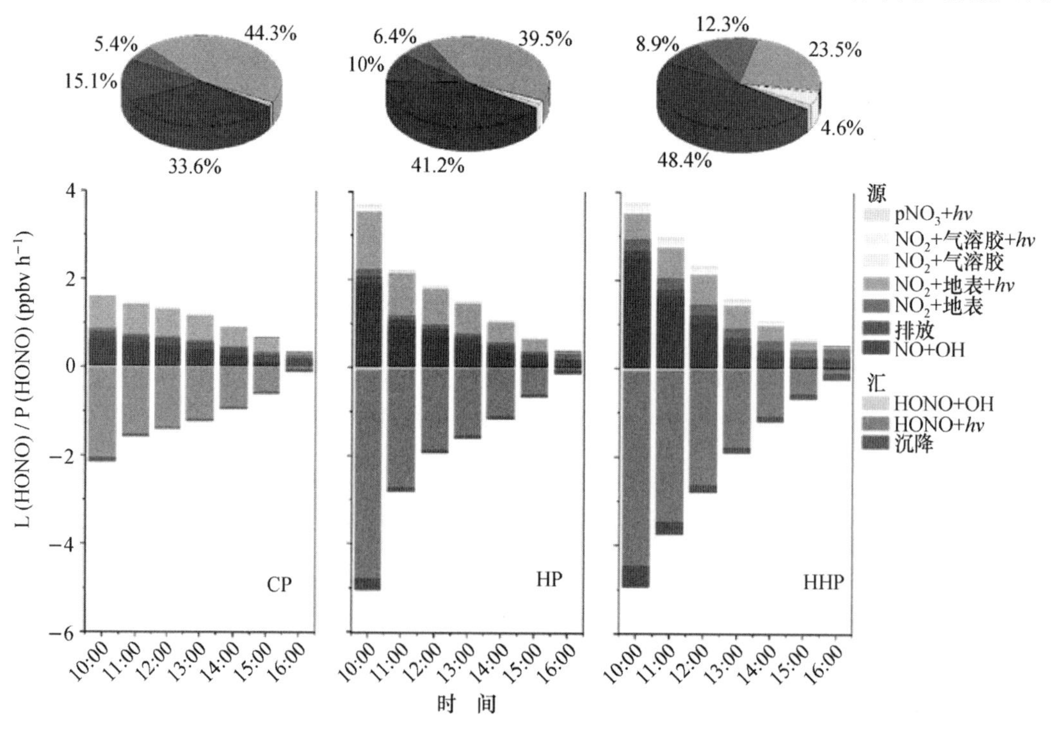

图 6.20 日间 HONO 的收支以及每种源对大气 HONO 的相对贡献(见书末彩图)

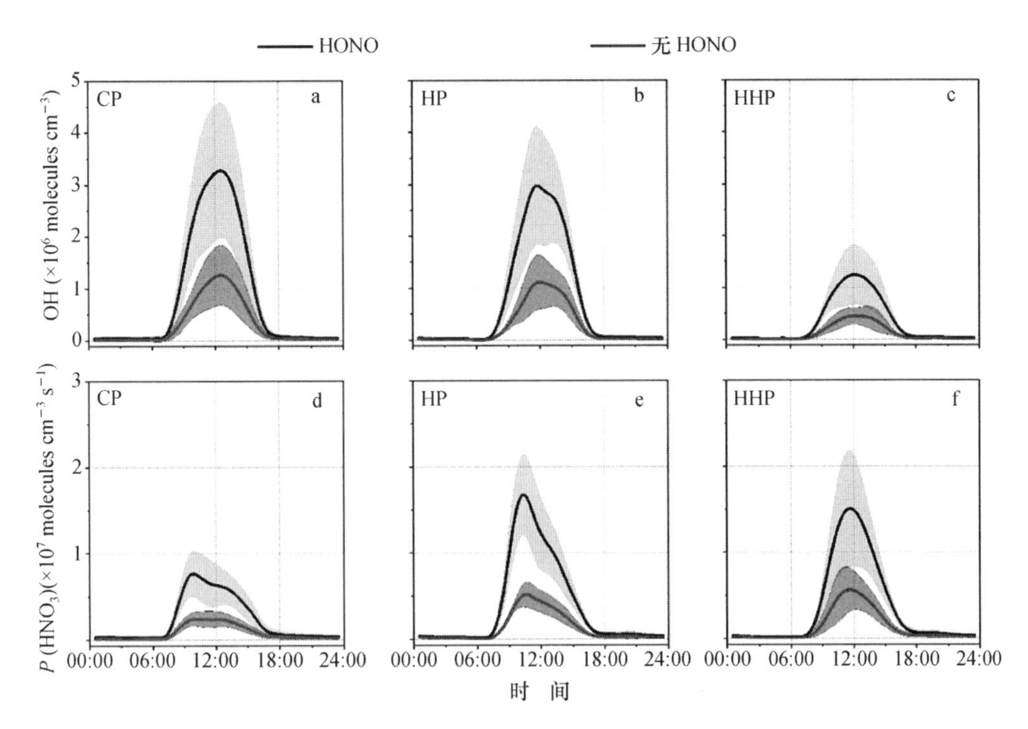

图 6.21　模型模拟 OH 自由基以及硝酸盐气相生成速率在有无观测 HONO 约束条件下的日变化特征（见书末彩图）

重霾天也呈现逐渐下降趋势，分别为 15.1%、10%和 8.9%。NO_2 在气溶胶表面上的非均相反应无论是暗光还是光照条件对 HONO 仅具有很小贡献，在 NO_2 和气溶胶浓度最大的重霾天对 HONO 的最大贡献仅为 4.6%。虽然颗粒态硝酸盐光解被认为是大气 HONO 的一种重要来源，但是模式模拟结果表明其对大气 HONO 的贡献几乎可以被忽略，例如在重霾天颗粒态硝酸盐浓度最高的条件下，其光解对大气 HONO 的贡献小于 2%。

HONO 光解为其最主要的损失途径，占白天总汇的 90%以上。HONO 通过与 OH 自由基反应的消耗在清洁天约占总消耗的 3.5%、霾天占 1.5%、重霾天占 1.4%。干沉降对 HONO 的损耗相对比较显著，在清洁天、霾天和重霾天分别贡献 3%、5%和 9%。

基于以上 HONO 收支结果，NO_2 在地表光敏化非均相反应对大气 HONO 具有显著贡献，表明大气 HONO 一定存在显著垂直分布。基于大气湍流，我们进一步粗略估算了 HONO的垂直分布，如图 6.22 所示，可见 HONO 浓度随高度增加而迅速下降，在边界层高度的浓度比近地面低一半以上，但其在重霾天边界层高度的中午浓度仍高达 0.5 ppb，表明 NO_2 在地表光敏化非均相反应对边界层内大气化学可能具有显著影响。

由于 HONO 光解是大气 OH 自由基的主要初始来源之一，为此，我们进一步分析了农村冬季大气 HONO 光解对 OH 自由基的相对贡献。基于观测约束的盒子模型共考虑了 OH 自由基的五种来源，包括 HONO 的光解、O_3 光解、甲醛光解，过氧化氢光解以及 O_3 与烯烃的反应。日间每种源 OH 自由基的净产生速率[P(OH)]及其对白天 OH 自由基总产生的贡献见图 6.23。显然，HONO 光解对 OH 自由基的净贡献比其他四种源高一个数量级以上，表明农村冬季大气 HONO 光解是 OH 自由基的主要来源。整个观测期间，HONO 光解对 OH 自由基的贡献大约为 92%。甲醛光解是农村冬季大气 OH 自由基的第二大来源，贡献为 4%～5%。O_3 与烯烃反应以及 O_3 和过氧化氢的光解对 OH 自由基的贡献基本上可以被忽略，贡献率一般小于 2%。

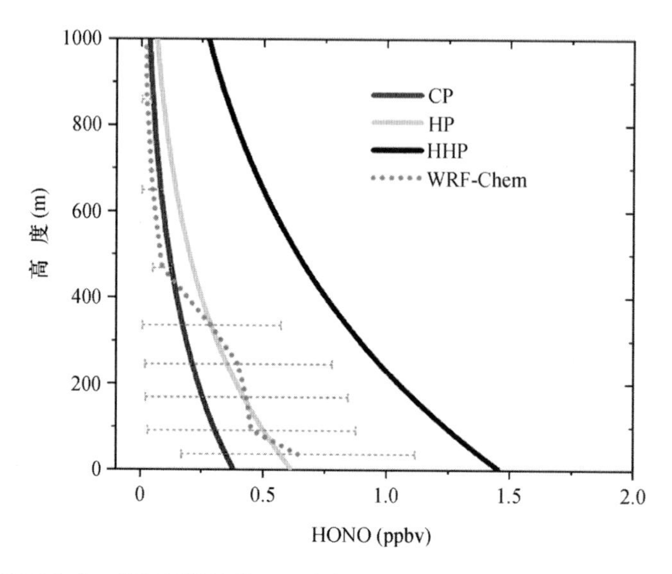

图 6.22 HONO 在三种不同污染状况下中午 12:00 的垂直分布估算结果(见书末彩图)

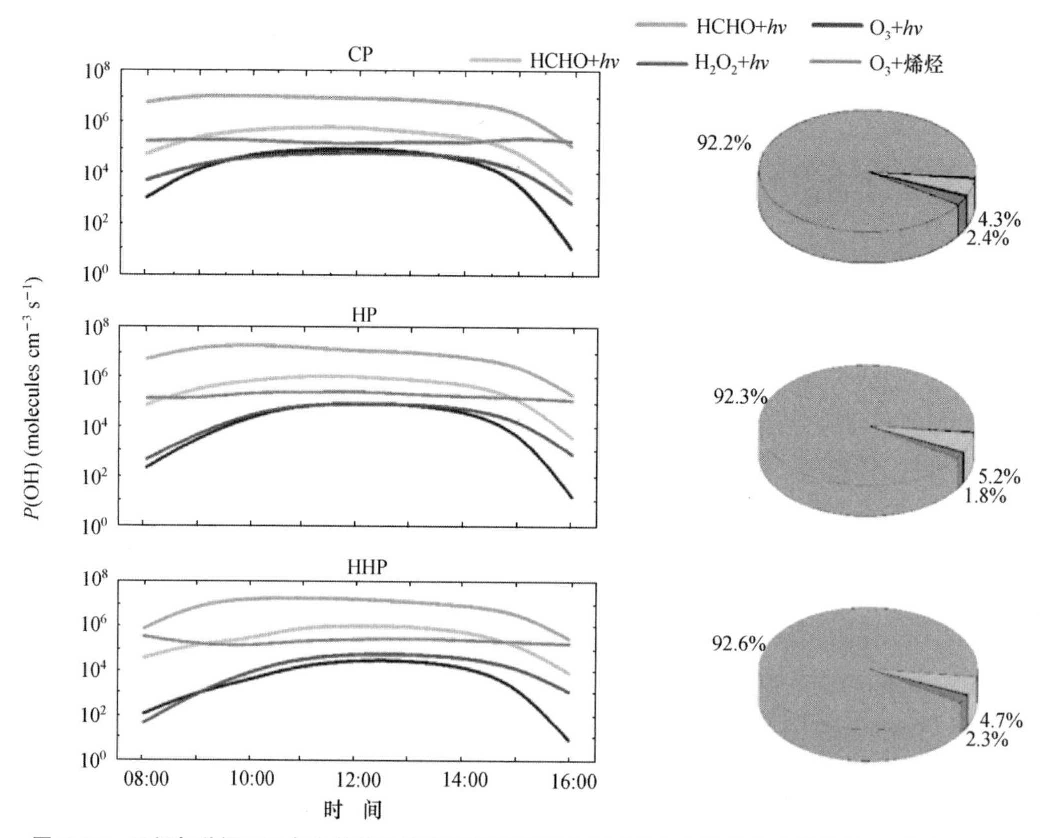

图 6.23 日间每种源 OH 自由基的净产生速率及其对白天 OH 自由基总产生的贡献(见书末彩图)

与清洁天相比,太阳辐射在重霾天降低了一半,但重霾天HONO光解产生OH自由基的净速率与清洁天相当甚至快于清洁天,这主要因为重霾天HONO浓度相对清洁天增加了约3倍。OH自由基的产生速率在清洁天、霾天和重霾天分别高达5.6×10^6、8.0×10^6和7.0×10^6 molecules cm^{-3} s^{-1},与该地夏季测定结果相当,但OH自由基浓度相比夏季测定结果低许多,表明冬季大气污染物浓度的提高显著增加了OH自由基的消耗速率,导致更多的二次污染物形成。

由图6.21可见,高浓度HONO光解引发OH自由基快速生成,这导致午间OH自由基平均浓度在清洁天、霾天和重霾天最高分别高达3.3×10^6、3.1×10^6和1.3×10^6 molecules cm^{-3}。高浓度OH自由基促进了NO_2与OH自由基的反应,导致白天硝酸盐在不同污染状况下的形成速率分别高达1.7、3.1和2.9 $\mu g\ m^{-3}\ h^{-1}$。

综上所述,华北农村冬季白天大气中存在异常高浓度的HONO,其主要源自NO_2在地表的光敏化非均相反应。HONO在白天的光解是大气OH自由基的主要来源,对二次污染物特别是硝酸盐的形成发挥了重要作用。

6.4.6 本项目资助发表论文

[1] Xue C Y,Ye C,Ma Z B,Liu P F,Zhang Y Y,Zhang C L,Tang K,Zhang W Q,Zhao X X,Wang Y Z,Song M,Liu J F,Duan J,Qin M,Tong S R,Ge M F,Mu Y J. Development of stripping coil-ion chromatograph method and intercomparison with CEAS and LOPAP to measure atmospheric HONO. Science of The Total Environment,2019,646: 187-195.

[2] Xue C Y,Ye C,Zhang Y Y,Ma Z B,Liu P F,Zhang C L,Zhao X X,Liu J F,Mu Y J. Development and application of a twin open-top chambers method to measure soil HONO emission in the North China Plain. Science of The Total Environment,2019,659: 621-631.

[3] Xue C Y,Zhang C L,Ye C,Liu P F,Catoire V,Krysztofiak G,Chen H,Ren Y G,Zhao X X,Wang J H,Zhang F,Zhang C X,Zhang J W,An J L,Wang T,Chen J M,Kleffmann J,Mellouki A,Mu Y J. HONO budget and its role in nitrate formation in the rural North China Plain. Environmental Science and Technology,2020,54: 11048-11057.

[4] Zhao X X,Zhao X J,Liu P F,Ye C,Xue C Y,Zhang C L,Zhang Y Y,Liu C T,Liu J F,Chen H,Chen J M,Mu Y J. Pollution levels,composition characteristics and sources of atmospheric $PM_{2.5}$ in a rural area of the North China Plain during winter. Journal of Environmental Sciences,2020,95: 172-182.

[5] Li X R,Zhang C L,Liu P F,Liu J F,Zhang Y Y,Liu C T,Mu Y J. Significant influence of the intensive agricultural activities on atmospheric $PM_{2.5}$ during autumn harvest seasons in a rural area of the North China Plain. Atomospheric Environment,2020,241: 17844.

[6] Liu C T,Zhang C L,Mu Y J,Liu J F,Zhang Y Y. Emission of volatile organic compounds from domestic coal stove with the actual alternation of flaming and smoldering combustion processes. Environmental Pollution,2017,221: 385-391.

[7] Song M,Zhang C L,Wu H,Mu Y J,Ma Z B,Zhang Y Y,Liu J F,Li X R. The influence of OH concentration on SOA formation from isoprene photooxidation. Science of The Total Environment,2019,650: 951-957.

[8] Wang J H,Sun S Y,Zhang C X,Xue C Y,Liu P F,Zhang C L,Mu Y J,Wu H,Wang D F,Chen H,Chen

J M. The pollution levels, variation characteristics, sources and implications of atmospheric carbonyls in a typical rural area of North China Plain during winter. Journal of Environmental Sciences, 2020, 95: 256-265.

[9] Zhou Y Z, Zhang Y Y, Tian D, Mu Y J. The influence of straw returning on N_2O emissions from a maize-wheat field in the North China Plain. Science of The Total Environment, 2017, 584-585: 935-941.

[10] Liu C T, Ma Z B Mu, Y J, Liu J F, Zhang C L, Zhang Y Y, Liu P F, Zhang H X. The levels, variation characteristics and sources of atmospheric non-methane hydrocarbon compounds during wintertime in Beijing, China. Atmospheric Chemistry and Physics, 2017, 17: 10633-10649.

[11] Liu P F, Zhang C L, Xue C Y, Mu Y J, Liu J F, Zhang Y Y, Tian D, Ye C, Zhang H X, Guan J. The contribution of residential coal combustion to atmospheric $PM_{2.5}$ in Northern China during winter. Atmospheric Chemistry and Physics, 2017, 17: 1-18.

[12] Song M, Zhang C L, Wu H, Mu J C, Ma Z B, Liu P F, Liu J F, Zhang Y Y, Chen C, Fu Y Z, Bi X H, Jiang B, Mu Y J. The influence of UV-light irradiation and stable Criegee intermediate scavengers on secondary organic aerosol formation from isoprene ozonolysis. Atmospheric Environment, 2018, 191: 116-125.

[13] Liu P F, Zhang C L, Mu Y J, Liu C T, Xue C Y, Can Ye, Junfeng Liu, Yuanyuan Zhang, Hongxing Zhang. The possible contribution of the periodic emissions from farmers' activities in the North China Plain to atmospheric water-soluble ions in Beijing. Atmospheric Chemistry and Physics, 2016, 16: 10097-10109.

[14] Ma Z B, Liu C T, Zhang C L, Liu P F, Ye C, Xue C Y, Zhao D, Sun J C, Du Y M, Chai F H, Mu Y J. The levels, sources and reactivity of volatile organic compounds in a typical urban area of Northeast China. Journal of Environmental Sciences, 2019, 79:121-134.

[15] Chen C, Wang Y Z, Zhang Y Y, Lun X X, Liu C T, Mu Y J, Zhang C L, Liu P F, Xue C Y, Song M, Ye C, Liu J F. Activity maintenance of the excised branches and a case study of NO_2 exchange between the atmosphere and P. nigra branches. Journal of Environmental Sciences, 2019, 80: 316-326.

[16] Zhang Y Y, Guo G X, Wu H, Mu Y J, Liu P F, Liu J F, Zhang C L. The coupling interaction of NO_2^- with NH_4^+ or NO_3^- as an important source of N_2O emission from agricultural soil in the North China Plain. Science of The Total Environment, 2019, 692: 82-88.

[17] Tian D, Zhang Y Y, Mu Y J, Zhou Y Z, Zhang C L, Liu J F. The effect of drip irrigation and drip fertigation on N_2O and NO emissions, water saving and grain yields in a maize field in the North China Plain. Science of the Total Environment, 2017, 575: 1034-1040.

[18] Tian D, Zhang Y Y, Zhou Y Z, Mu Y J, Liu J F, Zhang C L, Liu P F. Effect of nitrification inhibitors on mitigating N_2O and NO emissions from an agricultural field under drip fertigation in the North China Plain. Science of The Total Environment, 2017, 598: 87-96.

[19] Chen C, Wang Y Z, Zhang Y Y, Liu C T, Lun X X, Mu Y J, Zhang C L, Liu J F. Characteristics and influence factors of NO_2 exchange flux between the atmosphere and P. nigra. Journal of Environmental Sciences, 2019, 84: 155-165.

[20] Ye C, Liu P F, Ma Z B, Xue C Y, Zhang C L, Zhang Y Y, Liu J F, Liu C T, Sun X, Mu Y J. High H_2O_2 concentrations observed during haze periods during the winter in Beijing: Importance of H_2O_2 oxidation in sulfate formation. Environmental Science Technology Letter. 2018, 5: 757-763.

[21] 王玉征，薛朝阳，张成龙，刘鹏飞，张圆圆，陈晖，陈建民，牟玉静，刘俊锋. 典型华北农村地区冬季 HONO 的浓度水平及来源分析. 环境科学，2019，40：3973-3981.

参考文献

[1] 晏国政，王井怀．中国众多城市遭遇臭氧污染困扰．新华网，2013．

[2] 王伟光，郑国光．气候变化绿皮书：应对气候变化报告．北京：社会科学文献出版社，2013．

[3] 傅家谟．二次气溶胶对灰霾贡献大．环境，2008，28：28-29．

[4] 朱彤，尚静，赵德峰．大气复合污染及灰霾形成中非均相化学过程的作用．中国科学-化学，2010，40：1731-1740．

[5] 唐孝炎，张远航，邵敏．大气环境化学．北京：高等教育出版社，2006．

[6] Hofzumahaus A, Rohrer F, Lu K, Bohn B, Brauers T, Chang C C, Fuchs H, Holland F, Kita K, Kondo Y. Amplified trace gas removal in the troposphere. Science, 2009, 324: 1702-1704.

[7] Ehhalt DH, Ehhalt DH. Radical ideas. Science, 1998, 279.

[8] Lelieveld J, Dentener F J, Peters W, Krol M C. On the role of hydroxyl radicals in the self-cleansing capacity of the troposphere. Atmospheric Chemistry and Physics, 2004, 4: 2337-2344.

[9] Stone D, Whalley L K, Heard D E. Tropospheric OH and HO_2 radicals: Field measurements and model comparisons. Chemical Society Reviews, 2012, 41: 6348-6404.

[10] Finlayson-pitts BJ, James N, Pitts J. Atmospheric chemistry: Fundamentals and experimental techniques. New York: Wiley Press, 1987.

[11] Atkinson R. Atmospheric chemistry of VOCs and NO_x. Atmospheric Environment, 2000, 34: 2063-2101.

[12] Platt U, Perner D, Harris G W, Winer A M, Pitts J N. Observations of nitrous acid in an urban atmosphere by differential optical absorption. Nature, 1980, 285: 312-314.

[13] Finlayson-Pitts B J, Pitts J N. Tropospheric air pollution: Ozone, airborne toxics, polycyclic aromatic hydrocarbons, and particles. Science, 1997, 276: 1045-1051.

[14] Atkinson R, Aschmann S M, Arey J, Shorees B. Formation of OH radicals in the gas phase reactions of O_3 with a series of terpenes. Journal of Geophysical Research Atmospheres, 1992, 97: 6065-6073.

[15] Harrison R M, Peak J D, Collins G M. Tropospheric cycle of nitrous acid. Journal of Geophysical Research, 1996, 101: 14429-14439.

[16] Elshorbany Y F, Steil B, Brühl C, Lelieveld J. Impact of HONO on global atmospheric chemistry calculated with an empirical parameterization in the EMAC model. Atmospheric Chemistry and Physics, 2012, 12: 12885-12934.

[17] Stemmler K, Ammann M, Donders C, Kleffmann J, George C. Photosensitized reduction of nitrogen dioxide on humic acid as a source of nitrous acid. Nature, 2006, 440: 195-198.

[18] Su H, Cheng Y F, Shao M, Gao D F, Yu Z Y, Zeng L M, Slanina J, Zhang Y H, Wiedensohler A. Nitrous acid (HONO) and its daytime sources at a rural site during the 2004 PRIDE-PRD experiment in China. Journal of Geophysical Research, 2008, 113: 762-770.

[19] Zhang Y H, Hu M, Zhong L J, Wiedensohler A, Liu S C, Andreae M O, Wang W, Fan S J. Regional integrated experiments on air quality over Pearl River Delta 2004 (PRIDE-PRD2004): Overview. Atmospheric Environment, 2008, 42: 6157-6173.

[20] Ren X, Martinez H M, Lesher R L, Oliger A, Simpas J B, Brune W H, Schwab J J, Demerjian K L, He Y, Zhou X. OH and HO_2 Chemistry in the urban atmosphere of New York City. Atmospheric Environ-

ment,2003,37: 3639-3651.

[21] Kessler C,Kessler C,Platt U,Platt U. Nitrous acid in polluted air masses — sources and formation Pathways. Physico-Chemical Behaviour of Atmospheric Pollutants,1984.

[22] Kirchstetter T W,Harley R A,Littlejohn D. Measurement of nitrous acid in motor vehicle exhaust. Environmental Science and Technology,1996,30: 2843-2849.

[23] Finlayson-Pitts B J,Wingen L M,Sumner A L,Syomin D,Ramazan K A. The heterogeneous hydrolysis of NO_2 in laboratory systems and in outdoor and indoor atmospheres: An integrated mechanism. P Physical Chemistry Chemical Physics,2003,5: 223-242.

[24] Pitts J N,Sanhueza E,Atkinson R,Carter W P L,Winer A M,Harris G W,Plum C N. An investigation of the dark formation of nitrous acid in environmental chambers. International Journal of Chemical Kinetics,2004,16: 919-939.

[25] Su H,Cheng Y,Oswald R,Behrendt T,Trebs I,Meixner F X,Andreae M O,Cheng P,Zhang Y,Poschl U. Soil nitrite as a source of atmospheric HONO and OH radicals. Science,2011,333: 1616-1618.

[26] Oswald R,Behrendt T,Ermel M,Wu D,Su H,Cheng Y,Breuninger C,Moravek A,Mougin E,Delon C. HONO emissions from soil bacteria as a major source of atmospheric reactive nitrogen. Science,2013,341: 1233-1235.

[27] George C,Strekowski R S,Kleffmann J,Stemmler K,Ammann M. Photoenhanced uptake of gaseous NO_2 on solid organic compounds: A photochemical source of HONO? Faraday Discussions,2005,130: 195-210.

[28] Bejan I,Abd-El-Aal Y,Barnes I,Benter T,Bohn B,Wiesen P,Kleffmann J. The photolysis of ortho-nitrophenols: A new gas phase source of HONO. Physical Chemistry Chemical Physics,2006,8: 2028-2035.

[29] Zhou X,Gao H,He Y,Huang G,Bertman S B,Civerolo K,Schwab J. Nitric acid photolysis on surfaces in low-NO_x environments: Significant atmospheric implications. Geophysical Research Letters,2003,30: 179-179.

[30] Li S,Matthews J,Sinha A. Atmospheric hydroxyl radical production from electronically excited NO_2 and H_2O. Science,2008,319:1657-1660.

[31] 安俊岭,李颖,汤宇佳,陈勇,屈玉. HONO 来源及其对空气质量影响研究进展. 中国环境科学,2014,34: 273-281.

[32] Kurtenbach R,Becker K H,Gomes J A G,Kleffmann J,Lorzer J C,Spittler M,Wiesen P,Ackermann R,Geyer A,Platt U. Investigations of emissions and heterogeneous formation of HONO in a road traffic tunnel. Atmospheric Environment,2001,35: 3385-3394.

[33] Elshorbany Y F,Kurtenbach R,Wiesen P,Lissi E,Rubio M,Villena G,Gramsch E,Rickard AR,Pilling M J,Kleffmann J. Oxidation capacity of the city air of Santiago,Chile. Atmospheric Chemistry and Physics,2009,9: 2257-2273.

[34] Qin M,Xie P,Su H,Gu J,Peng F,Li S,Zeng L,Liu J,Liu W,Zhang Y. An observational study of the HONO-NO_2 coupling at an urban site in Guangzhou City,South China. Atmospheric Environment,2009,43: 5731-5742.

[35] An J,Li Y,Chen Y,Li J,Qu Y,Tang Y. Enhancements of major aerosol components due to additional HONO sources in the North China Plain and implications for visibility and haze. Advances in Atmospheric Sciences,2013,30: 57-66.

[36] Kleffmann J. Daytime sources of nitrous acid (HONO) in the atmospheric boundary layer. Chemical

Physics Chemistry, 2007, 8: 1137-1144.

[37] Wang S, Zhou R, Zhao H, Wang Z, Chen L, Zhou B. Long-term observation of atmospheric nitrous acid (HONO) and its implication to local NO_2 levels in Shanghai, China. Atmospheric Environment, 2013, 77: 718-724.

[38] Li Y, An J, Min M, Zhang W, Wang F, Xie P. Impacts of HONO sources on the air quality in Beijing, Tianjin and Hebei province of China. Atmospheric Environment, 2011, 45: 4735-4744.

[39] Ammann M, Kalberer M, Jost D T, Tobler L, Rossler E, Piguet D, Goggeler H W, Baltensperger U. Heterogeneous production of nitrous acid on soot in polluted air masses. Nature, 1998, 395: 157-160.

[40] Arens F, Gutzwiller L, Baltensperger U, Gaggeler H W, Ammann M. Heterogeneous reaction of NO_2 on diesel soot particles. Environmental Science and Technology, 2001, 35: 2191-2199.

[41] D'Anna B, Monge M E, George C, Ammann M, Donaldson D J. Light changes the atmospheric reactivity of soot. Proceedings of the National Academy of Sciences, 2010, 107: 6605-6609.

[42] Lukas G, Frank A, Urs B, Gaggeler H W, Markus A. Significance of semivolatile diesel exhaust organics for secondary HONO formation. Environmental Science and Technology, 2002, 36: 677-682.

[43] VandenBoer T C, Young C J, Talukdar R K, Markovic M Z, Brown S S, Roberts J M, Murphy J G. Nocturnal loss and daytime source of nitrous acid through reactive uptake and displacement. Nature Geoscience, 2015, 8: 55-60.

[44] Ndour M, D'Anna B, George C, Ka O, Balkanski Y, Kleffmann J, Stemmler K, Ammann M. Photoenhanced uptake of NO_2 on mineral dust: Laboratory experiments and model simulations. Geophysical Research Letters, 2008, 35: 94-96.

[45] Wong K W, Tsai C, Lefer B, Haman C, Grossberg N, Brune W H, Ren X, Luke W, Stutz J. Daytime HONO vertical gradients during SHARP 2009 in Houston, TX. Atmospheric Chemistry and Physics, 2012, 11: 635-652.

[46] Wong K W, Oh H J, Lefer B, Rappenglück B, Stutz J. Vertical profiles of nitrous acid in the nocturnal urban atmosphere of Houston, TX. Atmospheric Chemistry and Physics, 2011, 11: 3595-3609.

第7章 华北地区大气氮氧化物非均相化学及其对大气氧化性和区域空气污染的影响

王韬[1]，薛丽坤[2]，王哲[3]，周学华[2]，王新锋[2]，付晓[1]，高健[4]，张岳翀[4]，潘振南[1]

[1]香港理工大学，[2] 山东大学，[3] 香港科技大学，[4] 中国环境科学研究院

氮氧化物的非均相化学过程对大气化学和大气复合污染有重要影响，其中亚硝酸气(HONO)和硝酰氯($ClNO_2$)的非均相生成是两个重要过程。华北地区氮氧化物(NO_x)排放量大、颗粒物浓度高、区域大气污染严重，非均相化学过程预期发挥重要作用，但相关研究十分缺乏。在国家自然科学基金的支持下，本研究开发了可同时观测多种活性氮氧化物和活性卤素的高灵敏度、高分辨率的化学离子化质谱，以及可应用于高污染环境下五氧化二氮(N_2O_5)非均相摄取系数的直接测量方法。在华北城区、郊区、高山和沿海站点进行了综合大气观测，掌握了华北 HONO 和 $ClNO_2$ 的污染特征及非均相生成的关键动力学参数，构建了适合华北真实大气环境的 N_2O_5 非均相摄取及 $ClNO_2$ 产率的新参数化方案。在此基础上改进了主流大气化学模式中 HONO 和 $ClNO_2$ 化学模块，并首次建立了中国本土化高分辨率氯排放清单，量化了氯的来源，改善了模型对大气氧化性及二次颗粒物的模拟效果。结合稳态分析、箱式模型及大气化学传输模型等多种方法，揭示了大气氮氧化物非均相化学过程对华北大气氧化性和污染生成的重要影响，为更好地控制华北地区大气复合污染提供了科学依据。

7.1 研究背景

反应性氮氧化物是大气中一类非常重要的痕量成分，包括 NO_x 及其氧化产物，如三氧化氮(NO_3)、N_2O_5、HONO、$ClNO_2$、硝酸气(HNO_3)、无机硝酸盐(NO_3^-)、过氧乙酰硝酸酯(PAN)和烷基硝酸酯等。它们在大气化学、地球生物化学循环以及气候变化中扮演着重要角色，同时和霾、光化学烟雾、酸沉降等区域环境问题密切相关。NO_x 在大气中的化学转化过程十分复杂，既有气体分子间的均相反应，也可以在各种界面上发生非均相反应。以往的研究对气态均相过程有了较好的认识，但最新研究结果显示氮氧化物的非均相化学过程更为复杂，认识还存在严重不足[1-4]。这些非均相化学过程对大气氧化性、自由基化学、臭氧生成、卤素活化、二次无机气溶胶(SIA)和二次有机气溶胶(SOA)形成等具有潜在的重要影响，因此是目前大气化学领域的研究热点和前沿问题(图 7.1)。

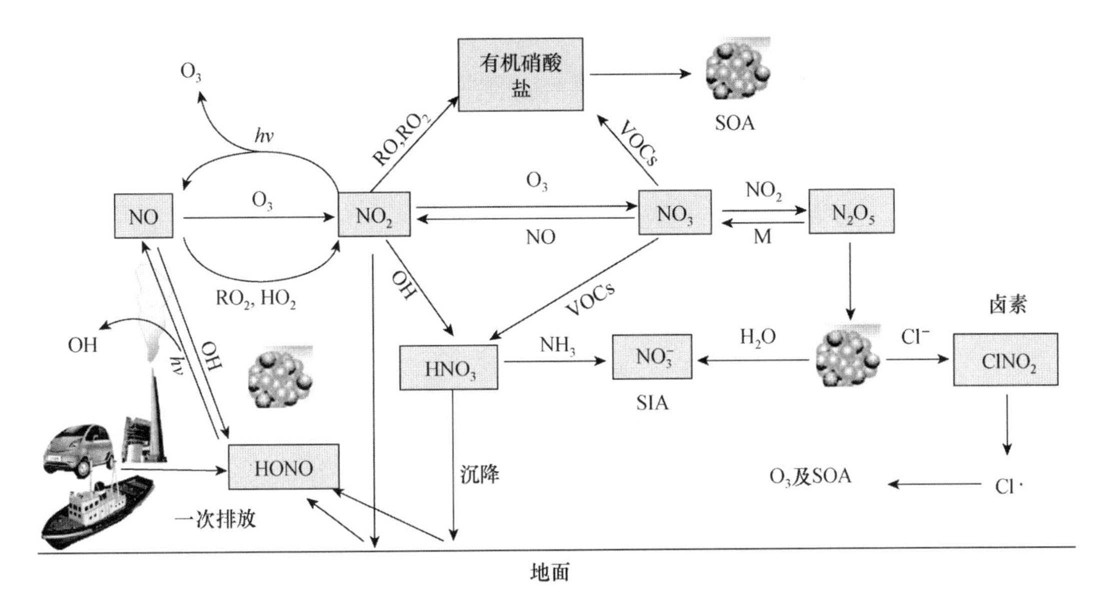

图7.1 大气氮氧化物化学与大气氧化性和区域空气污染(臭氧和颗粒物)的关系

[仅标出了主要反应路径。]

其中,两个重要过程包括 HONO 和 $ClNO_2$ 的非均相生成,其研究现状和主要科学问题概述如下。

7.1.1 HONO 非均相化学研究现状

HONO 是 OH 自由基的重要前体物,在大气化学中扮演关键角色。白天 HONO 的来源是当前国际上大气化学研究的热点之一。早期,化石燃料燃烧和 OH+NO 均相反应被认为是大气 HONO 的主要来源[5]。但近期的研究在多个地区发现白天 HONO 浓度较高,无法被上述已知来源所解释,说明大气中还存在其他未知的重要来源[6-7]。近年来,许多学者基于现场观测和实验室研究提出了一些潜在的 HONO 来源,如 NO_2 光增强界面反应[1]、土壤排放[2]、酸置换反应[8]、吸附态硝酸光解[9]、激发态 NO_2 与 H_2O 反应[10]、NO_2 与 $HO_2 \cdot H_2O$ 反应[11]等。但总体而言,学术界关于 HONO 的未知来源目前尚未达成共识,仍在探索和讨论当中。

与其他潜在来源相比,NO_2 在潮湿表面的非均相反应被一致认作是重要的 HONO 来源[12-13],但关于不同界面(如地面和颗粒物表面)的相对作用以及 HONO 非均相生成的速率(尤其是 NO_2 在不同界面的摄取系数),还存在一定争议。许多学者通过分析未知来源强度与不同界面过程指示性参数的相关性或测量近地层大气 HONO 的垂直廓线,来评估地面和气溶胶表面过程的相对贡献。基于 HONO 地面浓度高、上空浓度低的垂直廓线,多数研究认为地面反应占主导地位[14-15],但也有部分高塔观测和飞行器观测在距离地面较高(>300 m)的空中发现了高浓度的 HONO,表明气溶胶表面反应在某些地区(尤其是高颗粒物污染地区)可能有重要贡献[13,16-17]。

NO_2 在不同界面的摄取系数(γ_{NO_2})是模式模拟 HONO 生成并评估其影响的重要参数,

其与温度、湿度和界面化学成分等密切相关,具有较大的不确定性。目前,实验室研究已经测量了不同成分气溶胶和不同温湿条件下的 γ_{NO_2},但由于实验方法或条件的不同,气溶胶表面的 γ_{NO_2} 可以相差几个数量级[18-21]。而现有空气质量模式要么没有考虑 HONO 的非均相过程,要么采用基于实验室或外场观测获得的参数化方案,在 γ_{NO_2} 选择上同样存在数量级上的差距($10^{-6}\sim10^{-4}$),很大程度上影响了研究结论的可靠性[22-23]。因此,有必要建立真实大气环境的 γ_{NO_2} 参数化方案,以改进空气质量模式提高模拟准确度。

近年来在珠三角、长三角和华北等地针对 HONO 的相关研究工作已经很好地开展起来[2,24-26]。这些工作对于认识我国大气 HONO 的污染特征极具价值,也有少数研究提出了一些潜在来源以及评估了 HONO 对于大气氧化性的影响。然而,对于我国高颗粒物大气环境中 HONO 非均相生成机制(尤其是颗粒物的作用)的认识还不清楚,也缺乏适合我国真实大气环境的HONO 非均相生成参数化方案,因此亟需开展深入研究。

7.1.2 $ClNO_2$ 非均相化学研究现状

$ClNO_2$ 是 N_2O_5 在含氯气溶胶表面发生水解反应的产物,通常在夜间生成并积累,日出后通过光解释放出氯原子和 NO_2。氯原子具有强氧化性,可以氧化大气中的挥发性有机物(VOCs),其反应速率常数通常较 OH 自由基快 1～2 个数量级。因此,$ClNO_2$ 的生成和光解对大气氧化性和光化学过程有重要的潜在影响。2006 年 $ClNO_2$ 首次在美国东南海岸海洋大气边界层内被检出[27],之后在欧美其他沿海和内陆地区也陆续观测到较高浓度(ppb 级)的 $ClNO_2$[4,28-29],从而证实了其在地球大气中的普遍存在。后续模式研究进一步揭示 $ClNO_2$ 的夜间生成过程对第二天的臭氧污染有重要的潜在影响[30-31]。

然而,目前关于 $ClNO_2$ 在真实大气颗粒物表面非均相生成机制的认识还很不充分,主要体现在 N_2O_5 摄取系数($\gamma_{N_2O_5}$)和 $ClNO_2$ 产率(φ_{ClNO_2})随环境变化较大,现有的参数化方案存在很大不确定性。早期,实验室研究已经测量了不同人造气溶胶表面的 $\gamma_{N_2O_5}$ 和 φ_{ClNO_2},并建立了用于模式研究的参数化方案[32]。近几年,许多学者开始利用高分辨率的外场观测数据推算真实大气环境的 $\gamma_{N_2O_5}$[3],或利用气溶胶流动管实测真实大气颗粒物表面的 $\gamma_{N_2O_5}$ 和 φ_{ClNO_2}[33],发现外场观测获得的结果变化较大,与实验室研究结果存在较大差异。而现有模式缺乏合理地反映真实大气环境的 $\gamma_{N_2O_5}$ 和 φ_{ClNO_2} 的参数化方案,很大程度上制约了对 $ClNO_2$ 非均相生成过程及其对大气氧化性和复合污染影响的认识[34]。

我国在 $ClNO_2$ 方面开展的研究工作十分有限。2010 年以来,本研究团队先后在香港多个站点针对 $ClNO_2$ 进行了观测研究,2014 年夏季在河北望都和山东泰山也进行了初步观测。这些实验证实了上述地区大气中含有高浓度的 $ClNO_2$,基于观测模型(OBM)发现 $ClNO_2$ 光解对香港地区大气氧化性和臭氧生成有重要贡献。然而当时技术条件所限,未对真实大气颗粒物表面的 $\gamma_{N_2O_5}$ 和 φ_{ClNO_2} 进行测量,缺乏反映我国真实大气环境的参数化方案,因此需开展进一步研究。

7.1.3 关于本研究

华北地区目前面临着严峻的区域大气复合污染问题,对查清大气污染成因、改善空气质量有着迫切需求。与国内外其他地区相比，华北具有其独特复杂的大气环境，预期氮氧化物非均相化学过程可能较为活跃且自具特点，主要体现在：① 前体物排放强度大、浓度高，华北是世界上 NO_x 和 VOCs 人为源排放强度最大的地区之一，且同时受自然（如海盐）和人为氯排放源（如电厂等）影响，大气中含有丰富的 NO_x、VOCs 和含氯气溶胶等；② 大气颗粒物浓度高，颗粒物界面反应预期在非均相化学过程中发挥重要作用；③ 大气氧化性强。RO_x（包括 OH、HO_2 和 RO_2）自由基和氯原子等决定了大气的氧化能力，进而决定着一次污染物去除和二次污染物生成的速率。近期研究发现大气自由基的来源和循环机制十分复杂，现有科学认识明显不足[35-36]，制约着对大气化学和大气复合污染成因的深刻理解。因此，研究华北地区大气氮氧化物非均相化学和大气氧化性不仅有助于满足大气污染防治的社会需求，还是对国际上大气化学前沿研究在我国复杂环境条件下的有力补充，兼具重要的科学和现实意义。

立足上述背景，本研究选择华北地区不同类型的典型环境开展观测实验，结合模式模拟，系统研究了华北地区大气 N_2O_5、$ClNO_2$ 和 HONO 的时空分布特征与非均相生成机制，构建了适合真实大气环境的氮氧化物非均相化学转化机理，评估了氮氧化物非均相化学对大气氧化性和大气复合污染的定量影响。本研究在排放条件复杂、高颗粒物负荷的大气环境中取得的研究成果是对国际上大气氮氧化物非均相化学和大气氧化性与自由基化学等热门研究领域的重要补充，可用于更新现有的空气质量模式，也有助于深入认识我国区域大气复合污染问题的成因，进而为科学制定控制对策提供支撑。

7.2　研究目标与研究内容

围绕“华北地区大气氮氧化物非均相化学及其对大气氧化性和区域复合污染的影响”这一核心科学问题，本研究主要包括以下三部分研究内容。

7.2.1　$ClNO_2$ 的非均相生成机制研究

系统阐明华北地区大气 $ClNO_2$ 的污染特征和非均相生成机制。具体内容包括：① 了解华北典型地区（包括沿海-内陆、城市-郊区等）大气中 $ClNO_2$、N_2O_5 及其相关污染物的时空分布特征；② 量化真实大气气溶胶表面的 N_2O_5 水解速率和 $ClNO_2$ 生成速率，获得 $\gamma_{N_2O_5}$ 和 φ_{ClNO_2}，构建适合华北地区真实大气环境的 $ClNO_2$ 生成参数化方案；③ 研究城市夜间残留层大气、海洋边界层大气，以及城市烟羽输送过程中 N_2O_5 和 $ClNO_2$ 的非均相转化过程。

7.2.2　HONO 的非均相来源研究

系统揭示华北地区大气 HONO 的污染特征和非均相生成机制。具体内容包括：① 研究华北典型地区（包括沿海-内陆、城市-郊区等）大气中 HONO 及其相关污染物的时空分布特征；② 研究典型城市近地层大气 HONO 的垂直分布特征，判断地面和气溶胶表面在 HONO 非均相生成中的相对作用；③ 结合模式分析，量化 HONO 在地面和气溶胶表面的非均相生成速率,建立适合华北地区真实大气环境 HONO 非均相生成的参数化方案。

7.2.3 氮氧化物的非均相化学过程对大气氧化性和大气复合污染的影响研究

系统评估上述氮氧化物的非均相化学过程对大气氧化性和区域大气复合污染的影响。具体内容包括:① 研究华北典型地区的大气氧化性和 RO_x 自由基的时空分布、主要来源与循环机制;② 基于研究中获得以及文献报道的参数化方案和动力学数据,建立详细的大气氮氧化物非均相化学机理,对现有模式进行更新和完善;③ 开展模式模拟综合分析,评估 HONO 和 $ClNO_2$ 的非均相过程对大气氧化性、臭氧以及二次气溶胶的定量贡献。

通过开展上述研究,实现如下四个研究目标:

(1) 掌握污染特征:典型地区大气 HONO、N_2O_5、$ClNO_2$ 和 RO_x 自由基的时空分布特征;

(2) 揭示化学机制:典型地区大气 HONO 和 $ClNO_2$ 的非均相生成以及 RO_x 自由基的来源与循环机制;

(3) 阐明环境影响:HONO 和 $ClNO_2$ 的非均相生成过程对大气氧化性、臭氧和二次气溶胶生成的定量贡献;

(4) 方法发展与人才培养:探究氮氧化物非均相转化的化学反应机理,改进空气质量模型;培养优秀的青年科技人才,助力我国未来的大气科学研究事业。

7.3 研究方案

本研究采用野外实验和模式模拟系统结合的研究方法,技术路线如图 7.2 所示。实验方面,设计小型的野外流动管实验和大型的强化观测,二者互为补充;模式方面,利用化学箱式模型和大气化学传输模型,二者互相配合。为了系统研究华北地区不同类型的典型环境中 HONO 和 $ClNO_2$ 的非均相化学过程,在城区、郊区、高山和沿海站点进行了综合大气观测。为便于研究大气氮氧化物非均相化学的季节变化特征及其与大气复合污染的相互作用,观测时段覆盖光化学污染严重的夏季和雾霾污染严重的冬季。具体研究方法和手段说明如下。

7.3.1 野外流动管实验

野外流动管实验旨在揭示真实颗粒物表面的 N_2O_5 水解和 $ClNO_2$ 生成等非均相过程。利用气溶胶流动管反应器,配合 N_2O_5、$ClNO_2$、气溶胶化学成分、粒径分布、温度、湿度及其他相关参数的在线测量,计算出 $\gamma_{N_2O_5}$ 和 φ_{ClNO_2},研究其与温度、湿度、气溶胶理化特性等相关参数的定量关系,建立适合华北地区真实大气环境的 $\gamma_{N_2O_5}$ 和 φ_{ClNO_2} 参数化方案。

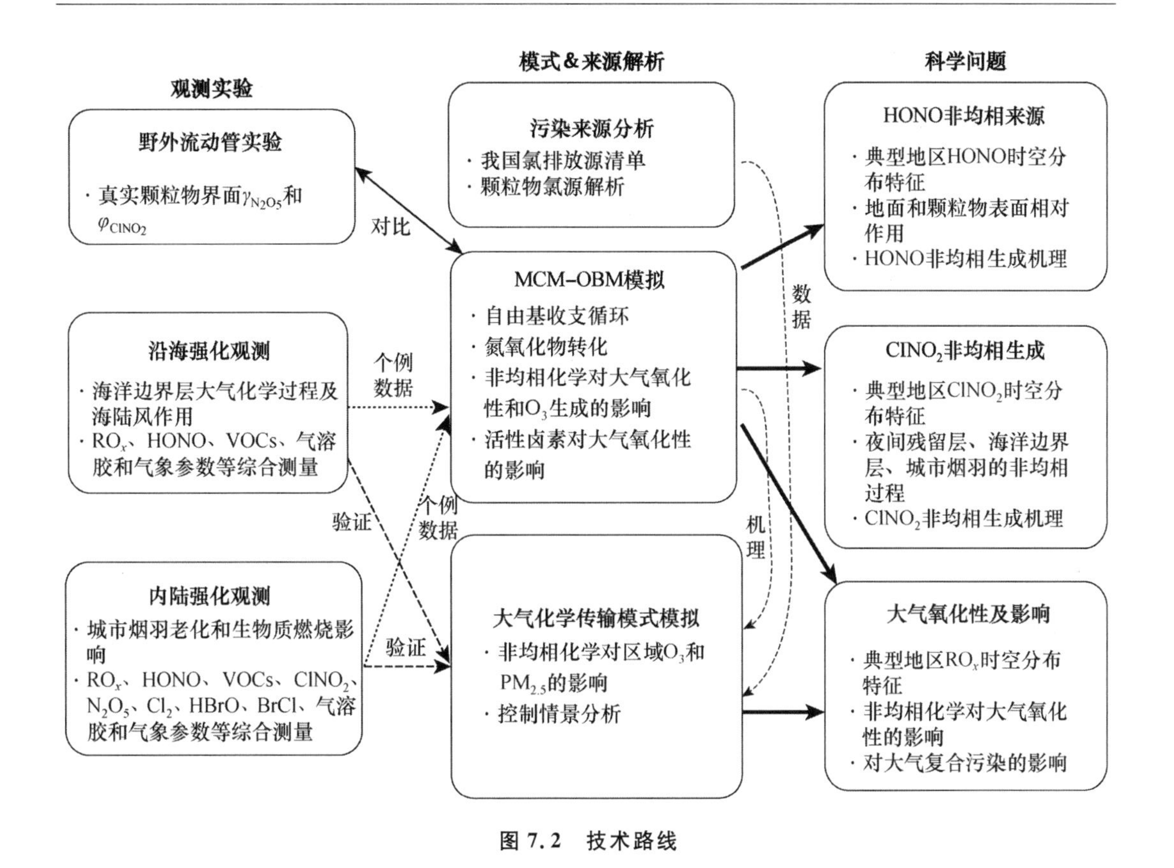

图7.2 技术路线

7.3.2 强化观测实验

在华北地区城区(北京、济南)、郊区(望都)、高山(泰山)和沿海(东营、青岛、长岛)站点,以及华东地区(南京)和华南地区(广东鹤山)开展了地面野外综合观测实验,对包括HONO、N_2O_5、$ClNO_2$、OH、HO_2、RO_2、VOCs、含氧挥发性有机物(OVOCs)等,以及气溶胶化学组成与粒径分布、光解速率常数在内的一系列气溶胶和气象参数进行全面测量。

7.3.3 主要化学机理化学箱式模拟

选择特定污染烟羽,模拟氮氧化物在气团输送过程中的非均相反应过程,通过与受体站点的观测结果进行对比,计算 NO_2 和 N_2O_5 的摄取系数以及 $ClNO_2$ 产率;选择特定污染事件,以强化观测数据为约束,模拟原位大气光化学反应过程,研究氮氧化物转化(包括均相与非均相过程)、VOCs 氧化、臭氧与自由基的化学收支循环过程。设计敏感性实验,评估氮氧化物非均相化学过程对大气氧化性、自由基化学和臭氧生成速率的定量影响。

7.3.4 大气化学传输模式模拟

基于本研究结果和文献报道的相关参数化方案和动力学数据,建立详细的大气氮氧化物非均相化学机理,完善大气化学传输模式非均相化学反应机理,并利用观测数据进行充分验证。模拟华北地区夏、冬季以及典型事件的臭氧和 $PM_{2.5}$ 污染状况,通过敏感性实验评估上述非均相过程对臭氧和二次气溶胶(包括无机和有机)的浓度及区域分布的影响。同时开展污染来源解析和不同控制情景的模拟,为华北地区大气复合污染控制对策的制定提供科学支持。

7.4 主要进展与成果

7.4.1 仪器改进

1. 化学离子化质谱改进

本研究通过对组内现有的化学离子化质谱(CIMS)进行改进优化,使其能同步观测多种活性氮氧化物和活性卤素物质,包括 N_2O_5、$ClNO_2$、Cl_2、BrCl、Br_2、HBrO 以及 HONO。在 CIMS 仪器中,采用了 I^- 作为离子源,利用碘加成反应使被测物质离子化,后经四极杆质谱仪检测。

对于活性卤素,我们确立了测量活性卤素的方法,并验证了此方法在污染地区测量的可靠性。首先,在标定方面,由于市面上缺乏可靠的标定源,研究组搭建了面向多种活性卤素的可调节不同湿度的标定系统。对于 Cl_2 和 Br_2,采用渗透管在特氟龙恒温炉中作为标定源。BrCl 则由 Cl_2 和 Br_2 标定源经反应器合成制备。HBrO 则采用液溴与 $AgNO_3$ 溶液反应制备而成。所有的标准源还需经过后续的零气稀释与湿度调节后再由 CIMS 测量,从而得到仪器的灵敏度。其次,在 CIMS 仪器方面,通过优化离子化反应室的气压和电场,达到了对于多种物种的最优灵敏度。另外还在实验室内测试了采样管路可能的干扰物质,确定了在优化后的采样管路中,HBrO 对 Br_2、BrCl 的干扰可忽略。最后,在外场实验中,还比较了各个活性卤素在 CIMS 中的同位素信号比例。经同位素信号比照显示,BrCl 在 241 amu 信号具有未知的干扰信号存在,但在 243 amu 和 245 amu 的信号则符合同位素分布比例,可排除其他相同质荷比物质的干扰(图 7.3)。同样,对于 HBrO 和 Cl_2 的同位素信号也符合比例,可以排除其他相同质荷比物质的干扰。证实了该仪器对于外场观测活性卤素的可靠性。

本研究还系统开发了一套用 I-CIMS 测量 HONO 的方法。对于 HONO 的测量,目前主要的测量技术分为光谱仪法、湿化学法和质谱仪法。其中最广泛使用的是由德国KUMA 公司商品化的长程吸光光度计(LOPAP)。但是由于其液体在管路中的扩散效应,LOPAP 仪器无法提供高时间分辨率的测量,其数据结果的测量通常平均采用 10 分钟,此外此仪器运维工作量较大。为了提供一套检测速度快、检测灵敏度高、检测干扰小的 HONO 测量方法,本课题组通过搭建标定系统,并进行大量的实验和验证工作,提供了一套利用 I-CIMS 测量 HONO 的方法。首先,在标定方面,研究组搭建了一套可靠稳定且可调节湿度的气态亚硝酸标定源。利用稀硫酸与亚硝酸钠溶液混合制备亚硝酸气,再经湿度调节后的零气稀释,从而得到不同湿度下的 HONO 标定源。其次,在实验室中进行仪器探究时发现,经不同湿

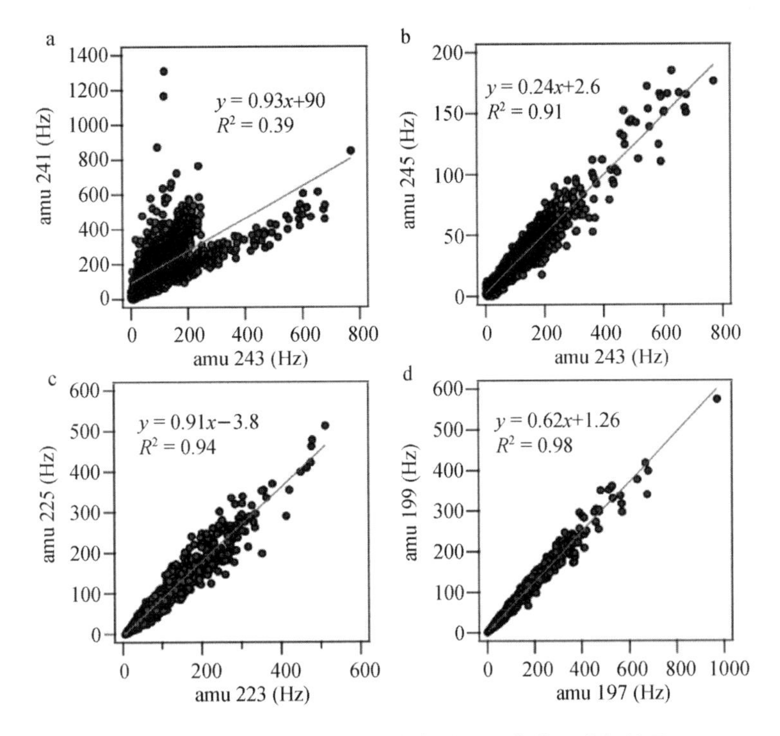

图 7.3　望都外场观测活性卤素的同位素信号分析结果

度的 HONO 标定后，发现由于 H_2O 与 HONO 跟 I^- 反应的竞争效应，随湿度的增加，CIMS 对 HONO 的灵敏度降低。在外场观测中，需要根据采样管路记录的湿度，对仪器的灵敏度进行校正。在实验室中，还对可能的气体干扰物进行了测试，排除了 NO、NO_2、HNO_3 等气体污染物对 HONO 的干扰。最后，研究组将此仪器应用于望都外场实验中，并对采样管路进行了优化。为了减少气溶胶颗粒物在采样管壁上的沉积，避免管路非均相反应引起的管路损失和干扰，搭建了采样管路系统，如图 7.4 所示。该系统能将大部分的气溶胶颗粒物导向分流管路中，且不影响气态污染物浓度的测量。在此实验中，将 CIMS 所测量的 HONO 数据与 LOPAP 观测数据进行了比对（图 7.5）。结果显示，两台仪器的数据结果一致性很好，证明了本研究中使用 CIMS 进行 HONO 测量的结果具有可靠性。

2. 真实大气气溶胶表面 N_2O_5 的非均相摄取系数直接测量方法的改进及应用

对于 N_2O_5 非均相反应摄取系数的观测一直是学术界的难题，现有的研究主要通过间接观测 N_2O_5 浓度并进行推算，包括产物生成速率法和稳态平衡法，但这些方法有较大的局限性，对观测条件要求较多，不确定性较大。而利用流动管进行直接观测的方法则研究有限，在我们的实际应用中也发现对于污染较严重地区存在较大误差。本研究开发了可应用于高污染环境下的 N_2O_5 非均相摄取系数的直接测量方法。此方法利用气溶胶流动管耦合迭代化学模式，测量 N_2O_5 在实际气溶胶表面的摄取过程。优化后通过悬浮气溶胶流动管进行在线 N_2O_5 摄取系数实验，将测得参数与开发的迭代箱式模型结合来计算 N_2O_5 摄取速率。区别于经典流动管实验单独考虑 N_2O_5 在流动管中的一次损失反应，新方法考虑了包

括 N_2O_5 的再生成以及大气中 NO 造成的滴定损失等多项化学过程。通过实验室实验以及模式模拟,定量研究了该装置中各项参数对摄取系数测定的影响。本方法在鹤山外场实验中进行了验证,证实在实际大气观测中可以部分缓冲大气中的 NO 对于摄取系数测量的影响,并减少测量过程中由于气团化学成分改变引起的不确定性,大大增加有效实验数据的比例。

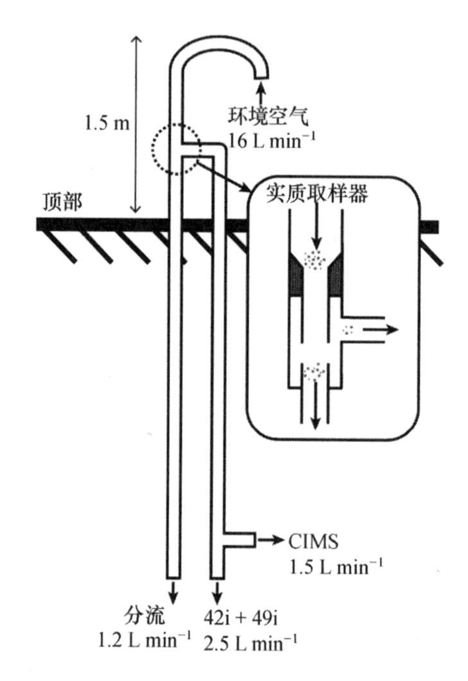

图 7.4 外场采样的采样管路系统

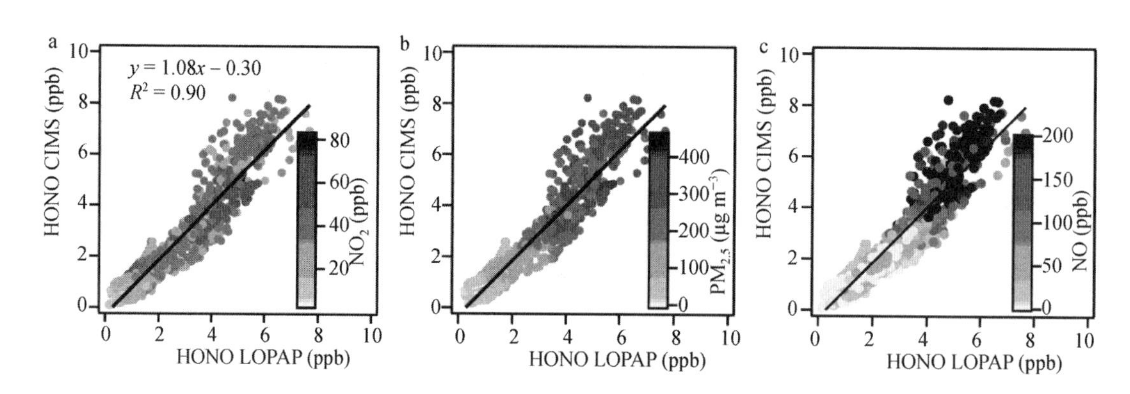

图 7.5 CIMS 与 LOPAP 观测对比实验结果

7.4.2 N_2O_5 非均相化学以及 $ClNO_2$ 等相关物种的污染特征分析

本研究在望都(河北)、泰山(山东)、济南(山东)、鹤山(广东)、南京等地对 N_2O_5 与 $ClNO_2$ 的浓度及相关污染物、气象参数进行测定,通过多种分析手段,包括稳态计算、相关性对比及观测约束模型等,总结了华北地区 N_2O_5 非均相摄取系数与 $ClNO_2$ 产率的概况,显著

地改进了测定 N_2O_5 摄取系数的参数化方案，为空气质量模型更准确模拟氮氧化物的非均相过程提供科学基础。

基于济南市区夏季的观测数据，分析发现济南市区夏季 N_2O_5 的浓度高值常出现在傍晚，与本地燃煤烟羽（尤其是电厂烟羽）及光化学污染有关。N_2O_5 在气溶胶表面的非均相摄取系数为 0.042～0.092，随相对湿度升高而增大。N_2O_5 的非均相反应生成了较高浓度的 $ClNO_2$，同时促进了无机硝酸盐的大量生成，但 $ClNO_2$ 的产率很低。图 7.6 为基于稳态平衡法计算的 N_2O_5 摄取系数。

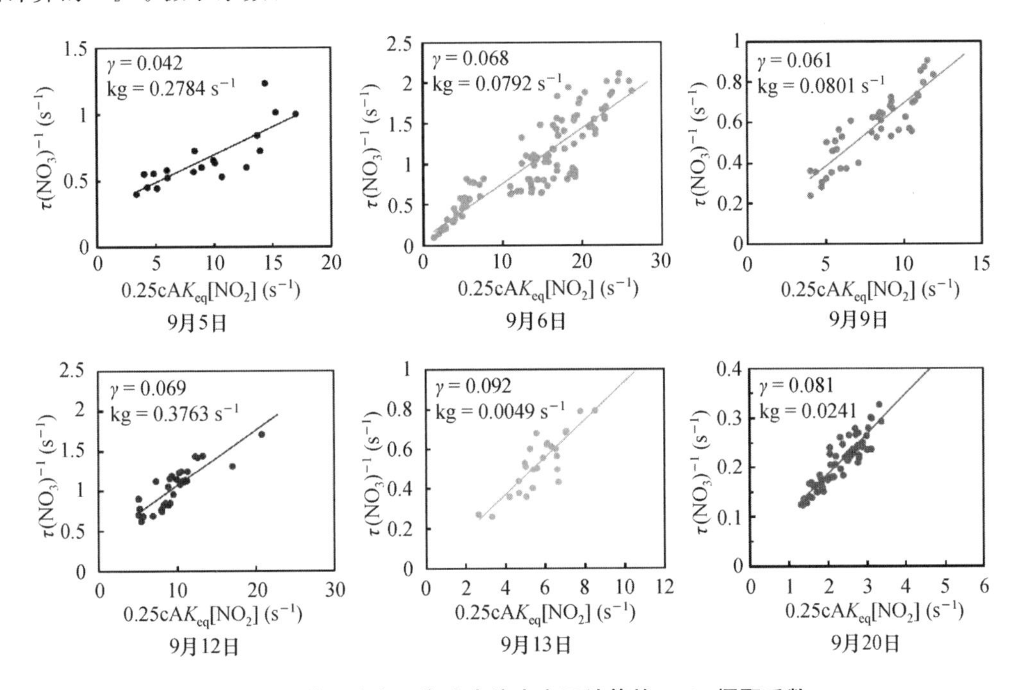

图 7.6 基于稳态平衡法在济南市区计算的 N_2O_5 摄取系数

针对济南地区 N_2O_5 在含氯气溶胶表面非均相转化生成 $ClNO_2$ 的产率很低的现象，对国内外含氯气溶胶的相关研究进行总结，对含氯气溶胶的存在形式、混合状态、共存组分、混合方式、反应活性等进行了文献综述。发现含氯气溶胶中的氯盐大部分与其他组分内部混合而非单独存在，当含氯气溶胶与不溶性物质（如有机物等）混合时，会抑制颗粒物的非均相反应活性，从而导致 $ClNO_2$ 的产率显著降低。

在泰山夏季观测期间，经常观测到高浓度 $ClNO_2$ 气团（最高可达 2.1 ppb）（图 7.7）。分析发现高浓度的 $ClNO_2$ 与燃煤电厂的活动关系密切，在华北地区的燃煤电厂烟羽中 N_2O_5 的非均相反应过程显著。基于稳态平衡分析发现，N_2O_5 非均相摄取系数为 0.061±0.025，该摄取系数在同类研究中处于较高水平；进一步分析发现 N_2O_5 摄取速率显著高于 NO_3 自由基氧化 VOCs 的速率，从而主导了 N_2O_5 和 NO_3 自由基的夜间消除过程。这些分析进一步印证了燃煤电厂烟羽中快速的 N_2O_5 非均相摄取过程。快速的 N_2O_5 摄取过程导致了较高的夜间 NO_x 消除速率（平均 1.12 ppb h^{-1}），同时导致硝酸盐的大量生成（夜间平均产生速率为 2.2 $\mu g\ m^{-3}\ h^{-1}$，最高可达 4.8 $\mu g\ m^{-3}\ h^{-1}$）（表 7-1）。

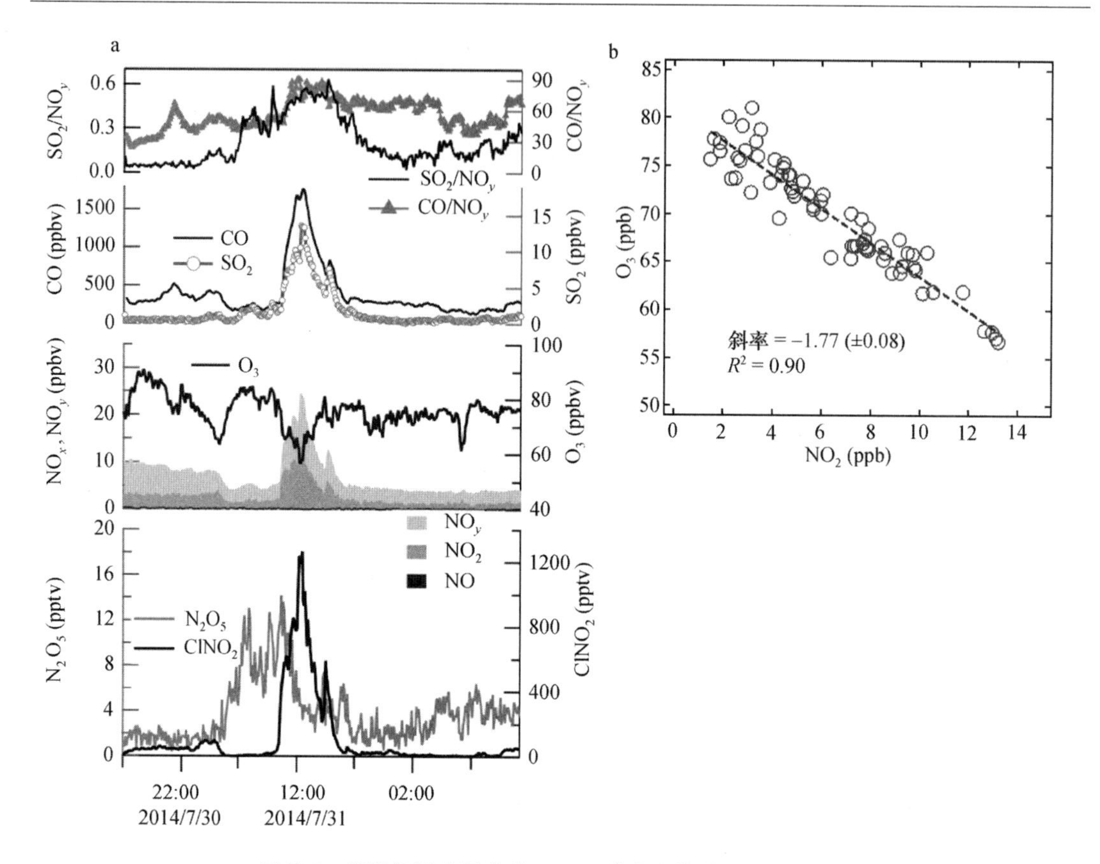

图 7.7 燃煤气团中显著的 $ClNO_2$ 浓度和快速的 N_2O_5 摄取

[图 a 为燃煤气团中相关污染物的浓度时间序列;图 b 为燃煤气团老化过程中 NO_2 和 O_3 的负相关性。]

表 7-1 2014 年泰山观测期间表征夜间 N_2O_5 非均相过程及影响的重要参数

	$\gamma_{N_2O_5}$	k_{NO_3}	φ_{ClNO_2}	NO_3^- 生成速率 /(ppt s^{-1})	NO_3^- 生成速率 /($\mu g\ m^{-3}\ h^{-1}$)	NO_x 去除速率 /(ppb h^{-1})	NO_x 去除速率常数/h^{-1}
均值	0.061	0.015	0.28	0.29	2.2	1.12	0.24
相对偏差	0.025	0.010	0.24	0.18	1.4	0.63	0.08
中位值	0.070	0.011	0.20	0.26	2.0	0.98	0.24
最小值	0.021	0.003	0.02	0.02	0.2	0.19	0.05
最大值	0.102	0.034	0.90	0.62	4.8	2.34	0.38

在 2014 年望都观测中发现早晨出现较高浓度的 $ClNO_2$(图 7.8),这与一般情况下 $ClNO_2$ 的昼夜变化特征相悖。通过分析影响 $ClNO_2$ 产生的化学因素(例如观测期间的气团来源、N_2O_5 存留时间、NO_3 自由基反应活性以及氯离子来源等)发现,早晨高浓度的 $ClNO_2$ 主要来自夜间残留层中的 $ClNO_2$ 向下传输。这一过程显著增强了近地面的大气氧化性。

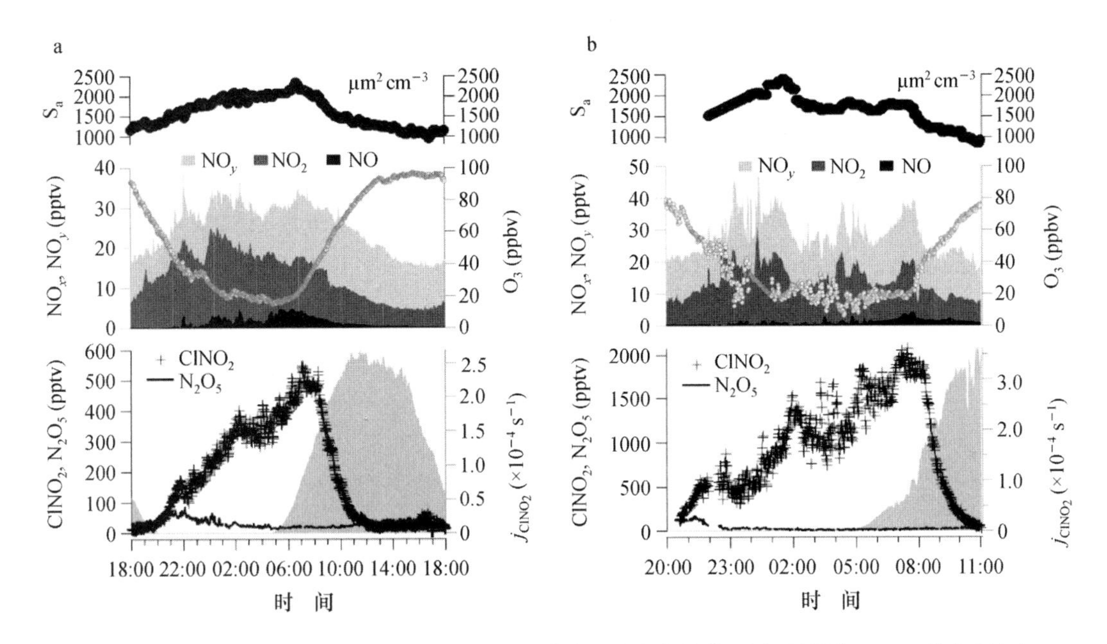

图 7.8　2014 年望都观测中 $ClNO_2$ 及相关物种的昼夜变化趋势(a)与早晨高 $ClNO_2$ 的个例(b)

本研究还深入分析了 2014 年望都观测中 N_2O_5 的摄取系数及影响摄取系数的重要环境因素,并与国际上常用的几种参数化方案进行了比对(图 7.9)。根据外场观测得到的 $ClNO_2$ 和硝酸盐的增长速率,同时计算了 N_2O_5 的摄取系数和 $ClNO_2$ 的产率,计算结果发现望都地区 N_2O_5 的摄取系数为 0.022±0.012。在湿润的环境中,N_2O_5 摄取系数(0.006～0.034)主要受气溶胶含水量的影响。只考虑温湿度的参数化方案可以很好地模拟该地区的 N_2O_5 摄取系数;其他的参数化方案则表现为不同程度的高估或者低估。$ClNO_2$ 产率有较大的范围(0.07～1),并且在生物质燃烧的烟羽中较低。

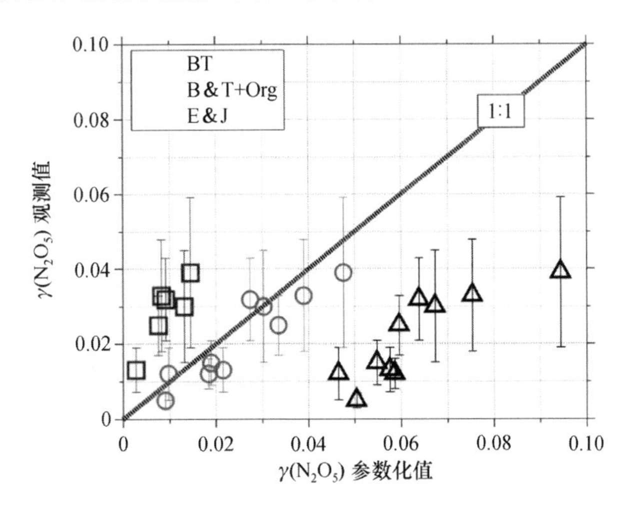

图 7.9　望都地区基于观测数据得出的 N_2O_5 摄取系数与常用参数化方案的对比

基于2017年北京站点的观测数据，研究组发现沙尘颗粒表面有显著的N_2O_5非均相摄取过程，系数为0.01～0.05。在较为干燥的城市老化气团中，N_2O_5摄取系数主要受颗粒物粒径等影响；N_2O_5的摄取系数会随着气团老化程度的提高而提高。在气溶胶含水量相同的情况下，沙尘颗粒表面的N_2O_5摄取系数显著高于城市气团。这是由于沙尘颗粒中氯离子浓度较高，而硝酸盐浓度相对较低，对N_2O_5的摄取有促进作用。考虑到现有N_2O_5摄取的参数化方案都是针对湿润环境设计的，项目组提出了针对干燥环境的参数化方案，该方案与北京实测的N_2O_5摄取系数较为一致，见图7.10。

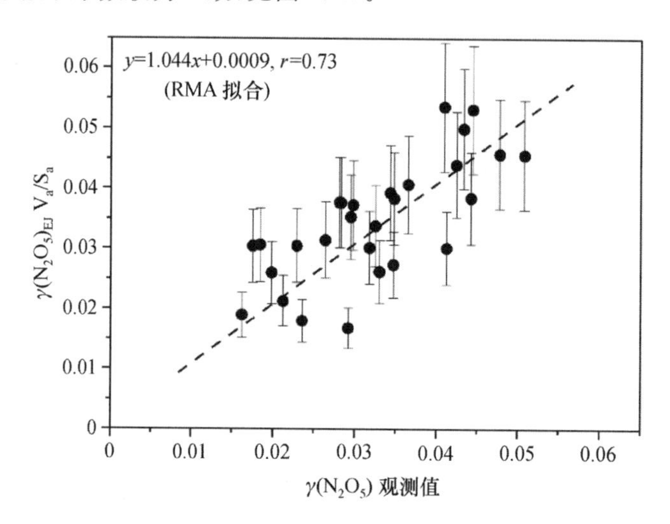

图7.10 针对干燥环境的N_2O_5摄取系数的参数化方案与基于观测数据的N_2O_5摄取系数对比

基于2018年南京开展的野外观测，研究发现在南京郊区的夜间时段频繁地出现高浓度的$ClNO_2$(夜间浓度持续大于1 ppb)，同时伴有显著的Cl_2(100 ppt)生成。$ClNO_2$和Cl_2的高度相关性暗示了二者的同源性。传统观点认为是$ClNO_2$的非均相摄取产生了Cl_2，而项目组通过深入分析观测数据提出了新的观点，认为存在额外的反应路径，即由N_2O_5直接摄取产生Cl_2，无需$ClNO_2$介入反应。新观点认为$ClNO_2$、硝酸盐和Cl_2的产生是N_2O_5在颗粒物表面摄取后引起的平行竞争反应，同时有机气溶胶会影响这一过程。基于该反应架构(图7.11)，本研究提出了新的参数化方案来表征$ClNO_2$和Cl_2的产率，以及用于未来的空气质量模型准确模拟氮氧化物非均相过程和卤素活化过程。

此外，研究组利用自主开发的N_2O_5非均相摄取系数的流动管测量方法，于2017年2月至3月在广东省鹤山市以及2018年3月至4月在山东省泰安市泰山山顶开展了两次强化观测实验。两次外场观测分别获得了31组和32组N_2O_5非均相摄取系数，平均值分别为0.020±0.019和0.011±0.005。结合流动管直接测量结果和前期2014年泰山、2014年望都和2016年大帽山三个不同观测站获得的数据，研究掌握了国内不同环境中整体的N_2O_5非均相反应的特征。将获得的N_2O_5非均相摄取系数结合同时在线测量的气溶胶化学成分进行分析，结果表明在我国大气环境中，N_2O_5非均相摄取系数主要受气溶胶含水量控制，随气溶胶含水量的增加而增加；颗粒物中的硝酸盐对 N_2O_5 非均相摄取存在抑制作用。本研究还将实测摄取系数与现有参数化方案进行比较，发现实测值与参数化结果相差较大。基于以上观测结果，对现有的参数化方案进行了修正，利用外场观测数据对参数化方案中的反应速率常数进行了重新拟合(图 7.12，表 7-2)。将优化后的参数化方案与区域空气质量模型(WRF-CMAQ)相结合，发现可以更好地模拟中国污染地区的氮氧化物浓度及颗粒物中硝酸盐浓度，其中 NO_3^- 模拟结果与实测结果的归一化平均偏差从 18.72%下降至 0.19%，NO_2 模拟结果与实测结果的归一化平均偏差从－12.25%下降至－8.06%(表 7-3)。综上，在现有的国际理论框架下，本研究提出了适用于我国华北地区且能够更加准确地描述 N_2O_5 非均相摄取过程的“中国方案”。

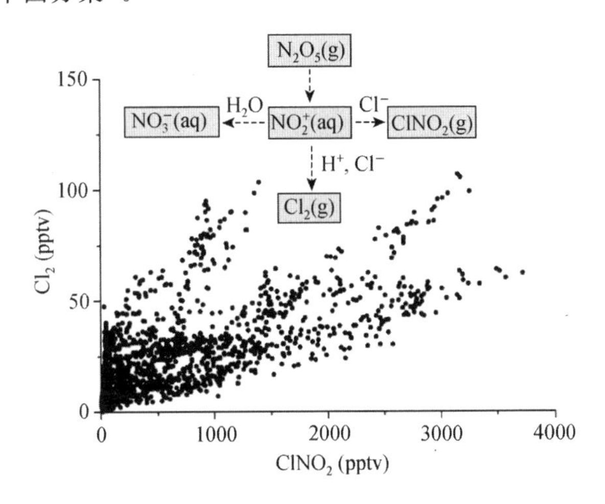

图 7.11　2018 年南京郊区观测中夜间 $ClNO_2$ 与 Cl_2 的相关性
及由 N_2O_5 摄取反应同步生成硝酸盐、$ClNO_2$ 和 Cl_2 的过程

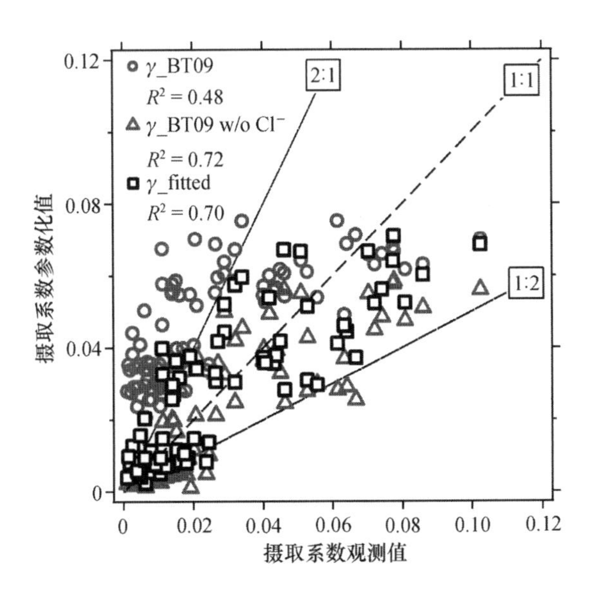

图 7.12　优化后参数化方案与现有参数化方案对 N_2O_5 摄取系数的计算结果对比

表 7-2 N_2O_5 摄取系数和 $ClNO_2$ 产率观测值均值与现有参数化结果均值、优化后参数化结果均值的比较

参数		平均值±标准偏差	最大值	最小值	R^2
$\gamma_{N_2O_5}$	观测	0.026±0.024	0.10	0.001	—
	BT09	0.047±0.015	0.075	0.021	0.54
	BT09 w/o Cl^-	0.020±0.018	0.058	0.001	0.72
	新参数机制 Fitted	0.026±0.020	0.071	0.002	0.70
φ_{ClNO_2}	观测	0.31±0.27	1.04	0.004	—
	BT09	0.74±0.26	1.00	0.20	0.025
	新参数机制 Fitted	0.57±0.33	0.99	0.05	0.003

表 7-3 优化后参数化方案与现有参数化方案对二氧化氮和硝酸盐浓度的模拟对比

物种		观测平均±标准偏差 /(μg m^{-3})	模拟平均±标准偏差 /(μg m^{-3})	归一化平均偏差 /%	R^2
NO_3^-	CMAQ 默认(BT09)	20.94±17.16	24.86±20.48	18.72	0.56
	CMAQ 优化(Fitted)		20.98±18.77	0.19	0.56
NO_2	CMAQ 默认(BT09)	52.09±27.25	45.71±31.21	−12.25	0.31
	CMAQ 优化(Fitted)		47.89±32.10	−8.06	0.34

7.4.3 HONO 的污染特征及非均相生成机制

1. 济南城区 HONO 的污染特征与来源

华北地区是我国光化学污染和灰霾频发区,大气中存在高浓度的 O_3、NO_x 和颗粒物,对 HONO 的潜在来源进行研究有重要意义。选择济南作为华北地区典型内陆城市,于 2015～2016 年针对 HONO 等开展了为期一年的观测。基于观测数据,深入分析了不同大气条件下 HONO 的污染特征和收支平衡。研究发现济南大气中存在高浓度的 HONO,观测期间的平均浓度为(1.15±1.07)ppb。HONO 呈现出明显的季节变化与日变化特征,分别在冬季和清晨浓度最高(图 7.13)。观测期间经常出现很高浓度的 HONO (>5 ppb),最大值为 8.36 ppb。研究显示机动车排放是大气中 HONO 的一个重要来源,冬季车辆排放对夜间 HONO 浓度的贡献高达 21%。通过夜间的案例分析计算得到 NO_2 生成 HONO 的转化率(k_{het})为(0.0068±0.0045)h^{-1},NO_2 在湿表面上的摄取系数为(1.40±2.4)×10^{-6}。k_{het} 和气溶胶表面积的相关性分析表明夜间 HONO 更可能来源于 NO_2 在地表面的非均相反应。运用收支计算法评估得到夏季昼间未知源是 HONO 的主要来源,其贡献占昼间总 HONO 浓度的 80%以上,发生的可能途径为地表光诱导非均相反应。

2. 泰山 HONO 的变化特征与来源

在华北平原的最高峰泰山山顶分别开展了 2017 年冬季 (11 月 20 日～12 月 30 日)、2018 年春季 (3 月 5 日～4 月 8 日)和 2019 年冬季(11 月 20 日～12 月 30 日)三期加强观测,在此主要分析和呈现冬春季观测数据的初步分析结果。总体而言,不同季节泰山高山站的 HONO 没有明显的浓度差异,但昼间 HONO 及其前体物(NO、NO_2)的浓度普遍高于夜间浓度。利用 WRF-FLEXPART 对观测期间污染气团进行溯源分析,结果显示夜间泰山站

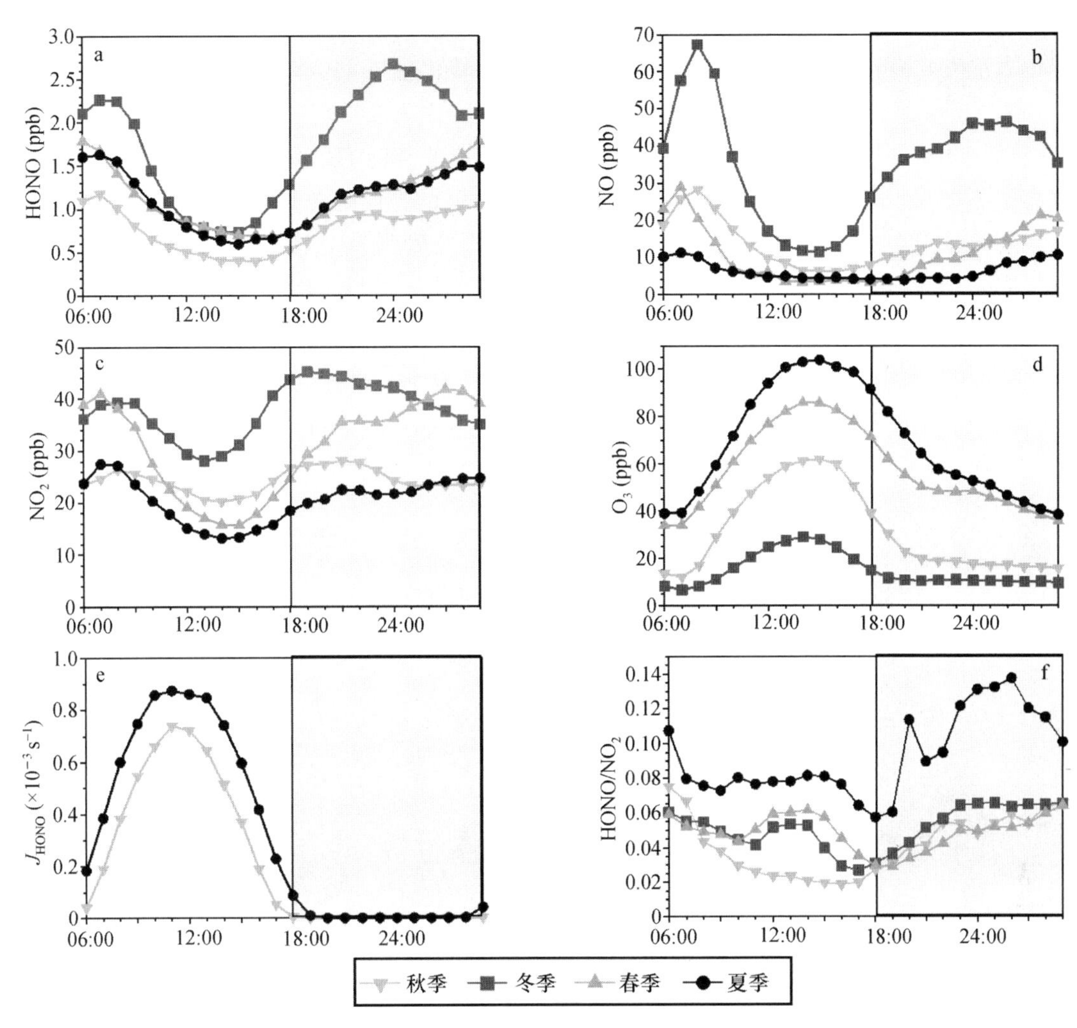

图 7.13　四个季节中 HONO(a),NO(b),NO_2(c),O_3(d),J_{HONO}(e),HONO/NO_2(f)的日变化

[各图中右半边为夜间时段(18:00～06:00)。]

点的高度在边界层上,污染气团主要来源于长距离传输,较低的夜间污染物的浓度水平代表整个华北平原的背景浓度。而昼间由于边界层的抬升以及山谷风的发展将泰山周边地区新鲜排放的污染物带至泰山山顶,故污染物浓度高。地表和气溶胶表面的光增强非均相反应对于高山站点昼间 HONO 的形成有着重要作用。

3. 黄河三角洲大气 HONO 的污染特征与来源

黄河三角洲地处华北东部沿海区域,是全方位探究华北 HONO 的时空污染及其化学过程的典型区域之一。本项目选取该区域进行了两期加强外场观测实验,一期覆盖了华北颗粒物污染最严重的冬春季,一期贯穿了华北冬小麦收获、生物质燃烧情况增多的 6 月。通过这两期外场观测,探究了该区域 HONO 污染、源汇、大气氧化性贡献等方面的季节变化和日变化特征,同时还分析了生物质燃烧对 HONO 污染及其化学过程的影响。研究发现:① 该区域 HONO 污染及其化学过程具有显著的季节差异(图 7.14)。HONO 呈现典型的昼降夜升的日变化特征，HONO 浓度冬春季[(0.26±0.28)ppbv]高于夏季[(0.17±0.19)ppbv]，但最大浓度水平相当(约 2 ppbv)；夜间 NO_2 非均相转化生成 HONO 的效率夏季[(2.47±0.98)% h^{-1}]高于冬春季[(0.96±0.33)% h^{-1}]，主要因为夏季温度升高，NO_2 摄取系数增大，从而 HONO 产率提高；夏季昼间非 NO+OH 反应的其他 HONO 源(0.50 ppbv h^{-1})显著高于冬春季(0.14 ppbv h^{-1})，主要因为夏季 HONO 的光增强源贡献显著提升，其中硝酸盐和硝酸的光解是 HONO 最主要的来源，NO_2 的光增强转化次之。② 生物质燃烧对 HONO 污染及其化学过程有重要影响。生物质燃烧通过排放 HONO、HONO 前体物，以及影响气溶胶表面的非均相转化对 HONO 浓度产生重要影响。生物质燃烧造成了高颗粒物负载环境，促进了气溶胶表面非均相生成对 HONO 的贡献，削弱了 HONO 光增强源的作用。

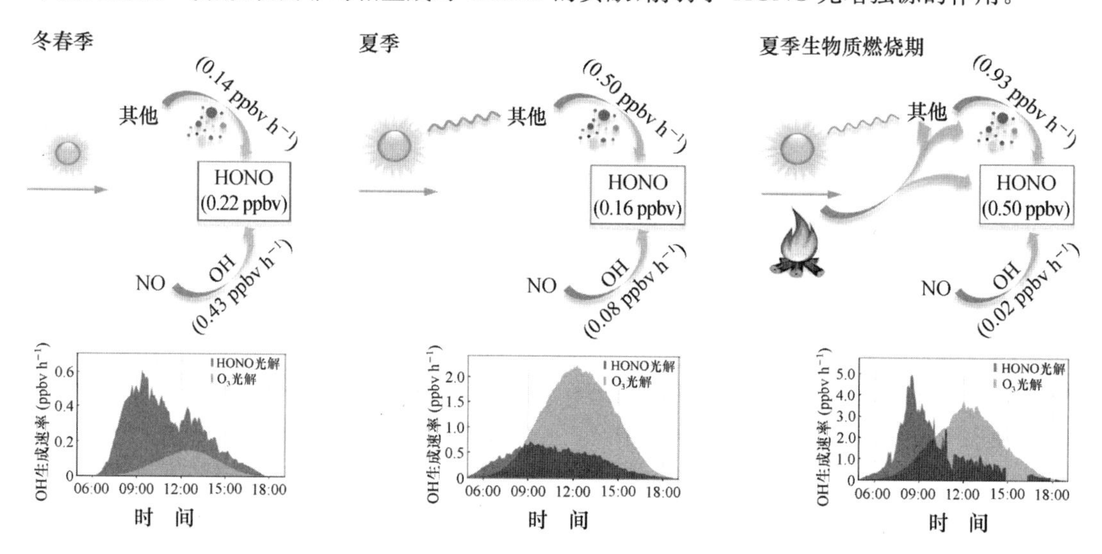

图 7.14 黄河三角洲不同时间及特殊污染状况下午间 HONO 的浓度水平和源强以及昼间 HONO 和 O_3 光解对大气 OH 自由基的初级贡献

4. 青岛沿海大气 HONO 的变化特征与来源

目前对大气中 HONO 的研究大部分都集中在城市及乡村地区，而关于海洋及沿海站点 HONO 的污染水平、变化特征及形成机制的研究较为缺乏，因此选择沿海地区青岛作为观测点开展研究。观测时间分为两个时间段，分别是 2018 年秋季 9 月 15 日～10 月 31 日和 2019 年夏季 7 月 1 日～8 月 25 日。观测结果显示。HONO 呈现出明显的季节变化特征，秋季 HONO 的平均浓度为(0.39±0.30)ppb，夏季 HONO 的平均浓度为(0.32±0.30)ppb，略低于秋季。此外，夏秋季节的 HONO 浓度都呈现白天降低、夜间升高的趋势。秋季 HONO 在中午时刻浓度达到最低值，HONO/NO_2 比值在中午略有下降趋势；夏季 HONO 浓度在中午仍然保持较高水平，HONO/NO_2 比值在中午出现明显峰值，且整体的 HONO/NO_2 比值要远大于秋季(图 7.15)，说明在夏季中午时间段内有一个很强的 HONO 的未知源。计算得出秋季和夏季夜间 HONO 的平均转化率分别为 0.005 和 0.0314。风向及其气流轨迹结果表明，夜间出现高 HONO 转化率时海风为主导风向，而低转化率时陆风占主导。因此推断海洋气团是夜间 HONO 较为重要的来源。

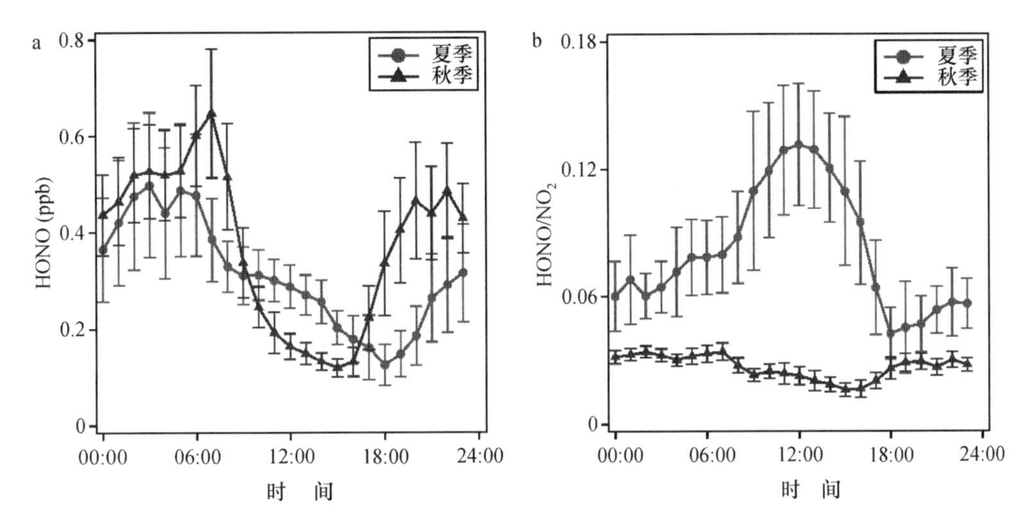

图 7.15 青岛 HONO(a)、$HONO/NO_2$(b)在秋季和夏季的平均日变化特征

5. HONO 的船舶排放特征

通过东海船舶走航观测，获得了新鲜排放的船舶烟羽气团和海洋背景大气污染物浓度数据。通过严格筛选船舶烟羽观测数据，扣除海洋气团背景值，计算了船舶排放的 $\Delta HONO/\Delta NO_x$ 的特征比值[(0.51±0.18)%]。该特征比值为船舶排放的 HONO 污染特征提供了直接证据，可用于后续船舶 HONO 排放清单及空气质量模式的研究。进一步结合特征比值及 AMVER-ICOADS 全球污染物排放数据库，编制了分辨率为 1°的全球船舶的 HONO 排放清单。全球年排放量为(26.3±15.1)Gg，远低于船舶排放的一氧化碳、氮氧化物和二氧化硫等污染物的排放量。基于该 HONO 的船舶排放清单，本研究利用 GEOS-Chem 化学传输模式，分析了船舶排放的 HONO 对海洋大气 HONO 浓度的贡献，发现增加了船舶排放的 HONO 之后，主要航线上夜间 HONO 浓度提高 80%～100%，表明船舶排放的HONO 对航线上的 HONO 浓度有重要影响。

7.4.4 氮氧化物非均相过程对华北地区光化学污染及霾污染形成的贡献

1. N_2O_5 非均相反应对硝酸盐生成和大气氧化性的贡献

基于在华北、华东、华南等各地区的观测数据，研究组利用稳态计算等方法发现了 N_2O_5 非均相摄取是夜间重要的(二次)硝酸盐气溶胶的生成渠道。在 2014 年泰山观测中，利用稳态平衡的方法计算出 N_2O_5 的摄取系数和 $ClNO_2$ 的产率，进而计算了 N_2O_5 非均相水解速率和硝酸盐生成速率(平均为 2.2 $\mu g\ m^{-3}\ h^{-1}$)。通过对硝酸盐生成速率进行积分，得出了夜间整晚的硝酸盐生成潜势。通过对比发现，由 N_2O_5 非均相水解产生的硝酸盐增量和实际观测到的硝酸盐增量一致(图 7.16)。这一结果说明在华北边界层中，N_2O_5 非均相摄取是夜间硝酸盐生成的最主要来源。

研究组对济南城市地区和泰山高山站点的历史观测数据进行分析(图 7.17)，发现从

2005年到2015年,济南城市地区 NO_3^- 与 $PM_{2.5}$ 的质量浓度比值在以平均每年0.9%的速率持续升高;而从2007年到2014年,该比值在泰山背景地区也同样以平均每年0.8%的速率升高。与此同时,SO_4^{2-} 在 $PM_{2.5}$ 中所占的比例有所下降,这种变化导致了 $PM_{2.5}$ 中 NO_3^- 与 SO_4^{2-} 比值的显著升高。2008年以前,硫酸盐是细颗粒中最主要的二次无机成分,而到2014和2015年,$PM_{2.5}$ 中 NO_3^- 和 SO_4^{2-} 的浓度基本相当,说明二次无机细颗粒的生成已经从硫酸盐为主导的模式逐渐转变为以硫酸盐和硝酸盐共同主导的模式。随着华北地区一次颗粒物的严格控制以及 SO_2 和硫酸盐浓度的持续降低,硝酸盐及其前体物 NO_2 是我国未来大气细颗粒物污染防治的主要对象之一。

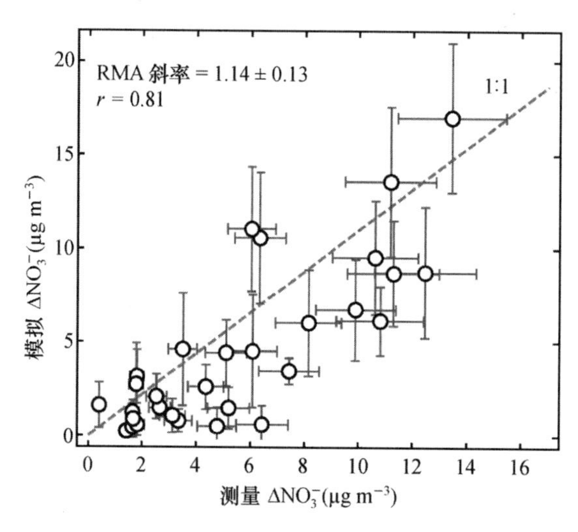

图7.16 2014年泰山观测期间模拟的硝酸盐生成潜势(由 N_2O_5 摄取产生)与实际观测到的硝酸盐生成量对比

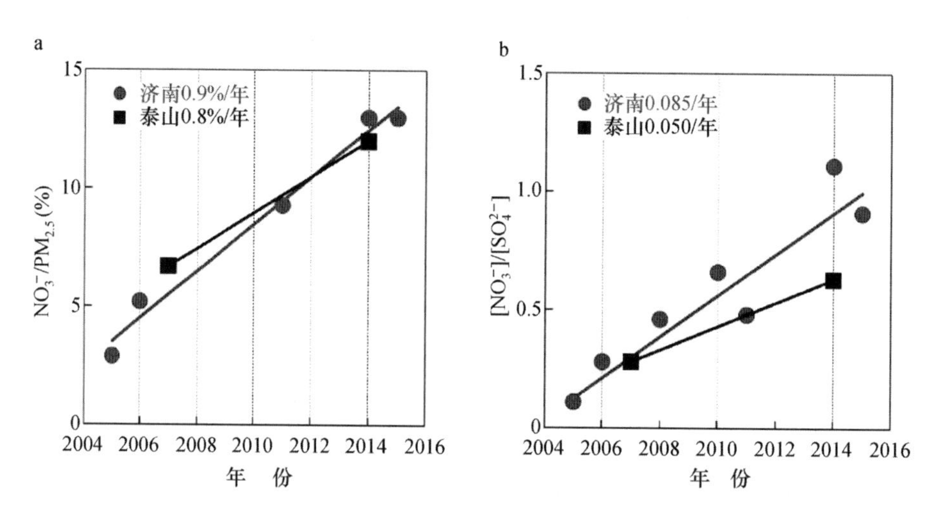

图7.17 2005~2015年夏季济南和泰山地区 NO_3^- 与 $PM_{2.5}$ 的质量浓度比(a)以及与 SO_4^{2-} 的摩尔浓度比(b)的长期变化趋势

NO_2 被OH自由基氧化生成 HNO_3 进而非均相传质,以及 NO_2 与 O_3 反应生成 N_2O_5

进而非均相水解是颗粒态硝酸盐的两个主要生成途径,氮氧化物污染和大气氧化能力是影响硝酸盐生成的重要因素。为进一步认识 NO_2 和 O_3 在颗粒态硝酸盐生成过程中所发挥的作用,用 RACM-CAPRAM 多相化学盒子模型在一系列假定的条件下进行了模拟实验,得出白天(7:00～19:00)和夜间(19:00～7:00)硝酸盐生成的等值线图(图 7.18)。根据 NO_3^- 生成量对 NO_2 和 O_3 的敏感度将等值线图分为三个区域,即 O_3 过剩时的"NO_2 控制区"、NO_2 和 O_3 浓度相近时的"共同控制区"以及 NO_2 过剩时的"O_3 控制区",利用等值线图可以较为便利地了解一个地区颗粒态硝酸盐生成的控制因素。夏季华北地区的硝酸盐生成具有显著的地区性特征。济南城市地区的大气环境主要集中在"共同控制区",禹城农村地区的大气环境主要位于"共同控制区"和"NO_2 控制区",而泰山高山站点的大气环境则基本属于"NO_2 控制区"。因此,进一步降低我国 NO_x 人为排放量并且控制区域大气光化学污染是缓解硝酸盐气溶胶所引起的雾霾污染的有效途径。

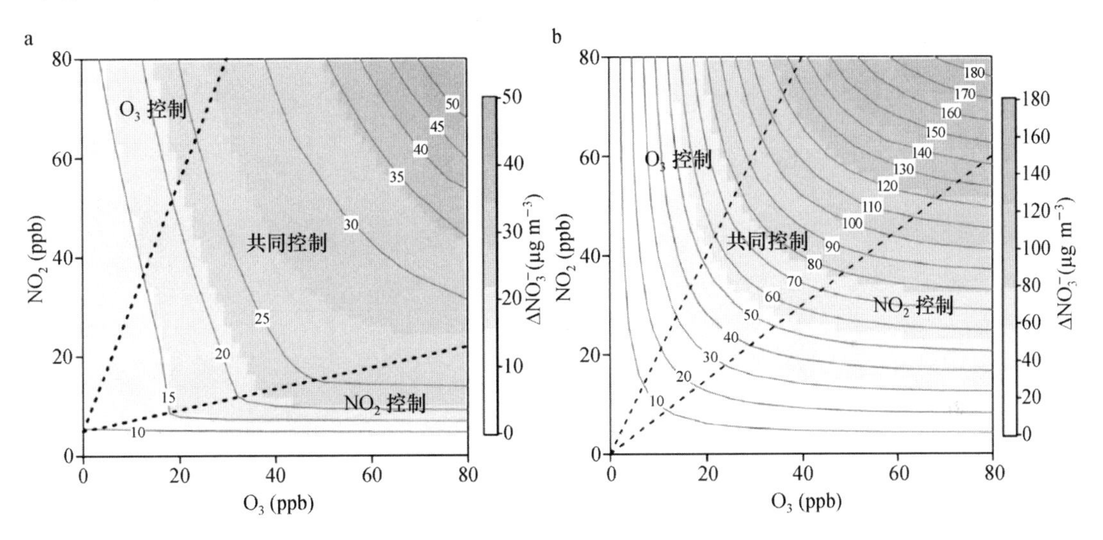

图 7.18 在不同 NO_2(0～80 ppb)和 O_3(0～80 ppb)初始浓度设定下模拟的白天(a)和夜间(b)NO_3^- 生成量的等值线

在华北地区的研究基础上,研究组额外研究了华南地区的硝酸盐非均相生成过程,与华北地区的研究形成对比和呼应。研究发现华南地区在冬季重污染事件中有着极高浓度的 N_2O_5(最高分钟平均浓度达 3.3 ppb)以及 $ClNO_2$(最高分钟平均浓度达 8.3 ppb),硝酸盐最高小时平均浓度可达 108 $\mu g\ m^{-3}$,约占 $PM_{2.5}$的 40%。进一步分析发现 $ClNO_2$ 的浓度和硝酸盐高度相关,表明二者均为 N_2O_5 非均相水解的产物(图 7.19)。基于观测的化学箱式模型模拟表明硝酸盐的非均相生成速率甚至与白天的光化学生成速率相当。

基于观测数据,进一步计算了 N_2O_5 的非均相生成速率。由 N_2O_5 非均相水解导致的硝酸盐生成潜势为 29～77 $\mu g\ m^{-3}$,且前半夜的硝酸盐生成显著高于后半夜。根据化学箱式模型,计算了白天 OH 自由基和 NO_2 反应生成 HNO_3,从而进一步反应生成硝酸盐的速率和生成潜势。结果发现,在重污染期间夜间硝酸盐生成潜势和白天基本相当,见图 7.20。这些结果表明 N_2O_5 非均相反应对华南地区的硝酸盐生成有极其重要的作用。

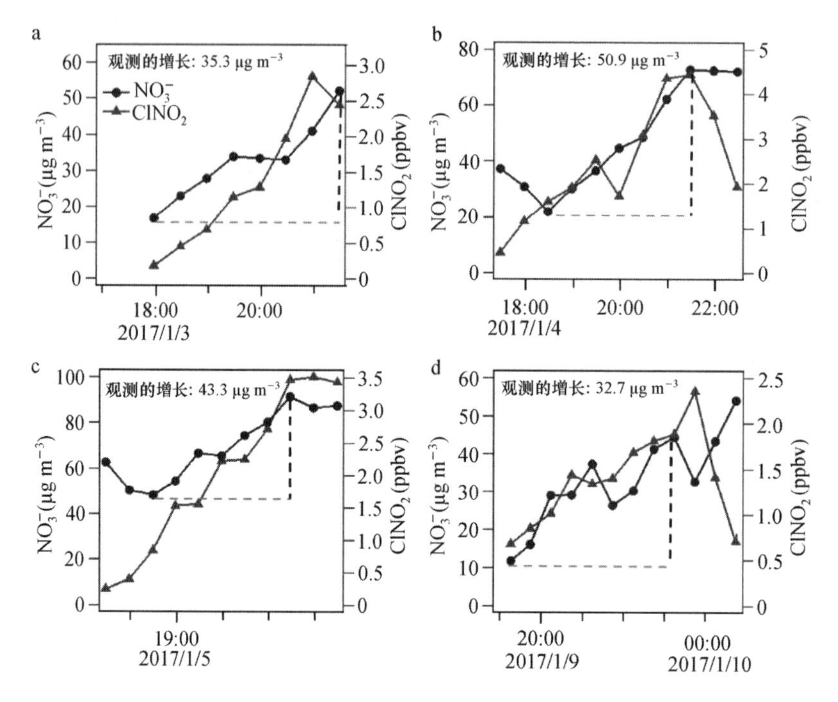

图 7.19　2017 年广东鹤山观测期间 $ClNO_2$ 与硝酸盐的高度相关性

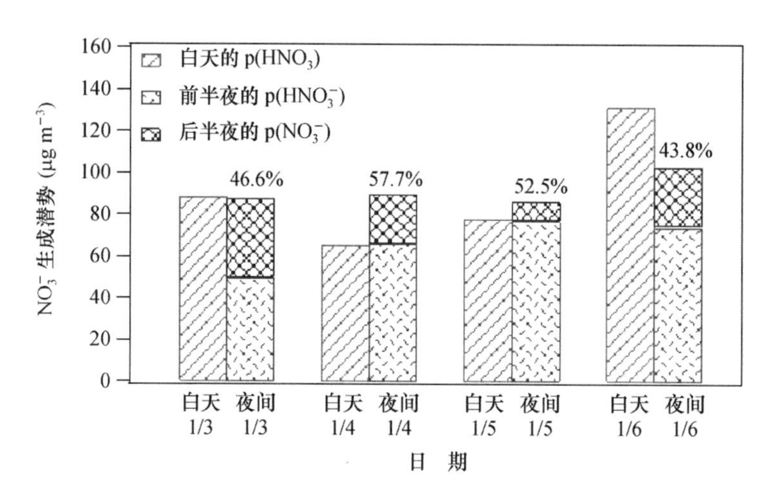

图 7.20　2017 年鹤山观测期间硝酸盐生成潜势比较

[其中白天主要来源为 $OH+NO_2$ 反应,夜间主要来源为 N_2O_5 非均相水解。]

2. HONO 光解对大气氧化能力的影响和贡献

利用 MCM 箱模式对济南市区、泰山高山站和东营黄河三角洲的 HONO 对大气氧化能力的贡献进行定量评估。结果表明,在济南市区站点,HONO 对大气氧化能力有重要影响,夏季和秋季 HONO 光解导致的 OH 自由基净生成速率分别为 1.88 和 0.78 ppb h^{-1},均为相应季节 O_3 光解产生 OH 自由基的 2.4 倍。在泰山高山站点,HONO 和 O_3 的光解均是该高山站点 OH 自由基重要的初级来源。与以往研究报道的污染地区 HONO 的光解主要集中在早晨的结果不同，我们发现泰山山顶 HONO 光解对 OH 自由基的生成在整个昼间都有重要影响，整个昼间 HONO 和 O_3 光解对 OH 自由基的平均贡献分别约为 0.24 ppb h^{-1} 和 0.02 ppb h^{-1}，HONO 光解是 O_3 光解的 11.6 倍。在黄河三角洲，冬春季和夏季 HONO 光解均是昼间 OH 自由基生成的重要来源，且在冬春季其贡献高于 O_3 的贡献。此外，生物质燃烧可增强 HONO 光解对 OH 自由基的贡献。

另外，基于研究团队建立的 HONO 的船舶排放清单，利用 GEOS-Chem 化学传输模式，评估了船舶排放 HONO 对海洋大气 OH 自由基初级来源的影响。结果发现，船舶排放 HONO 对航线上 OH 自由基初级来源以及大气氧化能力有不可忽视的贡献，增加了船舶排放的 HONO 来源之后，主要航线上夜间 HONO 浓度的提高可以提升 20%～40%的 OH 自由基生成速率。

7.4.5　活性卤素化学对大气氧化性的影响

活性卤素原子（氯和溴）具有很强的氧化性，可以影响大量污染物的浓度水平，比如臭氧、汞和挥发性有机污染物等。目前关于 $ClNO_2$ 光解产生的氯原子对大气氧化性的影响在国际上已经得到证实与认可。但是，除了 $ClNO_2$，对于同样可以贡献卤素原子的前体物的浓度、形成机理及其贡献却并不清楚。因此，为了更深入探究活性卤素化合物对大气氧化性的影响，本项目在华北平原冬季开展了国内首个关于活性卤素化合物（Cl_2、Br_2、HClO、HBrO 和 BrCl）的综合野外观测实验。同时，这也是除北极研究外，全世界范围内第一个报道持续性的高 BrCl 浓度的地面观测。

如前所述，此地区存在大量的非预期的活性卤素化合物，尤其是以 BrCl 为主（BrCl 最高浓度为 482 ppt，比唯一报道过的北极地区地面观测最高值高 10 倍）。通过活性溴物质 Br_x（$=BrCl+HBrO+2\times Br_2$）、颗粒 Br 与燃煤指示剂（SO_2、Se）的相关性分析，发现此地区冬季燃煤活动能排放大量含溴颗粒物与活性溴。进一步利用 2017 年中国散煤调研报告数据以及文献报道的散煤含氯含溴量计算，观测所在地河北省望都县高岭乡的 2017 年冬季散煤燃烧量完全可以覆盖我们观测到的高浓度的活性卤素化合物和卤素颗粒物（图 7.21）。

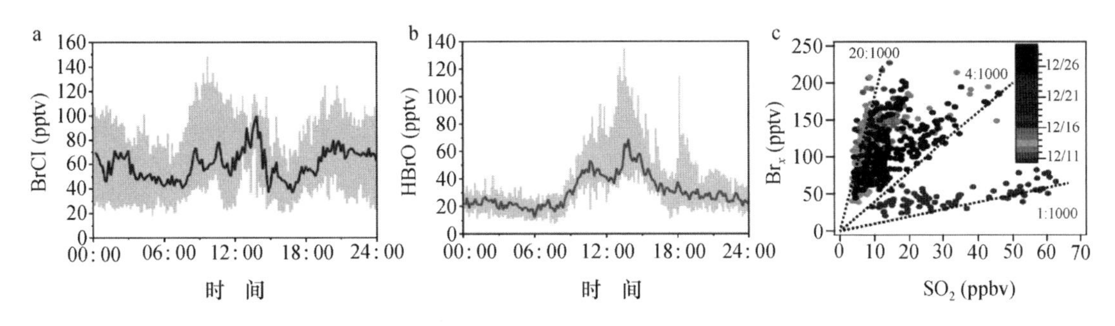

图 7.21　2017 年冬季华北平原河北望都观测期间 BrCl(a)和 HBrO(b)的日变化图以及与 SO_2 的相关性(c)

为了进一步探究观测到的活性卤素化合物对大气氧化性及臭氧生成的贡献，研究组运用新开发的当前国际领先并且是含氯含溴，在大气领域上机理最全的化学箱式模型，计算了大气中氯和溴原子的浓度，分析了其对大气氧化性以及臭氧生成的影响。结果发现，与之前广泛认为污染地区最主要的氯自由基来源应为 $ClNO_2$ 不同，BrCl 的快速光解是大气中氯和溴两种自由基的主要来源(对两种自由基的贡献占比均达到50%以上)(图7.22)。但是两种自由基对不同类别挥发性有机物的氧化效果不同。氯原子主要以大量氧化烷烃为主,而溴原子主要以氧化醛酮类化合物为主。研究结果表明,两种自由基可以大幅提高对挥发性有机物的氧化速率(其中烷烃可以达180%,醛酮类可提高90%)。同时,挥发性有机物的氧化反应能产生大量过氧有机自由基(RO_2),并经过一系列反应,增强大气中HO_2和OH自由基的浓度,并促进臭氧生成。整个观测期间,大气中经典氧化剂(OH,HO_2,RO_2)的浓度分别平均增强达25%、50%和75%,并增加55%的臭氧净生成速率。此外,项目研究还发现一项非常重要的影响,产生的溴原子可以极大增强元素汞向二价汞的氧化。氧化后的二价汞具有毒性,易溶于水,极易通过沉积作用进入地面和生态系统。此前已有大量文献报道,燃煤燃烧活动可以排放大量元素汞,中国华北平原地区是世界上具有高浓度元素汞的地区。因此,高浓度溴原子促进的二价汞的生成和其快速沉积的属性可能会极大地增加排放地区人类和生态系统的毒性风险。

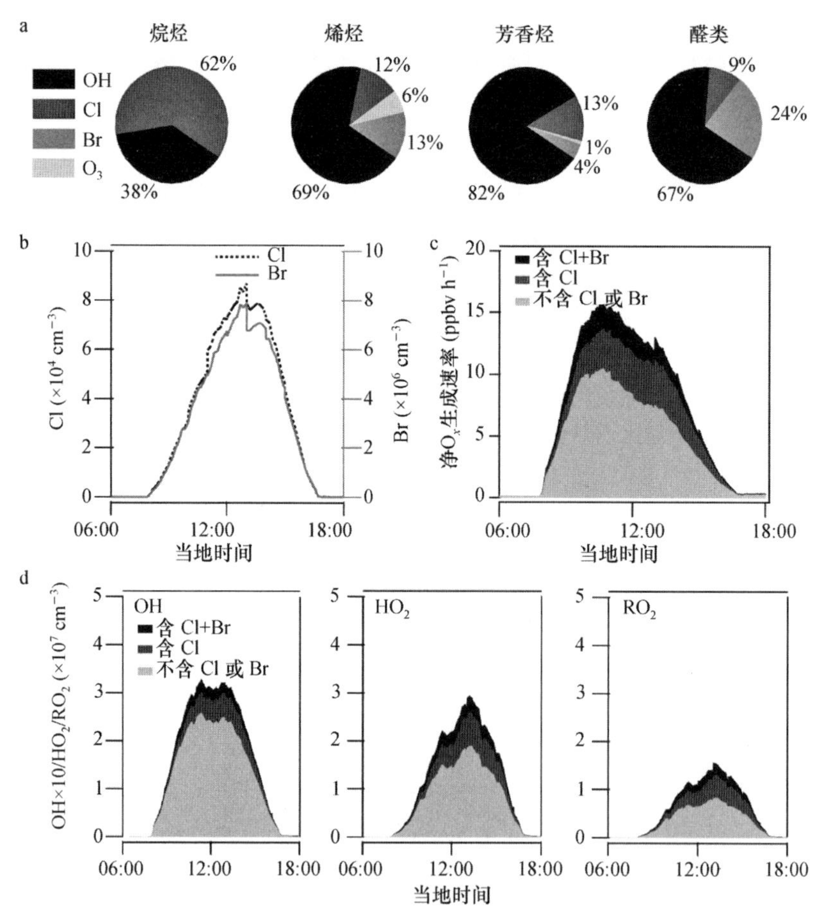

图7.22　2017年冬季华北平原河北望都观测期间活性溴物质产生的卤素自由基对VOCs氧化、经典自由基(HO_x)生成以及臭氧生成的贡献

本研究通过对一系列活性卤素化合物的直接观测,揭示了中国北方冬季居民高强度的燃煤活动可以释放大量的活性卤素化合物,对大气氧化性、冬季二次污染物生成以及人类生态系统的健康都产生重要的影响。虽然中国已经采取大量措施取代居民散煤燃烧,但是由于长时间的习惯,根据政府预计报告,直到2020年年底,华北平原的燃煤量依旧占到很大的比例。因此本研究建议除了监测燃煤排放活动产生的CO_2、颗粒物、含硫含氮物质以外,同时需要密切关注卤素化合物和汞的变化。

7.4.6　含氯物种来源分析

本研究整合和分析了项目观测及文献中含氯颗粒物的测试数据,探究了我国内陆及沿海地区含氯颗粒物的污染特征和来源,发现在我国北方内陆地区呈现高Cl^-浓度和高Cl^-/Na^+的特点,表明人为氯排放的重要性。通过相关性及PMF分析发现,煤燃烧和生物质炉灶燃烧是冬季主要氯排放源(贡献84.8%);生物质开放燃烧是夏季主要氯排放源(贡献52.7%);海洋排放对于内陆地区影响较小。同时发现在沿海地区,当陆风盛行时,内陆人为源氯排放影响较大。

鉴于人为源氯排放的重要性,本研究首次建立了高分辨率的人为源氯排放清单,包括煤炭燃烧、工业过程、生物质燃烧和垃圾焚烧。结果显示2014年我国HCl和含氯细颗粒物的排放量分别为458 Gg和486 Gg。生物质燃烧是我国氯化物的主要排放源,贡献了75%的氯细颗粒物排放和32%的HCl排放,主要的排放区域集中在华北平原和东北。由于农业活动及气象条件等因素的影响,氯排放在不同的区域呈现不同的月分布趋势。目前排放清单已应要求与西班牙国家研究委员会(CSIC)、哈佛大学、清华大学、首尔大学、南京大学等机构的科研人员实现共享,得到了他们的一致认可及高度评价。同时用于本项目的模型研究以评估N_2O_5和$ClNO_2$非均相化学对华北区域空气污染的影响,为更好地控制我国大气光化学污染提供进一步地科学指导。

7.4.7　大气化学传输模式的改进及应用

在WRF-Chem化学传输模式中基于CBMZ模块开发了活性氮氧化物模块(ReNOM)。该模块完善了WRF-Chem化学传输模式中对于HONO各类直接排放源的二次非均相及气相生成过程,描述了大气氯化学反应,其中包括N_2O_5在含氯颗粒物表面反应生成$ClNO_2$、氯前体物的气相化学及光解反应及活性氯原子与各类有机物的反应等。该新开发的N_2O_5和氯化学模块部分被WRF-Chem模式4.0版采用,并于2018年夏向全世界的模式用户发布。另外,针对另一主流大气化学传输模式CMAQ,本研究改进了其HONO来源,补充了交通源直接排放、相对湿度及光照对HONO非均相生成的增强作用和大气中及沉降的硝酸盐光解,从而改善了模式对于HONO及大气氧化性的模拟效果。同时将本研究所建立的最新$ClNO_2$生成参数化方案加入模式中,改善了其对于硝酸盐的模拟效果。

采用改进后的模型,模拟了中国地区N_2O_5、$ClNO_2$及HONO浓度的时空分布并评估了其对区域大气氧化性及二次污染物生成的影响。2014年夏季的模拟结果显示,华北平原、长三角和珠三角是主要的污染物高值区,地表HONO平均浓度达800～1800 ppt,0～600 m层的N_2O_5和$ClNO_2$平均浓度分别达100～160 ppt和800～1200 ppt。HONO和$ClNO_2$显著增强了大气氧化性,地表RO_x和O_3分别增加36.3%～44.7%和11.5%～13.5%。同时新的反应性氮化学还会改变臭氧敏感区分布,使约40%的VOCs或NO_x控制区变为混合控制区,从而改变O_3控制策略。

研究组还采用改进后的模型探究了华北冬季硝酸盐生成机制与控制措施。近年来中国采取了严格的 SO_2 和 NO_x 控制措施，硫酸盐浓度显著降低，但硝酸盐污染并没有明显改善，使得硝酸盐成为华北冬季最主要的二次无机细颗粒物组分。研究显示活跃的光化学氧化活动在冬季硝酸盐污染中起到重要作用，虽然冬季观测到的 O_3 浓度很低，但高浓度的前体物(如 HONO，VOCs 等)及快速的 RO_x 循环造成了充足的 OH 自由基和 O_3 生成，以支持硝酸盐快速的气相及非均相生成(图 7.23)。

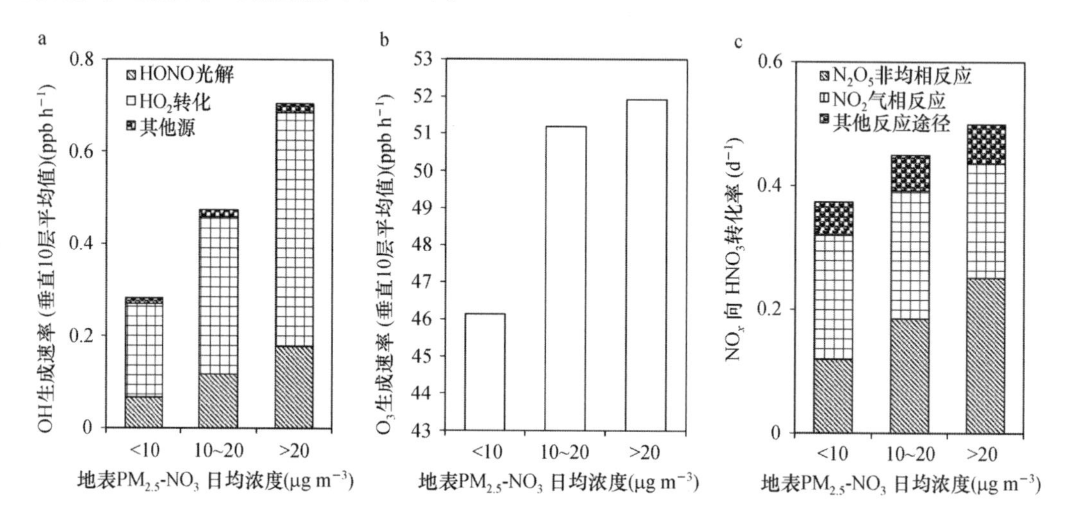

图 7.23 不同硝酸盐浓度下的 OH 生成速率(a)、O_3 生成速率(b)及 HNO_3 生成速率(c)

同时敏感性实验显示，2010～2017 年华北地区 NO_x 排放降低了约 31.8%，但平均的硝酸盐浓度仅降低了 0.2%。除了 NH_3 增加造成的 HNO_3 向硝酸盐的转化率增加(+9.8%)，另一个重要的原因是近年的排放变化使 O_3 和 OH 自由基增加了约 30%，大气氧化性增加，提高了 NO_x 氧化生成 HNO_3 的效率(约 38.7%)，从而降低了通过控制 NO_x 降低硝酸盐的效益(图 7.24)。为了有效改善冬季硝酸盐污染，该研究建议采取措施控制大气氧化性，如更大幅度地减排 NO_x 并同时减排 VOCs。

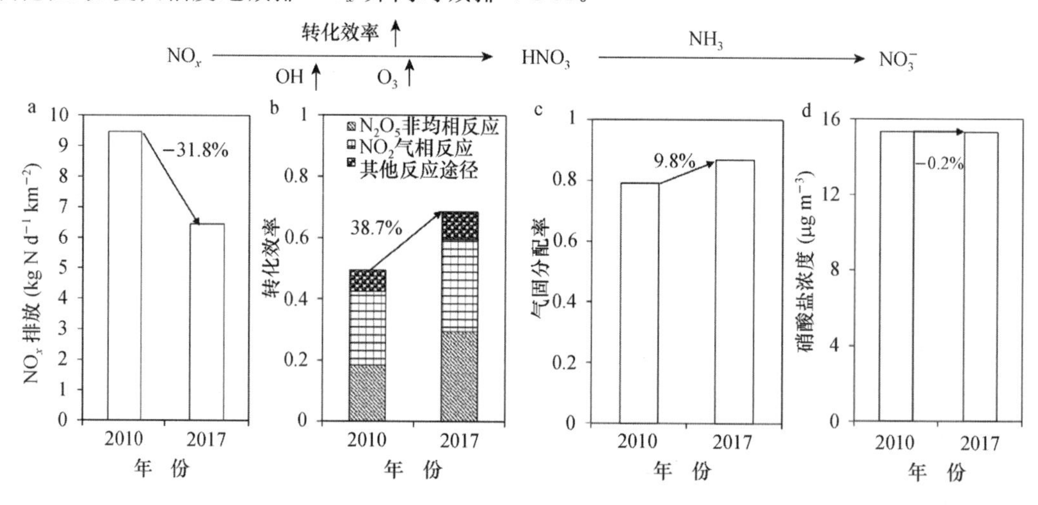

图 7.24 2010～2017 年 NO_x 排放(a)、NO_x 向 HNO_3 转化效率(b)、硝酸气固转化率(c)及硝酸盐浓度变化(d)

7.4.8　本项目资助发表论文

[1] Peng X, Wang W, Xia M, Chen H, Ravishankara A R, Li Q, Saiz-Lopez A, Liu P, Zhang F, Zhang C, Xue L, Wang X, George C, Wang J, Mu Y, Chen J, Wang T. An unexpected large continental source of reactive bromine and chlorine with significant impact on wintertime air quality. National Science Review, 2020, nwaa304.

[2] Fu X, Wang T, Gao J, Wang P, Liu Y, Wang S, Zhao B, Xue L. Persistent heavy winter nitrate pollution driven by increased photochemical oxidants in Northern China. Environmental Science & Technology, 2020, 54: 1-9.

[3] Yu C, Wang Z, Xia M, Fu X, Wang W, Tham Y J, Chen T, Zheng P, li H, Shan Y, Wang X, Xue L, Zhou Y, Yue D, Ou Y, Gao J, Lu K, Brown S S, Zhang Y, Wang T. Heterogeneous N_2O_5 reactions on atmospheric aerosols at four Chinese sites: Improving model representation of uptake parameters. Atmospheric Chemistry and Physics, 2020, 20: 4367-4378.

[4] Xia M, Peng X, Wang W, Yu C, Sun P, Li Y, Liu Y, Xu Z, Wang Z, Xu Z, Nie W, Ding A, Wang T. Significant production of $ClNO_2$ and possible source of Cl_2 from N_2O_5 uptake at a suburban site in eastern China. Atmospheric Chemistry and Physics, 2020, 20: 6147-6158.

[5] Sun L, Chen T, Jiang Y, Zhou Y, Sheng L, Lin J, Li J, Dong C, Wang C, Wang X, Zhang Q, Wang W, Xue L. Ship emission of nitrous acid (HONO) and its impacts on the marine atmospheric oxidation chemistry. Science of the Total Environment, 2020, 735: 139355.

[6] Chang D, Wang Z, Guo J, Li T, Liang Y, Kang L, Xia M, Wang Y, Yu C, Yun H, Yue D, Wang T. Characterization of organic aerosols and their precursors in Southern China during a severe haze episode in January 2017. Science of the Total Environment, 2019, 691: 101-111.

[7] Fu X, Wang T, Wang S, Zhang L, Cai S, Xing J, Hao J. Anthropogenic emissions of hydrogen chloride and fine particulate chloride in China. Environmental Science & Technology, 2018, 52: 1644-1654.

[8] Li D D, Xue L K, Wen L, Wang X F, Chen T S, Mellouki A, Chen J M, Wang W X. Characteristics and sources of nitrous acid in an urban atmosphere of northern China: Results from 1-yr continuous observations. Atmospheric Environment, 2018a, 182: 296-306.

[9] Li Q, Zhang L, Wang T, Wang Z, Fu X, Zhang Q. "New" Reactive nitrogen chemistry reshapes the relationship of ozone to its precursors. Environmental Science & Technology, 2018, 52: 2810-2818.

[10] Li M, Wang X, Lu C, Li R, Zhang J, Dong S, Yang L, Xue L, Chen J, Wang W. Nitrated phenols and the phenolic precursors in the atmosphere in urban Jinan, China. Science of the Total Environment, 2020, 714: 136760.

[11] Li R, Jiang X, Wang X, Chen T, Du L, Xue L, Bi X, Tang M, Wang W. Determination of semivolatile organic nitrates in ambient atmosphere by gas chromatography/electron ionization-mass spectrometry. Atmosphere, 2019, 10: 88.

[12] Li R, Wang X F, Gu R R, Lu C Y, Zhu F P, Xue L K, Xie H J, Du L, Chen J M, Wang W X. Identification and semi-quantification of biogenic organic nitrates in ambient particulate matters by UHPLC/ESI-MS. Atmospheric Environment, 2018, 176: 140-147.

[13] Liang Y, Wang X, Dong S, Liu Z, Mu J, Lu C, Zhang J, Li M, Xue L, Wang W. Size distributions of nitrated phenols in winter at a coastal site in North China and the impacts from primary sources and seconda-

ry formation. Chemosphere,2020,250: 126256.

[14] Lu C,Wang X,Dong S,Zhang J,Li J,Zhao,Y,Liang,Y,Xue L,Xie,H,Zhang Q,Wang W. Emissions of fine particulate nitrated phenols from various on-road vehicles in China. Environmental Research,2019a, 179: 108709.

[15] Lu C Y,Wang X F,Li R,Gu,R R,Zhang Y X,Li W J,Gao R,Chen B,Xue L K,Wang W X. Emissions of fine particulate nitrated phenols from residential coal combustion in China. Atmospheric Environment, 2019b,203: 10-17.

[16] Luo Y,Zhou X,Zhang J,Xue L,Chen T,Zheng P,Sun J,Yan X,Han G,Wang W. Characteristics of airborne water-soluble organic carbon (WSOC) at a background site of the North China Plain. Atmospheric Research,2020,231: 104668.

[17] Sun J,Li Z,Xue L,Wang T,Wang X,Gao J,Nie W,Simpson I J,Gao R,Blake D R,Chai F,Wang W. Summertime C1-C5 alkyl nitrates over Beijing,Northern China: Spatial distribution,regional transport, and formation mechanisms. Atmospheric Research,2018,204: 102-109.

[18] Sun L,Xue L K,Wang Y H,Li L L,Lin J T,Ni R J,Yan Y Y,Chen L L,Li J,Zhang Q Z,Wang W X. Impacts of meteorology and emissions on summertime surface ozone increases over central Eastern China between 2003 and 2015. Atmospheric Chemistry and Physics,2019,19: 1455-1469.

[19] Tham Y J,Wang Z,Li Q Y,Wang W H,Wang X F,Lu K D,Ma N,Yan C,Kecorius S,Wiedensohler A, Zhang Y H,Wang T. Heterogeneous N_2O_5 uptake coefficient and production yield of $ClNO_2$ in polluted northern China: Roles of aerosol water content and chemical composition. Atmospheric Chemistry and Physics,2018,18: 13155-13171.

[20] Tham Y J,Wang Z,Li Q Y,Yun,H,Wang W H,Wang X F,Xue L K,Lu K D,Ma N,Bohn B,Li X, Kecorius S,Gross J,Shao M,Wiedensohler A,Zhang Y H,Wang T. Significant concentrations of nitryl chloride sustained in the morning: Investigations of the causes and impacts on ozone production in a polluted region of Northern China. Atmospheric Chemistry and Physics,2016,16: 14959-14977.

[21] Wang L,Wang X,Gu R,Wang H,Yao L,Wen L,Zhu F,Wang W,Xue L,Yang L,Lu K,Chen J,Wang T,Zhang Y,Wang W. Observations of fine particulate nitrated phenols in four sites in northern China: Concentrations,source apportionment,and secondary formation. Atmospheric Chemistry and Physics, 2018a,18: 4349-4359.

[22] Wang W H,Wang Z,Yu C,Xia M,Peng,X,Zhou Y,Yue D L,Ou Y B,Wang T. An in situ flow tube system for direct measurement of N_2O_5 heterogeneous uptake coefficients in polluted environments. Atmospheric Measurement Techniques,2018b,11: 5643-5655.

[23] Wang X,Gu,R,Wang L,Xu W,Zhang Y,Chen B,Li W,Xue L,Chen J,Wang W. Emissions of fine particulate nitrated phenols from the burning of five common types of biomass. Environmental Pollution, 2017a,230: 405-412.

[24] Wang X,Wang T,Xue L,Nie W,Xu Z,Poon S C N,Wang W. Peroxyacetyl nitrate measurements by thermal dissociation-chemical ionization mass spectrometry in an urban environment: Performance and characterizations. Frontiers of Environmental Science & Engineering,2017b,11: 3.

[25] Wang X F,Wang H,Xue L K,Wang T,Wang L W,Gu R R,Wang W H,Tham Y J,Wang Z,Yang L X, Chen J M,Wang W X. Observations of N_2O_5 and $ClNO_2$ at a polluted urban surface site in North China: High N_2O_5 uptake coefficients and low $ClNO_2$ product yields. Atmospheric Environment,2017c,156: 125-134.

[26] Wang Z,Wang W H,Tham Y J,Li Q Y,Wang H,Wen L,Wang X F,Wang T. Fast heterogeneous N_2O_5 uptake and $ClNO_2$ production in power plant and industrial plumes observed in the nocturnal residual layer over the North China Plain. Atmospheric Chemistry and Physics,2017d,17: 12361-12378.

[27] Wen L,Chen T,Zheng P,Wu L,Wang X,Mellouki A,Xue L,Wang W. Nitrous acid in marine boundary layer over eastern Bohai Sea,China: Characteristics,sources,and implications. Science of the Total Environment,2019,670: 282-291.

[28] Wen L,Xue L K,Wang X F,Xu C H,Chen T S,Yang L X,Wang T,Zhang Q Z,Wang W X. Summertime fine particulate nitrate pollution in the North China Plain: Increasing trends,formation mechanisms and implications for control policy. Atmospheric Chemistry and Physics,2018,18: 11261-11275.

[29] Xia M,Wang W H,Wang Z,Gao J,Li H,Liang Y T,Yu C,Zhang Y C,Wang P,Zhang Y J,Bi F,Cheng X,Wang T. Heterogeneous uptake of N_2O_5 in sand dust and urban aerosols observed during the dry season in Beijing. Atmosphere,2019,10: 204.

[30] Xia M,Peng X,Wang W,Yu C,Sun P,Li Y,Liu Y,Xu Z,Wang Z,Xu Z,Nie W,Ding A,Wang T. Significant production of $ClNO_2$ and possible source of Cl_2 from N_2O_5 uptake at a suburban site in Eastern China. Atmospheric Chemistry and Physics,2020,20: 6147-6158.

[31] Yang X,Wang T,Xia M,Gao X,Li Q,Zhang N,Gao Y,Lee S,Wang X,Xue L,Yang L,Wang W. Abundance and origin of fine particulate chloride in continental China. Science of the Total Environment, 2018a,624: 1041-1051.

[32] Yang X,Xue L K,Wang T,Wang X F,Gao J,Lee S C,Blake D R,Chai F H,Wang W X. Observations and explicit modeling of summertime carbonyl formation in Beijing: Identification of key precursor species and their impact on atmospheric oxidation hemistry. Journal of Geophysical Research-Atmospheres, 2018b,123: 1426-1440.

[33] Yang X,Xue L K,Yao L,Li Q Y,Wen L,Zhu Y H,Chen T S,Wang X F,Yang L X,Wang T,Lee S C, Chen J M, Wang W. Carbonyl compounds at Mount Tai in the North China Plain: Characteristics, sources,and effects on ozone formation. Atmospheric Research,2017,196,53-61.

[34] Yi Y Y,Cao Z Y,Zhou X H,Xue L K,Wang W X. Formation of aqueous-phase secondary organic aerosols from glycolaldehyde and ammonium sulfate/amines: A kinetic and mechanistic study. Atmospheric Environment,2018a,181: 117-125.

[35] Yi Y Y,Zhou X H,Xue L K,Wang W X. Air pollution: Formation of brown,lighting-absorbing,secondary organic aerosols by reaction of hydroxyacetone and methylamine. Environmental Chemistry Letters, 2018b,16: 1083-1088.

[36] Yu C,Wang Z,Xia M,Fu X,Wang W,Tham Y J,Chen T,Zheng P,Li H,Shan Y,Wang X,Xue L,Zhou Y,Yue D,Ou Y,Gao J,Lu K,Brown S S,Zhang Y,Wang T. Heterogeneous N_2O_5 reactions on atmospheric aerosols at four Chinese sites: Improving model representation of uptake parameters. Atmospheric Chemistry and Physics,2020,20: 4367-4378.

[37] Yun H,Wang W H,Wang T,Xia M,Yu C,Wang Z,Poon S C N,Yue D L,Zhou Y. Nitrate formation from heterogeneous uptake of dinitrogen pentoxide during a severe winter haze in Southern China. Atmospheric Chemistry and Physics,2018,18: 17515-17527.

[38] Zhang L,Li Q Y,Wang T,Ahmadov R,Zhang Q,Li M,Lv M Y. Combined impacts of nitrous acid and nitryl chloride on lower-tropospheric ozone: New module development in WRF-Chem and application to China. Atmospheric Chemistry and Physics,2017,17: 9733-9750.

[39] Zhang Y N,Xue L K,Dong C,Wang T,Mellouki A,Zhang Q Z,Wang W X. Gaseous carbonyls in China's atmosphere: Tempo-spatial distributions,sources,photochemical formation,and impact on air quality. Atmospheric Environment,2019,214: 116863.

[40] Zong R H,Xue L K,Wang T B,Wang W X. Inter-comparison of the Regional Atmospheric Chemistry Mechanism (RACM2) and Master Chemical Mechanism (MCM) on the simulation of acetaldehyde. Atmospheric Environment,2018,186: 144-149.

[41] 张君,王新锋,张英南,顾蓉蓉,夏瑞,李红,董书伟,薛丽坤,毋振海,张玉洁,高健,王韬,王文兴. 北京市区冬季颗粒态有机硝酸酯的污染特征与生成. 地球化学,2020,49: 252-261.

[42] Jiang Y,Xue L,Gu R,Jia M,Zhang Y,Wen L,Zheng P,Chen T,Li H,Shan Y,Zhao Y,Guo Z,Bi Y,Liu H,Ding A,Zhang Q,Wang W. Sources of nitrous acid (HONO) in the upper boundary layer and lower free troposphere of the North China Plain: Insights from the Mount Tai observatory. Atmospheric Chemistry and Physics,2020,20: 12115-12131.

参考文献

[1] Stemmler K,Ammann M,Donders C,Kleffmann J,George C. Photosensitized reduction of nitrogen dioxide on humic acid as a source of nitrous acid. Nature,2006,440: 195-198.

[2] Su H,Cheng Y,Oswald R,Behrendt T,Trebs I,Meixner F X,Andreae M O,Cheng P,Zhang Y,Pöschl U. Soil nitrite as a source of atmospheric HONO and OH radicals. Science,2011,333: 1616-1618.

[3] Brown S,Ryerson T,Wollny A,Brock C,Peltier R,Sullivan A,Weber R,Dube W,Trainer M,Meagher J F. Variability in nocturnal nitrogen oxide processing and its role in regional air quality. Science,2006,311: 67-70.

[4] Thornton JA,Kercher J P,Riedel T P,Wagner N L,Cozic J,Holloway J S,Dubé W P,Wolfe G M,Quinn P K,Middlebrook A M. A large atomic chlorine source inferred from mid-continental reactive nitrogen chemistry. Nature,2010,464: 271-274.

[5] Platt U,Perner D,Harris G,Winer A,Pitts J. Observations of nitrous acid in an urban atmosphere by differential optical absorption. Nature,1980,285: 312-314.

[6] Kleffmann J,Wiesen P. Quantification of interferences of wet chemical HONO LOPAP measurements under simulated polar conditions. Atmospheric Chemistry and Physics,2008,8: 6813-6822.

[7] Su H,Cheng Y F,Shao M,Gao D F,Yu Z Y,Zeng L M,Slanina J,Zhang Y H,Wiedensohler A. Nitrous acid (HONO) and its daytime sources at a rural site during the 2004 PRIDE-PRD experiment in China. Journal of Geophysical Research: Atmospheres,2008,113: D14.

[8] VandenBoer T C,Young C J,Talukdar R K,Markovic M Z,Brown S S,Roberts J M,Murphy J G. Nocturnal loss and daytime source of nitrous acid through reactive uptake and displacement. Nature Geoscience,2015,8: 55-60.

[9] Zhou X,Zhang N,TerAvest M,Tang D,Hou J,Bertman S,Alaghmand M,Shepson P B,Carroll M A,Griffith S. Nitric acid photolysis on forest canopy surface as a source for tropospheric nitrous acid. Nature Geoscience,2011,4: 440-443.

[10] Li S,Matthews J,Sinha A. Atmospheric hydroxyl radical production from electronically excited NO_2 and H_2O. Science,2008,319: 1657-1660.

[11] Li X,Rohrer F,Hofzumahaus A,Brauers T,Häseler R,Bohn B,Broch S,Fuchs H,Gomm S,Holland F.

Missing gas-phase source of HONO inferred from Zeppelin measurements in the troposphere. Science, 2014,344: 292-296.

[12] Harris G W,Carter W P,Winer A M,Pitts J N,Platt U,Perner D. Observations of nitrous acid in the Los Angeles atmosphere and implications for predictions of ozone-precursor relationships. Environmental Science & Technology,1982,16: 414-419.

[13] Kleffmann J. Daytime sources of nitrous acid (HONO) in the atmospheric boundary layer. ChemPhysChem,2007,8: 1137-1144.

[14] Zhang N,Zhou X,Bertman S,Tang D,Alaghmand M,Shepson P,Carroll M. Measurements of ambient HONO concentrations and vertical HONO flux above a Northern Michigan forest canopy. Atmospheric Chemistry and Physics,2012,12: 8285-8296.

[15] Zhou X,Beine H J,Honrath R E,Fuentes J D,Simpson W,Shepson P B,Bottenheim J W. Snowpack photochemical production of HONO: A major source of OH in the Arctic boundary layer in springtime. Geophysical Research Letters, 2001,28: 4087-4090.

[16] Häseler R,Brauers T,Holland F,Wahner A. Development and application of a new mobile LOPAP instrument for the measurement of HONO altitude profiles in the planetary boundary layer. Atmospheric Measurement Techniques Discussions, 2009,2: 2027-2054.

[17] Sörgel M,Trebs I,Serafimovich A,Moravek A,Held A,Zetzsch C. Simultaneous HONO measurements in and above a forest canopy: Influence of turbulent exchange on mixing ratio differences. Atmospheric Chemistry and Physics, 2011,11: 841-855.

[18] Ammann M,Rössler E,Strekowski R,George C. Nitrogen dioxide multiphase chemistry: Uptake kinetics on aqueous solutions containing phenolic compounds. Physical Chemistry Chemical Physics, 2005,7: 2513-2518.

[19] Kleffmann J,Becker K,Wiesen P. Investigation of the heterogeneous NO_2 conversion on perchloric acid surfaces. Journal of the Chemical Society,Faraday Transactions,1998,94: 3289-3292.

[20] Li H,Zhu T,Zhao D,Zhang Z,Chen Z. Kinetics and mechanisms of heterogeneous reaction of NO_2 on $CaCO_3$ surfaces under dry and wet conditions. Atmospheric Chemistry and Physics,2010,10: 463-474.

[21] Ndour M,D'Anna B,George C,Ka O,Balkanski Y,Kleffmann J,Stemmler K,Ammann M. Photoenhanced uptake of NO_2 on mineral dust: Laboratory experiments and model simulations. Geophysical Research Letters,2008,35: L05812.

[22] Li G,Lei W,Zavala M,Volkamer R,Dusanter S,Stevens P,Molina L T. Impacts of HONO sources on the photochemistry in Mexico City during the MCMA-2006/MILAGO Campaign. Atmospheric Chemistry and Physics, 2010,10: 6551-6567.

[23] An J,Li Y,Chen Y,Li J,Qu Y,Tang Y. Enhancements of major aerosol components due to additional HONO sources in the North China Plain and implications for visibility and haze. Advances in Atmospheric Sciences,2013,30: 57-66.

[24] 朱燕舞,刘文清,谢品华,窦科,刘世胜,司福祺,李素文,秦敏. 北京夏季大气 HONO 的监测研究. 环境科学,2009,30: 1567-1573.

[25] 秦敏,刘文清,谢品华,刘建国,方武,张为俊. 大气中 HONO 来源的研究进展. 中国环境检测,2005,21: 82-88.

[26] 王红攀,周斌,陈立民. 差分光学吸收光谱法测量大气中的亚硝酸. 复旦学报(自然科学版),2004,43: 604-609.

[27] Osthoff H D,Roberts J M,Ravishankara A,Williams E J,Lerner B M,Sommariva R,Bates T S,Coffman D,Quinn P K,Dibb J E. High levels of nitryl chloride in the polluted subtropical marine boundary layer. Nature Geoscience, 2008,1: 324-328.

[28] Phillips G,Tang M,Thieser J,Brickwedde B,Schuster G,Bohn B,Lelieveld J,Crowley J. Significant con-

centrations of nitryl chloride observed in rural continental Europe associated with the influence of sea salt chloride and anthropogenic emissions. Geophysical research letters, 2012, 39: L10811.

[29] Tham Y J, Yan C, Xue L, Zha Q, Wang X, Wang T. Presence of high nitryl chloride in Asian coastal environment and its impact on atmospheric photochemistry. Chinese Science Bulletin, 2014, 59: 356-359.

[30] Sarwar G, Simon H, Bhave P, Yarwood G. Examining the impact of heterogeneous nitryl chloride production on air quality across the United States. Atmospheric Chemistry and Physics, 2012, 12: 6455-6473.

[31] Sarwar G, Simon H, Xing J, Mathur R. Importance of tropospheric $ClNO_2$ chemistry across the Northern Hemisphere. Geophysical Research Letters, 2014, 41: 4050-4058.

[32] Chang W L, Bhave P V, Brown S S, Riemer N, Stutz J, Dabdub D. Heterogeneous atmospheric chemistry, ambient measurements, and model calculations of N_2O_5: A review. Aerosol Science and Technology, 2011, 45: 665-695.

[33] Riedel T, Bertram T, Ryder O, Liu S, Day D, Russell L, Gaston C, Prather K, Thornton J. Direct N_2O_5 reactivity measurements at a polluted coastal site. Atmospheric Chemistry and Physics, 2012, 12: 2959-2968.

[34] Brown S S, Stutz J. Nighttime radical observations and chemistry. Chemical Society Reviews, 2012, 41: 6405-6447.

[35] Hofzumahaus A, Rohrer F, Lu K, Bohn B, Brauers T, Chang C C, Fuchs H, Holland F, Kita K, Kondo Y. Amplified trace gas removal in the troposphere. Science, 2009, 324: 1702-1704.

[36] Rohrer F, Lu K, Hofzumahaus A, Bohn B, Brauers T, Chang C C, Fuchs H, Häseler R, Holland F, Hu M. Maximum efficiency in the hydroxyl-radical-based self-cleansing of the troposphere. Nature Geoscience, 2014, 7: 559-563.

第8章　大气复合污染条件下新粒子生成和增长机制及其环境影响

胡敏，尚冬杰，房鑫，郭松，吴志军，郭庆丰，彭剑飞，刘玥晨，郑竞，谭天怡，汤丽姿

北京大学

环境大气中新粒子生成(NPF)与增长是一个从气态前体物到纳米级颗粒物的二次化学转化过程，其对区域到全球尺度空气质量和气候造成显著影响。目前对新粒子生成与增长的物理化学机制的理解仍然十分有限，由此带来对其环境效应评价的不确定性。因此，该课题是国际大气化学研究的重点和难点之一。本研究以揭示新粒子生成、增长及其产生环境效应的机制为核心目标，在总结新粒子生成的历史观测数据的基础上，利用外场观测、烟雾箱模拟和模式模拟等多种手段，揭示了气态硫酸、有机胺、有机酸等多元前体物参与的大气成核机制，探究了新粒子增长过程中多种化学组分的贡献，表征了大气复合污染条件下快速成核和持续增长的机制及其环境影响。在全面理解大气复合污染条件下成核和增长机制及其环境效应的基础上，提高对区域霾形成机制的认识，也推进了国际相关领域对污染大气中环境新粒子生成与增长机制的普遍性和差异性研究。

8.1　研究背景

新粒子生成与增长是大气中重要的气相向颗粒相的二次转化过程，影响人体健康、区域环境质量和全球气候。新粒子生成在全球尺度上是大气颗粒物的重要来源之一；在我国新粒子生成产生的高数浓度纳米颗粒物在高浓度气态污染物和强氧化性背景下，可以在几小时内快速增长至几十甚至上百纳米。一方面在大气中贡献高数浓度的云凝结核(CCN)，改变云物理过程和全球辐射平衡[1]；另一方面也使得 $PM_{2.5}$ 在若干天内每立方米增长数百微克，是我国严重的二次颗粒物污染和霾的重要诱因[2]。新粒子生成产生的超细颗粒物也有明显的人体健康影响，研究表明，其在人体内的沉积能力较强，可通过破坏细胞膜、生成自由基等诱发哮喘、癌症等疾病[3]。

尽管新粒子生成有着重要的研究意义，囿于研究手段的局限性，目前对新粒子生成各个过程的化学机制仍然了解地不够清楚。当前该领域研究最关注的问题主要包括：① 新粒子的成核机制，即何种气态物质可以参与成核，具体化学途径如何；② 新粒子发生的限制因素，即何种前体物浓度和凝结汇(CS)条件下，新粒子可以发生；③ 新粒子的增长机制，即各

种气态前体物对于新粒子初始增长和后续增长的贡献如何；④ 新粒子的区域环境效应，即新粒子在污染条件下如何持续增长至积聚模态，及其对 CCN 和霾污染的贡献如何。

首先，针对新粒子的成核机制，目前研究普遍认为气态硫酸是参与成核过程的关键前体物，传统的硫酸-水二元均相成核理论及基于气态硫酸和成核速率的定量关系的活化成核、动力学成核理论可以解释较低的新粒子成核速率，但不能全面解释高成核速率的新粒子生成事件[4]。因此，可以降低气态硫酸饱和蒸气压、促进成核的物质被加入考虑，提出了硫酸-水-氨三元成核离子诱导成核、碘参与成核等理论[5]。而近年来，有机酸、有机胺参与的热动力学成核被认为是解释高成核速率的一种途径[6]。研究成核机制的关键点在于高分辨率、高灵敏度的大气中气态前体物测量，以及 1～10 nm 颗粒物数浓度测量，进而验证所提出理论的可靠性。国际已有的先进测量仪器如下：大气压化学电离化飞行时间质谱(APi-ToF-CIMS)可以得到大气中气态硫酸、有机胺以及分子簇成分的分子信息；高灵敏度激光诱导荧光(LIF)可测量大气 OH 自由基浓度，可用以估算气态硫酸；颗粒物粒径扩增器(PSM)、纳米凝结核计数器(Nano-CPC)和中性粒子/离子谱仪(NAIS)则可以在线测量低至 1 nm 左右的颗粒物数谱[7]。然而这些关键参数测量技术在发展中国家使用得不多，因此已有机制在污染大气中缺乏验证。

其次，目前认为新粒子生成的限制因素主要在于其源、汇竞争，当大气中气态硫酸等前体物达到一定浓度即可出现成核过程[8]，而已存在的高浓度颗粒物作为凝结汇和碰并汇将抑制新粒子生成。那么，已存在颗粒物的数浓度、表面积浓度、质量浓度等参数何者影响更大，新粒子生成时源、汇的总体特征如何，仍然缺乏基于长期观测得出的统计分析或实验模拟结果。

再次，新粒子增长过程是链接气态分子和具有显著光学和气候效应尺寸的颗粒物之间的桥梁。无论是对气候效应还是对区域空气质量和健康的影响，新粒子的增长过程都起到决定性作用。由于成核后的新粒子只有几纳米，受开尔文效应的影响使得新粒子初始增长不能通过碰并和凝结简单地解释，是目前研究新粒子增长的最大挑战。当前认为新粒子1～10 nm 的初始增长机制可能包括成核蒸汽凝结、气态物质非均相反应、离子诱导的分子簇形成增长等，这一过程中除气态硫酸外，有机酸、有机胺等可凝结气体也有明显贡献[9]。然而，由于缺乏初始增长阶段新粒子化学组分直接测量的信息，阻碍了对新粒子初始增长机理的理解。后续增长过程主要包括气态物质如有机物和硫酸的凝结以及颗粒物模态内的碰并，而有机物贡献后续增长的机制仍然存在诸多疑问[10]。需要同步测量大气中核模态以及爱根模态颗粒物的理化特征和前体物性质并加以研究与验证。目前可以在线测量超细颗粒物、分子簇化学组成特征的仪器包括 APi-ToF-CIMS 以及高分辨率飞行时间气溶胶质谱(HR-ToF-AMS)，而纳米颗粒吸湿和挥发串联电迁移率分析仪(Nano-H/V-TDMA)则可通过测量核模态颗粒物吸湿性、挥发性推测其化学组成。以上技术虽然被逐渐应用于外场观测，但缺乏连同气态前体物、成核速率等参数同步进行测量的综合性观测。

最后，全球尺度上新粒子贡献了 5%～50%行星边界层的 CCN 浓度(过饱和度 1%)[11]。小组研究表明我国城市地区新粒子的后续增长对于大气 CCN 的贡献可以达到 40%以上[12]，同时发现新粒子与二次颗粒物污染密切相关[2]。目前，基于实测的新粒子生成与增长的环境效应评估仍十分有限，尤其是新粒子对颗粒物二次污染影响机制的认识以及环境中新粒子对 CCN 的贡献实测信息十分缺乏。因此，有必要基于观测和模型模拟将新粒子生成和增长机制与其环境影响相结合，精确评估新粒子对霾形成和区域气候的影响。

21 世纪以来，国际上针对新粒子生成开展了多个大项目研究，包括 CLOUD 烟雾箱实验（欧洲核物理研究所）、BIOFOR（芬兰 Hyytiälä 森林）、PARFORCE（爱尔兰 Mace Head 海岸站点）、QUEST（意大利 San Pietro 城市站点）、EUCAARI（欧盟 25 个国家）、ANARChE（美国 Atlanta）等。这些项目对于新粒子生成现象建立了初步描述和解释，不过其化学机制仍存在较大争议，而且这些项目建立的相关理论和模型，均是基于发达国家清洁大气所得的观测数据，其在发展中国家的适用性并未被广泛检验。尤其是我国大气复合污染条件下，新粒子生成在背景颗粒物浓度较高时仍然可以频繁发生，其核化、增长速率、最终可以增长到的尺寸以及造成的环境效应也明显高于相对清洁的大气[13-14]，这一现象是否可以用国际上清洁地区研究所得机制解释仍然存疑[15]，因而在我国开展新粒子生成研究显得更为重要。

目前，我国关于新粒子生成的研究已经开展了相关工作，不同环境大气新粒子生成现象近年来被广泛报道[16-19]，但对于 1～3 nm 颗粒物的数谱测量较为缺乏。Yu 等[20-21]基于外场观测和模型模拟对有机物参与新粒子成核、增长以及离子诱导成核机制进行了大量的细致研究；Li 等[22]总结了离子参与新粒子生成的研究成果；本研究团队的国家自然基金项目“北京大气新粒子生成机制与增长特性”揭示了北京地区存在“污染型”和“清洁型”两种不同气象因素和数谱特征的新粒子生成现象，同时新粒子增长也存在“贫硫型”和“富硫型”两种机制[23]。然而已有研究均是针对新粒子生成的单一环节，缺乏气态前体物-成核-增长-物理化特征-环境效应等多参数、全过程的综合观测，无法有效沟通起新粒子生成从气态前体物到环境效应的演变全过程，同时外场观测、实验模拟、模型模拟的闭合研究在我国污染地区也几乎没有开展。基于我国特有的大气复合污染背景，建立一套沟通高前体物浓度、高凝结汇，特殊成核机制以及强环境效应的大气新粒子生成全过程的研究方法，并开展观测和模拟的协同研究，是我国大气化学研究亟待开展的工作。

8.2　研究目标与研究内容

8.2.1　研究目标

总体目标是全面理解大气复合污染条件下新粒子成核和增长机制及其环境效应，从而提高对区域霾形成机制的认识，具体目标如下：

1. 辨识参与成核的前体物并明确促使快速成核的关键物种和机制

采用当前先进的技术手段，建立实测大气中气态硫酸、有机酸、有机胺等关键成核物种，结合模型计算，辨识成核速率对前体物浓度的响应机制。

2. 弄清驱动新粒子初始和后续增长的化学和物理机制

揭示不同化学物种如何通过凝结和化学反应导致新粒子增长，认识新粒子生成和增长的动力学过程以及其挥发性和吸湿性等物理特性的演变。

3. 揭示大气复合污染条件下新粒子快速成核和持续增长的条件与机制

探究在什么气象条件下,哪类前体物占主导的情况下,新粒子可以持续并快速增长,最终形成区域性霾。识别出有利于新粒子快速成核和持续增长的气象条件和前体物。

4. 评价新粒子生成与增长对大气环境的影响

评价新粒子生成和快速增长对大气 $PM_{2.5}$ 质量浓度的贡献,量化新粒子生成对颗粒物消光等光学性质和 CCN 浓度的贡献。

8.2.2 研究内容

本研究拟利用外场观测、烟雾箱模拟和模式模拟等多种手段,开发和应用先进的研究技术,揭示新粒子生成、增长及其产生环境效应的机制。具体的研究内容如下:

1. 识别新粒子生成的关键前体物,弄清新粒子生成的决定因素

完善精确测定关键气态前体物包括硫酸、有机酸、有机胺的技术手段,结合小至 1 nm 的新粒子数谱分布测定和模式模拟,识别大气复合污染条件下大气成核的关键前体物和成核机制,探究关键前体物协同还是单一物种导致我国大气中新粒子的高成核速率。通过先进的研究手段,如"准实际"大气烟雾箱(QUALITY chamber),揭示我国大气复合污染条件下新粒子生成的决定因素。

2. 揭示粒径分辨的新粒子增长的物理化学过程

通过追踪测定新粒子的物理、化学、热动力学性质,表征新粒子增长过程中物理化学性质的变化,弄清驱动新粒子增长的物理化学机制及其与粒径的相互关系,尤其是从分子水平对纳米颗粒物的化学组成进行表征,深入揭示有机物在新粒子增长过程中的作用。结合烟雾箱模拟和理论模型,明晰不同粒径尺度段(模态下)新粒子的增长机制。

3. 揭示新粒子高频率生成与快速持续增长并致霾的条件与机制

结合外场综合观测和室外"准实际"大气烟雾箱模拟实验,针对新粒子高频率生成并快速持续增长最终致霾的典型事件进行深入研究。结合气象条件、痕量气态污染物浓度、颗粒物物理化学组分,辨识此类新粒子事件的发生条件、链接新粒子致霾的关键物理化学过程,探讨快速增长并致霾的新粒子事件的增长机制与清洁环境的差异。

4. 评估新粒子生成事件对区域细颗粒物 $PM_{2.5}$ 质量增量与气候相关因子的贡献

基于外场观测和上述研究获得的成核与增长机理,采用盒子模型模拟新粒子成核与增长,量化新粒子生成事件对区域细颗粒物 $PM_{2.5}$ 质量增量、消光以及气候相关因子(CCN)的贡献;评估区域新粒子发生与增长对我国大气复合污染形成的关键作用,重点关注在怎样的大气复合污染和气象条件下,新粒子可以快速持续增长到积聚模态,并直接影响到大气环境质量和增加云凝结核数量;探讨新粒子在霾形成中的物理和化学机制。进而,为制定我国区域颗粒物污染控制政策提供科学依据,为降低新粒子全球气候效应模型的不确定性提供污染地区的案例。

8.2.3　拟解决的关键科学问题

（1）气态硫酸与有机前体物在我国大气复合污染条件下的高效成核过程中发挥怎样的作用？

（2）我国大气复合污染条件下新粒子初始增长和后续增长的物理化学机制如何？区别于清洁地区，我国新粒子快速后续增长的机制是什么？

（3）我国频繁高效的新粒子生成与持续快速增长对区域空气质量乃至全球气候效应的影响是什么？

8.2.4　研究思路

本研究综合运用外场观测、“准实际”大气烟雾箱模拟、模型模拟等多种手段，以我国大气复合污染条件下新粒子由气态前体物核化、初始增长、后续增长，直至产生环境影响的全过程为主线，开展深入细致的新粒子生成、增长机制及其环境效应研究。研究思路如图 8.1 所示。

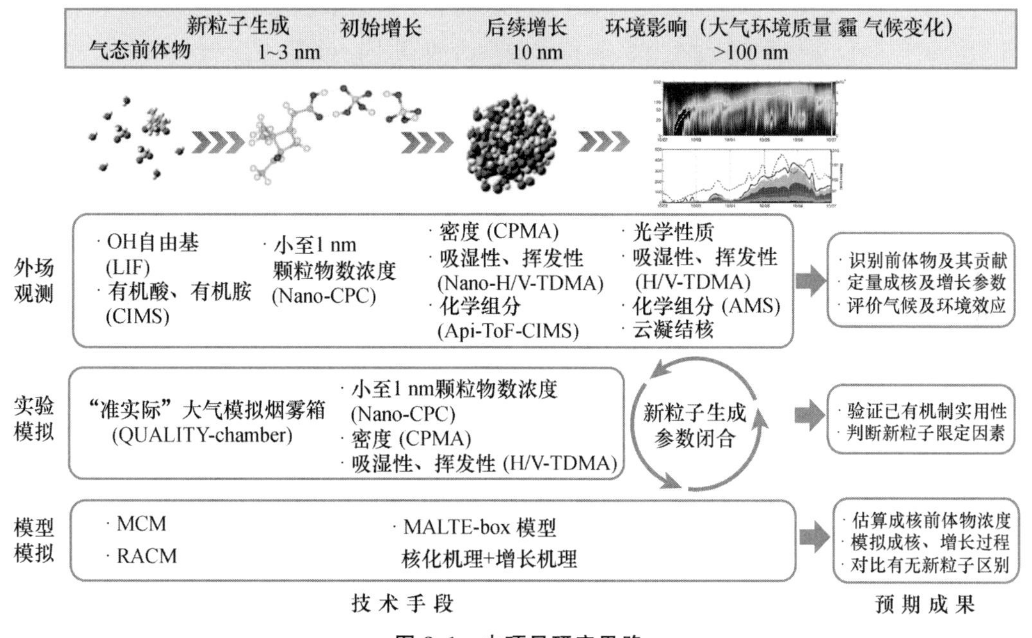

图 8.1　本项目研究思路

在认真总结分析多年观测结果的基础上，明晰我国大气复合污染条件下新粒子生成的具体研究方向和研究重点。在典型地区选取新粒子生成环境效应突出的季节开展为期一个月的外场观测，使用国际先进的高分辨率监测仪器，获取新粒子生成各个阶段的重要参数，包括前体物（气态硫酸、有机酸、有机胺等）浓度、1～3 nm 颗粒物数浓度、纳米颗粒物理化性质（组分、密度、吸湿性、挥发性）、新粒子核化及增长速率、环境影响（化学组分、CCN 数浓度、消光作用）等，识别新粒子生成关键前体物及其成核机制，定量不同物质对于新粒子增长的贡献，表征新粒子的环境影响，为烟雾箱模拟和模型模拟提供关键参数。

“准实际”大气烟雾箱模拟跟踪新粒子增长过程中理化性质的变化，比较烟雾箱与大气中的新粒子生成过程,判定新粒子发生的限定条件及各种气态前体物对于增长的贡献。

利用外场观测、烟雾箱模拟结果优化 MALTE(Model to predict Aerosol formation in Lower TropospherE)模型参数,使用不同机制模拟新粒子的生成及增长过程,通过比较开关新粒子相关模块的模拟结果评价新粒子的环境影响。结合外场观测实测结果、烟雾箱模拟结果、模型模拟结果,开展闭合研究,表征不同成核、增长机制在我国大气复合污染中的适用性。

8.3 研究方案

根据研究内容、研究目标以及拟解决的科学问题,本研究的实施方案包含对现有的十余年的观测数据进行综合分析,以明确本研究的重点和科学问题,为本研究实验方案的确定和模式模型的建立奠定基础和方向;在对多年数据分析的基础上,确定综合观测实验方案,在污染严重的华北地区,选取新粒子生成和造成环境影响的典型过程;由观测结果分析,设计烟雾箱实验,获得新粒子生成的关键参数,探讨新粒子生成的限制条件,用于模式模拟中;利用外场观测和烟雾箱的参数化结果验证和完善现有机制下的新粒子生成和增长模型,验证现有机制在我国的适用性,从而建立可以描述我国大气复合污染条件下新粒子生成的模式。

8.3.1 对现有观测数据进行综合分析,明确我国大气复合污染条件下新粒子生成的研究重点和方向

2004 年以来,研究小组在不同大气环境包括城市、区域、沿海和我国近海环境进行了大量颗粒物数谱分布的测量。尤其是基于长期运行的北京大学"城市大气环境定位观测站",对小至 3 nm 的大气新粒子粒径谱分布数据进行长达十余年的连续观测,积累大量的数据。计划对现有不同环境新粒子发生规律及其与多种环境因素的关系等进行全面的分析和总结,为新粒子机制的研究提供指导信息。

8.3.2 以气态前体物和小至 1 nm 新粒子为核心的外场观测实验,综合观测分析新粒子核化、增长和演变的过程

目前对新粒子生成和增长机制的不明确主要受到测量技术的限制,因此本研究拟应用和改进新粒子生成和增长研究相关的测量技术,对我国大气复合污染条件下新粒子生成和增长相关的参数进行全面的测量。

在我国大气复合污染典型地区,拟组织以成核前体物和纳米粒子化学物理成分测量为核心的 2 次综合外场观测,获取关键成核气态前体物浓度、小至 1 nm 的颗粒物数浓度分布、纳米颗粒物理化特征参数、气象和痕量气体污染物浓度、背景颗粒物理化特征参数,为模型和模式计算提供信息。

气态硫酸被认为是新粒子生成最重要的前体物,本研究计划基于 LIF 对 OH 自由基的测量,利用 RACM 模型估算获取 H_2SO_4 浓度,估算 H_2SO_4 凝结对新粒子增长的贡献。以 CIMS 技术为核心,建立和完善新粒子生成潜在气态前体物浓度的测量,例如有机胺、有机酸等。

纳米颗粒物数浓度、化学组分等的测量是研究新粒子的关键。本研究拟利用目前最先进的 PSM-CPC 对小至 1 nm 的颗粒物数浓度进行测量。同时也利用一些间接手段推测纳米颗粒物的化学组成,例如采用 H/V-TDMA 技术手段,实现在线测定大气新粒子增长过程中新粒子吸湿性和挥发性,获取不同粒径颗粒物的热动力学性质间接推断新粒子化学成分,进而分析新粒子可能的物理化学增长机制。颗粒物密度也可以间接推测颗粒物化学组成,研究使用差分电迁移率分析仪(DMA)-离心颗粒质量分析仪(APM)-CPC 联用技术,测定小至 10 nm 的新粒子密度。

8.3.3 "准实际"大气烟雾箱模拟实验

对于新粒子生成的研究目前大多依靠外场观测或者实验室模拟,外场观测的实际大气条件情况复杂,而实验室模拟则条件过于简单,污染物浓度过高与实际大气情况相差太大,二者研究具有一定的不确定性,结果应用于模型也会造成很大的不确定性。

本研究拟在我国典型城市(如北京、珠三角等)开展"准实际"大气烟雾箱模拟,在相对真实的大气条件下控制一定的限制变量,研究新粒子成核机制及限制因素。"准实际"大气烟雾箱分上下两层,中间有特氟龙膜隔开。烟雾箱的基本原理是将实际大气引入下层烟雾箱,气态污染物通过扩散进入上层,颗粒物则被滤掉无法进入上层从而控制已存在颗粒物浓度等条件。本研究计划模拟实际大气条件下气态污染物生成新粒子的过程,通过同时测定颗粒物特性和潜在气态前体物浓度,揭示不同前体物对新粒子生成和增长的贡献;参数化烟雾箱内和同期实际大气中发生的新粒子生成过程,通过比较揭示新粒子发生的源、汇机制,明确新粒子发生的条件。

8.3.4 模型模拟

将合理机制输入模型,有效模拟大气新粒子核化、增长过程,得到精确的新粒子生成对于气候效应、区域空气质量的影响,以帮助制定相关控制政策。同时,模型也是评估不同机制对于真实大气的模拟效果,筛选适合大气复合污染条件下新粒子生成机制、表征新粒子生成环境效应的重要手段之一。

本研究采用 MALTE 盒子模型作为工具进行模型模拟的研究工作。该模型集成了 MCM 化学机理和气溶胶动力学 UHMA 模型,可用以模拟核化作用、气态污染物凝结、碰并、干沉降等新粒子生成和增长中的理化过程,同时可以选择打开或关闭模型内不同模块。本研究计划:① 优化现有模型成核、增长模块,使其更加符合大气复合污染下新粒子模拟,在原有模型只考虑气态硫酸的活化成核和动力学成核机制的基础上,添加外场观测,"准实际"大气烟雾箱模拟包括气态硫酸、有机酸、有机胺的参数化成核机制;② 根据观测总结的不同物质对于颗粒物增长的贡献,更新增长机制中气态硫酸凝结、低挥发性有机物凝结等途径的相关参数;③ 模拟新粒子发生过程,将外场观测所得到的前体物和碰并谱数据作为边界条件输入模型,分别使用经典成核机制和有机物参与成核机制对新粒子天、非新粒子天颗粒物数谱变化进行模拟,比较不同机制模拟结果和实际观测结果的接近程度,验证不同机制在大气复合污染背景下的适用性。

8.4　主要进展与成果

8.4.1　基于历史观测结果分析,综述了我国新粒子生成的特征,提出了从大气氧化性、成核前体物、1 nm 颗粒物数谱直至颗粒物环境效应全过程的研究手段等关键科学问题

1. 综述了中国污染环境中的新粒子生成事件特征及机制,讨论了主要的科学问题和未来研究的方向[24-25]

(1) 新粒子生成特征

粒径分布的测量对新粒子生成的量化描述(如生成速率、增长速率、凝结汇和碰并汇)非常重要。另外,在研究大气颗粒的成核机理中,对气态前体物[例如硫酸、氨、胺和挥发性有机化合物(VOCs)]的监测和定量非常必要。表 8-1 展示了测量大气中颗粒物成核的基本仪器(尤其是在中国使用过)。

表 8-1　在外场观测的仪器和测量参数

仪器	测量参数	粒径范围/nm	在国内的应用	参考文献
ID-CIMS	气态硫酸	—	北京	[26]
HR-ToF-CIMS	氨与有机胺	—	南京	[27]
APi-ToF-MS	离子与分子簇	—	—	—
Cluster-CIMS	电中性分子簇	～1	—	—
NAIS	颗粒物与离子数浓度粒径分布	0.8～42	香河	—
AIS	离子数浓度粒径分布	0.8～42	南京	[28]
PSM	颗粒物数浓度粒径分布	1～1000	上海	[29]
SMPS/DMPS	颗粒物数浓度粒径分布	3～800	北京	[30]
Nano-CCNC	颗粒物吸湿增长性	2～10	—	—
CPCB	颗粒物亲水性/亲醇性	2～10	—	—
Nano-H/V-TDMA	颗粒物吸水性、挥发性	4～10	—	—
TD-CIMS	化学组成粒径分布	6～20	—	—
HR-ToF-AMS	化学组成粒径分布	＜1000	北京	[31]
Q-AMS	化学组成粒径分布	＜1000	北京	[32]

注: ID-CIMS,离子迁移化学电离质谱;HR-ToF-CIMS,高分辨率飞行时间化学电离质谱;APi-ToF-MS,空气常压界面飞行时间化学软电离质谱;Cluster-CIMS, 分子簇化学电离质谱;NAIS,中性分子簇和离子谱仪;PSM,颗粒物粒径扩增仪;SMPS/DMPS,扫描/差分迁移性颗粒物粒径谱仪;Nano-CCNC,纳米云凝结核计数仪;CPCB,颗粒物凝结性计数仪系统;Nano-H/V-TDMA,纳米颗粒物吸湿性/挥发性-串联差分迁移性分析仪;TD-CIMS,热解析化学电离质谱;HR-ToF-AMS,高分辨率飞行时间气溶胶质谱;Q-AMS,四级杆气溶胶质谱。

作为人们日益关注的环境问题之一,近年来,在中国各种大气环境中都观察到了新粒子生成事件,包括城市、区域、农村、沿海、山地以及海洋站点。表 8-2 列出了上述研究中确定的新粒子生成的相关参数(生成速率、增长速率和凝结汇)。甚至在几个大城市中,新粒子生成事件也经常发生在非常高的污染水平(凝结汇约 0.1 s^{-1})下。由于大气环境的多样化,在中国颗粒的生成速率和增长速率有很大的范围。通常,在污染的城市和区域站点观察到较高的新粒子生成和增长速率。生成速率范围较广,表明不同的成核过程。

表 8-2　在中国不同的大气环境中观测到的新粒子的生成速率、增长速率和凝结汇

站点位置	类　型	观测时间	仪　器	粒径范围/nm	生成速率/(cm⁻³ s⁻¹)	增长速率/(nm h⁻¹)	凝结汇/s⁻¹	参考文献
北京(39.99°N,116.31°E)	城市	2004/3～2005/2	TDMPS	3～800	3.3～81.4**	0.1～11.2**	0.006～0.06	[33]
南京(32.12°N,118.95°E)	郊区	2011/12～2013/11	DMPS	6～800	0.3～10.9'	4.0～22.9'	0.0038±0.002	[34]
广州 (23.13°N,113.26°E)	城市	2006/7	SMPS	15～660		10.1～18.9**	0.035～0.046	[35]
上海(31.23°N,21.53°E)	城市	2010/4～2010/6	SMPS	15～600		4.2～12#	0.01～0.033	[13]
乌鲁木齐(87.58°N,43.83°E)	城市	2008/5～2008/6	SMPS	15～600			0.010～0.026	[13]
无锡(31.56°N,120.29°E)	城市	2010/7～2010/8	SMPS	15～600		6.2～13.3#	0.009～0.028	[13]
香港(22.3°N,114.177°E)	城市	2010/12～2011/1	SMPS	5.5～350	1.2～2.3'	3.7～8.3'		[36]
开平(22.33°N,112.54°E)	区域	2008/10～2008/11	SMPS	15～600		3.2～13.5#	0.003～0.086	[36]
嘉兴(30.8°N,120.8°E)	区域	2010/6～2010/7	SMPS	15～600		7.9～19.6#	0.011～0.041	[36]
榆垡(39.51°N,116.3°E)	区域	2007/10	SMPS	15～600		8.6～21#	0.005～0.053	[36]
南京(32.12°N,118.95°E)	区域背景	2011/11～2012/3	DMPS AIS(ions)	6～800 0.8～42	0.51～1.23" 14.8～56.8*	6.1～10.9" 2.4～11.8*	0.02～0.031	[28]
临安(30.28°N,119.75°E)	区域背景	2013/1～2013/12	TDMPS	3～850	0.8～26.5**	1.8～21.3**	0.008～0.06	[37]
上甸子(40.65°N,117.12°E)	区域	2008/3～2009/8	TDMPS,	3～850	0.7～72.7**	0.3～14.5**	0.02(均值)	[19]
坝光(22.65°N,114.54°E)	沿海	2009/10～2009/12	SMPS	15～600		3.2～7.5#	0.010～0.018	[13]
温岭(28.40°N,121.61°E)	沿海	2011/10～2011/11	SMPS	15～600		7.5#	0.026	[13]
长岛(37.99°N,120.70°E)	沿海	2011/3～2011/4	SMPS	15～600		4.5～6.8#	0.019～0.021	[13]
资阳(30.15°N,104.64°E)	乡村	2012/12～2013/1	SMPS,APS	3～800	5.2±1.4**	3.6±2.5**	0.043±0.036	[38]
新垦(22.6°N,113.6°E)	乡村/沿海	2004/10～2004/11	TDMPS	3～900	0.5～5.2**	2.2～19.8**		[39]
后花园(23.5°N,113.03°E)	乡村	2006/7	TDMPS	3～900	2.4～4.0**	4.0～22.7**	0.023～0.033	
香港(22.25°N,114.17°E)	郊区山地	2010/10～2020/11	SMPS	5.5～350	0.97～10.2'	1.5～8.4'	0.008～0.062	[40]
泰山(36.25°N,117.10°E)	山地	2011/1～2011/12	TDMPS	3～850	1.0～9.6**	1.1～15.4**	0.001～0.06	[41]
衡山(27.3°N,112.7°E)	山地	2009/3～2009/5	WPS	10～10000	0.15～0.45#	4.3～7.7#,3.5～22.4##		[18]
黄海	海洋	2005 春、2006 春	SMPS	15～600		3.4～3.5#		[42]
黄海东海	海洋	2011 秋、2012 秋	FMPS	5.6～	0.3～15.2"	2.5～16.7"		[17]
东海	海洋	2011/3～2011/4	SMPS	15～600		1.6～3.9#	0.008～0.011	[13]

注：TDMPS,双差分迁移性颗粒物粒径谱仪；DMPS,差分迁移性颗粒物粒径谱仪；SMPS,扫描迁移性颗粒物粒径谱仪；AIS,空气离子谱仪；APS,空气动力学颗粒物粒径谱仪；WPS,宽谱颗粒物粒径谱仪；FMPS,快速响应迁移性颗粒物粒径谱仪。

根据成核过程中的不同污染水平，将新粒子生成事件分为两种类型，如图 8.2 所示。第一种情况称为“清洁类型”，其中成核事件之前的平均凝结汇值为 0.014 s^{-1}。这种类型通常在清洁的环境中观察到，并且可以用经典的活化或动力学成核理论来解释。但是，“污染类型”在预先存在的粒子(凝结汇约 0.038 s^{-1})更高水平下发生。颗粒物生成速率和硫酸浓度的相关性很高，这表明热力学过程可能已经参与了颗粒成核和初始生长。以前在污染较少的环境中很少观察到这种情况。值得注意的是，这与其他污染环境(新德里)不同，在该环境中凝结汇始终保持在较高水平。北京城市污染水平的高变化表明应分别考虑成核机制。

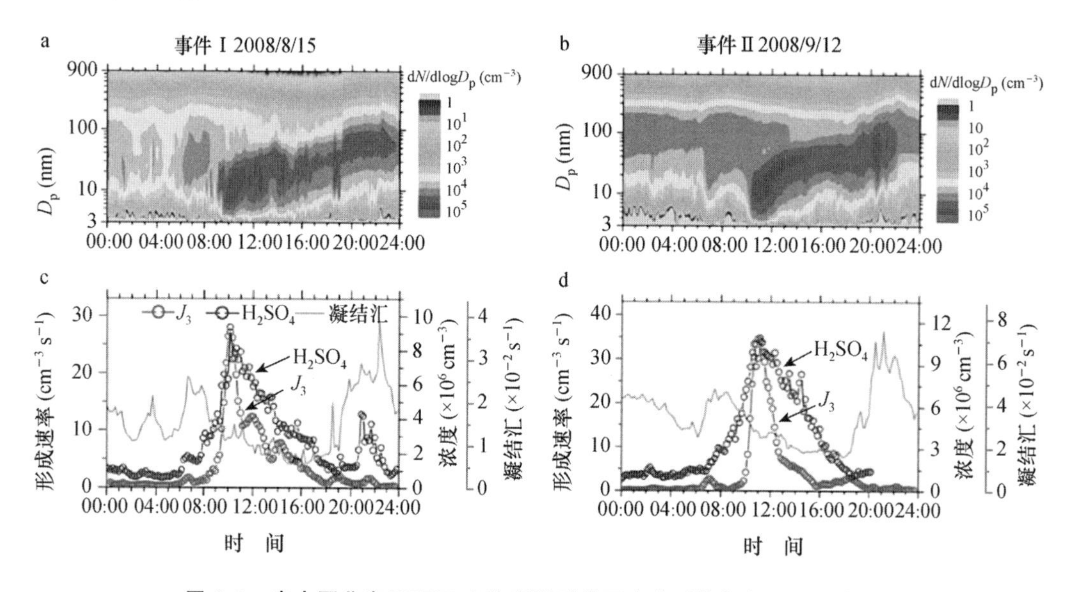

图 8.2　在中国北京 PKUERS 站观测到的两个典型的新粒子形成事件

[图 a、b 为颗粒物数浓度粒径(D_p)分布。图 c、d 显示了颗粒形成速率(J_3)、硫酸浓度和凝结汇。]

(2) 新粒子生成机制

对于新粒子成核机制，研究普遍认为气态硫酸是参与成核过程的关键前体物，然而传统的硫酸-水二元均相成核理论以及基于气态硫酸和成核速率的定量关系的活化成核、动力学成核理论可以解释较低的新粒子成核速率，但不能全面解释高成核速率的新粒子生成事件。因而可以降低气态硫酸饱和蒸气压、促进成核的物质被加入考虑，提出了硫酸-水-氨三元成核、离子诱导成核、碘参与成核等理论。这些理论得到了一定外场观测以及实验室模拟结果的支持，但仍无法完全解释我国大气较高的成核速率。而近年来，有机酸、有机胺参与的热动力学成核被认为是解释高成核速率的一种途径。总之，气态硫酸是成核的关键物种，而有机物等在成核中的作用是当前以及未来的研究热点。

新粒子增长包括 1～3 nm 的初始增长和从 3 nm 增长至几十甚至上百纳米的后续增长过程。对于新粒子增长机制的研究，目前认为新粒子初始增长机制可能包括成核蒸汽凝结、气态物质非均相反应、离子诱导的分子簇形成增长。已有的研究结论是有机物在新粒子初始增长过程中，起到重要的作用。后续增长过程主要包括气态物质如有机物凝结、均相反应以及颗粒物模态内的碰并。气态硫酸、无机氨、有机胺等物质可以通过形成硫酸盐、有机酸盐、有机胺盐等参与颗粒物增长。

新粒子生成对气候效应有着显著的影响。新粒子生成后会持续增长至云凝结核大小，是云凝结核的重要来源。同时新粒子生成也与二次颗粒物污染密切相关。新粒子生成不仅可以急剧提升颗粒物数浓度，新生成的颗粒物作为凝结核，可以通过有机蒸气凝结、碰并等途径增长，提升颗粒物质量浓度、增强消光作用，从而影响区域空气质量。

在国内研究方面，我国已经在新粒子生成研究方面开展了一定工作。但是已有的研究还存在以下不足：① 先进测量技术亟待推广。上文中提到的有机酸、有机胺等气态前体物浓度，核化直接生成的 1 nm 颗粒物数浓度以及纳米级颗粒物理化性质等关键参数的测量技术，仅应用于少数发达国家的清洁地区，在我国应用寥寥无几，这限制了已有核化、增长机制在我国污染大气中的验证；② 研究关注点较为片段化。已有研究多是对新粒子生成单一环节的研究，缺乏从气态前体物-成核增长-理化特征-环境效应等多参数、全过程的综合观测，因此无法有效沟通起新粒子生成从气态前体物到环境效应的演变全过程；③ 研究方法较为单一。在研究方法上结合外场观测、实验模拟和模型模拟的闭合研究在我国污染地区也几乎没有开展。基于我国特有的大气复合污染背景，建立一套沟通高前体物浓度、高凝结汇、特殊成核机制以及强环境效应的大气新粒子生成全过程的研究方法，并开展观测和模拟的协同研究，是我国大气化学研究亟待开展的工作。

为全面理解大气复合污染条件下的新粒子成核和增长机制及其环境效应，从而提高对区域霾形成机制的认识，未来新粒子生成领域主要研究方向和目标是：① 识别新粒子生成的关键前体物，弄清新粒子生成的决定因素；② 揭示粒径分辨的新粒子增长的物理化学过程；③ 揭示新粒子高频率生成与快速持续增长并致霾的条件与机制；④ 评价新粒子生成与增长的大气环境影响。

2. 总结了中国复合污染大气下自由基反应机制，发现快速氧化反应与大气新粒子高效成核过程之间存在重要联系[43]

SO_2 和 VOCs 被氧化后，会产生 H_2SO_4 和高氧化态有机物（Highly Oxygenated Organic Molecules，HOMs）等具有极低挥发性的组分，这些组分可以成核形成约 1 nm 的颗粒物，此种现象被称之为新粒子生成，对空气质量具有显著的影响。如图 8.3 所示，在中国的城市大气具有较高的气相氧化水平，但是相比于其他的地区，SO_2 与 OH 自由基的反应对 OH 自由基的消耗具有更加重要的贡献。利用众多的先进仪器，例如 PSM、NAIS、CIMS 等，可以为科研人员探究新粒子生成的机制提供重要的基础。图 8.4 展示了在世界范围内针对新粒子事件的发生展开观测的时间轴。目前，针对中国的新粒子生成事件，已经取得了一些进展。除了在清洁地区发现的“香蕉”形的新粒子生成类型，还在重污染、具有高凝结汇的地区例如北京，观测到了“苹果”形的新粒子生成类型，两种如图 8.5a、b 所示。增长过程可以被分为图

8.5c“高硫酸浓度”和图8.5d“低硫酸浓度”两种类型。之前的研究表明只有在凝结汇较低时才会发生新粒子生成事件,如图8.5e所示。传统的均相成核理论,并不能解释高新粒子生成速率事件的发生。在中国的大气环境中,除了硫酸成核的基础理论以外,人为源排放大量的前体物、大气具有较高的氧化性以及HOMs的参与等都可能对新粒子生成产生重要的贡献。相比于其他的清洁大气,在中国的实际大气中,由于气态前体物发生迅速的氧化反应,新粒子生成事件对空气质量和气候均具有更加重要的影响。

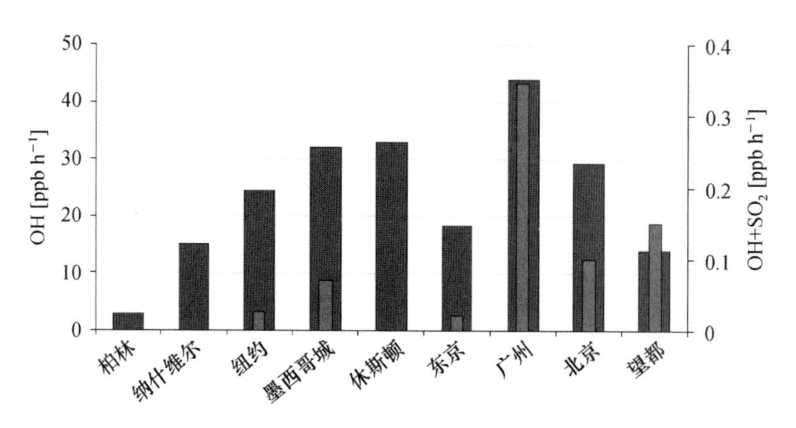

图8.3　世界各大城市大气中计算的 $OH \times k_{OH}$(粗柱状)和 $OH+SO_2$(细柱状)产生速率

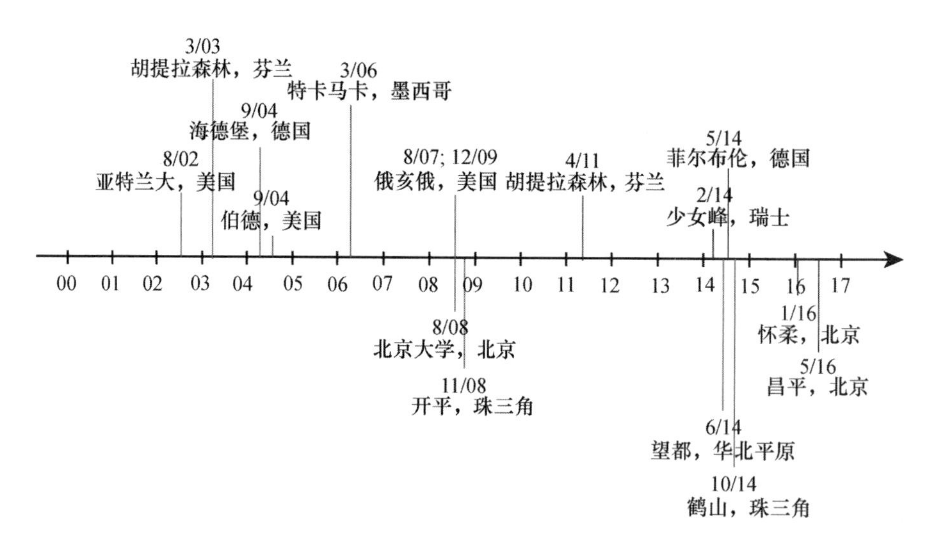

图8.4　H_2SO_4 和 HOMs 参与的新粒子事件的观测时间轴

[中国观测点在时间轴的下端,国外观测点在时间轴的上端。]

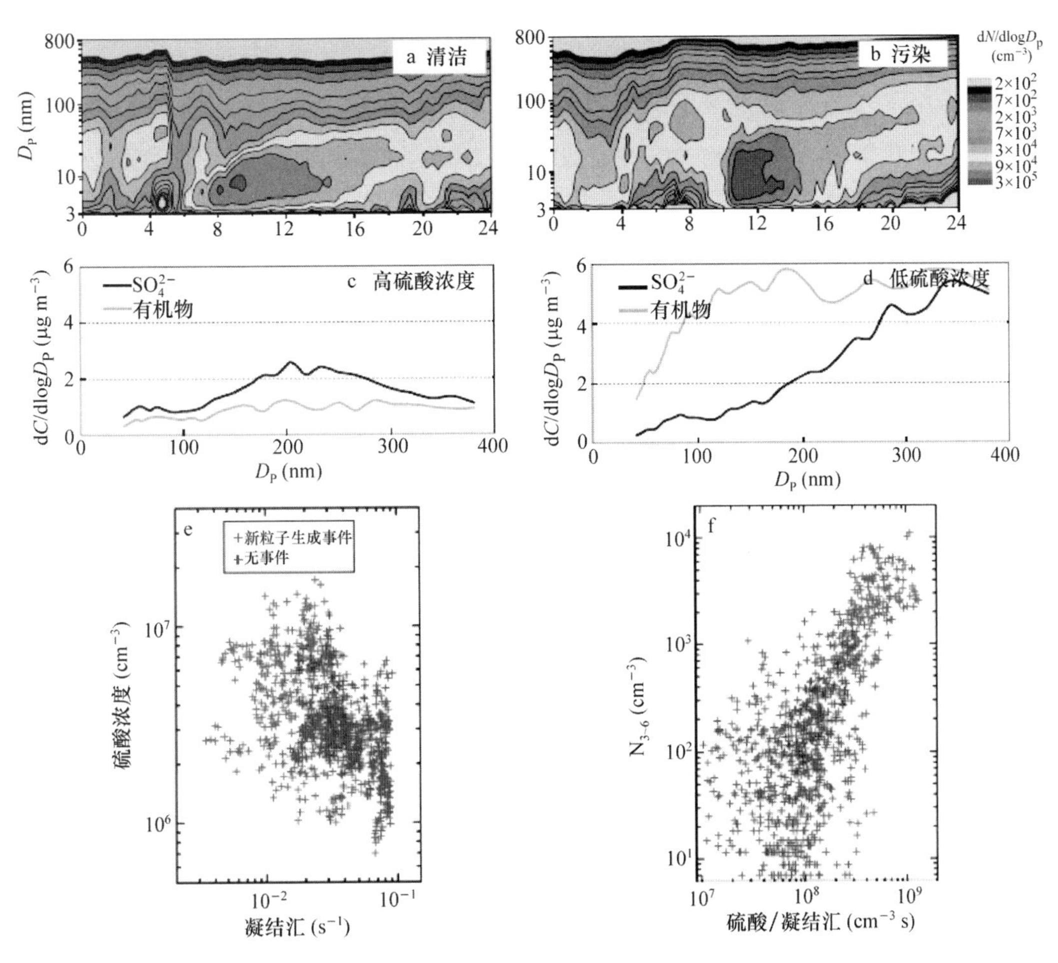

图 8.5 北京地区在清洁(a)和污染(b)情况下新粒子生成事件的发生;在高硫酸浓度(c)和低硫酸浓度(d)条件下硫酸(黑色)和有机物(绿色)的分粒径的质量浓度分布;新粒子生成事件的发生(红色)或者不发生(蓝色)与硫酸浓度和凝结汇的关系(e),与 3～6 nm 的颗粒物($N_{3\sim6}$)及硫酸和凝结汇比值的关系(f)(见书末彩图)

[新粒子事件发生的依据是:在 3～6 nm 粒径下生成新的模态的颗粒物,并且相比于背景具有非常高的浓度;这种新的模态可以在大气中存在超过 2.5 h;并且,新模态的颗粒物具有明显的增长趋势。]

3. 总结了中国光化学烟雾的特征,分析了其与"伦敦烟雾"以及"洛杉矶烟雾"的差异,并对中国的光化学烟雾的防治提出了建议[44]

中国的空气污染主要集中在经济发达的地区,如京津冀和珠三角地区,不仅对健康和生态系统构成重大的威胁,也对社会和经济产生间接的影响,如生产力下降、投资减少以及人才流失等。为改善这一情况,政府正在采取措施努力减少污染物排放,但减少排放的同时对二次生成的污染物,如臭氧和颗粒物的影响难以确定,本文强调了光化学烟雾的复杂性,同时提出,需要其他城市对大气污染进行类似的描述。

一次污染物的二次转化在中国的光化学烟雾中十分重要,尤其是臭氧和二次有机气溶胶(SOA)的生成,对人体健康和农作物的产量与质量都有影响。此外,人们对关键自由基

(HO_x、RO_x、NO_3、Cl)的动力学行为及其对臭氧和 SOA 的影响知之甚少。在不同水平的 SO_2、NO_x 及 VOCs 下,烟尘、SOA、臭氧之间的相互作用存在很大的不确定性。为增进对中国的光化学烟雾的理解,确定了以下四个科学领域。

(1) 二次化学,通过有机物的氧化形成臭氧和颗粒物,关键物种(HONO、$ClNO_2$)的来源及形成过程,被颗粒物表面积显著增强的二次非均相化学过程。

(2) 气溶胶性质、吸光性质受到一次排放的烟尘和二次生成的有机硫和有机氮的影响。

(3) 建立具有特定二次化学特征的化学传输模型,以描述中国的光化学烟雾、源谱,模拟减排可能导致的变化。模型中最重要的是对光化学过程的正确描述。

(4) 了解二次污染物的风险感知,以解决政策和科学之间的关系。

解决上述挑战的第一步是获得高质量、详细且随时更新的排放清单,可利用模型来检查形成臭氧和二次气溶胶的重要过程。如果排放清单出现严重错误,就无法合理评估化学机理。尤其是燃烧排放源和生物排放源需要仔细评估。为了解决协同效应和 SOA 的未知机制以及气溶胶特性的变化,模型场的观测需要实验室投入大量研究。此外,由于二次空气污染物的复杂性和时空的多变性,他们的环境影响是较为模糊的,甚至可能被低估。

8.4.2 基于加强观测、烟雾箱实验及模型模拟,揭示了我国大气成核发生的限定因素,提出了我国城市及乡村大气中气态硫酸、氨、有机胺、有机酸的多元成核机制

1. 发现在清洁背景大气中新粒子生成受到控制,而在大气复合污染条件下,新粒子生成受到已存在颗粒物表面积浓度以及数浓度的共同影响[45-46]

除复合型污染大气之外,研究还总结了我国清洁地区——2015 年春季在西南玉龙雪山高海拔背景点开展的加强观测数据。较为意外的是,在 CS 浓度水平低于 0.005 s^{-1} 的玉龙雪山背景点,仅有 13%的观测天发现了新粒子生成事件。在通过比较新粒子发生天与非新粒子发生天的差异,发现在新粒子发生天,SO_2 前体物浓度更高,而光照强度、CS 水平则没有明显差异(图 8.6)。进一步的气团分析表明,新粒子生成事件发生时,玉龙雪山背景站的气团主要来源于低海拔的人为源排放地区,抬升的气团将 SO_2 等前体物注入低凝结汇的高纬度背景大气,才能最终促进新粒子生成事件发生。这说明,新粒子生成在清洁大气中,主要受到前体物的源控制。

烟雾箱研究则同时发现,在城市地区,已存在颗粒物浓度是限制新粒子发生的主要因素,其中表面积浓度为主要因素,而在表面积浓度固定时,数浓度也可以对新粒子生成的发生起到限制作用。

2. 基于"准实际"大气烟雾箱实验发现机动车排放对城市地区新粒子生成具有重要贡献[45]

为了阐明超细颗粒物成核和增长的基本机制,研究采用了外场大气观测结合"准实际"大气烟雾箱进行研究,并且设置了三种情景。一是在交通繁忙的城市点进行气体和气溶胶的外场实际测量;二是可以在整个实验过程中密切复制大气条件(即温度、相对湿度、太阳辐射、气体及其光化学过程),但没有预先存在的颗粒的"准实际"大气烟雾箱模拟;三是机动车

排放模拟平台结合烟雾箱模拟。如图 8.7 所示，清洁大气和污染大气条件下，烟雾箱中显示连续的新粒子生成。其中清洁大气条件下，烟雾箱中观测到“香蕉”型的新粒子生成。清洁和污染条件下烟雾箱中观测到的新粒子成核速率相近，均高于清洁大气中观测到的新粒子生成事件。烟雾箱中污染大气下观测到的新粒子增长速率比清洁大气下观测到的成核速率低，但与清洁大气实际观测到的增长速率相当。在污染大气条件下，较高的 $PM_{2.5}$ 会降低新粒子增长速率但是不会影响生成速率。

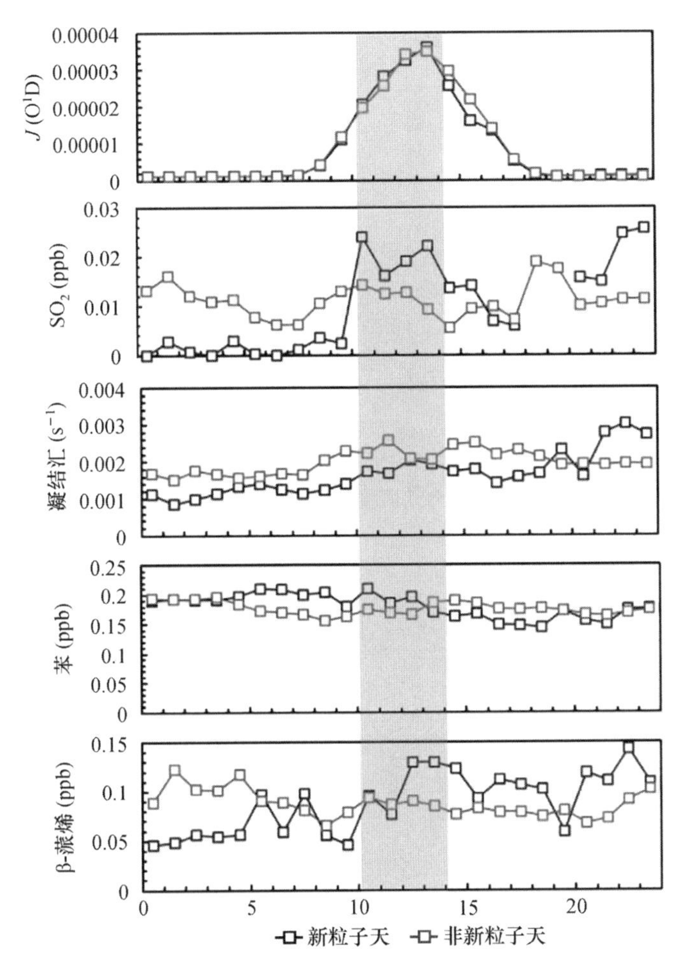

图 8.6　玉龙雪山背景点的 $J(O^1D)$、SO_2、凝结汇、苯和 β-蒎烯的日变化（见书末彩图）

［红色为新粒子天，蓝色为非新粒子天，灰色背景标出了新粒子事件发生的时段。］

为了区分新粒子生成中预先存在的颗粒物和光化学的作用，研究在污染条件下进行了额外的“准实际”大气烟雾箱实验，没有对预先存在的环境粒子进行初始过滤。如图 8.8 所示，对于没有进行初始过滤的实验，由于预先存在的颗粒的去除作用，颗粒表面积连续减小，新粒子生成在表面积浓度降低到一定程度后可以发生，但数浓度达到一定程度后，新粒子生成被限制。由于光照、稀释等影响，烟雾箱内数浓度下降到一定程度时，新粒子生成可以再次发生，比如图 8.8b 中看到的多次新粒子生成事件，核化发生时数浓度均处于较低水平，而表面积浓度则在持续下降。以上结果说明，新粒子生成的发生同时受到表面积浓度和数浓度的控制。通过增长速率与 $J(O^1D)$之间的正相关关系可以说明光化学对超细颗粒物增长的影响：增长速率从 10 nm h^{-1}增加到 80 nm h^{-1}，而 $J(O^1D)$从 3 s^{-1}至 14 s^{-1}。对于没有过滤的实验，光化学效率低导致增长速率低，并且仅出现连续的新粒子生成，类似于在洁净空气和污染烟雾箱中的情况。

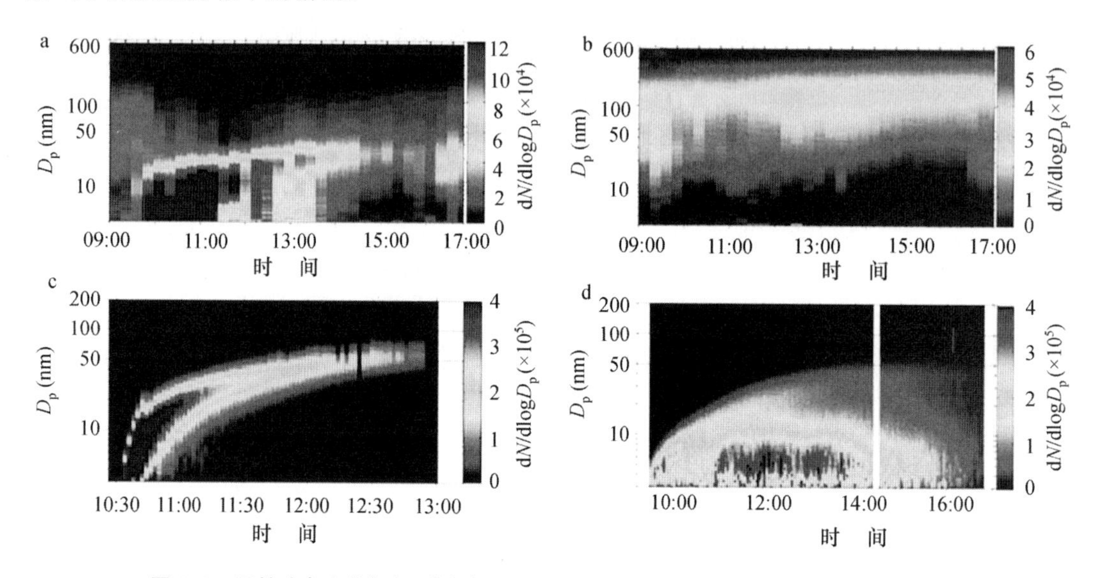

图 8.7 环境空气和"准实际"大气烟雾箱中发生新粒子生成的对比(见书末彩图)

[环境空气(a 和 b)以及"准实际"大气烟雾箱(c 和 d)中的粒径分布。实验于 2013 年 10 月 23 日(a 和 c;清洁)和 2013 年 11 月 8 日(b 和 d;受污染)进行，分别对应于清洁空气(a)或清洁烟雾箱(c)和污染空气(b)或污染烟雾箱(d)。]

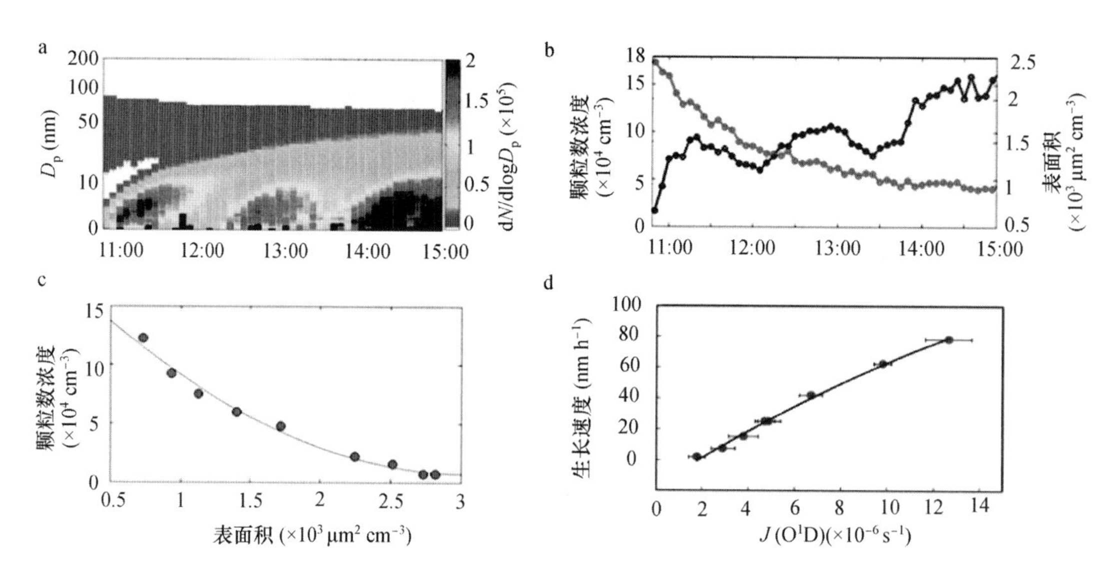

图 8.8 预先存在的颗粒物和光化学的影响

[图 a 为在污染日(2013 年 11 月 5 日)没有进行初步过滤的环境中现有颗粒的实验过程，"准实际"大气烟雾箱内的颗粒数浓度粒径分布。图 b 为 a 中实验的颗粒数浓度(深色)和表面积(浅色)的变化。图 c 为在污染天没有进行初步过滤的环境中的所有实验过程，新粒子生成发生时颗粒数浓度和表面积之间的相关性。图 d 为初始过滤环境中已有粒子的所有实验的生长速率与$J(O^1D)$之间的相关性。]

进一步研究了烟雾箱中超细颗粒物的分粒径的颗粒有效密度、吸湿性以及化学组分。如图 8.9a～d 所示，有效密度和吸湿性均随颗粒尺寸的增加而增加。这两个变化反映了超细颗粒物中以有机物成分为主以及颗粒生长时无机物含量的增加。HR-ToF-AMS 的测量结果显示 30 nm 颗粒物中有机物的占比为 87%(89%)，62 nm 颗粒物中有机物的占比为 62%(53%)，表明细颗粒物的有机成分较多。对于小颗粒，硝酸盐含量是不可忽略的，而对于大颗粒，硝酸盐含量增加；对于小颗粒，硫酸盐和铵的质量分数很小，而对于大颗粒，二者质量含量增加。这两者都是与城市交通有关的气溶胶的特征。为了评估交通排放中的新粒子生成，将汽油车辆的废气引入封闭的烟雾箱内进行了补充实验。图 8.9e 显示了观测到的明显的“香蕉”型新粒子生成。

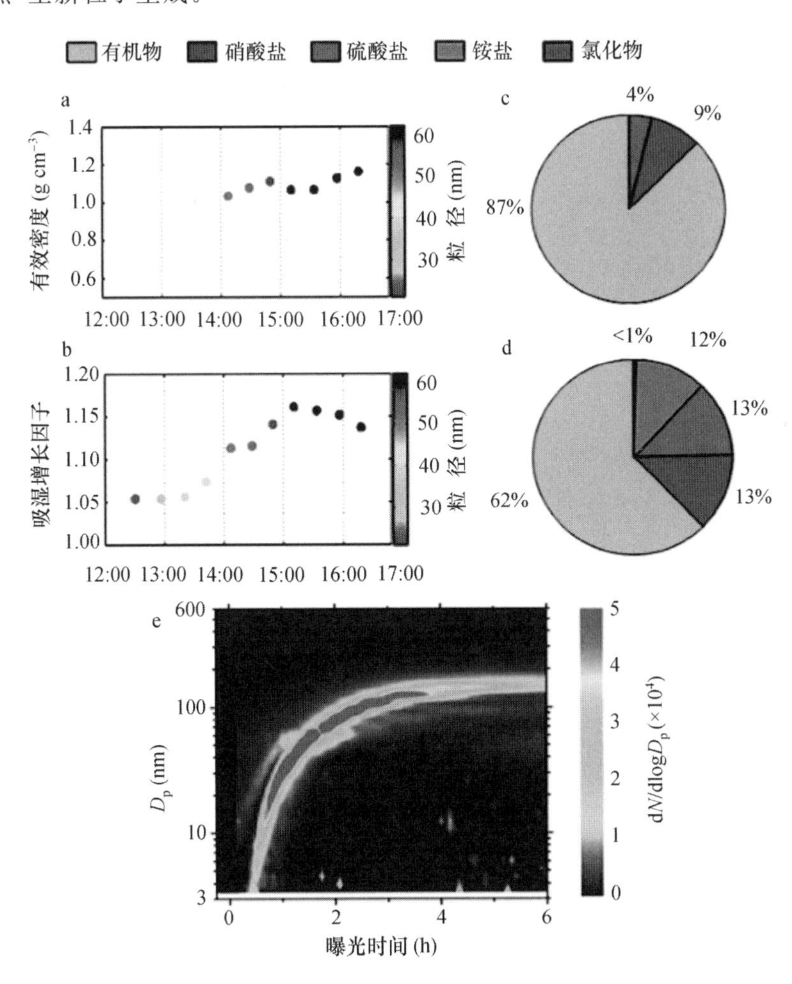

图 8.9　超细颗粒物与汽车尾气排放的联系(见书末彩图)

[“准实际”大气烟雾箱内核模态颗粒物的分粒径有效密度(图 a)和吸湿性(图 b)。右侧垂直轴上的颜色轮廓表示粒径(nm)。通过 HR-ToF-AMS 测量的烟雾箱内平均颗粒物粒径分别为 30 nm(图 c)和 62 nm(图 d)的化学组分。于 2013 年 10 月 23 日(清洁天)进行了 a～d 实验。使用汽油车尾气在封闭烟雾箱内的新粒子生成的粒径分布(图 e)。]

如图 8.10 所示,“香蕉”型新粒子生成的特点是在最干净的条件下有最大的形成和生长速率。利用非常低的已存在的粒子水平和有效的光化学作用(例如在洁净烟雾箱中),核模态颗粒物的快速生长会增加表面积,从而有效地捕获刚成核的粒子。连续新粒子生成发生在低至中等水平环境 $PM_{2.5}$ 且没有大量捕获新成核颗粒物的情况下,并且增长速率较低而没有迅速增加核模态颗粒的表面积。新粒子生成取决于预先存在的颗粒和光化学作用,两者都会影响其生成和增长速率。我国城市环境下的新粒子生成主要由当地交通排放中的有机物驱动。并且,① 来自车辆尾气的芳香族 VOCs(而不是 H_2SO_4 或碱类物质)主导了超细颗粒物的成核和生长;② 升高的 NO_x 浓度对新粒子生成的抑制作用可忽略不计;③ 在朦胧条件下减少的紫外线辐射显著限制了增长,但对成核的作用可忽略不计;④ 对超细颗粒物生成和增长有贡献的有机物分别对应于较低和较高氧化的形式,可能是因为高反应性容易形成氢键,而低挥发性可以促进颗粒生长。

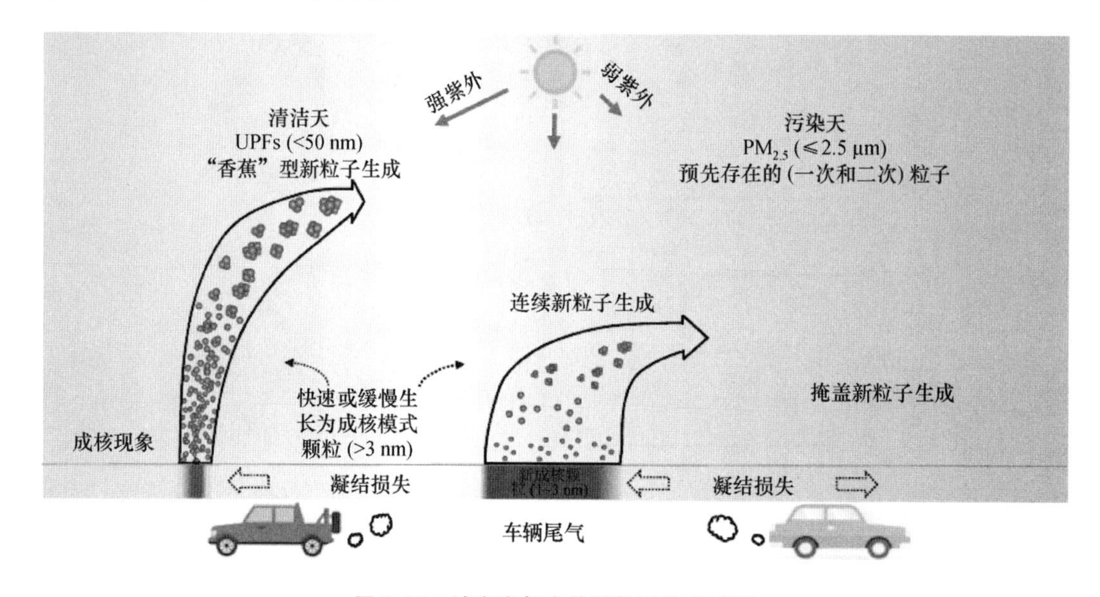

图 8.10　城市空气中的新粒子生成过程

[车辆尾气(即芳香族 VOCs)的光化学氧化可产生丰富的前驱体,以实现超细颗粒物的有效成核和生长。成核产生的新鲜成核颗粒,被现有颗粒物凝结捕获或生长为成核模式颗粒(> 3 nm)。在干净的条件下,预先存在的颗粒的最低含量和强烈的紫外辐射,新鲜成核颗粒的瞬时成核(以深色标记)和核模态颗粒物的快速生长会导致“香蕉”型的新粒子生成。对于较低至中等水平的预先存在的颗粒物,连续成核和相对缓慢的核模态粒子生长会导致连续新粒子生成。由于核模态颗粒或预先存在的颗粒(水平虚线箭头)对新成核颗粒的凝结损失,成核被抑制。在污染演变过程中(从左到右),核模态颗粒物依次生长成更大的尺寸,以形成超细颗粒物或 $PM_{2.5}$。在污染的条件下,尽管光化学仍然足以成核(虚线箭头),但预先存在的(一次和二次)粒子会抑制成核作用,从而掩盖了新粒子生成。]

3. 在实际大气中首次基于硝酸盐-CIMS 观测到二羧酸及其分子簇,并发现二羧酸参与了华北地区乡村点新粒子成核过程[47]

2017 年 11 月 1 日至 2018 年 1 月 25 日,北京大学气溶胶课题组在山东省平原县气象局(乡村点)开展了为期三个月的综合观测。在观测之中发现,尽管气态硫酸浓度较低[(0.7～4.4)×10^6 cm^{-3}],但是仍然观测到 31 次具有高成核速率的新粒子生成事件(30.5～839.7 cm^{-3} s^{-1})。

为了进一步分析新粒子成核机制,研究使用大气分子簇动力学模型(ACDC)模拟了硫酸-无机氨体系成核速率(J_{NH_3})以及硫酸-二甲胺体系成核速率(J_{DMA})。如图 8.11 所示,J_{NH_3} 比实际观测得到的成核速率(J_{OBS})低 2～7 个量级,说明硫酸-无机氨机制不能够解释观测到的新粒子成核现象。J_{DMA} 相比于 J_{NH_3} 有较大提升,但是仍然比 J_{OBS} 低 1～2 个量级,说明硫酸-二甲胺机制仍然无法解释观测到的新粒子成核现象。因此,可能有其他物种(如 HOMs、有机酸)参与到新粒子成核过程中。

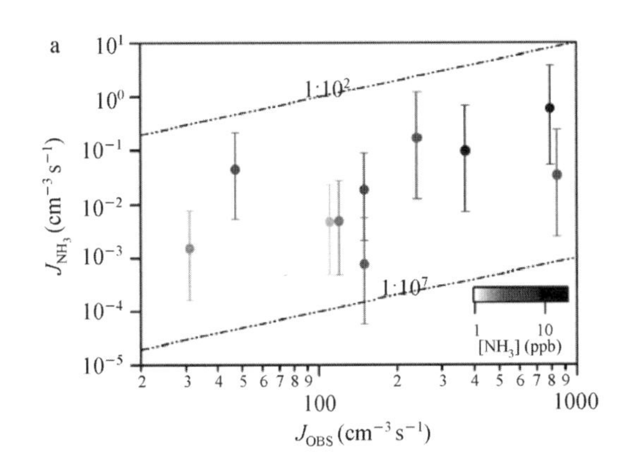

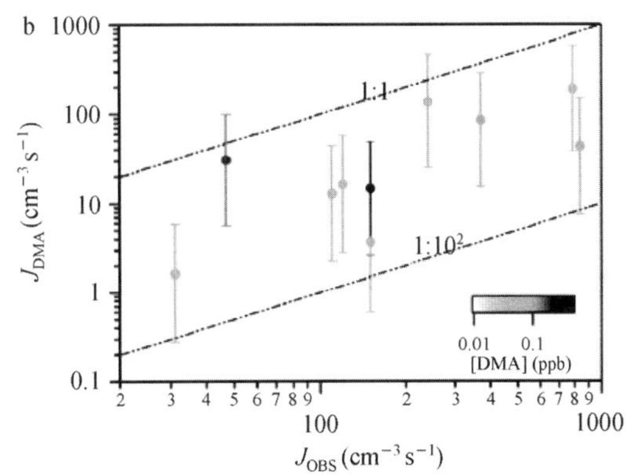

图 8.11　硫酸-无机氨体系成核速率模拟值(J_{NH_3})和硫酸-二甲胺体系成核速率模拟值(J_{DMA})与实际观测得到的成核速率(J_{OBS})的比较

研究发现观测期间 HOMs 的平均浓度为(3.2±5.8)×10^7 cm^{-3},是芬兰森林站点观测值[(1.1±1.7)×10^8 cm^{-3}]的三分之一。然而芬兰森林的成核速率比该乡村点低 1～2 个量级,这说明 HOMs 可能对该乡村点观测到的新粒子成核贡献较少。

本研究首次在外场大气中观测到二羧酸(丙二酸、丁二酸、戊二酸、己二酸)物种(图 8.12a),并发现二羧酸可能参与到成核过程中。如图 8.13a 所示,在硫酸浓度一定的情况下,二羧酸信号值与成核速率有较好的一致性。当二羧酸信号值增加 4 倍,成核速率增加了 5～10 倍。进一步研究发现成核速率与气态硫酸浓度和二羧酸信号值乘积有较好的相关性(皮尔森相关系数为 0.72),该相关性高于成核速率与气态硫酸浓度的相关性。此外,研究还观测到较高水平的二羧酸二聚体、二羧酸-硫酸-二甲胺分子簇。该结果表明二羧酸在大气中容易与其他分子结合,进一步能够参与到成核之中。

较早的量化计算认为硫酸-二甲胺分子簇的结合过程中,丁二酸与硫酸存在竞争关系。本研究发现,随着丁二酸与硫酸信号值比值的上升,更多的硫酸-二甲胺分子簇倾向于与丁二酸分子结合。在该乡村点,二羧酸浓度比气态硫酸浓度高 1～3 个量级。结合量化计算结果判断,二羧酸可能在该乡村点新粒子成核的初始阶段起到主导作用。

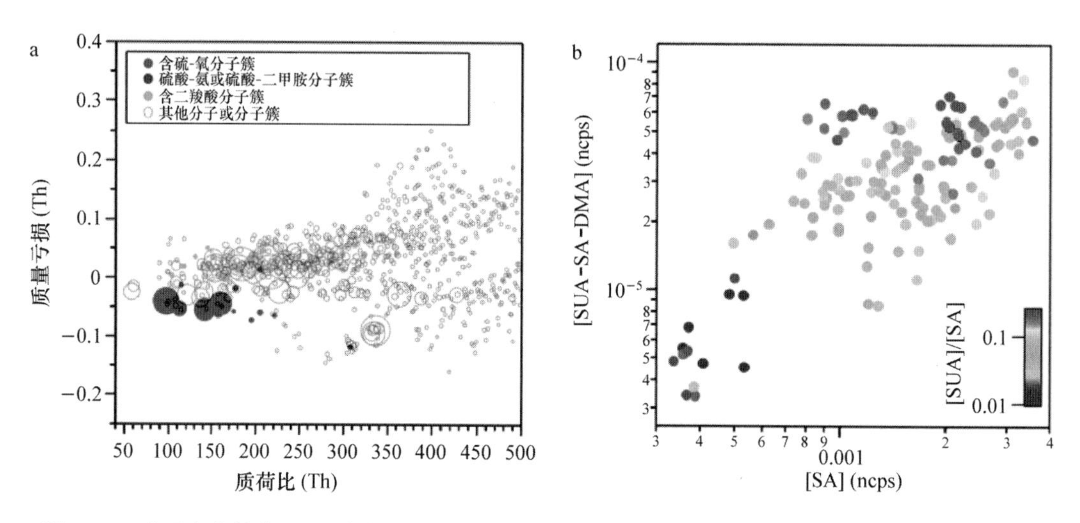

图 8.12 本研究乡村点 CIMS 数据质量缺损图(a)及丁二酸-气态硫酸-二甲胺分子簇[SUA-SA-DMA]信号值与气态硫酸([SA])信号值的相关性(b)(见书末彩图)

[图 a 中绿色圆圈表示二羧酸分子及其分子簇;图 b 中数据由丁二酸与气态硫酸信号值比值([SUA]/[SA])染色。]

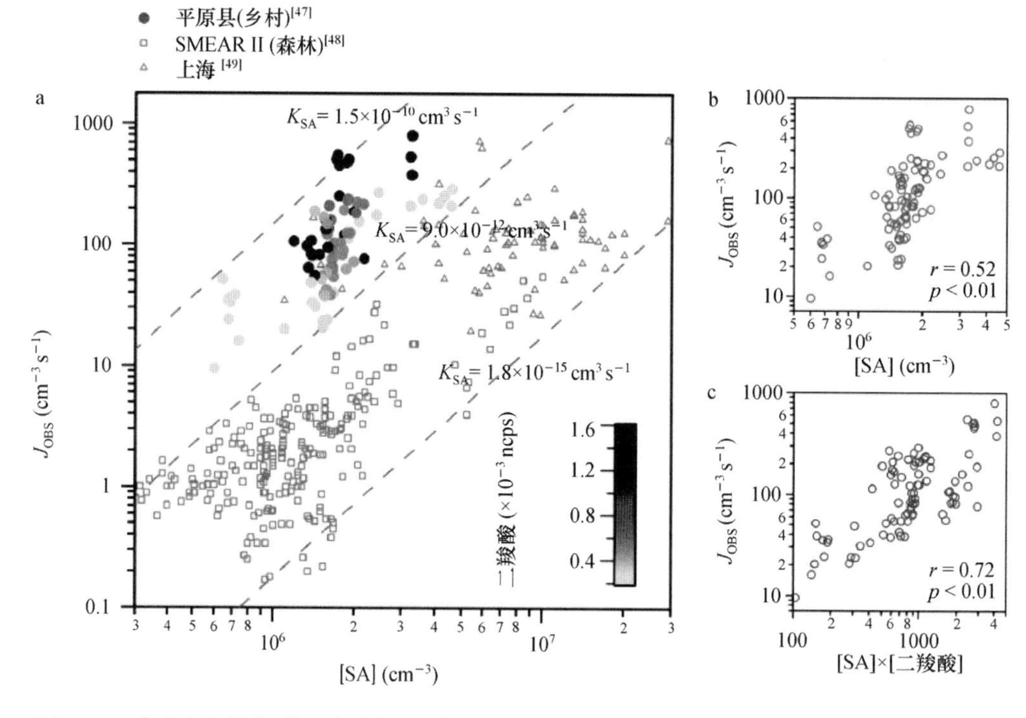

图 8.13 本研究乡村点、芬兰森林点、上海城市点成核速率(J_{OBS})与气态硫酸浓度([SA])相关性(a)、本研究乡村点成核速率与气态硫酸浓度相关性(b)及本研究乡村点成核速率与气态硫酸浓度和二羧酸信号值乘积的相关性(c)

[其中本研究乡村点数据由二羧酸信号值染色。]

8.4.3　揭示了我国大气复合污染条件下，新粒子快速增长机制及致霾潜势

研究发现华北地区新粒子生成及其后续增长过程可以产生较多的非挥发性组分和水溶性组分，从而对颗粒物的云凝结核活性有较大贡献。增长后的新粒子具有较强的吸湿性，从而在固定相对湿度下，拥有比一次排放颗粒物更高的含水量，进而更容易摄取气态污染物发生凝结增长和非均相反应增长，具有较高的致霾潜势。

1. 华北地区区域点研究结果[50]

2014 年夏季在望都进行了外场观测，研究了新粒子生成过程中纳米颗粒物的吸湿性和挥发性等热力学性质，以便深入了解富硫环境中的颗粒物生长过程。图 8.14 展示了观测期间新粒子生成的条件——相对湿度降低、温度升高的晴朗的早晨。硫酸浓度/凝结汇的比值用来反映前体物生成新粒子和在已存在颗粒物上凝结这两种途径之间的竞争。当该比值较低时，说明已存在颗粒物有效地清除了前体物，抑制了新粒子的生成，也确实没有观测到新粒子生成事件。

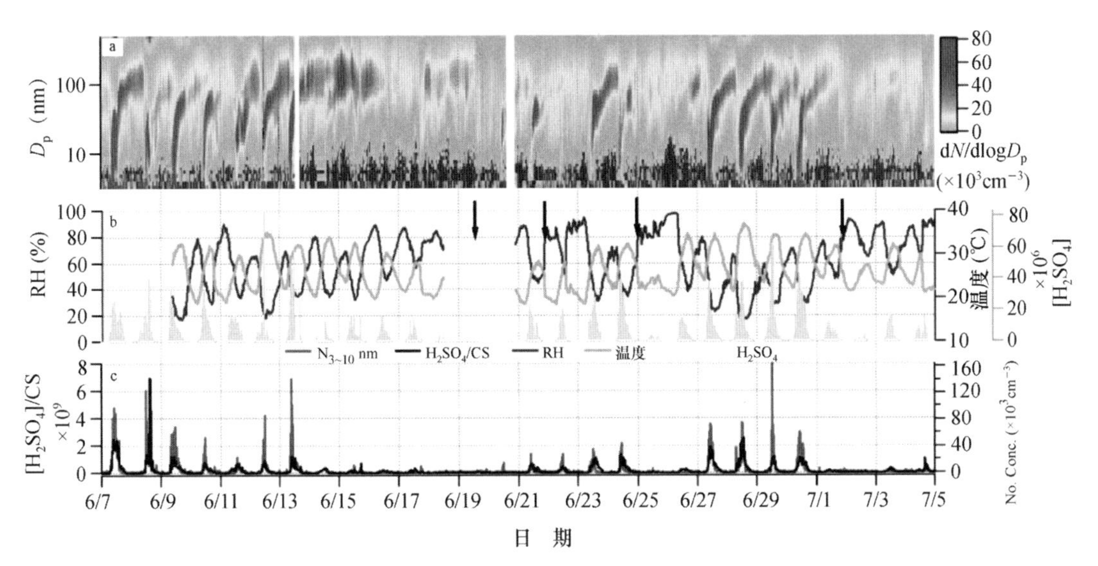

图 8.14　观测期间颗粒物粒径谱分布(a)、温湿度(b)、颗粒物数浓度以及硫酸浓度/凝结汇(c)的时间序列

［图 b 中箭头代表湿沉降。］

新粒子生成事件期间，颗粒物吸湿性的增加(图 8.15b)同时伴随着水溶性组分占比的上升(图 8.16)，这可能是由可凝结蒸气进入已存在的颗粒物中造成的。图 8.15b 的结果也暗示了新粒子事件中颗粒物群体混合态由外混转变为内混。此外，新粒子事件中 30 nm 和 50 nm 颗粒物的挥发性也显著增加(图 8.15c)，而且挥发后残留的颗粒物核小于之前已存在的颗粒物核(塌缩因子均值、图 8.16b)，表明新生成的颗粒物残留部分并非来自之前已存在的颗粒物，暗示着新生成的颗粒物组分是可挥发的。

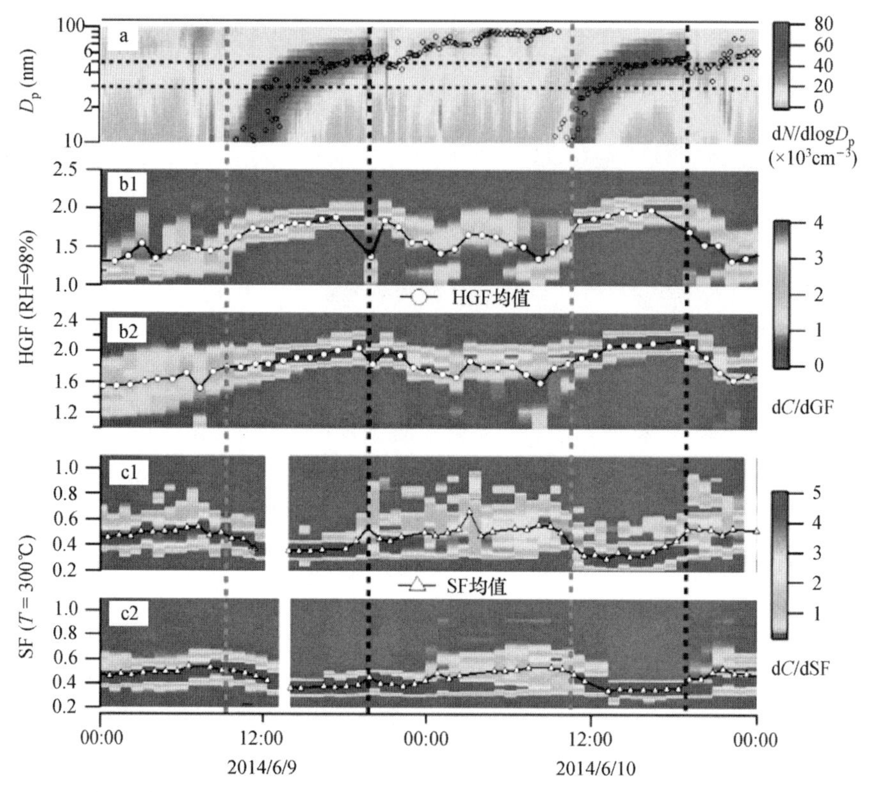

图 8.15 新粒子事件中的颗粒物粒径分布(a)、吸湿性生长因子(HGF)概率分布(b1-30 nm、b2-50 nm)及塌缩因子(SF)概率分布(c1-30 nm、c2-50 nm)

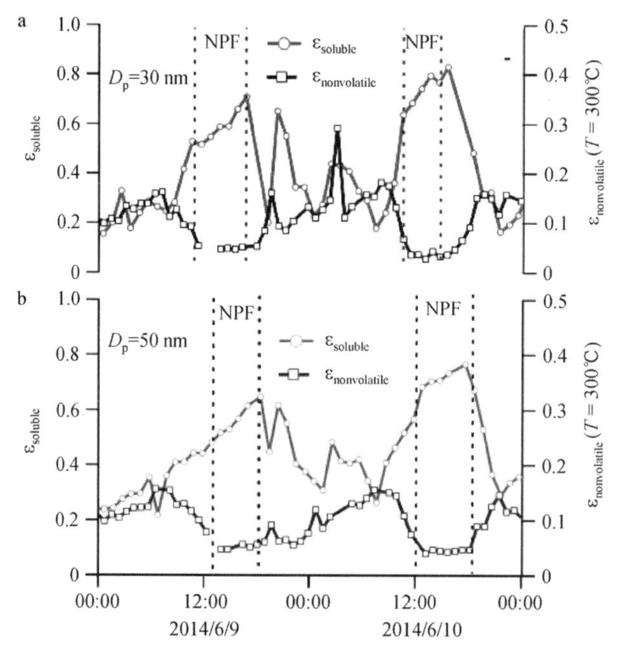

图 8.16 新粒子生成期间 30 nm(a)和 50 nm(b)颗粒物中的水溶性组分占比($\varepsilon_{soluble}$)和挥发后残留颗粒物的体积占比($\varepsilon_{nonvolatile}$)

图 8.17 中 CCN 数浓度是根据吸湿串联差分电迁移率分析仪(HTDMA)测得的吸湿性参数计算的临界粒径,再进行估算而得到的。当过饱和度(SS)为 0.2%和 0.4%时,新粒子生成过程并没有伴随着 CCN 的增加,原因之一是新生成的颗粒物粒径没有增长到临界粒径,另一个原因是日间边界层升高导致的稀释。已存在的颗粒物在光化学活跃的环境中迅速老化,老化过程增加了颗粒物的吸湿性,并进一步增加了已存在颗粒物作为 CCN 的活性。

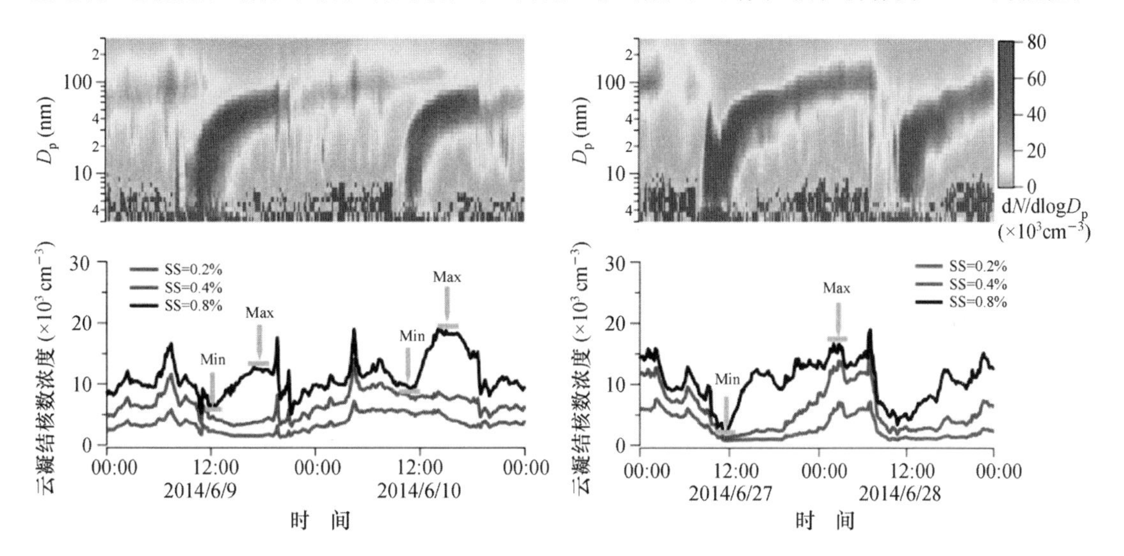

图 8.17　新粒子生成事件期间云凝结核数浓度的变化(见书末彩图)

2. 华北地区城市点研究结果[51]

2014 年夏季本研究组在北京大学观测了北京夏季分粒径颗粒物的吸湿性和化学组分,提供了颗粒物吸湿性行为的描述,并基于 AMS 的颗粒物化学组分数据对吸湿性进行了闭合研究,强调了有机物占比对吸湿性的影响。此外,研究了新粒子生成过程中颗粒物吸湿性的演变,以了解光化学驱动的大气氧化过程对颗粒物吸湿性和混合态的影响。

图 8.18 显示,当气团来自东部和南部时,PM_1 中无机盐和 SOA 占主导。观测期间可以经常观测到新粒子生成事件,并伴随着硫酸盐占比的上升以及颗粒物吸湿性的增加。

图 8.19 展示了观测期间的一次新粒子生成事件。当新粒子开始生成后,50 nm 颗粒物中吸湿模态的数目占比从 0.5 上升至 1,暗示了颗粒物由外混向内混的转化。傍晚时段,由于交通源的高峰排放,不吸湿模态再次出现。夜间,吸湿模态的吸湿性降低,可能是由于低温导致硫酸向颗粒相的凝结受抑制。新粒子生成也造成了 50 nm 水溶性组分(主要是无机盐)的增加,这可能归因于新粒子对颗粒物中硫酸盐和铵盐的贡献。在新粒子生成事件开始后,250 nm 颗粒物的吸湿模态数目占比显著增加并接近 1,可能的原因为:新粒子生成过程常伴随强烈的光化学作用,产生了大量的可凝结蒸气,如硫酸和二次有机物。这些可凝结蒸气冷凝到已存在的颗粒物上,导致颗粒物群体由外混转变为内混。这种转变可能会改变已存在颗粒物的大气行为,比如光学性质和云凝结核活性。

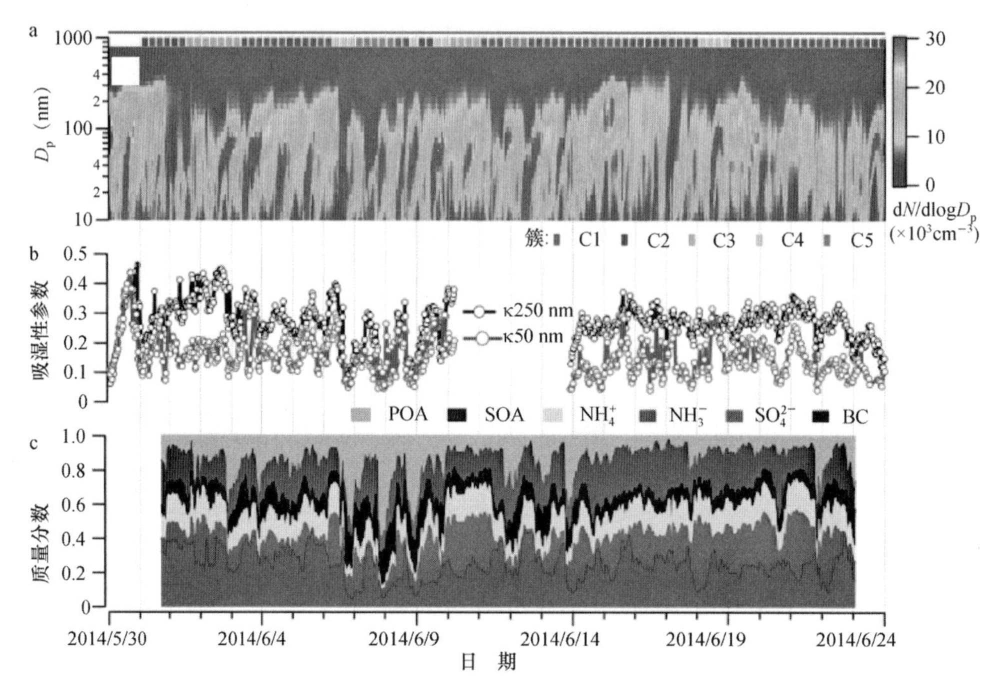

图 8.18 观测期间颗粒物的粒径分布(a)、吸湿性参数(b)及 PM_1 化学组分占比的时间序列(见书末彩图)

[图 a 中 C1～C5 代表 5 个反向轨迹气团。]

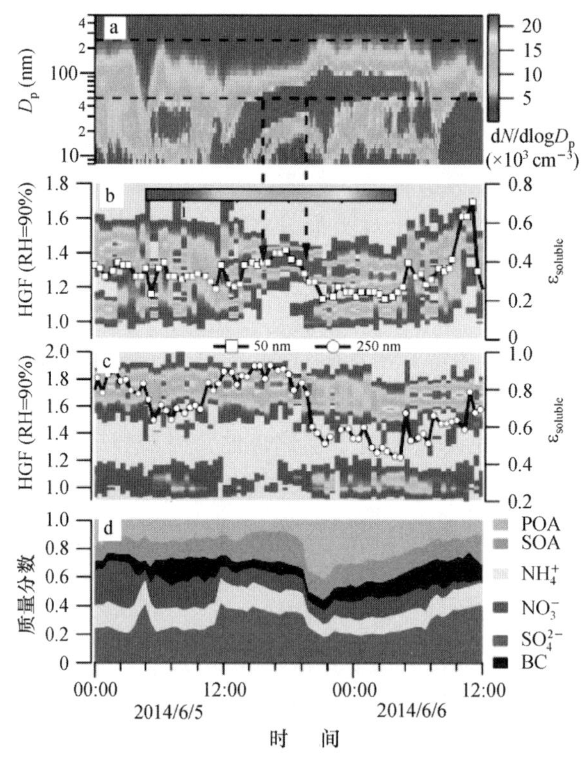

图 8.19 一次新粒子生成事件中 PM_1 的粒径分布(a)、吸湿性生长因子概率分布(b、c)及化学组分占比(d)的变化(见书末彩图)

8.4.4 本项目资助发表文章

[1] Guo S, et al. Remarkable nucleation and growth of ultrafine particles from vehicular exhaust. Proceedings of the National Academy of Sciences of the United States of America, 2020, 117: 3427-3432.

[2] Peng J F, et al. Markedly enhanced absorption and direct radiative forcing of black carbon under polluted urban environments. Proceedings of the National Academy of Sciences of the United States of America, 2016, 113: 4266-4271.

[3] Hu M, et al. Mechanism of new particle formation and growth as well as environmental effects under complex air pollution in China. Acta Chimica Sinica, 2016, 74: 385-391.

[4] Peng J F, et al. Ageing and hygroscopicity variation of black carbon particles in Beijing measured by a quasi-atmospheric aerosol evolution study (QUALITY) chamber. Atmospheric Chemistry and Physics, 2017, 17: 10333-10348.

[5] Shang D J, et al. Effects of continental anthropogenic sources on organic aerosols in the coastal atmosphere of East China. Environmental Pollution, 2017, 229: 350-361.

[6] Zheng J, et al. Influence of biomass burning from South Asia at a high-altitude mountain receptor site in China. Atmospheric Chemistry and Physics, 2017, 17: 6853-6864.

[7] Wang, Y J, et al. The formation of nitro-aromatic compounds under high NO_x and anthropogenic VOC conditions in urban Beijing, China. Atmospheric Chemistry and Physics, 2019, 19: 7649-7665.

[8] Zamora M L, et al. , Wintertime aerosol properties in Beijing. Atmospheric Chemistry and Physics, 2019, 19: 14329-14338.

[9] Hu W, et al. Seasonal variations of high time-resolved chemical compositions, sources and evolution for atmospheric submicron aerosols in the megacity of Beijing. Atmos. Chem. Phys. , 2017, 17: 9979-10000.

[10] Wu Z J, et al. Chemical and physical properties of biomass burning aerosols and their CCN activity: A case study in Beijing, China. Science of The Total Environment, 2016, 579: 1260-1268.

[11] Shang D J, et al. Particle number size distribution and new particle formation under the influence of biomass burning at a high altitude background site at Mt. Yulong (3410 m), China. Atmospheric Chemistry and Physics, 2018, 18: 15687-15703.

[12] Li M R, et al. Seasonal source apportionment of $PM_{2.5}$ in Ningbo, a coastal city in Southeast China. Aerosol and Air Quality Research, 2018, 18: 2741-2752.

[13] Marrero O W, et al. Formation and optical properties of brown carbon from small alpha-dicarbonyls and amines. Environmental Science and Technology, 2019, 53: 117-126.

[14] Wang Y J, et al. The secondary formation of organosulfates under interactions between biogenic emissions and anthropogenic pollutants in summer in Beijing. Atmospheric Chemistry and Physics, 2018, 18: 10693-10713.

[15] Hu W, et al. Insights into a dust event transported through Beijing in spring 2012: Morphology; chemical composition and impact on surface aerosols. Science of the Total Environment, 2016, 565: 287-298.

[16] Wang Z B, et al. New particle formation in China: Current knowledge and further directions, Science of the Total Environment, 2017, 577: 258-266.

[17] Wang Y J, et al. Molecular characterization of nitrogen containing organic compounds in HULIS emitted from straw residue burning. Environ. Sci. Technol. , 2017, 51: 5951-5961.

[18] Shang D J, et al. Secondary aerosol formation in winter haze over the Beijing-Tianjin-Hebei Region, China. Front. Environ. Sci. Eng., 2021, 15: 34.

[19] Guo Q F, et al. The variability of relationship between black carbon and carbon monoxide over the eastern coast of China: BC aging during transport. Atmos. Chem. Phys., 2017, 17: 10395-10403.

[20] Wu Z J, et al. Particle hygroscopicity and its link to chemical composition in the urban atmosphere of Beijing; China; during summertime. Atmospheric Chemistry and Physics, 2016, 16: 1123-1138.

[21] Niu H Y, et al. Variations of fine particle physiochemical properties during a heavy haze episode in the winter of Beijing. Science of the Total Environment. 2016, 571: 103-109.

[22] Yujue Wang, et al. Enhancement in particulate organic nitrogen and light absorption of humic-like substances over tibetan plateau due to long-range transported biomass burning emissions. Environmental Science and Technology, 2019, 53: 14222-14232.

[23] Zheng J, et al. Spatial distributions and chemical properties of $PM_{2.5}$ based on 21 field campaigns at 17 sites in China. Chemosphere, 2016, 159: 480-487.

[24] Niu H Y, et al. Size and elemental composition of dry-deposited particles during a severe dust storm at a coastal site of Eastern China. Journal of Environmental Sciences, 2016, 40: 161-168.

[25] Liu Y C, et al. Estimation of the $PM_{2.5}$ effective hygroscopic parameter and water content based on particle chemical composition: Methodology and case study. Science China Earth Sciences, 2016, 59: 1683-1691.

[26] Tan T Y, et al. New insight into $PM_{2.5}$ pollution patterns in Beijing based on one-year measurement of chemical compositions. Science of the Total Environment, 2018, 621: 734-743.

[27] Wang, Y J, et al. Chemical composition, sources and formation mechanisms of particulate brown carbon in the atmosphere, progress in chemistry. 2020, 32: 627-641.

[28] Wang Y J, et al. Characterization and influence factors of $PM_{2.5}$ emitted from crop straw burning. Acta Chimica Sinica, 2016, 74: 356-362.

[29] Guo S, et al. OH-initiated oxidation of *m*-xylene on black carbon aging. Environmental Science and Technology, 2016, 50: 8605-8612.

[30] Hallquist M, et al. Photochemical smog in China: Scientific challenges and implications for air-quality policies. National Science Review, 2016, 3: 401-403.

[31] Du Z F, et al. Comparison of primary aerosol emission and secondary aerosol formation from gasoline direct injection and port fuel injection vehicles. Atmospheric Chemistry and Physics, 2018, 18: 9011-9023.

[32] Li M R, et al. Temporal and spatial distribution of $PM_{2.5}$ chemical composition in the coastal city of Southeast China. Science of the Total Environment, 2017, 605: 337-346.

[33] Du Z F, et al. Potential of secondary aerosol formation from Chinese gasoline engine exhaust. Journal of Environmental Sciences, 2018, 66: 348-357.

[34] Wu Z J, et al. Thermodynamic properties of nanoparticles during new particle formation events in the atmosphere of North China Plain. Atmos. Res., 2017, 188: 55-63.

[35] Peng J F, et al. Gasoline aromatics: A critical determinant of urban secondary organic aerosol formation. Atmospheric Chemistry and Physics, 2017, 17: 10743-10752.

[36] Hu W W, et al. Chemical composition, sources and aging process of submicron aerosols in Beijing: Contrast between summer and winter. Journal of Geophysical Research, 2016, 121: 1955-1977.

[37] Lu K D, et al. Exploring atmospheric free-radical chemistry in China: The self-cleansing capacity and the

formation of secondary air pollution. National Science Review，2018，6：579-594.
[38] 秦艳红，胡敏，李梦仁，等. 缸内直喷汽油机排放 $PM_{2.5}$ 的理化特征及影响因素. 中国环境科学，2016，36：1332-1339.
[39] 顾芳婷，胡敏，郑竞，等. 大气颗粒物中有机硝酸酯的研究进展. 化学进展，2017，29：962-969.
[40] 胡伟伟，胡敏，胡伟，等. 应用元素碳示踪法解析复杂排放源地区有机碳来源的局限性. 环境科学学报，2016，36：2121-2130.
[41] 郑竞，胡敏，顾芳婷，等. 汽油车排放颗粒有机物高分辨率源谱特征分析. 中国电机工程学报，2016，16：4466-4471.
[42] 李梦仁，胡敏，吴宇声，等. 缸内直喷汽油机排放颗粒有机物特征及影响因素分析. 中国电机工程学报，2016，16：4443-4451.
[43] 肖瑶，胡敏，李梦仁，等，汽油车尾气排放 CO_2 稳定同位素特征. 中国电机工程学报，2016，16：4497-4504.
[44] 刘玥晨，吴志军，胡敏，等. 二次有机气溶胶相态的研究现状与展望. 中国环境科学，2017：1637-1645.

参考文献

[1] Carslaw K S，Lee L A，Reddington C L，Pringle K J，Rap A，Forster P M，Mann G W，Spracklen D V，Woodhouse M T，Regayre L A，Pierce J R. Large contribution of natural aerosols to uncertainty in indirect forcing. Nature，2013，503：67-71.
[2] Guo S，Hu M，Zamora M L，Peng J，Shang D，Zheng J，Du Z，Wu Z，Shao M，Zeng L，Molina M J，Zhang R. Elucidating severe urban haze formation in China. Proceedings of the National Academy of Sciences of the United States of America，2014，111：17373-17378.
[3] Chow J C，Watson J G，Mauderly J L，Costa D L，Wyzga R E，Vedal S，Hidy G M，Altshuler S L，Marrack D，Heuss J M，Wolff G T，Pope CA，Dockery DW. Health effects of fine particulate air pollution：Lines that connect. Journal of the Air & Waste Management Association，2006，56：1368-1380.
[4] Kulmala M，Lehtinen K E J，Laaksonen A. Cluster activation theory as an explanation of the linear dependence between formation rate of 3nm particles and sulphuric acid concentration. Atmos. Chem. Phys.，2006，6：787-793.
[5] Zhang R，Khalizov A，Wang L，Hu M，Xu W. Nucleation and growth of nanoparticles in the atmosphere. Chemical reviews，2012，112：1957-2011.
[6] Almeida J，Schobesberger S，Kurten A，Ortega I K，Kupiainen-Maatta O，Praplan A P，Adamov A，Amorim A，Bianchi F，Breitenlechner M，David A，Dommen J，Donahue N M，et al. Molecular understanding of sulphuric acid-amine particle nucleation in the atmosphere. Nature，2013，502：359-363.
[7] Zhang R，Wang G，Guo S，Zamora M L，Ying Q，Lin Y，Wang W，Hu M，Wang Y. Formation of urban fine particulate matter. Chemical reviews，2015，115：3803-3855.
[8] Sipilä M，Berndt T，Petäjä T，Brus D，Vanhanen J，Stratmann F，Patokoski J，Mauldin R L，Hyvärinen A-P，Lihavainen H，Kulmala M. The role of sulfuric acid in atmospheric nucleation. Science，2010，327：1243-1246.
[9] Kulmala M，Kontkanen J，Junninen H，Lehtipalo K，Manninen HE，Nieminen T，Petäjä T，Sipilä M，Schobesberger S，Rantala P，Franchin A，Jokinen T，Järvinen E，Äijälä M，Kangasluoma J，et al. Direct

observations of atmospheric aerosol nucleation. Science,2013,339: 943-946.

[10] Riipinen I,Yli-Juuti T,Pierce JR,Petäjä T,Worsnop DR,Kulmala M,Donahue NM. The contribution of organics to atmospheric nanoparticle growth. Nature Geoscience,2012,5: 453-458.

[11] Spracklen D V,Carslaw K S,Kulmala M,Kerminen V M,Sihto S L,Riipinen I,Merikanto J,Mann G W, Chipperfield M P,Wiedensohler A,Birmili W,Lihavainen H. Contribution of particle formation to global cloud condensation nuclei concentrations. Geophysical Research Letters,2008,35: 160-162.

[12] Yue D L, Hu M, Zhang R Y, Wu Z J, Su H, Wang Z B, Peng J F, He L Y, Huang X F, Gong Y G, Wiedensohler A. Potential contribution of new particle formation to cloud condensation nuclei in Beijing. Atmospheric Environment,2011,45: 6070-6077.

[13] Peng J F, Hu M, Wang Z B, Huang X F, Kumar P, Wu Z J, Guo S, Yue D L, Shang D J, Zheng Z, He L Y. Submicron aerosols at thirteen diversified sites in China: Size distribution, new particle formation and corresponding contribution to cloud condensation nuclei production. Atmospheric Chemistry and Physics, 2014,14:10249-10265.

[14] Zhu Y,Sabaliauskas K,Liu X,Meng H,Gao H,Jeong C H,Evans G J,Yao X. Comparative analysis of new particle formation events in less and severely polluted urban atmosphere. Atmospheric Environment,2014,98: 655-664.

[15] Wang Z, Hu M, Wu Z, Yue D. Research on the formation mechanisms of new particles in the atmosphere. Acta Chimica Sinica,2013,71: 519-527.

[16] Leng C,Zhang Q,Tao J,Zhang H,Zhang D,Xu C,Li X,Kong L,Cheng T,Zhang R,Yang X,Chen J, Qiao L,Lou S,Wang H,Chen C. Impacts of new particle formation on aerosol cloud condensation nuclei (CCN) activity in Shanghai: Case study. Atmospheric Chemistry and Physics,2014,14: 11353-11365.

[17] Liu X H,Zhu Y J,Zheng M,Gao H W,Yao X H. Production and growth of new particles during two cruise campaigns in the marginal seas of China. Atmospheric Chemistry and Physics, 2014, 14: 7941-7951.

[18] Nie W,Ding A,Wang T,Kerminen V M,George C,Xue L,Wang W,Zhang Q,Petaja T,Qi X,Gao X, Wang X,Yang X,Fu C,Kulmala M. Polluted dust promotes new particle formation and growth. Scientific reports,2014,4: 6634.

[19] Shen X J,Sun J Y,Zhang Y M,Wehner B,Nowak A,Tuch T,Zhang X C,Wang T T,Zhou H G,Zhang X L,Dong F,Birmili W,Wiedensohler A. First long-term study of particle number size distributions and new particle formation events of regional aerosol in the North China Plain. Atmospheric Chemistry and Physics,2011,11: 1565-1580.

[20] Yu F,Hallar A G. Difference in particle formation at a mountaintop location during spring and summer: Implications for the role of sulfuric acid and organics in nucleation. Journal of Geophysical Research: Atmospheres,2014,119: 12,246-212,255.

[21] Yu F,Luo G,Liu X,Easter R C,Ma X,Ghan S J. Indirect radiative forcing by ion-mediated nucleation of aerosol. Atmospheric Chemistry and Physics,2012,12: 11451-11463.

[22] Li Q,Jiang J,Hao J. A review of aerosol nanoparticle formation from ions. KONA Powder and Particle Journal,2015,32: 57-74.

[23] Yue D L,Hu M,Zhang R Y,Wang Z B,Zheng J,Wu Z J,Wiedensohler A,He L Y,Huang X F,Zhu T. The roles of sulfuric acid in new particle formation and growth in the mega-city of Beijing. Atmospheric Chemistry and Physics,2010,10: 4953-4960.

[24] Wang Z, Wu Z, Yue D, Shang D, Guo S, Sun J, Ding A, Wang L, Jiang J, Guo H, Gao J, Cheung H C, Morawska L, Keywood M, Hu M. New particle formation in China: Current knowledge and further directions. The Science of the total environment, 2017, 577: 258-266.

[25] Hu M, Shang D, Guo S, Wu Z. Mechanism of new particle formation and growth as well as environmental effects under complex air pollution in China. Acta Chimica Sinica, 2016, 74: 385-391.

[26] Zheng J, Hu M, Zhang R, Yue D, Wang Z, Guo S, Li X, Bohn B, Shao M, He L, Huang X, Wiedensohler A, Zhu T. Measurements of gaseous H_2SO_4 by AP-ID-CIMS during CAREBeijing 2008 Campaign. Atmospheric Chemistry and Physics, 2011, 11: 7755-7765.

[27] Zheng J, Ma Y, Chen M, Zhang Q, Wang L, Khalizov A F, Yao L, Wang Z, Wang X, Chen L. Measurement of atmospheric amines and ammonia using the high resolution time-of-flight chemical ionization mass spectrometry. Atmospheric Environment, 2015, 102: 249-259.

[28] Herrmann E, Ding A J, Kerminen V M, Petäjä T, Yang X Q, Sun J N, Qi X M, Manninen H, Hakala J, Nieminen T, Aalto P P, Kulmala M, Fu C B. Aerosols and nucleation in eastern China: First insights from the new SORPES-NJU station. Atmospheric Chemistry and Physics, 2014, 14: 2169-2183.

[29] Xiao S, Wang M Y, Yao L, Kulmala M, Zhou B, Yang X, Chen J M, Wang D F, Fu Q Y, Worsnop D R, Wang L. Strong atmospheric new particle formation in winter in urban Shanghai, China. Atmos. Chem. Phys., 2015, 15: 1769-1781.

[30] Wehner B, Wiedensohler A, Tuch T M, Wu Z J, Hu M. Variability of the aerosol number size distribution in Beijing, China: New particle formation, dust storms, and high continental background. Geophysical Research Letters, 2004, 31: L22108.

[31] Huang X F, Xue L, Tian X D, Shao W W, Sun T L, Gong Z H, Ju W W, Jiang B, Hu M, He L Y. Highly time-resolved carbonaceous aerosol characterization in Yangtze River Delta of China: Composition, mixing state and secondary formation. Atmospheric Environment, 2013, 64: 200-207.

[32] Zhang Y M, Zhang X Y, Sun J Y, Lin W L, Gong S L, Shen X J, Yang S. Characterization of new particle and secondary aerosol formation during summertime in Beijing, China. Tellus Series B-Chemical and Physical Meteorology, 2011, 63: 382-394.

[33] Wu Z, Hu M, Liu S, Wehner B, Bauer S, Ma ßling A, Wiedensohler A, Petäjä T, Dal Maso M, Kulmala M. New particle formation in Beijing, China: Statistical analysis of a 1-year data set. Journal of Geophysical Research, 2007, 112: D09209.

[34] Qi X M, Ding A J, Nie W, Petäjä T, Kerminen V M, Herrmann E, Xie Y N, Zheng L F, Manninen H, Aalto P, Sun J N, Xu Z N, Chi X G, Huang X, Boy M, Virkkula A, Yang X Q, Fu C B, Kulmala M. Aerosol size distribution and new particle formation in the Western Yangtze River Delta of China: 2 years of measurements at the SORPES station. Atmos. Chem. Phys., 2015, 15: 12445-12464.

[35] Yue D L, Hu M, Wang Z B, Wen M T, Guo S, Zhong L J, Wiedensohler A, Zhang Y H. Comparison of particle number size distributions and new particle formation between the urban and rural sites in the PRD region, China. Atmospheric Environment, 2013, 76: 181-188.

[36] Wang D, Guo H, Cheung K, Gan F. Observation of nucleation mode particle burst and new particle formation events at an urban site in Hong Kong. Atmospheric Environment, 2014, 99: 196-205.

[37] Shen X J, Sun J Y, Zhang X Y, Zhang Y M, Zhang L, Fan R X. Key features of new particle formation events at background sites in China and their influence on cloud condensation nuclei. Frontiers of Environmental Science & Engineering, 2016, 10: 11.

[38] Chen C,Hu M,Wu Z J,Wu Y S,Guo S,Chen W T,Luo B,Shao M,Zhang Y H,Xie S D. Characterization of new particle formation event in the rural site of Sichuan Basin and its contribution to cloud condensation nuclei. China Environmental Science,2014,34: 2764-2772.

[39] Liu S,Hu M,Wu Z,Wehner B,Wiedensohler A,Cheng Y. Aerosol number size distribution and new particle formation at a rural/coastal site in Pearl River Delta (PRD) of China. Atmospheric Environment, 2008,42: 6275-6283.

[40] Guo H,Wang DW,Cheung K,Ling Z H,Chan C K,Yao X H. Observation of aerosol size distribution and new particle formation at a mountain site in subtropical Hong Kong. Atmospheric Chemistry and Physics,2012,12: 9923-9939.

[41] Shen X,Sun J,Zhang X,Kivekäs N,Zhang Y,Wang T,Zhang X,Yang Y,Wang D,Zhao Y,Qin D. Particle climatology in central East China retrieved from measurements in planetary boundary layer and in free troposphere at a 1500-m-high mountaintop site. Aerosol and Air Quality Research,2016,16: 659-701.

[42] Lin P,Hu M,Wu Z,Niu Y,Zhu T. Marine aerosol size distributions in the springtime over China adjacent seas. Atmospheric Environment,2007,41: 6784-6796.

[43] Lu K,Guo S,Tan Z,Wang H,Shang D,Liu Y,Li X,Wu Z,Hu M,Zhang Y. Exploring atmospheric free-radical chemistry in China: The self-cleansing capacity and the formation of secondary air pollution. National Science Review,2018,6: 579-594.

[44] Hallquist M,Munthe J,Hu M,Wang T,Chan C K,Gao J,Boman J,Guo S,Hallquist A M,Mellqvist J, Moldanova J,Pathak R K,Pettersson J B C,Pleijel H,Simpson D,Thynell M. Photochemical smog in China: Scientific challenges and implications for air-quality policies. National Science Review,2016,3: 401-403.

[45] Guo S,Hu M,Peng J,Wu Z,Zamora M L,Shang D,Du Z,Zheng J,Fang X,Tang R,Wu Y,et al. Remarkable nucleation and growth of ultrafine particles from vehicular exhaust. Proceedings of the National Academy of Sciences of the United States of America,2020,117: 3427-3432.

[46] Shang D J,Hu M,Zheng J,Qin Y H,Du Z F,Li M R,Fang J Y,Peng J F,Wu Y S,Lu S H,Guo S. Particle number size distribution and new particle formation under the influence of biomass burning at a high altitude background site at Mt. Yulong (3410 m),China. Atmospheric Chemistry and Physics,2018,18: 15687-15703.

[47] Fang X,Hu M,Shang D J,Tang R Z,Shi L L,Olenius T,Wang Y J,Wang H,Zhang Z J,Chen S Y,Yu X N,Zhu W F,Lou S R,Ma Y,Li X,Zeng L M,Wu Z J,Zheng J,Guo S. Observational evidence for the involvement of dicarboxylic acids in particle nucleation. Environmental Science & Technology Letters, 2020,7: 388-394.

[48] Paasonen P,Nieminen T,Asmi E,Manninen H E,Petäjä T,Plass-Dülmer C,Flentje H,Birmili W, Wiedensohler A,Hõrrak U,Metzger A,Hamed A,Laaksonen A,Facchini M C,Kerminen V M,Kulmala M. On the roles of sulphuric acid and low-volatility organic vapours in the initial steps of atmospheric new particle formation. Atmospheric Chemistry and Physics,2010,10: 11223-11242.

[49] Yao L,Garmash O,Bianchi F,Zheng J,Yan C,Kontkanen J,Junninen H,Mazon S B,Ehn M,Paasonen P,Sipila M,Wang M Y,Wang X K,Xiao S,Chen H F,Lu Y Q,Zhang B W,Wang D F,Fu Q Y,Geng F H,Li L,Wang H L,Qiao L P,Yang X,Chen J M,Kerminen V M,Petaja T,Worsnop D R,Kulmala M, Wang L. Atmospheric new particle formation from sulfuric acid and amines in a Chinese megacity. Science,2018,361: 278-281.

[50] Wu Z J, Ma N, Gross J, Kecorius S, Lu K D, Shang D J, Wang Y, Wu Y S, Zeng L M, Hu M, Wiedensohler A, Zhang Y H. Thermodynamic properties of nanoparticles during new particle formation events in the atmosphere of North China Plain. Atmospheric Research, 2017, 188: 55-63.
[51] Wu Z J, Zheng J, Shang D J, Du Z F, Wu Y S, Zeng L M, Wiedensohler A, Hu M. Particle hygroscopicity and its link to chemical composition in the urban atmosphere of Beijing, China, during summertime. Atmos. Chem. Phys., 2016, 16: 1123-1138.

第9章　光化学反应活跃区森林挥发性有机物的组成特征、二次污染成因及贡献

王伯光，王好，龚道程，王瑜，何凌燕，陈多宏，何春倩，吴耕晨，

林尤静，吕少君，张沈阳，丁耀洲，李炎磊，丁航，张诗炀

暨南大学

城市周边的森林植物会排放大量化学活性强的生物源挥发性有机物（BVOCs），形成天然的大气氧化池。在光化学反应活跃地区，一旦高浓度的人为源挥发性有机物和氮氧化物等空气污染物从城市被输送至森林，将促进森林大气中 BVOCs 发生一系列复杂的大气光化学反应，直接影响植物排放 BVOCs、一次污染物清除以及二次有机气溶胶（SOA）和臭氧（O_3）等二次污染物生成，导致大气氧化性增强、森林以及区域空气质量恶化，从而引发极端天气和区域生态环境灾变等问题。然而，目前关于森林大气中 BVOCs 的组成特征、BVOCs 与污染大气的混合反应机制及其对大气化学的贡献等方面的研究较为薄弱。本项目以珠三角周边的南岭森林为研究区域，通过连续开展 3 年的野外综合观测，运用多种在线/离线检测手段和数值模型，基本摸清了南岭森林典型优势树种的 BVOCs 排放特征，掌握了南岭森林大气 BVOCs 的组成和含量，并探讨了 BVOCs 来源、演化机理及其对臭氧和二次有机气溶胶生成的大气化学作用，研究成果有助于更好地揭示我国区域大气复合污染的成因及其森林生态环境效应。

9.1　研究背景

9.1.1　研究意义

随着经济快速发展和城市化进程加速，以臭氧、细颗粒物（$PM_{2.5}$）和超细粒子等光化学二次污染物的生成为代表的大气复合型污染已成为目前我国亟待解决的严重环境问题。挥发性有机物（VOCs）尤其是植物排放的化学反应活性较强的 BVOCs，是形成这些光化学二次污染物的重要前体物。探究我国大城市群光化学反应活跃地区的 BVOCs 来源、组成特征、排放水平、时空分布规律及其大气化学作用，将有助于揭示我国大气复合污染形成机理，并促进制定科学的大气污染综合防控对策。

本项目选取珠三角周边光化学反应活跃区的南岭背景森林开展加强观测研究。综合运

用多种在线/离线测量技术，重点监测华南典型森林在清洁和受城市群污染大气作用下的BVOCs、O_3、$PM_{2.5}$和超细粒子的组成特征及时空变化规律，同时收集其他常规空气质量参数和常规气象数据。然后结合源解析模型、光化学反应机理模型、空气质量模型等计算方法，一方面分析城市空气污染物对森林大气环境的影响，另一方面分析不同污染条件下森林大气对光化学二次污染物形成的机理和贡献，以探究我国区域大气复合污染的成因。

开展本研究主要有以下两个方面的科学价值和意义：

(1) 当前我国经济较为发达地区的区域型大气复合污染现象日益严重，过去着重针对城市地区大气污染的研究方法已经难以全面了解目前区域大气复合污染的成因。BVOCs作为大气中重要的化学成分直接影响区域大气氧化性强弱；同时，大型城市群传输的污染大气不仅可能影响森林生态系统本身对BVOCs的释放，而且还会与森林大气中的BVOCs产生一系列复杂的化学反应，对整个区域大气复合污染特征产生重要的影响。因此，本研究对揭示我国当前形势下区域大气复合污染的成因具有非常重要的科学意义。

(2) 从区域气候和生态的角度而言，大型城市群污染大气的输入，极有可能会改变森林生态系统，进而引起区域气候变化，或将导致极端天气更为频繁地出现，这一现状已经或即将成为我国较为严重的环境问题之一。目前，大气污染对生态系统和气候变化的作用机制和效力及相互之间的正负反馈作用尚不明晰。本研究旨在通过研究森林生态-大气的交互作用，为进一步探讨大气污染和生态环境的变化提供科学依据。

9.1.2 国内外研究现状

近十多年以来，随着我国经济的快速发展和城市化建设进程的不断加速，发达城市群及其周边环境的空气质量问题也日益严峻，尤其是经济发达地区周边森林生态环境与城市污染大气交互作用下形成的区域大气复合污染，对区域生态环境变化、区域气候改变和空气质量恶化等都将产生巨大影响。研究表明，在经济发展快速的珠三角、长三角和京津冀地区已经出现了较为严重的区域大气复合污染问题[1-6]：大气中不但含有高浓度的一次污染物且二次污染物也高浓度、大范围出现；灰霾天气越来越频繁出现；区域大气的氧化性不断升高等。大气复合污染形成的主要反应物之一是VOCs，这一类物质是形成光化学烟雾等大气二次污染物的前体物，在区域或全球大气化学反应过程中具有重要的作用[7-8]。大气中的VOCs、氮氧化物(NO_x)和一氧化碳(CO)等一次污染物在光照条件下，经过一系列的光化学反应，可以生成O_3、$PM_{2.5}$以及一些半挥发性的有机物[如过氧乙酰硝酸酯(PAN)]等危害健康的二次污染物。随着经济发达的城市群地区人为一次污染物排放的增加，这些城市周边的森林清洁大气中观测到了由城市传输来的大气一次和二次污染物[9-10]，城市污染大气与其周边森林大气互为作用、互相影响，使得区域大气环境和生态环境变得日益脆弱，大气污染类型更加复杂多变。

研究表明，全球每年排放到大气中的VOCs大约有1300 Tg C，其中人为排放的[如苯系物(BTEX)等]大约只占其中的10%，为110～150 Tg C[11]，而自然源排放的(如萜烯类)约为1150 Tg C[12]。VOCs种类繁多，来源复杂。城市大气中的VOCs主要来源于汽车尾气、工业、燃料燃烧和蒸发、溶剂使用、餐饮业、污水处理和垃圾焚烧等[13]，主要包括各类饱和烷烃、烯烃以及芳香烃等。研究发现,城市大气中苯系物的含量可占总 VOCs 含量的 60%,是最重要的人为排放 VOCs[14]。VOCs 的自然来源主要包括海洋、陆地植被和土壤等,其中陆地植物的生长及衰落过程可向大气中释放大量的 BVOCs。BVOCs 主要包括异戊二烯、单萜烯、双萜烯等,其中全球排放量最大且研究最为广泛的是异戊二烯以及单萜烯。这些 BVOCs 作为植物与外部环境的传媒介质,担负着吸引传粉昆虫、刺激有害昆虫、对环境变化(温度、高 O_3)做出反应保护自身等作用[15-16]。大气中的 BVOCs 浓度大概在几个 pptv 到 ppbv 之间[17]。在过去几十年,科学家对于不同植物释放 BVOCs 的机制进行大量的探讨,发现光照强度和温度是调控异戊二烯和单萜烯释放最为重要的因素[18-20],并建立了全球 BVOCs 排放通量模型[21-22]。

作为大气复合污染的重要前体物,VOCs 直接参与大气光化学反应生成 O_3 和 SOA,然而目前关于其在严重大气复合污染背景下的大气演化机制的研究仍然较为薄弱。森林植物可持续释放大量的 BVOCs,主要以异戊二烯和单萜烯为主,这些化合物通常含有两个或两个以上的 C=C 双键,具有很强的化学活性,可在大气中迅速地转化为含氧挥发性有机物(OVOCs),进而对气溶胶的形成和老化做出贡献,形成天然的大气氧化池。BVOCs 作为大气复合污染的重要前体物,既可直接参与大气光化学反应生成 O_3 和 SOA,其本身或光化学反应中间产物(OVOCs)又可与 O_3 等在颗粒物表面发生非均相反应。当森林大气受到城市污染大气的影响时,两者之间互为作用,将发生一系列更为复杂的反应,不但会导致森林大气质量下降,还会对生态系统本身产生重大影响。目前我国区域大气复合污染日益严峻,但森林大气的光化学反应机理及其在当前复合污染过程中的作用仍不十分明晰。除去大气污染物的关键途径之一是通过化学反应或转化生成有机气溶胶,最主要的是链式自由基反应,不同的 VOCs 反应活性差异较大[23],所以其大气寿命也不尽相同。城市群人为活动排放的高浓度一次污染物通常很难在短时间内完全反应,这些一次和二次污染物可通过大气传输至偏远地区,研究人员在各地城市群的下风向都有观测到由于传输引起的高浓度大气光化学氧化剂[24-25]。城市群边缘地区的森林植被释放的大量化学活性强的 BVOCs,可与传输来的城市污染大气中携带的 NO_x 发生一系列光化学反应,不同组分的反应寿命从几分钟到几小时不等,如图 9.1 所示,在 BVOCs 所参与的光化学反应过程中,大气中的 OH 自由基可以循环产生[26]。简而言之,大气中的 O_3 通过光降解产生 OH 自由基,OH 自由基进而与大气中的 CO 和 VOCs 反应生成过氧自由基(RO_2、HO_2)。在高 NO 的背景下,OH 自由基可以循环产生(过程Ⅰ);在低 NO 的条件下,一方面 RO_2 可以进一步反应降解(过程Ⅱ),但另一方面也可与 OVOCs 反应继续产生 OH 自由基(过程Ⅲ);富含不饱和烯烃的森林大气还可与 O_3 反应生成 OH 自由基(过程Ⅳ)。森林释放到大气中的 BVOCs 可通过复杂的光化学反应极大地影响区域大气氧化性,可以与城市污染大气携带的 NO_x 反应生成 OVOCs、O_3、PAN 等,其中 OVOCs 可继续参与大气反应,对 SOA 生成做出贡献[27-28]。由于 SOA 会对区域以及全球气候变化产生重要的作用[29-30],近年来,研究人员正在对其形成机制进行深入的研究,在野外和实验室模拟探讨 BVOCs 生成 SOA 的转化机制[31-33]。研究发现,在 NO_x 含量较低的热带雨林大气中异戊二烯可通过光化学反应生成乙二醛(GLY)和甲基乙基酮等,进而直接形成 SOA。但是,目前对于不同浓度 NO_x 条件下尤其是受城市大气影响的高

浓度 NO_x 条件下森林大气 BVOCs 与 SOA 的外场观测数据，难以验证其相互转化的机制。

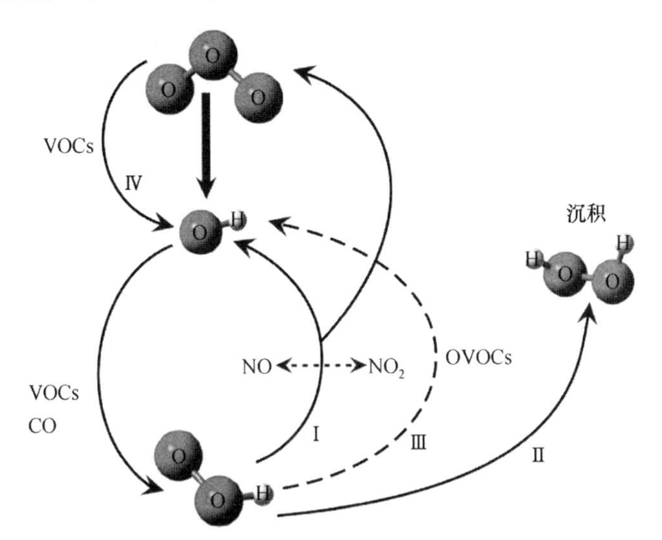

图 9.1　森林大气 VOCs 的光化学反应途径[26]

BVOCs 及其反应产物等在大气中的含量甚微，通常在 pptv 级别，而且这些化合物的反应活性很强，大气寿命短暂，故快速而准确地检测其大气含量水平极为重要。近年来，随着分析测量技术的发展、高时间分辨率仪器的面世和不断改进，为进一步揭示大气复合污染的演化机理提供了强有力的工具。气相色谱质谱联用仪(GC-MS)、气相色谱火焰离子化检测器(FID)、气相色谱电子捕获检测器(ECD)、质子转移反应飞行时间质谱仪(PTR-ToF-MS)、差分吸收光谱(DOAS)检测仪等被广泛地应用于野外和实验室模拟观测 VOCs[34]，其中 PTR-ToF-MS 等具有快速测量的高时间分辨率的优势，而色谱质谱联用技术则在成分分析、精密度及精确度上具有不可替代的优势。就 SOA 的分析而言，除了传统的石英纤维膜和特氟龙膜大流量采样，近年来有一些研究开始应用先进的加速器质谱计(AMS)气溶胶在线测量技术对 SOA 不同组分的来源进行研究[35]。

城市污染大气将会影响其周边森林的生态环境，如引起物种的变化，进而改变区域 BVOCs 的排放物质种类和排放量[36]。长此以往，将会引起区域气候变化，甚至有可能引发极端天气和环境灾变。近年来，全球气候和环境变化已经引起了国际社会的广泛关注[37]，由大气污染导致的气候和生态环境变化也被普遍关注[38]，如灰霾的频繁出现极有可能导致夏季高温干旱、冬季极寒和暴风雪等极端天气[39]。城市与森林大气的交互作用过程中，一些污染物会被清除，同时也会伴随新的污染物生成，这些变化进而影响区域大气的物理化学性质。已有研究表明，受城市气团影响的森林大气中 $PM_{2.5}$ 和超细颗粒物的数量会显著增加，且粒径也有所增大，空气中的云凝结核(CCN)数量也因此发生改变[30,40-41]，其中 OVOCs 作为 BVOCs 氧化的中间产物是形成 SOA 的关键物质[42-43]，并且是形成水溶性有机气溶胶(WSOA)的重要组分[44-45]，从而对大气成云降雨过程产生作用。研究城市与森林大气交互作用下 BVOCs、OVOCs 和 SOA 的组成特征，分析其来源，将有助于探讨未来大气污染对生态系统和气候变化的正负反馈。

我国珠江三角洲地区是经济发达、大气复合污染日趋严重的光化学反应活跃地区。我国纬度跨越大,森林植被类型丰富,但是基于野外实地观测的BVOCs排放数据还比较匮乏。张钢锋等[46]基于模型估算了我国各省份森林VOCs的排放量,结果显示异戊二烯占比最高。白建辉等[47]对我国北部针叶林释放的BVOCs进行了排放通量的研究,发现其主要排放物为α-蒎烯、β-蒎烯、莰烯、香桧烯等。而在西双版纳的热带森林[48]、太湖流域[49]观测到了较高含量的异戊二烯。珠江三角洲地处亚热带,植物多样性丰富,植被覆盖面积大,异戊二烯等的排放非常显著。因此本项目选择大气复合污染的关键前体物BVOCs、BTEX、OVOCs以及$PM_{2.5}$和超细颗粒物开展研究,围绕珠三角地区亚热带森林展开观测,旨在探讨典型城市-森林大气复合污染的现状和演化机理,对研究区域大气污染和大气环境变化具有重要的科学价值和现实意义。

近年来,随着城市化进程的加速,珠三角等经济发达地区的工业企业、汽车运输、餐饮行业等飞速发展,大气污染物人为源数量及排放量均大幅增加,出现了严重的城市群高浓度大气复合污染问题,引起国内外的极大关注和我国政府部门的高度重视。近年来,大量的研究工作除了集中于城市地区一次和二次污染物的排放组分特征和时空分布规律、源排放清单研究外[24,50-54],也开始关注大气复合污染形成机理[55-57]以及空气污染与人群健康方面[58]的研究,这些工作为进一步阐述我国区域大气复合污染的成因并建立有效的治理方案具有重要的意义。

作为本次研究重点的珠三角亚热带森林,其植被生长茂盛,BVOCs排放量大[59],是研究城市群污染大气与区域生态系统的交互作用以及大气复合污染形成机制的天然实验室。就全球而言,目前美国和欧洲的研究人员对热带雨林以及北寒带针叶林的BVOCs排放和大气光化学反应机制进行了较为深入的探究[26-27,60-61],但对亚热带森林的大气光化学反应研究较少。近年来针对大气超细粒子的研究也引起了极大的关注,已在全球范围内100多个不同站点(城市、郊区、偏远地区等)进行了观测研究[62],但我国相关研究还较少尤其是针对森林区域的研究[63-64]。分析我国亚热带森林与大型城市群共同作用下的BVOCs、OVOCs以及$PM_{2.5}$和超细颗粒物的组成含量水平和时空变化规律,分析其大气光化学作用及对区域大气复合污染的贡献,探讨我国大型城市群特征区域的大气复合污染的特征,将为其治理方法贡献重要的科学依据。

9.2 研究目标与研究内容

9.2.1 研究目标

本项目综合运用多种在线/离线测量技术,对大气光化学反应活跃区典型森林释放的BVOCs及其氧化产物OVOCs进行加强观测;同时还采集并分析森林大气中$PM_{2.5}$及其他气态污染物;重点比对研究我国亚热带典型森林大气在不同污染条件下(清洁天气和受城市污染传输影响)的光化学反应过程及其对O_3和SOA等大气复合污染物生成的贡献,探讨我国经济快速发展地区的森林大气复合污染特征、形成机制及其对区域生态环境和气候的影响。

9.2.2　研究内容

1. 森林大气 VOCs 的测量及其时间变化特征

应用在线预浓缩-GC-MS/FID 系统连续监测森林大气 BVOCs 及其关键二次产物 OVOCs 的组成和浓度水平；建立大气 OVOCs 的离线衍生法采样技术，利用柱前衍生捕集-GC-MS 分析法补充分析甲醛、乙醛、乙二醛等；结合 DOAS 在线检测仪和质子转移反应质谱(PTR-MS)对典型 BVOCs(如异戊二烯)、OVOCs(如甲醛、乙醛、甲酸等)、苯系物(如苯、甲苯、二甲苯等)进行高时间分辨率在线监测；选取典型亚热带森林进行多种观测方法的比对实验，测量森林与城市大气交互作用过程中 BVOCs 和 OVOCs 的化学组成特征及其浓度水平的时间变化规律。

2. 森林大气 $PM_{2.5}$在线/离线测量

基于离线大流量采样技术，用石英纤维膜和特氟龙膜连续采集白天和夜间(每 12 小时一次)的 $PM_{2.5}$样品。同时，结合气溶胶化学组分监测仪(ACSM)、气态污染物与气溶胶在线测量装置(GAC)、在线气体组分及气溶胶监测系统(MARGA)等在线观测手段，分析颗粒物的元素碳(EC)/有机碳(OC)含量、水溶性离子、二次有机标志物等颗粒物的化学组成种类和含量水平，分析高污染和清洁背景下的变化，探讨其形成途径；利用扫描电迁移率颗粒物粒径谱仪(SMPS)对颗粒物数浓度的粒径分布和粒子增长特征进行分析；结合高时间分辨率的单颗粒气溶胶质谱仪(SPAMS)，同时测量单个气溶胶粒子的粒径和化学组成，分析气溶胶的基本质谱特征和基于粒径的混合状态特征，深入分析气溶胶的来源、形成和老化机制。

3. 不同污染条件下森林大气 BVOCs、OVOCs、SOA 的组成特征和光化学反应特征研究

清洁大气：选取典型的季节和气象条件，开展珠三角地区森林清洁大气的观测实验，连续测量森林清洁空气的 BVOCs、OVOCs 和 SOA 的组分含量。分析在不受城市污染大气传输影响下(低 NO_x、低人为源 VOCs 和 $PM_{2.5}$)的森林大气的 BVOCs 排放特征以及昼夜变化规律、OVOCs 的一次和二次来源及其排放规律和 SOA 的含量水平及组分特征，研究清洁大气的 BVOCs-OVOCs-SOA 光化学反应机理和演化规律。

非清洁大气(受城市群典型污染大气传输影响)：选取典型的季节和气象条件，开展森林大气典型污染过程中的观测实验，测量森林清洁空气的 BVOCs、OVOCs 和 SOA 的组分含量特征。分析在受城市污染大气传输影响下(高 NO_x、高人为源 VOCs 和 $PM_{2.5}$)的森林大气的 BVOCs 排放特征和昼夜变化规律、OVOCs 的一次和二次来源及其排放规律和 SOA 的含量水平及组分特征。与此同时，选取上风向典型城市区域(1～2 个城市)进行离线 VOCs 罐采集、$PM_{2.5}$和超细颗粒物的滤膜采集。结合城市以及森林地区的数据，采用数据分析方法(主成分分析、相关分析、比值分析等)，并综合运用多种模型(大气轨迹模型、光化学反应反演模型等)，进行森林大气有机污染物的来源解析并进行定量区分，主要包括不同形成阶段的来源(一次源、二次源)、不同地方的来源(本地源、外地源)以及不同排放类型的来源(森林排放、机动车排放、工业排放等)等，探究森林大气受城市污染大气传输影响时的

BVOCs-OVOCs-SOA 光化学反应机理和演化规律。

4. BVOCs 对大气复合污染物(O_3 和 SOA)的生成和转化过程的作用机理研究

根据森林大气在清洁和污染状态下的 BVOCs、OVOCs 和 SOA 的化学组分特征和含量,结合同步收集的 O_3、NO_x、CO 等常规空气质量数据以及气象参数,通过 MCM 模型进行光化学反应机理分析和量化计算;结合大气轨迹模型,量化 BVOCs 对大气复合污染的贡献,探讨区域大气复合污染与生态系统的交互作用。

9.3 研究方案

9.3.1 观测站点

为了研究区域大气复合污染的机理特征,探究森林大气与城市大气复合污染之间的复杂关系,本项目选取珠江三角洲北部南岭国家空气质量监测背景站(24°41′N,112°54′E,1690 m a. s. l. ,图 9.2)开展森林大气 BVOCs-OVOCs-SOA 的观测实验,测量他们在森林大气中的组成特征及高时间分辨率的变化规律。在全球尺度上,北回归线附近的亚热带森林地区受城市化和工业化影响最为严重,其中,我国南岭是最典型的区域之一。南岭山脉是华南地区重要的生态屏障,分布有世界同纬度地区保存最完好、面积较大、最具代表性的亚热带原生型常绿阔叶林,是 BVOCs 排放的热点区域。南岭森林公园属我国南方典型亚热带森林,植被茂盛、树木繁多,主要树种为马尾松、杉木、樟、枫香等,可释放大量的 BVOCs。同时它具有重要的地理位置,位于我国南方典型的区域大气复合污染的北边界区域,受华南地区季风影响显著。在水平尺度上,南岭北靠华中地区,南面珠三角和南海,受东亚季风影响,南

图 9.2　南岭国家空气质量监测背景站

岭站在湿季(4～9 月)主要受南海清洁气团和珠三角污染气团的影响,干季(10 月～次年 3 月)主要受华中华北污染气团的影响。在垂直尺度上,南岭站位于南岭山脉南麓,海拔较高,在白天,站点一般处于大气边界层上部,而夜间一般位于自由对流层下部。因此,南岭站具有敏感响应和记录华南对流层大气输送以及污染物区域传输的重大研究意义。

9.3.2　采样方法

本项目选取两个典型季节进行华南地区森林大气的加强观测:(1) 秋冬季(9～11 月)清洁大气观测。秋冬季相对湿度低、平均温度低、日温度变化幅度小和大气稳定度高,地面主导风向偏北,重点观测清洁大气的 BVOCs-OVOCs-SOA 的特征。(2) 夏季(6～8 月)典型污染天气森林和上风向城市地区大气观测采样。此时大气相对湿度大、平均温度高、日温度变化幅度大、日照时间长以及大气稳定度低,地面主导风向为东南风,重点观测受城市污染大气影响的 BVOCs 的大气化学过程及其对 O_3 和 SOA 生成的贡献。森林实验样点设置在树冠顶部,同时选取 1～2 个上风向城区开展同步采样分析,每次实验检测时间为 4～5 周,主要监测参数的检测频率如下:

(1) 在线监测:BVOCs 和 OVOCs 预浓缩-GC-MS 为每小时采样一次,每次采集 5 分钟;PTR-MS 为每 5 分钟采集一次;DOAS 为每 10 分钟采集一次。以上均为每日 24 小时连续采样。

(2) OVOCs 离线采样:每次采样 2 小时,每 3 小时采样一次。

(3) BVOCs 离线采样:在南岭国家级自然保护区天井山不同植被地带(包括山顶矮林、山地针阔混交林、山地常绿阔叶林及常绿阔叶林),采用 Tenax-TA 吸附管采样及热脱附-GC-MS 解析的方法,共采集了 15 种南岭典型优势树种释放的 BVOCs,在枝条水平上探究不同海拔高度、不同植被地带的优势树种排放的 BVOCs 的组成特征、排放速率和排放等级。

(4) 细粒子和超细粒子的采样分析:应用大流量采样器,流速设置为 1.13 $m^3\ min^{-1}$,采样膜为石英纤维膜;应用四通道采样器,采样流速为 16.7 L min^{-1},采样膜为两张石英纤维膜和两张特氟龙膜;应用多级气溶胶采样设备——微孔均匀撞击式采样器(MOUDI)-100,采用八级分段,采样流量为 30 L min^{-1},分割粒径 0.18～18 μm(18、10、5.6、3.2、1.8、1.0、0.56、0.32、0.18 μm),采样膜为石英膜。所有采样器的采样频率为每 12 小时一次(白天和夜晚各采集一次),所有的采样膜均需测量气溶胶的质量浓度,其中石英膜用于 OC、EC、水溶性有机物(WSOC)和有机溶剂抽提物(EOC)等化学成分分析,特氟龙膜的水提取液则用于 Na^+、K^+、NH_4^+、Ca^{2+}、Mg^{2+}、NO_3^- 和 SO_4^{2-} 等阴阳离子分析。

(5) 常规空气质量和气象参数:采样频率为每 5 分钟一次。整个实验过程都将进行严格的质量控制和质量保证,进行空白实验、平行实验、标准物质测量、样品有效保存、实验人员操作的规范性等,确保平行样和空白样占总采样量的 5%～10%。

9.3.3　分析方法

本项目将创新性地结合应用在线预浓缩色谱质谱、质子转移反应质谱、在线差分吸收光谱和离线快速衍生法等测量技术,重点研究森林大气 BVOCs 和 OVOCs 的组分含量变化。

此外,课题组应用较为成熟的研究方法分析 VOCs 和 SOA 的组成特征,并同步收集空气自动监测站的常规监测数据(O_3、NO_x 等空气质量数据)和气象数据。

1. BVOCs 分析

应用多种现有的在线和离线检测手段,开展森林大气 BVOCs 采样和分析测量。本项目应用较为成熟的在线预浓缩-GC-MS 联用系统和 PTR-MS 测量 BVOCs。其中,在线预浓缩-GC-MS 每小时采集一次样品,检测限为 1～100 pptv;PTR-MS 每 5 分钟采集一次,检测限可达 5 pptv 或以下。本项目将进行测量的 VOCs 目标化合物包括 116 种光化学烟雾前体物,在实际采样和测量过程中利用内标物质和外标物质、空白实验、联合比对实验进行严格的质量控制和保证(QA/QC)。这几种方法将互为补充并验证各自的可靠性。

2. OVOCs 分析

应用在线预浓缩-GC-MS 对关键 OVOCs 成分进行观测,每小时采集一次森林大气样品,样品检测限可达几十 pptv。同时,本研究将完善 PTR-MS 对 OVOCs 的测量,确定其在线检测条件,提高方法精确度使检测限达到 pptv 级别。另外,本研究还将使用现有的离线五氟苯肼衍生柱-GC-MS 联用技术,通过改进衍生吸附柱,使采集的 OVOCs 与衍生剂反应生成稳定化合物。采样时间为 2 小时,每 3 小时采集一次样品,检测限达到 0.1 ppbv 或以下。本项目将重点监测目前被确认的大气光化学中间产物,即甲基乙烯基酮(MVK)、甲基丙烯醛(MACR)、乙二醛和甲基乙二醛(MGLY)等,以及美国 EPA TO-11 方法推荐的 17 种常规含氧有机物。此外,还会关注过程中发现其他的未知 OVOCs 并将对其进行定性和定量分析。衍生法实验过程通过内标物排除系统干扰、外标物建立峰面积-浓度标准曲线进行定性定量分析以及一定比例(10%～20%)的空白实验和平行样品,对整个实验过程进行严格的 QA/QC。这几种不同的 OVOCs 测量方法可互为补充、验证。

3. SOA 采样及分析

本项目使用在线 SPAMS 对颗粒物进行粒径和组分分析。同时采用三种气溶胶仪采集样品,分别为美国安德森公司生产的大流量采样器、中国武汉天虹公司生产的中流量四通道采样器和 MOUDI。气溶胶捕集膜包括石英纤维膜和特氟龙膜两种,分别采集有机物和无机物(无机盐、金属元素和非金属元素等)。应用 GC-MS 联用测量技术定性定量分析颗粒相 WSOC 和 EOC 的有机成分及含量。检测的 WSOC 目标化合物包括一元、二元和三元等有机羧酸,而 EOC 目标化合物主要包括低和中等分子量的酯类、醚类、醇类和酚类等二次有机标志物。另外,采用碳分析仪测量气溶胶的 EC 和 OC 含量,使用离子色谱仪(IC)分析分析 Na^+、K^+、NH_4^+、Ca^{2+}、Mg^{2+}、NO_3^- 和 SO_4^{2-} 等化学成分含量。

4. 常规空气质量监测数据和气象参数分析

分析臭氧、氮氧化物(NO、NO_2)、二氧化硫、一氧化碳等常规环境空气质量数据,以及温度、相对湿度、大气压、风向、风速等常规气象参数(由南岭国家空气背景监测站提供)。

9.3.4 数值模拟

(1) 分析 BVOCs-OVOCs-SOA 在清洁大气和典型污染大气过程中的光化学反应特征,

拟采用 MCM(V3.1)等模型进行光化学反应机理分析、化学活性量化计算，结合大气轨迹模型等着重于从来源及产物的收支衡算进行分析研究。

(2) OVOCs 和 SOA 的源解析和量化研究，综合运用多种源解析技术(后向轨迹模型、受体模型和光化学反演模型等)，结合样品中分子标志物及 EC/OC 等比值定量分析 OVOCs 和 SOA 在清洁大气和污染大气过程中的来源特征。

(3) 分析不同 O_3 浓度水平下 BVOCs、OVOCs 和 SOA 分子标志物的组成特征和时间变化规律，初步探讨区域生成 SOA 的大气光化学反应特征和复合污染的成因机制，估算 BVOCs 对光化学二次污染物生成的贡献。

9.4　主要进展与成果

9.4.1　南岭森林大气环境特征

1. 南岭森林大气常规污染物的日变化规律

天井山 O_3、NO_2、O_x(O_3+NO_2)与 CO 的平均日变化规律如图 9.3 所示。O_3 与 NO_2 的日变化规律基本一致，均是在正午达到全日最低值，在午夜达到全日最高值。而 CO 的日变化规律明显异于 O_3 与 NO_2。在传统的光化学理论中，O_x 与 O_3 的日变化表现为中午前后快速增长，并于下午达到极值，而日落后快速回落，且 O_3 与 NO_2 一般呈反相关的关系。这是由于受光化学过程影响，NO_2 的光解促进 O_3 的生成，导致 O_3 浓度在午后快速增加，而前体物 NO_2 在午后浓度有所下降，傍晚以后 O_3 被消耗，NO 氧化成 NO_2，NO_2 浓度快速上升并于夜间维持在较高浓度。然而，在天井山背景站，O_x、O_3 与 NO_2 的变化趋势一致，且于中午达到最低值，说明光化学过程对该地区的 O_3 贡献相对较小，污染物浓度的变化可能受区域传输和边界层变化的影响较大。

2. 南岭森林大气 O_3 浓度特征

南岭天井山站 2013～2017 年的 O_3 平均浓度与北半球典型高山站的比较如图 9.4 所示。由于 O_3 的浓度水平受海拔、纬度和排放源距离的影响，图中按照海拔和纬度进行分类，并用颜色标注国家或地区。

经统计，天井山 O_3 浓度水平(年平均值 55 ppbv)位居世界第二，仅次于靠近华北平原的泰山(60 ppbv)，但高于和同样也受到华北平原影响的日本 Happo 山(51 ppbv)和华山(49 ppbv)。与亚洲相比，北美西部高山站(Lassen NP 和 Whiteface)的 O_3 浓度水平较低(42～45 ppbv)，表明我国人为活动排放增加的 O_3 严重影响到了高山背景地区。在图 9.4a 和图 9.4b 中，高纬度地区的 O_3 浓度通常高于低纬度地区，与 O_3 的浓度随着北半球纬度升高而增加的特征一致。天井山的 O_3 浓度比其他同样低纬度的站点高约 10 ppbv，凸显了其受人为源影响的严重性。

除人为污染物传输外，本地生成也是高山站 O_3 的重要来源。通常，高山地区的 O_3 生成

受 NO_x 限制。根据现有的夏季 NO_x 观测报道，天井山 NO_x 含量为 3.2 ppbv，接近泰山的水平(约 3.3 ppbv)，高于黄山(约 2 ppbv)和 Nanital(约 0.7 ppbv)，表明天井山的 O_3 本地生成能力较强。

最后，O_3 的浓度水平也受海拔影响，主要是由于海拔越高，越容易接受来自平流层的 O_3。图 9.4c 所示的更高海拔站点的 O_3 通常普遍高于图 9.4a 和图 9.4b 中的站点，但受污染的泰山和天井山仍然高于这些高山站。

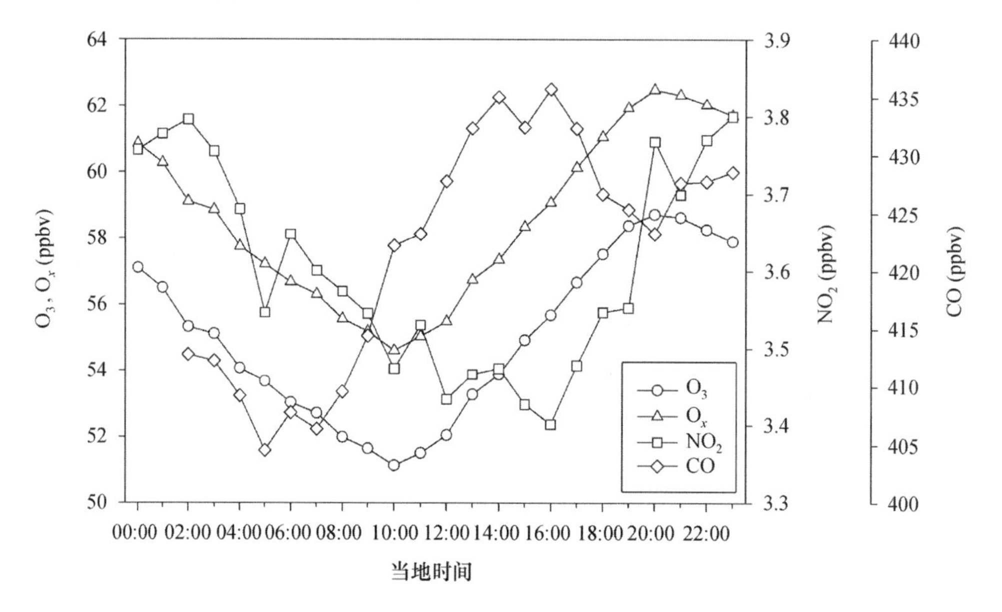

图 9.3　天井山背景点 O_3、O_x、NO_2 与 CO 的日变化规律

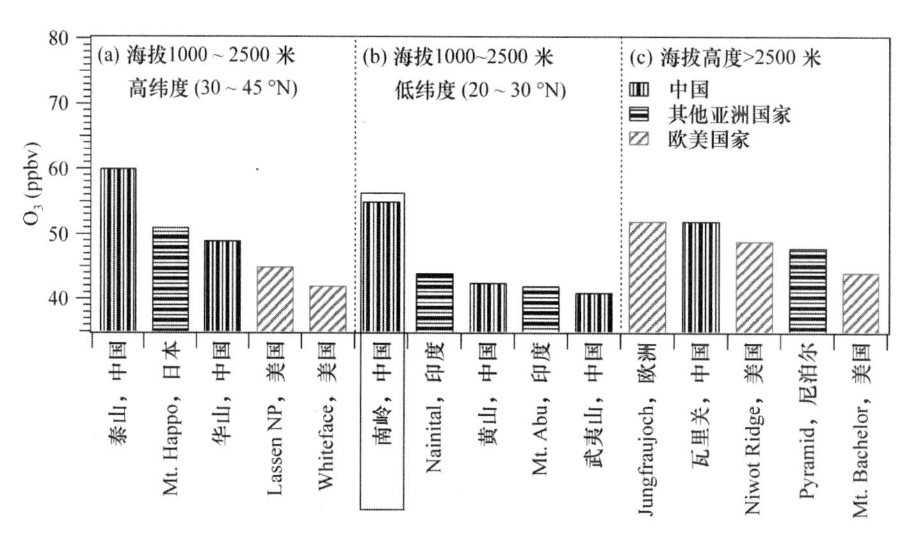

图 9.4　南岭天井山站年平均 O_3 浓度(2013～2017 年)与北半球典型高山站的比较

3. 南岭森林大气典型卤代烃 CFC-11 的浓度特征

本研究分析了 2017 年 8 月至 11 月南岭站大气三氯氟甲烷(CFC-11)的浓度、变化及来源，研究发现华南高山森林大气中典型氯氟烃 CFC-11[(332±13)pptv]的浓度明显高于东亚背景值[(235±1)pptv]和全球本底值[(230±1)pptv]。进一步分析发现污染时段CFC-11与人为源标志物 CO 和苯具有高度正相关性(图 9.5)。基于潜在来源贡献函数(PSCF)的分析表明，南岭大气中高浓度的 CFC-11 主要来源于我国西南部、中部以及越南和缅甸等欠发达区域，而来自珠三角等发达区域的贡献较小。以上结果表明，区域经济发展不平衡和缺乏有效的政策监管可能是近年来东亚 CFC-11 排放增加的主要原因。本研究得到了世界气候研究计划(WCRP)核心项目——平流层-对流层过程及其在气候中的作用(SPARC)的高度关注，对精准管控我国的消耗臭氧层物质以及提高我国履行国际环境责任的能力具有重要意义。

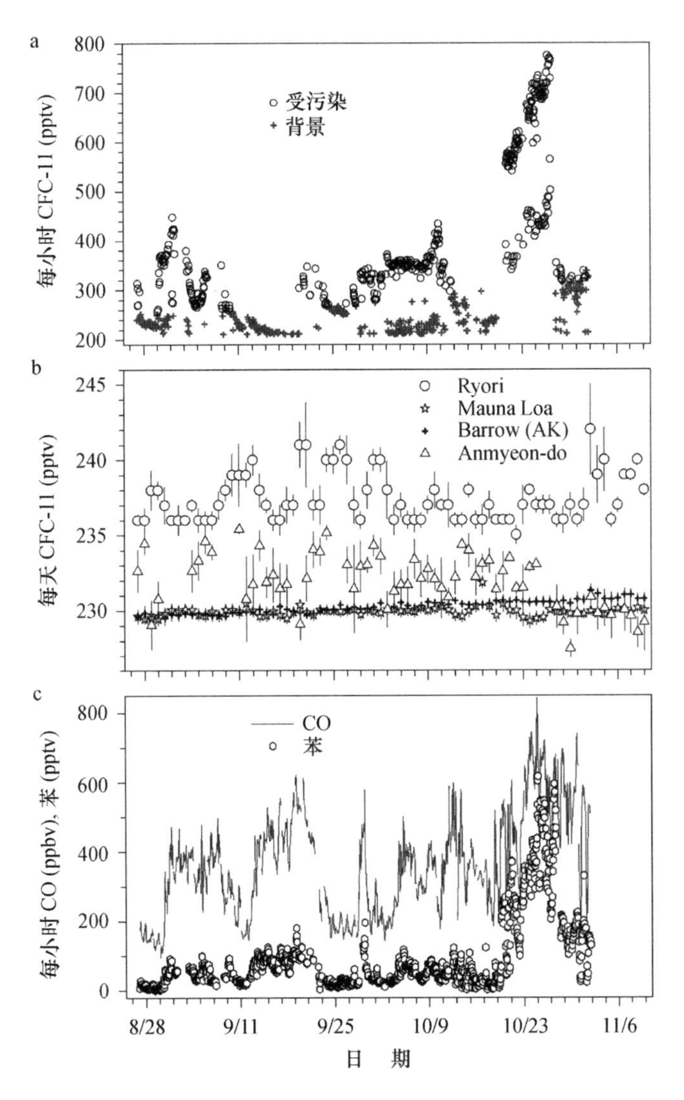

图 9.5　南岭站 2017 年 8～11 月 CFC-11、苯及 CO 的浓度变化

9.4.2 南岭森林优势树种的 BVOCs 排放特征

为表征南岭优势树种(表 9-1)的 BVOCs 排放特征,采用传统的吸附管封闭式动态采样和热脱附-气质联用等技术,测量了多种树种的异戊二烯、单萜烯、倍半萜烯等的排放速率(图 9.6)。结果表明,尽管有些物种主要排放单萜烯,但观测点周边的主要树种南岭箭竹的排放以异戊二烯为主,占总 BVOCs 排放的 95%以上。我们还发现植物排放 BVOCs 受光照和温度等环境条件的影响非常明显,在天气条件变化迅速的高海拔山区野外测量 BVOCs 的排放速率具有较大的挑战性。

表 9-1 南岭天井山不同海拔典型优势树种一览表

树 种	拉丁名	科
1690 m(山顶矮林)		
南岭箭竹	*Yushania basihirsuta*	禾本科
假地枫皮	*Illicium jiadifengpi*	木兰科
云锦杜鹃	*Rhododendron fortune* Lindley	杜鹃花科
山矾	*Symplocos lancifolia*	山矾科
硬壳柯	*Lithocarpus hancei*	壳斗科
1100～1200 m(针阔混交林)		
野漆	*Toxicodendron sylvestris*	漆树科
润楠	*Machilus pingii* Cheng ex Yang	樟科
五列木	*Pentaphylax euryoides* Gardn. et Champ.	五列木科
杉木	*Cunninghamia lanceolata* (Lamb.) Hook.	杉科
690～790 m(常绿阔叶林)		
阿丁枫	*Altingia chinensis*	金缕梅科
南岭栲	*Castanopsis fordii*	壳斗科
红苞木	*Rhodoleia championii* Hook. f.	金缕梅科
华润楠	*Machilus chinensis* (Champ. ex Benth.) Hemsl.	樟科
乐昌含笑	*Michelia chapensis* Dandy	木兰科
木荷	*Schima superba*	山茶科

9.4.3 南岭森林大气 BVOCs 的氧化机制

1. 南岭森林大气异戊二烯及其氧化产物的浓度特征

从图 9.7 可以看出,尽管南岭分布有大量亚热带常绿阔叶林等高异戊二烯排放植被,但本研究在植物排放最旺盛的季节所观测到的白天异戊二烯浓度[(377±46)pptv]显著低于国内外同类型高山森林区域。对异戊二烯及其氧化中间产物 MVK 和 MACR 的分析表明,MVK+MACR 与异戊二烯的比值(1.9±0.5)却偏高。对异戊二烯的大气反应时间(0.27 h)和初始浓度[(1213±108)pptv]进一步计算,结果表明,异戊二烯发生了迅速和彻底的转化。以上结果表明,南岭森林排放的异戊二烯被快速彻底地氧化,使得大气中观测到的异戊二烯浓度异常偏低。

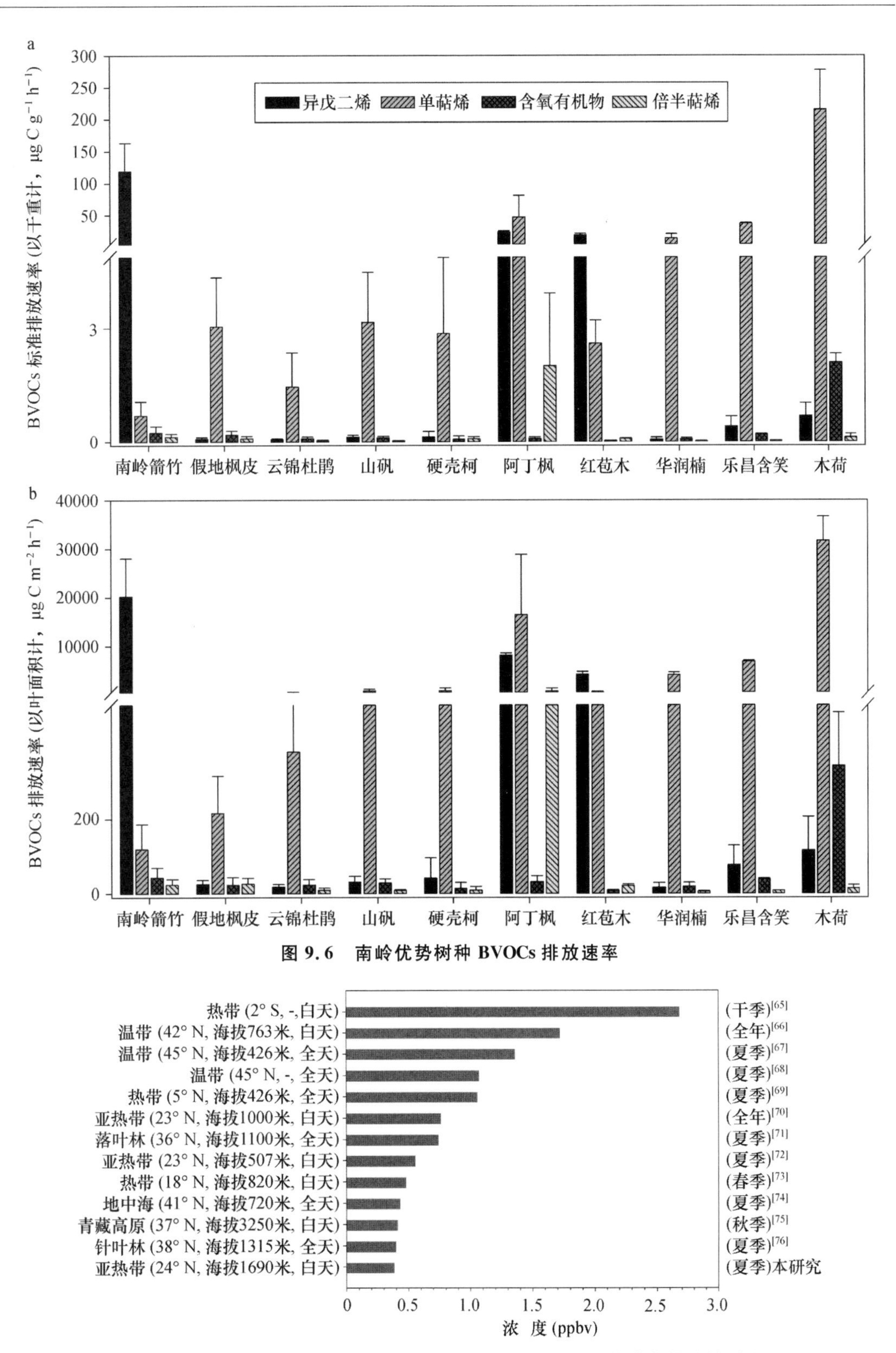

图 9.6　南岭优势树种 BVOCs 排放速率

图 9.7　南岭森林大气异戊二烯的平均浓度及其与世界其他背景站的对比

2. 乙二醛和甲基乙二醛的浓度特征

二羰基化合物(如乙二醛和甲基乙二醛)是 VOCs 大气光化学反应的关键中间产物,大量存在于城市和森林大气中。为进一步验证城市地区的人为源排放对南岭大气 VOCs 氧化的影响,对 2016 年 7～11 月 VOCs 的重要氧化中间产物 GLY 和 MGLY 的特征进行了分析。结果表明,南岭大气中的 GLY[(509±31) pptv]和 MGLY 浓度[(340±32) pptv]及二者的比值(GLY/MGLY=1.8±0.2)均显著高于国内外森林区域的水平。基于前体物的理论计算发现本地光化学氧化生成可以解释约 67%的 MGLY 和约 9%的 GLY 观测值(图 9.8),表明南岭大

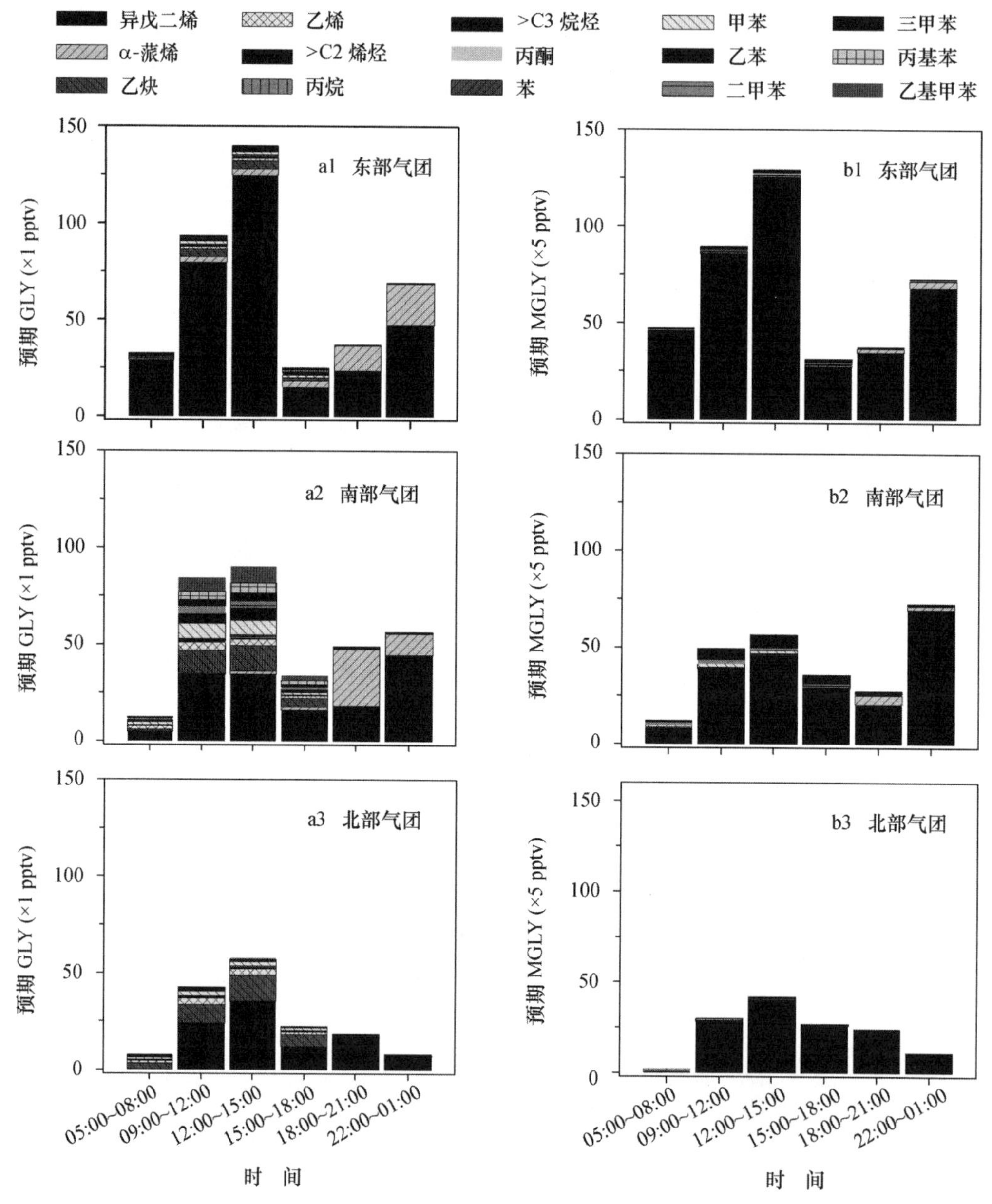

图 9.8 不同气团来源 GLY 和 MGLY 预期浓度的日变化

气中的 GLY 可能受到了强的区域传输影响。对观测期间不同方向气团的分析表明,来自华东的天然源排放和珠三角的苯系物排放对南岭大气 GLY 和 MGLY 的生成具有较大的贡献。结合生物质燃烧示踪物氯甲烷和中分辨率成像光谱仪(MODIS)火点图的气团后向轨迹分析,干季华中华北的生物质燃烧排放对南岭 GLY 和 MGLY 的浓度也有重要影响。

3. SOA 示踪物的浓度特征

为了研究背景站 SOA 的来源,分析了 2017 年采集的 $PM_{2.5}$ 滤膜样品中的 SOA 示踪物(图 9.9)。分析了 6 种来源于异戊二烯的标志物,4 种来源于单萜烯的标志物,以及来源于β-石竹烯和甲苯的 SOA 标志物。异戊二烯的示踪物在所有示踪物中占比最大,平均达到 92.6%,平均浓度为 806.2 ng m^{-3}。α-蒎烯示踪物占比位列第二,平均达到 6.5%,平均浓度为 57.8 ng m^{-3}。β-石竹烯的示踪物占比位列第四,是所有生物源示踪物中占比最小的,平均达到 0.9%,平均浓度为 7.6 ng m^{-3}。甲苯的示踪物在所有示踪物中占比平均为 1.2%,平均浓度为 10.9 ng m^{-3}。在异戊二烯的示踪物中,2-甲基甘油酸所占比例最低,平均仅为 1.1%,平均浓度为 12.0 ng m^{-3}。三种 C5-烯烃三醇类同分异构体:顺-2-甲基-1,3,4-三羟基-1-丁烯、3-甲基-2,3,4-三羟基-1-丁烯、反-2-甲基-1,3,4-三羟基-1-丁烯占比分别为 7.7%、4.9%、21.3%,平均浓度分别为 67.8 ng m^{-3}、43.6 ng m^{-3}、188.1 ng m^{-3}。两种 2-甲基四元醇类同分异构体:2-甲基苏糖醇、2-甲基赤藓糖醇占比分别为 21.3%、35.1%,平均浓度分别为187.6 ng m^{-3}、309.5 ng m^{-3}。

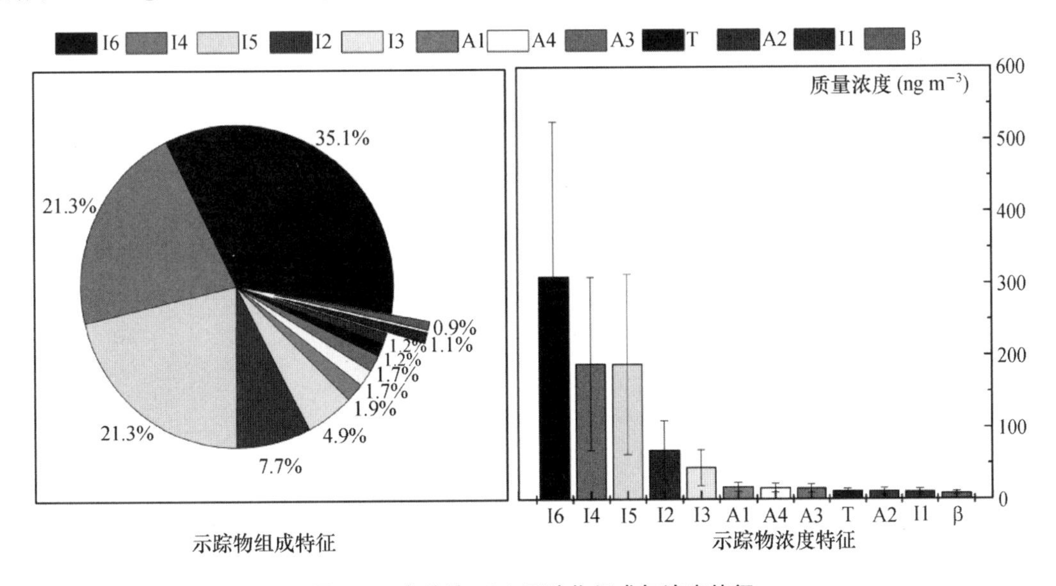

图 9.9 南岭站 SOA 示踪物组成与浓度特征

[I1～I6 依次表示异戊二烯的 6 种示踪物,即 2-甲基甘油酸、顺-2-甲基-1,3,4-三羟基-1-丁烯、3-甲基-2,3,4-三羟基-1-丁烯、反-2-甲基-1,3,4-三羟基-1-丁烯、2-甲基苏糖醇、2-甲基赤藓糖醇;A1～A4 依次表示 α-蒎烯的 4 种示踪物,即 2-羟基戊二酸、3-羟基戊二酸、3-羟基-4,4-二甲基戊二酸、2-羟基-4-异丙基戊二酸;β 表示 β-石竹烯的示踪物 β-石竹酸;T 表示甲苯的示踪物 2,3-二羟基-4-氧代戊酸。]

9.4.4 人为活动对南岭森林大气二次污染生成的影响

1. 南岭森林大气氧化性增强

天井山背景点异戊二烯的观测浓度水平低于全球大部分已知的高山背景点，而其生成氧化性产物(MVK 和 MACR)的比率高于文献报道值，显示天井山背景站的大气氧化性较强。本研究采用基于 VOCs 观测值的参数化方法计算了 2016 年综合观测期间大气中 OH 自由基与 NO_3 自由基的平均浓度水平，其结果与采用 PBM-MCM 模型的估算值比较接近(图9.10)，显示白天 OH 自由基的平均浓度约为$(4.5\pm1.0)\times10^{6}$ molecules cm^{-3}，夜间 NO_3 自由基的平均浓度约为$(9.8\pm3.9)\times10^{8}$ molecules cm^{-3}，均高于文献报道值。另外比较清洁与污染期背景点的大气氧化性，发现 OH 自由基与 NO_3 自由基的浓度在污染期约增加了 15%，说明人为污染对背景点的大气氧化性有一定的增强作用。这项研究表明天井山背景点可能受到珠三角人为源污染的影响，引起大气氧化性的升高，从而有可能改变区域大气化学组成。由于该研究基于数值计算，存在较大的不确定性，需要野外直接观测予以进一步确认。

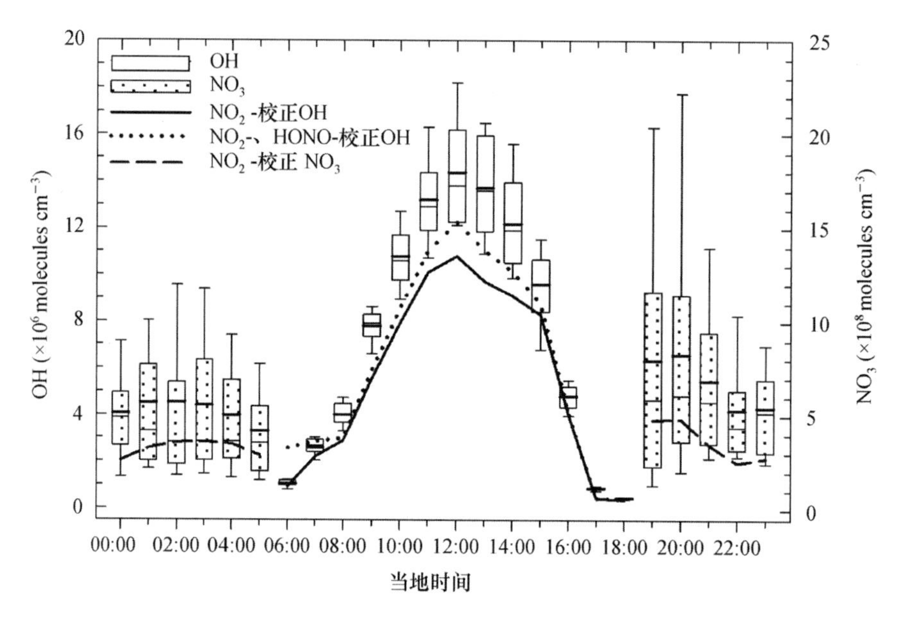

图 9.10 天井山背景点的白天 OH 自由基和夜晚 NO_3 自由基平均浓度水平

2. 有机硫酸酯的单颗粒质谱特征

本项目运用自行研发的流动监测系统及单颗粒气溶胶飞行时间质谱仪在雨季首次从 SOA 中发现了由异戊二烯参与生成的有机硫酸酯，并初步研究了其变化规律(图 9.11)。将 $PM_{2.5}$ 按化学成分分为 9 类，并运用示踪离子法研究森林中与异戊二烯氧化相关的有机硫酸酯的变化规律，发现其变化趋势与 O_3 较为相关，与 SO_2 和 CO 几乎不相关。另外，有机硫酸酯在相对湿度大于 90%和在温度小于 18℃时也可以形成。甚至在夜间可以观测到较高的有机硫酸酯。本研究证实了该森林已受到人为源污染的影响，可以生成 SOA。

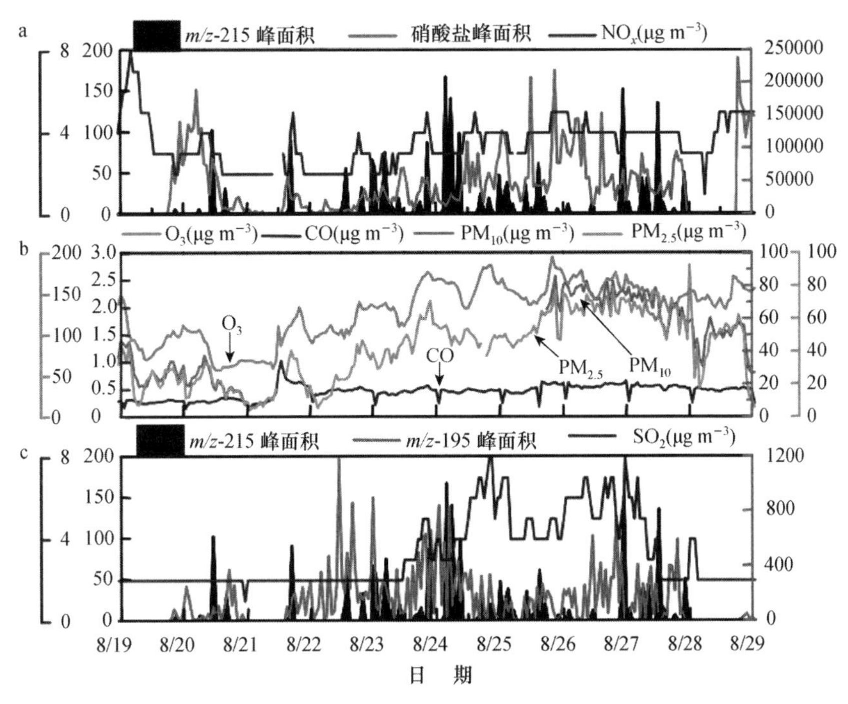

图 9.11 观测期间 *m/z*-215、*m/z*-195 和硝酸盐峰面积与 AQI 六参数的变化趋势

3. 促进 BSOA 生成

人为源污染物浓度的升高会造成生物源二次有机气溶胶(BSOA)示踪物浓度的增长,但影响效果并不同。在 SO_2、NO_2 浓度分别增长 345%和 60%的情况下,异戊二烯、α-蒎烯、β-石竹烯的示踪物平均分别增长 251%、141%、94%(图 9.12)。

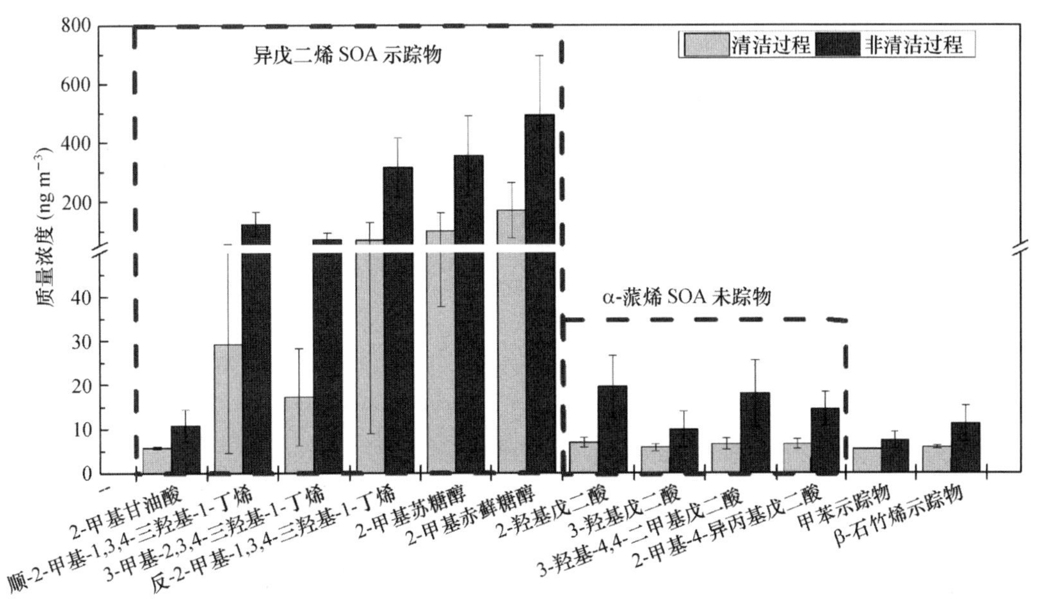

图 9.12 清洁与非清洁过程 BSOA 示踪物的浓度对比

9.4.5 本项目资助发表论文

[1] Gong D C, Wang H, Zhang S Y, Wang Y, Liu S C, Guo H, et al. Low-level summertime isoprene observed at a forested mountaintop site in Southern China: Implications for strong regional atmospheric oxidative capacity. Atmospheric Chemistry Physics, 2018, 18: 14417-14432.

[2] Lin Y J, Gong D C, Lv S J, Ding Y Z, Wu G C, Wang H, et al. Observations of high levels of ozone-depleting CFC-11 at a remote mountain-top site in Southern China. Environmental Science & Technology Letters, 2019, 6: 114-118.

[3] Lv S, Gong D, Ding Y, Lin Y, Wang H, Ding H, et al. Elevated levels of glyoxal and methylglyoxal at a remote mountain site in southern China: Prompt in-situ formation combined with strong regional transport. The Science of the total environment, 2019, 672: 869-882.

[4] Huang X F, Wang C, Zhu B, Lin L L, He L Y. Exploration of sources of OVOCs in various atmospheres in southern China. Environmental pollution, 2019, 249: 831-842.

[5] Han Y, Huang X, Wang C, Zhu B, He L. Characterizing oxygenated volatile organic compounds and their sources in rural atmospheres in China. Journal of environmental sciences, 2019, 81, 148-155.

[6] Chen R, Yang J, Zhang C, Li B, Bergmann S, Zeng F, et al. Global associations of air pollution and conjunctivitis diseases: A systematic review and meta-analysis. International Journal of Environmental Research and Public Health, 2019, 16: 3652.

[7] Yu K, Zhu Q, Du K, Huang X F. Characterization of nighttime formation of particulate organic nitrates based on high-resolution aerosol mass spectrometry in an urban atmosphere in China. Atmospheric Chemistry Physics, 2019, 19: 5235-5249.

[8] Chen J, Yang J, Zhou M, Yin P, Wang B, Liu J, et al. Cold spell and mortality in 31 Chinese capital cities: Definitions, vulnerability and implications. Environment International, 2019, 128: 271-278.

[9] Li M M, Zhou M G, Yang J, Yin P, Wang B G, Liu Q Y. Temperature, temperature extremes, and cause-specific respiratory mortality in China: A multi-city time series analysis. Air Quality Atmosphere and Health, 2019, 12: 539-548.

[10] Zhu Q, He L Y, Huang X F, Cao L M, Gong Z H, Wang C, et al. Atmospheric aerosol compositions and sources at two national background sites in Northern and Southern China. Atmospheric Chemistry Physics, 2016, 16: 10283-10297.

[11] Wu J L, Wang X, Wang H, Gong D C, Yang J, Jiang B, et al. Rapidly alleviating particulate matter pollution while maintaining high-speed economic development in the "world's factory". Journal of Cleaner Production, 2020, 266: 121844.

[12] Brown R A, Stevanovic S, Bottle S, Wang H, Hu Z, Wu C, et al. Relationship between atmospheric PM-bound reactive oxygen species, their half-lives, and regulated pollutants: Investigation and preliminary model. Environmental Science and Technology, 2020, 54: 4995-5002.

[13] Zhang C, Wang H, Bai L, Wu C, Shen L, Sippula O, et al. Should industrial bagasse-fired boilers be phased out in China? Journal of Cleaner Production, 2020, 265: 121716.

[14] 沈劲,黄晓波,汪宇,等.广东省臭氧污染特征及其来源解析研究.环境科学学报,2017,37: 4449-4457.

[15] 沈劲,陈多宏,巫楚,等.冬季减排对广东省空气污染的影响分析.工业安全与环保,2020,46: 93-96.

[16] 沈劲,刘瑀菲,晏平仲,等.基于三维空气质量模型的广东省臭氧生成速率分析.中国环境监测,2020,

36：157-164.

[17] 沈劲，陈诗琳，黄晓波，等.佛山西部秋季 O_3 与 $PM_{2.5}$ 来源解析.环境科学与技术，2019，42：143-146.

[18] 魏林通，曹礼明，魏静，等.中国望都地区夏季大气气溶胶挥发性特征.中国环境科学，2019，39：3647-3654.

[19] 沈劲，何灵，程鹏，等.珠三角北部背景站臭氧浓度变化特征.生态环境学报，2019，28：2006-2011.

[20] 沈劲，陈多宏，蒋斌，等.粤东北地区臭氧与前体物关系.环境科学与技术，2018，41：90-95.

[21] 沈劲，陈多宏，汪宇，等.基于情景分析的珠三角臭氧与前体物排放关系研究.生态环境学报，2018，27：1925-1932.

[22] 韩煜，牛英博，夏士勇，等.深圳大学城园区典型 OVOCs 污染特征与来源解析.中国环境科学，2018，38：4023-4030.

[23] 任怡，黄晓锋，陈雯廷，等.基于荧光信号的海陆源生物气溶胶特征研究.环境科学与技术，2018，41：91-96.

[24] 赵文龙，李云鹏，余永昌，等.基于空气质量模型对佛山市 $PM_{2.5}$ 的来源研究.中国环境科学，2017，37：1716-1723.

[25] 王安侯，张沈阳，王好，等.天井山空气背景站单颗粒气溶胶有机硫酸酯初步研究.中国环境科学，2017，37：1663-1669.

[26] 张诗炀，龚道程，王好，等.南岭国家大气背景站异戊二烯的在线观测研究.中国环境科学，2017，37：2504-2512.

[27] 沈劲，黄晓波，汪宇，等.广东省臭氧污染特征及其来源解析研究.环境科学学报，2017，37：4449-4457.

[28] 沈劲，汪宇，潘月云，等.广东省气象与源排放因素对 $PM_{2.5}$ 浓度影响的数值模拟研究.安全与环境工程，2017(01)：45-50.

参考文献

[1] 张远航.大气复合污染是灰霾内因.环境，2008，7：32-33.

[2] 宋宇，唐孝炎，张远航，等.北京市大气能见度规律及下降原因.环境科学研究，2003(2).

[3] 朱彤，尚静，赵德峰.大气复合污染及灰霾形成中非均相化学过程的作用.中国科学：化学，2010，40：1731-1740.

[4] 黄成，陈长虹，李莉，等.长江三角洲地区人为源大气污染物排放特征研究.环境科学学报，2011(09)：1858-1871.

[5] 吴兑，刘啟汉，梁延刚，等.粤港细粒子($PM_{2.5}$)污染导致能见度下降与灰霾天气形成的研究.环境科学学报，2012(11)：2660-2669.

[6] 贺泓，王新明，王跃思，等.大气灰霾追因与控制.中国科学院院刊，2013，28：344-352.

[7] Seinfeld J H, Pandis S N. Atmospheric chemistry and physics: From air pollution to climate change. John Wiley & Sons, 2016.

[8] 唐孝炎，张远航，邵敏.大气环境化学：高等教育出版社，2006.

[9] 白建辉，徐永福，陈辉，等.鼎湖山森林地区臭氧及其前体物的变化特征和分析.气候与环境研究，2003(03)：370-380.

[10] 张芳，王新明，李龙凤，等.近年来珠三角地区大气中痕量氟氯烃(CFCs)的浓度水平与变化特征.地球与环境，2006(04)：19-24.

[11] Piccot S D, Watson J J, Jones J W. A global inventory of volatile organic compound emissions from anthropogenic sources. Journal of Geophysical Research: Atmospheres, 1992, 97: 9897-9912.

[12] Guenther A B, Jiang X, Heald C L, Sakulyanontvittaya T, Duhl T, Emmons L K, et al. The Model of Emissions of Gases and Aerosols from Nature version 2.1 (MEGAN2.1): An extended and updated framework for modeling biogenic emissions. Geoscientific Model Development, 2012, 5: 1471-1492.

[13] Aardenne J A V, Dentener F J, Olivier J G J, Goldewijk C G M K, Lelieveld J. A 1°×1° resolution data set of historical anthropogenic trace gas emissions for the period 1890～1990. Global Biogeochemical Cycles, 2001, 15, 909-928.

[14] Lee S C, Chiu M Y, Ho K F, Zou S C, Wang X. Volatile organic compounds (VOCs) in urban atmosphere of Hong Kong. Chemosphere, 2002, 48: 375-382.

[15] Baldwin, Ian, T., Halitschke, Rayko, Paschold, et al. Volatile signaling in plant-plant interactions: "talking trees" in the genomics era. Science, 2006, 311, 812-815.

[16] Loreto F, Mannozzi M, Maris C, Nascetti P, Ferranti F, Pasqualini S. Ozone quenching properties of isoprene and its antioxidant role in leaves. Plant Physiology, 2001, 126: 993-1000.

[17] Kesselmeier J, Staudt M. Biogenic Volatile Organic Compounds (VOC): An overview on emission, physiology and ecology. Journal of Atmospheric Chemistry, 1999, 33: 23-88.

[18] Guenther A B, Zimmerman P R, Harley P C, Monson R K, Fall R. Isoprene and monoterpene emission rate variability: Model evaluations and sensitivity analyses. J. Geophys. Res., 1993, 98: 12609-12617.

[19] He C, Murray F, Lyons T. Seasonal variations in monoterpene emissions from eucalyptus species. Chemosphere-Global Change Science, 2000, 2: 65-76.

[20] ü. N, Monson R K, Arneth A, Ciccioli P, Kesselmeier J, Kuhn U, et al. The leaf-level emission factor of volatile isoprenoids: Caveats, model algorithms, response shapes and scaling. Biogeoences Discussions, 2010, 7, 1233-1293.

[21] Guenther A, Hewitt C N, Erickson D, Fall R, Geron C, Graedel T, et al. A global model of natural volatile organic compound emissions. Journal of Geophysical Research, 1995, 100: 8873.

[22] Guenther A, Karl T, Harley P, Wiedinmyer C, Palmer PI, Geron C. Estimates of global terrestrial isoprene emissions using MEGAN (Model of Emissions of Gases and Aerosols from Nature). Atmos. Chem. Phys., 2006, 6: 3181-3210.

[23] Atkinson R, Arey J. Atmospheric degradation of volatile organic compounds. Chem. Rev., 2003, 103: 4605-4638.

[24] Wang T, Kwok J Y H. Measurement and analysis of a multiday photochemical smog episode in the Pearl River delta of China. J. Appl. Meteorol., 2003, 42: 404-416.

[25] Yue D L, Hu M, Wang Z B, Wen M T, Guo S, Zhong L J, et al. Comparison of particle number size distributions and new particle formation between the urban and rural sites in the PRD region, China. Atmos. Environ., 2013, 76: 181-188.

[26] Lelieveld J, Butler T M, Crowley J N, Dillon T J, Fischer H, Ganzeveld L, et al. Atmospheric oxidation capacity sustained by a tropical forest. Nature, 2008, 452: 737-740.

[27] Tunved P, Hansson H C, Kerminen V M, Strom J, Maso M D, Lihavainen H, et al. High natural aerosol loading over boreal forests. Science, 2006, 312: 261-263.

[28] Riccobono F, Schobesberger S, Scott C E, Dommen J, Ortega I K, Rondo L, et al. Oxidation products of biogenic emissions contribute to nucleation of atmospheric particles. Science, 2014, 344: 717-721.

[29] Carslaw K S, Boucher O, Spracklen D V, Mann G W, Rae J G L, Woodward S, et al. A review of natural aerosol interactions and feedbacks within the Earth system. Atmos. Chem. Phys. ,2010,10: 1701-1737.

[30] Poschl U, Martin S T, Sinha B, Chen Q, Gunthe S S, Huffman J A, et al. Rainforest aerosols as biogenic nuclei of clouds and precipitation in the Amazon. Science, 2010, 329: 1513-1516.

[31] Carlton A G, Wiedinmyer C, Kroll J H. A review of Secondary Organic Aerosol (SOA) formation from isoprene. Atmos. Chem. Phys. ,2009,9: 4987-5005.

[32] Claeys M, Graham B, Vas G, Wang W, Vermeylen R, Pashynska V, et al. Formation of secondary organic aerosols through photooxidation of isoprene. Science, 2004, 303: 1173-1176.

[33] Kroll J H, Ng N L, Murphy S M, Flagan R C, Seinfeld J H. Secondary organic aerosol formation from isoprene photooxidation. Environ. Sci. Technol. ,2006,40: 1869-1877.

[34] Warneck. The Atmospheric Chemist's Companion. Springer Netherlands, 2012.

[35] Hao L Q, Kortelainen A, Romakkaniemi S, Portin H, Jaatinen A, Leskinen A, et al. Atmospheric submicron aerosol composition and particulate organic nitrate formation in a boreal forestland-urban mixed region. Atmos. Chem. Phys. ,2014,14: 13483-13495.

[36] Purves D W, Caspersen J P, Moorcroft P R, Hurtt G C, Pacala S W. Human-induced changes in US biogenic volatile organic compound emissions: Evidence from long-term forest inventory data. Global Change Biology. 2004,10: 1737-1755.

[37] Cubasch U, Wuebbles D, Chen D, Facchini M C, Frame D, Mahowald N, et al. Climate change 2013: The physical science basis. contribution of working group I to the fifth assessment report of the intergovernmental panel on climate change. Computational Geometry, 2013, 18: 95-123.

[38] Zhang H, Ye X, Cheng T, Chen J, Yang X, Wang L, et al. A laboratory study of agricultural crop residue combustion in China: Emission factors and emission inventory. Atmos. Environ. ,2008,42: 8432-8441

[39] Leung L R, Gustafson W I. Potential regional climate change and implications to U. S. air quality. Geophys. Res. Lett. ,2005,32: L16711.

[40] Tunved P, Hansson H C, Kulmala M, Aalto P, Viisanen Y, Karlsson H, et al. One year boundary layer aerosol size distribution data from five nordic background stations. Atmospheric Chemistry & Physics Discussions, 2003, 3: 2183-2205.

[41] Xu L, Guo H, Boyd C M, Klein M, Bougiatioti A, Cerully KM, et al. Effects of anthropogenic emissions on aerosol formation from isoprene and monoterpenes in the Southeastern United States. Proc Natl Acad Sci U S A, 2015, 112: 37-42.

[42] Kokkola H, Yli-Pirilä P, Vesterinen M, Korhonen H, Keskinen H. The role of low volatile organics on secondary organic aerosol formation. Atmospheric Chemistry and Physics, 2014, 14: 14613-14635.

[43] Ng N L, Kroll J H, Keywood M D, Bahreini R, Varutbangkul V, Flagan R C, et al. Contribution of first-versus second-generation products to secondary organic aerosols formed in the oxidation of biogenic hydrocarbons. Environ. Sci. Technol. ,2006,40: 2283-2297.

[44] Ding X, Zheng M, Liping Y U, Zhang X, Weber R J, Yan B O, et al. Spatial and seasonal trends in biogenic secondary organic aerosol tracers and water-soluble organic carbon in the Southeastern United States. Environmental ence & Technology, 2008, 42: 5171-5176.

[45] Miyazaki, P Q, Kawamura, Mizoguchi, Yamanoi. Seasonal variations of stable carbon isotopic composition and biogenic tracer compounds of water-soluble organic aerosols in a deciduous forest. Atmospheric Chemistry & Physics, 2012, 12, 1367-1376.

[46] 张钢锋,谢绍东.基于树种蓄积量的中国森林 VOC 排放估算.环境科学,2009,30:2816-2822.

[47] 白建辉,林凤友,万晓伟,等.长白山温带森林挥发性有机物的排放通量.环境科学学报,2012:545-554.

[48] 白建辉,Baker B,Johnson C,李庆军,等.西双版纳热带森林挥发性有机物的观测研究.中国环境科学 2004(02):15-19.

[49] 王效科,牟玉静,欧阳志云,等.太湖流域主要植物异戊二烯排放研究.植物学报 2002,19(2).

[50] 王伯光,张远航,邵敏.珠江三角洲大气环境 VOCs 的时空分布特征.环境科学,2004(S1):7-15.

[51] 段菁春,彭艳春,谭吉华,等.北京市冬季灰霾期 NMHCs 空间分布特征研究.环境科学,2013(12):4552-4557.

[52] 罗达通,高健,王淑兰,等.上海秋季大气挥发性有机物特征及污染物来源分析.中国环境科学,2015(04):987-994.

[53] Wang M,Shao M,Chen W,Yuan B,Lu S,Zhang Q,et al. A temporally and spatially resolved validation of emission inventories by measurements of ambient volatile organic compounds in Beijing, China. Atmos. Chem. Phys. ,2014,14:5871-5891.

[54] Warnke J R, Bandur R, Hoffmann T. Capillary-HPLC-ESI-MS/MS method for the determination of acidic products from the oxidation of monoterpenes in atmospheric aerosol samples. Analytical & Bioanalytical Chemistry,2006,385:34-45.

[55] Wang S Y, Wu D W, Wang X M, Fung J C H, Yu J Z. Relative contributions of secondary organic aerosol formation from toluene, xylenes, isoprene, and monoterpenes in Hong Kong and Guangzhou in the Pearl River Delta, China: An emission-based box modeling study. Journal of Geophysical Research-Atmospheres,2013,118:507-519.

[56] Liu X G, Li J, Qu Y, Han T, Hou L, Gu J, et al. Formation and evolution mechanism of regional haze: A case study in the megacity Beijing, China. Atmospheric Chemistry & Physics Discussions, 2012, 13:4501-4514.

[57] Chen W T, Shao M, Lu S H, Wang M, Zeng L M, Yuan B, et al. Understanding primary and secondary sources of ambient carbonyl compounds in Beijing using the PMF model. Atmos. Chem. Phys. ,2014,14:3047-3062.

[58] Rohr, Annette C. The health significance of gas- and particle-phase terpene oxidation products: A review. Environment International,2013,60:145-162.

[59] 吴统贵,陈步峰,肖以华,等.珠江三角洲 3 种典型森林类型乔木叶片生态化学计量学.植物生态学报,2010(01):62-67.

[60] Ebben C J, Martinez I S, Shrestha M, Buchbinder A M, Corrigan A L, Guenther A, et al. Contrasting organic aerosol particles from boreal and tropical forests during HUMPPA-COPEC-2010 and AMAZE-08 using coherent vibrational spectroscopy. Atmos. Chem. Phys. ,2011,11:10317-10329.

[61] Kiendler-Scharr A, Wildt J, Dal Maso M, Hohaus T, Kleist E, Mentel T F, et al. New particle formation in forests inhibited by isoprene emissions. Nature,2009,461:381-384.

[62] Kulmala M, Petäjä T, Ehn M, Thornton J, Sipilä M, Worsnop D R, et al. Chemistry of atmospheric nucleation: On the recent advances on precursor characterization and atmospheric cluster composition in connection with atmospheric new particle formation. Annual Review of Physical Chemistry,2014,65:21-37.

[63] 谢小芳,孙在,杨文俊.杭州市春季大气超细颗粒物粒径谱分布特征.环境科学,2014,35:436-441.

[64] 倪洋,涂星莹,朱一丹,等.北京市某地区冬季大气细颗粒物和超细颗粒物污染水平及影响因素分析.北京大学学报(医学版),2014,46:389-394.

[65] Alves E G, Jardine K, Tota J, Jardine A, Yānez-Serrano AM, Karl T, et al. Seasonality of isoprenoid emissions from a primary rainforest in central Amazonia. Atmos. Chem. Phys. ,2016,16: 3903-3925.

[66] Wang S, Wang Y, Zhang J, Mao T, Wang M. Observation studies on Changbai mountains area atmospheric VOCs. China Environmental Science,2008(06): 491-495.

[67] Apel E C, Riemer D D, Hills A, Baugh W, Orlando J, Faloona I, et al. Measurement and interpretation of isoprene fluxes and isoprene, methacrolein, and methyl vinyl ketone mixing ratios at the PROPHET site during the 1998 Intensive. Journal of Geophysical Research-Atmospheres,2002,107: 15.

[68] Acton W J F, Schallhart S, Langford B, Valach A, Rantala P, Fares S, et al. Canopy-scale flux measurements and bottom-up emission estimates of volatile organic compounds from a mixed oak and hornbeam forest in Northern Italy. Atmos Chem Phys,2016,16: 7149-7170.

[69] Jones C E, Hopkins J R , Lewis A C. In situ measurements of isoprene and monoterpenes within a Southeast Asian tropical rainforest. Atmos Chem Phys,2011,11: 6971-6984.

[70] Wu F, Yu Y, Sun J, Zhang J, Wang J, Tang G, et al. Characteristics, source apportionment and reactivity of ambient volatile organic compounds at Dinghu Mountain in Guangdong Province, China. The Science of the total environment,2016,548-549: 347-359.

[71] Link M, Zhou Y, Taubman B, Sherman J, Morrow H, Krintz I, et al. A characterization of volatile organic compounds and secondary organic aerosol at a mountain site in the Southeastern United States. Journal of Atmospheric Chemistry,2015,72: 81-104.

[72] Chen H W, Ho K F, Lee S C, Nichol J E. Biogenic volatile organic compounds (BVOC) in ambient air over Hong Kong: Analytical methodology and field measurement. International Journal of Environmental Analytical Chemistry,2010,90: 988-998.

[73] Tang J H, Chan L Y, Chan C Y, Li Y S, Chang C C, Liu S C, et al. Characteristics and diurnal variations of NMHCs at urban, suburban, and rural sites in the Pearl River Delta and a remote site in South China. Atmos. Environ. ,2007,41: 8620-8632.

[74] Seco R, Penuelas J, Filella I, Llusia J, Molowny-Horas R, Schallhart S, et al. Contrasting winter and summer VOC mixing ratios at a forest site in the Western Mediterranean Basin: The effect of local biogenic emissions. Atmos. Chem. Phys. ,2011,11: 13161-13179.

[75] Bai J H, Duhl T, Hao N. Biogenic volatile compound emissions from a temperate forest, China: Model simulation. Journal of Atmospheric Chemistry. 2016,73: 29-59.

[76] Dreyfus G B, Schade G W, Goldstein A H. Observational constraints on the contribution of isoprene oxidation to ozone production on the western slope of the Sierra Nevada, California. Journal of Geophysical Research-Atmospheres,2002,107: 4365.

第 10 章　液相氧化二次气溶胶的生成机制及影响因素

盖鑫磊[1]，叶招莲[2]，李婧祎[1]，陈艳芳[1]

[1]南京信息工程大学，[2]江苏理工学院

10.1　研究背景

大气细粒子($PM_{2.5}$)有一次和二次来源，其中二次颗粒物是由排放至空气中的气态物质经大气化学反应后生成。$PM_{2.5}$中的无机物，如硫酸盐、硝酸盐、铵盐等大多为二次生成，有机气溶胶中二次有机气溶胶占比也很高，通常大于一次有机气溶胶。一份我国 2013 年 1 月重霾期间 $PM_{2.5}$来源的研究[1]指出，二次气溶胶占 $PM_{2.5}$的比重很大(30%～77%)，其中有机气溶胶中二次组分的占比为 44%～71%。随着《大气污染防治行动计划》的实施，近年来 $PM_{2.5}$浓度显著降低，但二次组分所占比例也越来越大，$PM_{2.5}$深度减排需要更好地掌握和弄清二次气溶胶生成机制。然而，二次气溶胶形成与其前体物种类、浓度水平以及大气条件密切相关，影响因素十分复杂，机制不明，认识不清。二次有机气溶胶作为最为复杂的二次组分，其形成主要有两种途径：一是气态前驱体[主要为各种挥发性有机物(VOCs)]在气相中氧化，产物凝结到原有颗粒表面或生成新粒子并长大；二是污染物溶于液相(云滴、雾滴或气溶胶水中)，经反应生成低挥发性物质在水分蒸发后形成颗粒物[2]。关于二次有机气溶胶的研究，此前较多集中在气相氧化过程，包括各种挥发性及半/中挥发性有机物(S/IVOCs)的氧化反应。进入 21 世纪以来，液相氧化生成二次有机气溶胶(aqueous-phase Secondary Organic Aerosol，简称 aqSOA)，这一过程的重要性也逐渐得到重视[3]。

本章节重点关注液相氧化二次气溶胶的生成机制及影响因素，包括在我国特殊大气条件下硫酸盐的液相生成机制，aqSOA 生成相关的部分实验室、外场观测及空气质量模型方面的最新研究成果，为深入阐释二次气溶胶的生成机制、我国大气复合污染追因和调控提供科学依据及数据支撑。

10.2　硫酸盐液相氧化生成机制

硫酸盐是 $PM_{2.5}$ 的重要组成部分，其常在秋冬季重霾污染期 $PM_{2.5}$ 浓度的爆发性增长中扮演重要角色。硫酸盐可由二氧化硫（SO_2）在气相中氧化生成，但在典型冬季灰霾条件下，SO_2 氧化所需的光化学氧化剂［OH 自由基、臭氧（O_3）、过氧化氢］浓度一般较低[4-6]。因此关于冬季灰霾下硫酸盐生成的主导机制仍存在一定争议[4,7-9]。

冬季灰霾常伴随高空气相对湿度（RH），颗粒物可吸水使得 SO_2 的液相氧化成为可能。SO_2 是一种弱酸并有一定水溶性（298 K 时亨利定律常数 $K_H = 1.2\ mol\ L^{-1}\ atm^{-1}$），在水中可形成亚硫酸氢根离子（$HSO_3^-$）和亚硫酸根离子（$SO_3^{2-}$）。两者在水相中可经由多种氧化路径转化为硫酸根，其速率取决于 pH[10]。随着晚间空气冷却或气流上升，霾可转变为雾或低云（RH>100%），进而成级数地提高液态水含量，使得 SO_2 液相氧化变得更加重要。

此前一些针对北京霾事件中硫酸盐生成的研究聚焦于霾粒子（RH<100%），而非更加间或发生的雾或云（RH>100%）中的机制[9,11-12]。霾粒子可视为浓度较高的液滴，其 pH 可通过热力学进行估算。一些研究提出了霾粒子中二氧化氮（NO_2）液相催化氧化 SO_2 的机制[4,8-9]，但热力学计算[13-15]指出这一机制需要的 pH 高于 4～5；有研究指出这一机制在云雾条件下会得到加强[4,9]。也有研究认为过渡金属离子催化分子氧化 SO_2 机制也较为重要[16-17]，但该机制大大受限于相关金属离子浓度、络合以及溶解度等条件[18]。霾中过氧化氢氧化 SO_2 机制[5]和黑碳催化 SO_2 的机制[19]的重要性也有报道。此外，还有几项研究提出液相中硝酸盐光解产生的羟基、NO_2 以及气态亚硝酸（HONO）等也能有效促进 SO_2 的液相氧化[7,20-21]。

以上这些研究，大多是针对光照条件下 SO_2 的液相氧化，在夜间和弱光照条件下 SO_2 可否通过液相氧化途径转化为硫酸盐尚不明确。本节通过对 2016 年 12 月北京冬季一次重霾事件（$PM_{2.5}$ 浓度一度高达 400 $\mu g\ m^{-3}$）中各气体和颗粒物组分进行详细的化学表征和解析[22]，深入分析夜间云雾条件下 SO_2 的液相转化机制。

10.2.1　实验方法

观测实验于 2016 年 12 月 4～22 日在位于北京北三环的中国科学院大气物理所铁塔分部（39°58′N，116°22′E）开展。研究使用高分辨率气溶胶质谱仪（Aerodyne 生产）测定非难溶亚微米颗粒物的浓度、成分及粒径分布，使用离子检测器（URG-9000D）测定 $PM_{2.5}$ 水溶性离子浓度。$PM_{2.5}$ 质量浓度使用北京奥体中心 TDMS-微量振荡天平 $PM_{2.5}$ 分析仪的数据。雾液态水含量数据来自中国气象局北京站（采样点南约 20 km）。采样点同步采集气体和气象数据。使用高分辨率化学电离质谱仪测得了 HONO 浓度。N_2O 浓度使用实时 CH_4/N_2O 分析仪得到（Los Gatos Research 公司生产）。O_3、SO_2 和 NO_2 浓度使用美国 Thermo Fisher 公司仪器检测得到，氨气（NH_3）浓度由 Los Gatos Research 公司分析仪测得。风速、风向、温度和湿度等数据及其垂直分布来自中国科学院大气物理所 325 m 气象塔。

云雾 pH 使用观测得到的雾发生前颗粒物和气体的平均组成，然后假设液态水含量为 0.15 g m^{-3}计算得到。计算中二氧化碳浓度设为 400 ppm，但忽略有机酸的可能影响。另外，本次观测碱金属离子浓度极低，其影响也未考虑(可能会造成对 pH 一定程度的低估)。温度设定为 271 K，最终计算云雾 pH 为 5.7。

10.2.2 实验结果

本次观测起始阶段(12 月 4 日)正处于一次灰霾污染的结束阶段(该事件 12 月 5 日因冷空气到来而结束)。12 月 6～15 日，空气污染相对轻微。12 月 16～22 日是一次十分严重的灰霾污染过程，并触发了红色预警，连续 6 天 24 小时 $PM_{2.5}$均值超过 200 μg m^{-3}。该事件中风速持续保持在较低水平(0.3～1.5 m s^{-1})，地表以上混合层高度低于 600 m，夜间更是低于 300 m。12 月 16～19 日为本次事件阶段一，RH 在 40%～75%。12 月 20～21 日为阶段二，温度降低至夜间平均 271 K，RH 增加至 75%以上。相应地，据观测点南约 20 km 处北京气象观测站观测到液态水含量高达 0.5 g m^{-3}的浓雾，北京机场同时段也报道了大雾。采样点虽未观测到浓雾，但能见度低于几百米且地面以上约 50 m 有低云形成。阶段二中 $PM_{2.5}$浓度超过了 400 μg m^{-3}，硫酸盐浓度大幅增加，但硝酸盐浓度却几乎与阶段一持平(47 μg m^{-3})。黑碳浓度由 9.4 μg m^{-3}增加至 13.1 μg m^{-3}。SO_2 浓度在阶段一相对较高，但在阶段二极低，意味着 SO_2 迅速氧化成为硫酸盐。

图 10.1 显示阶段二所测硫酸盐粒径明显增大但有机物粒径变化较小，表明硫酸盐是在雾和低云中生成的。实际上 $PM_{2.5}$ 平均浓度由阶段一的 210 μg m^{-3} 增加至阶段二的 330 μg m^{-3}，而硫酸盐浓度则增加了 4 倍(10～40 μg m^{-3})。颗粒物粒径大于 1 μm 时，高分辨率质谱仪检测效率迅速下降，因此阶段二硫酸盐实际浓度可能远高于观测值。事实上，利用在线离子色谱得到的 $PM_{2.5}$ 中硫酸盐浓度，确实高于质谱仪测定值 1.5～2 倍。考虑到高湿度下的粒径增大，部分硫酸盐颗粒粒径甚至可能大于 2.5 μm。

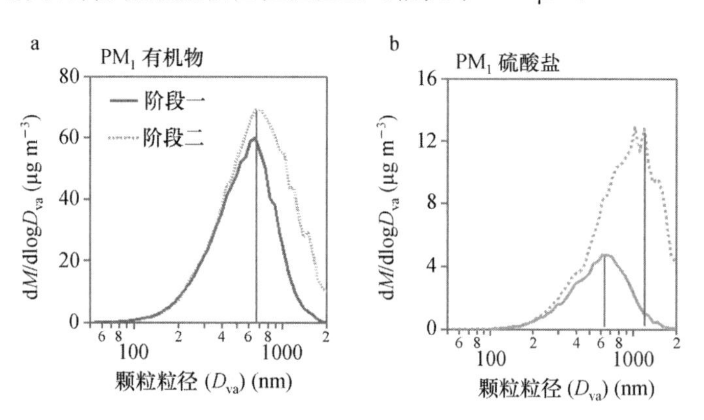

图 10.1 2016 年北京冬季一次重霾期间有机物和硫酸盐颗粒在中湿度(阶段一)和高湿度(阶段二)期间的平均粒径分布

图 10.2 给出了硫酸盐和各类氮氧化物浓度之间的关系。此处仅考虑夜间(19:00～06:00)的数据，以将混合层高度对各污染物浓度日变化的影响降到最低，并避免日间HONO

快速光解的影响。阶段一中，硫酸盐的浓度与所有物种的浓度都呈现正相关，表明各物质的变化受大气混合流通作用的共同影响。在阶段二，硫酸盐的浓度与 N_2O(包括一个阶梯式增长)和 HONO 的浓度呈正相关，但与 NO_2 和硝酸盐的浓度呈负相关。这说明阶段二中硫酸盐生成机制发生了变化，且该机制与 N_2O 生成有关。众所周知，N_2O 是主要的温室气体之一，且全球范围来看主要来自生物源。虽然前期报道指出汽车和燃煤可能是北京地区 N_2O 的重要来源[23]，但这无法解释阶段二 N_2O 的增加，因为黑碳并未出现同步增加。实际上，12 月 4 日有着高湿度的灰霾收尾阶段，也存在硫酸盐和 N_2O 的同步增长。

早在 20 世纪 80 年代，已有研究指出 N_2O 是 SO_2 和 HONO 液相反应的产物[24-25]。HONO 能溶于水(298 K 亨利定律常数 $K_H = 49\ mol\ L^{-1}\ atm^{-1}$)并成为弱酸(298 K 时 $pK_a = 3.2$)。HONO 液相氧化 SO_2 反应为

$$2N(\text{Ⅲ}) + 2S(\text{Ⅳ}) \longrightarrow N_2O + 2S(\text{Ⅵ}) + \text{其他产物} \tag{10.1}$$

此处，$N(\text{Ⅲ}) \equiv HONO(aq) + NO_2^-$ 表示溶于水的 HONO，$S(\text{Ⅳ}) \equiv SO_2 \cdot H_2O + HSO_3^- + SO_3^{2-}$ 表示溶解的 SO_2，$S(\text{Ⅵ}) \equiv H_2SO_4(aq) + HSO_4^- + SO_4^{2-}$ 表示硫酸根。其他产物可能是水或 H^+，取决于 N(Ⅲ)、S(Ⅳ)和 S(Ⅵ)的种类。Martin 等人[24]给出了 10.1 在 $pH<4$ 时的速率表达式 $d[S(\text{Ⅵ})]/dt = k_1[H^+]^{0.5}[N(\text{Ⅲ})][S(\text{Ⅳ})]$ $[k_1 = 142\ (mol\ L^{-1})^{-3/2}\ s^{-1}]$。Oblath 等人[26]给出了 $3 \leqslant pH < 7$ 时的另一个速率表达式 $d[S(\text{Ⅵ})]/dt = k_1'[H^+][N(\text{Ⅲ})][S(\text{Ⅳ})]$($k_1' = 4800\ L\ mol^{-1}\ s^{-1}$)。这两个速率表达式中速率与 H^+ 浓度呈正相关，但由于 S(Ⅳ)和N(Ⅲ)浓度在相应 pH 范围内与 H^+ 浓度呈现反相关，因此反应速率实际是随 pH 增加而增加的。

阶段二中 N_2O 与硫酸盐同步增加意味着反应 10.1 是硫酸盐的可能来源。但图 10.2 中硫酸盐与 N_2O 回归线的斜率在阶段一和二很接近，且非 10.1 中 2∶1 的计量关系。这可能是因为所测亚微米硫酸盐低估了阶段二中总硫酸盐的浓度。此外，关联性以及斜率也有可能主要取决于大气的混合作用而非化学反应，这种现象在污染气团中是经常出现的[27-28]。阶段二中反应 10.1 主要是由两个阶段之间 N_2O 浓度的阶梯式增长指征的。

由于霾中液态水含量过低，反应 10.1 以可观的速度进行需要云雾的存在，以及相对高的 pH。阶段二中所测 NH_3 平均浓度为 14 ppb，这与通常霾污染中 NH_3 浓度水平一致。但由于高液态水对 NH_3 的有效摄取，雾在高 NH_3 条件下通常有比霾高得多的 pH。霾中含水液滴的 pH 通常在 4～5，而相应的雾滴 pH 则在 6～7。如果沙尘是重要组分，霾的 pH 可以更高，但反应仍受限于低的液态水含量。而本研究的污染事件中，沙尘组分(钙镁离子)浓度是很低的。阶段二中采样点实际虽未经历雾，但云盖低至了 50 m 以下，地表空气经历了别处低云或雾过程的处理。计算得到雾的 pH 为 5.7，与此前北京冬季云雾 pH 4.7～6.9 的观测值一致。

基于雾的 pH 为 5.7 以及液态水密度为 $0.15\ \mu g\ m^{-3}$，假设夜间 HONO 平均浓度为 9 ppb(阶段二测定值)，可以对 SO_2 氧化寿命进行计算。这一计算需用到 10.1 的速率方程式以及 271 K 下相应组分的亨利定律常数以及酸解离常数。最终计算得到雾水中 N(Ⅲ)(主要是 NO_2^-)的浓度为 $2.2\ \mu mol^{-1}$。进一步使用 Martin 等人[24]的速率表达式(扩展到

pH=5.7),得到 SO_2 寿命为 3.8 h;使用 Oblath 等人[26]的速率表达式,得到 SO_2 寿命为 79 h。前者意味着 HONO 在 SO_2 氧化中占主导作用,后者则说明其不重要。由于雾期间 HONO 浓度实际远高于本次观测的数值,这增加了 10.1 的重要性;阶段二中 N_2O 的增加也确实说明了 10.1 的重要性。

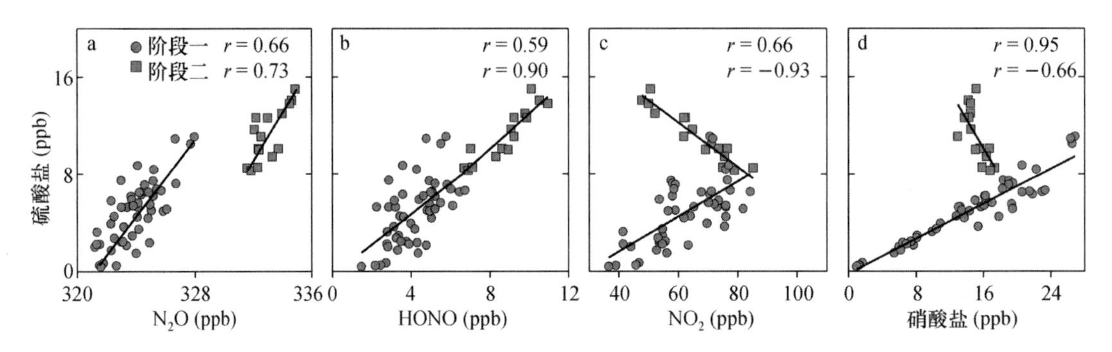

图 10.2　2016 年北京冬季一次重霾期间颗粒物硫酸盐和各类氮氧化物之间的关系

图 10.2 中阶段二硫酸盐和 HONO 呈现正相关,NO_2 和硝酸盐则呈现负相关。霾和雾中液相 NO_2 的去除通常是由颗粒相歧化反应为 HONO 和 HNO_3 驱动的[8]。但如果是这一机制,阶段二中应观察到硝酸盐的增长,而非实际观测到的降低(图 10.2)。因此,液相中 NO_2 氧化 S(Ⅳ)的机制是 NO_2 浓度降低及 HONO 和硫酸盐同时生成这一现象最可能的解释(10.2),这也与两者之间呈正相关关系一致(图 10.2):

$$\mathrm{S(IV)} + 2\mathrm{NO_2(aq)} + \mathrm{H_2O} \longrightarrow \mathrm{S(VI)} + 2\mathrm{H^+} + 2\mathrm{NO_2^-} \tag{10.2}$$

关于 10.2 的速率表达式 $d[\mathrm{S(VI)}]/dt = k_2[\mathrm{NO_2(aq)}][\mathrm{S(IV)}]$,在 pH=5.8~6.4 时,Lee 和 Schwarts[29]给出 $k_2 = 2\times10^6\ \mathrm{L\ mol^{-1}\ s^{-1}}$;pH=5.3~6.8 时,Clifton 等人[30]给出 $k_2 = (1.2\sim1.5)\times10^7\ \mathrm{L\ mol^{-1}\ s^{-1}}$。根据阶段二夜间平均 NO_2 浓度为 50 ppb,雾液态水含量为0.15 g m^{-3},pH 为 5.7,计算知 10.2 反应下 SO_2 寿命为 1~7 min(取决于 k_2 取值),这一时间足够任何情况下 SO_2 的转化。10.2 进一步生成 N(Ⅲ)(NO_2^-),其在 pH=5.7 的雾中可保持存在并进一步通过 10.1 氧化 SO_2。如果按照 Martin 等人[24]的速率表达式,10.1 反应足够快,雾中 10.2 生成 NO_2^- 与 10.1 消耗 NO_2^- 的反应可以在夜间达到稳态,从而使硫酸盐能够快速有效生成。

夜间雾条件下 10.2 以及 10.1 两步反应机制与观测的 N_2O 增长一致。在这一机制下,每氧化 3 mol SO_2 可生成 1 mol N_2O。基于阶段一 SO_2 浓度为 20 ppb,SO_2 完全氧化将生成约 7 ppb NO_2,这也与阶段二相对阶段一 N_2O 浓度增加了 5 ppb 基本一致(图 10.2)。这一机制在 SO_2 氧化过程中既生成又消耗 HONO,而 N_2O 则是终端产物。这也可以解释 HONO 在阶段二与硫酸盐呈现正相关而非阶梯式增长。与此类似,取决于 10.2 反应后是否跟随 10.1 的进行,每氧化 0.5~1.5 mol SO_2 将消耗 1 mol NO_2。但图 10.2 中硫酸盐-NO_2 斜率只有−0.2,这意味着存在额外的 NO_2 消耗。如前所述的阶段二质谱仪对硫酸盐浓度的低估,或者大气混合作用主导了这一斜率都是可能的原因。

10.2.3　讨论与展望

图 10.3a 给出了冬季夜间重霾云雾条件下硫酸盐的生成新机制，本小节进一步利用盒子模型探究这一机制对 pH 的依赖性。10.1 使用了 Martin 等人[24]的速率表达式，因 Oblath 等人[26]给出的反应速率过低不足以解释观测到的 N_2O 的增加。10.2 使用 Lee 和 Schwarts[29]估算的 $k_2=1.4\times10^5$ L mol^{-1} s^{-1}(pH<5)和 $k_2=2\times10^6$ L mol^{-1} s^{-1}(pH>6)，在两个 pH 之间的 k_2 使用线性插值得到。使用相应的 SO_2、NO_2 以及 HONO 的亨利定律常数和酸解离平衡常数。计算的初始条件是阶段一中各物质的浓度，SO_2 为 20 ppb，NO_2 为 80 ppb，HONO 为 5 ppb，然后在封闭系统中，271 K 和液态水含量为 0.15 g m^{-3}的夜间雾中演化 5 h。雾中气相和水相物质的平衡时间尺度一般小于几分钟，因此亨利定律适用于这三种气体。对 HONO 而言，在 20 ppb SO_2 和 pH=5.7 条件下，N(Ⅲ)氧化 SO_2 的寿命为 1.5 h，这一时间随着 SO_2 的消耗逐渐变长。

如图 10.3b 所示，盒子模型计算表明 pH>5.5 时 10.1 和 10.2 可以足够快地实现 SO_2 的完全氧化，峰值在 pH=5.5 处。在更高 pH 下，由于 10.2 反应更快，将降低 10.1 对于 SO_2 氧化的重要性，进而导致 N_2O 产率下降。如果使用 Clifton 等人[30]的更快的 10.2 速率表达式，N_2O 产率也会较低(<2 ppb)。在 pH=5.5 的情况下，观测的 N_2O 约有 5 ppb 的增加，更加符合 Lee 和 Schwarts[29]描述的 10.2 和 Martin 等人[24]描述的 10.1 动力学，当然不确定性较大。未来仍需加强对相关反应动力学的研究。减少 NH_3 排放使得 pH 低于 5，将使该机制失效(图 10.3b)，但此时其他的 SO_2 氧化路径可能变得重要(如过渡族金属催化自氧化)。

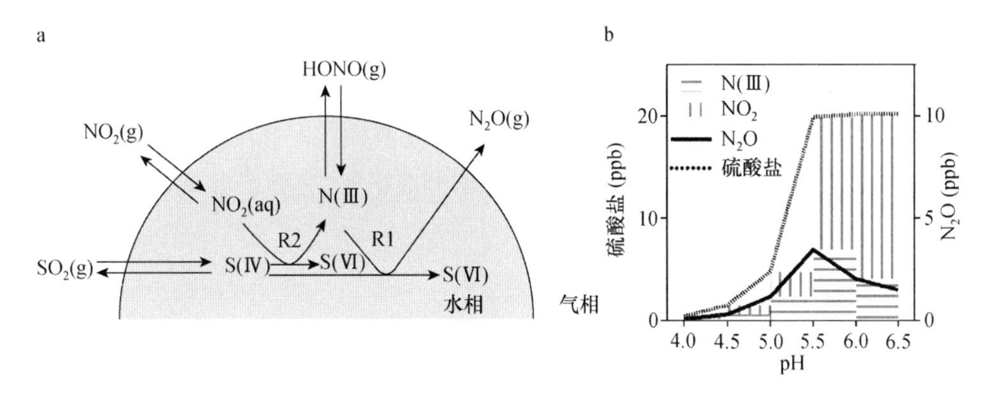

图 10.3　云雾条件下 NO_2 和 HONO 氧化 SO_2 的新机制

考虑到 HONO 光解是冬季灰霾中自由基的主要来源，以及 N_2O 是一种主要的温室气体，10.2 和 10.1 分别作为 HONO 和 N_2O 的来源值得被关注。此前有研究指出汽车排放是 HONO 的一个较大的来源[31]，这可以解释阶段一中 HONO 的增加(图 10.2)。然而，阶段二相对阶段一 HONO 的成倍增加意味着 10.2 可能也是霾中 HONO 的重要来源。关于 N_2O，全国人为源排放量为 2141 Gg a^{-1}(其中农业源为主导)[32]。做粗略估算，假设 10.2 和 10.1 是高湿度冬季灰霾(约占 8%冬季天数)下 SO_2 的主导消耗反应，N_2O 摩尔产率为 20%

(基于图 10.3b 中 pH＝5.5 时的上限计算),依据清单估算中国 2016 年 SO_2 排放量为 13.4 Tg a^{-1}[33],由此计算得到 N_2O 生成量为 36.8 Gg a^{-1}。这一数值与全国 N_2O 总排放量相比较小,但与 2012 年能源板块排放量 232.7 Gg a^{-1} 相比则不可忽视。

综上,本节研究了夜间雾和低云条件下液相 NO_2 和 HONO 氧化 SO_2 的机制。北京冬季重霾常伴随较高空气湿度以及雾和低云的形成。这样的大气条件提供了高液态水含量、NH_3 有效摄取及高 pH(＞5.5),使得液相反应得以发生。该机制为 $PM_{2.5}$ 中硫酸盐的快速增长提供了一种合理的解释,也完善了对硫酸盐生成机制的认识。

10.3 生物质燃烧排放物液相氧化 SOA 生成机制

阐明 aqSOA 生成机制需探究大气中哪些 VOCs 或 S/IVOCs 是 aqSOA 的有效前体物(某些 aqSOA 前体物如 S/IVOCs 还可能是 VOCs 气相氧化的中间产物)。相关研究[3,34-37]证实了乙二醛、羟基乙醛、甲基乙二醛、丙酮酸、2-甲基丙烯醛、甲基乙烯基酮、异戊二烯、α-蒎烯、3,5-羟基苯甲酸、苯酚化合物及低分子量脂肪族胺等均可作为 aqSOA 有效前体物。研究还发现 aqSOA 的化学组成与气相生成二次有机气溶胶不同,产物可能具备不同的分子量、官能团、氧碳比等[3,38]。aqSOA 产物通常挥发性更低,氧化性更强。aqSOA 还是大气中可吸光有机物即棕色碳的重要来源[39],能够影响大气辐射。aqSOA 还具有更强的吸湿性[40],更易活化成为云凝结核(CCN)影响气候系统[41]。aqSOA 中某些产物的生成,如异戊二烯臭氧化过程中羰基和过氧化物的生成,也比对应的气相反应更为有效[42]。

国内外一些学者对水溶性较大、亨利定律常数较高、由生物质燃烧排放的苯酚类化合物的 aqSOA 生成机制进行了研究[36,43],证实了其可作为十分有效的 aqSOA 前体物。但生物质燃烧排放物的种类较多,理化性质等也有较大差异。本节围绕一些亨利定律常数和水溶性不高的生物质燃烧排放物液相氧化机制开展研究,完善了对 aqSOA 生成机制的认识。

10.3.1 实验方法和分析技术

研究者首先创建了一套针对 aqSOA 的化学反应模拟和分析装置,如图 10.4 所示。实验过程中,将前体物和氧化剂的混合溶液置于液相反应器中,反应过程中溶液可直接输送到黑碳气溶胶质谱仪[44]中进行在线分析获得相应的成分信息,也可采样后利用该仪器技术进行离线分析[45]。除了利用质谱仪进行组成分析外,还综合利用其他分析技术,对前体物降解以及 aqSOA 产物产率、化学组成、光学性质等进行系统分析,包括有机碳(OC)/元素碳(EC)分析仪、离子色谱(IC)、高效液相色谱(HPLC)、液相色谱-蒸发光散射仪(LC-ELSD)、液相色谱质谱仪(HPLC-MS)、气相色谱质谱仪(GC-MS)、总有机碳(TOC)/总氮(TN)分析仪及紫外-可见光光度计(UV-Vis)等。

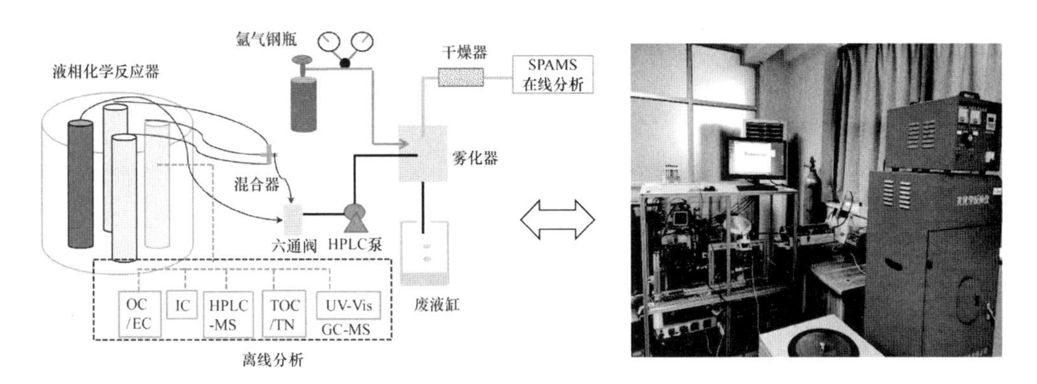

图 10.4 液相二次有机气溶胶实验室模拟生成及化学分析体系

研究涉及了三种氧化剂条件：一是直接光照即不添加氧化剂，二是 OH 自由基作为氧化剂，三是三重激发态有机物($^3C^*$)作为氧化剂。OH 自由基通过添加过氧化氢光解引入。$^3C^*$ 是一种仅在液相中存在的特殊氧化剂，它是由有机物分子吸光后产生，可以通过能量或电子转移与其他物质进行反应[46-47]。一般通过 3,4-二甲氧基苯甲醛(3,4-DMB)光照后得到。研究还通过调节使用不同的光源，分别模拟紫外光(汞灯)和可见光(氙灯)照射下不同前体物降解和 aqSOA 的生成过程；使用硫酸盐作为内标以准确定量 aqSOA 的质量和产率。

利用上述体系，本节主要介绍以丁香酚(Eug)、2,4,6-三甲基苯酚(TRMP)、2,6-二甲氧基-4-甲基苯酚(DMP)、四乙基苯酚(4-EP)为代表物的液相氧化机制[108]。Eug、TRMP 和 DMP 在 298 K 下亨利定律常数为 100～1000 mol L^{-1} atm^{-1}，4-EP 为 820 mol L^{-1} atm^{-1}(饱和蒸气浓度为 4×10^5 $\mu g\ m^{-3}$)。

10.3.2 Eug/TRMP/DMP 羟基自由基液相氧化机制

1. aqSOA 产率、组成及吸光性质

图 10.5 给出了质谱测定的有机物和硫酸盐质量比值及 aqSOA 产率变化曲线。可见光下，两者在前 16 小时均增加，随后保持稳定。紫外光下，最初 1～3 小时有机物质量快速增加，但随后又迅速下降，意味着氧化不同阶段不同中间产物的不同特性。可以推断，两种光照条件下，反应第一代产物均是羟代反应生成的功能化产物，导致 SOA 质量的增加。对紫外光体系，其增加较快，可能是由于较高的光照强度，而后期其浓度的快速下降可能是由于开环反应引起碎片化，形成了有机酸或 CO_2。换言之，碎片化反应主导了紫外光下氧化的后程。值得注意的是，aqSOA 的质量在 16 小时后继续增加，然而此时前体物已经几乎完全降解。这很可能是由一代产物的进一步氧化造成的。可预见的是，若反应时间足够长，可见光照射下 aqSOA 产率也会下降。这些结果表明液相氧化在不同条件下、前体物不同生命周期内对 SOA 的质量和性质都会有不同的影响。在较强的光照下，aqSOA 可以在较短时间内快速增加但随后下降；若光照较弱，氧化进行较慢，aqSOA 可以在较长时间尺度上持续增加细粒子质量。三种前体物的 aqSOA 产率为 80%～190%(图 10.5)。可见光下 DMP、

Eug 和 TRMP 平均产率分别为 155%、154%和 142%。紫外光下,三种前体物的 aqSOA 产率均在 1 小时内达到最大值(170%～200%),随后在实验结束时降低至接近零。这三种前体物的高产率意味着其在浓度较高时,可能是重要的 SOA 来源。

液相氧化可能是吸光性较强的有机物(棕碳)的来源之一,因此对 200～350 nm 下各前体物反应不同时间的溶液的紫外-可见光光谱进行了测定。可见光下,产物吸光主要出现在 3 个波长: 225 nm,250 nm 和 280 nm。280 nm 和 225 nm 吸光通常对应 $n-\pi^*$ 和芳香 $\pi-\pi^*$ 的转变[48]。实验发现可见光下,三种前体物的产物在 250 nm 处的吸光度变化不同: Eug 在 250 nm 的吸光度随着反应进行持续增加,而 DMP 和 TRMP 则先增加后减少。紫外光下,三种前体物在前 1 小时均在 250 nm 处出现吸光增强,但随后均下降;在 280 nm 处,随着反应的进行和前体物的降解,吸光度均下降。吸光性变化是产物降解和复杂反应产物生成的共同作用。实验过程中观察到 Eug 反应液在紫外照射下反应 1 小时后,由无色逐渐变成棕色/黄色,也证实了 Eug 氧化生成了棕碳,而对 DMP 和 TRMP,没有观察到肉眼可见的颜色变化。

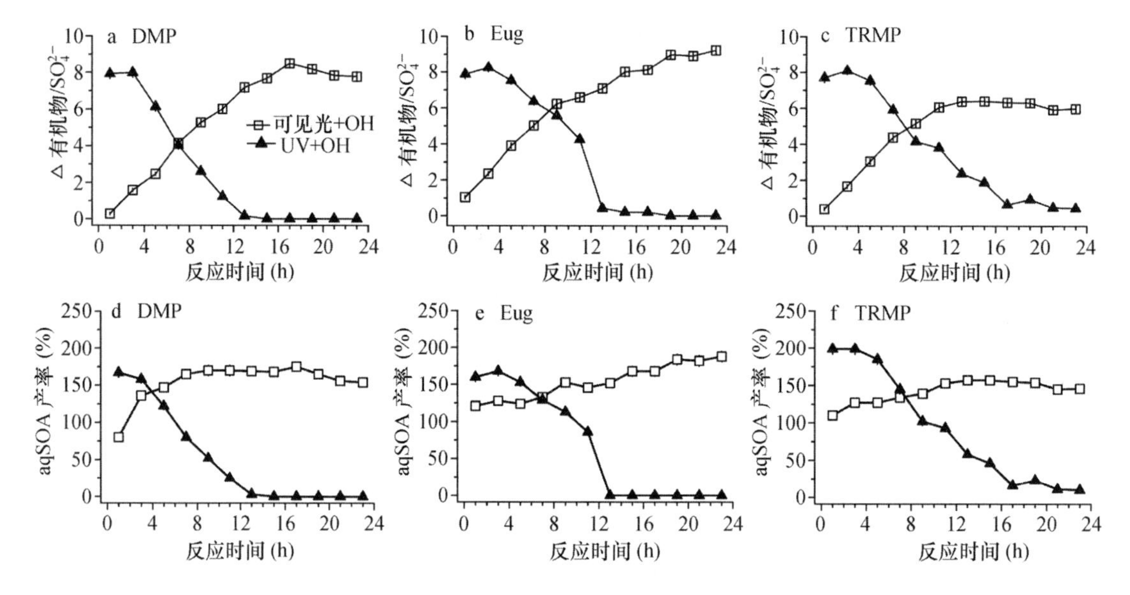

图 10.5 Eug/TRMP/DMP OH 自由基液相氧化生成 aqSOA 的质量和产率变化

[前体物及过氧化氢初始浓度均为 300 μmol L^{-1}。]

2. 产物分子组成和生成机制

本节使用气相色谱质谱仪对反应产物进行了分子水平的鉴别。仅以 DMP 氧化产物为例,共检测到了 12 种中间产物,包括加成或移去—OCH_3、—OH 和—CH_3 官能团等得到的产物,也包括一些开环反应产物如有机醛类($C_9H_{10}O_4$)和酯类物质($C_7H_{10}O_4$,$C_8H_{12}O_4$)。研究发现 TRMP 的产物相对简单,只有 6 种,这可能是由于取代甲基不如碳碳双键或甲氧基活泼。气相色谱质谱仪虽不能检测到所有产物分子,尤其是高极性、高度氧化的物质,如含有 3 个氧原子以上的产物,但根据鉴别出的分子产物,仍可以推演产物的生成机制。可见光照射下 DMP 与羟基自由基液相反应机制如图 10.6 所示。

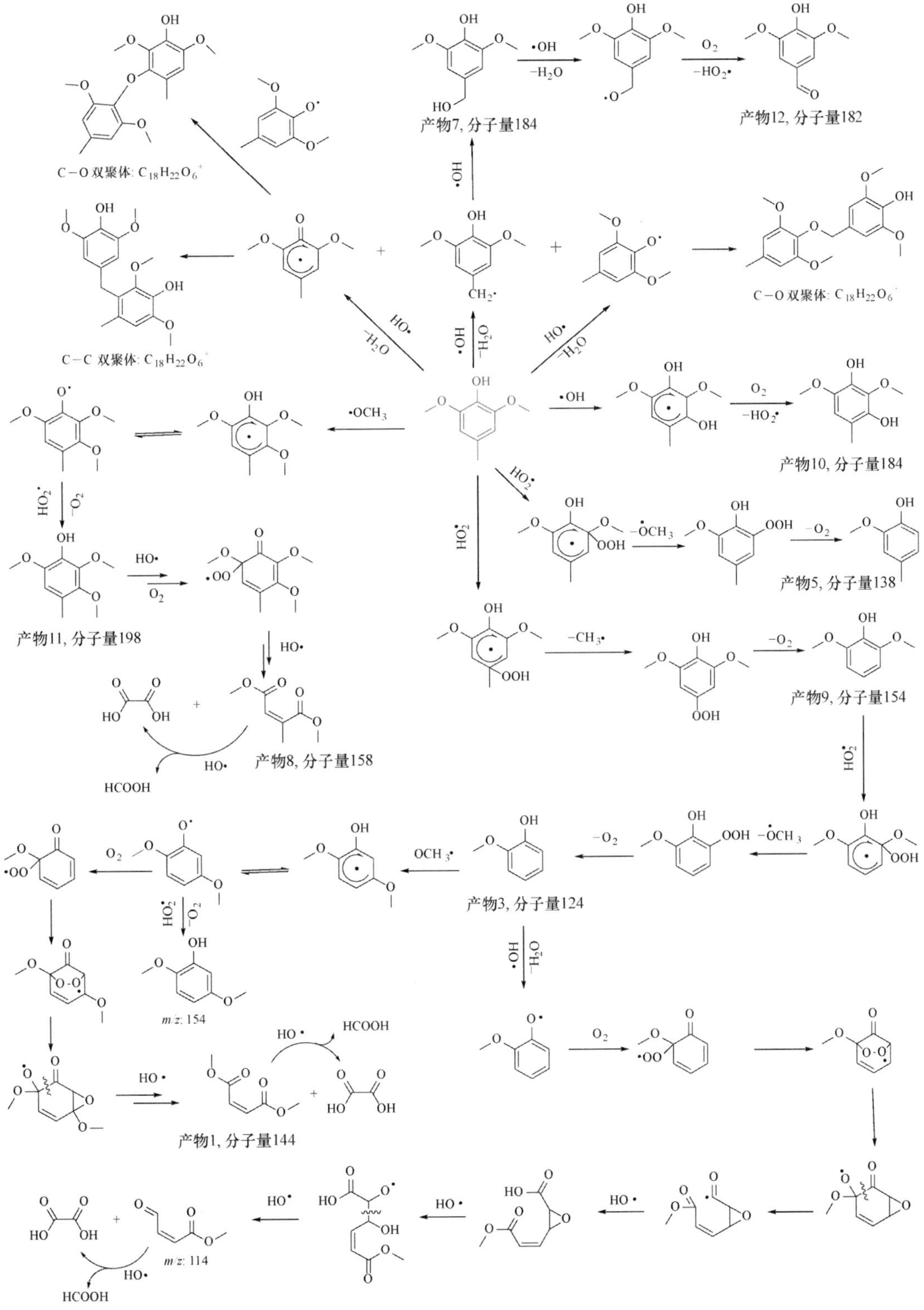

图 10.6　可见光下羟基自由基液相氧化 DMP 的反应机理

首先,DMP 分子—CH_3 上的氢被摘取(通过 OH 自由基加成和 H_2O 的去除)形成 ·CH_2R,伴随 OH 加成形成产物 7,进一步形成产物 12。OH 自由基加成到芳香环上,进一步反应(O_2 加成和 ·HO_2 去除)生成羟基化 DMP 单体(产物 10)。上述两个过程均可视为功能化反应。第二,甲氧基可以加到芳香环,然后经历 ·HO_2 加成和 O_2 去除生成中间产物 11(DMP 加—OCH_3)。这个中间产物经 C—C 键断裂可以生成产物 8,进一步与 OH 自由基反应可以生成草酸或甲酸。其他碎片化反应路径,包括 ·HO_2 加成、—CH_3、—OCH_3 和分子氧的移除,可以生成产物 5、9 和 3。产物 3 历经几步氧化或碎片化反应,可以生成草酸、甲酸或者 CO_2。此外,DMP 经历芳香环、甲基或甲氧基的氢摘取反应,可以生成三种不同有机过氧自由基(·$C_9H_{11}O_3$)。两种 ·$C_9H_{11}O_3$ 的重组可以形成 C—C 双聚体或 C—O 双聚体($C_{18}H_{22}O_6$),但含量较低。这一过程为二聚化反应。

总的来说,可见光下,功能化反应占据主导,导致羰基化合物、酯类、醛类和有机酸类物质的生成。聚合反应贡献较小,但对三种前体物来说都不可忽略。研究表明分子结构的不同对于产物组成和氧化机制是非常重要的,碳碳双键的取代往往生成更复杂的产物,而—OCH_3 的取代则能产生更多的二羧酸。

10.3.3 4-EP 液相氧化机制

1. 反应动力学

图 10.7 是可见光和紫外光下液相中 4-EP 降解曲线,同步还开展了黑暗条件下的对照实验。结果显示 4-EP(同等初始浓度 0.3 mmol L^{-1},添加 DMB 或者 H_2O_2)以及 DMB 在黑暗条件下不会降解。可见光下 4-EP 的直接光解也可以忽略(23 小时内损失<3.4%)。紫外光下 4-EP 可以直接光解,但降解速率远低于 OH 自由基作为氧化剂的情形。图 10.7a 表明在可见光照射下,$^3C^*$ 作为氧化剂引起的 4-EP 降解快于 OH 自由基氧化剂,这与此前一项有关绿叶挥发性物质的液相氧化研究结果类似[49]。尽管如此,在可见光下,在实验终点 OH 自由基和$^3C^*$ 光解体系中仍有 41%和 18%的前体物剩余,而紫外光照射 5 小时即可使得约 96% 4-EP 发生光解。图 10.7b 进一步给出了不同情况下降解的伪一级动力学速率常数(k)。所有曲线的关联系数都在0.99 以上,表明反应符合伪一级动力学。可见光 OH 自由基、可见光$^3C^*$、紫外光 OH 自由基氧化三种情况下的速率常数分别为 1.13×10^{-5} s^{-1}、2.06×10^{-5} s^{-1}和 1.78×10^{-4} s^{-1}。紫外光 OH 自由基降解速率是可见光下的 10 倍左右。在可见光下,在前体物浓度相同的情况下,DMB 的初始浓度(15 μmol L^{-1})远低于 H_2O_2(300 μmol L^{-1}),但$^3C^*$ 光解速率却更快,这意味着在自然光照条件下,有机生色团在液相中可能具有很强的氧化能力。此外,研究还考察了前体物浓度的影响,如图 10.7b 所示,3 mmol L^{-1} 4-EP 一级降解动力学速率常数较小,仅为 1.16×10^{-6} s^{-1},但其初始降解速度(3.48×10^{-9} L mol^{-1} s^{-1},即初始浓度与速率常数的乘积)实际上与 0.3 mmol L^{-1}时相近(3.39×10^{-9} L mol^{-1} s^{-1})。

研究使用氮吹法测定了光解 15 小时可见光 OH 自由基和可见光$^3C^*$ 氧化下 aqSOA 的产率,分别为 114%和 118%(此时 4-EP 分别降解了 47.8%和 65.5%)。紫外光 OH 自由基光解 5 小时,aqSOA 产率为 122%(此时 4-EP 降解了 96.1%),但在 15 小时时接近于零。作为对比，3 mmol L^{-1} 4-EP 初始浓度下可见光 OH 自由基降解 15 小时，aqSOA 产率为 115%（此时 4-EP 仅降解了 6.5%）。这些结果表明 4-EP 尽管水溶性不高，但仍具有较高的 aqSOA 生成潜势，与其他水溶性较高的苯酚类化合物相比处于同一水平甚至更高[50-52]。

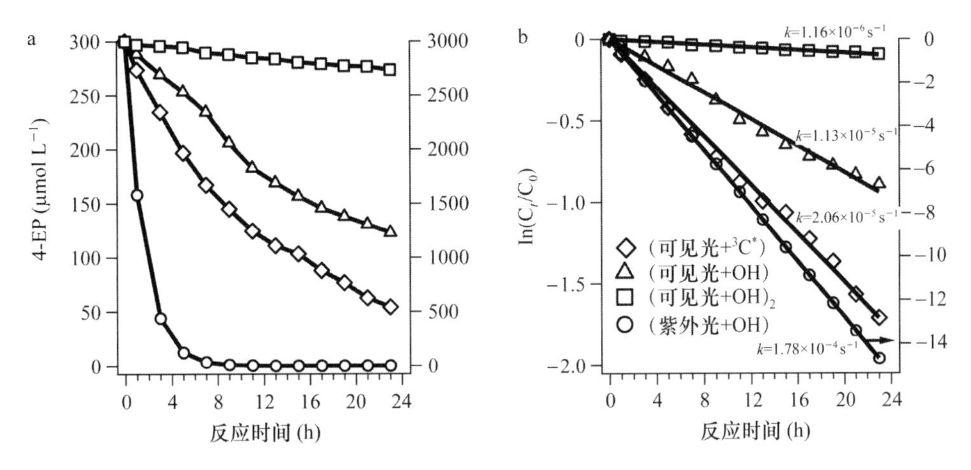

图 10.7　四乙基苯酚(4-EP)液相降解浓度变化(a)及伪一级速率常数(b)

[（可见光＋OH）$_2$ 体系中 4-EP 的初始浓度为 3 mmol L^{-1}，其他体系为 0.3 mmol L^{-1}。]

2. 产物化学性质和演化路径

研究测定了不同条件下不同反应时间产物的谱图，并根据谱图获得了相应 aqSOA 的氧化状态以及其与硫酸盐的质量比。研究发现，可见光下 aqSOA 质量浓度随着反应进行而增加，紫外光下其质量则先增加，5 小时达到峰值后迅速下降。但 5 小时时紫外光 OH 生成的 aqSOA 值是所有情况下最大。aqSOA 质量初期增加是由于加氧功能化占主导，后期质量下降意味着大部分初始 aqSOA 产物在进一步氧化过程中经历碎片化反应，变成了易挥发产物而离开凝聚相。氧化程度的变化与有机产物浓度变化规律基本一致，但峰值出现在 11 小时而非 5 小时。这可能源于产物性质差异：初始 5 小时内，聚合和功能化反应导致 aqSOA 生成，且其浓度迅速达到峰值；随后，碎片化反应占据主导，导致 aqSOA 浓度降低，但碎片化反应可能继续生成高氧化产物使其氧化程度在 11 小时才达到峰值，随后持续的碎片化反应再将这些高氧化性物质分解为低氧化性产物，氧化程度随之降低。不同时间 AMS 质谱分析也显示可见光 OH 自由基氧化下产物谱图有更多 $m/z>100$ 的离子（功能化反应导致），而这些离子碎片比例在紫外光 OH 自由基氧化下则先增加后降低。

3. 分子鉴别和反应机制

本节使用了气相和液相色谱质谱仪对反应产物进行鉴别，得到了 17 种主要产物。总的来说，可见光 OH 自由基氧化和$^3C^*$ 氧化的主产物类似，但与紫外光 OH 自由基氧化产物显著不同。可见光氧化体系中存在更多高分子量物质，而紫外光 OH 自由基体系中则有更多低分子量物质。这些结果与图 10.8 结果基本一致，再次说明聚合和功能化反应在可见光氧化中占据主导，而紫外光氧化中碎片化反应相对更为重要。

基于鉴别出的产物，推演了液相 OH 自由基光氧化 4-EP 的反应机理[53]。首先，—OH

官能团可以加成到芳香环(氧化),然后经自由基反应(O_2 加成和 HO_2 去除)形成羟基化单体(分子量 138),这一反应增加了产物氧碳比。其他碎片化反应路径也十分重要,例如脱氢和 H_2O 去除,可生成乙基苯氧基自由基,并伴随着乙基或甲基($—CH_3$)的损失;进一步与 OH 自由基的反应,氢加成和开环反应,可导致 4-甲基苯酚(分子量 108)、甲苯(分子量 92)和各种有机酸的产生。若反应时间足够长,其他有机酸也可能转化为甲酸,或最终转化为 CO_2 和 H_2O。此外,乙基苯氧基自由基还可与自身或者其他自由基反应形成 C—O 或 C—C 二聚体(分子量 242、258);OH 自由基加成 4-EP 也可以通过伴随或不伴随 H_2O 损失的自由基聚合反应形成二聚体类产物(分子量 256、274、284)。其他物质,如酯类、高聚体、羰基化合物、羧酸也同样可以产生。当然,以上这些反应途径的相对贡献在不同体系的不同阶段都不同,并导致产物相对浓度的不同。

4. 吸光性质

研究测定了各反应体系不同时间的吸光光谱。在 280 nm 处,可见光氧化过程中所有体系均有明显吸光。实际上,4-EP 本身在 280 nm 也有强烈吸光。但在紫外光照射下,280 nm 处的吸光能力随着 4-EP 的降解逐步下降($n\rightarrow\pi^*$ 键)。基于吸光光谱,进一步计算了反应体系在 365 nm 处的质量吸光效率(MAE_{365},单位 $m^2\ g^{-1}$),即每单位质量水溶性碳在 365 nm 处的吸光度,结果如图 10.8 所示。对可见光氧化体系来说,MAE_{365} 随着反应时间的增加而增加,最终数值在 0.27～0.43 $m^2\ g^{-1}$ 之间。这一数值低于在城市地区测得的水溶性碳的值,如南京的 0.76 $m^2\ g^{-1}$[54],北京夏季的 0.73 $m^2\ g^{-1}$ 和冬季的 1.54 $m^2\ g^{-1}$[55],拉萨的 0.74 $m^2\ g^{-1}$[56],洛杉矶的 0.71 $m^2\ g^{-1}$[57];但与偏远地区测得数值类似,如西藏的 0.38 $m^2\ g^{-1}$[58]。值得注意的是,可见光 $^3C^*$ 氧化体系在反应终点(23 小时)的 MAE_{365} 高达 1.71 $m^2\ g^{-1}$,说明 $^3C^*$ 与其他氧化剂相比能产生更多强吸光性的棕碳化合物。另一方面,紫外光 OH 自由基氧化体系 MAE_{365} 在到达最高值(0.64 $m^2\ g^{-1}$)后开始略微下降,这说明紫外光下化学老化反应有一定光漂白而非光增强作用。此外,腐殖质类物质被认为是棕碳中重要的组分,本研究还测定了其在各体系中经不同反应时间后的含量。结果显示,可见光氧化体系中腐殖质类物质浓度随反应时间持续增加,且其浓度在 $^3C^*$ 体系体系中比 OH 自由基体系中高。与 MAE_{365} 变化类似,紫外光 OH 自由基体系腐殖质类物质浓度在 5 小时达到峰值随后降低。这一发现证实了腐殖质类物质与 MAE_{365} 之间的正相关关系。

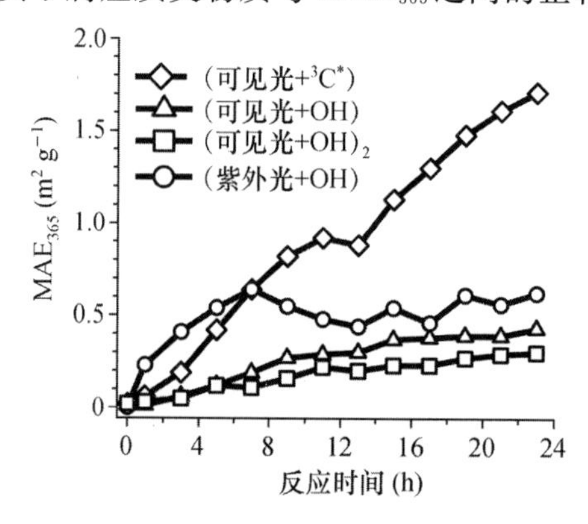

图 10.8 4-EP 液相氧化体系在 365 nm 下吸光效率

10.4　中挥发性有机物液相氧化 SOA 生成机制

大气中的中挥发性有机物有效饱和浓度一般在 $10^3 \sim 10^6$ μg m^{-3}，约相当于 $C_{12} \sim C_{22}$烷烃类的饱和蒸气浓度。近期研究发现汽车[59-60]、轮船[61]、飞机[62]及生物源[63]均可排放此类物质。中挥发性有机物还具有较大的二次有机气溶胶生成潜势[64-65]；模型研究指出柴油燃烧排放中挥发性有机物可以解释伦敦周边约 30%的二次有机气溶胶[66]，在中国东部甚至可以解释超过一半的二次有机气溶胶[67]。然而，这些研究均只考量了中挥发性有机物的气相氧化，有关其液相反应的研究十分稀少，仅有个别研究的前体物实际上属于中挥发性有机物，如羰基酚[61]和个别多环芳烃物质[68-69]。

虽然中挥发性有机物通常水溶性较低，但在云雾条件下仍可能溶解。因此其是否可以通过液相氧化路径生成二次气溶胶值得探究。本节主要介绍以萘醌(NAQ)、和菲(PHE)为代表的中挥发性有机物的液相氧化研究成果[109]。这两个物质的饱和蒸气压约在 1000～2200 μg m^{-3}，属于中挥发性有机物中饱和蒸气压较低的物质。

10.4.1　反应动力学和二次产率

本研究使用了 10.3.1 中分析技术，特别是气溶胶质谱对液相氧化产物进行了在线测定，因此时间分辨率较高(1.5 min)，可更好地考察 aqSOA 的成分和演化。研究发现前体物降解基本遵循伪一级反应动力学，但两种前体物表现十分不同。NAQ 在黑暗条件下无明显降解，但 PHE 与 OH 自由基和$^3C^*$在黑暗条件下也有一定程度的反应降解，初始降解速率分别为0.394 L μmol^{-1} h^{-1}和 0.195 L μmol^{-1} h^{-1}。液相暗反应并不常见，但在丁香醇[70]和乙醇醛[71]的研究中也有报道。PHE 暗反应可能涉及与溶解氧的反应或聚合反应。在光照条件下，NAQ 降解速率比 PHE 快一个数量级以上。对 PHE 而言，OH 自由基光氧化速率(0.0796 h^{-1})比$^3C^*$光氧化(0.0510 h^{-1})更快；但对 NAQ 而言，其 OH 自由基(1.23 h^{-1})和$^3C^*$(1.18 h^{-1})光氧化速率则十分接近。当然，由于 NAQ 可以在不添加氧化剂的情况下光照自行降解(0.884 h^{-1})，其 OH 自由基或$^3C^*$光氧化速率会受到较大影响。另外一方面，PHE 的直接光解速率则十分缓慢(0.0168 h^{-1})，甚至低于其暗反应速率。

图 10.9 进一步给出了利用在线质谱分析获得的 OH 自由基氧化下的 aqSOA 产率。其中产物的消耗量是根据图 10.9a 和 b 中降解速率计算得到。对 PHE 而言，aqSOA 产率在最初 2 小时可达 30%，然后保持一段时间，最后 2 小时达到平均约 50%(40%～60%)。产率可能会继续增加，因为反应 8 小时后尚有约 60%PHE 还未降解。作为对比，我们还计算了 PHE 暗反应的产率，发现其在 4.5 小时左右达到峰值(约 27%)而后降低；在反应后期，有机物的质量甚至小于反应起点，可能是反应产生了比前体物 PHE 更易挥发的产物。对 NAQ 而言，aqSOA 产率随时间持续增长，最终约为 51%。基于图 10.9 的速率常数计算可知，NAQ 在 2 小时内几乎可以完全降解，因此实验 2 小时内得到 51%可能是 NAQ 氧化生成 aqSOA 的最大产率。

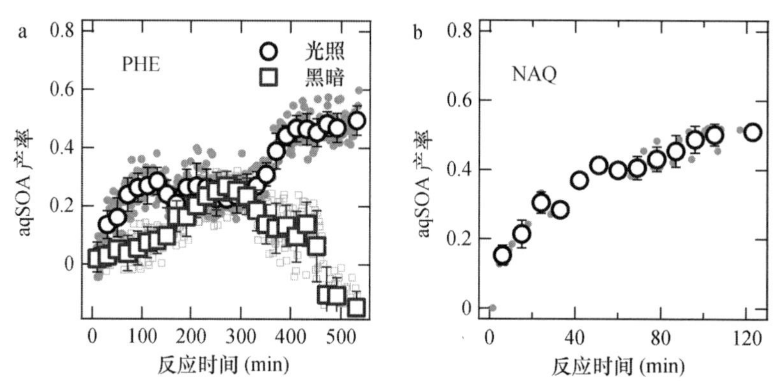

图 10.9 PHE 和 NAQ 液相氧化生成 aqSOA 产率

[前体物初始浓度均为 10 μmol L^{-1}。]

10.4.2 化学特性

由于 NAQ 和 PHE 本身挥发性较低,在线质谱仪直接测得的有机物质量包含未反应的前体物,需要通过所测有机物质量的增量和化学组成的相对变化,对 aqSOA 的演化进行研究。图 10.10a 和 10.10b 给出了相应的氧化状态随反应时间的变化。PHE 的 OH 自由基光氧化过程中,氧化程度逐步增加,最终增量约为 0.25。对 PHE 暗反应而言,氧化程度总体有所增加,但由于不确定性较大,没有明显的变化规律。对 NAQ 的 OH 自由基光氧化而言,在最终 30 分钟内,氧化程度增加了约 0.4,随后基本保持不变。总的来说,对两个体系而言,氧化程度的增加都说明有高氧化性产物的生成。相应地,通过对产物质谱进行正矩阵因子解析,确实得到了一个氧化程度很高的因子,且这一因子的浓度在整个氧化过程中是连续增加的(图 10.10c 和 10.10d 中的因子 3)。

对两个体系,因子解析均分离出了另外两个因子。因子 1 的氧化程度最小,可能混合了未反应的前体物,反应溶液中的有机杂质,当然也包括 aqSOA 产物(因该因子在 PHE 和 NAQ 氧化初始阶段都有一个浓度上升的过程)。因子 1 中的 aqSOA 产物后续逐渐被分解,因其浓度随着反应进行而下降。因子 2 可能包含了大量的 aqSOA 中间产物。对 NAQ 而言,因子 2 浓度在前 30 分钟增加而后在 2 小时内几乎降低至零。因子 2 也很可能向因子 3 转化,因为因子 3 在 30 分钟后增长速度相对更快。对 PHE 而言,因子 2 未显现明显的降低趋势,可能是因为前体物降解较慢,因此因子 2 还未达到其峰值。尽管如此,因子 2 的增长仍然是慢于因子 3 的,因此因子 2 向因子 3 的转化仍是很有可能的,尤其是在反应的最后 2 小时。此前研究也曾报道了 aqSOA 液相氧化产物的 3 因子解[43]。本研究得到的三因子的浓度变化规律,尤其是 NAQ 体系,与先前研究一致,但因子的化学性质不同。这说明不同前体物液相氧化过程中,产物的主导生成机制是不相同的。

10.4.3 讨论与展望

NAQ 和 PHE 液相氧化研究,证实了微溶于水的中挥发性有机物也能通过液相氧化路径有效地生成二次产物。Liu 等人[72] 对另外一个代表物二苯噻吩液相氧化反应开展了研

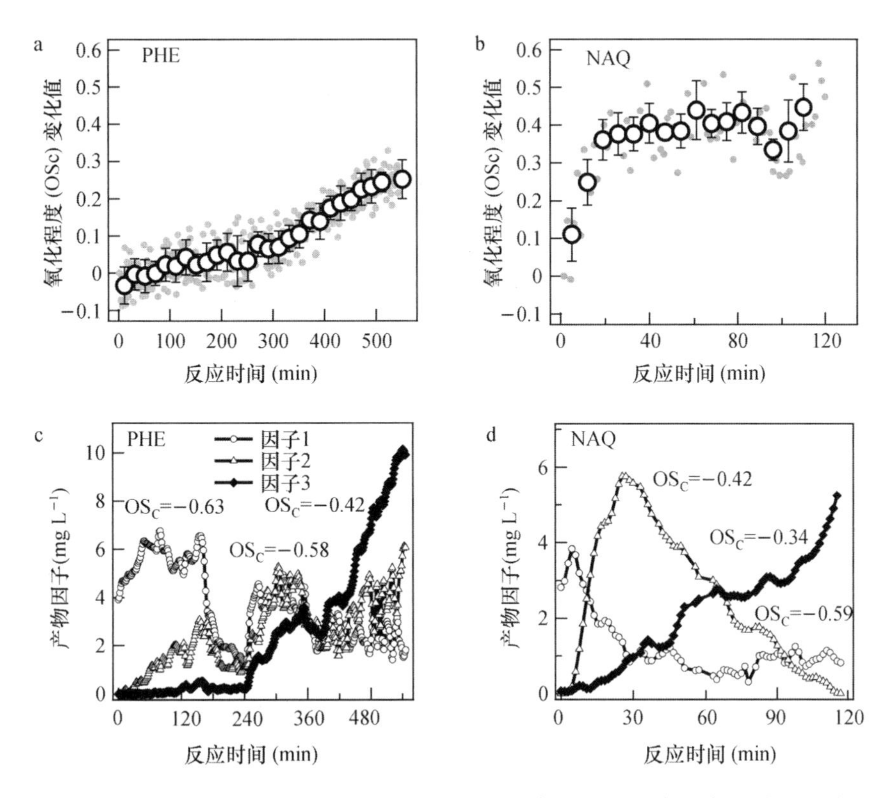

图 10.10　PHE 和 NAQ 液相氧化过程中有机物氧化状态以及 PMF 解析得到的因子时间序列

究，也发现其在光照和黑暗条件下均可生成二次有机气溶胶，产率分别为 32%和 15%；氧化过程中持续有高氧化性产物生成。但是，这三种物质的液相氧化动力学十分不同，因此需要对更多中挥发性有机物开展研究，以掌握普遍性规律。后期还应开展前体物降解二级反应动力学研究，以获得关键反应参数直接纳入空气质量模型，提高空气质量模拟的准确性。

10.5　$^3C^*$ 参与液相氧化生成 SOA 的机制

$^3C^*$ 是仅在液相中存在的一种特殊的氧化剂，弄清其在大气中的氧化机理和路径十分必要，然而相关研究又相对匮乏。本节通过 $^3C^*$ 液相氧化 4-乙基愈创木酚(EG)生成 SOA 的研究[73]，阐释 $^3C^*$ 氧化的反应机制及其贡献。

10.5.1　不同饱和气体和光照条件下 $^3C^*$ 降解 EG

本研究 $^3C^*$ 的引入是通过添加 DMB 后光照实现的。在液相反应过程中，$^3C^*$ 自由基可与 O_2 结合形成 $^1O_2$、O_2^- · 等自由基协同参与氧化，因此推测 O_2 含量对 EG 的 $^3C^*$ 液相氧化过程尤为重要。本研究分别进行了空气、氮气和氧气三种饱和气体下的 EG 降解实验。光照前，用 N_2 和 O_2 分别对溶液进行 30 分钟的鼓气，以达到溶液中 N_2 和 O_2 饱和的条件。N_2

饱和实验是为了抑制$^1O_2$的形成,一定程度上增强了$^3C^*$在液相反应中的作用,而O_2饱和实验是为了加速$^1O_2$的形成。图10.11为三种饱和气体下EG残留浓度与初始浓度之比(C_t/C_0)随光照时间的变化以及相应的一级反应速率常数。结果表明,三种饱和气体的反应速率从高到低依次为:空气>N_2>O_2。氮气饱和体系的一级反应速率常数为$1.43\times10^{-5}\ s^{-1}$,约为氧气饱和体系($k_{O_2}=0.79\times10^{-5}\ s^{-1}$)的两倍。额外通入的$O_2$可能降低了体系中$^1O_2$的形成速率,但是相应地增加了$^3C^*$的稳态浓度。而空气体系由于$^3C^*$和$^1O_2$自由基协同作用,该体系反应速率常数升高,达$2.69\times10^{-5}\ s^{-1}$。

研究还考察了可见光和紫外光下低浓度EG体系(300 μmol L^{-1})以及可见光下高浓度EG体系(3000 μmol L^{-1})降解随光照时间的变化。相较于对照实验,即紫外光直接照射体系(EG光照7小时后浓度趋于0),$^3C^*$参与反应后,溶液在光照1小时后C_t/C_0值就达到0.03,说明$^3C^*$自由基大大加速了前体物的降解。另外,比较不同光源下EG的降解反应,可见光光照17小时后C_t/C_0比值才达到0.03,而紫外光光照只需1小时比值就达0.03,紫外光降解效果明显更好。对比高低浓度反应体系(3000 μmol L^{-1},300 μmol L^{-1})结果,尽管前体物和DMB浓度均扩大为10倍,但一级降解速率明显低于低浓度体系。

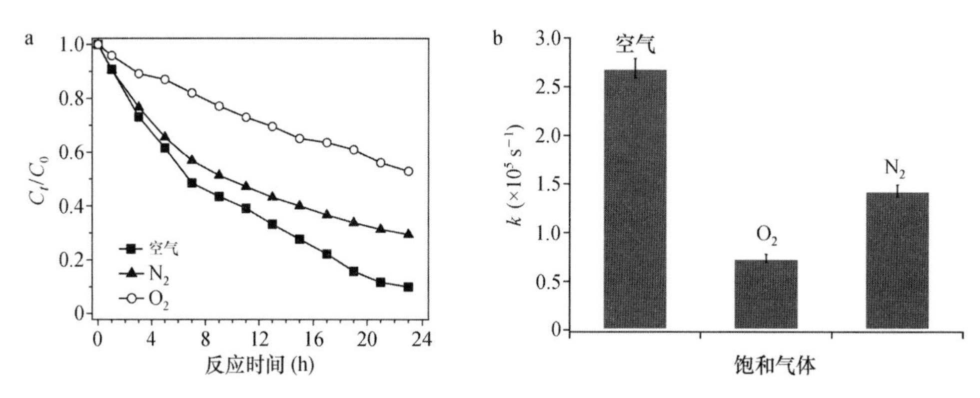

图10.11 不同饱和气体下EG的残留浓度与初始浓度之比随光照时间的变化(a)及一级反应速率常数(b)

10.5.2 不同活性氧的贡献

本节通过在300 μmol L^{-1}可见光$^3C^*$体系中外加四种猝灭剂2,2,6,6-四甲基哌啶(TMP)、叔丁醇(TBA)、叠氮化钠(NaN_3)、超氧化物歧化酶(SOD)分别猝灭$^3C^*$、·OH、$^1O_2$、O_2^-·,比较不同反应时间下前体物的浓度变化,探究猝灭剂剂量对猝灭效果的影响。之后,对比分析不同猝灭剂的降解效果,计算四种猝灭剂最佳猝灭效果时的一级反应速率常数,探究各种活性氧对降解效果的影响。最后,利用Micro EPR光谱仪对体系中·OH和$^1O_2$的浓度进行测定,进一步探究液相氧化中·OH和$^1O_2$的贡献。

测定对四种猝灭剂(TMP、TBA、NaN_3、SOD)分别在不同投加量下的C_t/C_0随光照时间的变化,结果发现,外加四种猝灭剂后EG的残留浓度都不断减小,说明活性氧能促进前体物的氧化降解。随着反应的进行,当TMP浓度从0.2 mmol L^{-1}升高至1 mmol L^{-1}时,C_t/C_0

不断增加，在 1 mmol L^{-1}时达到最高。而 TMP 的投加浓度升高至 2 mmol L^{-1}和 4 mmol L^{-1}时，EG 的残留浓度反而降低。因此，并非猝灭剂浓度越高猝灭效果越好。TMP 的投加量为 1 mmol L^{-1}时 EG 的降解抑制效果最好，此时反应的一级反应速率常数为 $0.96\times10^{-5}\ s^{-1}$，即本实验中 TMP 投加量为 1 mmol L^{-1}为 EG 液相降解反应的最适猝灭浓度。同理，确定了 TBA、NaN_3 和 SOD 最佳猝灭浓度分别为 4 mmol L^{-1}、0.4 mmol L^{-1}和 20 mg L^{-1}。

图 10.12 为四种猝灭剂分别在最佳猝灭浓度下的 $\ln(C_t/C_0)$与反应时间的关系图。通过一级动力学方程 $\ln(C_t/C_0)=-kt$ 分别计算了相应猝灭剂的一级反应速率常数。与未加猝灭剂体系（$k=2.69\times10^{-5}\ s^{-1}$）相比，外加 TBA 对 EG 降解没有明显的抑制作用（$k_{TBA}/k=0.77$），表明 •OH 在光降解中起次要作用。而外加 TMP 体系的一级反应速率常数为$0.96\times10^{-5}\ s^{-1}$，$^3C^*$ 贡献率高达 64%（$k_{TMP}/k=0.36$），表明$^3C^*$ 在 EG 降解中起主导作用。此前研究表明，雾水中$^1O_2$、$^3C^*$、•OH 的稳态浓度比为 3∶1∶0.04[74]，$^3C^*$ 可能是生物质燃烧产生的酚类化合物的主要氧化剂。另外，添加 NaN_3 和 SOD 也可以抑制反应（$k_{\beta c}/k=0.41$，$k_{SOD}/k=0.40$），表明$^1O_2$ 和 O_2^-• 对降解过程有着不可忽略的影响。$^1O_2$ 是很多不饱和有机化合物的有效氧化剂，其寿命高于$^3C^*$，也具有较高的氧化作用。EG 液相氧化过程中活性氧的贡献率排序为$^3C^*>{}^1O_2(\approx O_2^-\cdot)>$ •OH，与之前一些研究如$^1O_2$ 对磺胺嘧啶降解作用不大这一结论相反[75-76]。然而，另一项研究表明$^3C^*$ 和$^1O_2$ 的稳态浓度几乎是相同的[77]，但苯酮产生的$^3C^*$ 反应速率约为$^1O_2$ 的 2500 倍[78]，因而$^3C^*$ 比$^1O_2$ 的氧化效果更明显。McCabe 等人[79]测得$^3C^*$ 的还原电位为 1.4～1.9 eV，高于$^1O_2$(1.05 eV)。这都表明反应过程中$^3C^*$和$^1O_2$ 都是重要的氧化剂，并且$^3C^*$ 的贡献更大。

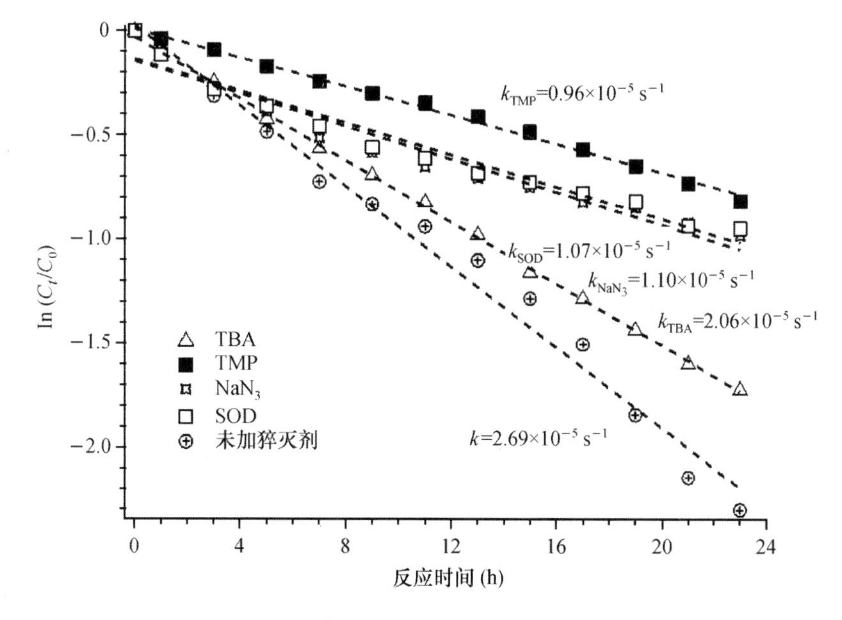

图 10.12　不同猝灭剂下 $\ln(C_t/C_0)$与反应时间的关系

为了进一步阐明液相氧化过程中活性氧的贡献，本文还利用 Micro EPR 光谱仪定量了体系中 •OH 和$^1O_2$ 的浓度。研究发现 •OH 的浓度甚至低于仪器检测限，进一步验证了 EG

的$^3C^*$液相氧化反应过程中·OH的贡献较小这一结论。$^3C^*$浓度低、寿命较短,且需要激光闪光光解等先进的技术才能进行测量,因此本研究也未对其浓度进行直接探究。研究还发现可见光反应1小时后$^1O_2$的稳态浓度约为3×10^{-8} mol L^{-1},远高于云水中$^1O_2$的浓度(2.6×10^{-13}mol L^{-1})。这一结果与此前研究的雾水样品中二甲基苯酚与自由基液相氧化的结论一致[74],即反应过程中$^3C^*$与$^1O_2$都起到重要作用。紫外光体系观察到$^1O_2$的浓度显著降低,反应23小时后浓度从40 μmol L^{-1}降至20 μmol L^{-1},说明反应过程中DMB可能是不断被降解的。

10.6 环境大气中液相氧化对二次气溶胶的影响

在外场观测中,羟甲基磺酸[80]以及一些有机羧酸(如草酸)[81]可作aqSOA的示踪物。先前研究还发现,云层邻近二次有机气溶胶质量增加[82],二次有机气溶胶质量增加与细粒子吸水量增加密切相关[83-84],雾天或湿润条件下二次有机气溶胶质量增加等[85-86],都可说明液相氧化对于二次有机气溶胶有一定贡献。外场观测还指出细粒子中大部分水溶性有机碳也可能由aqSOA组成[57,87]。还有研究通过对水溶性有机碳和其吸光特性的测定,指出大气液相反应可能是夏季美国东南部水溶性有机碳中吸光组分的主要贡献者[88]。另外,液相反应还可以在细粒子粒径分布中形成一个特殊的"液滴积聚模态",这个模态的峰值一般在0.5～1 μm,是典型大气条件下典型气溶胶生命周期中由气相反应无法形成的[89-90]。在高湿度条件下的一些外场观测实验中的确发现了液相反应的这种影响[91]。意大利的一份研究发现了生物质燃烧排放有机气溶胶向aqSOA转变的直接外场证据[92]。北京地区的几份研究也分离出了aqSOA的因子,并对其谱图特征和影响因素等进行了讨论[93-94]。

本节通过对长三角(YRD)地区气溶胶外场实测数据的分析,讨论环境大气中液相氧化对二次气溶胶(包括硫酸盐、硝酸盐及二次有机气溶胶)生成的影响因素,并对其贡献进行了定量评估,对认识液相氧化机制对于空气质量的影响有较好价值。

10.6.1 观测数据综述

观测时间是2015年2月20日～3月23日,地点在南京信息工程大学学科楼1号楼(32°12′20.82″N,118°42′25.46″E)。大学位于南京的江北新区,站点周边有一些石油化工厂和居民住宅区。在采样点2公里半径范围内,有两条主干道,经常有柴油车通过。所以,该采样点可能会受到工业、交通和烹饪活动的共同影响。观测仪器主要为黑碳高分辨率气溶胶质谱仪,用于测定亚微米气溶胶(PM_1)浓度、成分和粒径分布。$PM_{2.5}$浓度和主要气体(CO、SO_2、NO_2和O_3)数据来自距采样点最近的环境监测站,气象参数、太阳辐射和能见度等数据来自距离采样点约50米处的气象站。

采样期间天气比较潮湿,平均湿度在70%左右,平均风速为1.4 m s^{-1},主要风向是东风/东北风。由于在站点的东部/东北部不远处有许多工厂,所以PM预计可能会受到工业排放的影响。温度的范围是0℃到21℃,平均温度为8.5℃。通过正矩阵因子分解,获得了有机气溶胶的六个因子，分别是HOA（烃类有机气溶胶）、IOA（工业排放的有机气溶胶）、COA（烹饪相关的有机气溶胶）、LSOA（来自本地源的二次有机气溶胶）、SVOOA（半挥发性低氧化有机气溶胶）和LVOOA（低挥发性高氧化有机气溶胶）。

观测期间总PM_1的浓度范围是8.4 μg m^{-3}到180.5 μg m^{-3}，平均为46.3 μg m^{-3}，其中无机组分占比最大（68.4%）。黑碳质量浓度平均占PM_1的6.1%，有机气溶胶占PM_1的25.5%。一次有机气溶胶（POA＝HOA＋COA＋IOA）平均占总有机气溶胶的52%，二次有机气溶胶（SOA＝LSOA＋SVOOA＋LVOOA）平均占48%，一次和二次有机气溶胶占比相当。综合来看，二次气溶胶（有机和无机之和）平均约占PM_1质量的80.6%。这一比例比中国重度雾霾期间特大城市的观测值还要高（30%～77%）[1]。这表明即使是在预期有显著的一次排放影响的环境中，二次组分仍对气溶胶污染起主要作用。

研究发现PM_1中无机盐的粒径分布主峰在积聚模态（约650 nm，D_{va}为真空空气动力学粒径）。有机气溶胶的粒径分布更宽，并在较小的粒径段达到峰值（约550 nm）。黑碳粒径分布明显与其他组分不同（峰值在250～500 nm），表明其主要源于一次排放。观测的PM_1浓度与邻近监测站$PM_{2.5}$的浓度相关性较好（R^2＝0.70），PM_1平均约占$PM_{2.5}$的83%。这一比值是相对较高的，表明在受工业影响的环境中，亚微米颗粒的贡献显著。

10.6.2　硝酸盐和硫酸盐的生成

图10.13所示为SO_4^{2-}和NO_3^-浓度在整个采样期间随RH和O_x（＝O_3＋NO_2）的变化。通常空气湿度与液相/多相反应密切相关。虽然气溶胶液态水含量可能是液相过程更直接的指征，但缺乏测量数据。气溶胶液态水含量可以基于颗粒物成分使用热力学模型来预测，但模型预测仍然有较大的不确定性（例如有机物的吸水考虑很不完善），因此本研究仍使用湿度来表征。需要指出的是，本研究中二次组分的液相反应过程主要发生在气溶胶水中，而不是在云或者雾滴中。这是因为在整个观测期间没有雾事件发生，而且太阳辐射较弱的天经常有降水发生（在这种情况下，即使有云化学发生，降水的清除效果也会比在云中生成的效果更显著）。O_x用于表征光化学反应。

如图10.13a所示，SO_4^{2-}和NO_3^-浓度均随RH增加而增加，尤其在RH＞65%的情况下。值得注意的是，RH＞90%时的下降可能是由于降水的清除作用（由于缺乏确切降水数据，此处未去除相关数据点）。SO_4^{2-}和NO_3^-相对于O_x的变化不明显。SO_4^{2-}和NO_3^-对RH和O_x的复合影响的关系图（图10.13b）也表明，高浓度的SO_4^{2-}和NO_3^-主要出现在RH＞65%的情况下，但随O_x的变化分布比较均匀。这些结果表明，与光化学过程相比，液相过程在促进SO_4^{2-}和NO_3^-形成中的作用更为显著。

由于硝酸铵是半挥发性的，水分可增加其热力学气粒分配和在颗粒相中的溶解。此前研究表明这种热力学驱动机制对于南京NO_3^-的变化至关重要[95]。在夜间，N_2O_5非均相水解也是NO_3^-的一个重要来源。值得注意的是，NO_3^-的形成机制在不同环境下会有很大的差异，例如在北京的冬季，NO_3^-光化学生成更加明显[95]。硫酸铵常被视为非挥发性物质，热力学分配对其浓度的影响要小得多，但其可以直接在液相中生成。总的来说，虽然观测到较高湿度均能促进SO_4^{2-}和NO_3^-的形成，但背后的详细机制是不同的。

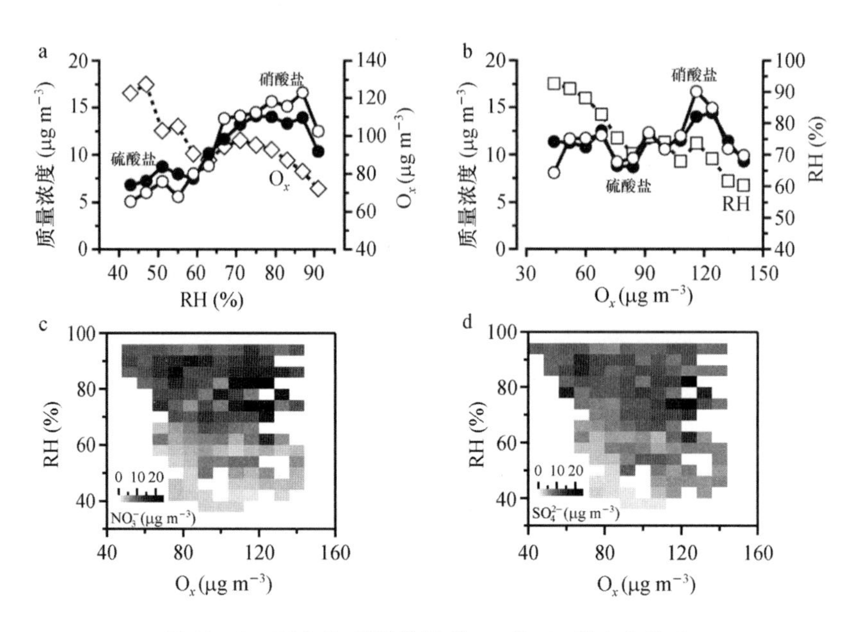

图 10.13　硫酸盐、硝酸盐随着 RH 和 O_x 的变化关系

深入研究 SO_4^{2-} 和 NO_3^- 的形成机理，需考察硫氧化速率(SOR)和氮氧化速率(NOR)的变化。计算公式为：$SOR=nSO_4^{2-}/(nSO_4^{2-}+nSO_2)$，$NOR=nNO_3^-/(nNO_3^-+nNO_2)$。这里 nSO_4^{2-}、nNO_3^-、nSO_2 和 nNO_2 分别是颗粒相硫酸盐、硝酸盐、气态二氧化硫和二氧化氮的摩尔浓度。需要注意的是，由于气态氮氧化物有多种形式(如 NO、N_2O_3、N_2O_4、N_2O_5 等)，而不仅是 NO_2，因此实际 NOR 应该比这里计算的要小。如图 10.14a 所示，在 RH<65%的情况下，NOR 从 0.09 增加到 0.13(平均值 0.12)，而在 RH>65%的情况下，NOR 没有显著增加，变化范围是 0.19～0.22(平均值 0.21)。与 NOR 不同，SOR 随 RH 几乎是线性增加(图 10.14b)，在 RH 为 35%时的值为 0.07，在 RH 为 95%时值为 0.50，增加了 7.4 倍。对比表明，水分对 SO_4^{2-} 的形成比对 NO_3^- 的形成起着更重要的作用。如果只考虑颗粒相 SO_4^{2-} 和 NO_3^- 浓度的增加，可能不能很好反映 RH 的影响，因为随着 RH 增加，NO_3^- 浓度增加的速率实际是比 SO_4^{2-} 增加的速率迅速。如 RH 从 40%增加到 90%，NO_3^- 从5.1 $\mu g\ m^{-3}$增加到 16.6 $\mu g\ m^{-3}$(增加了 225%)，而 SO_4^{2-} 从 6.8 $\mu g\ m^{-3}$增加到 13.9 $\mu g\ m^{-3}$(增加了 104%)。这也表明，很大一部分 NO_3^- 是来源于气粒转化，而不是液相过程直接产生。

图 10.14c 和 10.14d 给出了 NOR 和 SOR 与 O_x 之间的关系。NOR 与 O_x 的关系不明显，说明本次观测中硝酸盐受光化学影响不显著。SOR 随着 O_x 浓度的增加总体呈下降趋势。由于较高 RH 一般都对应着较低的太阳辐射和较低的 O_x 浓度，这一结果从另一个方面强调了液相过程对 SO_4^{2-} 的影响强于光化学过程。此外，之前在南京春季开展的研究指出，气温较高、空气干燥时，来自液相反应产生的 SO_4^{2-} 并不显著[96]。这表明，即使是在同一地区，不同季节的气溶胶中 SO_4^{2-} 的生成机制也不尽相同。此外，几乎在同一时期在北京进行的一项测量研究报告了 SO_4^{2-} 的生成中液相过程占主要贡献，而 NO_3^- 主要是通过光化学和多相反应产生[94]。这又表明，即使是在同一季节，不同地点的硫酸盐和硝酸盐的形成机理也会十分不同。

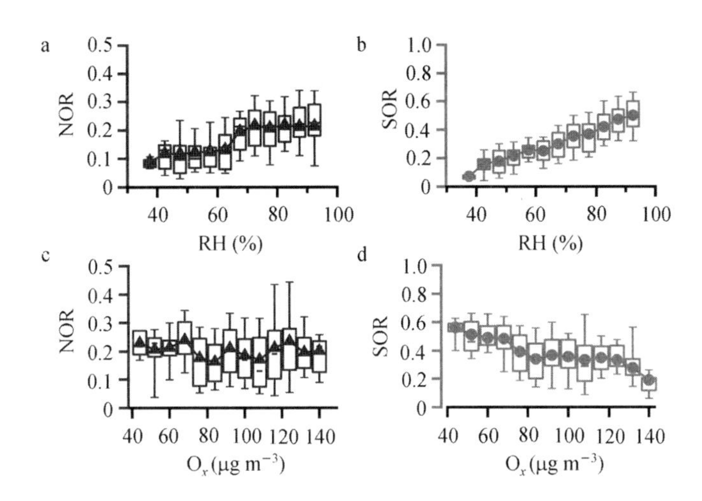

图 10.14　氮氧化速率和硫氧化速率随 RH 和 O_x 的变化关系

10.6.3　SOA 的生成

本研究解析出了 6 个气溶胶因子，二次有机气溶胶包括 SVOOA、LVOOA 和 LSOA。为了研究液相和光化学过程的影响，对这三个因子的质量浓度和质量分数随 RH 和 O_x 的变化进行了分析(图 10.15)。总的来说，LVOOA 浓度随 RH 的增加呈上升趋势，质量分数增加得更为明显，从 RH<40%时的 4%，增加到 RH>90%时的 32%，而 LSOA 和 SVOOA 则没有这种趋势。这一结果说明液相过程对 LVOOA 的生成有重要影响。相应地，LSOA 和 SVOOA 的质量浓度和质量分数都明显随着 O_x 的增加而增加，而 LVOOA 的质量分数则是从 46%(O_x<50 μg m^{-3})大幅降低到 9%(O_x>140 μg m^{-3})。这说明光化学过程显著影响 LSOA 和 SVOOA。

LVOOA 的氧碳比最高(0.74)，与实验室研究发现的 aqSOA 通常具有高氧化水平、低挥发性及对高氧化性二次有机气溶胶有显著贡献的事实相一致。这一结果清楚地证明了 LVOOA 和 aqSOA 之间的密切关系，aqSOA 很可能是 LVOOA 的一部分。当然 LVOOA 也可能包含其他低挥发性的二次物质，不一定均来源于液相反应，如气相反应产生的高氧有机分子(HOMs)。LSOA 和 SVOOA 是相对比较新鲜的二次气溶胶，氧碳比分别是 0.44 和 0.66，表明相对新鲜的 SOA 与气相 SOA(来源于气相光化学反应产生的 SOA)密切相关。

为了方便对比，本研究还分析了一次有机气溶胶(HOA、COA 和 IOA)因子与 RH、O_x 之间的变化情况。结果表明，无论是质量浓度还是百分数，一次有机气溶胶都与 RH 和 O_x 没有明显的关系。一次气溶胶是直接排放到空气中，因此理应不受到液相或光化学反应的影响。一个例外是 COA 浓度随着 O_x 的增加而增加，这可能是一个巧合，因为午餐时间正好是中午或午后，此时 COA 浓度较高，又正好有强的光化学活性。

为了进一步研究液相和光化学过程对 SOA 氧化水平(O/C_{SOA})的影响，我们使用 Xu 等人[94]提出的方法计算了 O/C_{SOA}。它代表了总二次有机气溶胶(LSOA、SVOOA 和 LVOOA 之和)的氧碳比。图 10.15e～f 为 O/C_{SOA} 和 O/C_{OA}(总有机物氧碳比)与 RH 和 O_x 的变化关系。由于一次有机物的影响,O/C_{OA}与 RH 和 O_x 没有明显的相关性。然而,较高 RH 时 O/C_{SOA}增加(尤其是 RH>60%时),意味着高氧化 aqSOA 的贡献。而随着 O_x 浓度增加 O/C_{SOA}降低,从 0.71(O_x<50 μg m^{-3})降低到 0.57(O_x>140 μg m^{-3}),这是因为有越来越多的光化学二次有机产物生成。前面结果表明气相光化学反应产生的是相对新鲜的二次有机气溶胶(O/C 较低),这将导致 O/C_{SOA}降低。

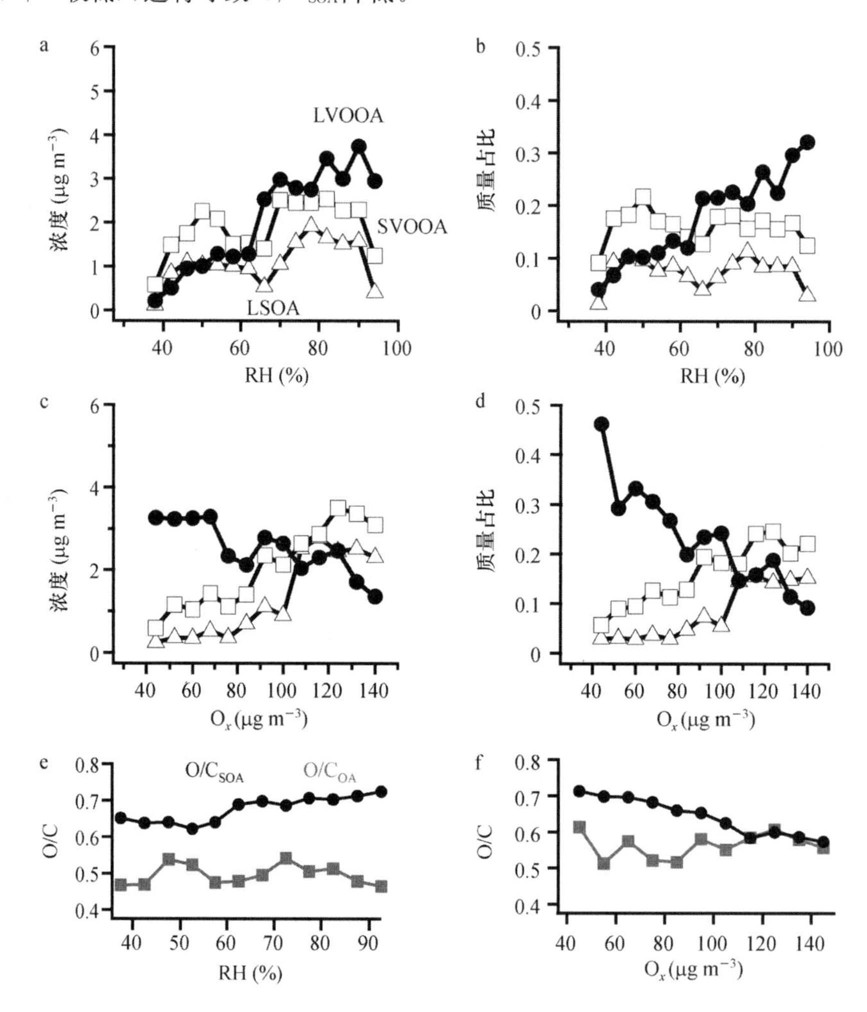

图 10.15 LSOA、SVOOA、LVOOA 的浓度及总 OA 和总 SOA 的 O/C 与 RH 和 O_x 的关系

不同的形成机制对细颗粒物的粒径分布有不同的影响。气相光化学反应中的二次物质通常沉积在较小的颗粒上(凝结模态),而云雾或湿气溶胶中的液相反应产生的颗粒更大(液滴模式)。基于此,研究还对比了不同 RH 水平下,有机气溶胶、SO_4^{2-} 和 NO_3^- 的平均粒径分布。结果发现,随着 RH 增加,有机气溶胶、SO_4^{2-} 和 NO_3^- 的粒径峰值大小都向更大的粒径移动。在 RH<40%时,有机气溶胶的平均粒径分布在 268 nm(D_{va})处达到峰值,RH 在 88%~92%时,其平均粒径分布的峰值显著增加到 694 nm。由于 RH 增加并未显著提升一次有机气溶胶、LSOA 和 SVOOA 的平均粒径峰值,因此有机气溶胶粒径增加主要归因于

LVOOA，即 aqSOA。此外，SO_4^{2-} 的粒径峰值从 418 nm(RH＜0%)增加到 730 nm(RH＝88%～92%)，NO_3^- 的粒径峰值从 233 nm(RH＜40%)增加到 694 nm(RH＝88%～92%)。三种物质在 RH＞92%时的平均 D_{va} 峰值的下降可能是由于降水的清除作用。总体而言，RH 增强了有机气溶胶、SO_4^{2-} 和 NO_3^- 的平均粒径峰值的大小，这为液相过程显著影响本次观测中二次气溶胶的生成提供了另一个证据。

10.6.4 二次气溶胶对 PM_1 污染的影响

本次观测中，液相过程显著影响 SO_4^{2-}、NO_3^- 和 LVOOA 的大气行为，光化学过程主要影响 LSOA 和 SVOOA。研究发现，相对清洁的时期(PM_1＜10 $\mu g\ m^{-3}$)，NO_3^- 的质量分数从 16.5%上升到 PM_1 浓度较高时期(PM_1＞60 $\mu g\ m^{-3}$)的 26%～27%。SO_4^{2-} 的质量分数变化较小，从 25.2%(PM_1＜10 $\mu g\ m^{-3}$)降低到 21.1%(PM_1＞60 $\mu g\ m^{-3}$)。随着 PM_1 浓度的增加，平均湿度显著增加(从 57%到 83%)，但平均 O_x 的变化范围很小(从 82.3 $\mu g\ m^{-3}$ 到 90.3 $\mu g\ m^{-3}$)。这一结果说明水分显著促进了 NO_3^- 和 SO_4^{2-} 的形成，对雾霾污染起到加重作用。进一步考察发现，NOR 和 SOR 也随着 PM_1 浓度的增加而增加。这表明污染加重时，硝酸盐和硫酸盐的生成能力也增加，从而使得二次组分在污染中的作用更加不容忽视。有机物的贡献随 PM_1 浓度增加不断减少，从 32.3%(PM_1＜10 $\mu g\ m^{-3}$)减少到 23.6%(PM_1＞70 $\mu g\ m^{-3}$)。这表明，尽管较高 RH 可能会提高部分二次有机物的产量(即 LVOOA)，但总体而言，有机气溶胶污染与湿度关系不大。进一步计算不同有机物水平下对总有机物的质量分数的影响发现，LVOOA 的贡献从 25.2%～29%(有机物＜10 $\mu g\ m^{-3}$)降低到 10.4%(有机物＞30 $\mu g\ m^{-3}$)，而 LSOA 和 SVOOA 的总和则从 12.1%(有机物＜5 $\mu g\ m^{-3}$)增加到 45.1%(有机物＞30 $\mu g\ m^{-3}$)。这说明光化学过程在加剧有机物污染方面比液相过程更为重要。相应地，不同有机物浓度范围内 RH 并未有明显差异，但 O_x 浓度则从 77.6 $\mu g\ m^{-3}$(有机物＜5 $\mu g\ m^{-3}$)显著增加到 115 $\mu g\ m^{-3}$(有机物＞30 $\mu g\ m^{-3}$)。这在一定程度上与 PM_1 的情况相反，部分解释了重 PM_1 污染时有机物贡献的减少。一次有机物的质量分数从 62.7%(有机物＜5 $\mu g\ m^{-3}$)降低到 44.5%(有机物＞30 $\mu g\ m^{-3}$)。这与南京市区春季的观测不同[96]，春季时更严重的有机物污染时期常常伴随着更高的一次有机物贡献。

研究还考察了不同组分在不同风向和风速下质量分数的变化。总的来说，并没有明显的增加或减少的趋势。这说明在这个站点，不同来源的气团对二次气溶胶的形成影响不大。

最后，具体分析了两个污染事件中二次气溶胶的行为和对污染的影响，第一个事件是 3 月 1 日下午 3:30～3 月 2 日下午 3:30(图 10.16)。在这个事件中，PM_1 的平均浓度为 48.9 $\mu g\ m^{-3}$，$(NH_4)_2SO_4$、NH_4NO_3 和 LVOOA 的总和(SNL)对 PM_1 的贡献为 74.4%，远高于整个观测期间的平均值。在该污染事件中，总 PM_1 浓度与 SNL 浓度密切相关，特别是在下午晚些时候和夜间。随着 RH 的增加 SNL 几乎是线性增加(r=0.96)，而与 O_x 浓度则呈线性负相关(r=－0.86)。夜间较高的 RH 导致较高的 SNL 浓度，而中午或午后较高的 O_x 浓度时会伴随着较低的 SNL 浓度。

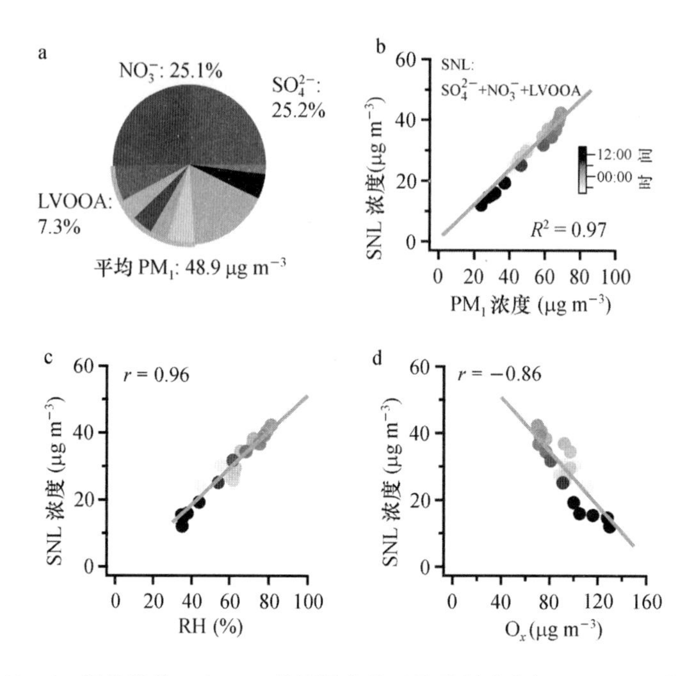

图 10.16 污染事件 1 中 SNL 的质量分数以及质量浓度与 RH 和 O_x 的关系

第二个事件的时间是 3 月 12 日下午 6:30～3 月 16 日上午 8:00(图 10.17)。该事件中光化学对二次有机物的影响显著，尤其是 LSOA。事实上，观测期间较高的 LSOA 浓度主要发生在这个事件中，平均浓度为 4.8 μg m^{-3}，远高于剩余时间段的平均值(0.38 μg m^{-3})。这也是它被定义为 LSOA 的原因之一，因为它的出现更可能是一个特定的、本地化的事件(由于缺乏更详细的数据，无法确定这一特定事件的成因)。在此期间，有机气溶胶的平均浓度为 18.3 μg m^{-3}，远高于整个观测期间的总平均值 11.8 μg m^{-3}。LSOA 和 SVOOA 的总占比为 43.6%，也远高于整个观测期间总平均占比 26.4%。此事件中 LSS(LSOA＋SVOOA)的质量浓度和百分比在高 O_x 浓度下有所增强，但在高 RH 条件下有所降低。更明显的是，从 3 月 15 日中午到 3 月 16 日凌晨，LSS 质量浓度与 O_x 浓度呈显著正相关(r＝0.91)，但同时随着 RH 的增加线性降低(r＝－0.90)。与第一个事件相反，中午或下午较高的 O_x 浓度导致较高的 LSS 浓度，而夜间较高 RH 伴随着较低的 LSS 浓度。

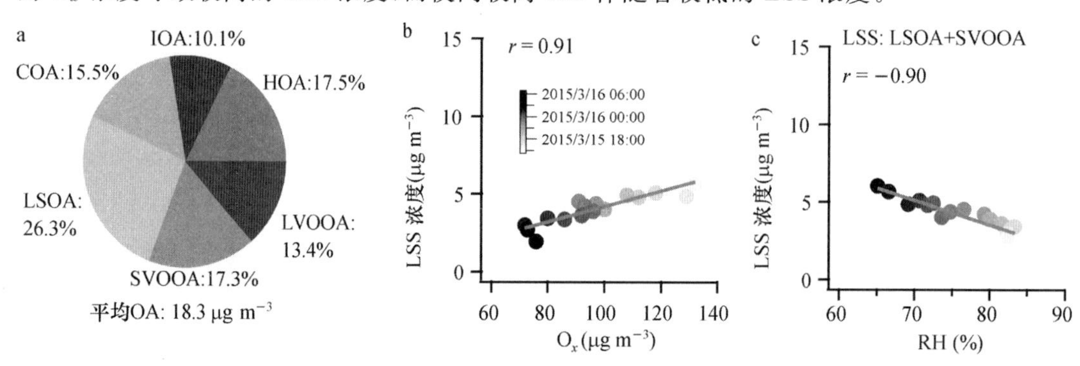

图 10.17 污染事件 2 中 LSS 的质量分数以及质量浓度与 RH 和 O_x 的关系

10.7　水汽对空气质量模型 SOA 模拟的影响

对大气气溶胶尤其有机气溶胶(OA)的性质及其生命周期中历经的各类物理化学过程进行准确刻画和考量,是提高空气质量模型预测可信度及预测能力的关键。在区域多尺度空气质量(CMAQ)模型中,添加云中二次有机气溶胶生成机制,可以提高航测所得水溶性碳与模型预测有机碳浓度之间的吻合程度[97];Chen 等人[98]也发现,在 2004 年 8 月美国东部一次污染事件中,考虑云中二次有机气溶胶可提高地表二次有机物的预测值。虽然这些研究证实考虑 aqSOA 的确可改进对二次有机气溶胶的预测,但由于 aqSOA 前体物复杂、生成机理不清,模型中对 aqSOA 的考量仍有很大改进空间。与 aqSOA 生成密切相关的水汽,能够影响半挥发性有机物(SVOCs)的气粒分配,同时 SVOCs 组分由于极性不同,与水汽之间也存在不同的交互作用。本节详细讨论水汽分配及其与有机物的相互作用对于我国东部 SOA 模拟的影响。

10.7.1　模型描述和情景设置

研究使用耦合改进的 SAPRC-11 的 CMAQ V5.0.1。SAPRC-11 的改进主要包括:使用了更新的异戊二烯氧化机制,添加了通过表面摄取异戊二烯环氧二醇(IEPOX)、甲基丙烯酸环氧化物(MAE)和二羰基产生的 SOA,添加了颗粒物表面 NO_2 和 SO_2 非均相反应生成硝酸盐和硫酸盐的机制,修正了壁损效应可能引起的 SOA 变化。SOA 模块遵循 Pankow 等人[99]的方法,主要考虑了两类,即由 SVOCs 平衡吸收分配形成的“半挥发性”(SV)部分,以及低 NO_x 下由芳香族化合物直接氧化形成的低聚物和 SOA 的“非挥发性”(NV)部分。由二羰基、IEPOX 和 MAE 的不可逆反应摄取形成的 SOA 归类为 NV-SOA。一次有机气溶胶被视为不挥发和无反应活性。

模型考虑了 12 个不同 NO_x 浓度下由烷烃、烯烃和芳香烃氧化产生的归并 SVOCs 以及 8 个 NV 有机产物[100]。SVOCs 的活度系数,则是使用 UNIFAC 方法,将有机颗粒物(OPM)组成的碳原子数、官能团和能量交互作用参数分配到各个 SV 和 NV 物种中计算得到[99]。UNIFAC 模型是计算有机物活度系数及其与水相互作用最常用的模型。在本研究中,POA 成分设定为已知组成的 10 种物质[101]。POA 也参与到有机-水混合物的活度系数计算中。除 SVOCs 外,模型也允许将水分配到 OPM 中。当水冷凝并被有机相吸收时,也会改变组分摩尔分数、SVOCs 活度系数和 SV-SOA 质量浓度。模型假设无机相和有机相之间没有相互作用。

OA 吸湿性的估算是基于 κ-Köhler 理论,将颗粒各组分吸湿性进行线性叠加得到。有机物吸水量(ALW_{org})与有机物吸湿参数(κ_{org})详见 Petters 和 Kreidenweis 的研究[102]。κ_{org}一般认为随着 OA 的氧碳比增加而线性增加。模型中利用了此前回归得到 κ_{org} 和氧碳比的关系[103],氧碳比则进一步通过各组分氧碳比与其占 OA 摩尔分数线性叠加得到。其中,POA 的 O/C 根据 Li 等人[101]假设的固定摩尔分数和化学组成的物质得到;SOA 遵循Simon

和 Bhave[104]的方法,使用有机质(OM)与有机碳(OC)比率进行反算,其中每个 SOA 组分的 OM/OC 比遵循 Pankow 等人[99]给出的数值。

模拟区域覆盖中国东部地区,水平分辨率为 36 km×36 km(100×100 网格),垂直结构为 18 层最高到 21 km。人为排放使用分辨率 0.25°×0.25°的 MEIC V1.0 排放清单,其他区域的排放使用分辨率 0.25°×0.25°的 REAS2 V2.0 排放清单。生物源排放是由天然源气体排放和气溶胶排放模型(MEGAN) V2.1 产生,其叶面积指数(LAI)由 8d MODIS 生成(MOD15A2),植物类型(PFT)由全球尺度土地模型(CLM 3.0)生成。使用美国大气研究中心的火灾清单(FINN)提供开放生物质燃烧排放。CMAQ 在线生成灰尘和海盐的排放。使用 WRF V3.6 生成气象场,初始和边界条件来自 NCEP FNL 模型的全球对流层分析数据集[105]。

研究设置了四种情景。基本情景(BC)使用 CMAQ V5.0.1 的默认有机气溶胶模块。在这种情景下,不考虑将水分配到 OPM 中,不同前体物氧化产生的归并半挥发产物分配到单一有机相中,并认为是 $\gamma_{org}=1$ 的 POA 和 SOA 理想状态混合物。水情景(C1)考虑将水分配到 OPM 中,但同样假设为有机物水混合物为理想状态溶液($\gamma_{org}=1$ 和 $\gamma_{H_2O}=1$)。UNIFAC 情景(C2)考虑了使用 UNIFAC 计算了活性系数($\gamma_{org}\neq1$)的有机组分之间的相互作用,但不考虑水向 OPM 的分配。合并情景(C3)则既考虑水的分配,也考虑各个组分(包括水和有机物)间的相互作用($\gamma_{org}\neq1$ 和 $\gamma_{H_2O}\neq1$)。

10.7.2 模型评估

研究首先评估了 C3 情景下北京和广州 2013 年 1 月每日 OC 模拟结果。模拟和观测的 OC 浓度比在 1∶2 至 2∶1 范围之间,关联系数为 0.7。模型在高浓度日低估 OC。总体而言,模拟平均分数偏差(MFB)和平均分数误差(MFE)为−0.20 和 0.27,均符合美国环保局要求($|MFB|\leqslant0.6$;$|MFE|\leqslant0.75$)。OC 的偏差可能是由于对 POA 排放的低估,以及部分在 CMAQ 中由于缺少前体物未被模拟出的 SOA[106]。与 BC 情景相比,C3 未发现 OC 的显著差异,这可能是由于当前模型中低估的 SOA 限制了 ALW_{org}对 SOA 形成的影响。

除了峰值被低估外,CMAQ 可以很好地模拟冬季北京地区 OA 的昼夜变化。模拟与观测 OA 的相关系数为 0.55。OA 平均值被低估了 25%。在无污染日(日均浓度小于 75 $\mu g\ m^{-3}$)模拟与观测值具有更好的一致性。污染天的 MFB 和 MFE 分别为−0.38 和 0.64,比未污染天的 MFB 和 MFE 差(MFB 为−0.26,MFE 为 0.52)。一月份 OA 的总 MFB 和 MFE 分别为−0.28 和 0.54,均符合美国环保局标准。同样,在情景 C3 和 BC 之间,仍未发现 SOA 或 OA 的明显变化。因为在模型模拟中,北京冬季 OA 的主要贡献是 POA,平均 SOA/POA 为 0.12,该比例远低于观测结果(0.45~1.94)。模型偏差可能是由于缺少 SOA,这些 SOA 可能是来自半挥发性 POA 的分配和老化,也可能来自未考虑的有机物氧化产物的氧化。

此外,我们还对 2013 年 7 月模型的模拟性能进行了评估。由于 2013 年 7 月观测的 OC 和 OA 数据缺乏,评估通过比较模拟和观测的地面站点 $PM_{2.5}$来实现。结果显示模型可以再现大多数地区 $PM_{2.5}$的日变化。在高浓度日中预测的 $PM_{2.5}$偏低,尤其是华北平原(NCP),

因 NCP 的 $PM_{2.5}$ 最高,范围是 60 至 300 $\mu g\ m^{-3}$。模拟的 $PM_{2.5}$ 误差在西北地区城市中很大。这可能是由于当前清单中缺少沙尘排放。模拟的 $PM_{2.5}$ 与每个站点观测值的平均 MFB 和 MFE 绝大部分都符合 Boylan 和 Russell[107]的标准。模型总体表现良好。所有站点的平均 MFB 和 MFE 分别为－0.28 和 0.39,表明模型总体对 $PM_{2.5}$ 有低估。

10.7.3　水汽对 SOA 和 ALW_{org} 的影响

研究发现 SOA 的空间分布在冬夏季差异很大[100]。冬季四川盆地(SCB)东部,以及华东华中省份山东、河南、安徽和湖北的 SOA 相对较高。上述区域的 SOA 月平均浓度高达 15～25 $\mu g\ m^{-3}$。人为排放物,例如二甲苯和甲苯氧化产生的二羰基产物[106]是 SOA 的主要来源。夏季东北、华北平原和长三角地表 SOA 浓度较高。SOA 最高的地区是上海市、江苏省以及黄海沿岸地区,地表 SOA 浓度达 9～16 $\mu g\ m^{-3}$,在 21 km 以下的大气层柱浓度达 20～25 $mg\ m^{-2}$。与冬季 SOA 相比,夏季 SOA 很大一部分来自生物源排放。人为源 SOA 浓度高值集中在黄海和渤海沿海地区。

水分配 OPM 和非理想状态对 SOA 形成的影响也表现出强烈的季节性变化。在冬季,在人为源排放占主导的高 SOA 地区表面 SOA 浓度降低约 1.5 $\mu g\ m^{-3}$(10%～20%),柱浓度降低小于约 1 $mg\ m^{-2}$(20%)。在夏季,较高的温度和 RH 会促进水分配进而影响 SOA 的形成,很明显 SOA 在整个范围内都会增加,在长江三角洲和黄海沿岸表面浓度增加 2～4 $\mu g\ m^{-3}$(20%～50%),柱浓度增加 4～6 $mg\ m^{-2}$(30%～60%)。人为源主导了冬季总 SOA 的变化。夏季 SOA 增加在内陆地区是由于生物源,在海洋上是由于人为源。

ALW_{org} 的区域分布与 SOA 的变化类似。在冬季,ALW_{org} 的最大平均浓度出现在高 SOA 浓度地区为 3.0 $\mu g\ m^{-3}$,且 SOA 发生了明显变化。在其他地区,ALW_{org} 的平均浓度为 0.5～1.5 $\mu g\ m^{-3}$。总体而言,冬季平均 ALW_{org}/SOA 为 0.1～0.3。在夏季,水分配 OPM 的情况主要发生在东部沿海地区的表层,同时人为源产生的 SOA(如来自甲苯和二甲苯的 SOA)显著增加。这可能是由于人为源 SVOCs 的高极性(有更多的—COOH)吸收了更多水分。在沿海地区,ALW_{org} 的平均浓度为 5～7 $\mu g\ m^{-3}$(ALW_{org}/SOA 为0.5～1.0)。在陆地上,东北和华东 ALW_{org} 的平均浓度为 1～3 $\mu g\ m^{-3}$(ALW_{org}/SOA 为 0.2～0.5)。水分配主要与源自生物源异戊二烯和单萜氧化 SOA 有关,因其产生具有大量 OH 基团的 SVOCs。此外,从 ALW_{org} 的柱浓度和 ALW_{org}/SOA 值来看,更多的 ALW_{org} 必定出现在了冬季南部和西南地区的高层大气中,因其 col-SOA 是显著增加的。高 SOA 区域的平均 col-ALW_{org}/col-SOA 为 0.1～0.3。夏季,高 ALW_{org} 一定在华中高海拔地区。YRD 最大 col-ALW_{org} 约 7 $mg\ m^{-2}$,col-ALW_{org}/col-SOA 约为 0.3。

10.7.4　水汽对气溶胶性质的影响

由于 C3 情景计算了 ALW_{org},κ_{org} 可以由模拟的 ALW_{org}、OA 和 RH 计算得到。研究选择了九个代表性城市考察 κ_{org} 和氧碳比相关性,并得到了其季节变化情况,再将所有城市的冬季和夏季结果进行合并分析(图 10.18)。κ_{org} 和 O/C 数据分为 10 级,然后计算 κ_{org} 在每级的平均。总体而言,O/C 在 0.2～0.8 的范围内。冬季每个 O/C 级的平均 κ_{org} 小于 0.1,其中广州最高。夏天平均 κ_{org} 随着 ALW_{org} 形成而增加，在北京出现最高值 0.35。κ_{org} 与 O/C 的线性相关性有显著的空间和季节变化。例如，在沈阳、北京、郑州和西安等北方城市，冬季 κ_{org}-O/C 的斜率比夏季小 70%～90%。在广州，冬季的斜率比夏季高 83%。在成都，两个季节的斜率相似。总体而言，九个城市 κ_{org}-O/C 的斜率冬天为 0.16，夏天为 0.4。大多数城市拟合的线性相关性都超出了此前研究的 0.18～0.37 范围，表明有机气溶胶的吸湿性不能简单地用一个单一的参数如 O/C 来表示。在两个季节中，κ_{org} 随着 O/C 的降低出现了零值和负值，这可能是 κ_{org} 和 O/C 做线性回归引起的。为了避免这种情况，采取指数拟合方法，使得 κ_{org} 取值在 0～1 的范围内，并与 O/C 正相关，拟合得到的方程式列于图 10.18 中。

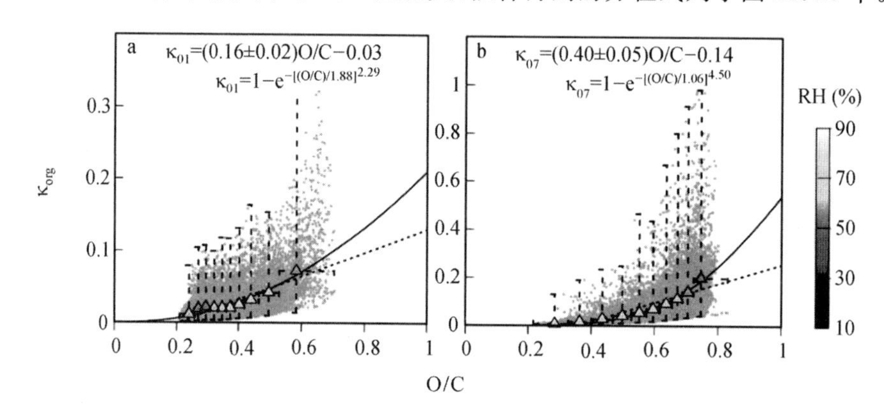

图 10.18　2013 年 1 月(a)和 7 月(b)九个代表性城市有机气溶胶吸湿性和氧碳比的关系

进一步对水汽对气溶胶光学厚度(AOD)和气溶胶辐射强迫(ARF)的影响进行了研究。在 CMAQ V5.0.1 中，有两种估算气溶胶消光系数的方法。一种基于 Mie 理论预测的气溶胶成分浓度($b_{ext,m}$)，另一种基于与 IMPROVE 观测网络的相关性，IMPROVE 观测网络考虑了不同气溶胶成分的吸湿性的影响($b_{ext,r}$)。用两种消光系数计算出的 AOD 分别表示为 AOD_m 和 AOD_r。

研究发现，冬季和夏季四川盆地和华北平原 AOD_r 较高，西部较低。AOD_m 的变化与 AOD_r 相似。1 月平均 AOD_r 为 1.0～3.2，7 月为 0.3～0.9。AOD_m 低于 AOD_r，1 月为 0.7～2.2 和 7 月为 0.3～0.6。模型高估了 1 月的 AOD，但与卫星遥感观察结果更为吻合，其 AOD 在 7 月较高。模拟的 AOD 偏差可能是由于在 CMAQ 中计算 AOD 时所使用的经验方程式，也可能是由于卫星数据反演陆地 AOD 的不确定性。随 ALW_{org} 变化而导致的 AOD 的增加具有显著的空间和季节分布。在冬季，由于 SOA 的微小变化，整个区域的 AOD_r 均没有显著变化。夏季，长三角地区和邻近地区的 AOD_r 增加则高达 10%。

ARF 表示由气溶胶导致的大气顶部辐射通量的变化。总的来说，细颗粒物在整个区域冬季夏季都对短波辐射表现出冷却作用。在 AOD 较高的地区，这种影响更大。冬季山东省和夏季江苏省沿海地区的 ARF 最高，分别约为 −5 和 −6 Wm^{-2}。冬季，在中国东部未发现 ARF 的显著变化。这可能是由于与其他具有冷却作用的组分(如硫酸盐)相比，冬季 SOA 对 $PM_{2.5}$ 的贡献很小。在夏季，SOA 是 $PM_{2.5}$ 的重要组成部分(20%～60%)，并且水分配对短波辐射的影响相对较强。因此在 YRD 区域，ARF 的冷却效果提高了 15%，AOD 也有相对明显的变化。

10.7.5　水分配和有机物极性的单独影响

研究还单独考察了水分配和非理想有机-水混合物对 SOA 的影响,发现两者的影响相反。模拟区域内大部分地区冬季水分配能引起 SOA 浓度增加 10%～20%,夏季增加30%～80%。这是因为水的分子量很小,会降低 OPM 的平均摩尔分子量[99],从而进一步提高分配系数,促进 SVOCs 从气相到 OPM 的质量转移。另一方面,考虑到非理想有机-水混合物的作用,本研究中 SVOCs 的活性系数通常大于 1.0,这将导致 SVOCs 分配系数减小,结果导致总 SOA 浓度冬季减少 0%～20%,夏季减少 10%～50%。总体而言,这两个因素的协同作用最终影响 SOA 浓度。冬季大部分区域由水分配引起的 SOA 增加,被由 SVOCs 极性变化引起的 SOA 减少所抵消,总体出现 SOA 浓度的轻微降低。夏季水分配引起的 SOA 增加大于 SVOCs 极性变化引起的减少,因此总 SOA 浓度增加,能进一步导致太阳短波辐射衰减和大气层的冷却。需注意的是,由于当前模型低估 SOA,本研究中的结果只是下限。在化学传输模型中模拟炎热和潮湿条件下 SOA 的形成时,对这两种影响的考虑十分重要。

10.7.6　本项目资助发表论文

[1] Wang J, Ye J, Zhang Q, Zhao J, Wu Y, et al. Aqueous production of secondary organic aerosol from fossil fuel emissions in winter Beijing haze. Proceedings of the National Academy of Sciences of the United States of America, 2021, 118: e2022179118.

[2] Wang J, Li J, Ye J, Zhao J, Wu Y, et al. Fast sulfate formation from oxidation of SO_2 by NO_2 and HONO observed in Beijing haze. Nature Communications, 2020, 11: 2844.

[3] Ye Z, Zhuang Y, Chen Y, Zhao Z, Ma S, et al. Aqueous-phase oxidation of three phenolic compounds by hydroxyl radical: insight into secondary organic aerosol formation yields, mechanisms, products and optical properties. Atmospheric Environment, 2020, 223: 117240.

[4] Lu J, Ge X, Liu Y, Chen Y, Xie X, et al. Significant secondary organic aerosol production from aqueous-phase processing of two intermediate volatility organic compounds. Atmospheric Environment, 2019, 211: 63-68.

[5] Ye Z, Qu Z, Ma S, Luo S, Chen Y, et al. A comprehensive investigation of aqueous-phase photochemical oxidation of 4-ethylphenol. Science of the Total Environment, 2019, 685: 976-985.

[6] Chen H, Ge X, Ye Z. Aqueous-phase secondary organic aerosol formation via reactions with organic triplet excited states. Current Pollution Reports, 2018, 4: 8-12.

[7] Wu Y, Ge X, Wang J, Shen Y, Ye Z, et al. Responses of secondary aerosols to relative humidity and photochemical activities in an industrialized environment during late winter. Atmospheric Environment, 2018, 193: 66-78.

[8] Ge X, Li L, Chen Y, Chen H, Wu D, et al. Aerosol characteristics and sources in Yangzhou, China resolved by offline aerosol mass spectrometry and other techniques. Environmental Pollution, 2017, 225: 74-85.

[9] Hu J, Wang P, Ying Q, Zhang H, Chen J, et al. Modeling biogenic and anthropogenic secondary organic aerosol in China. Atmospheric Chemistry and Physics, 2017, 17: 77-92.

[10] Ye Z, Li Q, Liu J, Luo S, Zhou Q, et al. Investigation of submicron aerosol characteristics in Changzhou, China: Composition, source, and comparison with co-collected $PM_{2.5}$. Chemosphere, 2017, 183: 176-185.

参考文献

[1] Huang R, Zhang Y, Bozzetti C, Ho K, Cao J, et al. High secondary aerosol contribution to particulate pollution during haze events in China. Nature, 2014a, 514: 218-222.

[2] 叶招莲,瞿珍秀,马帅帅,盖鑫磊. 气溶胶水相反应生成二次有机气溶胶研究进展. 环境科学, 2018, 039: 3954-3964.

[3] Ervens B, Turpin B J, Weber R J. Secondary organic aerosol formation in cloud droplets and aqueous particles (aqSOA): A review of laboratory, field and model studies. Atmospheric Chemistry and Physics, 2011, 11: 11069-11102.

[4] Cheng Y, Zheng G, Wei C, Mu Q, Zheng B, et al. Reactive nitrogen chemistry in aerosol water as a source of sulfate during haze events in China. Science Advances, 2016, 2: e1601530.

[5] Liu T, Clegg S L, Abbatt J P D. Fast oxidation of sulfur dioxide by hydrogen peroxide in deliquesced aerosol particles. Proceedings of the National Academy of Sciences of the United States of America, 2020a, 117: 1354-1359.

[6] Xue J, Yuan Z, Griffith S M, Yu X, Lau A K H, et al. Sulfate formation enhanced by a cocktail of high NO_x, SO_2, particulate matter, and droplet pH during haze-fog events in megacities in China: An observation-based modeling investigation. Environmental Science & Technology, 2016, 50: 7325-7334..

[7] Gen M, Zhang R, Huang D, Li Y, Chan C K. Heterogeneous oxidation of SO_2 in sulfate production during nitrate photolysis at 300 nm: Effect of pH, relative humidity, irradiation intensity, and the presence of organic compounds. Environmental Science & Technology, 2019a, 53: 8757-8766.

[8] Wang G, Zhang R, Gomez M E, Yang L, Levy Zamora M, et al. Persistent sulfate formation from London Fog to Chinese haze. Proceedings of the National Academy of Sciences of the United States of America, 2016a, 113: 13630-13635.

[9] Xue J, Yu X, Yuan Z, Griffith S M, Lau A K H, et al. Efficient control of atmospheric sulfate production based on three formation regimes. Nature Geoscience, 2019, 12: 977-982.

[10] Seinfeld J H, Pandis S N. Atmospheric chemistry and physics: From air pollution to climate change. New York: Wiley, 2016.

[11] Wang Y, Zhang Q, Jiang J, Zhou W, Wang B, et al. Enhanced sulfate formation during China's severe winter haze episode in January 2013 missing from current models. Journal of Geophysical Research: Atmospheres, 2014, 119: 10425-10440.

[12] Huang X, Song Y, Zhao C, Li M, Zhu T, et al. Pathways of sulfate enhancement by natural and anthropogenic mineral aerosols in China. Journal of Geophysical Research: Atmospheres, 2014b, 119: 14165-14179.

[13] Guo H, Weber R J, Nenes A. High levels of ammonia do not raise fine particle pH sufficiently to yield nitrogen oxide-dominated sulfate production. Scientific Reports, 2017, 7: 12109.

[14] Shi G, Xu J, Peng X, Xiao Z, Chen K, et al. pH of aerosols in a polluted atmosphere: Source contributions to highly acidic aerosol. Environmental Science & Technology, 2017, 51: 4289-4296.

[15] Song S, Gao M, Xu W, Shao J, Shi G, et al. Fine-particle pH for Beijing winter haze as inferred from different thermodynamic equilibrium models. Atmospheric Chemistry and Physics, 2018, 18: 7423-7438.

[16] Shao J, Chen Q, Wang Y, Lu X, He P, et al. Heterogeneous sulfate aerosol formation mechanisms during wintertime Chinese haze events: Air quality model assessment using observations of sulfate oxygen isotopes in Beijing. Atmospheric Chemistry and Physics, 2019, 19: 6107-6123.

[17] Li J, Zhang Y, Cao F, Zhang W, Fan M, et al. Stable sulfur isotopes revealed a major role of transition-metal ion-catalyzed SO_2 oxidation in haze episodes. Environmental Science & Technology, 2020b, 54: 2626-2634.

[18] Jacob D J. Heterogeneous chemistry and tropospheric ozone. Atmospheric Environment, 2000, 34: 2131-2159.

[19] Zhang F, Wang Y, Peng J, Chen L, Sun Y, et al. An unexpected catalyst dominates formation and radiative forcing of regional haze. Proceedings of the National Academy of Sciences of the United States of America, 2020, 117: 3960-3966.

[20] Gen M, Zhang R, Huang D, Li Y, Chan C K. Heterogeneous SO_2 oxidation in sulfate formation by photolysis of particulate nitrate. Environmental Science & Technology Letters, 2019b, 6: 86-91.

[21] Zheng H, Song S, Sarwar G, Gen M, Wang S, et al. Contribution of particulate nitrate photolysis to heterogeneous sulfate formation for winter haze in China. Environmental Science & Technology Letters, 2020, 7: 632-638.

[22] Wang J, Li J, Ye J, Zhao J, Wu Y, et al. Fast sulfate formation from oxidation of SO_2 by NO_2 and HONO observed in Beijing haze. Nature Communications, 2020, 11: 2844.

[23] Wallington T J, Wiesen P. N_2O emissions from global transportation. Atmospheric Environment, 2014, 94: 258-263.

[24] Martin L R, Damschen D E, Judeikis H S. The reactions of nitrogen oxides with SO_2 in aqueous aerosols. Atmospheric Environment, 1981, 15: 191-195.

[25] Chang S G, Toossi R, Novakov T. The importance of soot particles and nitrous acid in oxidizing SO_2 in atmospheric aqueous droplets. Atmospheric Environment, 1981, 15: 1287-1292.

[26] Oblath S B, Markowitz S S, Novakov T, Chang S G. Kinetics of the initial reaction of nitrite ion in bisulfite solutions. Journal of Physical Chemistry, 1982, 86: 4853-4857.

[27] McKeen S A, Liu S, Hsie E-Y, Lin X, Bradshaw J D, et al. Hydrocarbon ratios during PEM-WEST A: A model perspective. Journal of Geophysical Research: Atmospheres, 1996, 101: 2087-2109.

[28] Brasseur G P, Jacob D J. Modeling of atmospheric chemistry. Cambridge University Press, 2017.

[29] Lee Y N, Schwarts S E. Kinetic of oxidation of aqueous sulfur(Ⅳ) by nitrogen dioxide. Precipitation Scavenging, Dry Deposition and Resuspension, 1983, 1: 453-470.

[30] Clifton C L, Altstein N, Huie R E. Rate constant for the reaction of nitrogen dioxide with sulfur(Ⅳ) over the pH range 5.3～13. Environmental Science & Technology, 1988, 22: 586-589.

[31] Zhang W, Tong S, Ge M, An J, Shi Z, et al. Variations and sources of nitrous acid (HONO) during a severe pollution episode in Beijing in winter 2016. Science of the Total Environment, 2019, 648: 253-262.

[32] Zhang B, Zhang Y, Zhao X, Meng J. Non-CO_2 greenhouse gas emissions in China 2012: Inventory and supply chain analysis. Earth's Future, 2018, 6: 103-116.

[33] Zheng B, Tong D, Li M, Liu F, Hong C, et al. Trends in China's anthropogenic emissions since 2010 as the consequence of clean air actions. Atmospheric Chemistry and Physics, 2018, 18: 14095-14111.

[34] Lee A K Y,Zhao R,Li R,Liggio J,Li S,et al. Formation of light absorbing organo-nitrogen species from evaporation of droplets containing glyoxal and ammonium sulfate. Environmental Science & Technology, 2013,47: 12819-12826.

[35] Renard P,Siekmann F,Salque G,Demelas C,Coulomb B,et al. Aqueous-phase oligomerization of methyl vinyl ketone through photooxidation-part 1: Aging processes of oligomers. Atmospheric Chemistry and Physics,2015,15: 21-35.

[36] Yu L,Smith J,Laskin A,Anastasio C,Laskin J,et al. Chemical characterization of SOA formed from aqueous-phase reactions of phenols with the triplet excited state of carbonyl and hydroxyl radical. Atmospheric Chemistry and Physics,2014,14: 13801-13816.

[37] George K M,Ruthenburg T C,Smith J,Yu L,Zhang Q,et al. FT-IR quantification of the carbonyl functional group in aqueous-phase secondary organic aerosol from phenols. Atmospheric Environment,2015, 100: 230-237.

[38] Lim Y B,Tan Y,Perri M J,Seitzinger S P,Turpin B J. Aqueous chemistry and its role in secondary organic aerosol (SOA) formation. Atmospheric Chemistry and Physics,2010,10: 10521-10539.

[39] Laskin A,Laskin J,Nizkorodov S A. Chemistry of atmospheric brown carbon. Chemical Reviews,2015, 115: 4335-4382.

[40] Michaud V,El Haddad I,Liu Y,Sellegri K,Laj P,et al. In-cloud processes of methacrolein under simulated conditions-part 3: Hygroscopic and volatility properties of the formed secondary organic aerosol. Atmospheric Chemistry and Physics,2009,9: 5119-5130.

[41] Farmer D K,Cappa C D,Kreidenweis S M. Atmospheric processes and their controlling influence on cloud condensation nuclei activity. Chemical Reviews,2015,115: 4199-4217.

[42] Wang H,Huang D,Zhang X,Zhao Y,Chen Z. Understanding the aqueous phase ozonolysis of isoprene: Distinct product distribution and mechanism from the gas phase reaction. Atmospheric Chemistry and Physics,2012,12: 7187-7198.

[43] Huang D,Zhang Q,Cheung H H Y,Yu L,Zhou S,et al. Formation and evolution of aqSOA from aqueous-phase reactions of phenolic carbonyls: Comparison between ammonium sulfate and ammonium nitrate Ssolutions. Environmental Science & Technology,2018b,52: 9215-9224.

[44] Onasch T B,Trimborn A,Fortner E C,Jayne J T,Kok G L,et al. Soot particle aerosol mass spectrometer: Development,validation,and initial application. Aerosol Science and Technology,2012,46: 804-817.

[45] Ge X,Li L,Chen Y,Chen H,Wu D,et al. Aerosol characteristics and sources in Yangzhou,China resolved by offline aerosol mass spectrometry and other techniques. Environmental Pollution,2017b,225: 74-85.

[46] Chen H,Ge X,Ye Z. Aqueous-phase secondary organic aerosol formation via reactions with organic triplet excited states. Current Pollution Reports,2018a,4: 8-12.

[47] 陈彦彤,李旭东,陶冶,黄红缨,叶招莲.有机激发三重态参与的光化学反应研究进展.化工进展,2020, 39: 3344-3353.

[48] Renard P,Reed Harris A E,Rapf R J,Ravier S,Demelas C,et al. Aqueous phase oligomerization of methyl vinyl ketone by atmospheric radical reactions. The Journal of Physical Chemistry C,2014,118: 29421-29430.

[49] Richards-Henderson N K,Pham A T,Kirk B B,Anastasio C. Secondary organic aerosol from aqueous reactions of green leaf volatiles with organic triplet excited states and singlet molecular oxygen. Environ-

mental Science & Technology,2015,49: 268-276.

[50] Smith J D,Kinney H,Anastasio C. Aqueous benzene-diols react with an organic triplet excited state and hydroxyl radical to form secondary organic aerosol. Physical Chemistry Chemical Physics,2015,17: 10227-10237.

[51] Smith J D,Sio V,Yu L,Zhang Q,Anastasio C. Secondary organic aerosol production from aqueous reactions of atmospheric phenols with an organic triplet excited state. Environmental Science & Technology,2014,48: 1049-1057.

[52] Yu L,Smith J,Laskin A,George K M,Anastasio C,et al. Molecular transformations of phenolic SOA during photochemical aging in the aqueous phase: competition among oligomerization,functionalization,and fragmentation. Atmospheric Chemistry and Physics,2016,16: 4511-4527.

[53] Ye Z,Qu Z,Ma S,Luo S,Chen Y,et al. A comprehensive investigation of aqueous-phase photochemical oxidation of 4-ethylphenol. Science of the Total Environment,2019,685: 976-985.

[54] Chen Y,Ge X,Chen H,Xie X,Chen Y,et al. Seasonal light absorption properties of water-soluble brown carbon in atmospheric fine particles in Nanjing,China. Atmospheric Environment,2018b,187: 230-240.

[55] Yan C,Zheng M,Sullivan A P,Bosch C,Desyaterik Y,et al. Chemical characteristics and light-absorbing property of water-soluble organic carbon in Beijing: Biomass burning contributions. Atmospheric Environment,2015,121: 4-12.

[56] Li C,Chen P,Kang S,Yan F,Hu Z,et al. Concentrations and light absorption characteristics of carbonaceous aerosol in $PM_{2.5}$ and PM_{10} of Lhasa city,the Tibetan Plateau. Atmospheric Environment,2016a,127: 340-346.

[57] Zhang X,Lin Y H,Surratt J D,Weber R J. Sources,composition and absorption Angstrom exponent of light-absorbing organic components in aerosol extracts from the Los Angeles Basin. Environmental Science & Technology,2013,47: 3685-3693.

[58] Zhang Y,Xu J,Shi J,Xie C,Ge X,et al. Light absorption by water-soluble organic carbon in atmospheric fine particles in the central Tibetan Plateau. Environmental Science and Pollution Research,2017,24: 21386-21397.

[59] Zhao Y,Nguyen N T,Presto A A,Hennigan C J,May A A,et al. Intermediate volatility organic compound emissions from on-road diesel vehicles: Chemical composition,emission factors,and estimated secondary organic aerosol production. Environmental Science & Technology,2015,49: 11516-11526.

[60] Drozd G T,Zhao Y,Saliba G,Frodin B,Maddox C,et al. Detailed speciation of intermediate volatility and semivolatile organic compound emissions from gasoline vehicles: Effects of cold starts and implications for secondary organic aerosol formation. Environmental Science & Technology,2019,53: 1706-1714.

[61] Huang C,Hu Q,Li Y,Tian J,Ma Y,et al. Intermediate volatility organic compound emissions from a large cargo vessel operated under real-world conditions. Environmental Science & Technology,2018a,52: 12934-12942.

[62] Cross E S,Hunter J F,Carrasquillo A J,Franklin J P,Herndon S C,et al. Online measurements of the emissions of intermediate-volatility and semi-volatile organic compounds from aircraft. Atmospheric Chemistry and Physics,2013,13: 7845-7858.

[63] Chan A W H,Kreisberg N M,Hohaus T,Campuzano-Jost P,Zhao Y,et al. Speciated measurements of Semivolatile and Intermediate Volatility Organic Compounds (S/IVOCs) in a pine forest during BEACHON-RoMBAS 2011. Atmospheric Chemistry and Physics,2016,16: 1187-1205.

[64] Li W, Li L, Chen C, Kacarab M, Peng W, et al. Potential of select intermediate-volatility organic compounds and consumer products for secondary organic aerosol and ozone formation under relevant urban conditions. Atmospheric Environment, 2018, 178: 109-117.

[65] Zhao Y, Lambe A T, Saleh R, Saliba G, Robinson A L. Secondary organic aerosol production from gasoline vehicle exhaust: Effects of engine technology, cold start, and emission certification standard. Environmental Science & Technology, 2018, 52: 1253-1261.

[66] Ots R, Young D E, Vieno M, Xu L, Dunmore R E, et al. Simulating secondary organic aerosol from missing diesel-related intermediate-volatility organic compound emissions during the Clean air for London (ClearfLo) campaign. Atmospheric Chemistry and Physics, 2016, 16: 6453-6473.

[67] Zhao B, Wang S, Donahue N M, Jathar S H, Huang X, et al. Quantifying the effect of organic aerosol aging and intermediate-volatility emissions on regional-scale aerosol pollution in China. Scientific Reports, 2016, 6: 28815.

[68] Grossman J N, Stern A P, Kirich M L, Kahan T F. Anthracene and pyrene photolysis kinetics in aqueous, organic, and mixed aqueous-organic phases. Atmospheric Environment, 2016, 128: 158-164.

[69] Haynes J P, Miller K E, Majestic B J. Investigation into photoinduced auto-oxidation of polycyclic aromatic hydrocarbons resulting in brown carbon production. Environmental Science & Technology, 2019, 53: 682-691.

[70] Xu J, Cui T, Fowler B, Fankhauser A, Yang K, et al. Aerosol brown carbon from dark reactions of syringol in aqueous aerosol mimics. ACS Earth and Space Chemistry, 2018, 2: 608-617.

[71] Yi Y, Cao Z, Zhou X, Xue L, Wang W. Formation of aqueous-phase secondary organic aerosols from glycolaldehyde and ammonium sulfate/amines: A kinetic and mechanistic study. Atmospheric Environment, 2018, 181: 117-125.

[72] Liu Y, Lu J, Chen Y, Liu Y, Ye Z, et al. Aqueous-phase production of secondary organic aerosols from oxidation of dibenzothiophene (DBT). Atmosphere, 2020b, 11: 151.

[73] Chen Y, Li N, Li X, Tao Y, Luo S, et al. Secondary organic aerosol formation from $^3C^*$-initiated oxidation of 4-ethylguaiacol in atmospheric aqueous-phase. Science of the Total Environment, 2020, 723: 137953.

[74] Kaur R, Anastasio C. First measurements of organic triplet excited states in atmospheric waters. Environmental Science & Technology, 2018, 52: 5218-5226.

[75] Li Y, Chen J, Qiao X, Zhang H, Zhang Y, et al. Insights into photolytic mechanism of sulfapyridine induced by triplet-excited dissolved organic matter. Chemosphere, 2016b, 147: 305-310.

[76] Boreen A L, Arnold W A, McNeill K. Triplet-sensitized photodegradation of sulfa drugs containing six-membered heterocyclic groups: Identification of an SO_2 extrusion photoproduct. Environmental Science & Technology, 2005, 39: 3630-3638.

[77] McNeill K, Canonica S. Triplet state dissolved organic matter in aquatic photochemistry: Reaction mechanisms, substrate scope, and photophysical properties. Environmental Science: Processes & Impacts, 2016, 18: 1381-1399.

[78] Kaur R, Hudson B M, Draper J, Tantillo D J, Anastasio C. Aqueous reactions of organic triplet excited states with atmospheric alkenes. Atmospheric Chemistry and Physics, 2019, 19: 5021-5032.

[79] McCabe A J, Arnold W A. Reactivity of triplet excited states of dissolved natural organic matter in stormflow from mixed-use watersheds. Environmental Science & Technology, 2017, 51: 9718-9728.

[80] Lee S, Murphy D M, Thomson D S, Middlebrook A M. Nitrate and oxidized organic ions in single particle mass spectra during the 1999 Atlanta Supersite Project. Journal of Geophysical Research: Atmospheres, 2003, 108: SOS 5-1-SOS 5-8.

[81] Martinelango P K, Dasgupta P K, Al-Horr R S. Atmospheric production of oxalic acid/oxalate and nitric acid/nitrate in the Tampa Bay airshed: Parallel pathways. Atmospheric Environment, 2007, 41: 4258-4269.

[82] Wonaschuetz A, Sorooshian A, Ervens B, Chuang P Y, Feingold G, et al. Aerosol and gas re-distribution by shallow cumulus clouds: An investigation using airborne measurements. Journal of Geophysical Research: Atmospheres, 2012, 117: D17202.

[83] Guo S, Hu M, Guo Q, Zhang X, Zheng M, et al. Primary sources and secondary formation of organic aerosols in Beijing, China. Environmental Science & Technology, 2012, 46: 9846-9853.

[84] Hennigan C J, Bergin M H, Russell A G, Nenes A, Weber R J. Gas/particle partitioning of water-soluble organic aerosol in Atlanta. Atmospheric Chemistry and Physics, 2009, 9: 3613-3628.

[85] Kaul D S, Gupta T, Tripathi S N, Tare V, Collett J L Jr. Secondary organic aerosol: A comparison between foggy and nonfoggy days. Environmental Science & Technology, 2011, 45: 7307-7313.

[86] Ge X, Zhang Q, Sun Y, Ruehl C R, Setyan A. Effect of aqueous-phase processing on aerosol chemistry and size distributions in Fresno, California, during wintertime. Environmental Chemistry, 2012, 9: 221-235.

[87] Heald C L, Jacob D J, Turquety S, Hudman R C, Weber R J, et al. Concentrations and sources of organic carbon aerosols in the free troposphere over North America. Journal of Geophysical Research: Atmospheres, 2006, 111: D23S47.

[88] Hecobian A, Zhang X, Zheng M, Frank N, Edgerton E S, et al. Water-soluble organic aerosol material and the light-absorption characteristics of aqueous extracts measured over the Southeastern United States. Atmospheric Chemistry and Physics, 2010, 10: 5965-5977.

[89] Meng Z, Seinfeld J H. On the source of the submicrometer droplet mode of urban and regional aerosols. Aerosol Science and Technology, 1994, 20: 253-265.

[90] Kerminen, V. -M. & Wexler, A. S. Growth laws for atmospheric aerosol particles: An examination of the bimodality of the accumulation mode. Atmospheric Environment, 1995, 29: 3263-3275.

[91] Maria S F, Russell L M, Gilles M K, Myneni S C B. Organic aerosol growth mechanisms and their climate-forcing implications. Science, 2004, 306: 1921-1924.

[92] Gilardoni S, Massoli P, Paglione M, Giulianelli L, Carbone C, et al. Direct observation of aqueous secondary organic aerosol from biomass-burning emissions. Proceedings of the National Academy of Sciences of the United States of America, 2016, 113: 10013-10018.

[93] Sun Y, Du W, Fu P, Wang Q, Li J, et al. Primary and secondary aerosols in Beijing in winter: Sources, variations and processes. Atmospheric Chemistry and Physics, 2016, 16: 8309-8329.

[94] Xu W, Han T, Du W, Wang Q, Chen C, et al. Effects of aqueous-phase and photochemical processing on secondary organic aerosol formation and evolution in Beijing, China. Environmental Science & Technology, 2017, 51: 762-770.

[95] Ge X, He Y, Sun Y, Xu J, Wang J, et al. Characteristics and formation mechanisms of fine particulate nitrate in typical urban areas in China. Atmosphere, 2017a, 8: 62.

[96] Wang J, Ge X, Chen Y, Shen Y, Zhang Q, et al. Highly time-resolved urban aerosol characteristics during

springtime in Yangtze River Delta, China: insights from soot particle aerosol mass spectrometry. Atmospheric Chemistry and Physics, 2016b, 16: 9109-9127.

[97] Carlton A G, Turpin B J, Altieri K E, Seitzinger S P, Mathur R, et al. CMAQ model performance enhanced when in-cloud secondary organic aerosol is included: Comparisons of organic carbon predictions with measurements. Environmental Science & Technology, 2008, 42: 8798-8802.

[98] Chen J, Griffin R J, Grini A, Tulet P. Modeling secondary organic aerosol formation through cloud processing of organic compounds. Atmospheric Chemistry and Physics, 2007, 7: 5343-5355.

[99] Pankow J F, Marks M C, Barsanti K C, Mahmud A, Asher W E, et al. Molecular view modeling of atmospheric organic particulate matter: Incorporating molecular structure and co-condensation of water. Atmospheric Environment, 2015, 122: 400-408.

[100] Li J, Zhang H, Ying Q, Wu Z, Zhang Y, et al. Impacts of water partitioning and polarity of organic compounds on secondary organic aerosol over Eastern China. Atmospheric Chemistry and Physics, 2020a, 20: 7291-7306.

[101] Li J, Cleveland M, Ziemba L D, Griffin R J, Barsanti K C, et al. Modeling regional secondary organic aerosol using the Master Chemical Mechanism. Atmospheric Environment, 2015, 102: 52-61.

[102] Petters M D, Kreidenweis S M. A single parameter representation of hygroscopic growth and cloud condensation nucleus activity. Atmospheric Chemistry and Physics, 2007, 7: 1961-1971.

[103] Ayers G P. Comment on regression analysis of air quality data. Atmospheric Environment, 2001, 35: 2423-2425.

[104] Simon H, Bhave P V. Simulating the degree of oxidation in atmospheric organic particles. Environmental Science & Technology, 2012, 46: 331-339.

[105] Hu J, Chen J, Ying Q, Zhang H. One-year simulation of ozone and particulate matter in China using WRF/CMAQ modeling system. Atmospheric Chemistry and Physics, 2016, 16: 10333-10350.

[106] Hu J, Wang P, Ying Q, Zhang H, Chen J, et al. Modeling biogenic and anthropogenic secondary organic aerosol in China. Atmospheric Chemistry and Physics, 2017, 17: 77-92.

[107] Boylan J W, Russell A G. PM and light extinction model performance metrics, goals, and criteria for three-dimensional air quality models. Atmospheric Environment, 2006, 40: 4946-4959.

[108] Ye Z, Zhuang Y, Chen Y, Zhao Z, Ma S, et al. Aqueous-phase oxidation of three phenolic compounds by hydroxyl radical: Insight into secondary organic aerosol formation yields, mechanisms, products and optical properties. Atmospheric Environment, 2020, 223: 117240.

[109] Lu J, Ge X, Liu Y, Chen Y, Xie X, et al. Significant secondary organic aerosol production from aqueous-phase processing of two intermediate volatility organic compounds. Atmospheric Environment, 2019, 211: 63-68.

第11章　基于数值模式的二次有机气溶胶形成机制研究及其在京津冀地区的应用

安俊岭[1]，张美根[1]，刘新罡[2]，屈玉[1]，陈勇[1] 等

[1]中国科学院大气物理研究所，[2]北京师范大学

改进空气质量模式模拟二次有机气溶胶(SOA)的能力是目前大气环境领域的一个前沿问题，本研究从观测和数值模拟两方面开展探究，主要研究成果有：① 外场观测研究表明夏季北京地区芳香烃约占挥发性有机化合物(VOCs)浓度的15%，但芳香烃对SOA生成潜势贡献超过90%，主要的芳香烃为甲苯、间/对二甲苯等；区域合作减少重点行业的VOCs排放对降低SOA浓度至关重要。② 大气边界层高层气态亚硝酸(HONO)未知源大小显著影响SOA时均浓度。③ 改进了空气质量模式中芳香烃源排放和SOA产率，加入二羰基化合物非均相反应，更新了HONO的6个潜在来源，其中室内HONO排放被首次加入空气质量模式并评估其影响；上述改进显著提升了空气质量模式模拟SOA的能力。④ 地表面和气溶胶表面的非均相反应是白天HONO的主要来源；白天北京、天津城区中心交通源与室内排放对HONO浓度贡献相近。⑤ HONO的6个潜在来源显著提高夏季京津冀地区氧化剂浓度，促进SOA时均浓度显著增升；HONO的6个潜在来源加速冬季重霾天HO_x(=OH+HO_2)自由基循环，促进OH自由基氧化二甲苯、甲苯、长链烯烃等，显著增大冬季SOA时均浓度。

11.1　研究背景

有机气溶胶(OA)包括一次有机气溶胶(POA)和二次有机气溶胶(SOA)，POA来自污染源的直接排放，SOA来自二次生成。自然、人为挥发性有机化合物与大气中氧化剂(如O_3、OH自由基、NO_3自由基)发生反应生成半挥发性和低挥发性有机物，经过气-固分配并核化或凝结到已有颗粒物上形成SOA[1-3]；SOA还可通过非均相反应生成[3-4]。OA是$PM_{2.5}$(空气动力学直径≤2.5 μm的颗粒物)的重要组分，占$PM_{2.5}$质量浓度的20%～90%，其中SOA对OA的贡献可达20%～80%[5-8]。在我国京津冀、长江三角洲、珠江三角洲等地区的重污染事件中，SOA占$PM_{2.5}$的20%～40%[9-13]。由于含氧、含氮等极性官能团的引入，SOA具有更强的极性和吸湿性，对霾形成、气候变化具有重要影响[3,13-14]。

尽管SOA在大气环境中具有重要作用，但是空气质量模式通常明显低估SOA的浓度，

特别在夏季,SOA 模拟值甚至低至观测值的 1/10[15-18]。SOA 模拟值严重偏低的原因是其前体物源排放量被低估[19-21]、乙二醛垂直柱浓度模拟值严重偏低[21-22]、烟雾箱实验中蒸汽器壁损失造成 SOA 产率被低估[23]、二羰基化合物非均相反应被忽略[24-28]、大气氧化性模拟不准确等。改进空气质量模式对 SOA 的模拟能力是目前大气环境领域的一个前沿问题,也是该研究领域的难点和热点,还是我国区域大气复合污染防控亟待解决的关键基础科学问题[14]。

气-固分配理论[29]提出较早,也是目前应用最广泛的一种 SOA 形成机制。SOA 传统算法是两产物法[30],该法已应用于区域和全球模式[24,31-33]。两产物法计算的 SOA 和 OA 浓度明显偏低,尤其在城区[33-34]。为了改进 SOA 模拟,Ervens 等人[4]在模式中考虑了云内 SOA 形成过程;Donahue 等人[35]发展了挥发性分档方法,该方法已应用于区域和全球模式[17,36-41]。

在 SOA 的组成、来源、老化过程等方面,我国开展了广泛的实验室、外场观测研究[10-11,18,42-62]。但 SOA 的数值模拟研究,尤其是 SOA 模拟与观测的系统性对比分析研究方面,我国开展的工作相对偏少[32-33,54,63-69],且现有研究较少涉及重污染(霾)形成中 SOA 的转化途径及速率,因而至今缺乏在重污染形成过程中对 SOA 所发挥作用的系统性认识。

大气氧化性模拟不准确的原因之一与空气质量模式中默认设置的 HONO 模拟浓度远低于其观测值[70-74]有关。空气质量模式中 HONO 默认形成机制为最主要的气相生成过程,即 OH 自由基与一氧化氮反应。除气相生成[75-79]外,源排放[80-84]和非均相反应生成[85-94]是 HONO 的两个最主要来源。两者详细形成机制迄今还不完全清楚,所以空气质量模式通常不考虑这两者,致使 HONO 的模拟浓度严重低于观测值。

为改进大气中 HONO 及相关化学组分的模拟浓度,上述部分 HONO 来源已加入空气质量模式[70-72,74,95-96],但评估 HONO 来源对 SOA 浓度的影响的工作很少[71,96]。基于两产物法,Li 等人[71]计算了模式中所添加 HONO 来源对 SOA 浓度的贡献,所添加 HONO 来源引起春季早晨墨西哥城 SOA 浓度增幅约达 100%。在 Li 等人[71]工作的基础上,Xing 等人[96]选用挥发性分档方法讨论了所添加 HONO 来源对 SOA 浓度的影响,所添加 HONO 来源使 2014 年 1 月京津冀近地面 SOA 浓度增加约 46%,强调了居民源排放的乙二醛和甲基乙二醛对 SOA 的形成具有重要影响。

外场实验发现城区、郊区白天均存在高浓度 HONO,但无法用准稳态近似理论解释[97-103],表明白天 HONO 存在未知源。未知源的大小可根据外场观测资料估算[98-99],范围为 0.06～4.90 ppb h^{-1}[104]。利用全球近地面外场观测资料,Tang 等人[104]确定了白天 HONO 未知源大小与二氧化氮浓度及其光解率的关系,并加入空气质量模式,评估了白天 HONO 未知源对我国东部大气中 HONO 以及自由基浓度的影响。近地面观测资料确定的白天 HONO 未知源关系式能否推广应用于整个大气边界层?白天 HONO 未知源对 SOA 浓度的影响有多大?后者目前还无文献报道,一些研究仅评估了部分已知 HONO 来源对 SOA 浓度的影响[71,96]。

京津冀地区是我国 NO_x 和 VOCs 高排放地区之一,也是 SOA、$PM_{2.5}$ 高污染的地区之一[105-107]。基于实验室、外场观测研究结果,我们改进了空气质量模式中芳香烃源排放、SOA

产率、异戊二烯生成乙二醛产率[108]，加入二羰基化合物非均相反应[109]，更新了 HONO 的 6 个潜在来源[110]，量化了白天 HONO 未知源对 SOA 浓度的贡献[111]，提高了 SOA 数值模拟的准确性。

11.2　研究目标与研究内容

11.2.1　研究目标

阐明京津冀地区 SOA 前体物向 SOA 转化的关键影响因素、季节变化特征；发展 SOA 化学转化数值模块，改善目前空气质量模式普遍低估 SOA 浓度值的现状；揭示重污染形成与发展过程中 SOA 转化的关键化学途径，量化主要前体物及转化途径对 SOA 生成的贡献，为我国区域大气污染防控提供科学依据。

11.2.2　研究内容

1. SOA 变化特征及影响因素的观测研究

基于城区、郊区外场观测数据，分析大气中氧化剂（如 O_3）、VOCs、SOA 浓度的变化特征，研究其在重污染过程中的演变规律，提取 VOCs 向 SOA 化学转化的关键影响因素，为模式开发、SOA 形成过程中重要参数选取与模式结果验证提供基础数据。

2. SOA 模拟方法的改进

调研、比较现有国内外 SOA 模拟方法；结合现有烟雾箱实验、新的 SOA 形成机制研究成果，选择并改进 SOA 模块，改进芳香烃源排放、SOA 产率、异戊二烯生成乙二醛产率，加入二羰基化合物非均相反应。

3. HONO 潜在来源的添加及其对 SOA 生成的影响

更新空气质量模式中 HONO 潜在来源，评估各潜在来源对 HONO 浓度的相对贡献，模拟 HONO 潜在来源对冬夏季京津冀地区氧化剂和 SOA 浓度的影响，探究重霾天 SOA 转化途径及关键前体物。

4. 白天 HONO 未知源的添加及其对 SOA 生成的影响

将 HONO 源排放、白天 HONO 未知源、湿润表面二氧化氮非均相反应加入空气质量模式。对比分析三者（白天 HONO 未知源、二氧化氮非均相反应、HONO 源排放）与两者（二氧化氮非均相反应、HONO 源排放）分别加入时，京津冀地区 SOA 浓度模拟值与外场观测值的差异。评估白天 HONO 未知源的添加对 SOA 模拟浓度的影响，回答上述研究背景中提出的两个问题。

11.3 研究方案

11.3.1 外场观测、SOA变化特征及影响因素研究

城区和郊区各选一站点,项目实施期间的春、夏、秋、冬四季,各开展为期一个月的外场加强观测实验。采用高时间分辨率设备监测气态污染物(SO_2、NO-NO_2-NO_x、O_3)(美国热电公司i系列)、HONO[长程吸收光度计(LOPAP),北京大学研制]、细颗粒物$PM_{2.5}$质量浓度[微量振荡天平(TEOM)-1405F]、$PM_{2.5}$水溶性组分(SO_4^{2-}、NO_3^-、NH_4^+、Mg^{2+}、Cl^-、Na^+、K^+、NO_2^- 等)[气态污染物和气溶胶在线检测装置(GAC),北京大学研发]、气溶胶粒径数谱分布[扫描电迁移率粒径谱仪(SMPS)及空气动力学粒度仪(APS),美国TSI公司]、大气消光系数(透射仪,LPV3)、气象参数(温度、相对湿度、太阳辐射UVA/UVB等;芬兰Vaisala公司);VOCs城区站点采用高分辨率(1小时)仪器(气相色谱质谱仪-955811/955611,中国杭州大地安科公司)监测,郊区采用真空采样罐(SUMMA,美国RESTEK公司)负压采样-气相色谱质谱联用技术并由实验室分析的方法获得相关数据。经过严格的数据质控,建立数据库。

定量分析气态前体物向SOA转化的关键影响因素,根据如下公式计算$PM_{2.5}$增长率($rPM_{2.5}$)、SOA浓度、SOA增长率(rSOA)、硫氧化率(SOR)、氮氧化率(NOR):

$$rPM_{2.5}=\frac{\Delta[PM_{2.5}]}{\Delta T} \tag{11.1}$$

$$[SOC]=[OC]-[EC]\cdot\left(\frac{[OC]}{[EC]}\right)_{min} \tag{11.2}$$

$$[SOA]=1.6[SOC] \tag{11.3}$$

$$rSOA=\frac{\Delta[SOA]}{\Delta T} \tag{11.4}$$

$$SOR=\frac{[SO_4^{2-}]}{[SO_4^{2-}]+[SO_2]} \tag{11.5}$$

$$NOR=\frac{[NO_3^-]}{[NO_3^-]+[NO_2]} \tag{11.6}$$

$rPM_{2.5}$、rSOA表示单位时间内$PM_{2.5}$、SOA浓度的增长率,单位为$\mu g\ m^{-3}\ h^{-1}$。$\left(\frac{[OC]}{[EC]}\right)_{min}$是整个观测期间有机碳(OC)与元素碳(EC)之比的最小值,参数1.6用来修正有机物中未测量的成分(如氢、氧、氮)。SOR、NOR可作为二次无机盐生成的指示器,其值越大说明大气中SO_2、NO_2转化为对应二次无机盐的量越大。

绘制气态前体物(VOCs、SO_2、NO-NO_2-NO_x 等)浓度、HONO、$PM_{2.5}$及其化学组分浓度、颗粒物表面积浓度(由SMPS+APS测得的粒径谱分布计算得到)、氧化剂(O_3等)浓度、温度、相对湿度、UVA/UVB等参数与$rPM_{2.5}$、rSOA、SOR、NOR的函数关系曲线,并进行

线性(或非线性)拟合;采用聚类分析、主因子分析等统计学方法研究气态污染物向 SOA 转化的重要影响因素。

11.3.2　SOA 模块选择及改进

传统的结合化学的天气研究和预报(WRF-Chem)模式采用两产物法[30]计算 SOA 浓度。两产物法中人为源仅考虑了甲苯和二甲苯。WRF-Chem 模式新版本采用挥发性分档方法(VBS)法计算 SOA 浓度。与两产物法相比,VBS 方法显著改善了 SOA 和 OA 的模拟[17]。以 SAPRC99 化学机制为例,VBS 法增加了人为源中的烷烃(ALK4 和 ALK5)、烯烃(OLE1 和 OLE2),间接考虑了苯,增加了有机物挥发性分档(与 NO_x 高低有关),且更新了有机物氧化生成 SOA 的产率[37]。

实验室研究表明,中度和半挥发性有机物可被 OH 自由基进一步氧化(老化过程),从而降低其挥发性,氧化速率为 10^{-11} cm^3 $molecule^{-1}$ s^{-1}[37]。

对于 SOA 产率,根据 Zhang 等人[23]的实验结果,确定各前体物产率校正系数[108]。

二羰基化合物可通过云滴和湿气溶胶表面非均相反应生成 SOA[25,27]。模式中常用乙二醛(GLY)和甲基乙二醛(MGLY)作为二羰基化合物的代表。本研究中我们增加了二羰基化合物在云滴、湿气溶胶表面的非均相反应生成 SOA 过程。利用云中液态水含量计算云滴表面积时,假定陆地上空云滴有效半径为 6 μm,海洋上空云滴有效半径为 10 μm[26,68]。乙二醛在云滴和湿气溶胶表面的摄取系数均选用 2.9×10^{-3}[25];甲基乙二醛在云滴表面的摄取系数选用 5.7×10^{-3},在湿气溶胶表面的摄取系数选用 3.0×10^{-3}[109]。

11.3.3　HONO 潜在来源的添加及其对 SOA 浓度影响的定量评估

在前期研究基础上,我们更新了空气质量模式中 HONO 的 6 个潜在来源,依次为交通源排放、生物质燃烧排放、土壤排放、室内排放、地表面和气溶胶表面的非均相反应;设计 8 个敏感性试验;计算每个以及所有添加的潜在来源对氧化剂和 SOA 浓度的贡献,分析重霾天 HONO 的 6 个潜在来源对 SOA 转化途径的影响[110]。这是我们首次将室内 HONO 与室外大气衔接起来,计算室内 HONO 源强,加入空气质量模式并评估其影响[110]。

11.3.4　白天 HONO 未知源的添加及其对 SOA 浓度影响的定量评估

HONO 交通源排放、地表面和气溶胶表面的非均相反应参数化同 11.3.3 节。近地面白天 HONO 未知源可根据近地面外场观测资料估算,然后与二氧化氮光解率建立统计关系;地面之上大气边界层中白天 HONO 未知源大小参考前人研究结果;设计 4 个敏感性试验,量化白天 HONO 未知源对氧化剂和 SOA 浓度的贡献及其对 SOA 生成途径的影响;分析近地面观测资料确定的白天 HONO 未知源关系式应用于整个大气边界层的合理性[111]。

11.3.5　模拟验证

选用模式性能检验的常用统计指标,即均方根误差、平均偏差、归一化平均偏差、相关系数等[112]，评价改进后的 WRF-Chem 模式模拟能力。检验模拟性能的主要气象要素包括风速、风向、气温、相对湿度等；评价模拟性能的主要化学物种有 O_3、NO_x、HONO、SO_2、OH、HO_2、HCHO、CO、$PM_{2.5}$、OC、EC、SOA 等。除利用本项目的观测资料外，还利用 CARE Beijing 2006 和 2007 实验数据[113-114]开展模式评估。

11.4 主要进展与成果

11.4.1 外场观测

观测期间北京地区 VOCs 中烷烃浓度最高[(14.8±9.4)ppbv]，含氧 VOCs(OVOCs)[(9.5±2.7)ppbv]、烯烃[(5.24±5.77)ppbv]、卤代烃[(4.76±3.24)ppbv]和芳香烃[(3.39±3.08)ppbv]次之，乙腈含量最少[(0.30±0.16)ppbv](图 11.1)。较高的烷烃浓度主要来自燃料燃烧。烷烃、烯烃、炔烃、芳香烃变化趋势相近，早高峰(08:00)和晚高峰(20:00)出现较高浓度，说明北京地区交通源对 VOCs 浓度贡献较大[115]。

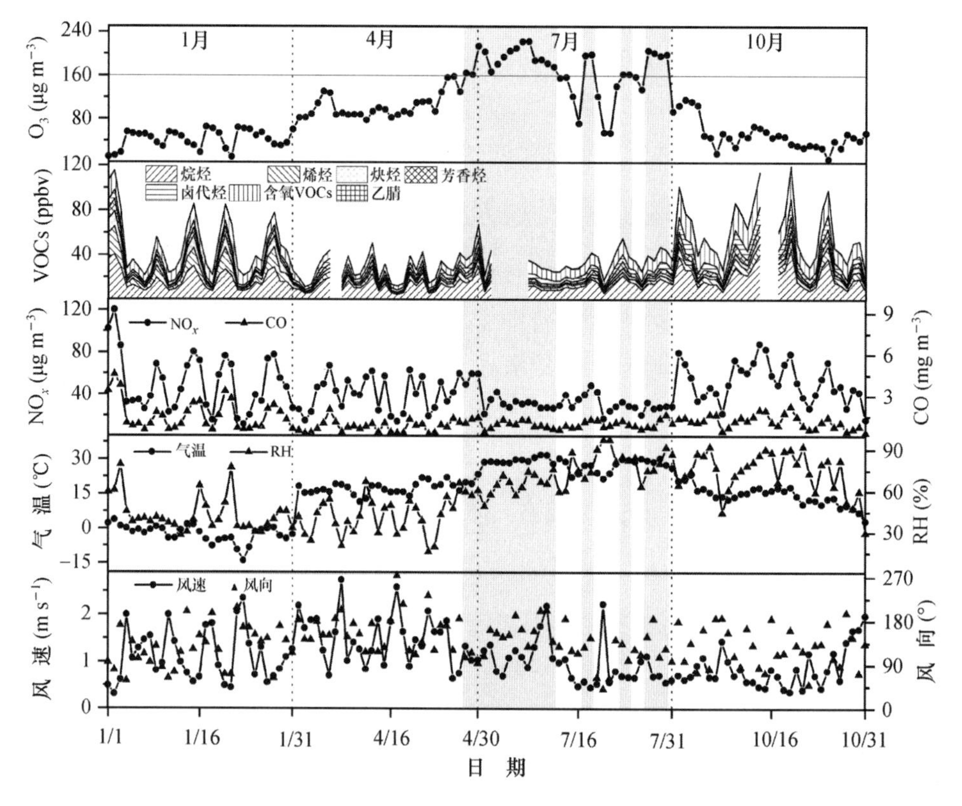

图 11.1 1、4、7、10 月北京地区 VOCs 变化

观测期间 VOCs 浓度呈现明显的季节变化，浓度由高到低依次为 10 月[(61.7±33.3)ppbv]、1 月[(50.0±31.5)ppbv]、7 月[(34.4±11.8)ppbv]、4 月[(28.2±17.3)ppbv]。VOCs 浓

度采暖季高于非采暖季，主要归因于冬季京津冀地区广泛使用燃煤取暖。此外，夏季较好的大气扩散条件、较高的大气边界层高度和较强的光化学反应也会降低 VOCs 浓度。

夏季北京地区 VOCs 对臭氧生成潜势（OFP）的相对贡献均表现为烯烃＞OVOCs＞芳香烃＞烷烃＞炔烃＞卤代烃，烯烃、OVOCs、芳香烃对臭氧生成潜势贡献分别为 33.72%、29.28%、21.49%，远高于卤代烃、烷烃和炔烃的贡献（图 11.2）。烷烃对臭氧生成潜势贡献很小，尽管烷烃浓度占有优势。由此可见，控制 OVOCs、烯烃和芳香烃的源排放有利于降低大气中臭氧浓度。北京地区臭氧生成潜势贡献较高的 VOCs 组分是乙醛、乙烯、间/对-二甲苯、丙烯，相应贡献分别为 26.64%、23.52%、10.59%、9.03%（图 11.3）。

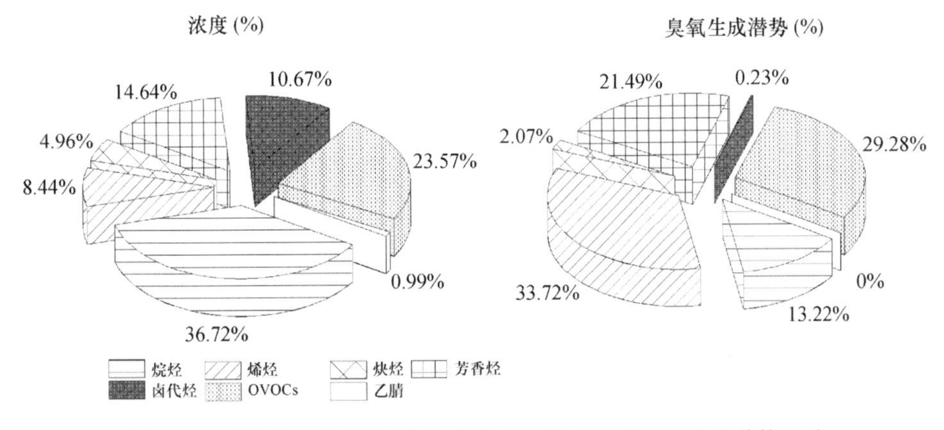

图 11.2　夏季北京地区各 VOCs 组分浓度比例及其臭氧生成潜势贡献

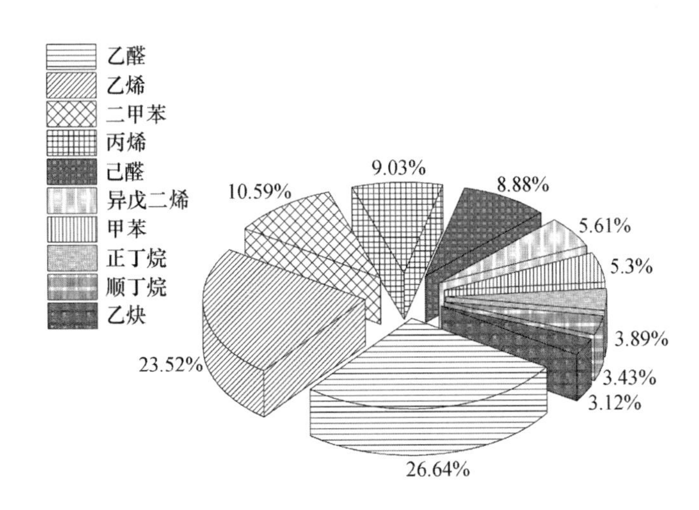

图 11.3　夏季北京地区贡献较大的十种 VOCs 组分的臭氧生成潜势贡献

夏季北京地区 VOCs 中烷烃和烯烃约占 50%，芳香烃约占 15%，但芳香烃对 SOA 生成潜势（SOAP）贡献超过 90%，远大于烷烃和烯烃的总贡献（图 11.4）。芳香烃中对 SOA 生成潜势贡献较大的 VOCs 物种为甲苯、间/对-二甲苯、乙苯、苯等。其他站点芳香烃对 SOA 生成潜势贡献也起主导作用。

利用正定矩阵分解方法，分析了北京市 VOCs 来源及各可能来源的相对贡献。研究表明,溶剂使用、工业源、燃料蒸发是观测期间北京VOCs的主要来源,相对贡献依次为34.61%、30.24%、15.59%(图11.5),为北京市VOCs和臭氧污染控制提供了重要依据。

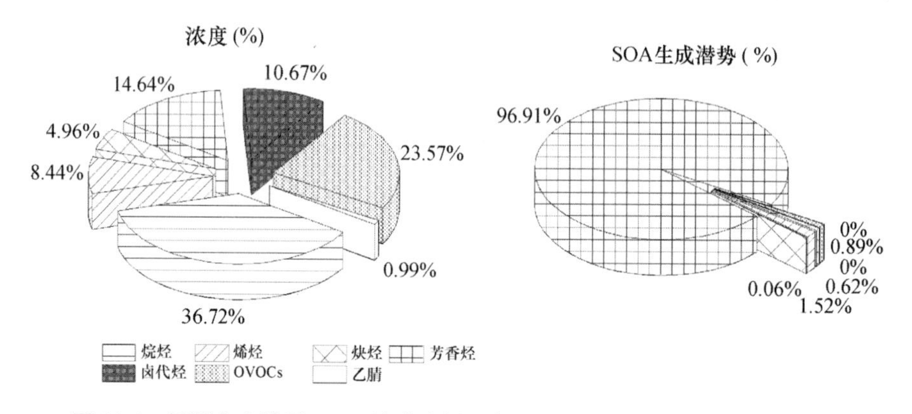

图11.4 夏季北京地区VOCs浓度比例及各VOCs组分对SOA生成潜势贡献

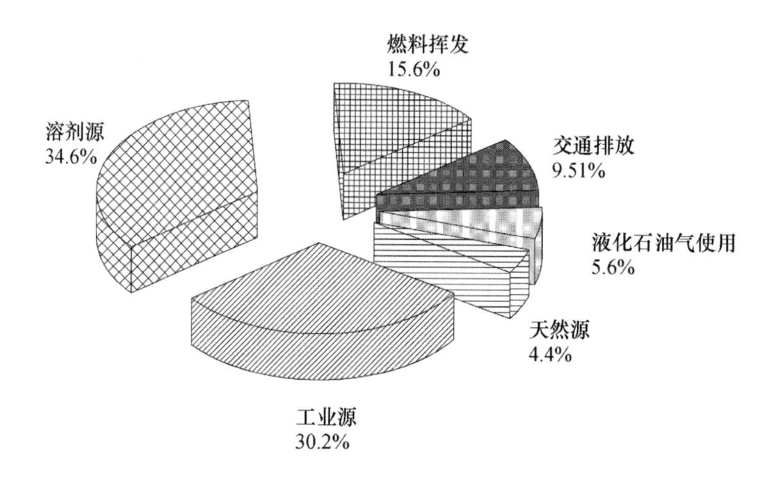

图11.5 夏季北京市VOCs来源解析

利用潜在源贡献函数(PSCF)和浓度加权轨迹(CWT)方法确定北京VOCs的来源区域。PSCF值越大,说明该区域成为VOCs污染源区域的可能性越高;CWT值越大,表明该区域对VOCs浓度的贡献越大[115]。

1月北京VOCs潜在来源主要集中在西北地区,气团经过内蒙古、山西、河北,反映了VOCs的长距离输送。4月和10月相似,主要受河北、山东西部、河南东部输送影响。7月北京只有一条经过河北、河南北部的输送通道。后向轨迹较短且移动缓慢,容易导致污染物积聚并造成严重的空气污染[115]。

本研究表明北京和天津具有相似的VOCs来源地区,7月污染物主要来自南部地区。2014年8月北京地区$PM_{2.5}$的PSCF和CWT结果与7月VOCs来源区域相似,两者均主要来自北京南部地区,包括山东、河南,表明$PM_{2.5}$和VOCs的排放源和输送途径相似[115]。

最新研究表明,2013年北京主要污染来源区域在北京南部,近年来已逐步转变为北京西北和南部。污染过程中北京南部气团的VOCs浓度可达北方气团的两倍以上。本研究发现,1 月受西北方向气团影响,1 月 SOA 主要来自西北方向的输送。4、7、10 月同时受西北和南部气团影响,两方向气团对 SOA 输送贡献相当。区域合作减少重点行业的 VOCs 排放至关重要,有利于改善整个地区的空气质量。

11.4.2　数值模拟

1. 芳香烃源排放和 SOA 产率的改进

源排放和 SOA 产率不变时,OA 模拟严重偏低,OA 观测均值是模拟的 1.68 倍,其中污染最重时段超过 8 倍。尽管偏差很大,模式很好地捕捉了模拟时段内 5 个完整的污染过程,模拟与观测的相关系数达 0.57[108]。POA 变化趋势的模拟与观测比较一致,但 POA 模拟高于观测[108]。SOA 模拟的变化趋势与观测一致性很高,相关系数高达 0.83[108],说明模式可以很好地再现 SOA 浓度随时间的变化,但 SOA 模拟严重被低估(平均低估 15.8 倍)[108]。芳香烃源排放增加 3 倍后,SOA 模拟明显增加,SOA 对 OA 的贡献由 6.74% 增至 14.21%,更接近观测结果。同样,SOA 产率修正后,与源排放和 SOA 产率不变相比,污染较重的几天(如 10 月 19 日、24 日) SOA 模拟浓度增加了 4.0～6.0 $\mu g\ m^{-3}$,SOA 对 OA 的平均贡献增至 12.19%[108]。芳香烃源排放增加 3 倍且 SOA 产率提高时,SOA 模拟显著升高,与源排放和 SOA 产率不变相比,SOA 模拟增加约 4 倍,SOA 对 OA 的平均贡献增至 23.50%,SOA 模拟更接近观测[108]。上述模拟说明,芳香烃源排放和 SOA 产率确实存在低估,且对 SOA 的影响显著。

2. 乙二醛模拟的改进

Fu 等人[26]、Myriokefalitakis 等人[22]、Liu 等人[21]的研究结果表明,空气质量模式对乙二醛垂直柱浓度模拟严重偏低,这与乙二醛来源的不确定性有很大关系。

除一次排放外,乙二醛主要来源于二次生成,模式中乙二醛的主要前体物包括异戊二烯、单萜烯、丙烷、乙炔、乙烯、高产率芳香烃、低产率芳香烃、苯酚。芳香烃的排放有时空变化,选择 1 月(代表冬季)、7 月(代表夏季)作为模拟时段,2014 年 1 月、7 月卫星反演数据来自美国宇航局发射的 Aura 卫星上搭载的臭氧监测仪(OMI)。

1 月、7 月源排放和 SOA 产率不变时,乙二醛垂直柱浓度模拟总是低于 OMI 卫星观测,但分布态势与观测较一致。1 月中国境内卫星观测的乙二醛垂直柱浓度高值区(通常为 3.0×10^{14}～5.0×10^{14} molecules cm^{-2})出现在四川盆地、长江中下游以南、华北平原,除四川盆地部分地区模拟与观测相当外,其他对应地区垂直柱浓度模拟通常为 0.5×10^{14}～2.0×10^{14} molecules cm^{-2},低估约 2.0～10.0 倍[116]。卫星观测的乙二醛垂直柱浓度低值区($\leqslant2.0\times10^{14}$ molecules cm^{-2})通常出现在中国西部,同样模式大范围低估。7 月卫星观测的乙二醛垂直柱浓度高值通常为 3.0×10^{14}～5.0×10^{14} molecules cm^{-2},最高可达 7.0×10^{14} molecules cm^{-2},主要集中在四川盆地、华北平原、长江三角洲,比相应区域的模拟高 4.0～10.0 倍;在中国西部低值区,观测比模拟约高 20 多倍。中国境外,乙二醛垂直柱浓度高值通常出现在印度东北部,1 月、7 月模拟与观测都相差 2.0～8.0 倍[116]。总之,模式通常低估乙二醛垂直柱浓度 2.0～10.0 倍。1 月、7 月模式模拟的甲醛垂直柱浓度分布态势与卫星观测较一致。但从数值上来看,中国境内1月模拟整体偏低,四川盆地、长江中下游以南、华北平原这些高值区的观测浓度通常为$7.0\times10^{15}\sim1.5\times10^{16}$ molecules cm^{-2},而相应模拟为$3.0\times10^{15}\sim7.0\times10^{15}$ molecules cm^{-2};7月除个别高浓度区域(如高人口密度分布的华北平原)外,中国其他区域的模拟与观测相当。中国境外,1月印度东北部甲醛垂直柱浓度高值区浓度也被模式低估,但7月大面积高估,可能与源排放的不确定性有关[116]。

芳香烃源排放增加3倍后,1月、7月中国境内乙二醛垂直柱浓度模拟明显升高,特别是高值区。与源排放和SOA产率不变相比,垂直柱浓度高值区(从华北平原到长江中下游以北)不仅扩大,且对应的模拟浓度也增加(约2倍),模拟的乙二醛垂直柱浓度分布层次也更清晰,与卫星观测更接近[116]。与7月相比,1月芳香烃源排放低估对乙二醛浓度影响更显著,可能与中国境内人为源排放冬季占主导地位有关。1月、7月中国境外的印度东北部高值区乙二醛垂直柱浓度模拟也有所升高,同样更接近观测[116]。尽管如此,模拟的乙二醛与卫星观测的偏差仍存在。

全球47%的乙二醛来自异戊二烯的氧化[26],源排放和SOA产率不变时乙二醛垂直柱浓度模拟整体被低估约2.0~10.0倍。将模式中异戊二烯生成乙二醛的产率提高5倍,冬季中国境内生物源排放较少,故异戊二烯生成乙二醛产率改变对1月乙二醛垂直柱浓度的模拟影响不大(与源排放和SOA产率不变相比),但冬季生物源排放很显著的缅甸、泰国、印度东部乙二醛垂直柱浓度模拟有明显升高,部分区域甚至有些高估(可能与源排放的不确定性有关)[116]。与源排放和SOA产率不变相比,7月中国境内和境外乙二醛垂直柱浓度模拟明显升高,特别是高值区,如印度东北部、缅甸北部、不丹、中国四川盆地和陕西南部等,模拟与观测相当。从空间分布来看,异戊二烯生成乙二醛的产率提高5倍时模拟的乙二醛垂直柱浓度分布更接近观测,高低浓度分布层次更清晰[116]。综上所述,异戊二烯生成乙二醛的产率可能存在低估,且会给乙二醛模拟带来影响。

芳香烃源排放增加3倍且异戊二烯生成乙二醛的产率提高5倍后,乙二醛垂直柱浓度的模拟与异戊二烯生成乙二醛的产率提高5倍时模拟极为相似,但1月、7月中国境内乙二醛垂直柱浓度高值区扩大,与观测更接近[116]。值得注意的是黄河和长江下游主要人口聚居区(如华北平原、长江三角洲)乙二醛垂直柱浓度模拟并不理想,通常低估2.0~3.0倍,特别是夏季(与观测相比)[116]。

芳香烃源排放增加3倍且异戊二烯以及人为源生成乙二醛的产率依次提高5倍和2倍后,由于冬季中国境内人为源排放为主,提高人为源前体物生成乙二醛的产率对1月乙二醛浓度影响更显著(与7月相比)[116]。1月华北平原、长江三角洲的乙二醛垂直柱浓度通常为$2.0\times10^{14}\sim5.0\times10^{14}$ molecules cm^{-2},与观测相当。7月京津冀、山东、四川盆地的部分地区乙二醛垂直柱浓度确有提高,但黄河和长江下游区域乙二醛垂直柱浓度模拟仍不理想[116]。

3. 二羰基化合物非均相反应加入

本研究中我们增加了二羰基化合物在云滴、湿气溶胶表面的非均相反应生成SOA过程。考虑到液态水含量随季节变化,以及所收集的SOA观测资料,选取2014年6月3日至7月11日(Episode 1,EP1)、10月14日至11月14日(Episode 2,EP2)进行模拟分析。

与观测相比，EP1 时段源排放和 SOA 产率不变(Case 0)时 SOA 模拟严重偏低，平均低估约 5.7 倍，最大低估约 60.0 倍(图 11.6)[109]；EP2 时段模式很好再现了 SOA 浓度的变化趋势(相关系数 r=0.83)，但数值上与观测仍差一个数量级[109]。考虑乙二醛、甲基乙二醛在云滴和湿气溶胶表面非均相反应生成 SOA 过程(Case 1)后，SOA 模拟与观测偏差减小，特别是 EP1 时段(图 11.6)。Case 1 中 EP1 时段平均 SOA 浓度增加 3.65 $\mu g\ m^{-3}$，解释了约 34.8%的 SOA 潜在来源。相应均方根误差和平均偏差都减小[109]。与夏季相比，秋季大气中液态水含量和生物源对二羰基化合物的贡献都减小，所以非均相反应生成 SOA 过程对 EP2 时段 SOA 贡献较小[109]。Case 1 基础上芳香烃源排放增加 3 倍且异戊二烯生成乙二醛产率提高 5 倍(Case 2)时，两时段内 SOA 浓度明显升高，与 Case 0 相比，EP1 时段平均 SOA 浓度升高 5.4 倍，与观测相当；EP2 时段平均 SOA 浓度升高 6.2 倍，均方根误差的减少和一致性指数的增加都表明模式描述 SOA 生成过程更合理(图 11.6)[109]。

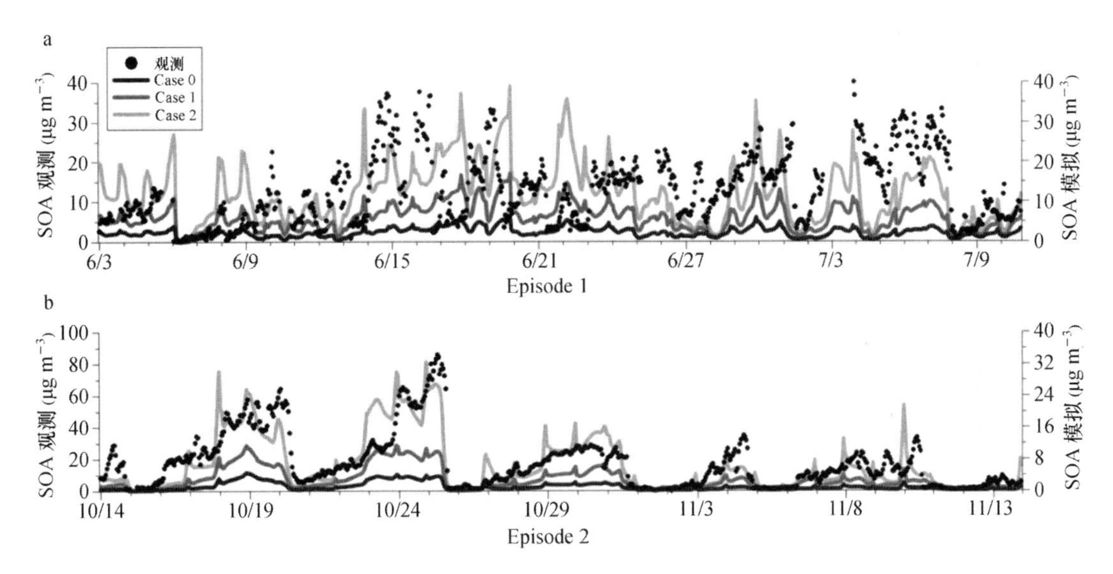

图 11.6 2014 年 6 月 3 日至 7 月 11 日(Episode 1，图 a)、10 月 14 日至 11 月 14 日(Episode 2，图 b)观测与模拟的近地面 SOA 浓度

[Case 0：源排放和 SOA 产率不变；Case 1：二羰基化合物在云滴和湿气溶胶表面非均相反应生成 SOA 过程加入；Case 2：Case 1 基础上芳香烃源排放增加 3 倍，异戊二烯生成乙二醛产率提高 5 倍[109]。]

EP1 时段，Case 0 模拟的二羰基化合物对 SOA 贡献极小，整个区域内二羰基化合物通过云滴和湿气溶胶表面非均相反应生成 SOA(液相 SOA，即 AAQ)浓度不超过 0.2 $\mu g\ m^{-3}$，高值区(0.1～0.2 $\mu g\ m^{-3}$)主要位于黄河和长江下游、四川盆地等部分地区，可能原因是这些地区二羰基化合物来源较多，且液态水含量相对较高，利于非均相 SOA 生成[109]。EP2 时段，液态水含量较低且生物源对二羰基化合物贡献减少，致使整个区域内 AAQ 浓度不超过 0.1 $\mu g\ m^{-3}$[109]。当模式中增加二羰基化合物非均相过程且考虑乙二醛被低估的影响后，AAQ 浓度明显增大，在中国境内呈东高西低分布。EP1 时段，中东部地区 AAQ 浓度通常为 2.0～15.0 $\mu g\ m^{-3}$，高值区(10.0～15.0 $\mu g\ m^{-3}$)位于长江下游地区；西部地区 AAQ 浓度通常不超过 1.0 $\mu g\ m^{-3}$，最低值出现在青藏高原(0～0.1 $\mu g\ m^{-3}$)，可能与这些地区二羰基化合物来源少有关。EP2 时段,中东部地区 AAQ 浓度通常为 2.0～10.0 μg m^{-3},高值区(5.0～10.0 μg m^{-3})从黄河下游以南延伸到广东南部、四川盆地部分地区;西部地区 AAQ 浓度通常不超过 1.0 μg m^{-3},最低值仍出现在青藏高原(0～0.1 μg m^{-3})。中国境外 AAQ 高值区(15.0～20.0 μg m^{-3})主要出现在印度东北部,与该地区大量的秸秆燃烧(产生二羰基化合物)、喜马拉雅山脉阻挡、气象条件(低风速)不利于污染物扩散有关[109]。

Case 0 中 EP1 时段 AAQ 对中国境内 SOA 贡献小于 10.0%,云南和南海部分地区除外(10.0%～20.0%);EP2 时段 AAQ 对中国境内 SOA 贡献不超过 10.0%。考虑二羰基化合物非均相反应以及乙二醛低估影响(Case 2)后,AAQ 对 SOA 贡献明显增大,且随空间变化较大。EP1 时段,中国境内 AAQ 对 SOA 贡献通常为 10.0%～90.0%。中国中东部地区 AAQ 对 SOA 贡献通常为 50.0%～70.0%,最高可达 70.0%～90.0%,且多出现在东海到南海的沿海及近海区域;中国西部地区 AAQ 对 SOA 贡献相对较低,且不超过 50.0%,但西南地区(如四川、云南部分地区)AAQ 对 SOA 贡献高达 80.0%[109]。EP2 时段,AAQ 对 SOA 贡献为 10.0%～80.0%。中国中东部地区 AAQ 对 SOA 贡献通常为 50.0%～70.0%,东北部分地区达 80.0%;中国西部地区 AAQ 对 SOA 贡献也相对较低,通常不超过 50.0%,但新疆部分地区 AAQ 对 SOA 贡献达 60.0%～70.0%[109]。

4. 大气氧化性模拟的改进

(1) HONO 潜在来源的添加及其对 SOA 浓度影响的定量化

大气氧化性模拟不准确的原因之一与空气质量模式通常严重低估 HONO 浓度有关。高浓度 HONO 光解会显著影响大气氧化性,但 HONO 的来源迄今不完全清楚。HONO 来源大体归为三类:源排放、气相反应生成、非均相反应生成。空气质量模式通常仅考虑 HONO 的气相生成,而不考虑 HONO 的两个最主要来源——源排放和非均相反应生成,致使模式模拟 HONO 浓度严重偏低。在前期研究基础上,我们更新了空气质量模式中HONO 的 6 个潜在来源(室内排放、生物质燃烧排放、机动车排放、土壤排放、气溶胶和地表面的非均相反应),其中室内 HONO 排放是我们首次加入空气质量模式并评估其影响[110]。我们考虑了长链烷烃、甲苯、二甲苯、苯、人为和自然烯烃氧化形成 SOA 过程,以及乙二醛经液相/多相形成 SOA 过程,包括可逆反应(气态与液态乙二醛及其水合物、乙二醛低聚物之间)和不可逆反应(铵催化、与 OH 自由基反应、表面吸收)[110]。模式中乙二醛形成过程有两种,其一是 OH 自由基与异戊二烯、苯、甲苯、二甲苯、甲基丁烯醇氧化的中间产物,进一步与一氧化氮或 NO_3 自由基反应形成乙二醛;其二是 OH 自由基与乙炔反应形成乙二醛。

数值模拟表明,HONO 的 6 个潜在来源的加入显著改善空气质量模式模拟 HONO 的日变化[110,117](图 11.7、11.8)。交通源、地表面和气溶胶表面的非均相反应是夜间 HONO 的主要来源;地表面和气溶胶表面的非均相反应是白天 HONO 的主要来源,对白天 HONO 模拟浓度的贡献分别约为 66%和 19%[110];白天北京、天津城区中心室内排放对 HONO 浓度贡献与交通源的贡献相近(图 11.9)[110]。HONO 的 6 个潜在来源引起 2006 年 8 月京津冀地区 O_3、OH 自由基、HO_2 自由基经向月均浓度显著增大,促进 SOA 时均浓度显著升高(图11.10)[110],SOA 增加的主要原因是二甲苯、甲苯等与 OH 自由基发生氧化反应[110]。

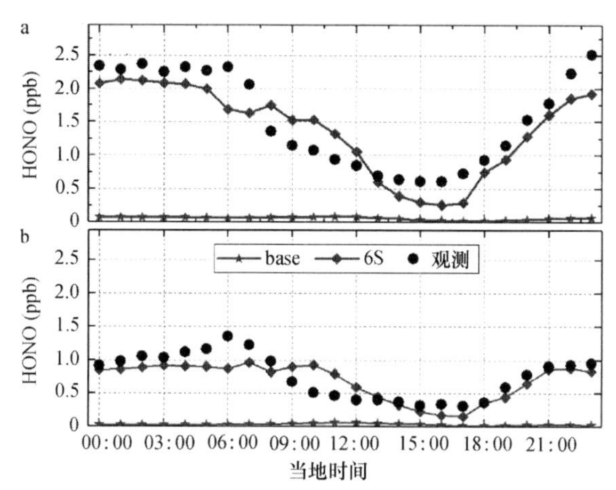

图 11.7　2006 年 8 月 15 日至 31 日仅考虑 HONO 最主要的气相生成过程和 HONO 的 6 个潜在来源时北京大学站(a)、榆垡站(b)HONO 浓度模拟与观测日变化对比[110]

[base：OH＋NO ⟶ HONO；6S：交通源排放、生物质燃烧排放、土壤排放、室内排放、气溶胶表面和地表面非均相反应。]

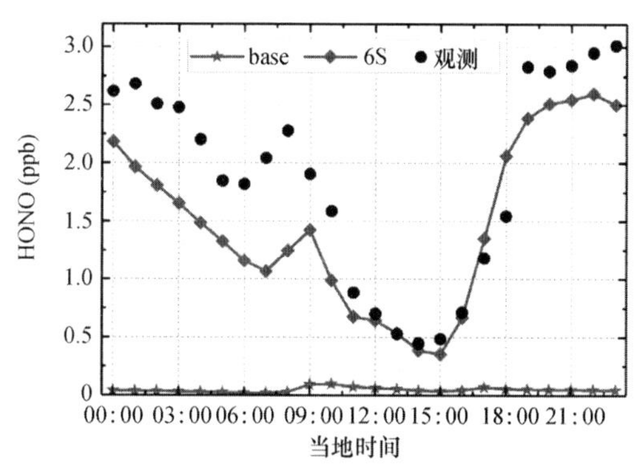

图 11.8　2017 年 11 月 29 日至 12 月 3 日仅考虑 HONO 最主要的气相生成过程和 HONO 的 6 个潜在来源(说明见图 11.7)时望都站点 HONO 浓度模拟与观测日变化对比[110]

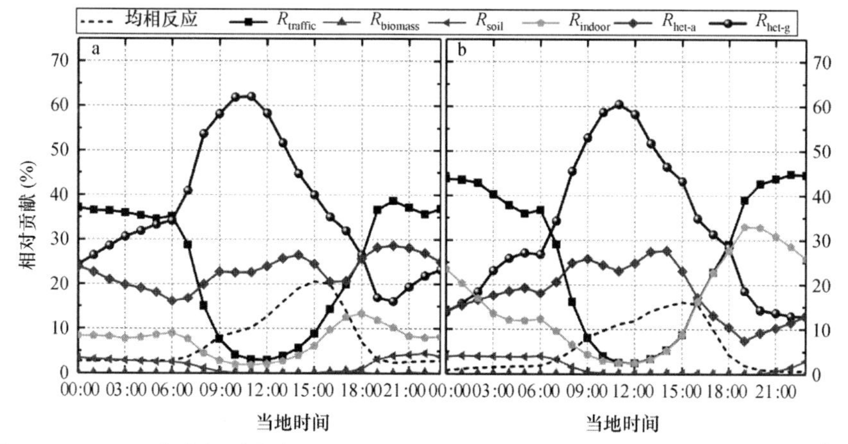

图 11.9　HONO 各来源对北京(a)、天津(b)城区中心大气中 HONO 浓度的相对贡献[110]

[均相反应：OH＋NO ⟶ HONO；$R_{traffic}$：交通源排放；$R_{biomass}$：生物质燃烧排放；R_{soil}：土壤排放；R_{indoor}：室内排放；R_{het-a}：气溶胶表面非均相反应；R_{het-g}：地表面非均相反应。]

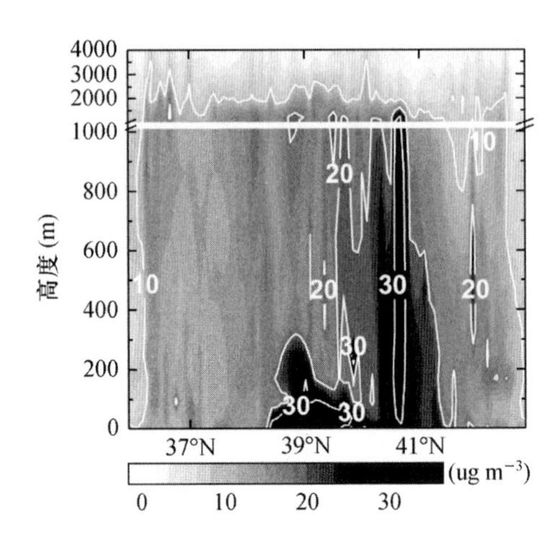

图 11.10　2006 年 8 月京津冀地区 HONO 的 6 个潜在来源引起的垂直方向 SOA 时均最大增量分布[110]

图 11.11a 和 b 给出了冬季污染天以及清洁天的 HO_x 循环收支。从图中可知,冬季 OH 自由基的初级来源几乎全部来自 HONO 光解,臭氧光解或臭氧与烯烃的反应对 OH 自由基的贡献几乎可以忽略。HONO 的 6 个潜在来源加入后,污染天 HONO 光解生成 OH 自由基的速率达到 2.59 ppb h^{-1},远高于清洁天的 0.58 ppb h^{-1},净生成速率分别为 0.72 ppb h^{-1}及 0.37 ppb h^{-1};仅考虑 HONO 最主要的气相生成过程($NO+OH \longrightarrow HONO$)时,污染天及清洁天 HONO 光解生成 OH 自由基速率分别为 0.29 ppb h^{-1}以及 0.04 ppb h^{-1},净生成速率分别为−0.15 ppb h^{-1}及−0.09 ppb h^{-1},表明默认的 HONO 气相形成机制($NO+OH \longrightarrow HONO$)实质上是 OH 自由基的汇而非源。当考虑到 OH 自由基与 HO_2 的相互转化时,不论污染天或清洁天 $NO+HO_2$ 的反应均是 OH 自由基的最主要来源,HONO 的 6 个潜在来源加入后该反应分别占 OH 自由基生成速率的 59.45%、63.88%,仅考虑 HONO 最主要的气相生成过程时该反应分别占 79.00%、89.04%。NO、NO_2、SO_2、VOCs 与 OH 自由基反应是冬季 OH 自由基的主要汇。对于冬季 HO_2 自由基,RO_2+NO 反应是其最主要来源,HO_2NO_2 则是其最主要的汇,HONO 的 6 个潜在来源加入后 HO_2 自由基循环加快。

图 11.11c 和 d 是夏季典型污染天以及清洁天的 HO_x 循环收支图。除 HONO 光解外,夏季几乎所有的 OH、HO_2 自由基生成速率和损耗速率均要强于冬季。夏季 O_3 光解生成 OH 自由基的速率比冬季快约 2 个数量级,且清洁天(0.75 ppb h^{-1})要大于污染天(0.59 ppb h^{-1})。夏季 HONO 光解产生 OH 自由基的初级生成速率(清洁天 1.72 ppb h^{-1},污染天 2.18 ppb h^{-1})则略小于冬季重污染期间的生成速率,但对 OH 自由基净生成速率的贡献更大(清洁天 1.39 ppb h^{-1},污染天 1.63 ppb h^{-1})。

总体而言,HONO 的 6 个潜在来源显著加快了冬季污染期 HO_x 循环。HONO 是京津冀地区最主要的 OH 自由基初级来源,尤其是冬季,这一结论与前人的研究一致[118-119]。

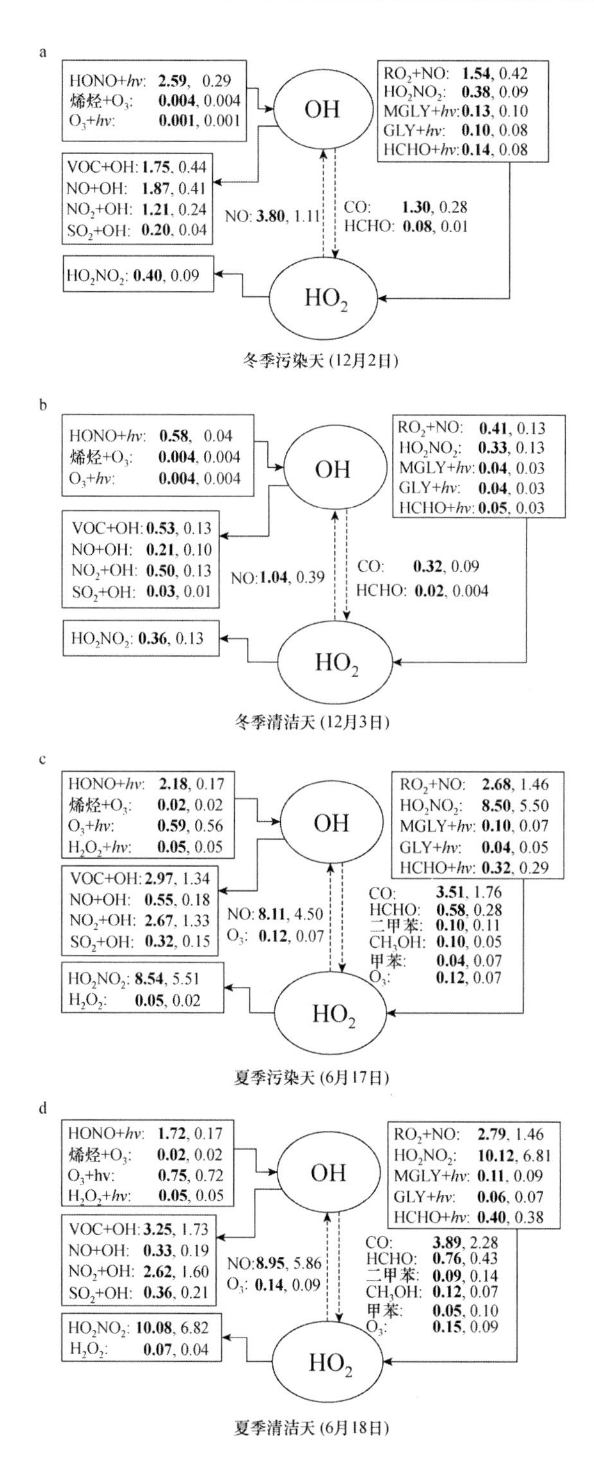

图 11.11　2017 年望都站点冬季污染天(a)和清洁天(b)、夏季污染天(c)和清洁天(d)白天 HO_x(=OH+HO_2)生成速率及损耗速率($ppb\ h^{-1}$)对比

[图中黑色虚线代表 OH 及 HO_2 之间的相互转化；每一反应中加粗的数值代表 6S 方案(说明见图 11.7)，未加粗的数值代表 base 方案(说明见图 11.7)[117]。]

2017 年 11 月 30 日至 12 月 2 日污染过程中 SOA 的最大值出现在天津地区,最小值出现在京津冀西北地区。仅考虑 HONO 最主要的气相生成过程时,SOA 浓度通常小于 10 $\mu g\ m^{-3}$(如邯郸、保定、望都、昌平);HONO 的 6 个潜在来源加入后,SOA 浓度通常增至 10～20 $\mu g\ m^{-3}$,天津地区 SOA 浓度升高了约 25 $\mu g\ m^{-3}$,达 30～40 $\mu g\ m^{-3}$[117]。冬季人为 VOCs 是 SOA 最主要的前体物,贡献较大的物种有二甲苯(42%)、长链烯烃(27%)、甲苯(22%),HONO 的 6 个潜在来源的加入显著增加了人为 SOA 的生成率[117]。

另外,我们指出了新的亟待加强的研究方向——温室大棚内 HONO 对温室内外空气质量的影响。过量施用氮肥会引起 HONO 和 NO 排放增加,生物 VOCs 排放增加,加速 $RO_x(=HO_x+RO_2)$循环,产生更多 O_3、过氧乙酰硝酸酯(PAN)、HNO_3、SOA,加重温室内外空气污染(经室内外空气交换),直接影响蔬菜的培育和从业人员的健康,降低氮肥施用效率(图 11.12)[120]。

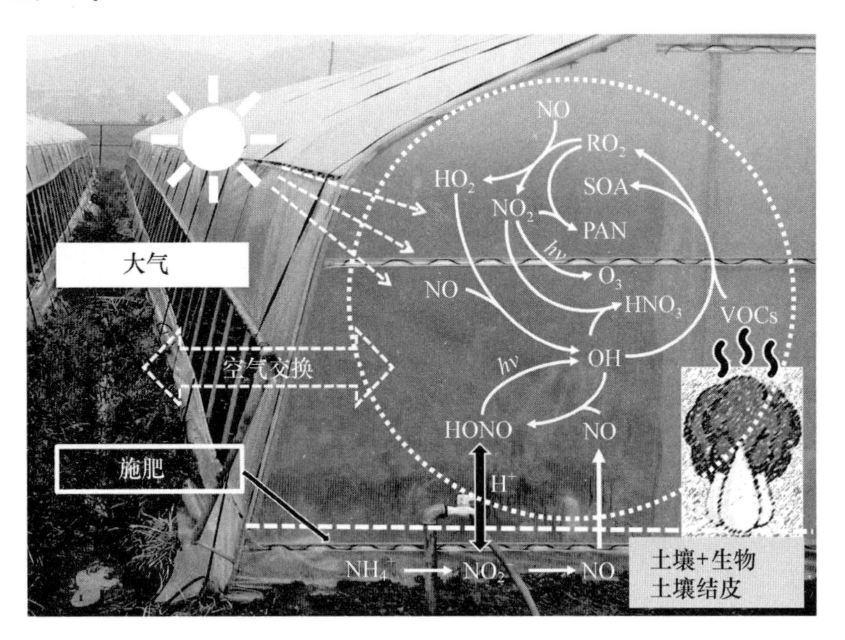

图 11.12　施化肥后温室大棚内光化学反应及温室内外污染物交换过程[120]

(2) 白天 HONO 未知源的添加及其对 SOA 浓度影响的定量化

上文介绍的是 HONO 来源已知的情况。HONO 来源未知时,根据外场观测资料和 HONO 已知来源可估算白天 HONO 未知源大小($P_{missing}$)[98-99],将 HONO 已知源和 $P_{missing}$ 加入空气质量模式可评估 $P_{missing}$对 SOA 模拟的影响。

分析发现广州郊区的近地面 HONO 未知源($P_{Gmissing}$)[99]与二氧化氮光解率[$J(NO_2)$]之间存在良好的相关性[111],$P_{Gmissing}=0.180\ J(NO_2)$。大气边界层上层的 HONO 未知源大小($P_{Hmissing}$)选用 Li 等人的[78]研究结果,$P_{Hmissing}=0.0213\ J(NO_2)$。设计 4 个模拟方案,依次为 case A、case B、case C、case D。case A 包含 HONO 最主要的气相生成过程、交通源排放、气溶胶表面和地表面的二氧化氮非均相反应[117];case B 是在 case A 基础上添加 $P_{Gmissing}$(地面之上的模式第一层);case C 是在 case A 基础上添加 $P_{Gmissing}$(地面之上模式第一层)和

$P_{Hmissing}$[地面之上模式 4 至 9 层(边界层内)、模式第二层为 $P_{Hmissing}+60\%(P_{Gmissing}-P_{Hmissing})$、模式第三层为 $P_{Hmissing}+20\%(P_{Gmissing}-P_{Hmissing})$];case D 是在 case A 基础上模式 1 至 9 层均添加 $P_{Gmissing}$[111]。

模式第一层加入 $P_{Gmissing}$(case B),引起近地面 HONO 浓度升高约 200 ppt,但距地面 250 m 之上 HONO 增幅小于 60 ppt。夏季(2016 年 7 月 22 日至 31 日)和秋季(2016 年 10 月 18 日至 31 日)时段,高空 400～1000 m 处 case A 和 case B 中 HONO 模拟值不超过 200 ppt;冬季(2016 年 11 月 15 日至 12 月 14 日)时段,高空 700 m 之上 HONO 模拟浓度不高于 200 ppt。高空 case A 和 case B 中 HONO 浓度差异较小,说明即使夏季存在较强的对流活动,近地面的 HONO 来源对边界层上层的 HONO 浓度影响有限。与 case B 相比,case C 中高空 70～250 m 处 HONO 浓度平均增加约 160 ppt,高空 250 m 之上增加约100 ppt,高空 400～1000 m 处 HONO 浓度达到 72～440 ppt,HONO 最高浓度出现在冬季时段。同时,与 case B 相比,case C 中近地面 HONO 浓度也增大了,夏季时段平均升高了 113 ppt(最大增幅 195 ppt),冬季时段平均升高了 169 ppt(最大增幅 383 ppt)。夏季观测表明,高空 400～1000 m 处日出后 HONO 浓度可达 100～200 ppt[78]。case A 和 case B 可能低估了边界层上层的实际 HONO 浓度,需要更多的 HONO 垂直观测评估边界层上层的 HONO 未知源大小。case D 中边界层顶部(模式第 9 层) HONO 最大模拟浓度达到 1 ppb,为 case C 的 4～10 倍,远大于文献报道的 HONO 观测浓度,隐含说明近地面观测资料确定的白天 HONO 未知源大小不能推广应用于全边界层[111]。

与 HONO 相似,case B、case C、case D 模拟的 O_3 浓度比 case A 的有明显增升[111]。与 case A 相比,case B 中边界层内夏季时段 O_3 增幅为 3～14 ppb,40～45°N 地区的增幅最大(图 11.13);冬季和秋季时段 O_3 增幅较小,分别小于 4 ppb、1～6 ppb[111]。case C 中边界层内夏季时段 O_3 增幅为 8～37 ppb,最大增幅出现于约 30°N(图 11.13);冬季和秋季时段的增幅依次为 1～19 ppb、4～21 ppb,最大增幅出现于约 23°N[111]。case D 中夏季时段 O_3 增幅达 5～77 (5～52,17～77) ppb,最大增幅出现在距地面 500～1000 m 处(图 11.13);冬季和秋季时段 O_3 增幅分别为约 20 ppb、18 ppb[111]。边界层上层的 O_3 增幅高于近地面的原因与近地面的 NO_x 和 VOCs 浓度偏高有关,还与 O_3 光解率有关,O_3 光解率比 HONO 光解率小 3 个数量级[121],近地面的 HONO 快速光解使其无法在边界层内均匀混合,而 O_3 可通过对流在边界层内垂直混合。因此,边界层高层的 HONO 未知源引起的 O_3 增量在整个边界层内都能得到反映,包括近地面。这也解释了为何近地面 case B 和 case C 模拟的与 case A 模拟的 O_3 浓度之差比 case B 与 case A 模拟之差要大。这也说明了 HONO 未知源影响整个边界层中的大气氧化性[111]。

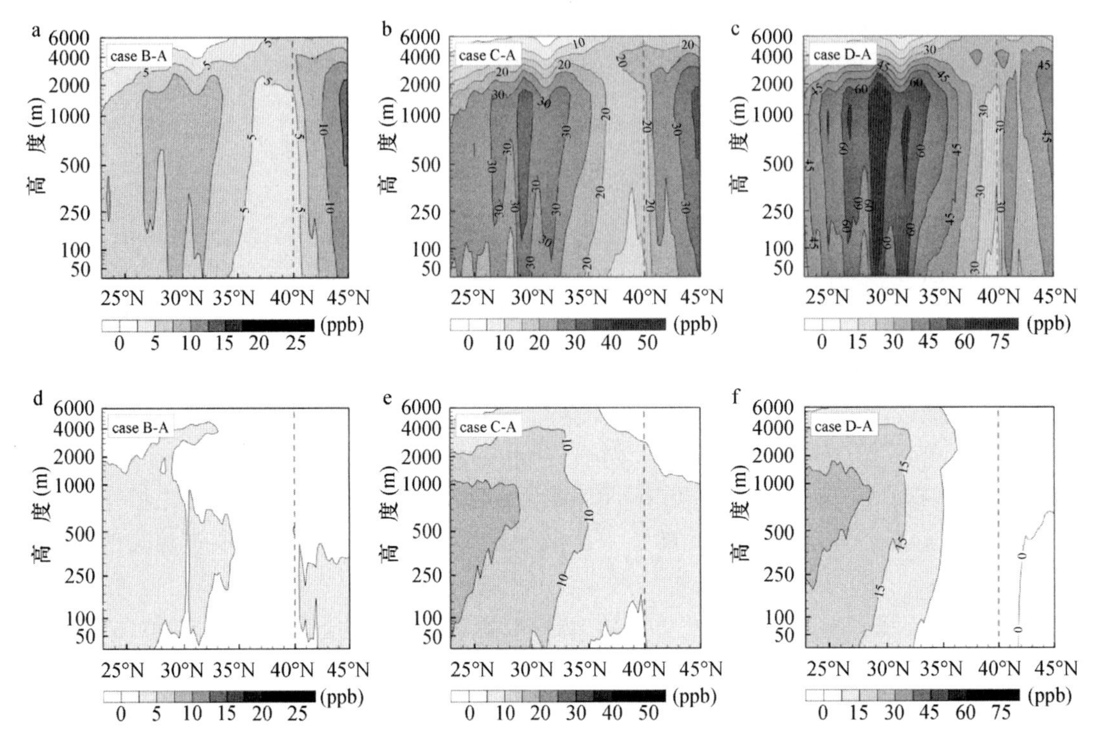

图 11.13 夏季(2016 年 7 月 22～31 日)、冬季(2016 年 11 月 15 日～12 月 14 日)时段 case B(a,d),case C(b,e)及 case D(c,f)与 case A 模拟的白天 O_3 浓度差分布(虚线位置对应北京师范大学站点的纬度)[111]

与 case A 相比,case B 模拟的 SOA 浓度夏(冬)季时段平均增幅约 0.1～1.3(0.4～2.1) $\mu g\ m^{-3}$,最大增幅出现在北京附近;case C 模拟的 SOA 浓度夏(冬)季时段平均增幅为 0.5～4.2 (1.1～7.8) $\mu g\ m^{-3}$;case D 模拟的 SOA 浓度夏(冬)季时段平均增幅达 0.8～8.7 (1.7～15.3) $\mu g\ m^{-3}$[111]。加入 HONO 部分潜在来源后,冬季京津冀地区 SOA 平均浓度增加约 2.5 $\mu g\ m^{-3}$[96]、1.0～3.0 $\mu g\ m^{-3}$[117],与 case B、case C 模拟的冬季时段 SOA 增幅相当。与 case A 相比,冬(夏)季时段 case B、case C、case D 模拟的 SOA 时均浓度最大增量依次为 11.5 (5.1) $\mu g\ m^{-3}$、22.5(18.6) $\mu g\ m^{-3}$、37.5(32.5) $\mu g\ m^{-3}$,且高空 500 m 之下分布较均匀[111]。加入 HONO 部分潜在来源后,夏季京津冀地区边界层中 1000 m 之下 SOA 时均最大增量为 10.0～35.0 $\mu g\ m^{-3}$[117]。上述结果表明,$P_{Hmissing}$显著影响 SOA 的时均浓度[111]。

冬季 SOA 以人为源生成为主。北京城区(中国科学院大气物理研究所站点)人为源 SOA 约占 SOA 总生成速率的 99.4%,中国东部地区约占 85.0%(图 11.14)。生物源 SOA 是夏季 SOA 的重要组分,北京城区生物源 SOA 约占 SOA 总生成速率的 20.2%,中国东部地区约占 52.0%,其中异戊二烯是最重要的生物源 SOA 前体物(图 11.14)。冬夏季长链烯烃、甲苯、二甲苯都是北京城区重要的 SOA 前体物,华北地区的人为排放是冬夏季 SOA 的重要来源(图 11.14)[111]。

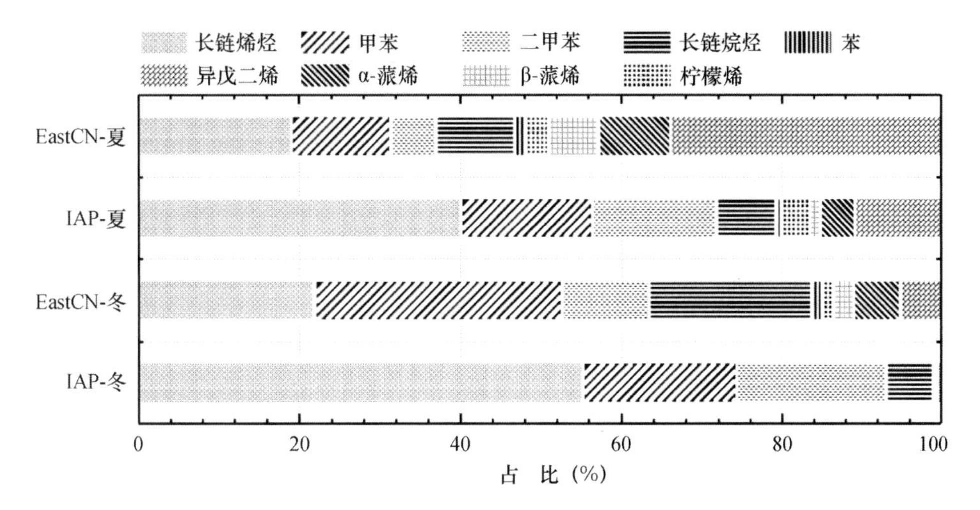

图 11.14　夏季(2016 年 7 月 22～31 日)、冬季(2016 年 11 月 15 日～12 月 14 日)时段中国东部(EastCN)和中国科学院大气物理研究所站点(IAP)近地面 SOA 前体物与 OH 自由基或 O_3 反应生成 SOA 的速率占 SOA 总生成速率之百分比

11.4.3　本项目资助发表论文

[1] Chen Y, An J, Sun Y, Wang X, Qu Y, Zhang J, Wang Z, Duan J. Nocturnal low-level winds and their impacts on particulate matter over the Beijing area. Advances in Atmospheric Sciences, 2018, 35: 1455-1468.

[2] Chen Y, An J, Wang X, Sun Y, Wang Z, Duan J. Observation of wind shear during evening transition and an estimation of submicron aerosol concentrations in Beijing using a Doppler wind lidar. Journal of Meteorological Research, 2017, 31: 350-362.

[3] Chen Y, An J, Lin J, Sun Y, Wang X, Wang Z, Duan J. Observation of nocturnal low-level wind shear and particulate matter in urban Beijing using a Doppler wind lidar. Atmospheric and Oceanic Science Letters, 2017, 10: 411-417.

[4] Hui L, Liu X, Tan Q, Feng M, An J, Qu Y, Zhang Y, Jiang M. Characteristics, source apportionment and contribution of VOCs to ozone formation in Wuhan, Central China. Atmospheric Environment, 2018, 192: 55-71.

[5] Hui L, Liu X, Tan Q, Feng M, An J, Qu Y, Zhang Y, Cheng N. VOC characteristics, sources and contributions to SOA formation during haze events in Wuhan, Central China. Science of the Total Environment, 2019, 650: 2624-2639.

[6] Hui L, Liu X, Tan Q, Feng M, An J, Qu Y, Zhang Y, Deng Y, Zhai R, Wang Z. VOC characteristics, chemical reactivity and sources in urban Wuhan, central China. Atmospheric Environment, 2020, 224: 117340.

[7] Kong L, Hu M, Tan Q, Feng M, Qu Y, An J, Zhang Y, Liu X, Cheng N. Aerosol optical properties under different pollution levels in the Pearl River Delta (PRD) region of China. Journal of Environmental Sciences, 2020, 87: 49-59.

[8] Kong L, Tan Q, Feng M, Qu Y, An J, Liu X, Cheng N, Deng Y, Zhai R, Wang Z. Investigating the charac-

teristics and source analyses of $PM_{2.5}$ seasonal variations in Chengdu, Southwest China. Chemosphere, 2020, 243: 125267.

[9] Kong L, Hu M, Tan Q, Feng M, Qu Y, An J, Zhang Y, Liu X, Cheng N, Deng Y, Zhai R, Wang Z. Key role of atmospheric water content in the formation of regional haze in Southern China. Atmospheric Environment, 2019, 216: 11691.

[10] Li J, Zhang M, Wu F, Sun Y, Tang G. Assessment of the impacts of aromatic VOC emissions and yields of SOA on SOA concentrations with the air quality model RAMS-CMAQ. Atmospheric Environment, 2017, 158: 105-115.

[11] Li J, Zhang M, Tang G, Wu F, Alvarado L, Vrekoussis M, Richter A, Burrows J P. Investigating missing sources of glyoxal over China using a regional air quality model (RAMS-CMAQ). Journal of Environmental Sciences, 2018, 71: 108-118.

[12] Li J, Zhang M, Tang G, Sun Y, Wu F, Xu Y. Assessment of dicarbonyl contributions to secondary organic aerosols over China using RAMS-CMAQ. Atmospheric Chemistry and Physics, 2019, 19: 6481-6495.

[13] Li L, Tan Q, Zhang Y, Feng M, Qu Y, An J, Liu X. Characteristics and source apportionment of $PM_{2.5}$ during persistent extreme haze events in Chengdu, Southwest China. Environmental Pollution, 2017, 230: 718-729.

[14] Li W, Liu X, Zhang Y, Sun K, Wu Y, Xue R, Zeng L, Qu Y, An J. Characteristics and formation mechanism of regional haze episodes in the Pearl River Delta of China. Journal of Environmental Sciences, 2018, 63: 236-249.

[15] Li W, Liu X, Zhang Y, Tan Q, Feng M, Song M, Hui L, Qu Y, An J, Gao H. Insights into the phenomenon of an explosive growth and sharp decline in haze: A case study in Beijing, Journal of Environmental Sciences. 2019, 84: 122-132.

[16] Liu Y, Song M, Liu X, Zhang Y, Hui L, Kong L, Zhang Y, Zhang C, Qu Y, An J, Ma D, Tan Q, Feng M. Characterization and sources of volatile organic compounds (VOCs) and their related changes during ozone pollution days in 2016 in Beijing, China. Environmental Pollution, 2020, 257: 113599.

[17] Song M, Tan Q, Feng M, Qu Y, Liu X, An J, Zhang Y. Source apportionment and secondary transformation of atmospheric nonmethane hydrocarbons in Chengdu, Southwest China. Journal of Geophysical Research, 2018, 123: 9741-9763.

[18] Song M, Liu X, Tan Q, Feng M, Qu Y, An J, Zhang Y. Characteristics and formation mechanism of persistent extreme haze pollution events in Chengdu, Southwestern China. Environmental Pollution, 2019, 251: 1-12.

[19] Song M, Liu X, Zhang Y, Shao M, Lu K, Tan Q, Feng M, Qu Y. Sources and abatement mechanisms of VOCs in Southern China. Atmospheric Environment, 2019, 201: 28-40.

[20] Wang J, Zhang X, Guo J, Wang Z, Zhang M. Observation of nitrous acid (HONO) in Beijing, China: Seasonal variation, nocturnal formation and daytime budget. Science of the Total Environment, 2017, 587: 350-359.

[21] Yang Y, Liu X, Zheng J, Tan Q, Feng M, Qu Y, An J, Cheng N. Characteristics of one-year observation of VOCs, NO_x, and O_3 at an urban site in Wuhan, China. Journal of Environmental Sciences, 2019, 79: 297-310.

[22] Zhang J, An J, Qu Y, Liu X, Chen Y. Impacts of potential HONO sources on the concentrations of oxidants and secondary organic aerosols in the Beijing-Tianjin-Hebei region of China. Science of the Total

Environment,2019a,647: 836-852.

[23] Zhang J,Chen J,Xue C,Chen H,Zhang Q,Liu X,Mu Y,Guo Y,Wang D,Chen Y,Li J,Qu Y,An J. Impacts of six potential HONO sources on HO_x budgets and SOA formation during a wintertime heavy haze period in the North China Plain. Science of the Total Environment,2019b,681: 110-123.

[24] Zhang J,Xue C,Wang D,Qu Y,Chen Y,Mu Y,Guo Y,Wang J,An J. Strong photochemical reactions in greenhouses after fertilization and their implications. Atmospheric Environment,2019c,214: 116821.

参考文献

[1] 谢绍东,于淼,姜明. 有机气溶胶的来源与形成研究现状. 环境科学学报,2006,26: 1933-1939.

[2] 陈文泰,邵敏,袁斌,等. 大气中挥发性有机物(VOCs)对二次有机气溶胶(SOA)生成贡献的参数化估算. 环境科学学报,2013,33: 163-172.

[3] Jang M,Czoschke N,Lee S,et al. Heterogeneous atmospheric aerosol production by acid-catalyzed particle-phase reactions. Science,2002,298: 814-817.

[4] Ervens B,Carlton A,Turpin B,et al. Secondary organic aerosol yields from cloud processing of isoprene oxidation products. Geophysical Research Letters,2008,35,L02816.

[5] Turpin B,Huntzicker J. Identification of secondary organic aerosol episodes and quantification of primary and secondary organic aerosol concentrations during SCAQS. Atmospheric Environment, 1995, 29: 3527-3544.

[6] Kanakidou M,Seinfeld J,Pandis S,et al. Organic aerosol and global climate modeling: A review. Atmospheric Chemistry and Physics,2005,5: 1053-1123.

[7] Zhang Q,Jimenez J,Canagaratna M,et al. Ubiquity and dominance of oxygenated species in organic aerosols in anthropogenically-influenced Northern Hemisphere midlatitudes. Geophysical Research Letters, 2007,34: L13801,

[8] Jimenez J,Canagaratna M,Donahue N,et al. Evolution of organic aerosols in the atmosphere. Science. 2009,326: 1525-1529.

[9] Dan M,Zhuang G,Li X,et al. The characteristics of carbonaceous species and their sources in $PM_{2.5}$ in Beijing. Atmospheric Environment,2004,38: 3443-3452.

[10] Feng Y,Chen Y,Guo H,et al. Characteristics of organic and elemental carbon in $PM_{2.5}$ samples in Shanghai,China. Atmospheric Research,2009,92: 434-442.

[11] Ding X,Wang X,Gao B,et al. Tracer-based estimation of secondary organic carbon in the Pearl River Delta,South China. Journal of Geophysical Research,2012,117: D05313.

[12] Guo S,Hu M,Guo Q,et al. Primary sources and secondary formation of organic aerosols in Beijing, China. Environmental Science & Technology,2012,46: 9846-9853.

[13] 郑玫,闫才青,李小滢,等. 二次有机气溶胶估算方法研究进展. 中国环境科学,2014,34: 555-564.

[14] 朱彤,尚静,赵德峰. 大气复合污染及灰霾形成中非均相化学过程的作用. 中国科学: 化学,2010,40: 1731-1740.

[15] Yu S,Bhave P,Dennis R,et al. Seasonal and regional variations of primary and secondary organic aerosols over the continental United States: Semi-empirical estimates and model evaluation. Environmental Science & Technology,2007,41: 4690-4697.

[16] Carlton A, Bhave P, Napelenok S, et al. Model representation of secondary organic aerosol in CMAQv4.7. Environmental Science & Technology, 2010, 44: 8553-8560.

[17] Ahmadov R, McKeen S,. Robinson A, et al. A volatility basis set model for summertime secondary organic aerosols over the Eastern United States in 2006. Journal of Geophysical Research, 2012, 117: D06301.

[18] Yuan B, Hu W, Shao M, et al. VOC emissions, evolutions and contributions to SOA formation at a receptor site in Eastern China. Atmospheric Chemistry and Physics, 2013, 13: 8815-8832.

[19] Robinson A, Donahue N, Shrivastava M, et al. Rethinking organic aerosols: Semivolatile emissions and photochemical aging. Science, 2007, 315: 1259-1262.

[20] Hallquist M, Wenger J, Baltensperger U, et al. The formation, properties and impact of secondary organic aerosol: Current and emerging issues. Atmospheric Chemistry and Physics, 2009, 9: 5155-5236.

[21] Liu Z, Wang Y, Vrekoussis M, et al. Exploring the missing source of glyoxal (CHOCHO) over China. Geophysical Research Letters, 2012, 39: L10812.

[22] Myriokefalitakis S. Vrekoussis, Tsigaridis K, et al. The influence of natural and anthropogenic secondary sources on the glyoxal global distribution. Atmospheric Chemistry and Physics, 2008, 8: 4965-4981.

[23] Zhang X, Cappa C, Jathar S, et al. Influence of vapor wall loss in laboratory chambers on yields of secondary organic aerosol. Proceedings of the National Academy of Sciences of the United States of America, 2014, 111: 5802-5807.

[24] Heald C, Jacob D, Park R, et al. A large organic aerosol source in the free troposphere missing from current models. Geophysical Research Letters, 2005, 32: L18809.

[25] Liggio J, Li S, Mclaren R. Reactive uptake of glyoxal by particulate matter. Journal of Geophysical Research, 2005, 110: 257-266.

[26] Fu T, Jacob D, Wittrock F, et al. Global budgets of atmospheric glyoxal and methylglyoxal, and implications for formation of secondary organic aerosols. Journal of Geophysical Research, 2008, 113: D15303

[27] Corrigan A, Hanley S, DeHaan D. Uptake of glyoxal by organic and inorganic aerosol. Environmental Science & Technology, 2008, 42, 4428-4433.

[29] Pankow J. An absorption model of gas/particle partitioning of organic compounds in the atmosphere. Atmospheric Environment, 1994, 28: 185-188.

[30] Odum J, Hoffmann T, Bowman F, et al. Gas/particle partitioning and secondary organic aerosol yields. Environmental Science & Technology, 1996, 30: 2580-2585.

[31] Chung S, Seinfeld J. Global distribution and climate forcing of carbonaceous aerosols. Journal of Geophysical Research, 2002, 107: 4407.

[32] Han Z, Zhang R, Wang Q, et al. Regional modeling of organic aerosols over China in summertime. Journal of Geophysical Research, 2008, 113: D11202.

[33] Jiang F, Liu Q, Huang X, et al. Regional modeling of secondary organic aerosol over China using WRF/Chem. Journal of the Atmospheric Sciences, 2012, 43: 57-73.

[34] Matsui H, Koike M, Kondo Y, et al. Spatial and temporal variations of aerosols around Beijing in summer 2006: Model evaluation and source apportionment. Journal of Geophysical Research, 2009, 114: D00G13

[35] Donahue N, Robinson A, Stanier C, et al. Coupled partitioning, dilution, and chemical aging of semivolatile organics. Environmental Science & Technology, 2006, 40: 2635-2643.

[36] Lane T, Donahue N, Pandis S. Simulating secondary organic aerosol formation using the volatility basis-

set approach in a chemical transport model. Atmospheric Environment, 2008, 42: 7439-7451.

[37] Murphy B, Pandis S. Simulating the formation of semivolatile primary and secondary organic aerosol in a regional chemical transport model. Environmental Science & Technology, 2009, 43: 4722-4728.

[38] Tsimpidi A, Karydis V, Zavala M, et al. Evaluation of the volatility basis-set approach for the simulation of organic aerosol formation in the Mexico City metropolitan area. Atmospheric Chemistry and Physics, 2010, 10: 525-546.

[39] Shrivastava M, Fast J, Easter R, et al. Modeling organic aerosols in a megacity: Comparison of simple and complex representations of the volatility basis set approach. Atmospheric Chemistry and Physics, 2011, 11: 6639-6662.

[40] Skyllakou K, Murphy B, Megaritis A, et al. Contributions of local and regional sources to fine PM in the megacity of Paris. Atmospheric Chemistry and Physics, 2014, 14: 2343-2352.

[41] Koo B, Knipping E, Yarwood G. 1. 5-Dimensional volatility basis set approach for modeling organic aerosol in CAMx and CMAQ. Atmospheric Environment, 2014, 95: 158-164.

[42] 王振亚，郝立庆，张为俊. 二次有机气溶胶形成的化学过程. 化学进展，2005，17，732-739.

[43] 汪午，王省良，李黎，等. 天然源二次有机气溶胶的研究进展. 地球化学，2008，37：77-86.

[44] 陈魁，银燕，魏玉香，等. 南京大气 $PM_{2.5}$ 中碳组分观测分析. 中国环境科学，2010，30：1015-1020.

[45] 黄晓锋，薛莲，何凌燕，等. 应用高分辨气溶胶质谱在线测定有机气溶胶元素组成. 科学通报，2010，55：3391-3396.

[46] 贾龙，徐永福. 苯乙烯-NO_x 光照的二次有机气溶胶生成. 化学学报，2010，68：2429-2435.

[47] 李莹莹，李想，陈建民. 植物释放挥发性有机物(BVOC)向二次有机气溶胶(SOA)转化机制研究，环境科学，2011，32：3588-3592.

[48] 叶文媛，吴琳，冯银厂，等. 大气中二次有机气溶胶估算方法研究进展. 安全与环境学报，2011，11：127-130.

[49] 刘全，孙扬，胡波，等. 北京冬季 PM1 中有机气溶胶的高分辨率气溶胶质谱观测. 科学通报，2012，57：366-373.

[50] 刘志，胡长进，程跃，等. 光照对柠檬烯臭氧氧化产生二次有机气溶胶的影响. 大气与环境光学学报，2012，7：348-357.

[51] 张养梅，孙俊英，张小曳，等. 北京亚微米气溶胶化学组分及粒径分布季节变化特征. 中国科学：地球科学，2013，43：606-617.

[52] 王倩，陈长虹，王红丽，等. 上海市秋季大气 VOCs 对二次有机气溶胶的生成贡献及来源研究. 环境科学，2013，34：424-433.

[53] 郭松，胡敏，尚冬杰，等. 基于外场观测的大气二次有机气溶胶研究. 化学学报，2014，72：145-157.

[54] 郝吉明，吕子峰，楚碧武，等. 大气二次有机气溶胶污染特征及模拟研究. 北京：北京科学出版社，2015.

[55] 张延君，郑玫，蔡靖，等. PM2. 5 源解析方法的比较与评述. 科学通报，2015，60：109-121.

[56] Cao J, Lee S, Chow J, et al. Spatial and seasonal distributions of carbonaceousaerosols over China. Journal of Geophysical Research, 2007, 112: D22S11.

[57] Wang W, Wu M, Li L, et al. Polar organic tracers in $PM_{2.5}$ aerosols from forests in Eastern China. Atmospheric Chemistry and Physics, 2008, 8: 7507-7518.

[58] Sun J, Zhang Q, Canagaratna M, et al. Highly time- and size-resolved characterization of submicron aerosol particles in Beijing using an aerodyne aerosol mass spectrometer. Atmospheric Environment, 2010, 44: 131-140.

[59] Sun Y, Wang Z, Dong H, et al. Characterization of summer organic and inorganic aerosols in Beijing, China with an aerosol chemical speciation monitor. Atmospheric Environment, 2012, 51: 250-259.

[60] Ding X, He Q, Shen R, et al. Spatial distributions of secondary organic aerosols from isoprene, monoterpenes, β-caryophyllene, and aromatics over China during summer. Journal of Geophysical Research, 2014, 119: 11877-11891.

[61] Fang W, Gong L, Zhang Q, et al. Measurements of secondary organic aerosol formed from OH-initiated photo-oxidation of isoprene using online photoionization aerosol mass spectrometry. Environmental Science & Technology, 2012, 46: 3898-3904.

[62] Li K, Wang W, Ge M, et al. Optical properties of secondary organic aerosols generated by photooxidation of aromatic hydrocarbons. Scientific Reports, 2014, 4: 4922.

[63] 程艳丽,李湉湉,白郁华,等. 珠江三角洲区域大气二次有机气溶胶的数值模拟. 环境科学,2009,30: 3441-3447.

[64] 胡荣章,刘红年,张美根,等. 南京地区碳气溶胶的数值模拟研究. 中国粉体技术,2010,16: 68-75.

[65] 郭晓霜,司徒淑娉,王雪梅,等. 结合外场观测分析珠三角二次有机气溶胶的数值模拟. 环境科学,2014, 35: 1654-1661.

[66] Wang X, Wu Z, Liang G. WRF/CHEM modeling of impacts of weather conditions modified by urban expansion on secondary organic aerosol formation over Pearl River Delta. Particuology, 2009, 7: 384-391.

[67] Fu Y, Liao H. Simulation of the interannual variations of biogenic emissions of volatile organic compounds in China: Impacts on tropospheric ozone and secondary organic aerosol. Atmospheric Environment, 2012, 59: 170-185.

[68] Li N, Fu T, Cao J, et al. Sources of secondary organic aerosols in the Pearl River Delta Region in fall: Contributions from the aqueous reactive uptake of dicarbonyls. Atmospheric Environment, 2013, 76: 200-207.

[69] Lin J, An J, Qu Y, et al. Local and distant source contributions to secondary organic aerosol in the Beijing urban area in summer. Atmospheric Environment, 2016, 124: 176-185.

[70] Sarwar G, Roselle S, Mathur R, et al. A comparison of CMAQ HONO predictions with observations from the northeast oxidant and particle study. Atmospheric Environment, 2008, 42: 5760-5770.

[71] Li G, Lei W, Zavala M, et al. Impacts of HONO sources on the photochemistry in Mexico City during the MCMA-2006/MILAGO Campaign. Atmospheric Chemistry and Physics, 2010, 10: 6551-6567.

[72] Li Y, An J, Min M, et al. Impacts of HONO sources on the air quality in Beijing, Tianjin and Hebei Province of China. Atmospheric Environment, 2011, 45: 4735-4744.

[73] An J, Li Y, Chen Y, et al. Enhancements of major aerosol components due to additional HONO sources in the North China Plain and implications for visibility and haze. Advances in Atmospheric Sciences, 2013, 30: 57-66.

[74] Zhang L, Wang T, Zhang Q, et al. Potential sources of nitrous acid (HONO) and their impacts on ozone: A WRF-Chem study in a polluted subtropical region. Journal of Geophysical Research, 2016, 121: 3645-3662.

[75] Bejan I, Abd El Aal Y, Barnes I, et al. The photolysis of ortho-nitrophenols: A new gas phase source of HONO. Physical Chemistry Chemical Physics, 2006, 8: 2028-2035.

[76] Li S, Matthews J, Sinha A. Atmospheric hydroxyl radical production from electronically excited NO_2 and H_2O. Science, 2008, 319: 1657-1660.

[77] Zhang B, Tao F. Direct homogeneous nucleation of NO_2, H_2O, and NH_3 for the production of ammonium nitrate particles and HONO gas. Chemical Physics Letters, 2010, 489: 143-147.

[78] Li X, Rohrer F, Hofzumahaus A, et al. Missing gas-phase source of HONO inferred from Zeppelin measurements in the troposphere. Science, 2014b, 344: 292-296.

[79] Rutter A, Malloy Q, Leong Y, et al. The reduction of HNO_3 by volatile organic compounds emitted by motor vehicles. Atmospheric Environment, 2014, 87: 200-206.

[80] Kurtenbach R, Becker K, Gomes J, et al. Investigations of emissions and heterogeneous formation of HONO in a road traffic tunnel. Atmospheric Environment, 2001, 35: 3385-3394.

[81] Su H, Cheng Y, Oswald R, et al. Soil nitrite as a source of atmospheric HONO and OH radicals. Science, 2011, 333: 1616-1618.

[82] Oswald R, Behrendt T, Ermel M, et al. HONO emissions from soil bacteria as a major source of atmospheric reactive nitrogen. Science, 2013, 341: 1233-1235.

[83] Spataro F, Ianniello A. Sources of atmospheric nitrous acid: State of the science, current research needs, and future prospects. Journal of the Air & Waste Management Association, 2014, 64: 1232-1250.

[84] Weber B, Wu D, Tamm A, et al. Biological soil crusts accelerate the nitrogen cycle through large NO and HONO emissions in drylands. Proceedings of the National Academy of Sciences of the United States of America, 2015, 112: 15384-15389.

[85] Calvert J, Yarwood G, Dunker A. An evaluation of the mechanism of nitrous acid formation in the urban atmosphere. Research on Chemical Intermediates, 1994, 20: 463-502.

[86] Ammann M, Kalberer M, Jost D, et al. Heterogeneous production of nitrous acid on soot in polluted air masses. Nature, 1998, 395: 157-160.

[87] Saliba N, Mochida M, Finlayson-Pitts B. Laboratory studies of sources of HONO in polluted urban atmospheres. Geophysical Research Letters, 2000, 27: 3229-3232.

[88] Gutzwiller L, Arens F, Baltensperger U, et al. Significance of semivolatile diesel exhaust organics for secondary HONO formation. Environmental Science & Technology, 2002, 36: 677-682.

[89] Finlayson-Pitts B, Wingen L, Sumner A, et al. The heterogeneous hydrolysis of NO_2 in laboratory systems and in outdoor and indoor atmospheres: An integrated mechanism. Physical Chemistry Chemical Physics, 2003, 5: 223-242.

[90] Zhou X, Gao H, He Y, et al. Nitric acid photolysis on surfaces in low-NO_x environments: Significant atmospheric implications. Geophysical Research Letters, 2003, 30: 2217-2220.

[91] Stemmler K, Ammann M, Donders C, et al. Photosensitized reduction of nitrogen dioxide on humic acid as a source of nitrous acid. Nature, 2006, 440: 195-198.

[92] Yabushita A, Enami S, Sakamoto Y, et al. Anion-catalyzed dissolution of NO_2 on aqueous microdroplets. Journal of Physical Chemistry A, 2009, 113: 4844-4848.

[93] Ziemba L, Dibb J, Griffin R, et al. Heterogeneous conversion of nitric acid to nitrous acid on the surface of primary organic aerosol in an urban atmosphere. Atmospheric Environment, 2010, 44: 4081-4089.

[94] VandenBoer T, Young C, Talukdar R, et al. Nocturnal loss and daytime source of nitrous acid through reactive uptake and displacement. Nature Geoscience, 2015,. 8: 55-60.

[95] Xu J, Zhang Y, Wang W. Numerical study on the impacts of heterogeneous reactions on ozone formation in the Beijing urban area. Advances in Atmospheric Sciences, 2006, 23: 605-614.

[96] Xing L, Wu J, Elser M, et al. Wintertime secondary organic aerosol formation in Beijing-Tianjin-Hebei

(BTH): Contributions of HONO sources and heterogeneous reactions. Atmospheric Chemistry and Physics,2019,19: 2343-2359.

[97] Kleffmann J,Gavriloaiei T,Hofzumahaus A,et al. Daytime formation of nitrous acid: A major source of OH radicals in a forest. Geophysical Research Letters,2005,32: L05818.

[98] Acker K, Möller D. Atmospheric variation of nitrous acid at different sites in Europe. Environmental Chemistry,2007,4: 242-255.

[99] Su H,Cheng Y,Shao M,et al. Nitrous acid (HONO) and its daytime sources at a rural site during the 2004 PRIDE-PRD experiment in China. Journal of Geophysical Research,2008,113: D14312.

[100] Elshorbany Y,Kurtenbach R,Wiesen P,et al. Oxidation capacity of the city air of Santiago,Chile. Atmospheric Chemistry and Physics,2009,9: 2257-2273.

[101] Qin M,Xie P,Su H,et al. An observational study of the HONO-NO_2 coupling at an urban site in Guangzhou City,South China. Atmospheric Environment,2009,43: 5731-5742.

[102] Wong K,Tsai C,Lefer B,et al. Daytime HONO vertical gradients during SHARP 2009 in Houston, TX. Atmospheric Chemistry and Physics,2012,12: 635-652.

[103] Hou S,Tong S,Ge M,et al. Comparison of atmospheric nitrous acid during severe haze and clean periods in Beijing,China. Atmospheric Environment,2016,124: 199-206.

[104] Tang Y,An J,Wang F,et al. Impacts of an unknown daytime HONO source on the mixing ratio and budget of HONO, and hydroxyl, hydroperoxyl, and organic peroxy radicals, in the coastal regions of China. Atmospheric Chemistry and Physics,2015,15: 9381-9398.

[105] He H,Wang Y,Ma Q,et al. Mineral dust and NO_x promote the conversion of SO_2 to sulfate in heavy pollution days. Scientific Reports,2014,4: 4172.

[106] Sun K,Liu X,Gu J,et al. Chemical characterization of size-resolved aerosols in four seasons and hazy days in the megacity Beijing of China. Journal of EnvironmentalSciences,2015,32: 155-167.

[107] Zheng B,Zhang Q,Zhang Y,et al. Heterogeneous chemistry: a mechanism missing in current models to explain secondary inorganic aerosol formation during the January 2013 haze episode in North China. Atmospheric Chemistry and Physics,2015,15: 2031-2049.

[108] Li J,Zhang M,Wu F,et al. Assessment of the impacts of aromatic VOC emissions and yields of SOA on SOA concentrations with the air quality model RAMS-CMAQ. Atmospheric Environment,2017,158: 105-115.

[109] Li J,Zhang M,Tang G,et al. Assessment of dicarbonyl contributions to secondary organic aerosols over China using RAMS-CMAQ. Atmospheric Chemistry and Physics,2019,19: 6481-6495.

[110] Zhang J,An J,Qu Y,et al. Impacts of potential HONO sources on the concentrations of oxidants and secondary organic aerosols in the Beijing-Tianjin-Hebei region of China. Science of the Total Environment,2019,647: 836-852.

[111] Guo Y,Zhang J,An J,et al. Effect of vertical parameterization of a missing daytime source of HONO on concentrations of HONO, O_3 and secondary organic aerosols in eastern China. Atmospheric Environment,2020,226,117208.

[112] Simon H,Baker K,Phillips S. Compilation and interpretation of photochemical model performance statistics published between 2006 and 2012. Atmospheric Environment,2012,61: 124-139.

[113] Shao M,Lu S,Liu Y,et al. Volatile organic compounds measured in summer in Beijing and their role in ground-level ozone formation. Journal of Geophysical Research,2009,114: D00G06.

[114] Lu K, Zhang Y, Su H, et al. Oxidant ($O_3 + NO_2$) production processes and formation regimes in Beijing. Journal of Geophysical Research, 2010, 115: D07303.

[115] Liu Y, Song M, Liu X, et al. Characterization and sources of volatile organic compounds (VOCs) and their related changes during ozone pollution days in 2016 in Beijing, China. Environmental Pollution, 2020, 257: 113599.

[116] Li J, Zhang M, Tang G, et al. Investigating missing sources of glyoxal over China using a regional air quality model (RAMS-CMAQ). Journal of Environmental Sciences, 2018, 71: 108-118.

[117] Zhang J, Chen J, Xue C, et al. Impacts of six potential HONO sources on HO_x budgets and SOA formation during a wintertime heavy haze period in the North China Plain. Science of the Total Environment, 2019, 681: 110-123.

[118] Kim S, VandenBoer T, Young C, et al. The primary and recycling sources of OH during the NACHTT-2011 campaign: HONO as an important OH primary source in the wintertime. Journal of Geophysical Research, 2014, 119: 6886-6896.

[119] Tan Z, Rohrer F, Lu K, et al. Wintertime photochemistry in Beijing: observations of RO_x radical concentrations in the North China Plain during the BEST-ONE campaign. Atmospheric Chemistry and Physics, 2018, 18: 12391-12411.

[120] Zhang J, Xue C, Wang D, et al. Strong photochemical reactions in greenhouses after fertilization and their implications. Atmospheric Environment, 2019, 214: 116821.

[121] Kraus A, Hofzumahaus A. Field measurements of atmospheric photolysis. Journal of the Atmospheric Sciences, 1998, 31: 161-180.

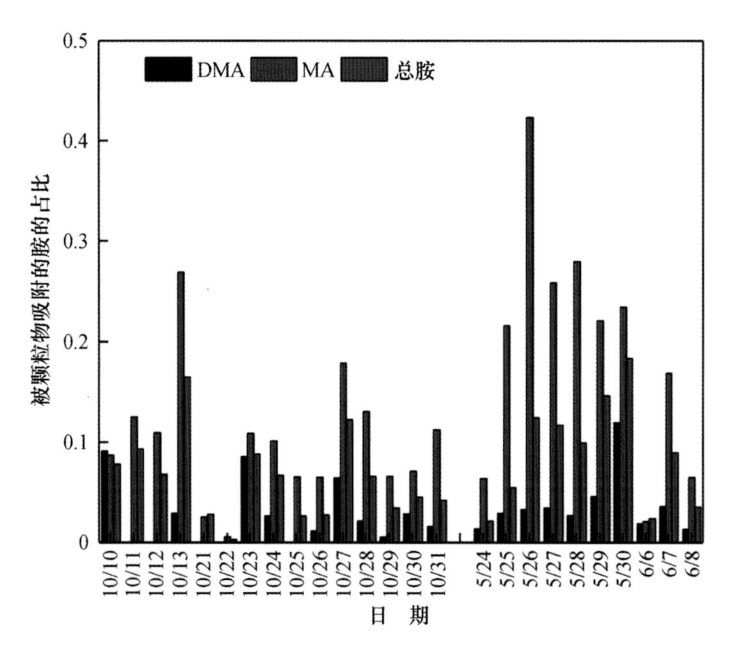

0.5
0.4
0.3
0.2
0.1
0
DMA
MA
总胺
被颗粒物吸附的胺的占比
10/10
10/11
10/12
10/13
10/21
10/22
10/23
10/24
10/25
10/26
10/27
10/28
10/29
10/30
10/31
5/24
5/25
5/26
5/27
5/28
5/29
5/30
6/6
6/7
6/8
日 期

彩图 1.2

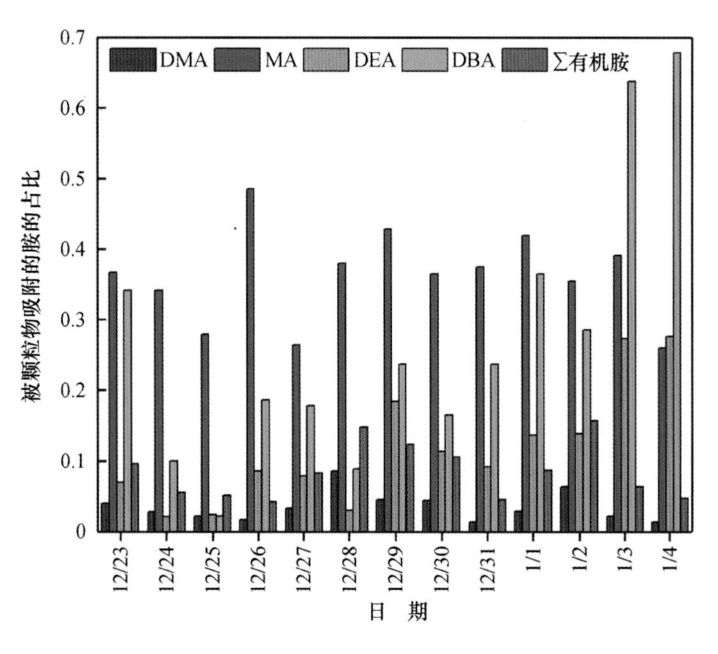

0.7
0.6
0.5
0.4
0.3
0.2
0.1
0
DMA
MA
DEA
DBA
∑有机胺
被颗粒物吸附的胺的占比
12/23
12/24
12/25
12/26
12/27
12/28
12/29
12/30
12/31
1/1
1/2
1/3
1/4
日 期

彩图 1.3

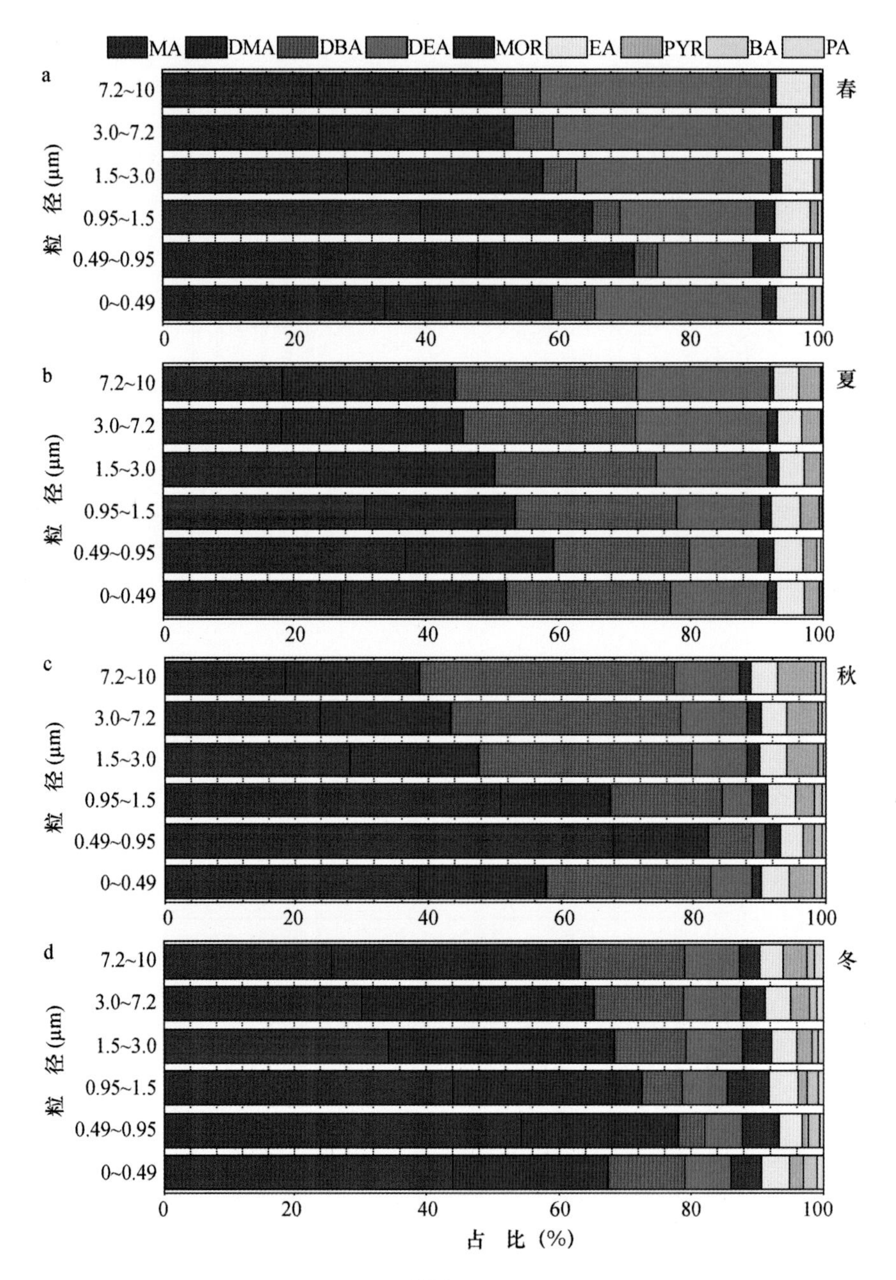

MA
DMA
DBA
DEA
MOR
EA
PYR
BA
PA
a
春
b
夏
c
秋
d
冬
7.2~10
3.0~7.2
1.5~3.0
0.95~1.5
0.49~0.95
0~0.49
粒 径 (μm)
0
20
40
60
80
100
占 比 (%)

彩图 1.4

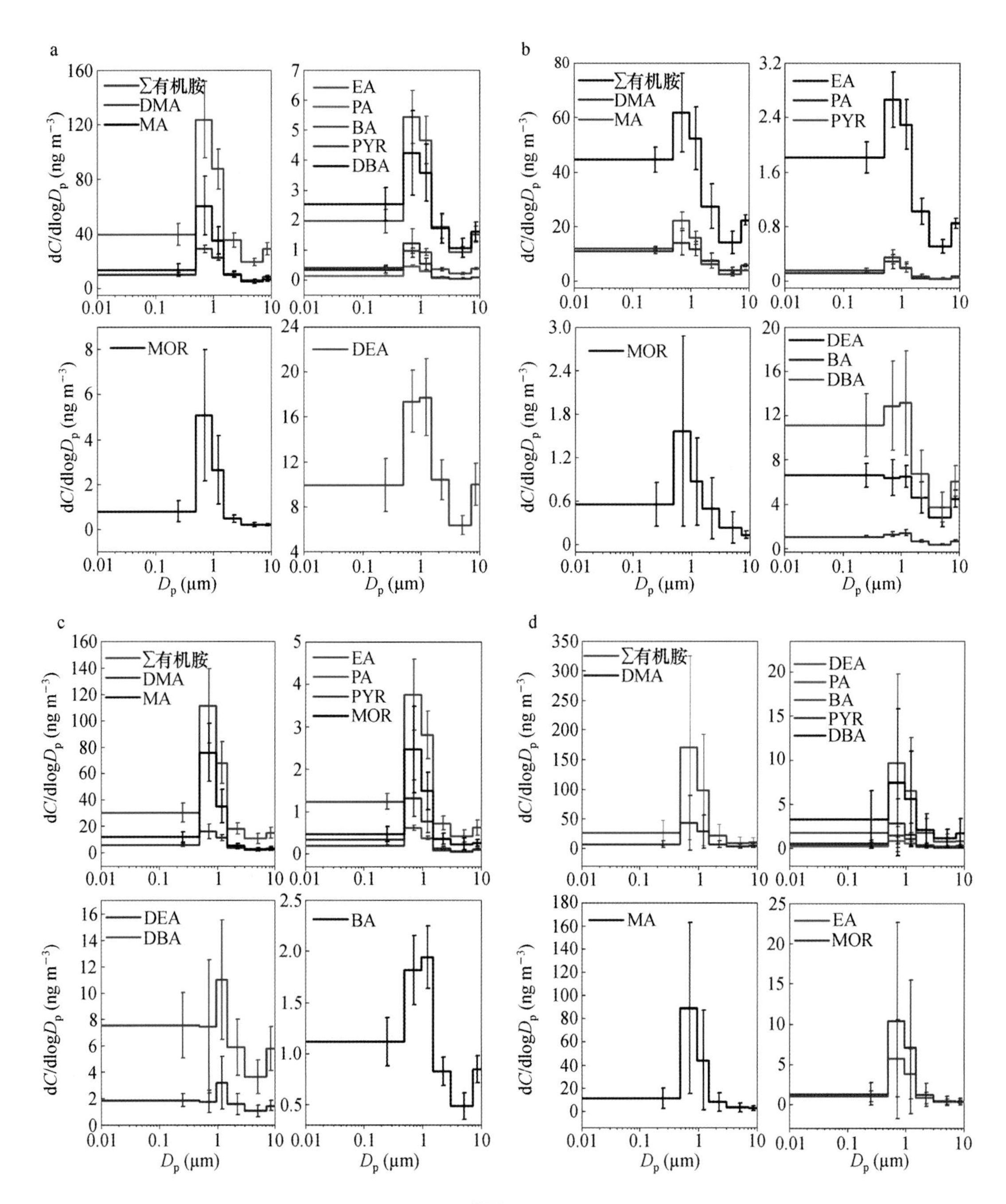

彩图 1.5

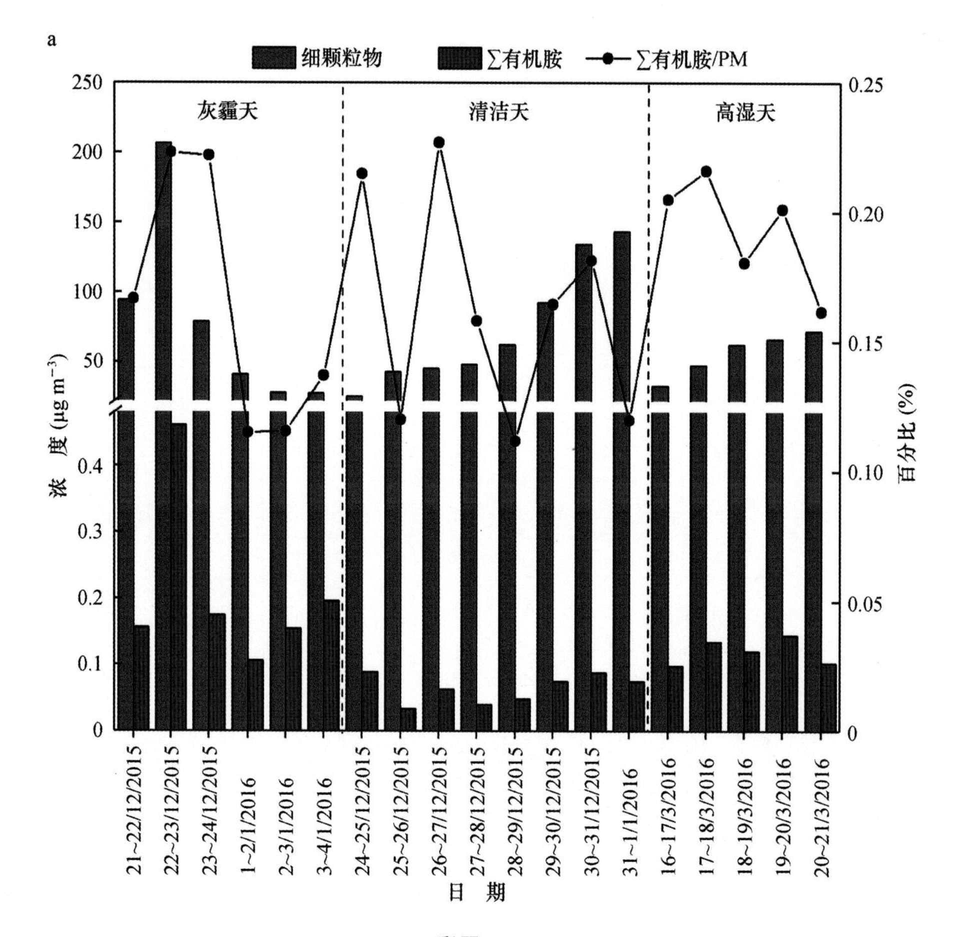
a
细颗粒物
∑有机胺
∑有机胺/PM
灰霾天
清洁天
高湿天
浓 度 (μg m⁻³)
百分比 (%)
250
200
150
100
50
0.4
0.3
0.2
0.1
0
0.25
0.20
0.15
0.10
0.05
0
21~22/12/2015
22~23/12/2015
23~24/12/2015
1~2/1/2016
2~3/1/2016
3~4/1/2016
24~25/12/2015
25~26/12/2015
26~27/12/2015
27~28/12/2015
28~29/12/2015
29~30/12/2015
30~31/12/2015
31~1/1/2016
16~17/3/2016
17~18/3/2016
18~19/3/2016
19~20/3/2016
20~21/3/2016
日 期

彩图 1.6

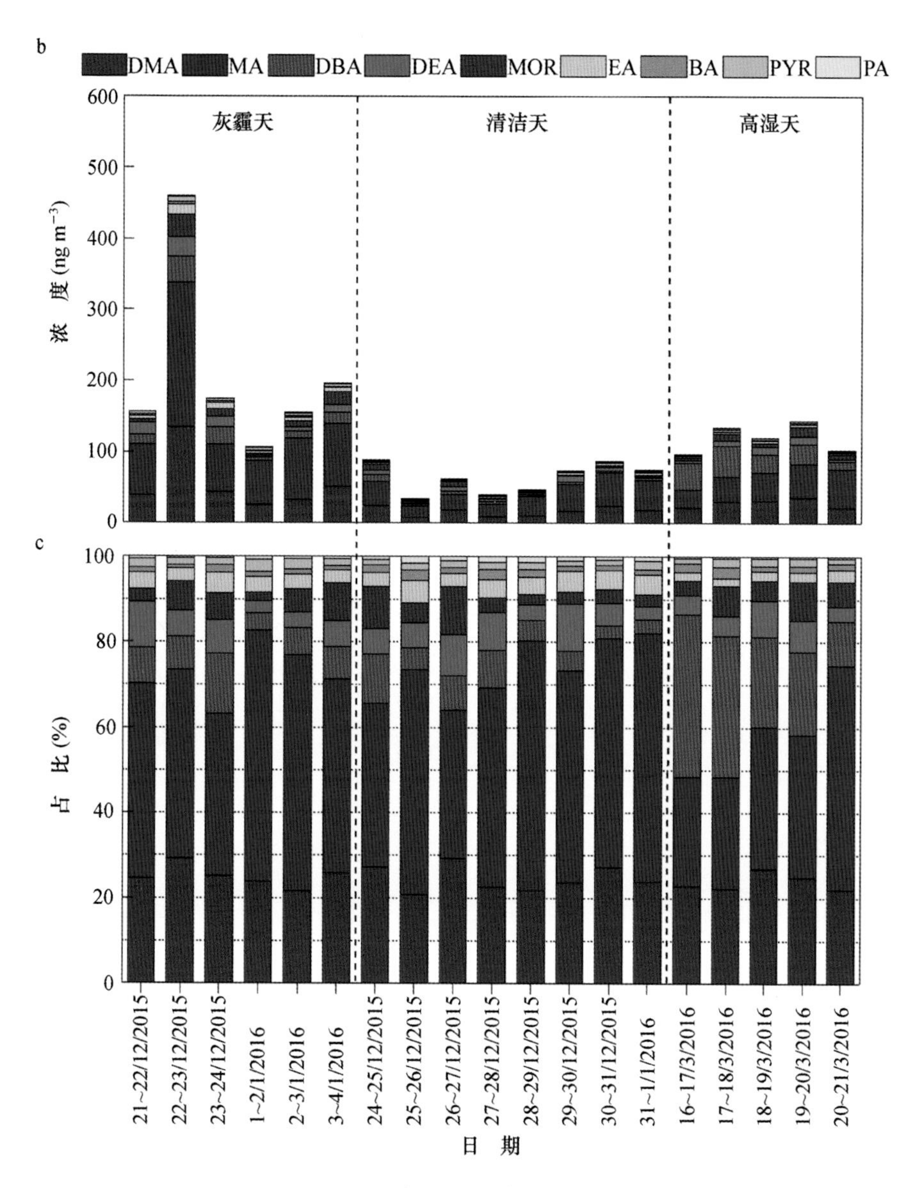
b
DMA
MA
DBA
DEA
MOR
EA
BA
PYR
PA
灰霾天
清洁天
高湿天
浓 度 (ng m⁻³)
c
占 比 (%)
21~22/12/2015
22~23/12/2015
23~24/12/2015
1~2/1/2016
2~3/1/2016
3~4/1/2016
24~25/12/2015
25~26/12/2015
26~27/12/2015
27~28/12/2015
28~29/12/2015
29~30/12/2015
30~31/12/2015
31~1/1/2016
16~17/3/2016
17~18/3/2016
18~19/3/2016
19~20/3/2016
20~21/3/2016
日 期

彩图 1.6(续)

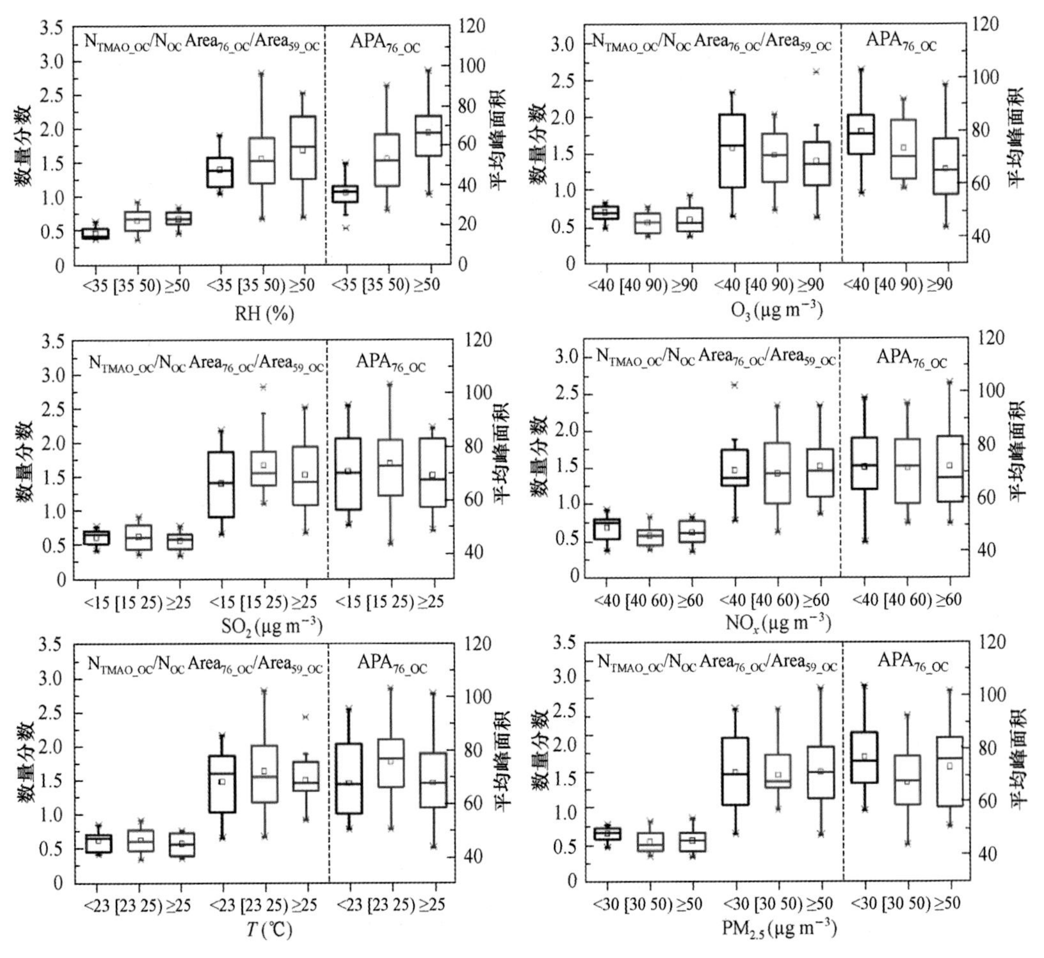

N_TMAO_OC/N_OC Area76_OC/Area59_OC
APA76_OC
数量分数
平均峰面积
RH (%)
O3 (μg m-3)
SO2 (μg m-3)
NOx (μg m-3)
T (℃)
PM2.5 (μg m-3)

彩图 1.9

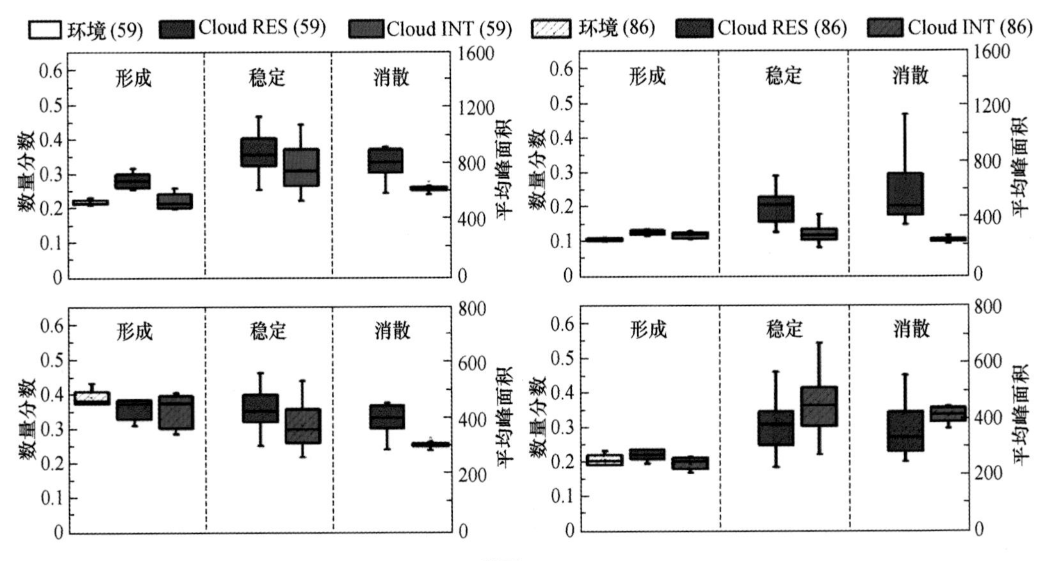

环境 (59)
Cloud RES (59)
Cloud INT (59)
环境 (86)
Cloud RES (86)
Cloud INT (86)
形成
稳定
消散
数量分数
平均峰面积

彩图 1.11

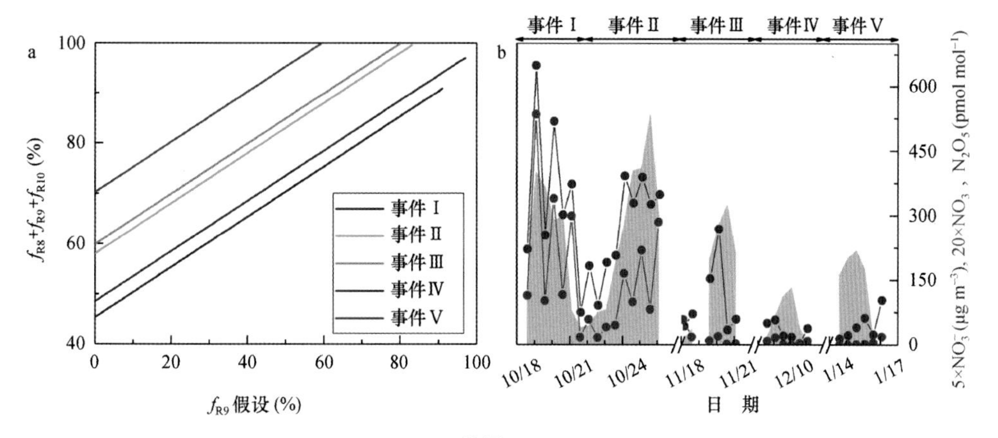

彩图 2.5

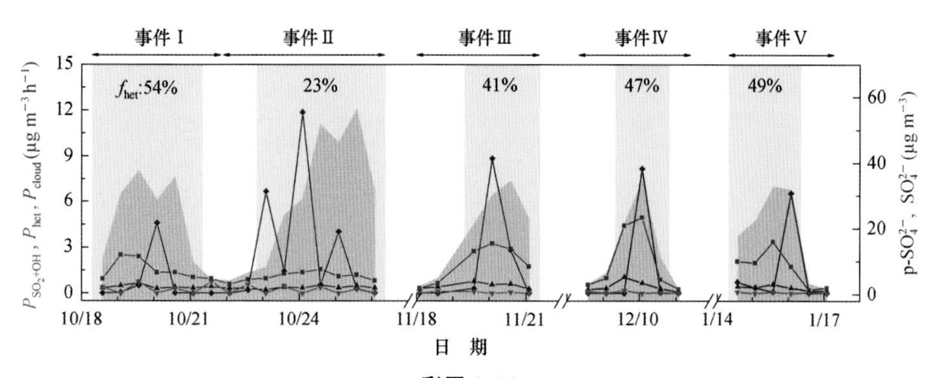

彩图 2.12

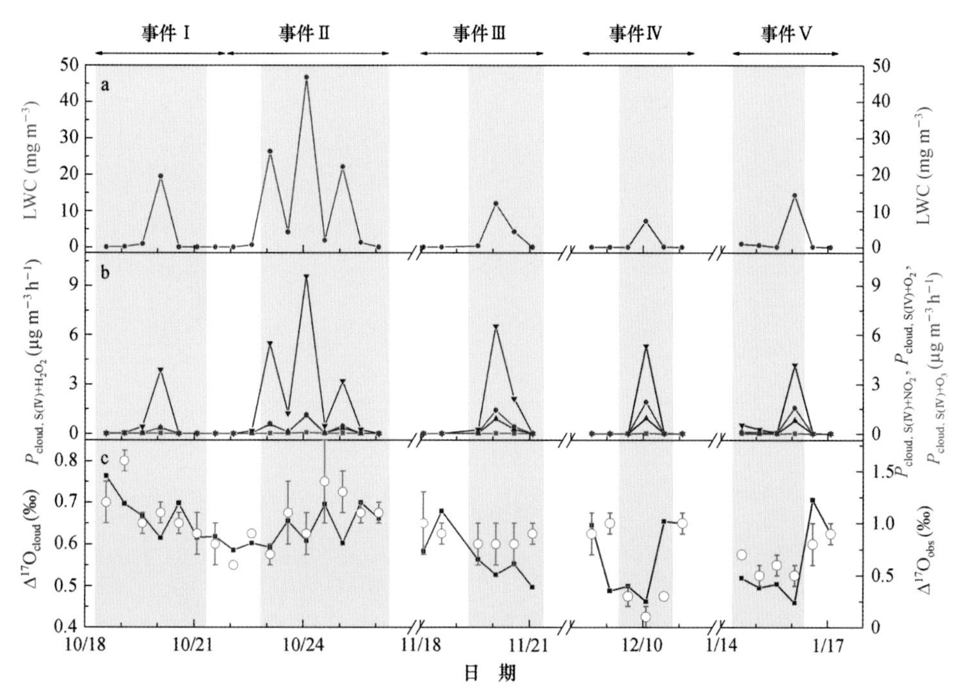

彩图 2.13

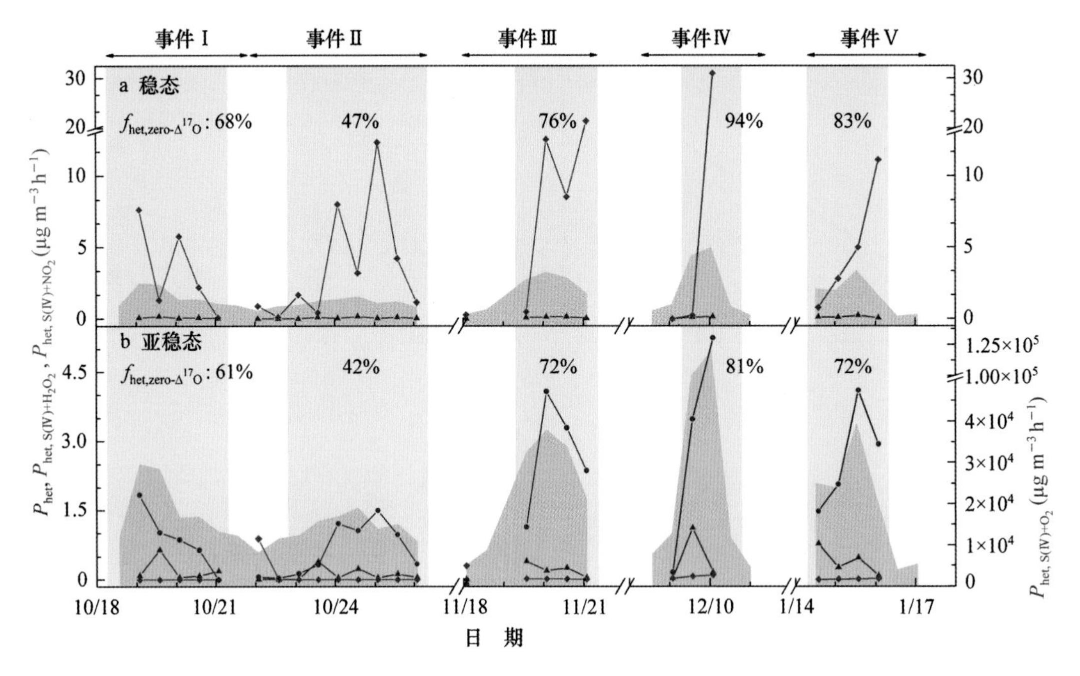
事件Ⅰ
事件Ⅱ
事件Ⅲ
事件Ⅳ
事件Ⅴ
a 稳态
$f_{het,zero-\Delta^{17}O}$: 68%
47%
76%
94%
83%
b 亚稳态
$f_{het,zero-\Delta^{17}O}$: 61%
42%
72%
81%
72%
P_{het}, $P_{het, S(IV)+H_2O_2}$, $P_{het, S(IV)+NO_2}$ ($\mu g\ m^{-3}\ h^{-1}$)
$P_{het, S(IV)+O_2}$ ($\mu g\ m^{-3}\ h^{-1}$)
日 期

彩图 2.15

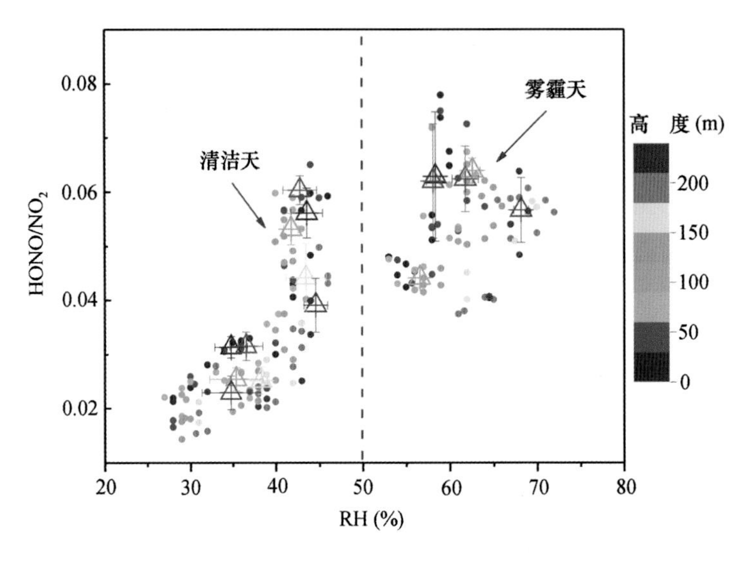
清洁天
雾霾天
高 度(m)
HONO/NO2
RH (%)

彩图 3.12

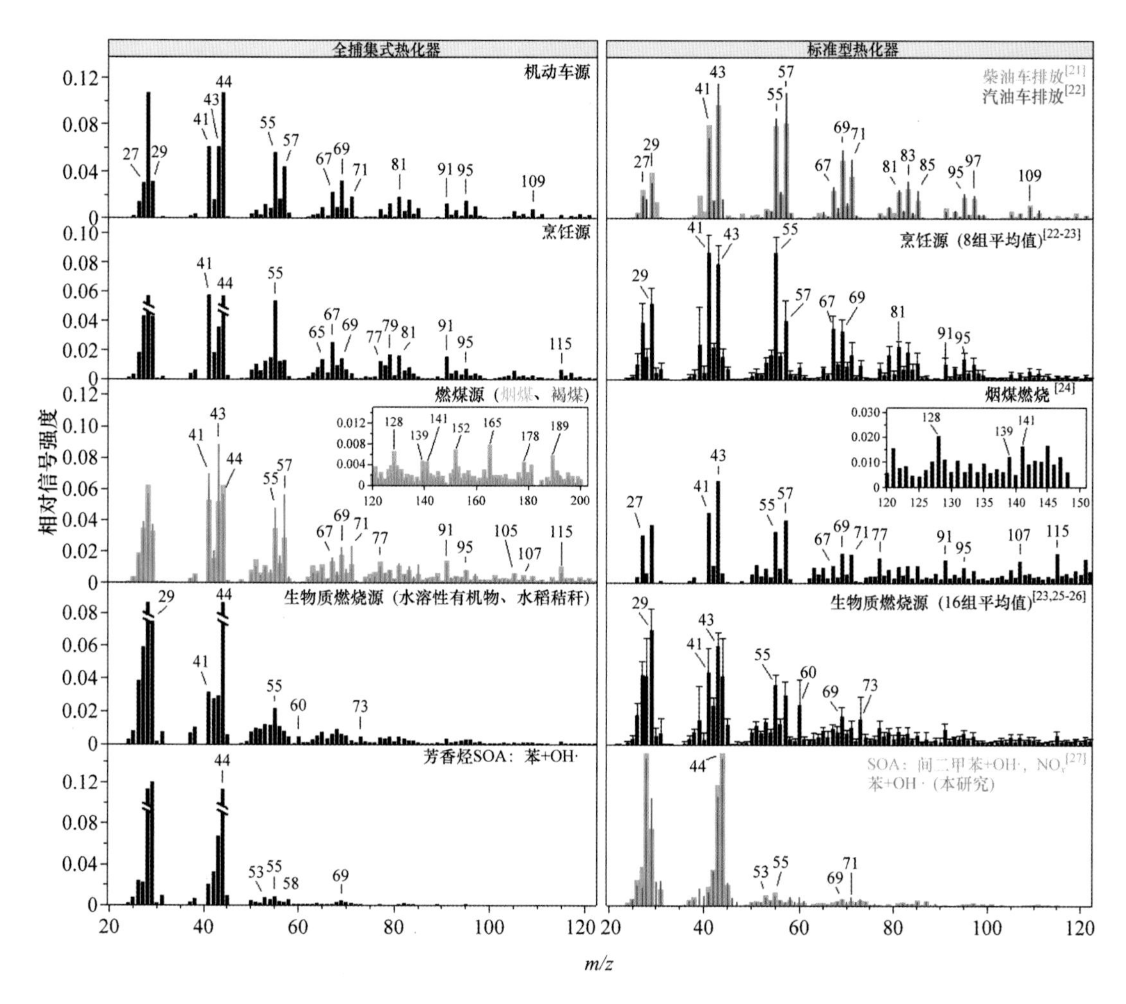
全捕集式热化器
标准型热化器
机动车源
柴油车排放[21]
汽油车排放[22]
烹饪源
烹饪源（8组平均值）[22-23]
燃煤源（烟煤、褐煤）
烟煤燃烧[24]
生物质燃烧源（水溶性有机物、水稻秸秆）
生物质燃烧源（16组平均值）[23,25-26]
芳香烃SOA：苯+OH·
SOA：间二甲苯+OH·，NOx[27]
苯+OH·（本研究）
相对信号强度
m/z

彩图 5.3

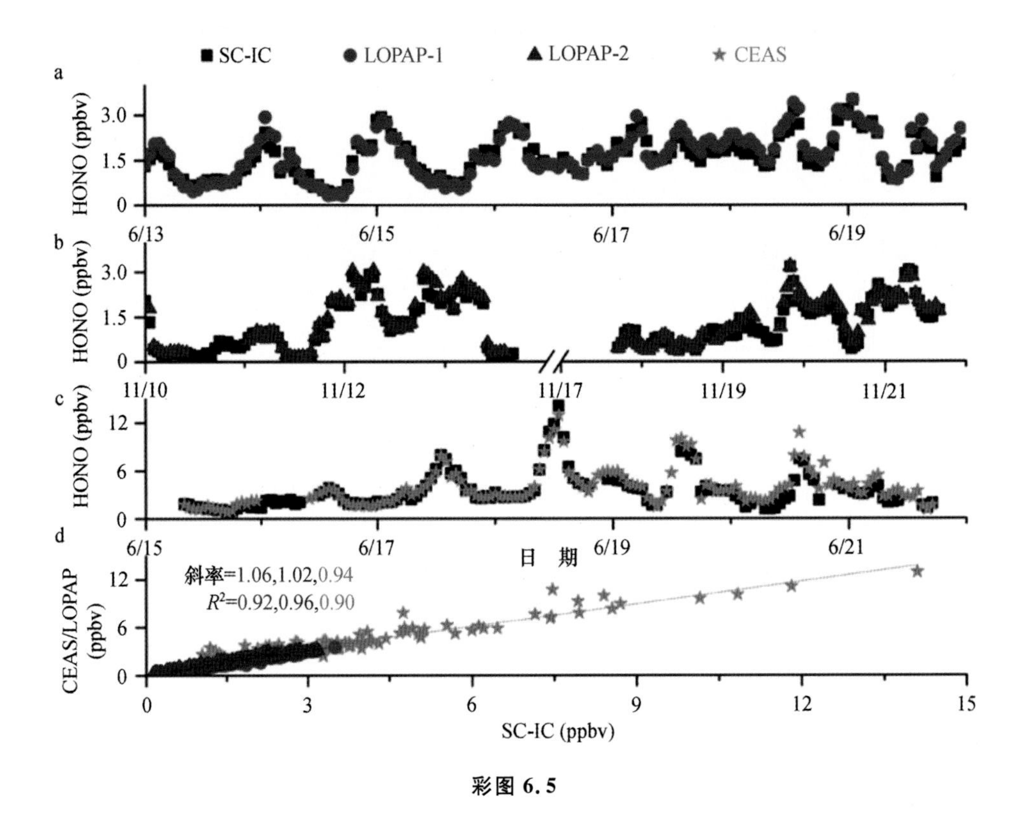
SC-IC
LOPAP-1
LOPAP-2
CEAS
a
HONO (ppbv)
3.0
1.5
0
6/13
6/15
6/17
6/19
b
HONO (ppbv)
3.0
1.5
0
11/10
11/12
11/17
11/19
11/21
c
HONO (ppbv)
12
6
0
6/15
6/17
6/19
6/21
日 期
d
斜率=1.06,1.02,0.94
R^2=0.92,0.96,0.90
CEAS/LOPAP (ppbv)
12
6
0
0
3
6
9
12
15
SC-IC (ppbv)

彩图 6.5

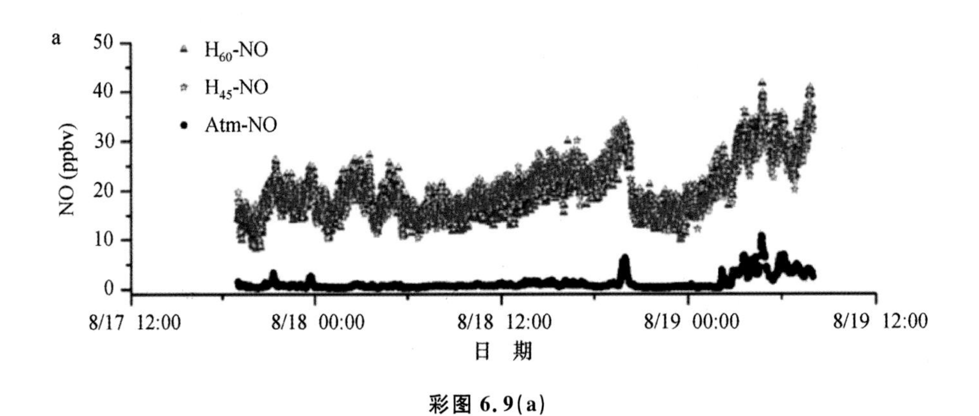
a
50
40
30
20
10
0
NO (ppbv)
H_{60}-NO
H_{45}-NO
Atm-NO
8/17 12:00
8/18 00:00
8/18 12:00
8/19 00:00
8/19 12:00
日 期

彩图 6.9(a)

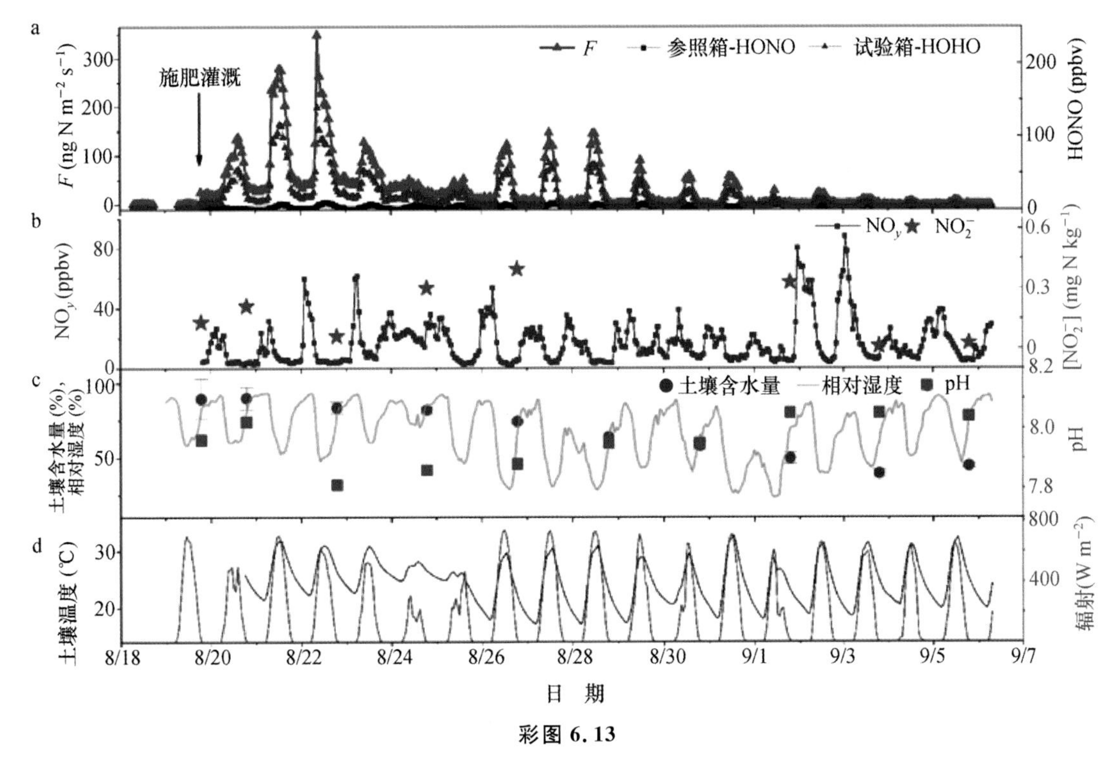

a
F
参照箱-HONO
试验箱-HOHO
施肥灌溉
F (ng N m⁻² s⁻¹)
HONO (ppbv)
b
NOy
NO₂⁻
NOy (ppbv)
[NO₂⁻] (mg N kg⁻¹)
c
土壤含水量
相对湿度
pH
土壤含水量 (%), 相对湿度 (%)
d
土壤温度 (℃)
辐射(W m⁻²)
8/18
8/20
8/22
8/24
8/26
8/28
8/30
9/1
9/3
9/5
9/7
日 期

彩图 6.13

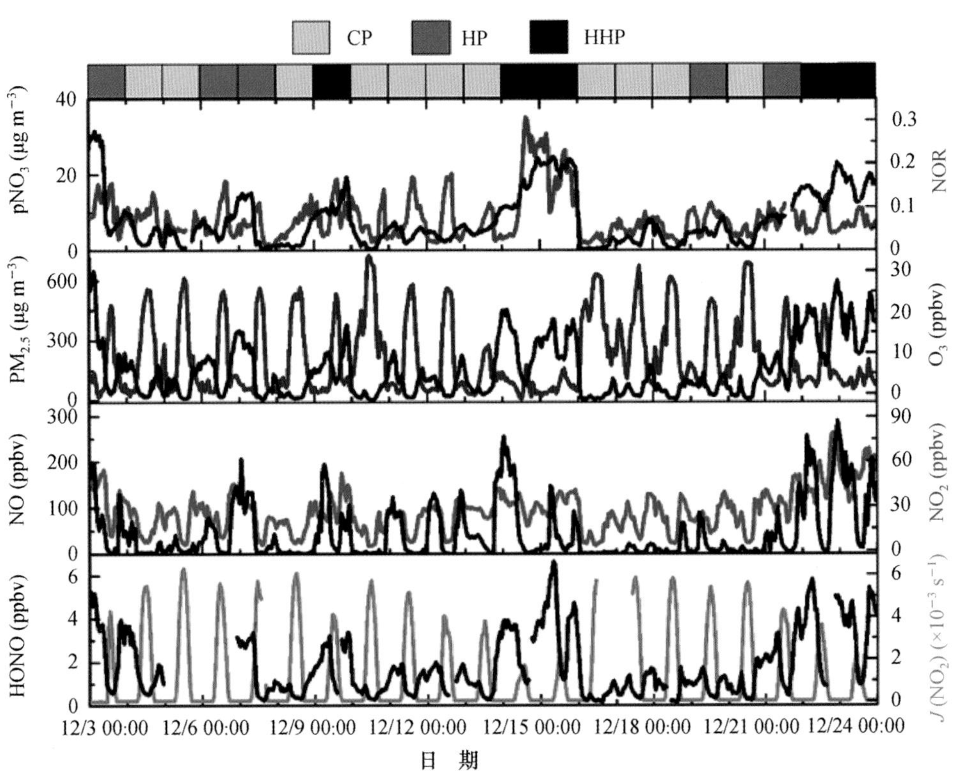

CP
HP
HHP
pNO₃ (μg m⁻³)
NOR
PM₂.₅ (μg m⁻³)
O₃ (ppbv)
NO (ppbv)
NO₂ (ppbv)
HONO (ppbv)
J (NO₂) (×10⁻³ s⁻¹)
12/3 00:00
12/6 00:00
12/9 00:00
12/12 00:00
12/15 00:00
12/18 00:00
12/21 00:00
12/24 00:00
日 期

彩图 6.17

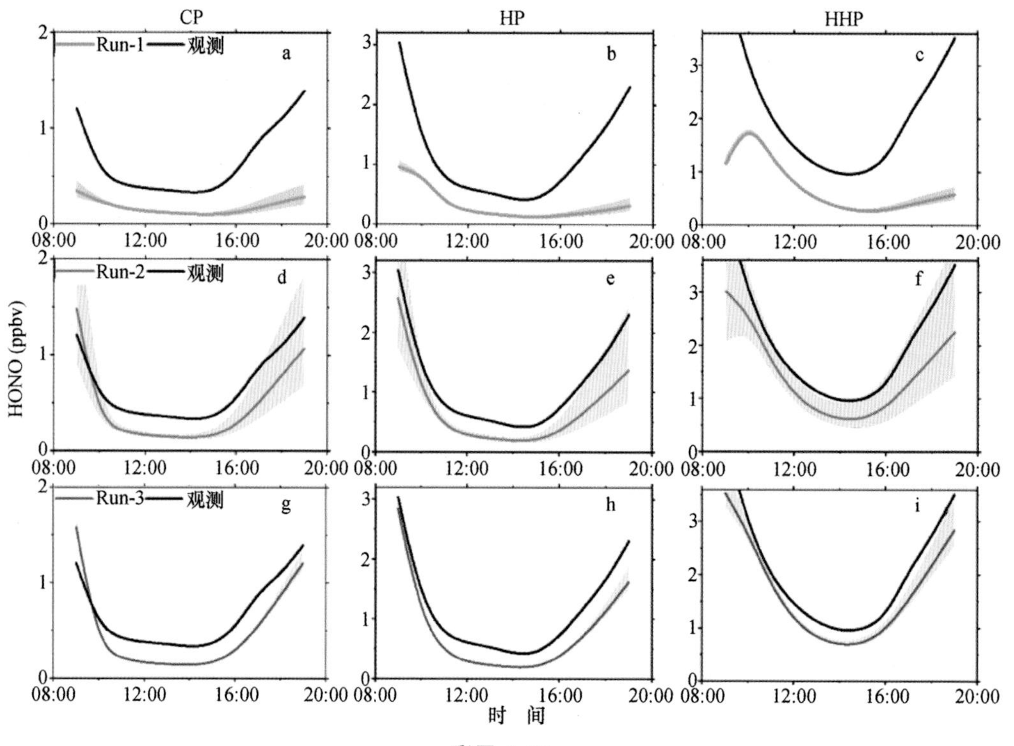
CP
HP
HHP
Run-1
观测
a
b
c
Run-2
观测
d
e
f
Run-3
观测
g
h
i
HONO (ppbv)
08:00
12:00
16:00
20:00
时 间

彩图 6.18

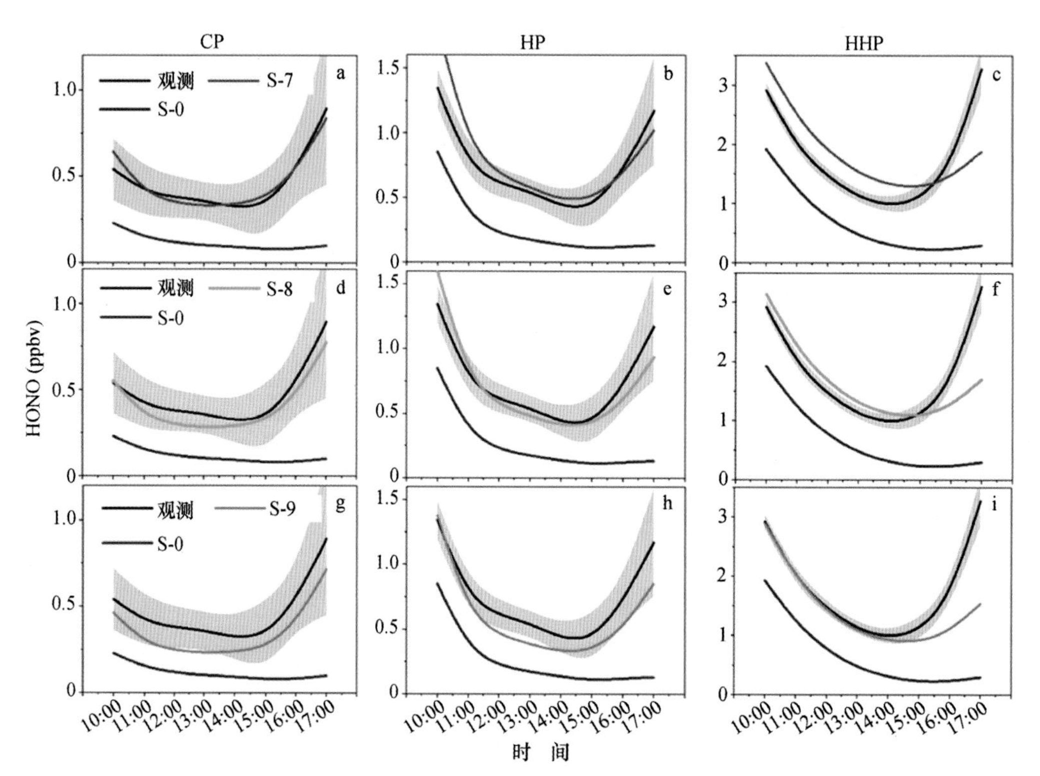
CP
HP
HHP
观测
S-7
S-0
a
b
c
观测
S-8
S-0
d
e
f
观测
S-9
S-0
g
h
i
HONO (ppbv)
10:00
11:00
12:00
13:00
14:00
15:00
16:00
17:00
时 间

彩图 6.19

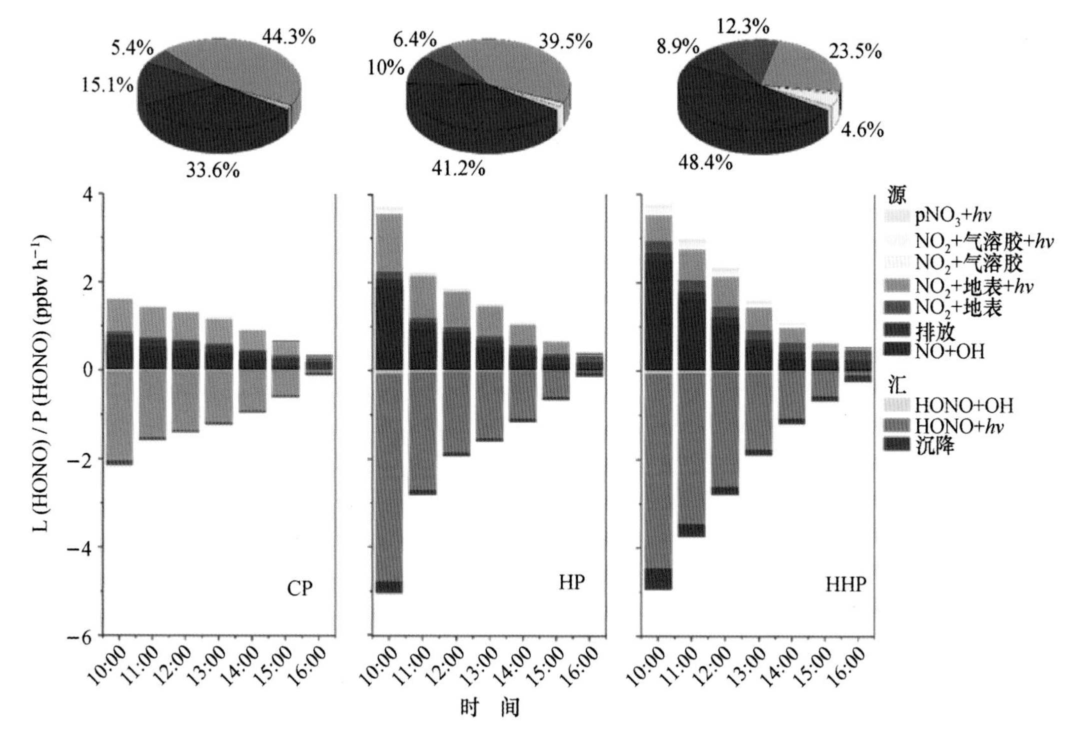

5.4%
44.3%
15.1%
33.6%
6.4%
39.5%
10%
41.2%
8.9%
12.3%
23.5%
4.6%
48.4%
L (HONO) / P (HONO) (ppbv h⁻¹)
CP
HP
HHP
源
pNO3+hv
NO2+气溶胶+hv
NO2+气溶胶
NO2+地表+hv
NO2+地表
排放
NO+OH
汇
HONO+OH
HONO+hv
沉降
10:00
11:00
12:00
13:00
14:00
15:00
16:00
时 间

彩图 6.20

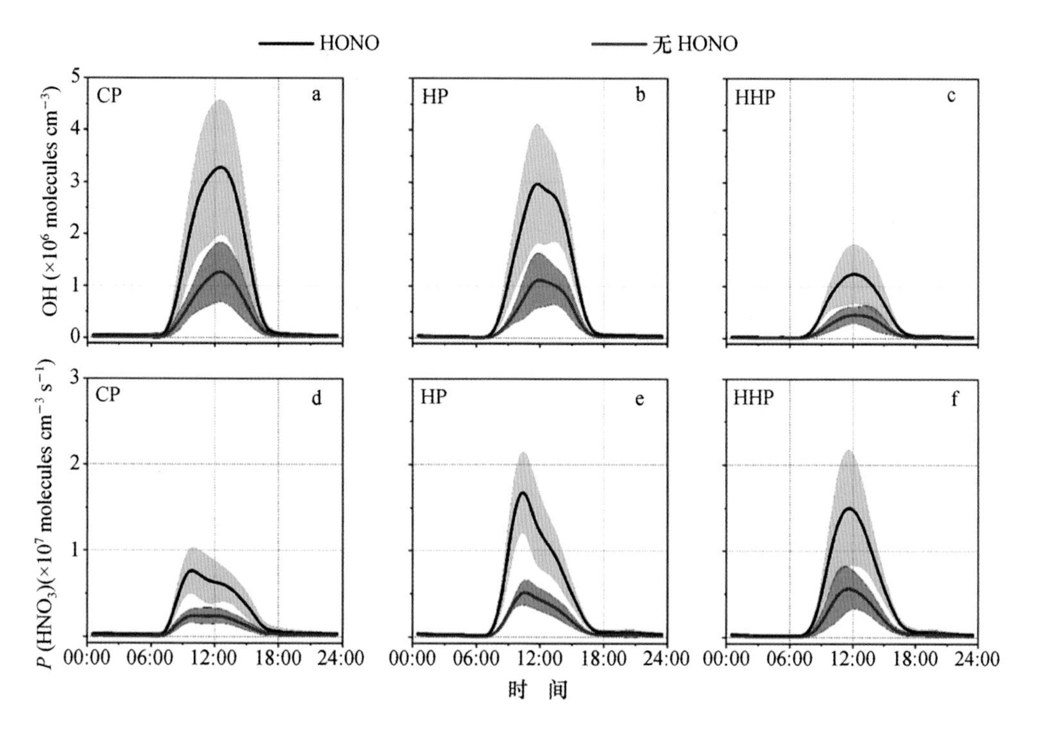

HONO
无 HONO
OH (×10⁶ molecules cm⁻³)
P (HNO3)(×10⁷ molecules cm⁻³ s⁻¹)
CP
a
HP
b
HHP
c
CP
d
HP
e
HHP
f
00:00
06:00
12:00
18:00
24:00
时 间

彩图 6.21

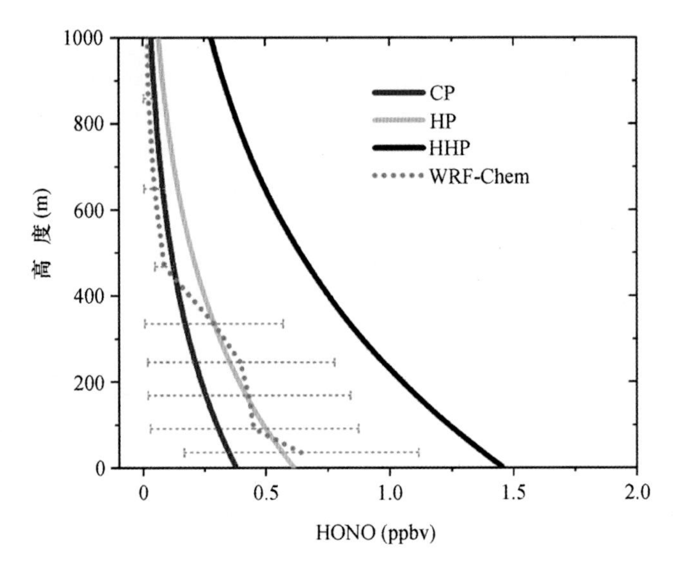
CP
HP
HHP
WRF-Chem
高度(m)
1000
800
600
400
200
0
0
0.5
1.0
1.5
2.0
HONO (ppbv)

彩图 6.22

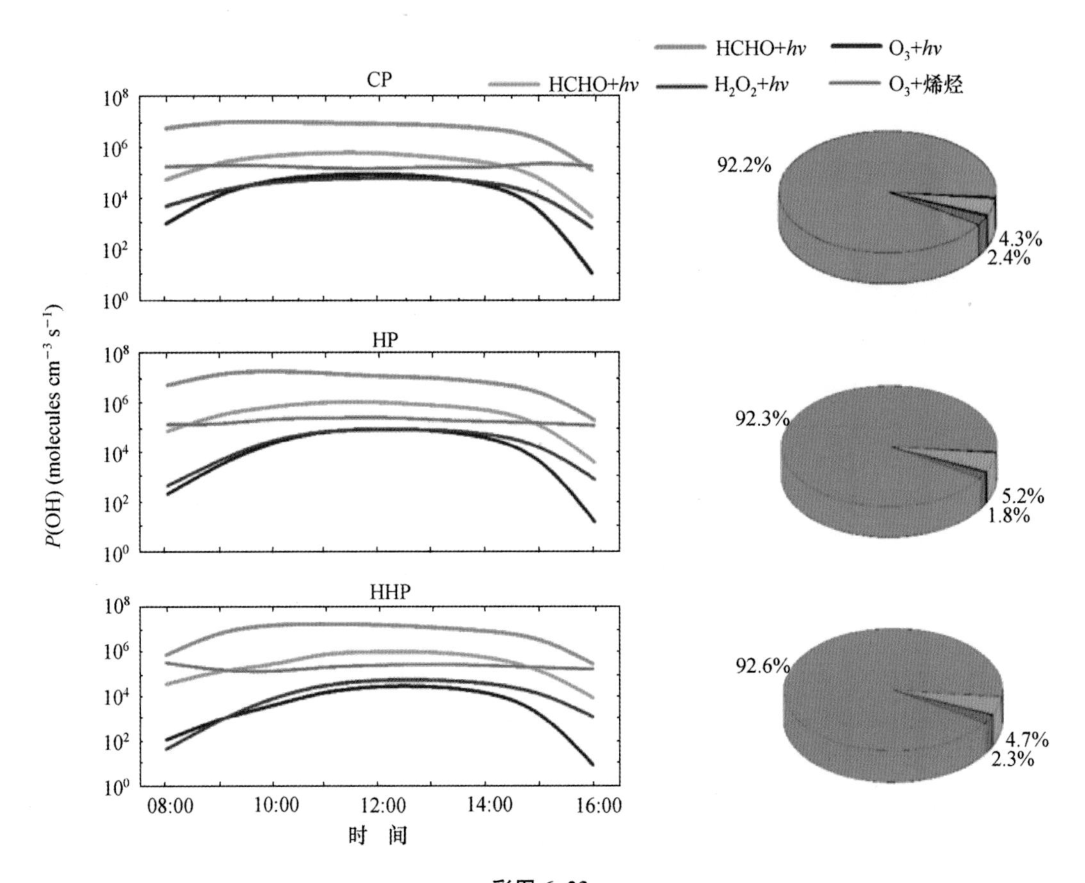
HCHO+hv
O_3+hv
HCHO+hv
H_2O_2+hv
O_3+烯烃
CP
HP
HHP
P(OH) (molecules cm^{-3} s^{-1})
10^8
10^6
10^4
10^2
10^0
08:00
10:00
12:00
14:00
16:00
时 间
92.2%
4.3%
2.4%
92.3%
5.2%
1.8%
92.6%
4.7%
2.3%

彩图 6.23

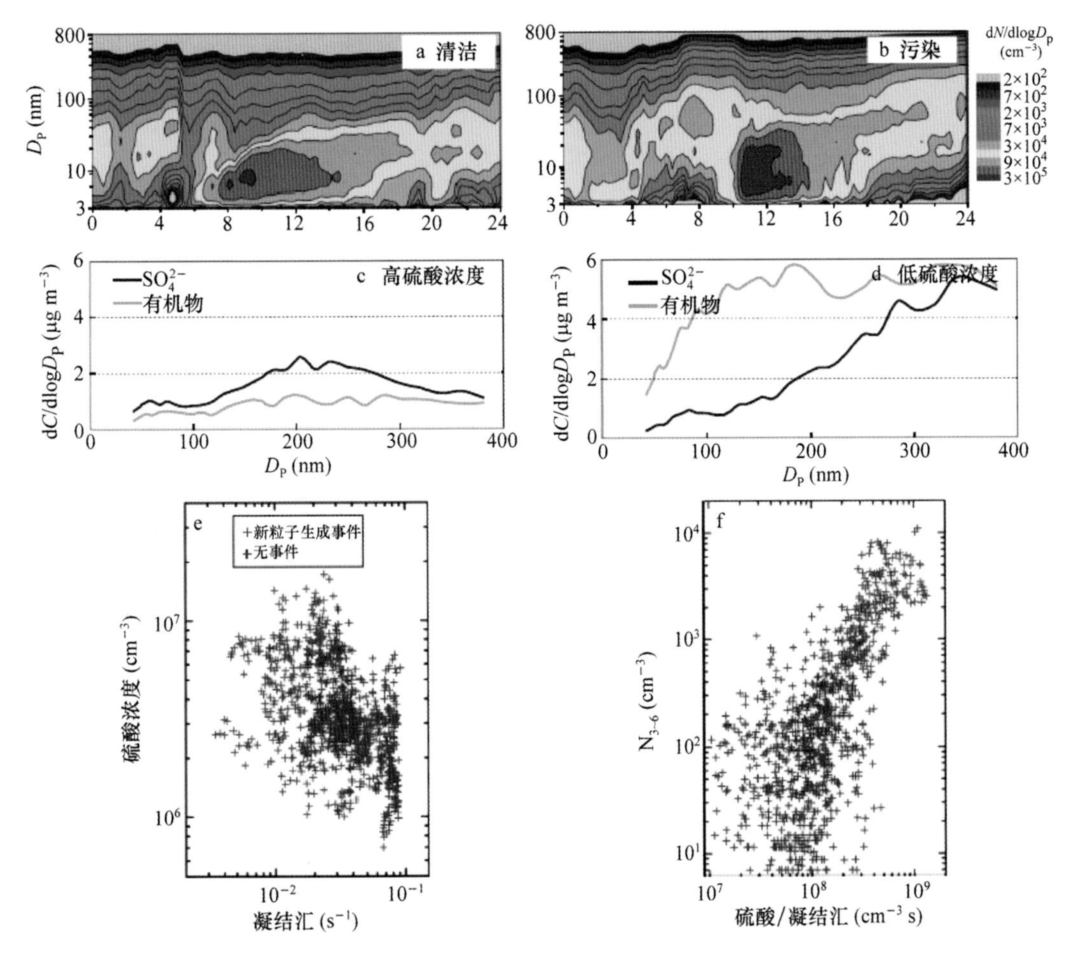
a 清洁
b 污染
D_P (nm)
dN/dlogD_p (cm^{-3})
c 高硫酸浓度
d 低硫酸浓度
SO_4^{2-}
有机物
dC/dlogD_P (μg m^{-3})
e
+新粒子生成事件
+无事件
硫酸浓度 (cm^{-3})
凝结汇 (s^{-1})
f
N_{3-6} (cm^{-3})
硫酸/凝结汇 (cm^{-3} s)

彩图 8.5

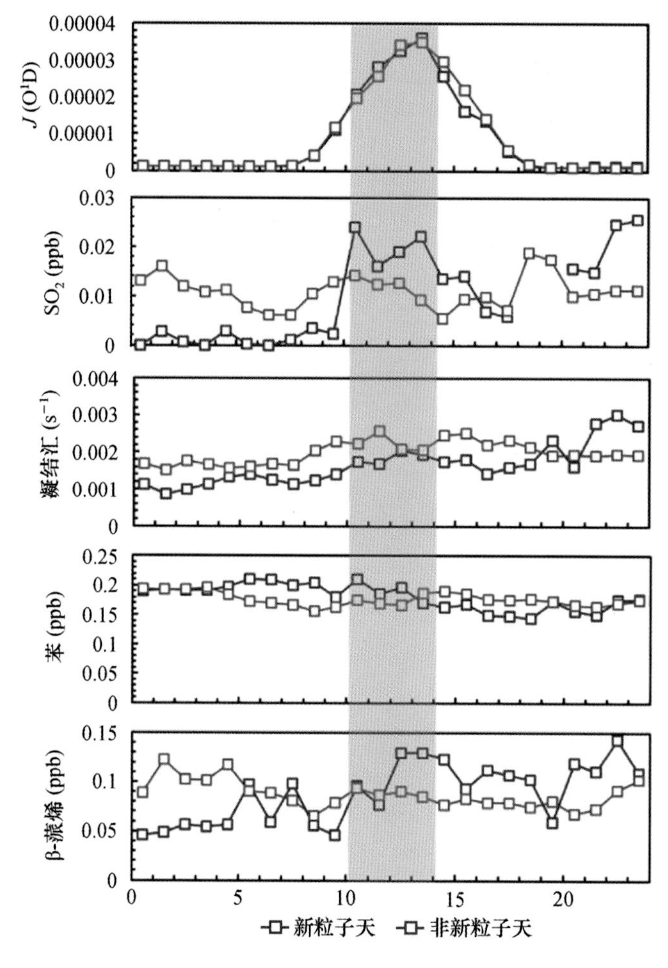

0.00004
0.00003
0.00002
0.00001
0
J (O¹D)
0.03
0.02
0.01
0
SO₂ (ppb)
0.004
0.003
0.002
0.001
0
凝结汇 (s⁻¹)
0.25
0.2
0.15
0.1
0.05
0
苯 (ppb)
0.15
0.1
0.05
0
β-蒎烯 (ppb)
0
5
10
15
20
新粒子天
非新粒子天

彩图 8.6

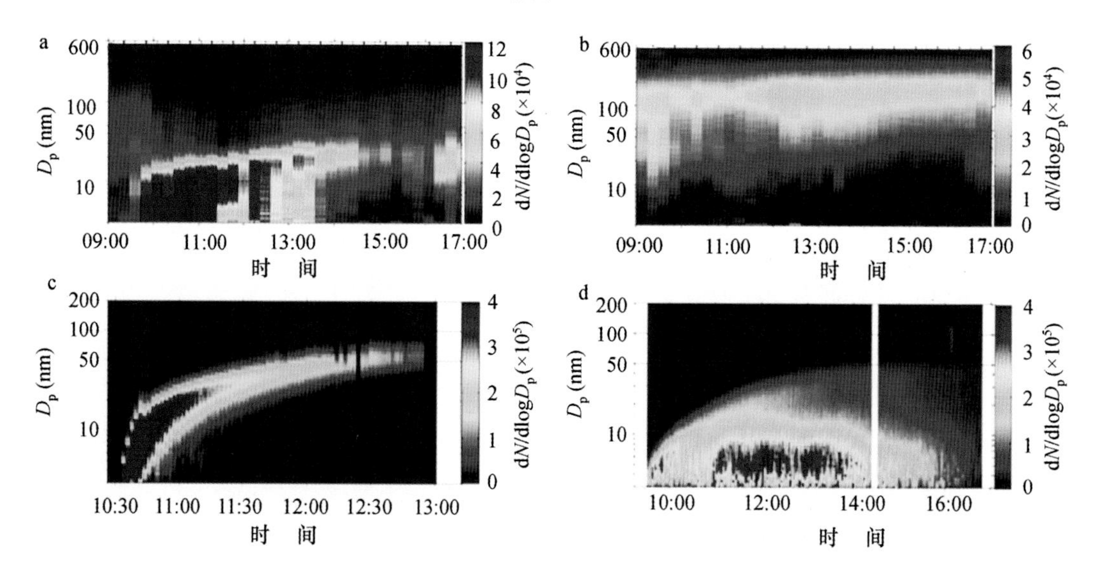

a
b
c
d
Dp (nm)
dN/dlogDp (×10⁴)
dN/dlogDp (×10⁵)
09:00
11:00
13:00
15:00
17:00
10:30
11:00
11:30
12:00
12:30
13:00
10:00
12:00
14:00
16:00
时 间

彩图 8.7

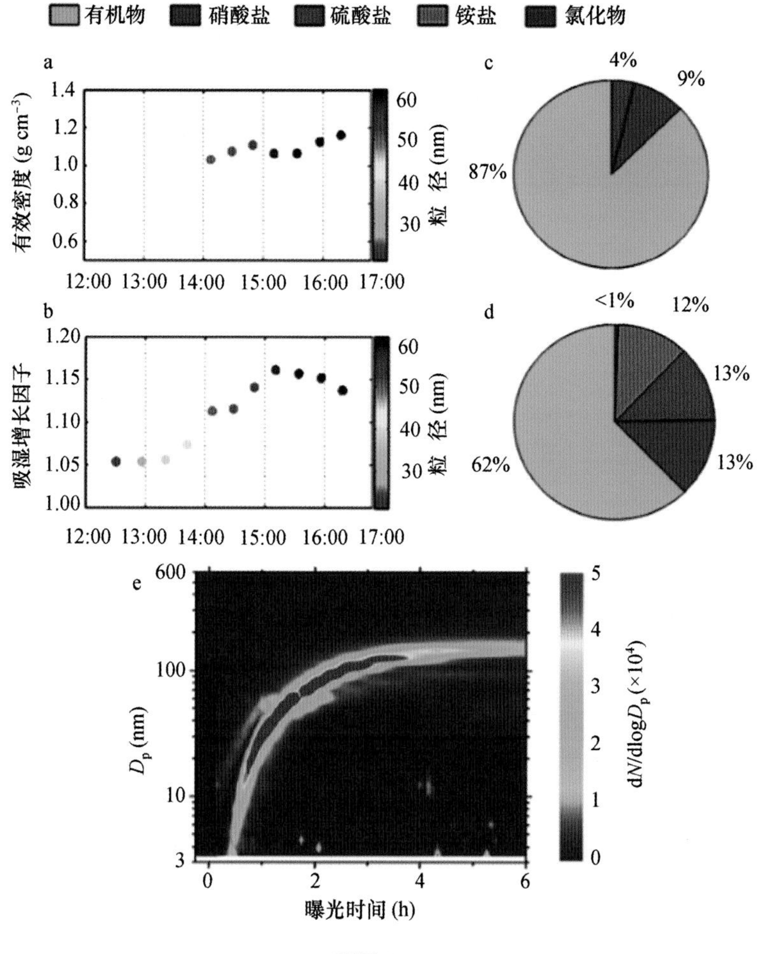
有机物
硝酸盐
硫酸盐
铵盐
氯化物
a
有效密度 (g cm⁻³)
粒 径 (nm)
12:00 13:00 14:00 15:00 16:00 17:00
b
吸湿增长因子
粒 径 (nm)
c
4%
9%
87%
d
<1%
12%
13%
13%
62%
e
D_p (nm)
dN/dlogD_p (×10⁴)
曝光时间 (h)

彩图 8.9

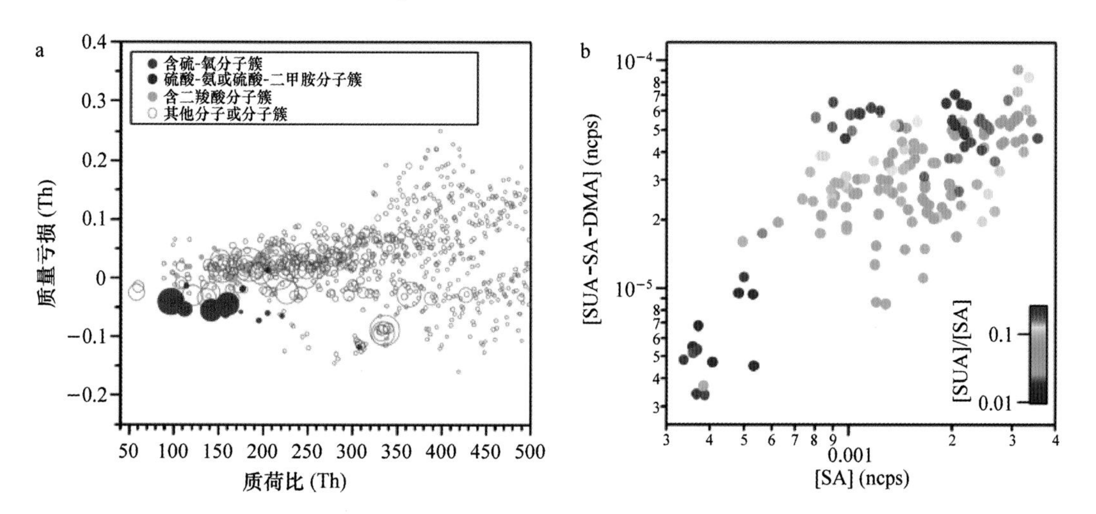
a
含硫-氧分子簇
硫酸-氨或硫酸-二甲胺分子簇
含二羧酸分子簇
其他分子或分子簇
质量亏损 (Th)
质荷比 (Th)
b
[SUA-SA-DMA] (ncps)
[SUA]/[SA]
[SA] (ncps)

彩图 8.12

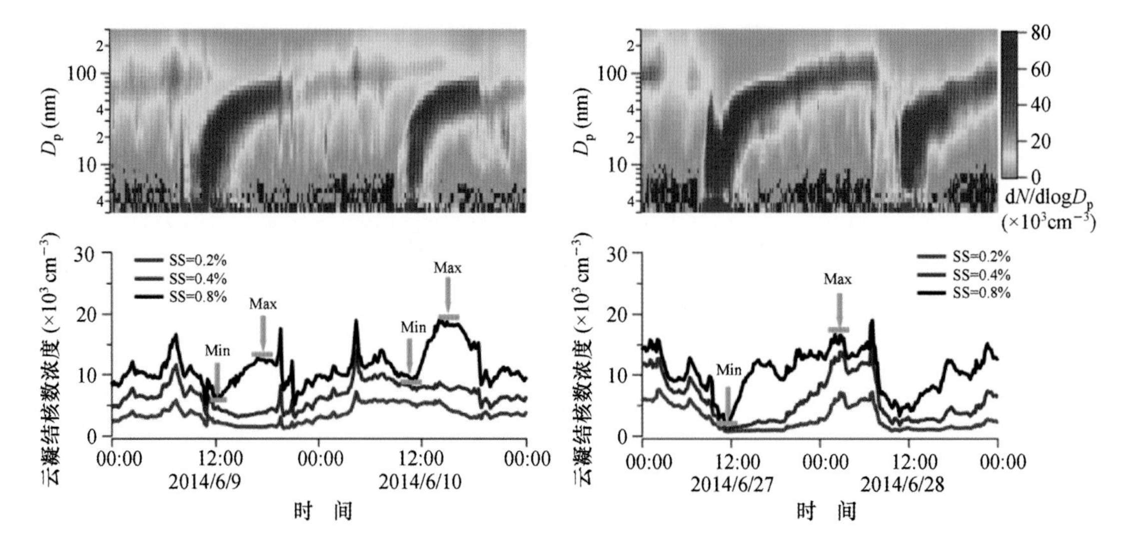

D_p (nm)
dN/dlogDp (×10³cm⁻³)
云凝结核数浓度 (×10³ cm⁻³)
SS=0.2%
SS=0.4%
SS=0.8%
Min
Max
00:00
12:00
2014/6/9
2014/6/10
2014/6/27
2014/6/28
时 间

彩图 8.17

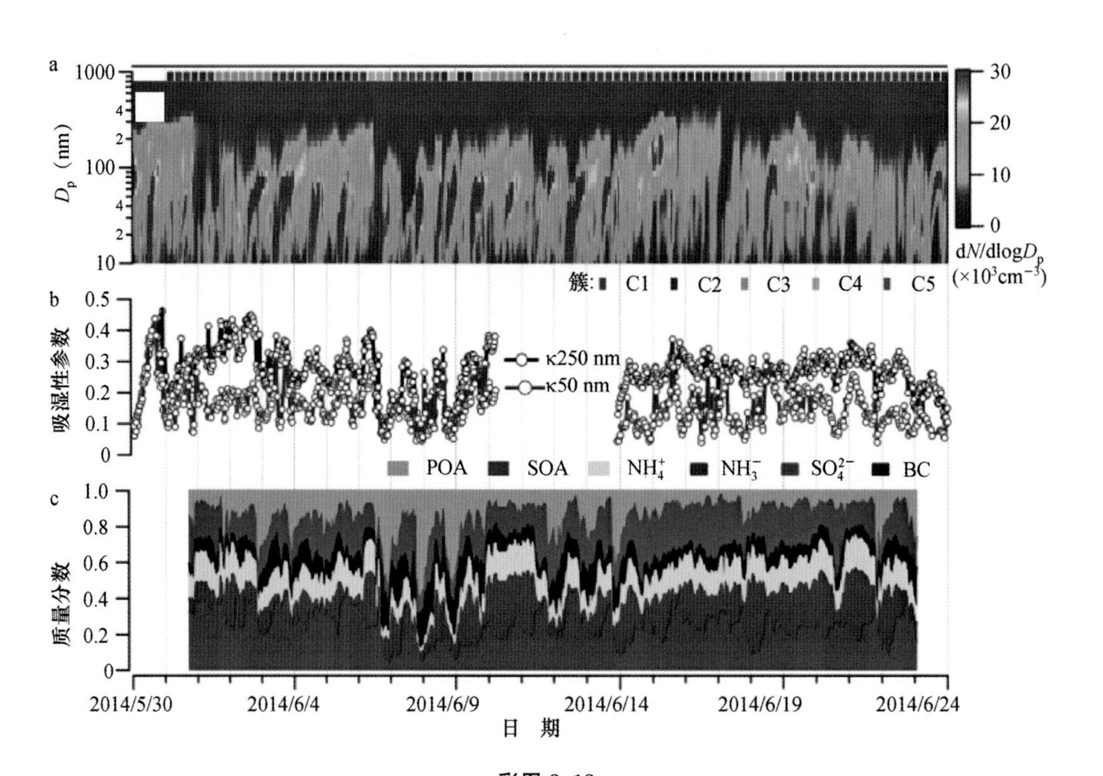

a
b
c
D_p (nm)
dN/dlogDp (×10³cm⁻³)
簇: C1 C2 C3 C4 C5
吸湿性参数
κ250 nm
κ50 nm
POA SOA NH₄⁺ NH₃⁻ SO₄²⁻ BC
质量分数
2014/5/30
2014/6/4
2014/6/9
2014/6/14
2014/6/19
2014/6/24
日 期

彩图 8.18

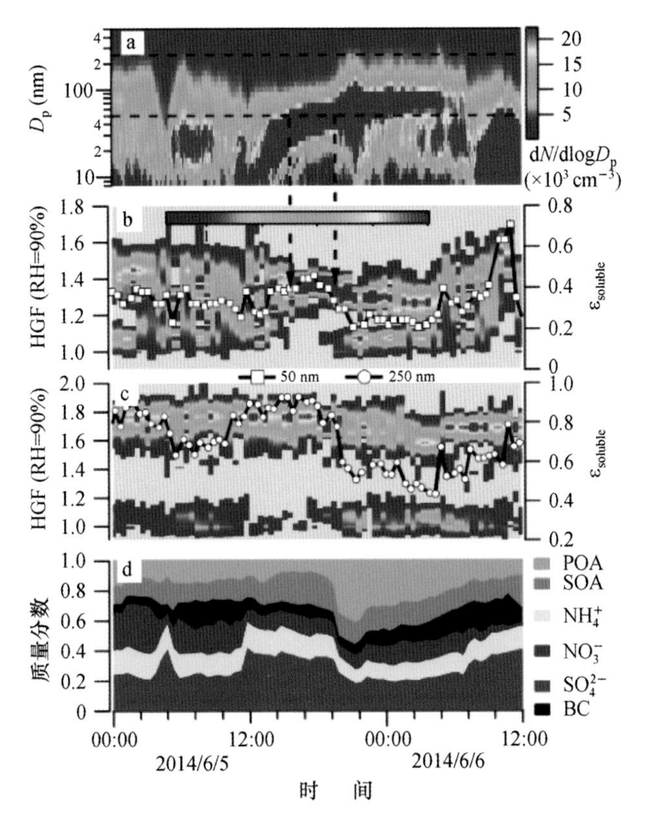
a
b
c
d
D_p (nm)
100
10
20
15
10
5
dN/dlogD$_p$
(×10^3 cm^{-3})
HGF (RH=90%)
$ε_{soluble}$
50 nm
250 nm
质量分数
POA
SOA
NH_4^+
NO_3^-
SO_4^{2-}
BC
00:00
12:00
00:00
12:00
2014/6/5
2014/6/6
时　间

彩图 8.19